Unity 2017 经典游戏开发教程

算法分析与实现

张帆 编著

人民邮电出版社

北京

图书在版编目（CIP）数据

Unity 2017经典游戏开发教程 ： 算法分析与实现 / 张帆编著. -- 北京 ： 人民邮电出版社，2018.10（2020.9 重印）
ISBN 978-7-115-48682-0

Ⅰ. ①U… Ⅱ. ①张… Ⅲ. ①游戏程序－程序设计－教材 Ⅳ. ①TP317.6

中国版本图书馆CIP数据核字(2018)第130269号

内容提要

在游戏开发学习中，借鉴经典游戏的开发思路和算法是快速提升开发与设计水平的有效捷径，这种学习的路径也是明智而高效的。本书精选了 18 个广受欢迎的经典游戏作为案例进行讲解剖析，包含打地鼠、俄罗斯方块、打砖块、三消、翻牌子、连连看、拼图、推箱子、炸弹人、华容道、横板跑酷、扫雷、贪吃蛇、五子棋、跳棋、吃豆人、斗地主、坦克大战等。本书中游戏的实现采用了 Unity 2017 版软件，该软件是目前世界范围内使用最广泛的游戏开发与虚拟现实开发平台之一，其界面友好，功能强大，有适合不同学习阶段和不同开发需求的各种版本。

本书不仅详细介绍了 Unity 的软件操作基础与游戏开发操作流程，而且对每个游戏的开发思路、算法分析、程序实现等都有详尽的讲解，非常适合对游戏开发、虚拟现实开发设计感兴趣的初、中级读者，也可作为各院校相关专业的教材。

◆ 编　　著　张　帆
责任编辑　郭发明
责任印制　陈　犇

◆ 人民邮电出版社出版发行　　北京市丰台区成寿寺路 11 号
邮编　100164　　电子邮件　315@ptpress.com.cn
网址　http://www.ptpress.com.cn
北京捷迅佳彩印刷有限公司印刷

◆ 开本：787×1092　1/16
印张：37　　　　2018 年 10 月第 1 版
字数：708 千字　　　　2020 年 9 月北京第 4 次印刷

定价：128.00 元

读者服务热线：(010)81055296　印装质量热线：(010)81055316
反盗版热线：(010)81055315
广告经营许可证：京东市监广登字 20170147 号

前　言

我第一次接触Unity游戏引擎是在2008年，当时是导师凫文峰教授推荐给我，并引导我往这个方向去研究其应用的。在那时Unity没有太多的参考资料，外文的参考资料及教程也甚少。为了研究其应用，我只能通过官方的文档以及其入门视频进行学习、研究。Unity是以组件（Components）的方式来组织游戏逻辑的，它可随意装配、对修改封闭而又对扩展开放的优越性，使得我开始意识到该软件将前途无量。本着更深入研究的目的，我在中国传媒大学继续完成了全日制研究生学习，在学习期间，对Unity的研究一直在持续。

回想起我开始接触Unity，到我毕业后来浙江传媒学院任教，整整7个年头。在这7年当中，Unity不断升级，由最初的2.5版本，到2.6版本、3.0版本、3.5版本、4.0版本，再到本书截稿时的2017版本，每一次的版本升级都给用户带来了令人惊讶的新功能。它的一站式多平台开发，方便的编辑工具和编辑思路，对各种图形的渲染优化，物理引擎、动画状态机，灵活开放的实现方式以及丰富的脚本API等，是我持续不断地对它进行研究和学习的动力源泉。现在我所承担的课程（游戏算法基础、游戏脚本编程、游戏引擎原理和游戏实战开发等）基本上都使用Unity作为教学工具。

承担"游戏算法基础"课程之初，曾选用Java、C++等编程语言的教材，但在上课的过程中发现，这些语言需要自行实现许多细节，导致游戏相关算法的精粹被这些琐碎的细节所掩盖，也令学生失去了对这门课程的兴趣，效果自然大打折扣，所以尝试使用Unity游戏引擎来重新实现这些游戏算法，尽可能使技术细节变得透明，让学生能够更加关注算法本身。经过多次课程的实验和总结，利用成熟的游戏引擎来讲授游戏的算法，可达到事半功倍的效果。由于目前市面上没有关于这方面的书籍，因此觉得有必要把这些课的教案和经验进行整理并作为教材出版，同时借此与全国讲授游戏相关的老师和行业一线游戏设计开发同行建立更密切的交流机会。

本书的编写总体目标是深入浅出，尽量聚焦于游戏算法的分析和实现。第1章主要对Unity游戏引擎的功能进行简要介绍，并配有视频教程。从第2章开始则讲解如何在Unity引擎中实现经典游戏的算法，包括打地鼠、俄罗斯方块、打砖块、三消、翻牌子、连连看、拼图、推箱子、炸弹人、华容道、跑酷、扫雷、贪吃蛇、五子棋、跳棋、吃豆人、扑克、坦克大战等18个游戏。由于作者水平和学识有限，再加上时间仓促，书中错误疏漏之处在所难免，敬请广大读者批评指正。如有疑问，可与我联系，邮箱是Zf223669@126.com。

如果作为教学用书，建议课时不少于64（每周4节）或48（每周3节）课时。每周前2节课用于讲授算法理论思路，后2节课可用于学生的实践练习。此外，本书除了可以作为高校相关专业的教材之外，还可以作为行业一线游戏开发人员的参考书。

致　谢

感谢我的导师，中国传媒大学计算机学院扈文峰教授对我在学期间的指导。由衷地感谢浙江传媒学院新媒体学院的领导和同事们，是他们为我这本书的编著提供了良好的工作环境和支持。感谢我的学生黄旭晨、刘梦、王晓霞、阮芳、卓文玲、郁琦、马邦进、陈涵、唐萌、王建敏、何亚泽，很多材料的收集、整理和校对都是在他们的帮助下完成的。还要感谢我的父母和妻子李舜曼，在你们的默默支持和鼓励下，让我能有更多的精力投身到这本书的编写上。

张帆

2018 年 5 月于浙江传媒学院

本书编委会

主　　编：张帆　邵兵

副 主 编：潘瑞芳　周忠成　徐芝琦　谢昊

特约顾问：扈文峰

编　　委：黄旭晨　刘梦　王晓霞　阮芳　卓文玲　陈涵　郁琦　马邦进　唐萌　王建敏　何亚泽

本书编委简介

主编张帆，男，广东省潮州人，硕士研究生，毕业于中国传媒大学计算机学院计算机应用技术（数字娱乐与动画技术方向）专业。目前担任浙江传媒学院新媒体学院数字媒体技术专业（数字游戏设计方向）专业讲师、副主任。研究方向为数字娱乐互动技术与数字游戏设计。承担国家自然基金（青年基金项目）1 项，浙江省科技厅公益项目 1 项，发表论文 8 篇。讲授课程有游戏算法基础、游戏策划与关卡设计、游戏脚本编程、游戏引擎原理和游戏实战开发等。多次带领学生参加全国游戏设计相关比赛并获嘉奖。所著书籍有《手机游戏的设计开发》《Unity3D 游戏引擎入门》《游戏策划与设计》等。曾获校级“三育人先进工作者”“学科竞赛和科技创新评优优秀指导教师”“卓越产学研创新成果奖”等光荣称号。

主编邵兵，男，吉林艺术学院新媒体学院副院长兼数字娱乐系主任、教授、硕士生导师，中华人民共和国文化部游戏产业专家委员会候补委员、中国图形图像协会数码艺术委员会委员、中国国际游戏设计教育联盟秘书长、CIEOG 中国国际游戏设计教育高峰论坛发起人。多年从事数字艺术创作，个人游戏动画作品多次获国际大奖，出版游戏设计相关领域研究专著 2 部，教材 5 本。承担多项国家级和省级重点科研项目。多次出席国家级峰会论坛并做演讲。受邀参加工业和信息化部、科技部、国家广播电视总局联合主办的 2017ChinaJoy 游戏开发大会作主题演讲引起广泛关注和好评。2017 年受文化部邀请参加游戏产业与发展座谈会并作为学界代表发言。

副主编潘瑞芳，女，江西南昌人，硕士，教授，全国广播电影电视标委会委员，中国动漫艺术陈列馆专家指导委员会委员，中国动画学会教育委员会委员，计算机学会理事。现为浙江传媒学院教授，新媒体研究所所长，国家动画教学基地副主任。主要研究领域为数字媒体、计算机动画及数据库技术研究等。主持完成国家广播电视总局项目、浙江省自然科学基金项目、浙江省科技厅等项目；在研有科技部项目、国家广播电视总局项目、浙江省新世纪教改项目及杭州市市级项目等。发表论文 60 余篇，获国家软件著作权登记 2 部，编撰出版著作 3 部，主编高校计算机类教材 5 部，获省级优秀教材一等奖 1 项，导演的两部三维动画短片均获中国国际动漫节美猴奖提名。

副主编周忠成，教授，男，浙江东阳人。毕业于吉林大学研究生院，现任浙江传媒学院新媒体学院副院长。中国广播电视学会会员。曾获浙江传媒学院校中青年学科带头人、校“师德标兵”“三育人先进工作者”等荣誉。发表核心刊物论文十余篇，出版《数字音频制作技艺》等专著或教材 3 部，主持《基于草图的动漫玩具设计和制作系统的开发与应用》省级项目，主持《非线性编辑》省级精品课程项目，主持及参与其他各类项目 10 项。论文《影视后期制作中的数字色彩校正》获 2011 年度中国电影电视技术学会影视科技优秀论文三等奖。

副主编徐芝琦，女，浙江传媒学院新媒体学院教师，现任公共计算机教学部主任。1999 年进入浙江大学，度过了本科、硕士和博士研究生的学习阶段，于 2008 年获得了计算机应用技术专业的博士学位。2008 年至 2012 年曾在华南理工大学计算机科学与工程学院及广东省计算机网络重点实验室工作。目前的主要研究方向为基于游戏的学习、可视化编程与计算思维、数字交互艺术与技术等。中国高校虚拟现实产业联盟成员。主持并参与了多项国家、省部级科研项目以及教学改革项目，发表高水平索引论文若干篇。指导大学生各级创新基金和新苗人才计划项目近 10 项，带领学生参加移动应用开发大赛、全国计算机设计大赛、浙江省多媒体设计大赛等，获得多个全国一等奖、二等奖以及省级奖项。多次获得校级教学技能竞赛奖项以及多个荣誉称号（三育人先进工作者、优秀班主任等）。

副主编谢昊，男，浙江传媒学院新媒体学院教师。2005 年获得西安交通大学建筑环境与设备工程专业学士学位，硕士与博士期间就读于浙江大学，并于 2016 年获得了浙江大学计算机科学与技术专业博士学位。博士毕业后入职于浙江传媒学院新媒体学院至今。目前主要研究方向为深度学习在图像矢量化方面的应用，曾发表 SCI、EI 期刊与会议论文若干篇。

特约顾问扈文峰，男，教授，中国传媒大学计算机学院软件工程系主任，互动技术与艺术实验室主任，互动娱乐与动画技术专业硕士研究生导师。一直从事计算机游戏技术的教学和科研工作，研究方向为严肃游戏以及基于游戏技术的各种应用，发表严肃游戏领域学术论文多篇。历年来主持国家级、省部级科研项目多项，多为严肃游戏领域的开发应用，代表作有“智能节点弹性重叠网实时信息三维图形动态展示系统”“环保科普教育游戏—生命只在呼吸之间”“煤层气地面集输生产作业虚拟仿真系统”“航母战斗群海空作战仿真对抗训练游戏”等。所领导的互动技术与艺术实验室是国内使用 Unity3D 游戏引擎最早的团队之一，具有丰富的 Unity3D 引擎开发经验。

目 录

第 1 章 熟悉 Unity 软件的操作 ……… 1

1.1 可多平台发布的 Unity 游戏引擎 ……… 1

1.2 Unity 游戏引擎的下载和安装 1

1.2.1 Unity 的下载 ……… 2

1.2.2 Unity 的安装 ……… 3

1.2.3 Unity 的注册 ……… 4

1.2.4 启动 Unity ……… 4

1.3 认识 Unity 的编辑界面 ……… 5

1.3.1 软件标题栏 ……… 5

1.3.2 主菜单 ……… 6

1.3.3 Project 项目资源窗口 ……… 16

1.3.4 Hierarchy 层级窗口 ……… 24

1.3.5 Scene 场景窗口 ……… 25

1.3.6 Inspector 组件属性面板 ……… 37

1.3.7 Game 游戏预览窗口 ……… 42

1.3.8 Console 控制台 ……… 43

1.4 自定义窗口布局 ……… 44

1.4.1 使用 Unity 内置的窗口布局功能 44

1.4.2 自定义窗口布局 ……… 46

1.5 Unity 中定义的重要概念 ……… 47

1.5.1 资源（Assets）……… 47

1.5.2 工程（Project） ……… 48

1.5.3 场景（Scenes） ……… 48

1.5.4 游戏对象（GameObject） ……… 48

1.5.5 组件（Component） ……… 48

1.5.6 脚本（Scripts） ……… 49

1.5.7 预置（Prefabs） ……… 49

第 2 章 打地鼠 ……… 50

2.1 游戏简介 ……… 50

2.2 游戏规则 ……… 50

2.3 程序思路 ……… 50

2.3.1 洞口的排列 ……… 50

2.3.2 地鼠出现频率 ……… 51

2.3.3 单个地鼠设置 ……… 51

2.3.4 游戏时间和分数 ……… 51

2.3.5 游戏流程图 ……… 52

2.4 程序实现 ……… 52

2.4.1 前期准备 ……… 52

2.4.2 设置洞口 ……… 53

2.4.3 单只地鼠的出现与消失 ……… 56

2.4.4 地鼠的随机出现和出现频率 ……… 59

2.4.5 时间、分数和其他 ……… 64

第 3 章 俄罗斯方块 ……… 70

3.1 游戏简介 ……… 70

3.2 游戏规则 ……… 70

3.3 游戏实现思路 ……… 72

3.3.1 随机生成方块 ……… 72

3.3.2 地图的生成 ……… 72

3.3.3 判断方块是否都在边界内 ……… 72

3.3.4 判断是否碰到其他方块 ……… 73

3.3.5 检查是否满行 ……… 73

3.3.6 删除填满的行 ……… 73

3.3.7 提示下一个方块组 ……… 73

3.3.8 结束判定 ……… 74

3.3.9 游戏流程图 ……… 74

3.4 游戏程序实现 ……… 75

3.4.1 前期准备 ……… 75

3.4.2 制作场景 ……… 76

3.4.3 生成方块组与方块组下落 ……… 79

3.4.4 边界判断 ……… 83

3.4.5 删除一行方块 ………… 92
3.4.6 结束判定 ………… 97
3.4.7 细节完善 ………… 98

第 4 章 打砖块 ………… 102

4.1 游戏简介 ………… 102

4.2 游戏规则 ………… 102

4.3 程序思路 ………… 103

4.3.1 地图生成 ………… 103
4.3.2 砖块控制 ………… 103
4.3.3 小球控制 ………… 103
4.3.4 游戏流程图 ………… 104

4.4 程序实现 ………… 105

4.4.1 前期准备 ………… 105
4.4.2 游戏场景设定 ………… 106
4.4.3 横板控制 ………… 107
4.4.4 小球控制 ………… 109
4.4.5 砖块的生成及控制 ………… 112
4.4.6 道具的控制 ………… 117

第 5 章 三消 ………… 123

5.1 游戏简介 ………… 123

5.2 游戏规则 ………… 123

5.3 程序思路 ………… 124

5.3.1 地图生成 ………… 124
5.3.2 消除检测 ………… 124
5.3.3 消除算法 ………… 125
5.3.4 宝石掉落 ………… 126
5.3.5 游戏流程图 ………… 127

5.4 程序实现 ………… 128

5.4.1 前期准备 ………… 128
5.4.2 游戏场景设定 ………… 130
5.4.3 地图生成 ………… 131
5.4.4 点选响应及宝石交换 ………… 135
5.4.5 宝石的消除判定及宝石的消除 140

第 6 章 翻牌子 ………… 149

6.1 游戏简介 ………… 149

6.2 游戏规则 ………… 149

6.3 程序思路 ………… 149

6.3.1 搭建卡片池 ………… 149
6.3.2 卡片状态 ………… 150
6.3.3 游戏计分 ………… 151
6.3.4 游戏流程图 ………… 151

6.4 程序实现 ………… 151

6.4.1 前期准备 ………… 151
6.4.2 游戏场景设定 ………… 152
6.4.3 卡片池的生成 ………… 154
6.4.4 卡片图案的随机生成 ………… 156
6.4.5 卡片的配对 ………… 163
6.4.6 步数、分数和重新开始 ………… 166

第 7 章 连连看 ………… 173

7.1 游戏简介 ………… 173

7.2 游戏规则 ………… 173

7.3 程序思路 ………… 174

7.3.1 地图生成 ………… 174
7.3.2 消除检测 ………… 175
7.3.3 画线 ………… 176
7.3.4 游戏流程图 ………… 177

7.4 程序实现 ………… 177

7.4.1 前期准备 ………… 177
7.4.2 制作游戏场景 ………… 178
7.4.3 地图创建 ………… 179
7.4.4 点选判定 ………… 183
7.4.5 消除判定 ………… 185
7.4.6 画线 ………… 194
7.4.7 道具实现 ………… 199

第 8 章 拼图…………………203

8.1 游戏简介 …………………… 203

8.2 游戏规则 …………………… 203

8.3 游戏思路 …………………… 203

8.3.1 原图与碎片的对应关系 203

8.3.2 鼠标拖曳移动碎片 ………… 204

8.3.3 正确判断 ………………………… 205

8.3.4 获胜判断 ………………………… 205

8.3.5 游戏流程图 …………………… 205

8.4 游戏实现 …………………… 206

8.4.1 前期准备 ………………………… 206

8.4.2 制作游戏场景 ………………… 208

8.4.3 碎片生成 ………………………… 210

8.4.4 鼠标事件 ………………………… 211

8.4.5 游戏结束判断 ………………… 215

第 9 章 推箱子………217

9.1 游戏简介 …………………… 217

9.2 游戏规则 …………………… 217

9.3 程序思路 …………………… 217

9.3.1 地图生成 ………………………… 217

9.3.2 角色移动 ………………………… 218

9.3.3 箱子移动 ………………………… 219

9.3.4 角色及箱子移动逻辑 ………… 220

9.3.5 游戏获胜判定 ………………… 221

9.3.6 游戏流程图 …………………… 221

9.4 程序实现 …………………… 222

9.4.1 前期准备 ………………………… 222

9.4.2 制作游戏场景 ………………… 223

9.4.3 地图生成 ………………………… 224

9.4.4 角色的移动 …………………… 228

9.4.5 箱子的移动 …………………… 235

9.4.6 游戏胜利判定 ………………… 239

9.4.7 动画的加入 …………………… 241

第 10 章 炸弹人…………245

10.1 游戏简介…………………… 245

10.2 游戏规则…………………… 245

10.3 程序思路…………………… 246

10.3.1 地图生成…………………………… 246

10.3.2 炸弹管理…………………………… 247

10.3.3 怪物管理…………………………… 247

10.3.4 游戏管理…………………………… 248

10.3.5 游戏流程图………………………… 248

10.4 程序实现…………………… 249

10.4.1 前期准备…………………………… 249

10.4.2 地图制作…………………………… 249

10.4.3 开始制作…………………………… 250

10.4.4 玩家操控…………………………… 258

10.4.5 墙体摧毁…………………………… 263

10.4.6 怪物制作…………………………… 265

第 11 章 华容道 …………270

11.1 游戏简介 ………………… 270

11.2 游戏规则 ………………… 270

11.3 游戏程序实现思路………… 271

11.3.1 棋子………………………………… 271

11.3.2 棋盘………………………………… 271

11.3.3 移动棋子…………………………… 272

11.3.4 结束判定…………………………… 277

11.3.5 游戏流程图………………………… 277

11.4 游戏实现 ………………… 278

11.4.1 前期准备…………………………… 278

11.4.2 制作游戏场景……………………… 279

11.4.3 生成棋子…………………………… 281

11.4.4 棋子移动…………………………… 284

11.4.5 游戏结束判定 …………………… 309

第 12 章 横版跑酷 ········ 312

12.1 游戏简介 ········ 312

12.2 游戏规则 ········ 313

12.3 程序思路 ········ 313

12.3.1 地图 ········ 313
12.3.2 金币和道具 ········ 313
12.3.3 障碍物 ········ 314
12.3.4 玩家 ········ 314
12.3.5 金币分数和已经前进距离的显示 ········ 314
12.3.6 游戏流程图 ········ 314

12.4 工程实现 ········ 315

12.4.1 前期准备 ········ 315
12.4.2 制作游戏场景 ········ 317
12.4.3 玩家控制 ········ 319
12.4.4 路段上金币、道具和障碍物的生成 ········ 328
12.4.5 显示前进距离和金币 ········ 332

第 13 章 扫雷 ········ 335

13.1 游戏简介 ········ 335

13.2 游戏规则 ········ 335

13.2.1 扫雷的布局 ········ 335
13.2.2 扫雷的基本操作 ········ 336
13.2.3 游戏结束 ········ 337

13.3 程序思路 ········ 337

13.3.1 雷区绘制 ········ 337
13.3.2 左键单击 ········ 337
13.3.3 右键单击 ········ 338
13.3.4 左右键双击 ········ 338
13.3.5 游戏结束 ········ 339
13.3.6 游戏流程图 ········ 339

13.4 程序实现 ········ 340

13.4.1 前期准备 ········ 340
13.4.2 制作游戏场景 ········ 340
13.4.3 雷区的生成 ········ 341
13.4.4 地雷随机分布 ········ 344
13.4.5 方块关联 ········ 352
13.4.6 鼠标点击 ········ 356
13.4.7 游戏失败 ········ 360
13.4.8 剩余地雷数、时间和笑脸管理 ··· 362

第 14 章 贪吃蛇 ········ 370

14.1 游戏简介 ········ 370

14.2 游戏规则 ········ 371

14.3 程序思路 ········ 371

14.3.1 地图的生成 ········ 371
14.3.2 食物出现 ········ 371
14.3.3 蛇的数据结构 ········ 371
14.3.4 贪吃蛇移动算法 ········ 371
14.3.5 蛇的增长 ········ 372
14.3.6 判断蛇头是否撞到了自身 ······ 372
14.3.7 边界判断 ········ 372
14.3.8 游戏流程图 ········ 372

14.4 游戏程序实现 ········ 373

14.4.1 前期准备 ········ 373
14.4.2 制作场景 ········ 374
14.4.3 生成食物 ········ 376
14.4.4 蛇的移动 ········ 378
14.4.5 蛇的长大及移动 ········ 382
14.4.6 累计分数 ········ 384
14.4.7 结束判定 ········ 386

第 15 章 五子棋 ········ 388

15.1 游戏简介 ········ 388

15.2 游戏规则 ········ 388

15.2.1 五子棋棋盘和棋子 ········ 388
15.2.2 五子棋基本规则 ········ 389
15.2.3 落子顺序 ········ 389
15.2.4 禁手 ········ 389

15.3 游戏算法思路 ········ 390

15.3.1 棋盘的绘制 ………………… 390
15.3.2 盘面棋子绘制 ………………… 391
15.3.3 落子 ………………… 391
15.3.4 获胜规则判定 ………………… 392
15.3.5 判定黑方禁手功能 ………………… 392
15.3.6 游戏流程图 ………………… 393

15.4 游戏程序实现 ………………… 393

15.4.1 前期准备 ………………… 393
15.4.2 创建场景 ………………… 395
15.4.3 落子 ………………… 398
15.4.4 切换落子权限 ………………… 404
15.4.5 更新棋盘状态 ………………… 406
15.4.6 获胜判断 ………………… 407
15.4.7 禁手规则 ………………… 419
15.4.8 重新开始 ………………… 430

第 16 章 跳棋 ………………… 434

16.1 游戏简介 ………………… 434

16.2 游戏规则 ………………… 434

16.3 程序思路 ………………… 434

16.3.1 棋盘排列 ………………… 434
16.3.2 棋子生成 ………………… 436
16.3.3 棋子的位置和移动 ………………… 436
16.3.4 计算可移动位置 ………………… 437
16.3.5 回合限制 ………………… 438
16.3.6 游戏胜负判断 ………………… 438
16.3.7 游戏流程图 ………………… 438

16.4 程序实现 ………………… 439

16.4.1 前期准备 ………………… 439
16.4.2 创建棋盘 ………………… 439
16.4.3 创建棋子 ………………… 444
16.4.4 移动棋子 ………………… 446
16.4.5 限制可移动位置 ………………… 448
16.4.6 回合限制 ………………… 456
16.4.7 胜利判断 ………………… 459

第 17 章 吃豆人 ………………… 462

17.1 游戏简介 ………………… 462

17.2 游戏规则 ………………… 462

17.3 程序思路 ………………… 463

17.3.1 地图生成 ………………… 463
17.3.2 幽灵状态 ………………… 463
17.3.3 小精灵管理 ………………… 465
17.3.4 游戏流程图 ………………… 465

17.4 程序实现 ………………… 467

17.4.1 前期准备 ………………… 467
17.4.2 制作游戏场景 ………………… 467
17.4.3 吃豆人的移动 ………………… 468
17.4.4 豆子的消失 ………………… 473
17.4.5 幽灵运动 ………………… 474

第 18 章 斗地主 ………………… 487

18.1 游戏简介 ………………… 487

18.2 游戏规则 ………………… 487

18.3 程序思路 ………………… 488

18.3.1 扑克牌 ………………… 488
18.3.2 洗牌 ………………… 488
18.3.3 发牌 ………………… 489
18.3.4 出牌 ………………… 489
18.3.5 牌型 ………………… 491
18.3.6 大小 ………………… 491
18.3.7 玩家 ………………… 491
18.3.8 胜利 ………………… 492
18.3.9 游戏流程图 ………………… 492

18.4 工程实现 ………………… 492

18.4.1 前期准备 ………………… 492
18.4.2 制作游戏场景 ………………… 494
18.4.3 定义一张牌 ………………… 496
18.4.4 洗牌 ………………… 503
18.4.5 发牌 ………………… 504
18.4.6 胜利判定 ………………… 513

18.4.7 叫地主 …………………… 514
18.4.8 出牌 …………………… 525
18.4.9 判断牌型 …………………… 527
18.4.10 比大小 …………………… 534
18.4.11 胜利 …………………… 541

第 19 章 坦克大战 ……… 542

19.1 游戏简介 …………………… 542

19.2 游戏规则 …………………… 542

19.3 程序思路 …………………… 542

19.3.1 地图生成 …………………… 542
19.3.2 敌人 …………………… 543
19.3.3 玩家 …………………… 544
19.3.4 障碍物 …………………… 544
19.3.5 道具 …………………… 545
19.3.6 基地 …………………… 545
19.3.7 游戏流程图 …………………… 545

19.4 工程实现 …………………… 546

19.4.1 前期准备 …………………… 546
19.4.2 制作游戏场景 …………………… 548
19.4.3 玩家控制 …………………… 551
19.4.4 子弹 …………………… 558
19.4.5 地图上各类障碍物及基地 …… 560
19.4.6 敌人 …………………… 566
19.4.7 敌人生成器 …………………… 576
19.4.8 道具 …………………… 579

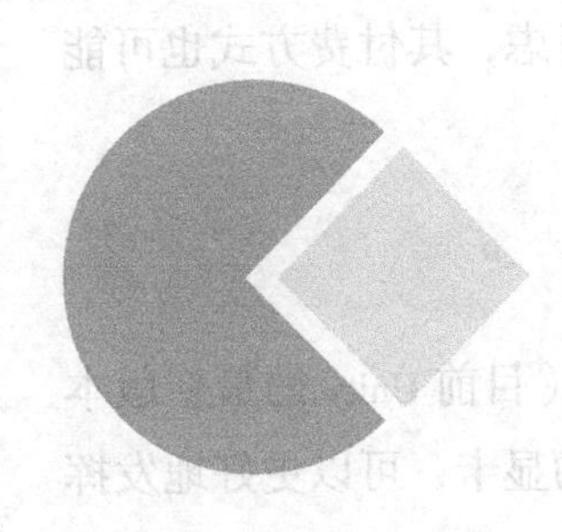

第1章　熟悉Unity软件的操作

1.1　可多平台发布的Unity游戏引擎

Unity是由Unity Technologies开发的一个让用户轻松创建各种类型游戏和虚拟现实等互动内容的多平台综合型开发工具。它实现了一次开发，一键式发布的方式，可直接发布到Windows、Linus、Mac、iOS、Android、Web、PS、XBox等平台上。Unity游戏引擎提供的功能日益完善，从单机游戏到网络游戏，从PC到移动设备，从游戏到VR、AR和体感游戏，其可扩展性、易用性、性价比等方面都吸引着越来越多的开发者投身到使用Unity游戏开发中。在全球，尤其是中国，Unity的用户群正在不断地扩大，各种论坛、教程逐渐丰富。图1-1所示为Unity的标志及用Unity开发的经典游戏。本书将从Unity引擎的使用展开，详细介绍Unity的用法。

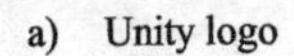
a)　Unity logo

b)　《纪念碑谷》

c)　《Shadow Gun》

图1-1　Unity以及由Unity开发的游戏

1.2　Unity游戏引擎的下载和安装

Unity安装程序需要通过Unity官网下载。想学习和试用的用户可以下载个人版本（Unity Personal），该版本提供了游戏开发的基本功能。如果想使用Unity的全部功能，需要通过官网商店购买专业版本或个人加强版。

购买付费版本的Unity，可以享受其提供的功能和无限期的升级功能，每个月还会向你的注册邮箱发送有关于Unity的最新消息，而且可以作为会员参加内部升级版的试用。在付费的过程中，你需要有一张支持Visa、Master等国际支付功能的信用卡，建议使用paypal支付方式支付，方便快捷。你可以在paypal网站上注册一个账号，并绑定你的信用卡，以后，你就可以采用此方式购买国际上的各种软件，还可以通过Unity的资源商店购买各种需要的插件和资源（当然，出于商业模式的考虑，其付费方式也可能会不断改变）。

1.2.1 Unity 的下载

我们以个人免费版本为例，讲解 Unity 的下载和安装过程（目前 Unity 的最新版本是 2017 系列，该版本支持 DirectX11 的功能，如果有 DirectX11 的显卡，可以更好地发挥 Unity 的功能）。

[1] 首先登录 Unity 的官网，如图 1-2 所示（界面内容会根据官网的更新而不同，下载安装界面也可能会随着版本的更新而有所改变）。

图 1-2 Unity 官网主页

[2] 进入官网之后，点击右上角的获取 Unity 按钮，进入下载界面，如图 1-3 所示（下载版本随官方更新而不同）。

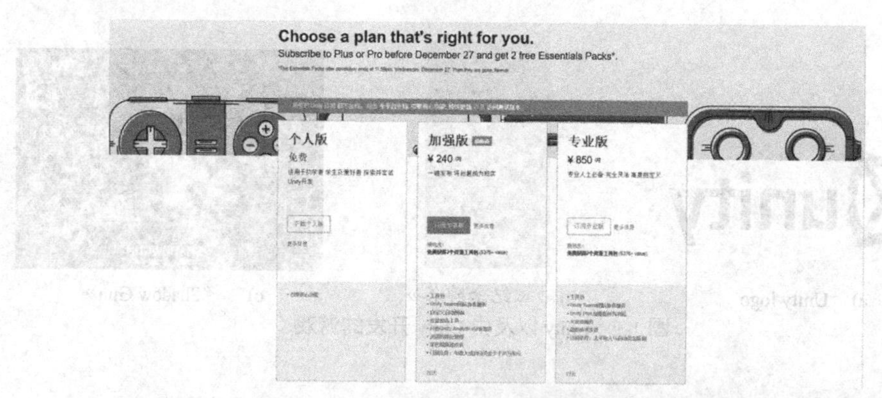

图 1-3 Unity 下载页面

[3] 点击下载个人版，此时弹出下载界面，勾选点击下载安装程序按钮，如图 1-4 所示。

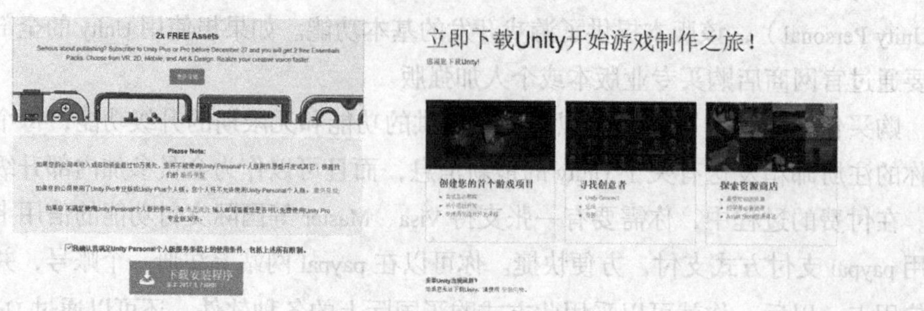

图 1-4 自动下载页面

1.2.2　Unity 的安装

[1]　下载完成之后，双击文件，下载并安装 Unity 各组件。如图 1-5 所示。点击【Next >】按钮，进入协议面板，选择【I Accept the terms of the license Agreement】选项（界面随引擎版本的更新可能会有所不同），如图 1-6 所示。

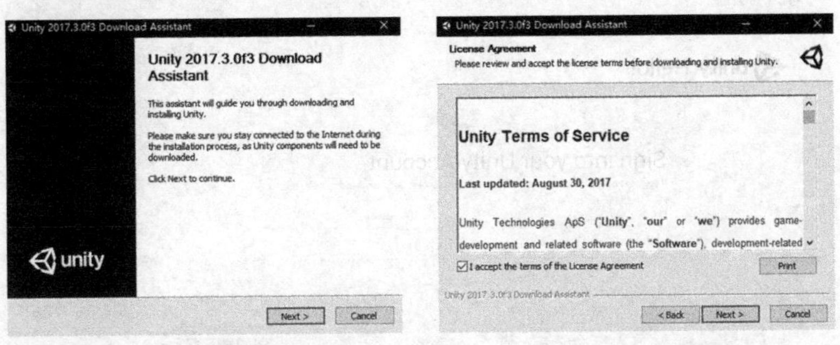

图 1-5　Unity 3D 安装界面　　　　图 1-6　协议界面

[2]　进入下一个安装界面，如图 1-7 所示。其中 Unity 是主程序，Example Project 是自带的例子工程包。Unity Development Web Player 是用于运行和测试 Web 端游戏的插件，MonoDevelop 是一个开源的脚本编辑器，为 Unity 默认的脚本编辑器。点击【Next>】按钮，进入安装路径选择界面，如图 1-8 所示。注意，安装路径必须是英文名称，请不要安装在带有中文名称的目录下，虽然现在 Unity 支持中文，但是还有一些不完善的地方。如果使用的是中文 Windows 操作系统，请不要安装在桌面上，因为桌面的文件目录名为中文。

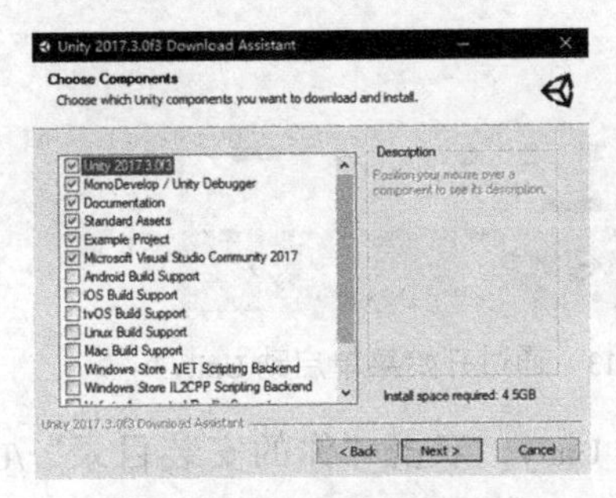

图 1-7　组件安装选择界面

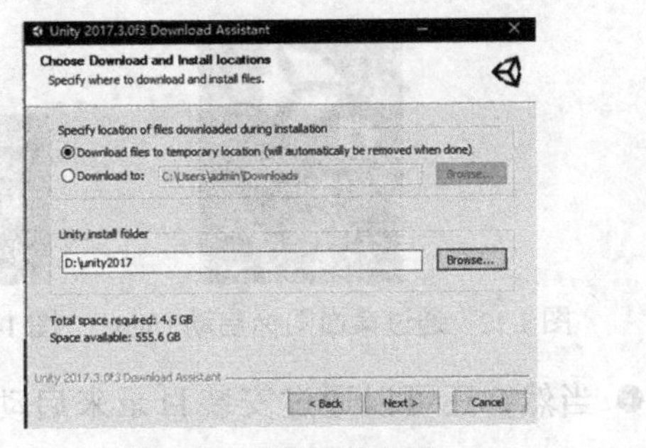

图 1-8　目录选择界面

[3]　点击【Next】按钮，继续安装的过程，如图 1-9 所示。该安装过程比较长，请耐心等待。直到出现图 1-10 所示的界面，点击【Finish】按钮。便可以运行 Unity 了。

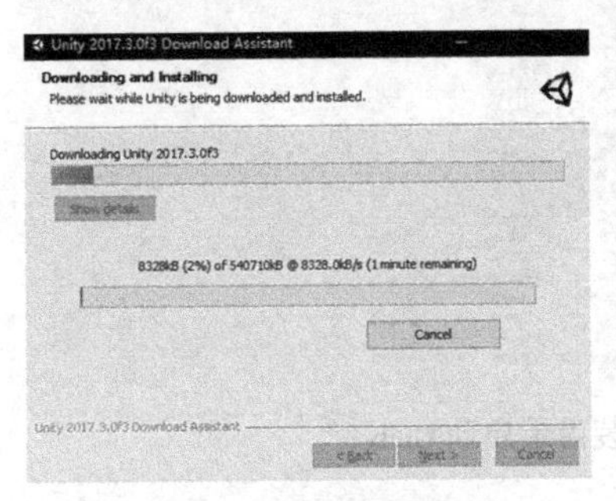

图 1-9　安装过程界面

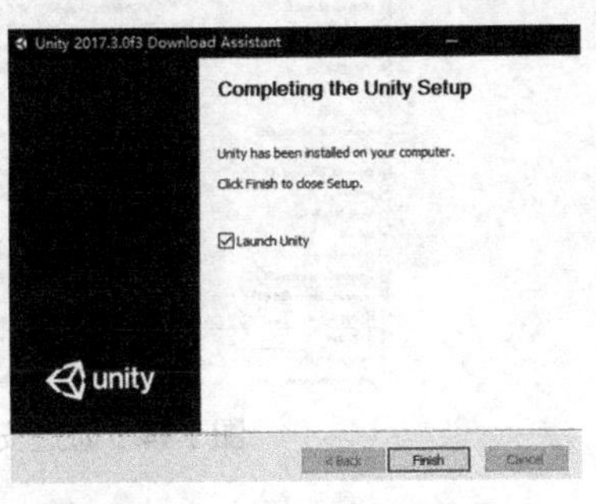

图 1-10　安装完成界面

1.2.3 Unity 的注册

如果已有 Unity 账号登录即可。没有则点击 Create one 进入 Unity 官网注册账号然后点击 Sign in（登录），如图 1-11 所示。

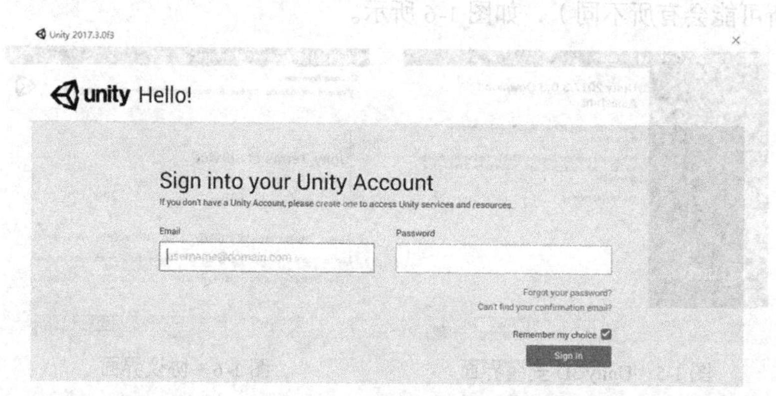

图 1-11 输入账号密码

1.2.4 启动 Unity

- 当你需要启动 Unity 时，可以用以下方式打开，点击桌面上的 Unity 图标来启动，如图 1-12 所示。
- 或者点击开始菜单，输入 Unity 来启动，如图 1-13 所示。

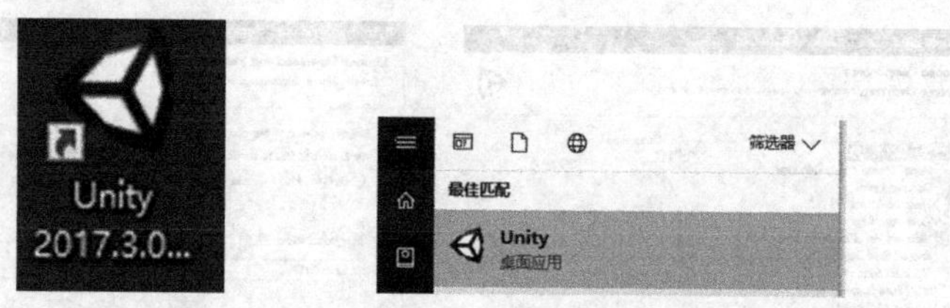

图 1-12 通过桌面图标启动 Unity 图 1-13 通过开始菜单启动 Unity

- 当然，还可以通过安装目录来启动 Unity，双击"你的安装目录"/Unity/Editor/Unity.exe，如图 1-14 所示。

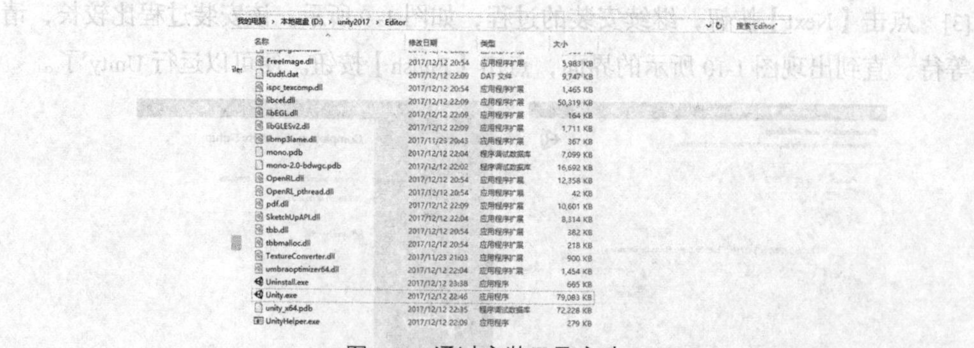

图 1-14 通过安装目录启动 Unity

- Unity 引擎开启成功界面如图 1-15 所示。

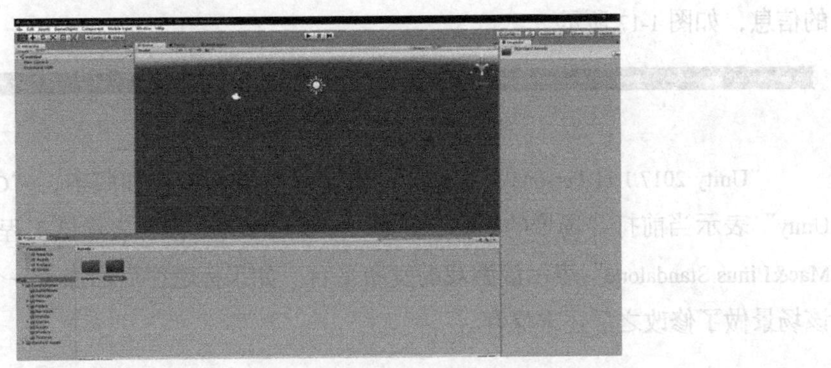

图 1-15　Unity 引擎开启成功界面

1.3　认识 Unity 的编辑界面

当你第一次打开 Unity（本书使用 Unity 2017 版本）时，显示的是 Unity 2017 的默认布局方式。在默认的界面布局方式中，显示了游戏开发中经常使用的界面窗口。当然，你也可以根据实际需要和习惯重新布局 Unity 的界面，如图 1-16 所示。接下来一一介绍这些界面的作用。

图 1-16　Unity 默认编辑窗口

1.3.1　软件标题栏

所有的应用程序基本上都有标题栏，标题栏用于显示软件的一些信息。Unity 的标题栏也具有同样的作用。这个标题栏显示了关于游戏工程，游戏场景和游戏发布平台的信息，如图 1-17 所示。

Unity 2017.1.1f1 Personal (64bit) - CompleteMainScene.unity - First Unity2017 Project - PC, Mac & Linux Standalone <DX11>

图 1-17　Unity 3D 的标题栏

“Unity 2017.1.11 Personal（64bit）”表示该软件的名称和版本，“CompleteMainScene. Unity”表示当前打开场景的名称，“First Unity2017 Project”表示该工程的名称，“PC，Mac&Linus Standalone”表示该游戏的发布平台。如果标题栏后面加了一个“*”号，表示该场景做了修改之后还未保存。

1.3.2　主菜单

主菜单栏集成了 Unity 的所有功能菜单命令。我们可以通过菜单栏实现创作，如图 1-18 所示。每个下拉菜单的左边是该菜单项的名字，右边是其快捷键，如果菜单项名字后面有省略号，表示将打开一个对应的面板，如果后面有一个三角符号，表示该菜单项还有一个子菜单。如果安装了其他插件时，可能会在菜单中添加其他的选项。

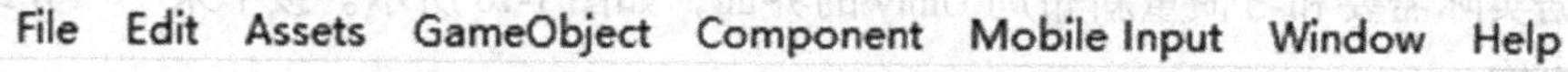

File　Edit　Assets　GameObject　Component　Mobile Input　Window　Help

图 1-18　主菜单栏

1. File（文件）菜单包含创建、打开游戏工程和场景，以及发布游戏，关闭编辑器等，如图 1-19 所示。

- New Scene（新建场景）：创建一个新的游戏场景，快捷键是【Ctrl +N】。
- Open Scene（打开场景）：打开一个已经保存的场景，快捷键是【Ctrl + O】。
- Save Scene（保存场景）：保存一个正在编辑的场景，快捷键是【Ctrl + S】。
- Save Scene as…（把场景另保存为……）：把一个正在编辑的场景保存为另外一个场景，快捷键是【Ctrl + Shift + S】。
- New Project…（新建工程）：创建一个新的游戏工程。
- Open Project…（打开场景）：打开一个已经存在的工程。
- Save Project（保存工程）：保存一个正在编辑的工程。
- Build Setting…（发布设置）：发布一个游戏，通过这个菜单可以发布不同平台的游戏，快捷键是【Ctrl + Shift + B】。
- Build & Run（发布并运行）：发布并运行该游戏，快捷键是【Ctrl + B】。
- Exit（退出）：退出编辑器。

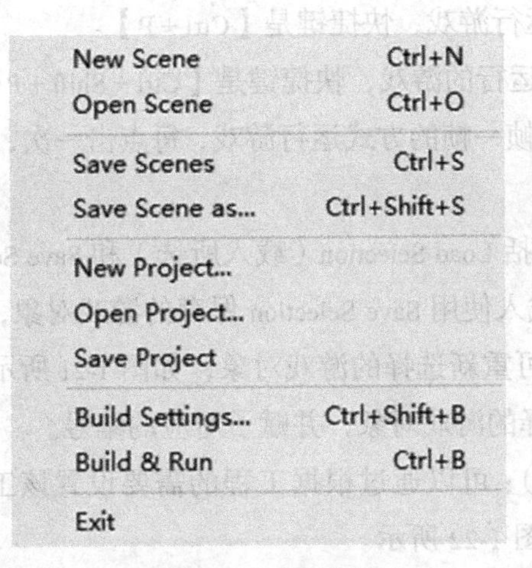

图 1-19 File 菜单

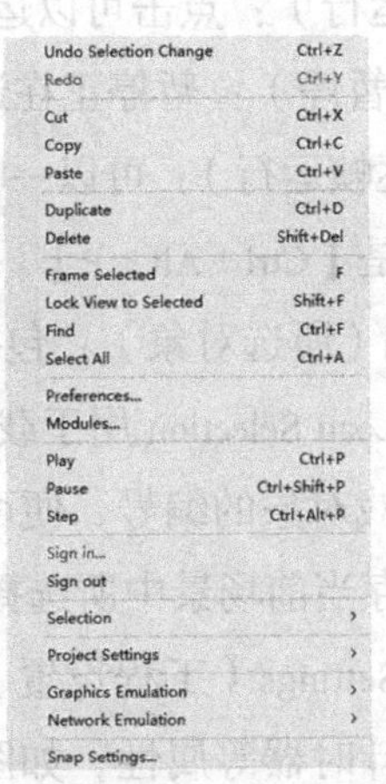

图 1-20 Edit 菜单

2. Edit（编辑）菜单包含了回撤、复制、粘贴、运行游戏和编辑器设置等功能，如图 1-20 所示。

- Undo Selection Change（撤销）：当你误操作之后，可以使用该功能回到上一步的操作，快捷键是【Ctrl + Z】。
- Redo（取消回撤）：当你撤销次数过多时，可以使用该功能前进到上一步的撤销，快捷键是【Ctrl + Y】。
- Cut（剪切）：选择某个对象并剪切，快捷键是【Ctrl + X】。
- Copy（拷贝）：选择某个对象并拷贝，快捷键是【Ctrl + C】。
- Paste（粘贴）：剪切或者拷贝对象之后，可以把该对象粘贴到其他位置。
- Duplicate（复制）：复制选中的物体，快捷键是【Ctrl + D】，在 Unity 3D 中，该功能的使用比【Copy + Paste】更多。
- Delete（删除）：删除某个选中的对象，快捷键是【Shift + Del】。
- Frame Selected（聚焦选择）：选择一个物体后，使用此功能可以把视角移动到这个选中的物体上，快捷键是【F】。
- Lock View to Selected（锁定视角到所选）：选择一个物体后，使用此功能可以把视角移动并锁定到这个选中的物体上，视角会跟随所选对象移动而移动，快捷键是【Shift +F】。
- Find（查找）：可以在资源搜索栏中输入对象名称来查找某个对象，快捷键是【Ctrl + F】。
- Select All（选择所有）：可以一次性选择场景中所有的对象，快捷键是【Ctrl + A】。
- Preferences…（偏爱设置）：可以设置 Unity 的外观、脚本编辑工具、Android SDK 路径等。
- Modules（模块管理）：查看 Unity 各模块及其版本。

- Play（运行）：点击可以运行游戏，快捷键是【Ctrl + P】。
- Pause（暂停）：暂停正在运行的游戏，快捷键是【Ctrl + Shift + P】。
- Step（逐帧运行）：可以一帧一帧的方式运行游戏，每点击一次，游戏运行一帧，快捷键是【Ctrl + Alt + P】。
- Selection（所选对象）：包括 Load Selection（载入所选）和 Save Selection（保存所选）。Load Selection 用于载入使用 Save Selection 保存的游戏对象，选择所要载入相应游戏对象的编号，便可重新选择的游戏对象，如图 1-21 所示。Save Selection 用于保存当前场景中所选择的游戏对象，并赋予对应的编号。
- Project Settings（工程设置）：可以通过根据工程的需要设置该工程中的输入、音频、计时器等属性，如图 1-22 所示。

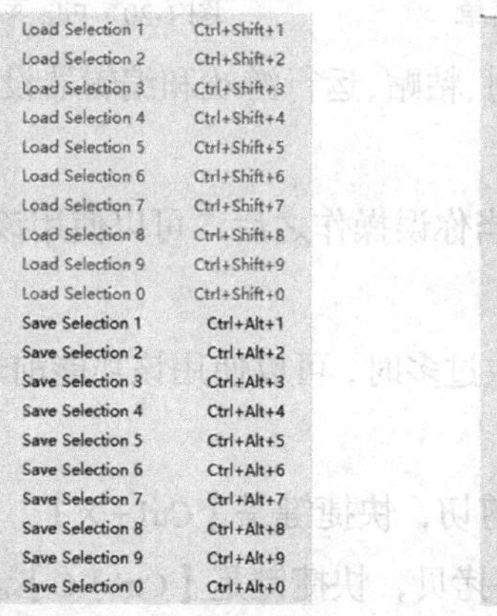

图 1-21 Save Selection

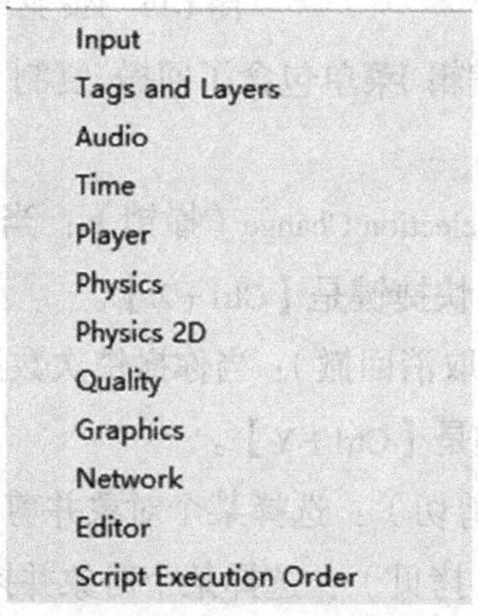

图 1-22 Project Settings

- Network Emulation（网络模拟器）：在开发网络游戏时，可以通过选择不同的网络带宽来模拟实际的网络。如图 1-23 所示。
- Graphics Emulation（图形处理模拟器）：该选项可以模拟针对不同的图形处理 API 或者设备进行最终效果的模拟，如图 1-24 和图 1-25 所示。

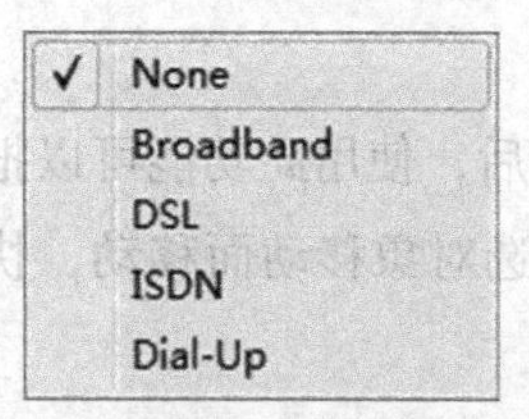

图 1-23 Network Emulation 选项

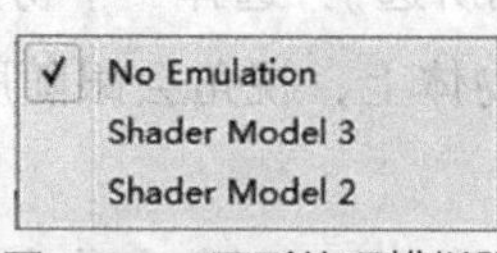

图 1-24 Pc 图形处理模拟器

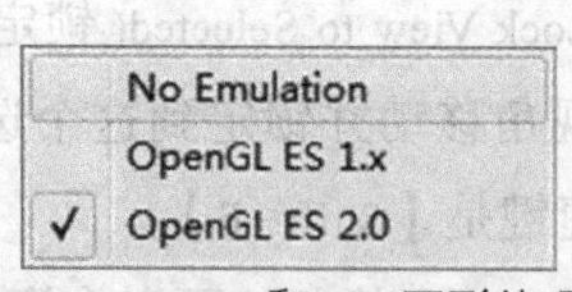

图 1-25 Android 和 iOS 图形处理模拟器

- Snap Setting…（捕捉设置）：通过该选项，可以在编辑场景时对游戏对象进行移动、旋转和缩放的精度。如图 1-26 所示。

3. Assets（资源）菜单：该菜单提供了对游戏资源进行管理的功能，如图 1-27 所示。

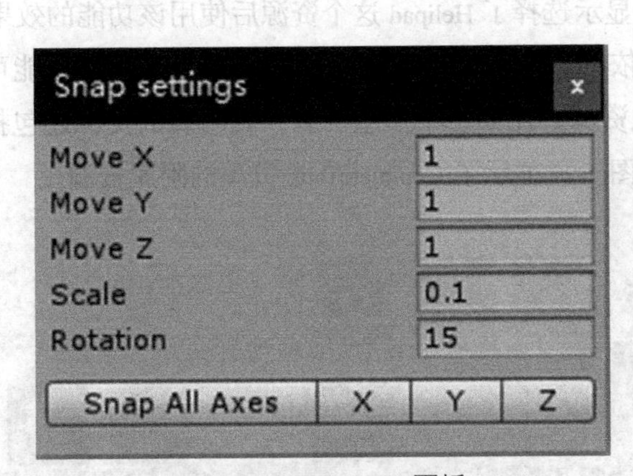

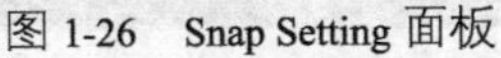

图 1-26 Snap Setting 面板

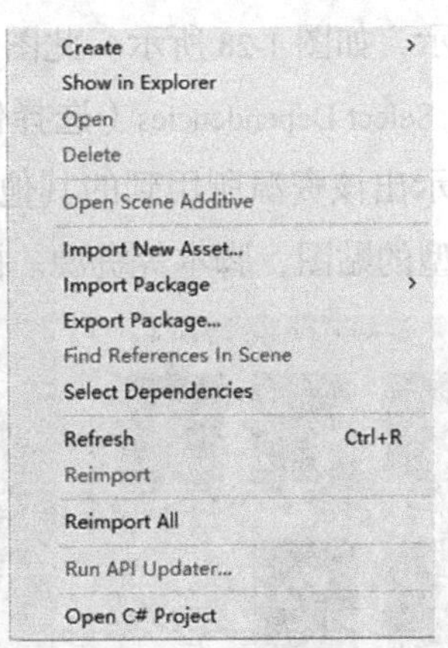

图 1-27 Assets 菜单

- Create（创建）：新建各种资源。
- Show in Explorer（打开资源所在的目录位置）：选择某个对象之后通过操作系统的目录浏览器定位到其在所在目录中。
- Open（打开资源）：选择某个资源之后，根据资源类型以对应的方式打开。
- Delete（删除某个资源）：其快捷键是【Del】。
- Open Scene Additive（打开附加路径场景）：将选定的场景资源中的所有对象添加到当前场景中。
- Import New Asset…（导入新的资源）：通过目录浏览器导入某种需要的资源。

图 1-28 在场景中找到对象所依赖的资源

- Import Package（导入包）：在 Unity 3D 中，资源可以通过打包的方式实现资源的共享，并通过导入包来使用包资源。包资源的文件后缀是 UnityPackage。
- Export Package…（导出包）：通过在编辑器中选择需要打包的资源，并通过该功能把这些资源打包成一个包文件。
- Find References In Scene（在场景中找到对应的资源）：选择某个资源之后，通过该功能在游戏场景中定位到使用了该资源的对象。使用该功能后，场景中没有利用该资源的对象会以黑白来显示，而使用了该资源的对象会以正常的方式显示，如图 1-28 所示。此图显示选择了 Helipad 这个资源后使用该功能的效果。

- Select Dependencies（选择依赖资源）：选择某个资源之后，通过该功能可以显示出该资源所用到的其他资源，比如某个模型资源，其附属的资源还包括该模型的贴图，脚本等资源。图 1-29 显示了 CompleteTank 资源的附属资源。

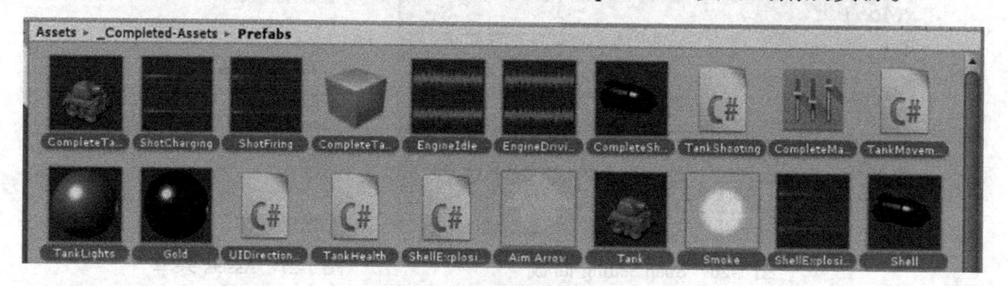

图 1-29　依赖资源显示

- Refresh（刷新资源列表）：对整个资源列表进行刷新，快捷键是【Ctrl + R】。
- Reimport（重新导入）：对某个选中的资源进行重新导入。
- Reimport All（重新导入全部资源）。
- Run API Updater…（驱动 API 更新器）：更新 API 以满足各版本的部分不同功能以及脚本编写方法。
- Open C# Project（打开 C# 工程）：打开可以编辑 C# 脚本的编辑器。

4. GameObject（游戏对象）菜单：该菜单提供了创建和操作各种游戏对象的功能，如图 1-30 所示。

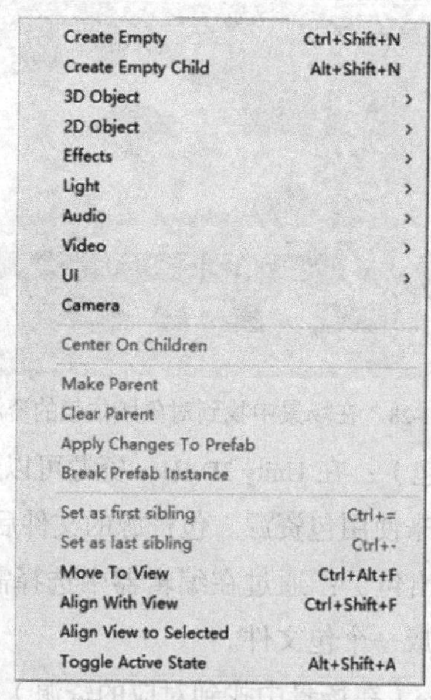

图 1-30　GameObject 菜单

- Create Empty（创建空对象）：使用该功能可以创建一个只包括变换（位置、旋转和缩放）信息组件的空游戏对象。

- Create Empty Child（创建空的子对象）：使用该功能可以创建一个只包括变换（位置、旋转和缩放）信息组件的空游戏对象作为子对象。
- 3D Object（3D 对象）：创建 3D 对象，如立方体、球体、平面、地形、植物等，如图 1-31 所示。
- 2D Object（2D 对象）：创建 2D 对象 Sprite 精灵。
- Light（灯光）：创建各种灯光，如点光源、平行光等，如图 1-32 所示。
- Audio（音频）：创建一个音频源或音频混响区域。
- UI（用户界面）：创建 UI 上的一些元素，如文本、图片、画布、按钮、滑动条等，如图 1-33 所示。
- Particle System（粒子系统）：创建一个粒子系统。
- Camera（摄像机）：创建一个摄像机。
- Center On Children（对齐父物体到子物体）：使得父物体对齐到子物体的中心。
- Make Parent（创建父物体）：选中多个物体后，点击这个功能可以把选中的物体组成父子关系，其中在层级视图中最上面的那个为父节点，其他为这个节点的子节点。
- Clear Parent（取消父子关系）：选择某个子物体，使用该功能，可以取消它与父物体之间的关系。

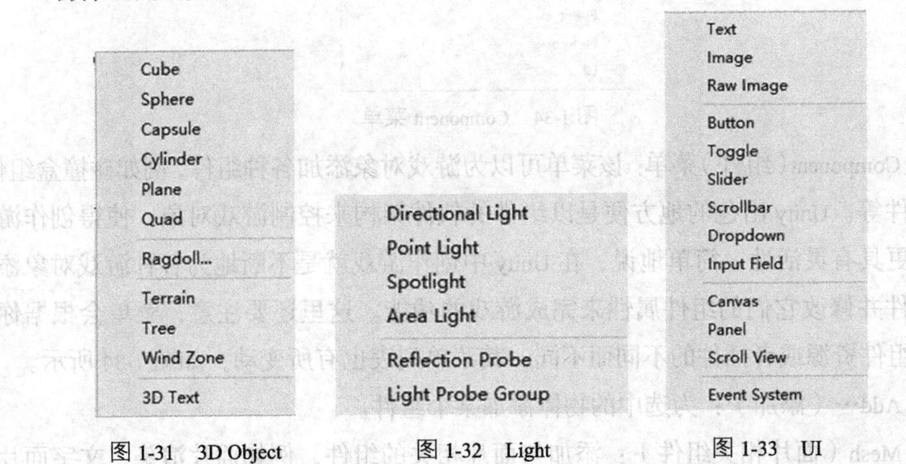

图 1-31 3D Object　　图 1-32 Light　　图 1-33 UI

- Apply Changes To Prefab（应用变更到预置）：使用 Prefab 生成的对象通过在场景中编辑之后，可以把变更应用于资源库中的预置。
- Break Prefab Instance（断开预置连接）：使用该功能可以使得生成的游戏对象与资源中的预置断开联系。
- Set as first sibling（设置为第一个子对象）：使用该功能可以使选择的游戏对象在同一级中变到第一个位置。
- Set as last sibling（设置为最后一个子对象）：使用该功能可以使选择的游戏对象

在同一级中变到最后一个位置。

- Move To View（移动到场景窗口）：选择某个游戏对象之后，使用该功能可以把该对象移动到当前场景视图的中心，快捷键是【Ctrl + Alt + F】。
- Align With View（对齐到场景窗口）：选择某个游戏对象之后，使用该功能可以把该对象对齐到当前场景视图，快捷键是【Ctrl + Shift + F】。
- Align View to Selected（对齐场景视口到选择的对象）：选择某个游戏对象之后，使用该功能，可以使得场景的视角对齐到该游戏对象上。
- Toggle Active State（切换活动状态）：使得选中的游戏对象激活或者失效。

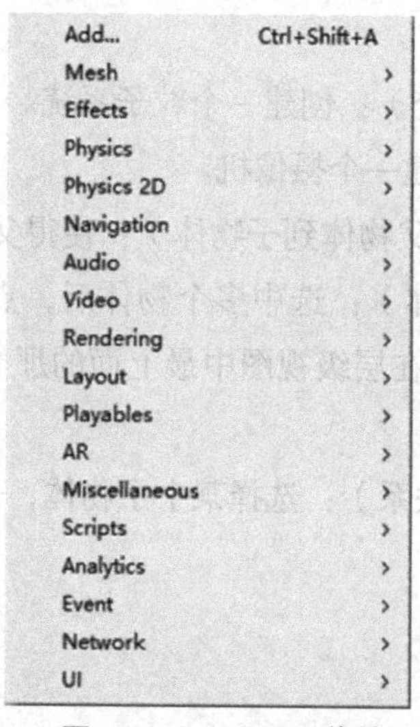

图 1-34　Component 菜单

5. Component（组件）菜单：该菜单可以为游戏对象添加各种组件，例如碰撞盒组件、刚体组件等。Unity 出色的地方便是以组件的软件架构来控制游戏对象，使得创作游戏的流程更具有灵活性。简单地说，在 Unity 中创作游戏就是不断地为各种游戏对象添加各种组件并修改它们的组件属性来完成游戏的功能。这里还要注意，菜单会根据你所添加的组件资源或者插件的不同而不同，其菜单列表也有所变动，如图 1-34 所示。

- Add…（添加）：为选中的物体添加某个组件。
- Mesh（面片相关组件）：添加与面片相关的组件，例如面片渲染、文字面片、面片数据。
- Effects（效果相关组件）：比如粒子、拖尾效果、投影效果等。
- Physics（武力相关组件）：可以为对象添加刚体、铰链、碰撞盒等组件。
- Physics2D（2D 武力相关组件）：可以为对象添加 2D 的刚体、铰链、碰撞盒等组件。
- Navigation（导航相关组件）：该组件模块可以用于创作寻路系统。
- Audio（音频相关组件）：为对象添加与音频相关的组件。
- Rendering（渲染相关组件）：可以为对象添加与渲染相关的组件，例如摄像机、天空盒等。

- Layout（布局相关组件）：添加布局相关的组件，如画布、垂直布局组、水平布局组等。
- Miscellaneous（杂项）：该选项列表可以为对象添加例如动画组件、风力区域组件、网络同步组件等。
- Scripts（脚本相关组件）：可以添加 Unity 自带的或者由开发者自己编写的脚本组件。在 Unity 中，一个脚本文件相当于一个组件，可以使用与其他组件形似的方法来控制该组件。
- Event（事件相关组件）：添加事件相关的组件，如事件系统、事件触发器等。
- Network（网络相关组件）：添加网络相关组件。
- UI（用户界面相关组件）：添加用户界面的相关组件，如 UI 文本、图片、按钮等。
- ImageEffects（图像效果组件）：该组件可以为场景的摄像机添加各种后期特效组件，例如调色组件，运动模糊组件等等。该组件只有在 Unity Pro 版本中才能使用，而且你必须导入 Image Effect 资源包之后才能看到。

6. Window（窗口）菜单：该菜单提供了与编辑器的菜单布局有关的选项，如图 1-35 所示。

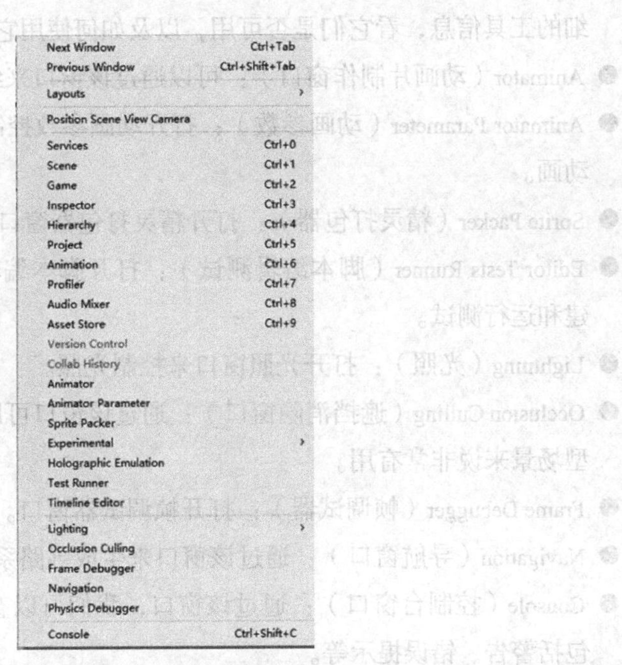

图 1-35　Window 菜单

- Next Window（下一个窗口）：从当前的视角切换到下一个窗口。使用该功能，当前的视角会自动切换到下一个窗口，实现在不同的窗口视角中观察同一个物体。其快捷键是【Ctrl + Tab】。

- Previous Window（前一个窗口）：会将当前的操作窗口切换到编辑窗口。
- Layouts（编辑窗口布局）：可以通过它的子菜单选择不同的窗口布局方式。
- Services（服务窗口）：打开 Unity 官网提供的服务窗口，如打开广告功能模板等。
- Scene（场景窗口）：创建一个新的场景窗口。
- Game（游戏预览窗口）：创建一个新的游戏预览窗口，可以通过该窗口预览到游戏的最终效果。
- Inspector（属性修改窗口）：创建一个新的属性修改窗口。
- Hierarchy（场景层级窗口）：创建一个新的场景层级窗口。
- Project（工程资源窗口）：新建一个新的工程资源窗口。
- Animation（动画编辑窗口）：打开一个动画编辑窗口。
- Profiler（分析器窗口）：打开一个资源分析窗口，可以通过该窗口查看游戏所占用的资源和运行效率。
- Audio Mixer（混音器）：打开混音器窗口，可以通过该窗口处理音频。
- AssetStore（资源商店窗口）：打开 Unity 官方的资源商店窗口，通过该窗口，我们可以购买到需要的插件和资源。
- Version Control（版本控制）：打开版本控制工具窗口，可以通过该窗口查看详细的工具信息，看它们是否可用，以及如何使用它们。
- Animator（动画片制作窗口）：可以通过该窗口来编辑角色动画。
- Animator Parameter（动画参数）：打开动画参数控制窗口，可以通过该窗口处理动画。
- Sprite Packer（精灵打包器）：打开精灵打包器窗口，用于创建 2D 资源素材。
- Editor Tests Runner（脚本编辑测试）：打开脚本编辑测试窗口，使用 NUnit 库创建和运行测试。
- Lightning（光照）：打开光照窗口来控制光照。
- Occlusion Culling（遮挡消隐窗口）：通过该窗口可以制作遮挡消隐效果，对于大型场景来说非常有用。
- Frame Debugger（帧调试器）：打开帧调试器窗口。
- Navigation（导航窗口）：通过该窗口来生成寻路系统所需要的数据。
- Console（控制台窗口）：通过该窗口，我们可以查看系统所输出的一些信息，包括警告、错误提示等。

7. Help（帮助菜单）：帮助菜单提供了例如当前 Unity 版本查看，许可管理，论坛地址等。如图 1-36 所示。

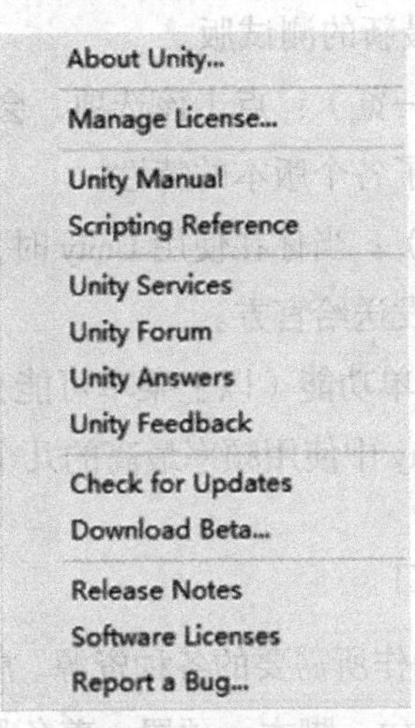

图 1-36　Help 菜单

- About Unity…（关于 Unity）: 打开该窗口，可以看到 Unity 当前的版本和允许发布的平台，以及创作团队等信息。
- Manage License…（许可管理）：可以通过该选项来管理 Unity 的序列号，例如购买了一个 Android 平台的发布许可，那么需要在这个窗口中重新输入允许发布 Android 平台的序列号。
- Unity Manual（Unity 用户手册）：点击该选项之后，会直接连接到 Unity 官网的用户手册页面上。该手册主要是介绍 Unity 的基本用法。
- Scripting Reference（脚本参考文档）：点击该选项之后，会直接连接到 Unity 官网的脚本参考文档页面，该页面介绍了 Unity 提供的在脚本程序编写中所需要用到的各种类以及这些类的用法。简言之，就是 Unity API 的文档。
- Unity Services（Unity 服务）：点击该选项之后，会直接连接到 Unity 的官方服务页面，上面描述了 Unity 提供的以帮助开发者制作游戏，吸引、留住客户并盈利的各种服务。
- Unity Forum（Unity 论坛）：点击该选项之后，会直接连接到 Unity 的官方论坛，在上面可以发起各种帖子或者找到一些在使用 Unity 中所遇到的问题的解决方案。
- Unity Answers（Unity 问答论坛）：点击该选项之后，会直接连接到 Unity 的官方问答论坛，在使用 Unity 中遇到任何问题，可以通过该论坛发起提问。
- Unity Feedback（反馈页面）：点击该选项之后，会直接连接到 Unity 的官方反馈页面，该页面有官方对用户的一些问题的反馈。
- Check for Updates（检查更新）：检查 Unity 是否有更新版本，如果有，会提示用户更新。
- Download Beta…（下载测试版）：点击该选项之后，会直接连接到 Unity 的官方网页，可下载 Unity 最新的测试版。

- Release Note（发布特性一览）：点击该选项，会直接连接到 Unity 的发布特性一览页面上，该页面显示了各个版本的特性。
- Report a Bug（报告错误）：当你在使用 Unity 时，发现的引擎内在错误，可以通过该窗口把错误的描述发送给官方。

以上简略介绍了 Unity 的菜单功能（以上菜单可能会因为引擎版本的更新而略有不同）。接下来，我们介绍在 Unity 中使用频率最高的几个窗口。

1.3.3 Project 项目资源窗口

在该窗口中，保存了游戏制作所需要的各种资源。常见的资源包括游戏材质、动画、字体、纹理贴图、物理材质、GUI、脚本、预置、着色器、模型、场景文件等。该窗口可以想象成一个工厂中的原料仓库。通过该窗口右上角的搜索栏，可以根据输入的名称搜索资源，如图 1-37 所示。

图 1-37　资源项目窗口

窗口的左边栏是资源目录，你可以通过为工程创建各种资源目录来存放不同的资源，建议为各个目录命名一个有意义的目录名，这样方便我们管理资源。窗口的右边栏是资源目录中的具体资源，不同资源其图标是不一样的。

操作练习 1　新建资源。

接下来介绍新建资源的方法。我们这里从新建一个工程开始。

[1]　选择菜单【File】->【New Project…】，此时会弹出 Projects 窗口，如图 1-38 所示。

[2]　在 Project name 输入框中输入工程名。

[3]　点击 Location 输入框右侧按钮，打开目录浏览器，定位到你要创建工程的地址，在其中新建一个目录，并命名为 Chapter3-projectWindow（名称可根据你的需要来命名）。选择这个目录，并点击【选择文件夹】，如图 1-39 所示。

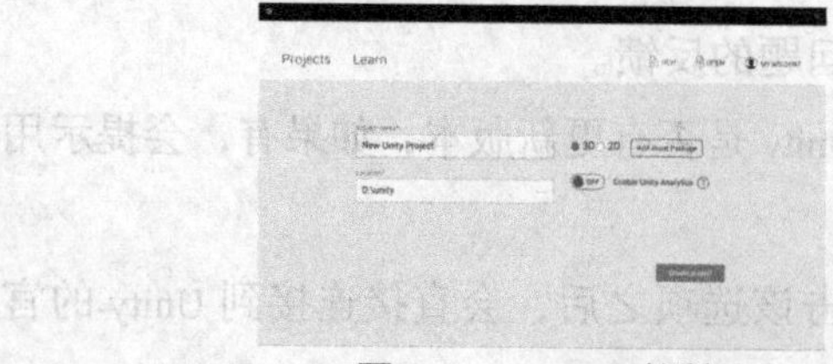

图 1-38　Project 对话框

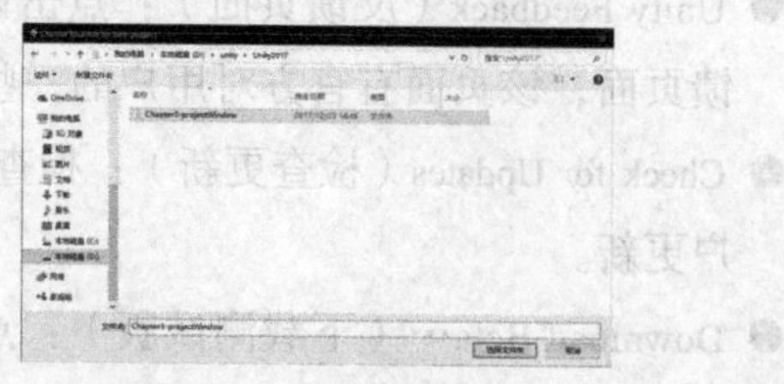

图 1-39　创建工程目录

[4]　回到 Project 创建窗口，点击【Create project】按钮，此时，一个新的工程就创建完成了（此时需要注意的是最好不要把工程放在中文名字目录下，并且该工程的文件名不要包含中文字符），如图 1-40 所示。

[5]　可选择创建 3D 或 2D 工程，此处我们选择创建 3D 工程。

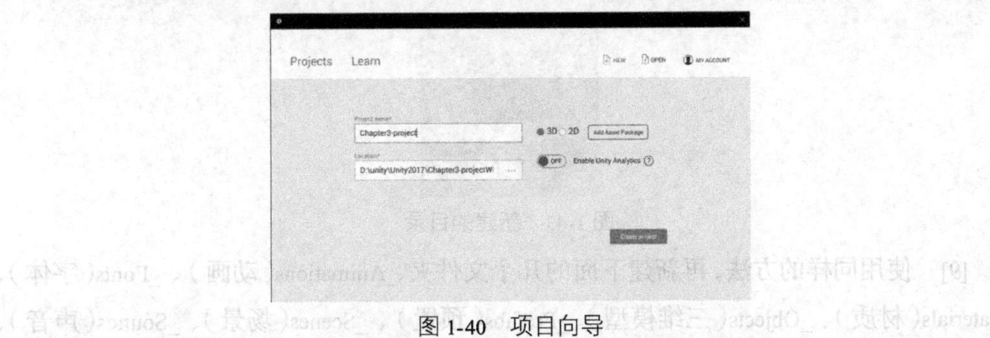

图 1-40　项目向导

[6]　Unity 自动重启，此时编辑器中是空的，如图 1-41 所示。

图 1-41　空的游戏项目

[7]　在 Project 窗口中点击鼠标右键，选择【Create】，在弹出的子菜单栏中选择【Folder】，此时会在 Project 窗口中生成一个空的目录，如图 1-42 所示。

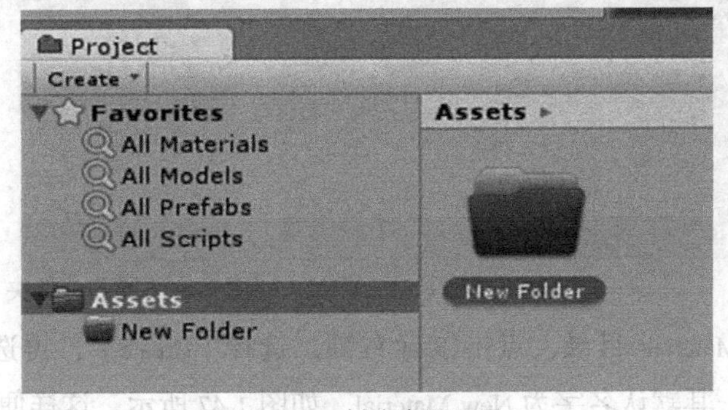

图 1-42　创建资源目录

[8] 刚新建文件之后，你可以直接输入新的文件名，如果不小心点到其他地方，便不能对文件夹名称进行修改，或者名称输入错误，此时可以选择该文件夹，按下键盘的 F2 键，便可以对它进行命名了。我们把它命名为 _Scripts，以后这个文件夹用来保存脚本资源，如图 1-43 所示。

图 1-43 新建的目录

[9] 使用同样的方法，再新建下面的几个文件夹，_Animations（动画）、_Fonts（字体）、_Materials（材质）、_Objects（三维模型）、_Prefabs（预置）、_Scenes（场景）、_Sounds（声音）、_Textures（贴图）、_Shaders（着色器）。这些不同的目录将用于存放不同类型的资源，如图 1-44 所示。

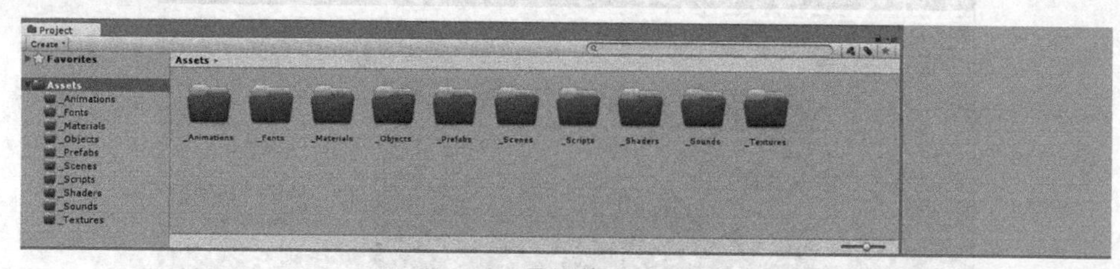

图 1-44 最终的目录结构

[10] 创建子目录。双击进入 _Objects 目录，进入它的子层级，使用创建目录的方法，创建 _Enemies（敌人模型）、_Environment（环境模型）、_Players（玩家角色模型）三个子目录。当在一个目录中有子目录时，在 Project 窗口中的目录层级中会在对应的目录左边出现一个三角形，该三角形表示此目录中有其他的文件夹。你可以通过双击该目录或者点击目录左边的三角形展开该目录，如图 1-45 和图 1-46 所示。

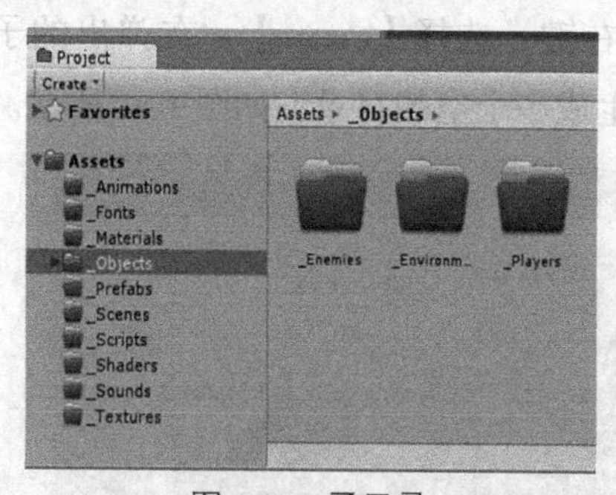

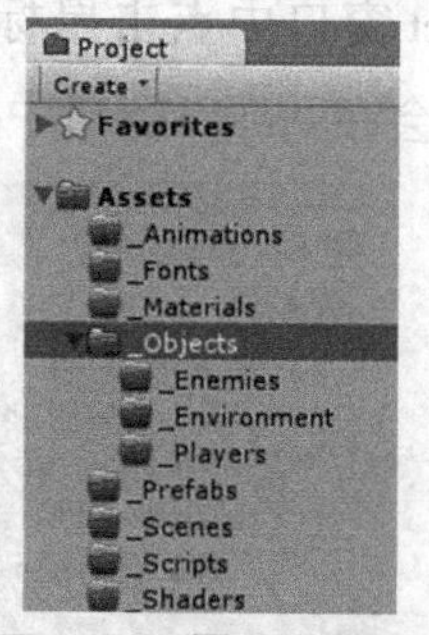

图 1-45 子目录　　图 1-46 展开文件夹

[11] 点击 _Materials 目录，点击鼠标右键，选择【Create】，再选择【Material】，添加一个材质球，其默认名字为 New Material，如图 1-47 所示。这样便在 _Materials 目录

中新建了一个材质球资源。至于材质球怎么使用，我们在后面的章节会涉及。

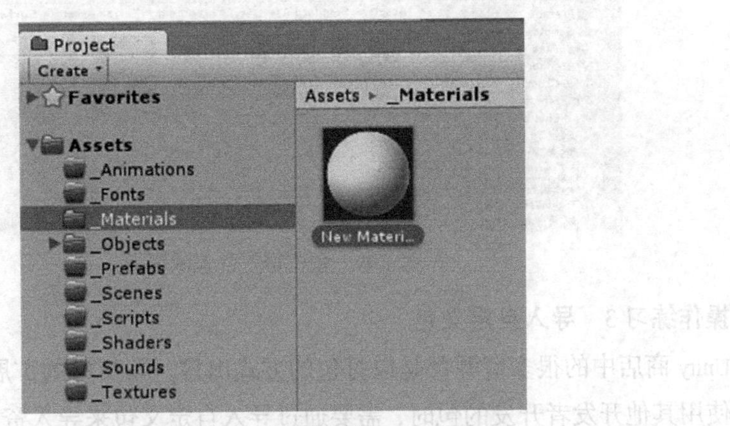

图 1-47　创建材质球

以上的步骤讲解了如何在 Project 窗口中创建新的资源的例子。

操作练习 2　导入资源包。

我们先从导入 Unity 自带的资源包开始，讲解如何导入一个已经打包的资源。

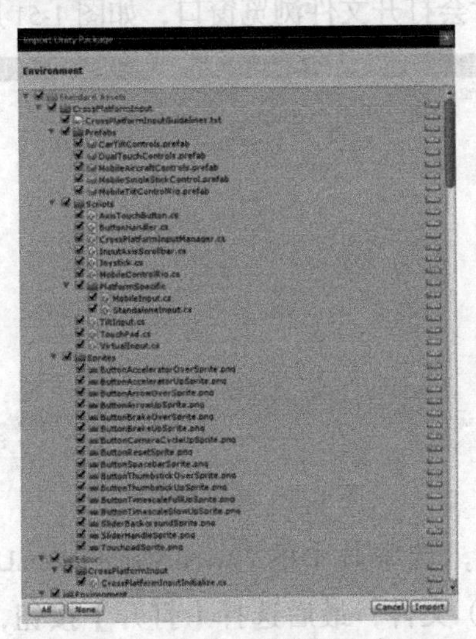

图 1-48　导入的包的内容

[1]　在 Project 窗口中，通过鼠标右键打开其浮动菜单，选择【Import Package…】，再选择【Environment】，此时，它会对该资源包进行解压，并弹出一个窗口，如图 1-48 所示。这个窗口显示了这个包中包含的所有资源。你可以在这个窗口中选择你需要的素材，或者点击【All】按钮选择全部资源，或者点击【None】取消所有选择，在每个资源的左边有一个单选按钮，当出现“√”符号时，表示该资源被选中。点击【Cancel】时，取消该包的导入；点击【Import】按钮时，Unity 便开始导入选中的包。

[2]　导入 Unity 自带的资源包之后，其资源都保存在一个目录名为“Standard Assets”中。你可以打开这个包来观察其导入后的素材，如图 1-49 所示。

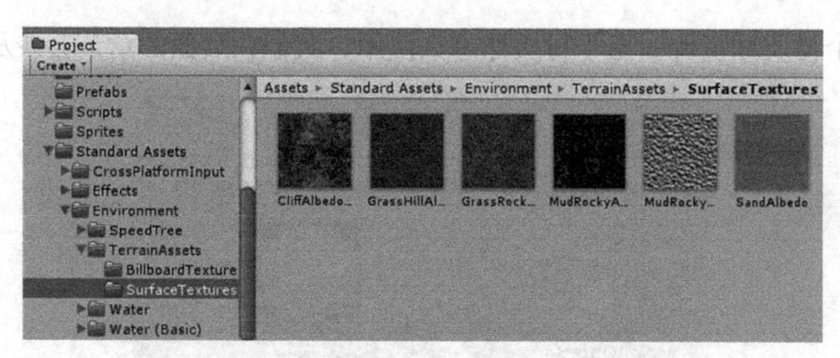

图 1-49　预览导入的包的资源

操作练习 3　导入自定义包。

Unity 商店中的很多资源都是以打包的方式出售，其文件的扩展名为 .Unitypackage。当要使用其他开发者开发的包时，需要通过导入自定义包来导入资源，如图 1-50 所示。

图 1-50　外部包

[1]　在 Project 窗口中，用鼠标右键打开浮动菜单栏，选择【Import Package…】中的【Custom Package…】，此时会打开文件浏览窗口，如图 1-51 所示。

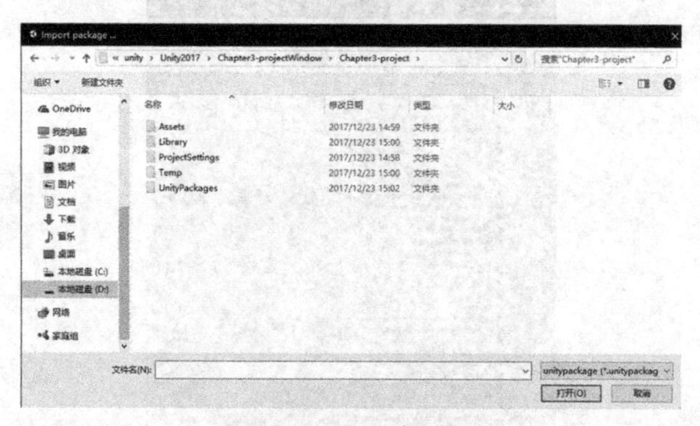

图 1-51　搜索外部包

[2]　打开 Resource 目录，选中其中的 iTween Visual Editor.Unitypackage（这个包是可以用于制作补间动画的插件）文件，最后选择【打开】按钮，接着同样出现 Import Unity Package 窗口，点击【Import】按钮，如图 1-52 所示。结果出现如图 1-53 所示的界面，表示正在导入资源。

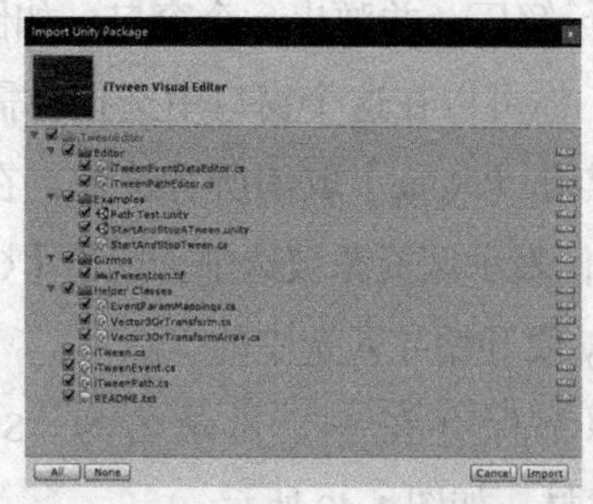

图 1-52　自定义包中的内容

图 1-53　包导入进度条

[3] 导入该资源之后，其在 project 窗口中所在的目录位置以及其目录名称由该包来决定，如图 1-54 所示。

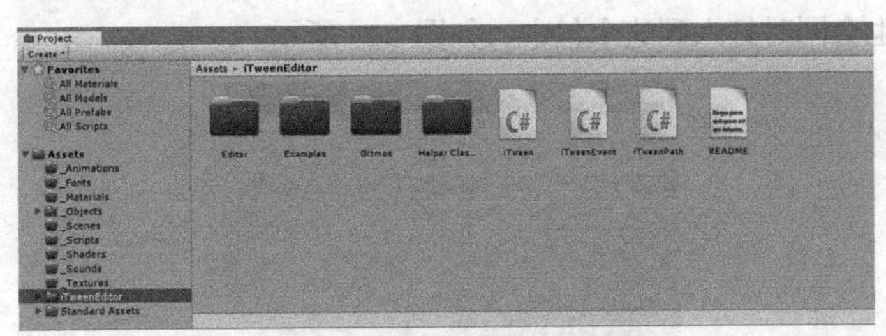

图 1-54 导入工程后的包资源

操作练习 4 导出资源包。

当需要与别人共享你的资源时，可以将资源进行打包成一个资源包。接下来，介绍将资源进行打包的方法。我们将使用 Unity 的官方例子 Tanks Tutorial 工程作为例子。

[1] 选择【File】菜单，选择【Open Project…】菜单项，此时同样会打开 Projects 窗口，显示最近打开的工程列表，这个列表保存了你最近打开过的工程的名称和工程的路径，点击 Tanks Tutorial 工程，如图 1-55 所示。

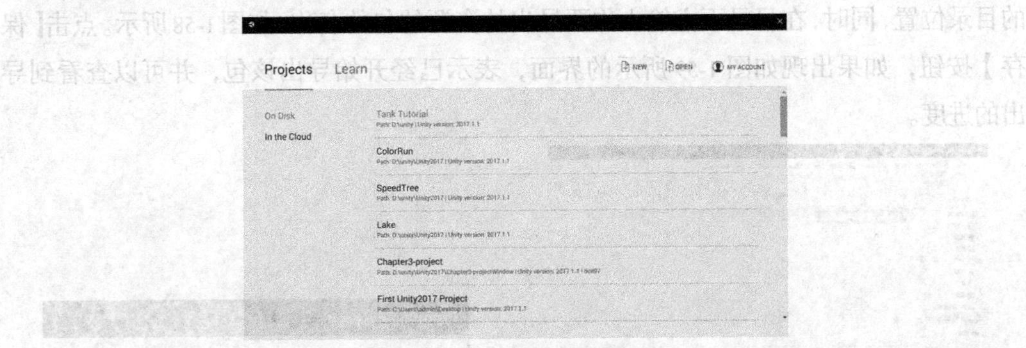

图 1-55 打开工程向导面板

[2] 此时，Unity 重新打开。接下来，假设我们要导出 Animators 目录、Materials 目录、Modals 目录和 Scripts 目录中所有的资源，选择这四个文件夹（多选操作可以按住键盘的【Ctrl】键不放并逐个选择资源），如图 1-56 所示。

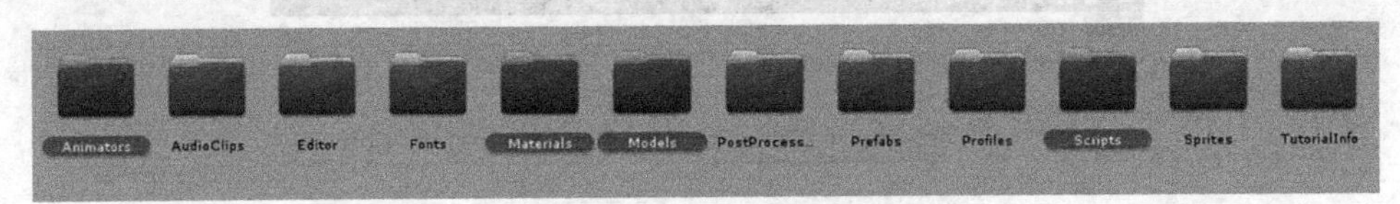

图 1-56 选择要导出的资源

[3] 把光标停放在某个已经选上的目录上，点击鼠标右键，打开子菜单栏，选择【Export Package…】选项栏，此时会出现一个【Export Package】窗口，在这个窗口中显示出所有需要导出的资源，你可以点击下方的【All】键来全部选择，或者选择【None】键来取消全部选择，或者你直接在列表中点击资源名称左边的“√”单项选择按钮来

选择需要导出的素材。在窗口的正下方有一个单选按钮【Include dependencies】，如果该按钮勾选上，表示所有被关联的资源都会被导入到这个包中，即使一些被关联但是没有选择的资源也会同时打入到这个包中，如图 1-57 所示。

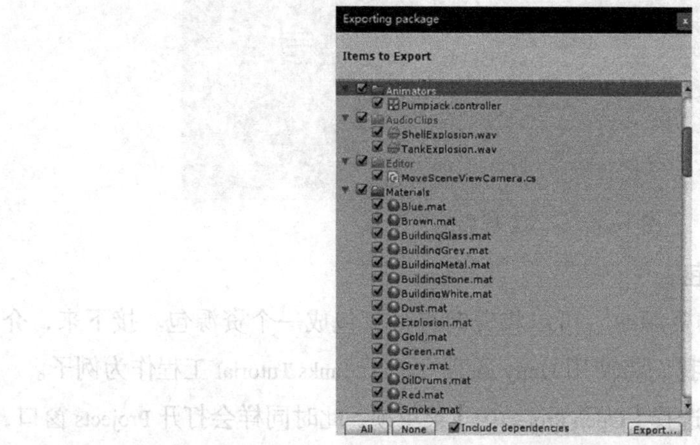

图 1-57　打包窗口

[4]　选择【Export…】按钮，会弹出一个目录浏览器，你可以选择你需要保存该包的目录位置，同时，在目录下方输入你要导出的资源的包的名称，如图 1-58 所示。点击【保存】按钮，如果出现如图 1-59 所示的界面，表示已经开始导出该包，并可以查看到导出的进度。

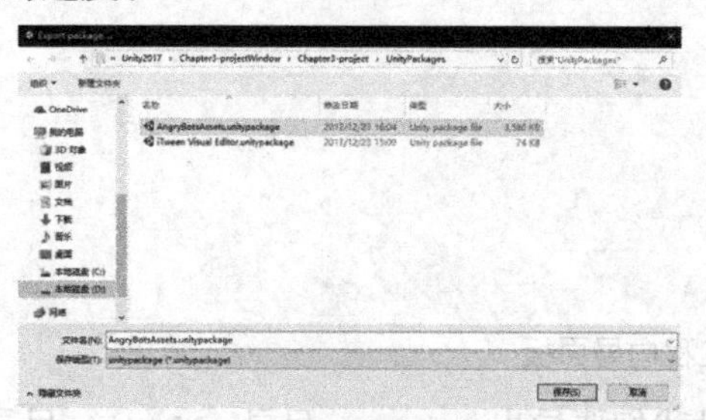

图 1-58　命名资源包的名称

图 1-59　导出资源包进度条

[5]　打完包之后，Unity 会自动打开该包保存的位置，如图 1-60 所示。

图 1-60　完成资源包的导出

操作练习 5　使用拖曳的方法导入已有的资源。

Unity 允许我们直接在外部目录中把素材拖入 Project 窗口，这个操作会把该素材拷贝到工程的 Assets 目录下的特定目录中。

[1]　打开 Chapter3-ProjectWindow 工程或者你前面操作练习 1 使用的工程文件，在 Project 窗口中点击 _Textures 目录，当前该目录下没有任何资源，我们将把需要的贴图资源拖入该目录中，如图 1-61 所示。

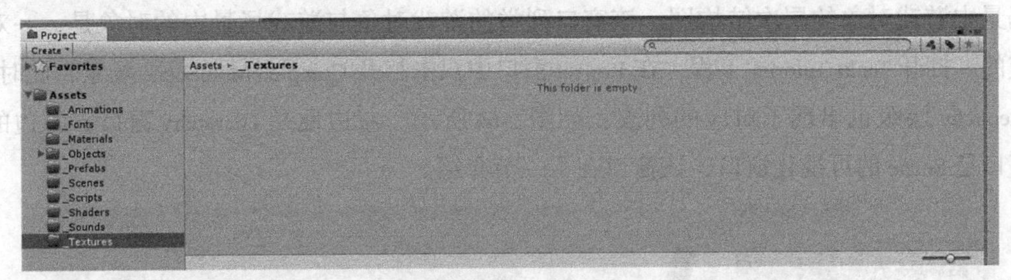

图 1-61　空的 _Textures 目录

[2]　打开操作系统的目录浏览器，打开 Chapter3 目录下的 Texture 目录，如图 1-62 所示。

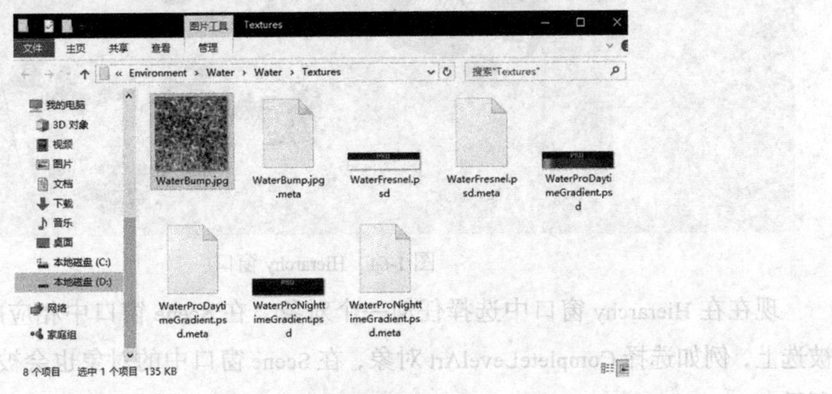

图 1-62　外部资源

[3]　直接把该贴图拖曳到 Unity 中的 Project 窗口中，这样便在 _Texture 目录下完成了贴图素材的导入，如图 1-63 所示。

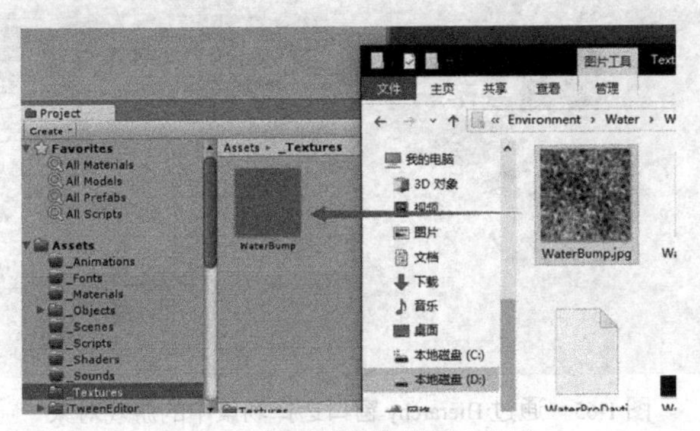

图 1-63　拖动外部资源到工程中

以上介绍的是 Project 资源窗口的基本操作，熟悉这些操作，可以提高游戏开发的工作效率。与此同时，需要强调的是，养成时刻为资源分类并整理的习惯，方便在开发过程中迅速找到需要的资源，尤其是当游戏非常庞大的时候更加尤为重要。

1.3.4 Hierarchy 层级窗口

Hierarchy 层级窗口是用于存放在游戏场景中存在的游戏对象。它显示的内容是游戏场景中游戏对象的层次结构图。该窗口列举的游戏对象与游戏场景中的对象是一一对应的。打开 Tanks Tutorial 工程，在 Project 窗口中双击打开 CompleteMainScene 场景，此时，Hierarchy 层级也出现了对应的列表，如图 1-64 所示。左边便是 Hierarchy 窗口，右边的窗口是 Scene 的可视化窗口，该窗口在下一节介绍。

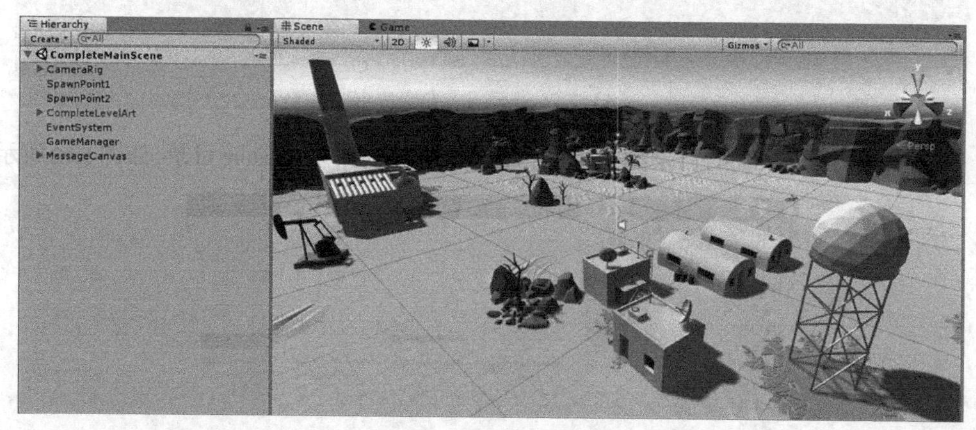

图 1-64　Hierarchy 窗口

现在在 Hierarchy 窗口中选择任何一个对象，在 Scene 窗口中相应的游戏对象也会被选上，例如选择 CompleteLevelArt 对象，在 Scene 窗口中的对象也会被选上，如图 1-65 所示。

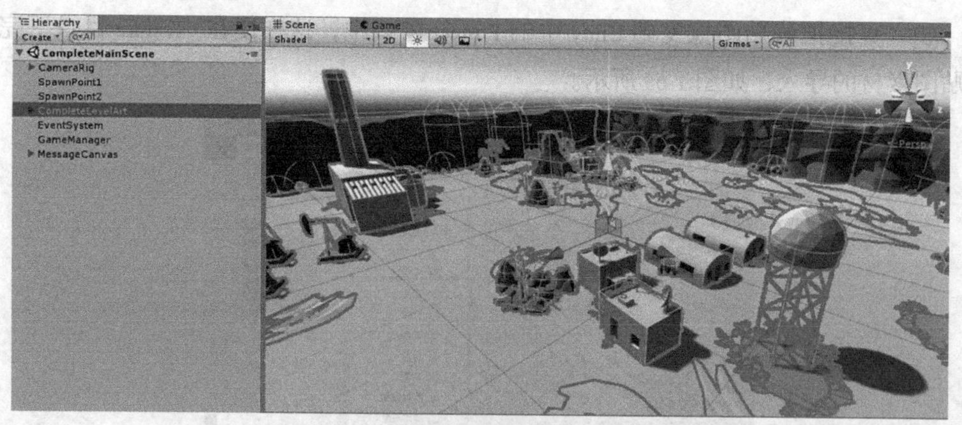

图 1-65　通过 Hierarchy 窗口选择场景中的游戏对象

接下来我们介绍如何使用 Hierarchy 窗口来创建一个游戏对象。

操作练习 6 在 Hierarchy 窗口中创建简单的游戏对象。

[1] 新建一个工程，命名为 Chapter3-HierarchyWindow。此时该工程中是空的。

[2] 此时查看 Hierarchy 窗口，可以看到只有一个 MainCamera 对象，该对象是主摄像机。当你选择摄像机时，在场景窗口中的右下角会出现一个预览窗口，这个预览窗口就是摄像机当前所看到的场景，如图 1-66 所示。

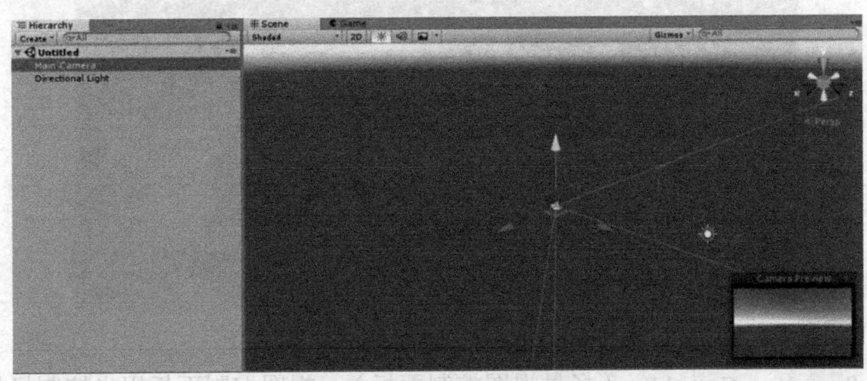

图 1-66 摄像机预览窗口

[3] 在 Hierarchy 窗口中，选择左上角的【Create】按钮，会弹出一个浮动菜单栏，该浮动窗口与菜单栏中【GameObject】的上部分一样，如图 1-67 所示。

[4] 选择【3D Object】-【Cube】，在场景中创建一个立方体，如图 1-68 所示。

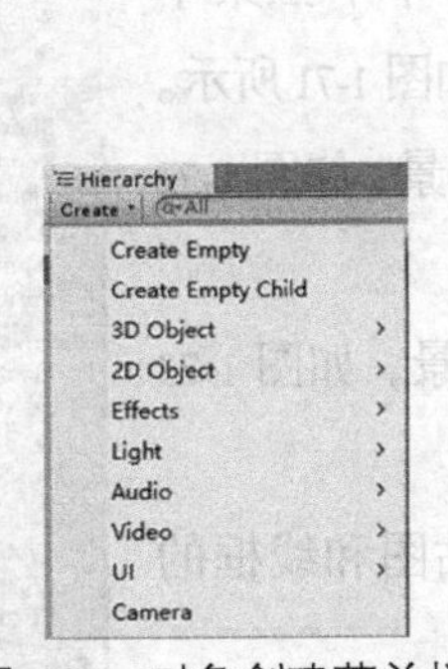

图 1-67 对象创建菜单栏

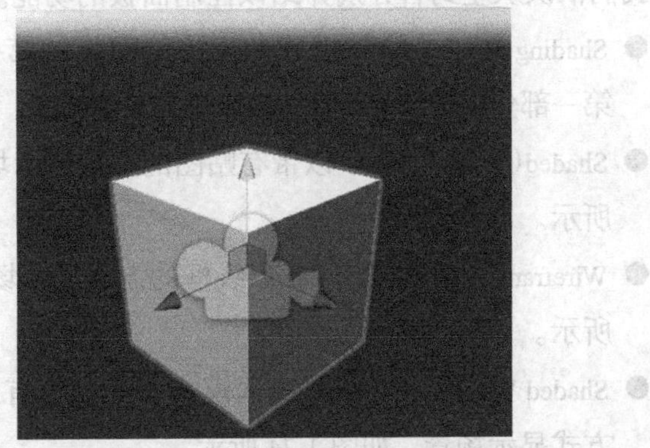

图 1-68 创建的立方体对象

有读者会问，我在 Hierarchy 窗口中创建了一个 Cube 对象，应该是属于资源的一种，为什么在 Project 窗口中没有显示呢？在 Unity 中，有一些简单的对象属于内置的资源，可以直接通过 Hierarchy 窗口或者 GameObject 菜单来创建（例如摄像机、灯光和简单的几何体），而无须通过 Project 窗口来创建。

1.3.5 Scene 场景窗口

Unity 游戏引擎是一款所见即所得的游戏编辑系统，该系统可以通过可视化的方式对游戏场景进行编辑，从而为游戏开发人员提供直观的操作方式。在 Unity 中，游戏的场景编辑都是在 Scene 窗口中来完成的，在这个窗口中，我们使用游戏对象的控制柄来移动、旋转和缩放场景里面的游戏对象。当你打开一个场景之后，该场景中的游戏对象就会显示在该窗口上，如图 1-69 所示。

图 1-69　Scene 窗口

1. Scene View Control Bar（场景视图控制面板）：视图控制面板用来控制场景视图的显示方式，它位于场景视图窗口的顶端，如图 1-70 所示。

图 1-70　场景视图控制面板

我们依次从左到右分别介绍该控制面板的功能。

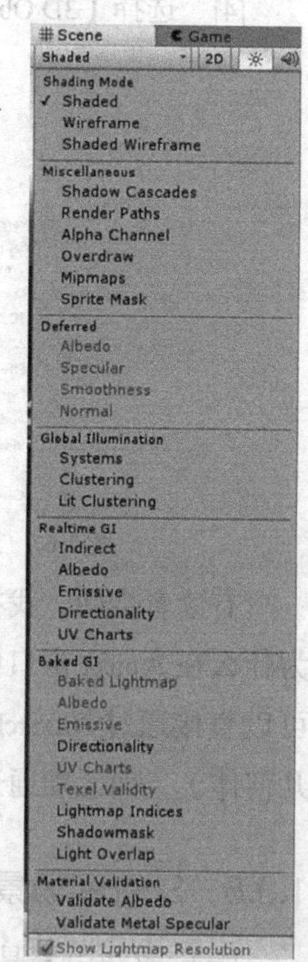

图 1-71　绘制模式菜单

- Shading Mode（绘制模式）：控制面板的第一个下拉菜单第一部分用于设置场景编辑窗口的绘制模式，如图 1-71 所示。
- Shaded（贴图模式）：以带有贴图的方式显示场景，如图 1-72 所示。
- Wireframe（线框模式）：以线框的方式显示场景，如图 1-73 所示。
- Shaded Wireframe（贴图线框模式）：以带有贴图和线框的方式显示场景，如图 1-74 所示。
- Miscellaneous（渲染模式）：控制面板的第一个下拉菜单第二部分用来设置场景视图的渲染方式。
- Shadow Cascades（阴影级联显示模式）：显示阴影的渲染情况，如图 1-75 所示。
- Render Paths（渲染路径模式）：采用颜色标记标记出场景中每个对象的渲染方式，绿色代表采用“延迟灯光”渲染，黄色代表“前向渲染”，红色代表使用“顶点着色”渲染，如图 1-76 所示。

- Alpha Channel（Alpha 通道模式）：采用带有 Alpha 信息的方式渲染，如图 1-77 所示。
- Overdraw（透明轮廓模式）：采用透明轮廓的方式，并使用透明颜色累积的方式来表示对象被重绘次数的多少，如图 1-78 所示。
- Mipmaps（Mipmaps 模式）：采用颜色标记的方式来显示理想的贴图尺寸，红色表示该贴图的大小大于目前需要的尺寸，蓝色表示该贴图的大小小于目前需要的尺寸。当然，贴图的所需要的大小是根据游戏在运行时摄像机与物体贴图之间的远近来决定的。通过这个模式可以方便我们对贴图的大小进行调整，如图 1-79 所示。

图 1-72　Shaded

图 1-73　Wireframe

图 1-74　Shaded Wireframe

图 1-75　Shadow Cascades

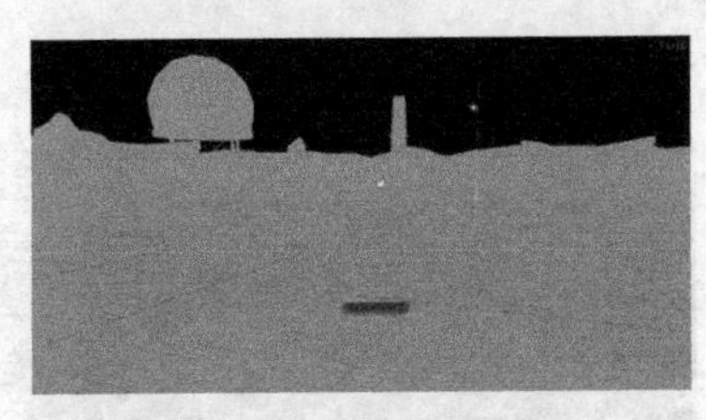

图 1-76　Render Paths

图 1-77　Alpha Channel

图 1-78　Overdraw

图 1-79　Mipmaps

- Deferred（延迟渲染设置）：控制面板的第一个下拉菜单第三部分这些模式，分别可以用来查看渲染的每个参数具体情况（反光率、高光、光滑度和法线）。
- Global Illumination（全局光照）：控制面板的第一个下拉菜单第四部分这些模式，分别可以用来帮助全局光照系统可视化，包含 UV 图、系统、反光率、发光、辐射、方向、烘焙等。

- Show Lightmap Resolution（是否显示光照贴图分辨率）。

2. 2D、Scene Lighting、Audition Mode And Game Overlay（2D 视图切换按钮、场景灯光、音频控制和场景叠加）。绘制渲染模式按钮后面有四个按钮，如图 1-80 所示。

图 1-80　场景渲染设置

第一个按钮用于场景的二维和三维视图之间的切换；第二个按钮用于控制采用默认的灯光照明还是采用场景中已有的灯光来照明；第三个按钮用于确定是否在场景编辑窗口中播放音频控制；第四个按钮用于是否显示出天空盒、雾效等。

- Gizmos（辅助图标设置）：在场景中，例如灯光、摄像机、碰撞盒、音源等都会以辅助的图标标记出来，方便我们对这些对象进行控制，在最终的游戏画面中这些图标是不显示的。我们可以通过该面板来控制是否显示出这些图标，以及修改图标的大小，如图 1-81 所示。
- 3D Icons，左边的单选按钮用于控制是否显示辅助图标，右边的滑动杆用于控制所有辅助图标的大小，如图 1-82 所示。

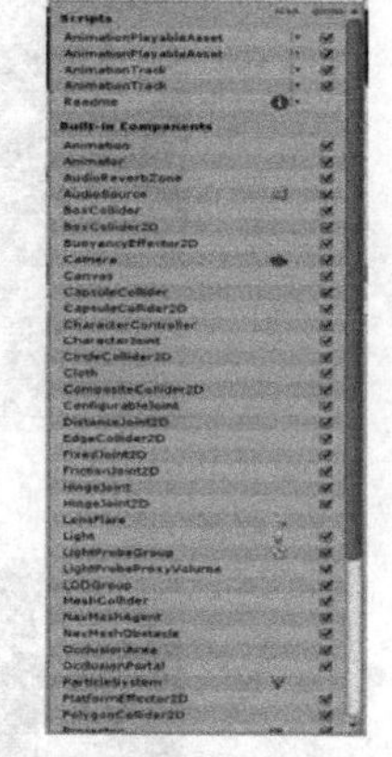

图 1-81　辅助图标设置面板

- Show Grid，用于控制是否显示网格，如图 1-83 所示。
- 下面的辅助图标可以控制某种特定类型的辅助图标的显示与否。

图 1-82　改变图标大小

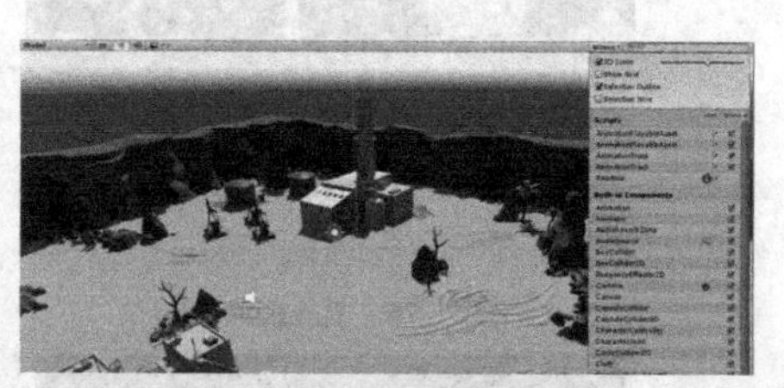

图 1-83　取消网格显示

3. 视图变换控制：在场景视图的右上角，有一个视图变换控制图标，该图标用于切换场景的视图角度，比如自定往下、自左向右、透视模式、正交模式等，如图 1-84 所示。

图 1-84　视图控制手柄

该控制图标有六个坐标手柄以及位于中心的透视控制手柄。点击六个手柄中的一个，可以把视图切换到对应的视图中，而点击中心的立方体或者下方的文字标记可以切换正交模式与透视模式，如图 1-85 ~ 图 1-89 所示。

图 1-85　右视图

图 1-86　前视图

图 1-87　顶视图

图 1-88　投影模式（近大远小）

图 1-89　正交模式（无近大远小效果）

当你在某种视图模式下，视图变换控制图标的下方已经标注出该视图的名称，注意到视图名称的左边有一个表示是否正交的或者透视效果的小图标，如图 1-90 和图 1-91 所示。可以通过点击该视图名称切换透视与正交模式。

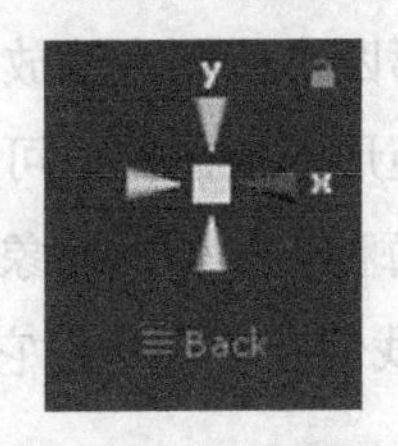

图 1-90　正交显示

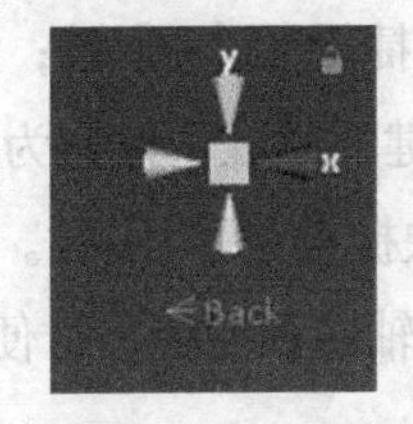

图 1-91　透视显示

4. Scene View Navigation（场景视图导航）。使用视图导航可以让场景搭建的工作变得更加便捷和高效。视图导航主要采用快捷键的方式来控制，而且在 Unity 编辑器的主功能面板上的图标会显示出当前的操作方式，如图 1-92 所示。

图 1-92　第一个图标

● Arrow Movement（采用键盘方向键控制实现场景漫游）。点击场景编辑窗口，此动作可以激活该窗口，使用【↑】键和【↓】键可以控制场景视图的摄像机向前和向后移动，使用【←】键和【→】键可以控制场景视图摄像机往左和往右移动。配合【Shift】按键，可以让移动加快。

- （Focus）聚焦定位。在场景中或者 Hierarchy 窗口中选择某个物体，按下键盘的【F】键，可以使得视图聚焦到该物体上。
- 移动视图：快捷键为【Alt + 鼠标中键】或者直接使用鼠标左键，可以对场景视口摄像机进行平移。当处于场景编辑状态下，可以使用快捷键【Q】键来切换到场景导航操作。其图标为一个手形形状。
- 缩放视图：快捷键为【Alt + 鼠标右键】或者直接使用鼠标滚轮，可以对场景视口摄像机进行推拉操作，其图标为一个放大镜。
- 旋转视图：快捷键为【Alt + 鼠标左键】或者直接使用鼠标右键，可以对场景视口摄像机进行旋转，其图标是一个眼睛。
- 飞行穿越模式：使用键盘的【W、A、S、D 键 + 鼠标右键】，可以对场景视口摄像机进行移动和旋转，配合鼠标的滚轮，可以控制摄像机移动的速度。

5. 场景对象的编辑。健全的游戏引擎编辑器，一般都是通过“所见即所得”的方式来编辑场景。场景的编辑可以通过移动、旋转和缩放物体来操作。在编辑器的左上角有一排按钮，这排按钮用于对游戏对象进行移动、旋转和缩放操作，如图 1-93 所示。

图 1-93　场景对象控制按钮

第一个按钮是场景视口操作，在以上的内容已经讲解过；第二个按钮为对象移动按钮，可以对场景中的对象进行平移，快捷键是【W】键；第三个按钮为旋转按钮，可以对对象进行旋转，快捷键是【E】键；第四个按钮为缩放图标，可以对对象进行缩放操作，快捷键是【R】键；第五个按钮为矩形变换图标，可以对对象进行缩放、旋转操作，多用于 UI 元素，快捷键是【T】键。每种被操作的对象上都会有对应的操作杆，每种操作杆都会有相应的轴向控制柄，方便我们在视图中对它进行操作，如图 1-94 ~ 图 1-97 所示。

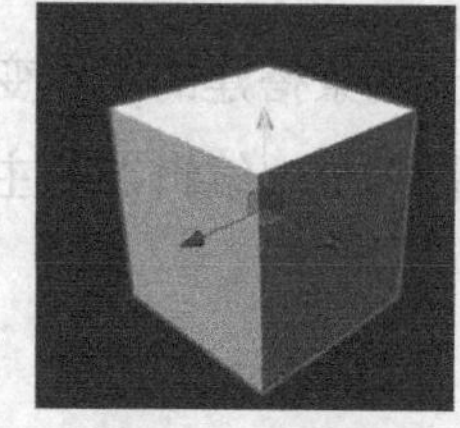

图 1-94　移动

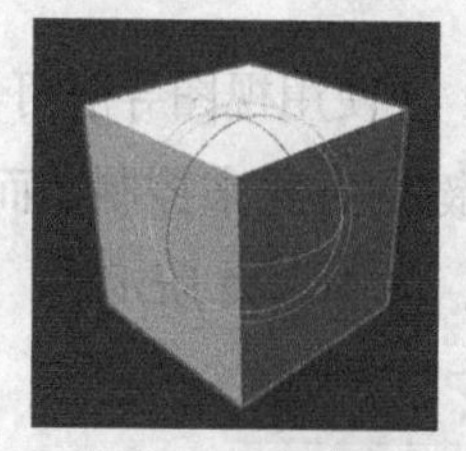

图 1-95　旋转

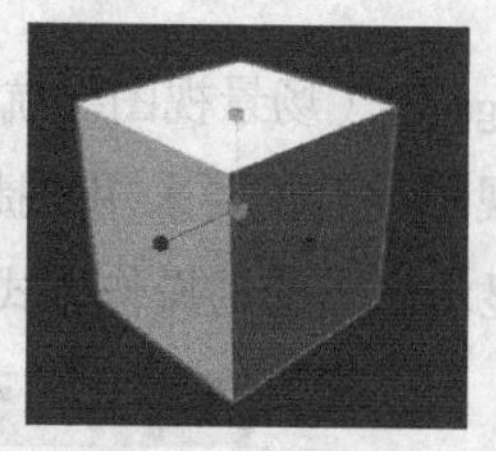

图 1-96　缩放

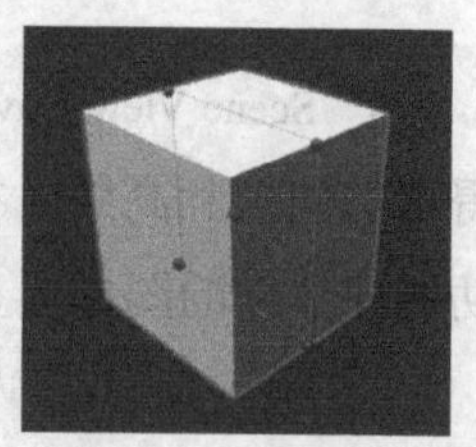

图 1-97　矩形变换

接下来，介绍如何在 Unity 中对场景进行编辑。

操作练习 7　场景对象的编辑

[1]　打开 Unity，新建一个工程，并命名为 Chapter3-SceneEdit。

[2]　在 Hierarchy 窗口中点击【Create】按钮，弹出浮动菜单栏，选择【3D Object】-【Plane】，新建一个平面，如图 1-98 所示。

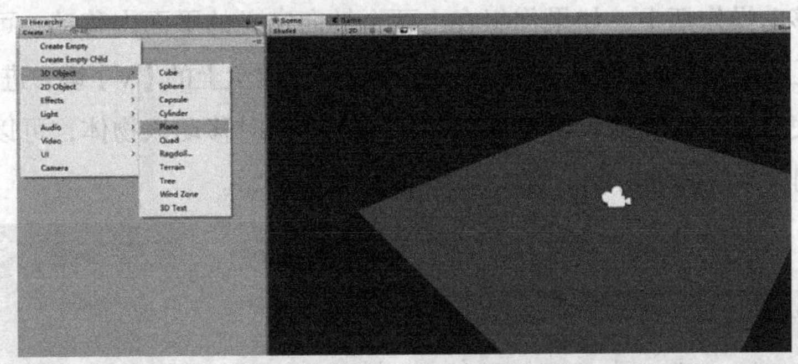

图 1-98　创建平面

[3]　在 Scene 窗口中选中该平面，使用【F】按键，使得该平面位于视图的中心，如图 1-99 所示。

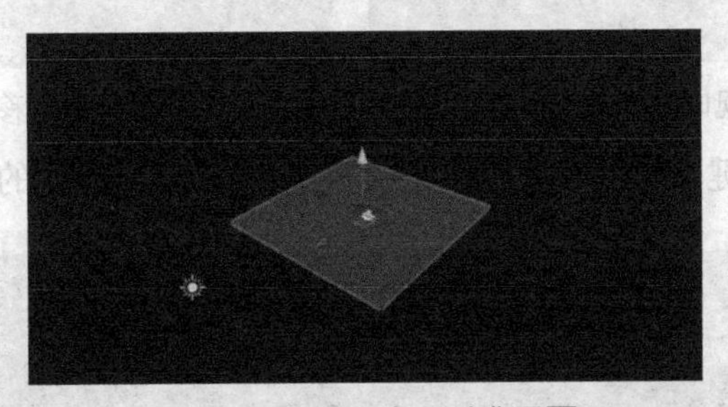

图 1-99　使视口中心对准平面

[4]　在 Hierarchy 窗口中点击【Create】按钮，弹出浮动菜单栏，选择 Cube，新建一个立方体。如图 1-100 所示。

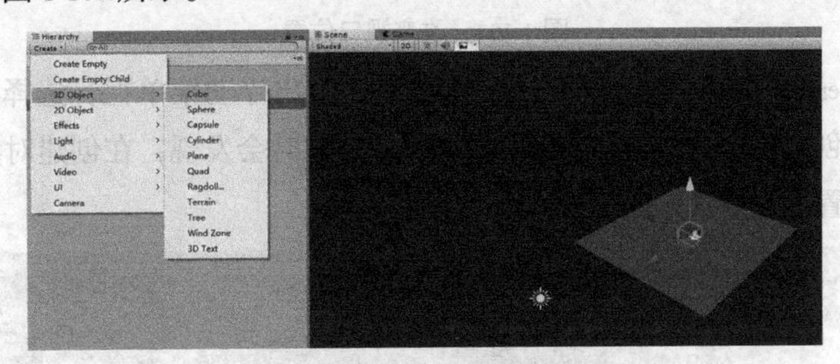

图 1-100　创建立方体

[5]　在 Scene 窗口选中该立方体，如果比较难选中，我们也可以通过 Hierarchy 窗口选中 Cube，接着按下【F】键，使得场景窗口的摄像机聚焦到立方体上（如果你使用 Hierarrchy 窗口来选择对象，那么在按下【F】键之前，先使用鼠标点击一个 Scene 窗口激活），如图 1-101 所示。

[6] 点击【W】键，切换到对象移动操作上，选择 y 轴方向的操作柄，按住鼠标左键，拖动鼠标，向上拖动立方体，使得立方体在平面上面。移动操作柄共有三个：x 轴向，相对于对象的左右方向，用红色来表示；y 轴向相对于对象的上下方向，用绿色来表示；z 轴向相对于对象的前后方向，用蓝色来表示。当激活某一个操作柄时，该操作柄会变成黄色。在移动操作柄中，如果你想在由两个轴向定义的平面内移动，可以选择该操作杆中心附近的操作平面（在平移操作模式下，按住键盘上的【V】键，进行顶点捕获，该功能可以使得操作点捕获该选中对象的某个点，同时移动该物体，可以使得该被选中的点对齐到场景中其他对象的点上），如图 1-102 所示。

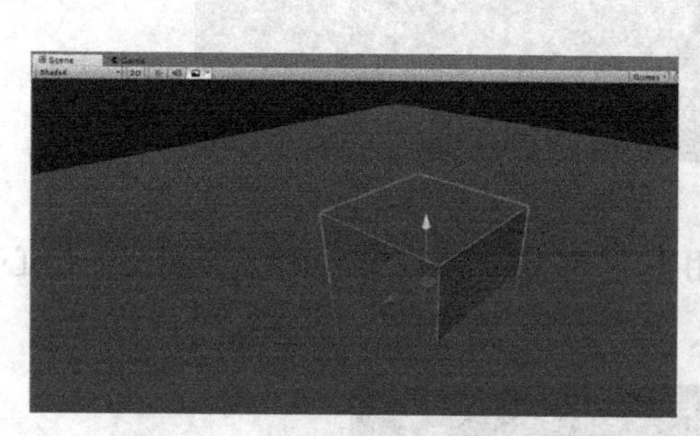

图 1-101 使视口中心对准立方体

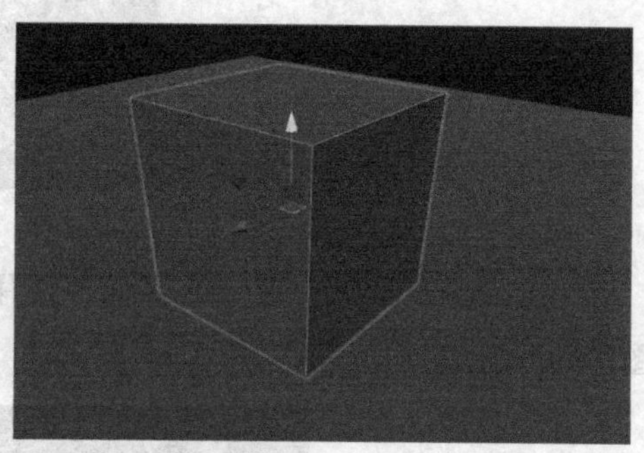

图 1-102 移动立方体

[7] 按住鼠标右键，拖动 Scene 窗口，使得视口中心在立方体的左边，如图 1-103 所示。

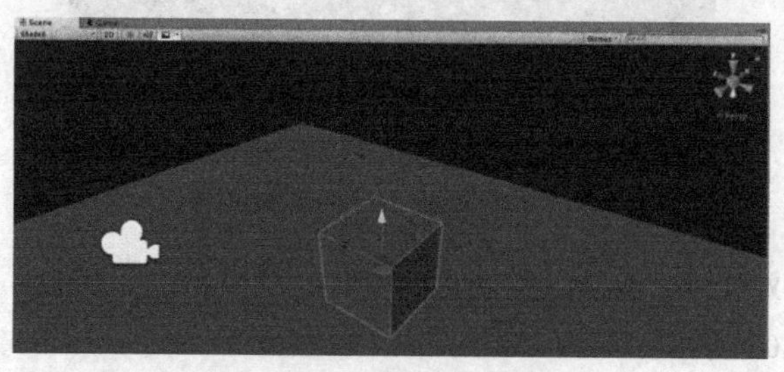

图 1-103 改变视口位置

[8] 在 Hierarchy 窗口中点击【Create】按钮，弹出浮动菜单栏，选择【3D Object】-【Cylinder】，创建一个圆柱体，如图 1-104 所示。此时会发现，在创建对象的时候，其对象放置的位置是根据视口的中心点来放置的。

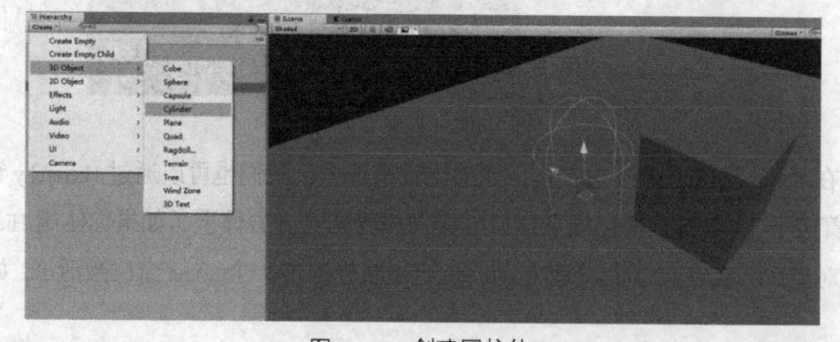

图 1-104 创建圆柱体

[9] 使用移动工具调整圆柱体的位置，如图 1-105 所示。

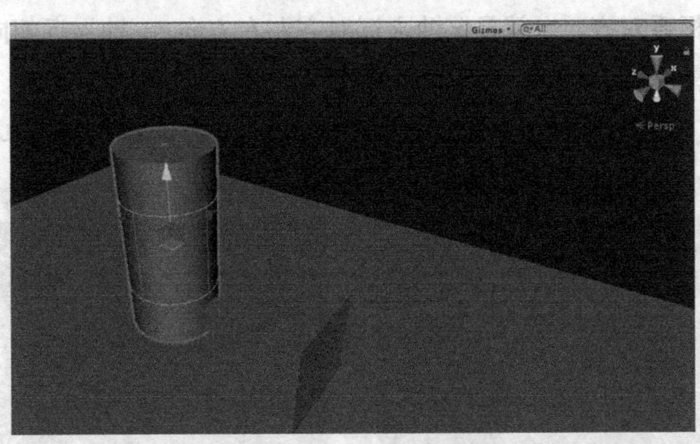

图 1-105 调整圆柱体位置

[10] 点击【E】键，把对象操作工具切换到旋转操作，如图 1-106 所示。与移动工具相似，绕 x 轴旋转的操作环为红色；绕 y 轴旋转的操作环为绿色；绕 z 轴旋转为蓝色；绕视图视线方向旋转为最外圈的灰色操作环。

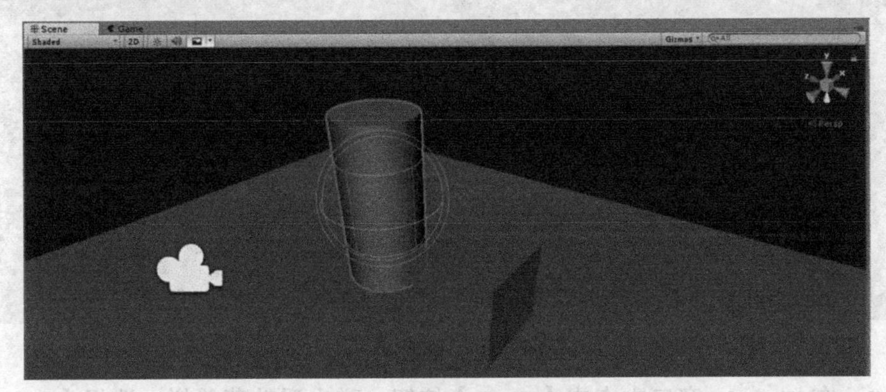

图 1-106 旋转圆柱体

[11] 选择绕 z 轴旋转的操作环，被激活的操作环会以黄色高亮显示，按住鼠标左键，拖动鼠标。对圆柱体旋转 90° 左右，如图 1-107 所示。

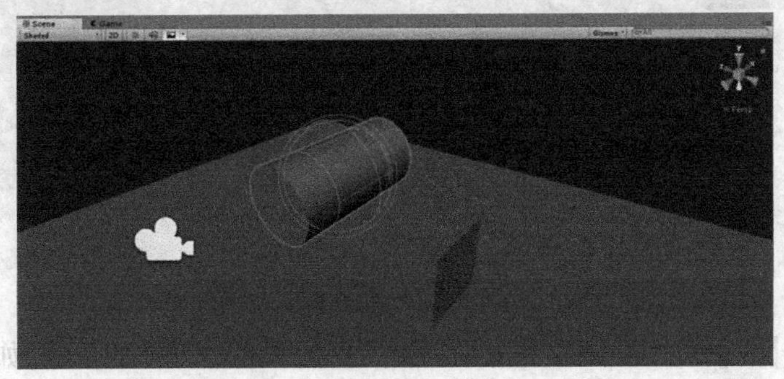

图 1-107 圆柱体绕 z 轴旋转 90 度

[12] 点击【W】键，切换到移动工具，调整圆柱体的位置，使得它接触到地下的平面，如图 1-108 和图 1-109 所示。此时会发现，移动操作杆的朝向改变了。这里需要注意的

是，此时的操作杆的位置和朝向是与该对象的局部坐标系一致的。如果想使得操作杆的朝向与世界坐标系对齐，也就是 x 轴永远对齐左右方向，y 轴永远朝向场景上下方向，z 轴永远对齐场景的深度方向，可以使用最后一个按钮[Pivot | Local]，该按钮用于切换操作杆对齐方式，Local 表示对齐到局部坐标系，World 表示对齐到世界坐标系。

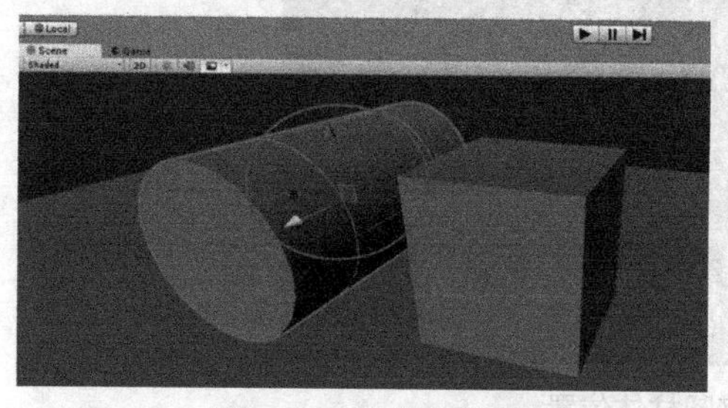

图 1-108 局部坐标系

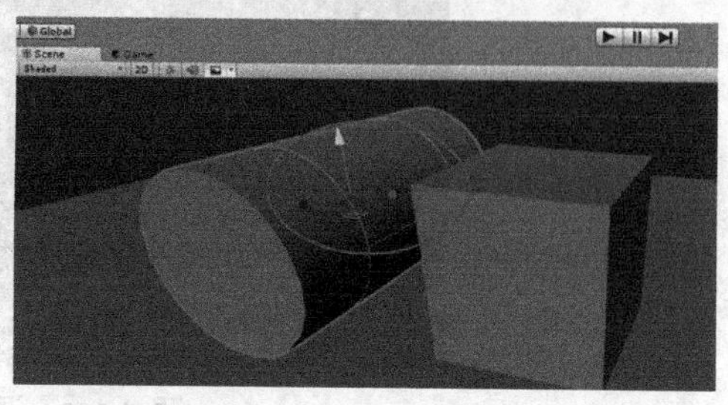

图 1-109 世界坐标系

[13] 对视口进行操作，使得视口中心位于立方体的前方空白处，如图 1-110 所示。

图 1-110 调整视口

[14] 在 Hierarchy 窗口中点击【Create】按钮，弹出浮动菜单栏，选择【Sphere】，创建一个球体，如图 1-111 所示。

图 1-111 创建球体

[15] 点击【W】键，切换到移动工具，选中球体，调整该球体的位置，如图 1-112 所示。

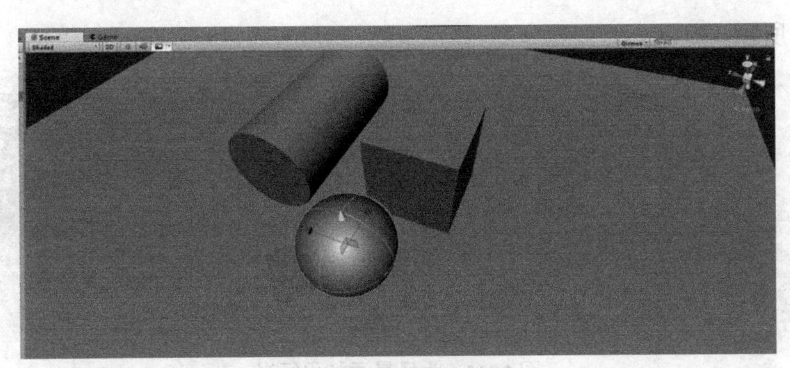

图 1-112　调整球体位置

[16]　选中球体，点击【R】键，切换到缩放工具，如图 1-113 所示。缩放工具的轴向与移动工具的轴向相似。红色操作杆表示沿着 *x* 轴向缩放，绿色操作杆表示沿着 *y* 轴向缩放，蓝色操作杆表示沿着 *z* 轴向缩放，选择中心的操作杆可以使对象在各个轴向上等比例缩放。被选中的操作杆以黄色表示。

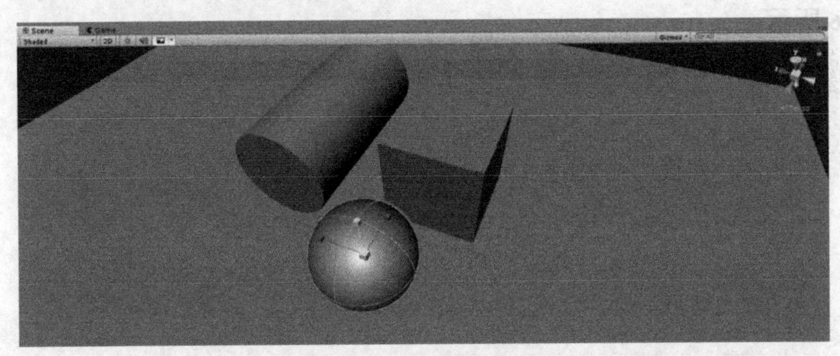

图 1-113　切换到缩放方式

[17]　选择中心的操作杆，按住鼠标左键，拖动鼠标，使得球体缩放到原来的一半，如图 1-114 所示。

图 1-114　对球体进行缩放

[18]　最后为场景打上灯光。在 Hierarchy 窗口中点击【Create】按钮，在浮动菜单栏中选择【Light】-【Directional Light】，创建一盏平型光，平行光对象在场景窗口中使用 ☼ 图标来表示，这样，整个场景就被照亮了（关于灯光的用法，在以后的章节会涉及），

如图 1-115 所示。

图 1-115　为场景添加平行光

[19]　选择菜单中的【File】->【Save Scene】或者直接使用快捷键【Ctrl + S】对场景进行保存。此时会弹出一个目录浏览器，在文件名文本框中输入“SceneEdit”作为该场景的文件名，并点击【保存】按钮。该步骤使得场景被保存在你需要的目录为止，需要注意的是，场景文件一定要放在工程目录的 Assets 目录下或者该目录下的子目录中，如图 1-116 所示。

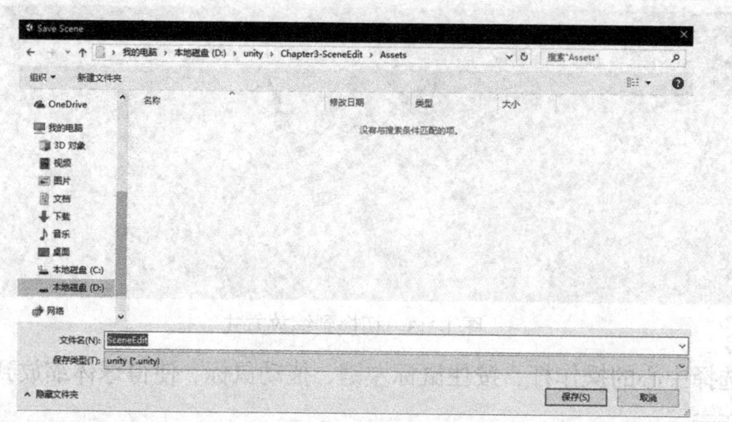

图 1-116　保存场景

[20]　保存完毕场景之后，在 Project 窗口中会出现一个场景的图标，直接点击该图标，便会打开该游戏场景了，如图 1-117 所示。

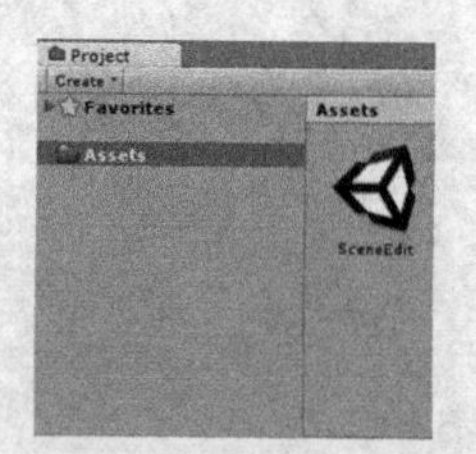

图 1-117　保存后场景的图标

操作练习 8　控制场景编辑窗口的显示图层

在工具栏的最右边，有一个控制场景编辑器窗口的显示图层，如图 1-118 所示。该按钮名为 Layers。

图 1-118　工具栏面板右边的 Layers 按钮

点击该按钮，会弹出一个浮动菜单栏，如图 1-119 所示。左边的【√】符号表示渲染出所有的层。如果选择【Nothing】选项，场景编辑窗口将不显示任何内容。如果选择【Everything】选项，场景将显示出所有层的内容。你也可以取消或者选择其中的某些图层。

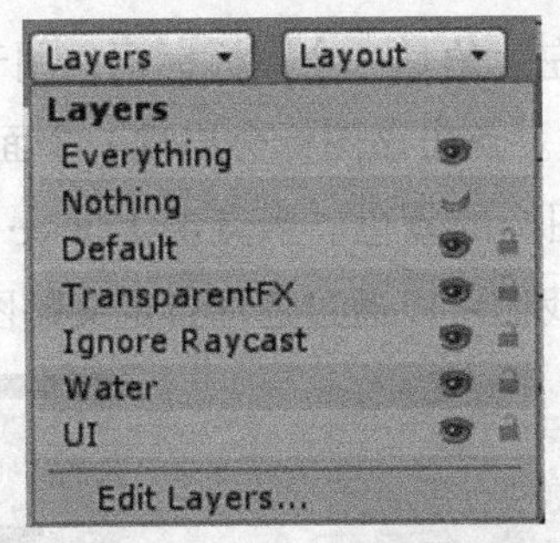

图 1-119　Layer 设置菜单

1.3.6 Inspector 组件属性面板

使用 Unity 创作游戏时，游戏的场景都是由游戏对象组成，而游戏对象又包括了模型面片、脚本、音频等组件，我们已经知道，游戏对象的属性和行为是由其添加到该游戏对象上的组件来决定的。在 Unity 中，提供了一个添加组件和修改组件参数的窗口面板，该窗口便是 Inspector 组件参数编辑窗口。当选择某个游戏对象时，在 Inspector 窗口里便会显示出已经添加到该游戏对象的组件和这些组件的属性，如图 1-120 所示。

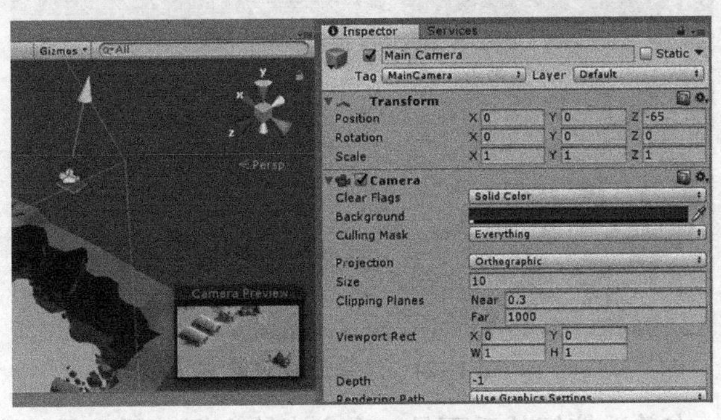

图 1-120　右边窗口为 Inspector 窗口

该窗口中所显示的游戏对象中有几个固定的属性和组件，如图 1-121 所示。

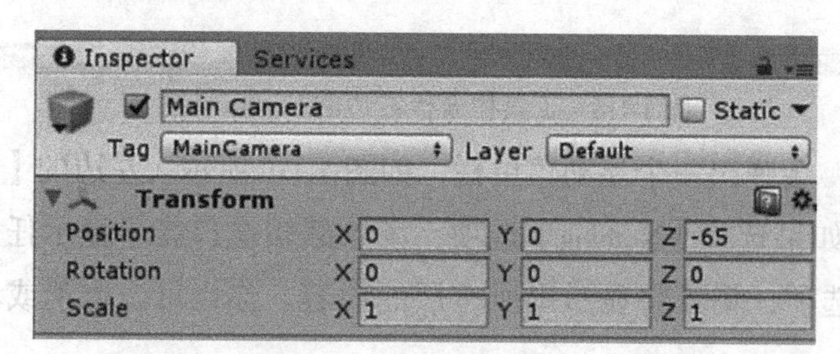

图 1-121 固定属性面板

1. 图标设置。在该栏的左上角是一个图标标记，用于标记不同的对象，这些图标可以根据我们的需要进行修改。点击该图标会出现一个面板，如图 1-122 所示。该面板可以修改不同的图标形状和图标的颜色。当点击【Other…】按钮时，会出现一个贴图列表面板，如图 1-123 所示，我们可以通过选择自定义贴图来修改该图标。

图 1-122 图标设置

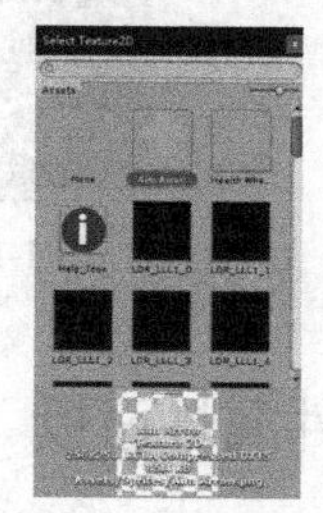

图 1-123 自定义图标

2. 激活单选按钮☑ Main Camera，该按钮可以用于控制游戏对象在游戏场景中是否被激活，当把这个钩去掉之后，该物体便不会在场景中显示了，并且所有的组件也会失效，虽然该物体仍然保留在场景中，如图 1-124 所示。

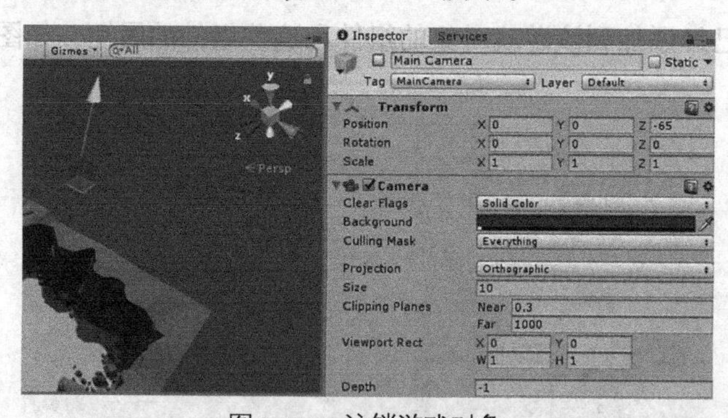

图 1-124 注销游戏对象

3. 对象名称。在单选按钮的后面是一个文本输入框，可以通过该输入框修改游戏对象的名字，也可以在 Hierarchy 窗口中选择对象，按下键盘上的【F2】键来修改。

4. Static 状态按钮。该按钮用于是否把该游戏对象设置成静态物体。对场景中一些静态的对象，可以把此状态按钮勾选上，一方面可以在一定程度上减少游戏渲染工作量，另一方面如果要对该场景中的游戏对象进行光照贴图烘焙、寻路数据烘焙和 Occlusion Culling 的运算，也要把该物体设置成静态物体。

5. Tag（标签设置）。为对象加上有意义的 Tag 标签名称。标签的主要作用是为游戏对象添加一个索引，这样可以为在脚本程序中使用标签寻找场景中添加了该标签的对象提供方便。标签，可以把它想象成某类游戏对象的别名。我们现在以班级为例子，我们知道，在一个班中有很多位同学，每一位同学都有自己的姓名，当你要叫某位同学帮忙打扫卫生时，你可以直接叫他的名字，但如果你想叫全班的同学一起过来，那么可以直接叫班级的名称，说“某某班级”的同学都过来帮忙打扫卫生，那么这个“某某班级”就是这个班级同学的标签，而每个同学的名字就是每个对象的具体名字。在 Unity 游戏场景当中，可以为多个游戏对象添加一个相同的标签，在以后的脚本编写时，可以直接寻找该标签，便能够找到使用该标签的所有游戏对象了。

6. Layer（层结构）。可以设置游戏对象的层，然后令摄像机只显示某层上的对象。或者通过设置层，让物理模拟引擎只对某一层起作用。

7. Prefab（预置操作）。当某个游戏对象是由 Prefab 预置生成的话，便会在此处显示该操作按钮。单击【Select】选择按钮，会在 Project 窗口中找到该对象所引用的 Prefab；点击【Revert】恢复按钮，对当前对该对象所做的修改做回撤操作，并重新引用该对象所引用的 Prefab 的原有属性；点击【Apply】应用按钮时，可以把对该对象的修改应用到原来的 Prefab 上，此时，所有在场景中引用了该 Prefab 的游戏对象将会同步做修改，如图 1-125 所示。

Prefab | Select | Revert | Apply

图 1-125　Prefab 控制按钮

8. Transform（变换组件）。该组件是所有游戏对象都具有的组件，即使该游戏对象是一个空的游戏对象。该组件负责设置该游戏对象在游戏场景中的 Position（位置）、Rotation（旋转角度）和 Scale（缩放比例）。如果想精确地设置某个游戏对象的变换属性时，可以直接在这个组件中修改对应的参数。当一个游戏对象没有父物体时，这些参数是相对于世界坐标系上的，如果它具有父物体，那么这些参数是相对于父物体的局部坐标系的。

操作练习 9　通过 Transform 组件操作游戏对象。

[1]　打开我们前面新建的工程 Chapter3-SceneEdit，进入引擎之后，点击 SceneEdit 场景文件，打开该文件。如果场景编辑窗口中没有物体，我们可以在 Hierarchy 窗口中选择任意一个物体，接着激活场景编辑窗口，最后按下【F】键，使视图定位到该选择的物体上。

[2]　在 Hierarchy 窗口中选择 Cube 对象，点击【F2】键，修改它的名字为 Box，按下回车，完成修改，如图 1-126 所示。

[3]　在场景编辑器中选择圆柱体对象，在 Inspector 窗口中改名为 Column，按下回车，完成修改，如图 1-127 所示。

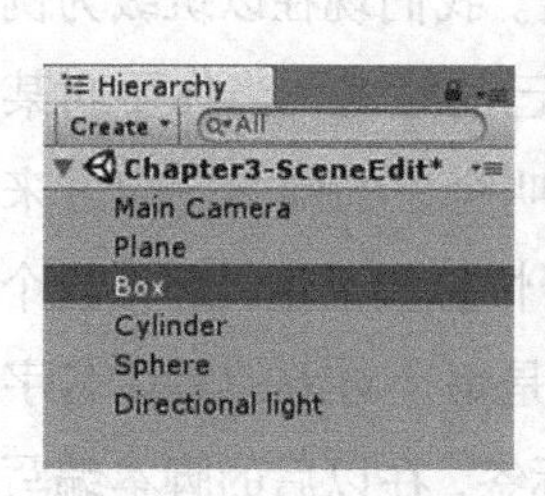

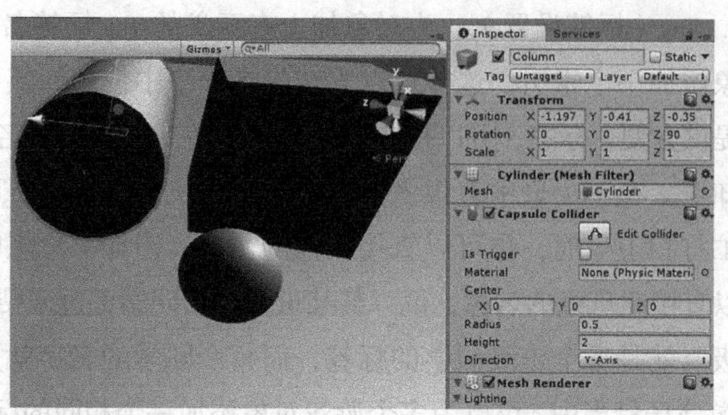

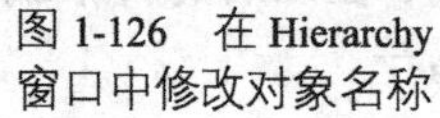
图 1-126　在 Hierarchy 窗口中修改对象名称

图 1-127　在 Inspector 窗口中修改对象名称

[4]　继续选择圆柱体，在它的 Tranform 组件中，设置 Position（位置）中的 X 值为 0，Y 值为 -1，Z 值为 -6.5，设置 Rotation（旋转）中的 Z 值为 270，结果如图 1-128 所示。可以看出，圆柱体的位置和旋转角度被精确地定义下来了。

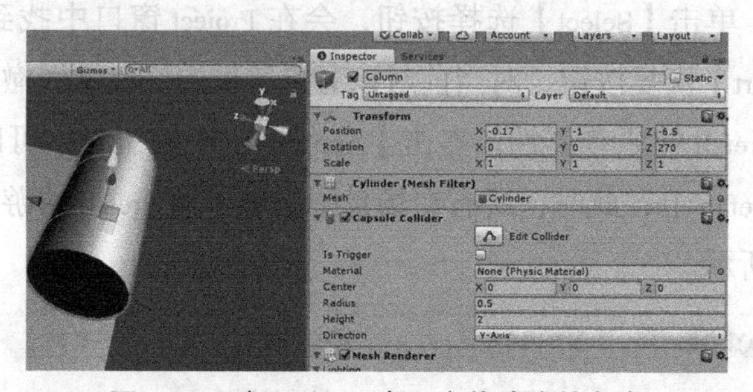

图 1-128　在 Inspector 窗口中修改旋转角度

[5]　接下来，把 Sphere 改名为 Ball，从以上步骤可以看出，修改游戏对象的名称可以通过 Hierarchy 窗口或者 Inspector 窗口来修改，如图 1-129 所示。

[6]　选择 Ball 游戏对象，在 Inspector 中修改 Ball 对象的位置和缩放比例，如图 1-130 所示。

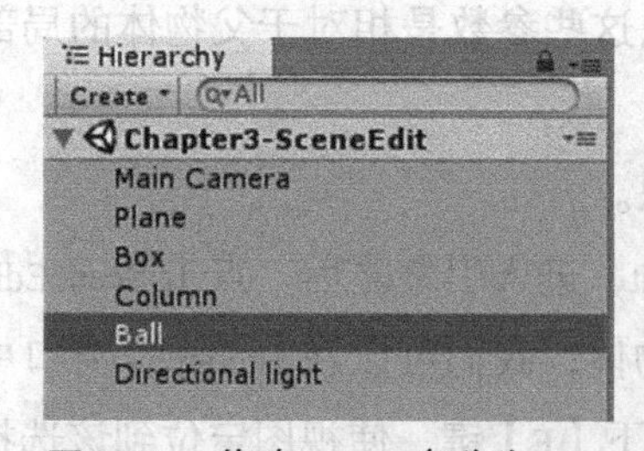

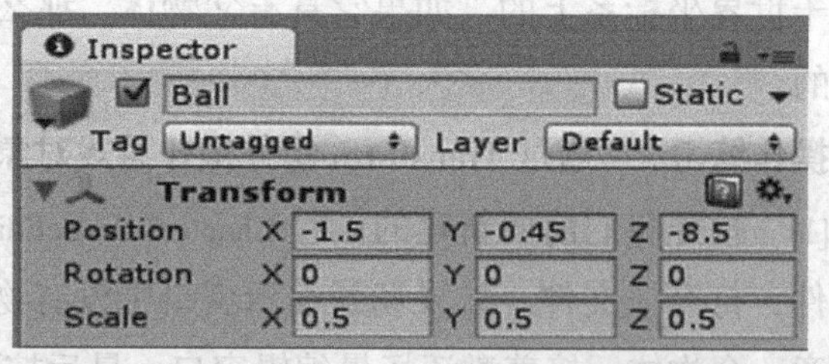

图 1-129　修改 Sphere 名称为 Ball　　图 1-130　通过 Inspector 窗口修改对象的缩放值

[7]　接下来，把 Ball 对象作为 Column 对象的子物体。在 Hierarchy 窗口中，选择 Ball 对象并按住鼠标左键，拖动该对象放置到 Column 对象上，如图 1-131 所示。放开鼠标，这样 Ball 对象就成为 Column 对象的子物体了，如图 1-132 所示。

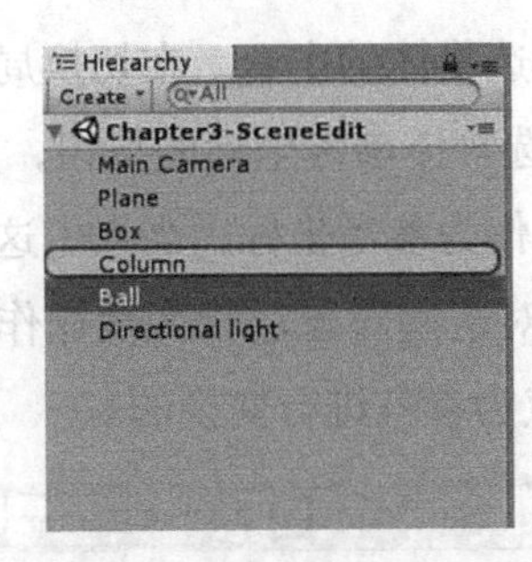

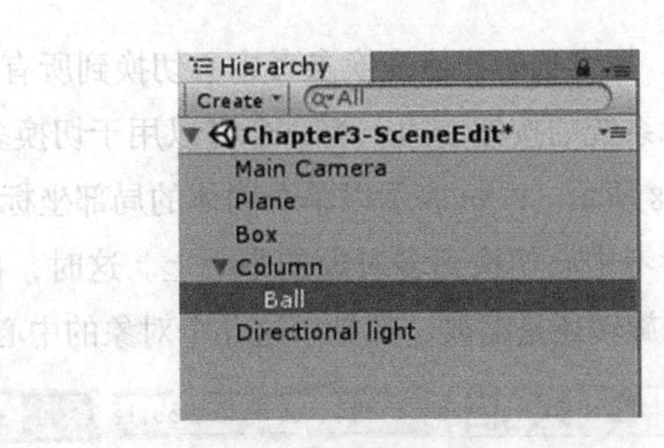

图 1-131　拖动 Ball 对象到 Column 对象上　　图 1-132　Ball 对象成为 Column 对象的子对象

[8]　对比 Ball 对象为 Column 对象的子物体前的坐标和成为 Column 对象的子物体之后的变化，可以发现，现在该坐标值是参考 Column 父物体的局部坐标系了，如图 1-133 所示。

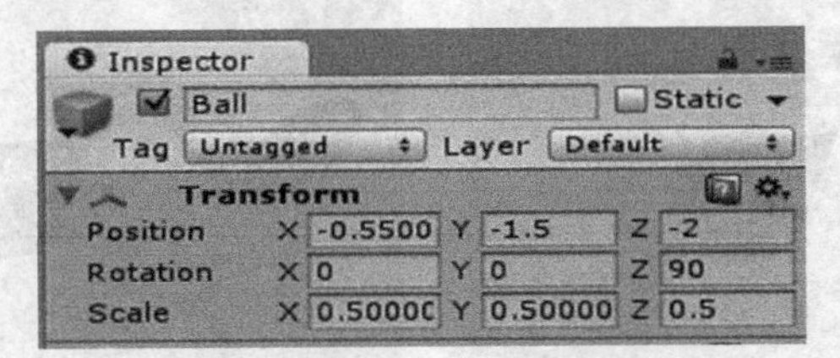

图 1-133　Ball 的坐标值变为以 Column 对象的坐标系为参考的值

[9]　现在，选择 Column 对象，此时其子物体也会被选上，对 Column 进行平移、旋转和缩放操作，可以看到 Ball 对象也参照父物体的变换而做相应的变换。而当操作子物体的变换时，父物体的变换并没有受影响。此时需要注意的是，当你在操作父物体的变换时，此时的子物体的变换中心点是在父物体的局部坐标轴中心点上。

[10]　取消父子关系。选择 Ball 对象并按住鼠标左键，把该对象拖出 Column，此操作取消了 Column 和 Ball 对象之间的父子关系。

[11]　选择多个物体并同时进行变换操作。在 Scene 窗口，按住【Ctrl】键，逐个选择 Ball、Box 和 Column 对象，此时会发现，变换操作杆会逐步移动到最后选择的对象上，如图 1-134 所示。该操作杆最后决定了这几个被选择的物体的变换参考中心。当对这多个物体进行旋转时，其参考中心为最后选择的对象上，当对多个物体进行缩放时，其参考中心为每个物体的局部坐标系的中心（如果你是在 Hierarchy 窗口中选择多个物体，其变换操作杆将是第一个被选择的对象上，这个需要注意）。

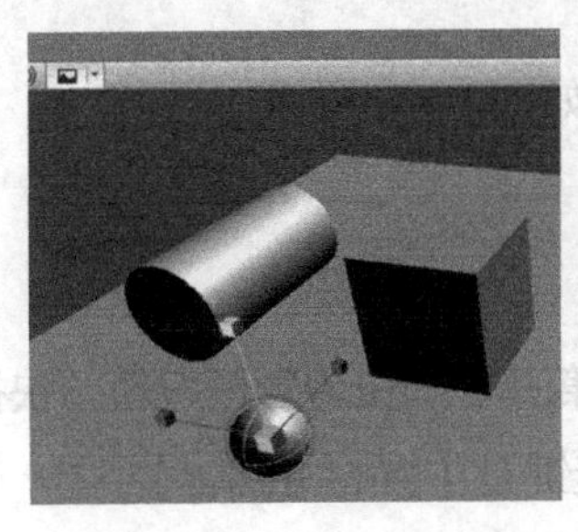
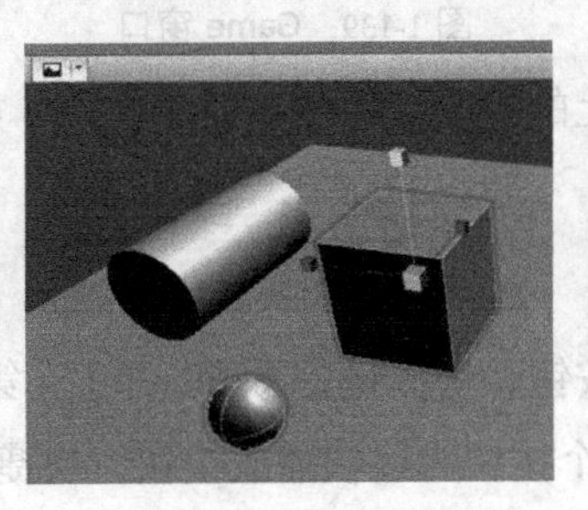
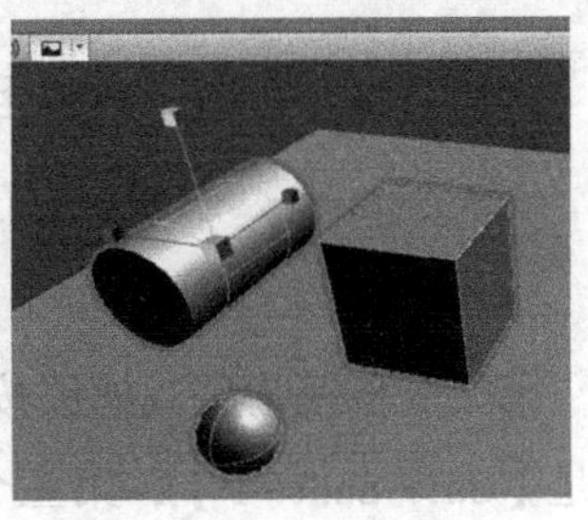

图 1-134　选择多个物体之后操作杆的位置变化

[12] 把多选的物体变换参考中心切换到所有被选物体的中心。在切换局部坐标与世界坐标系统的按钮右边，有一个可以用于切换多选物体参考坐标的按钮，如图 1-137 和图 1-138 所示。Pivot 表示以单个物体的局部坐标系作为参考坐标，当点击这个按钮之后会把参考中心切换到多对象的中心上。这时，再对这些对象进行变换操作时，无论是移动、旋转还是缩放，都是以这几个对象的中心点为参考进行变换的。

图 1-135 Pivot 模式　　图 1-136 Center 模式

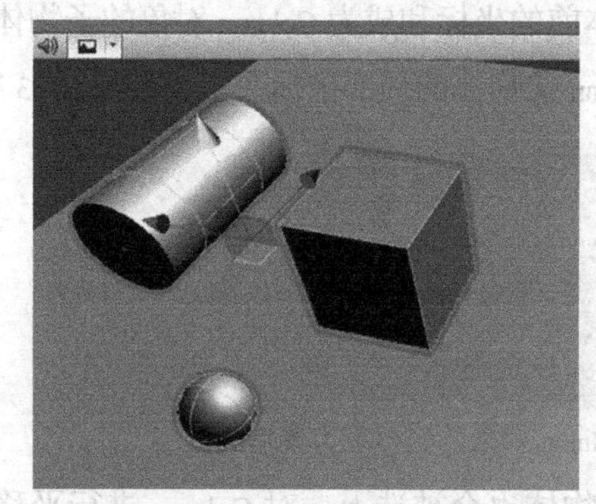

图 1-137 移动操作杆位置

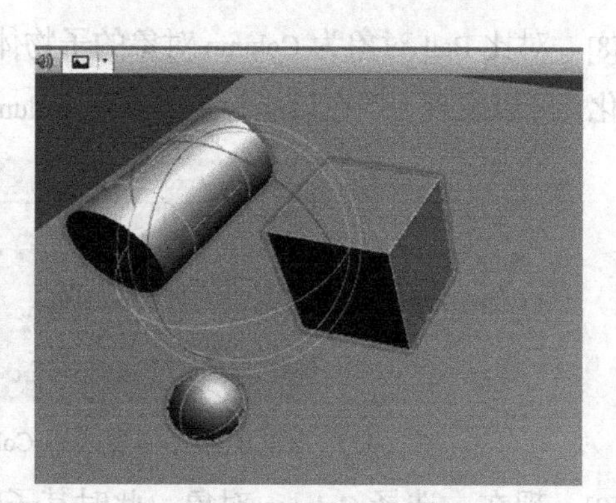

图 1-138 旋转操作杆位置

1.3.7 Game 游戏预览窗口

在这个窗口中，可以预览到游戏的最终效果，如图 1-139 所示。

图 1-139 Game 窗口

该窗口经常搭配工具栏上的播放、暂停按钮来使用，如图 1-140 所示。

图 1-140 游戏播放控制按钮

第一个按钮为游戏播放按钮，快捷键是【Ctrl + P】；第二个按钮为暂停按钮，快捷键是【Ctrl + Shift + P】；第三个按钮为逐帧播放按钮，快捷键是【Ctrl + Alt + P】。

1. Display: 选择显示器，如果连接有多个显示器时，可以选择在哪个显示器上显示。

2. 分辨率设置。在 Game（游戏预览窗口）的左上角是分辨率设置按钮，我们可以根据需要设置不同的播放分辨率。点击该按钮，会弹出一个浮动菜单栏，该菜单栏根据发布平台的不同而有所区别，如图 1-141 所示是 PC 平台下的分辨率设置。

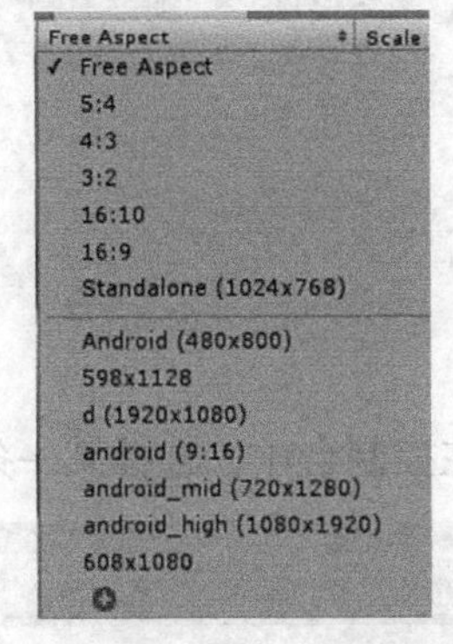

图 1-141　PC 平台下的分辨率设置

3. 【Maximize on Play】最大化按钮。当这个按钮处于按下的情况下，点击播放按钮，Game 窗口会全屏化显示。

4. 【Mute audio】静音按钮。当这个按钮处于按下的情况下，游戏运行时不播放音频。

5. 【Stats】状态按钮。点击该按钮，会出现一个与游戏运行效率有关的面板，可以从这个面板中查看目前的游戏运行效率状态，如图 1-142 所示。

6. 【Gizmos】辅助图标。当该按钮处于按下的情况下，会在该窗口中显示场景中的辅助图标，如图 1-143 所示。

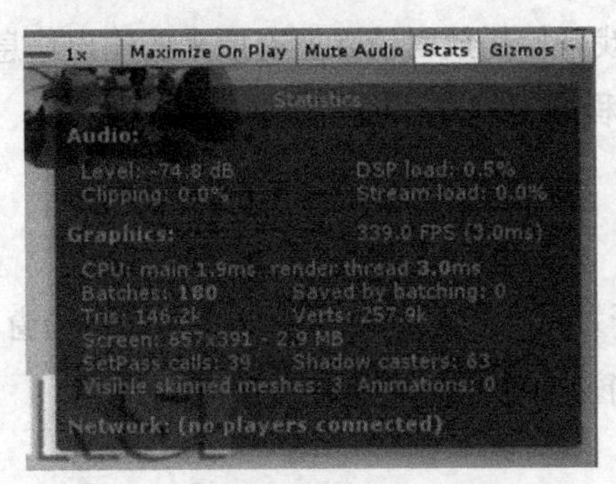

图 1-142　游戏运行效率统计窗口

图 1-143　在 Game 窗口中显示辅助图标

1.3.8　Console 控制台

控制台是 Unity 引擎中用于调试与观察脚本运行状态的窗口（最底下的为状态窗口，如果有信息输出时，双击状态栏的信息，便可以弹出控制台），当脚本编译警告或者出现错误，都可以从这个控制台中查看到错误的位置，方便我们的修改。白色的文本表示普通的调试信息，黄色的文本表示警告，红色的文本表示错误信息。控制台通常跟脚本编程息息相关，如图 1-144 所示。

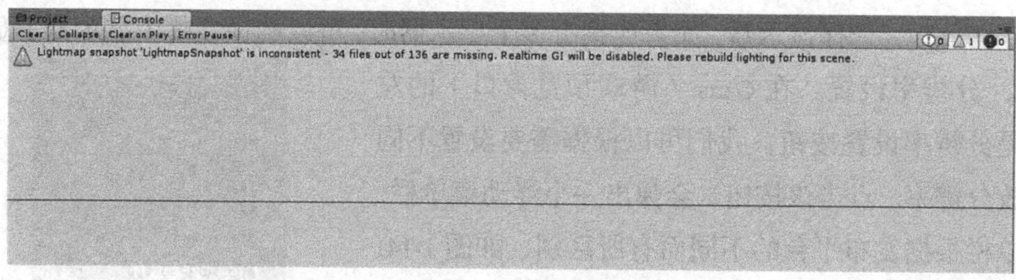

图 1-144 控制台

在控制台中，选择某一条文本，可以在下方出现更详细的说明，如图 1-145 所示。

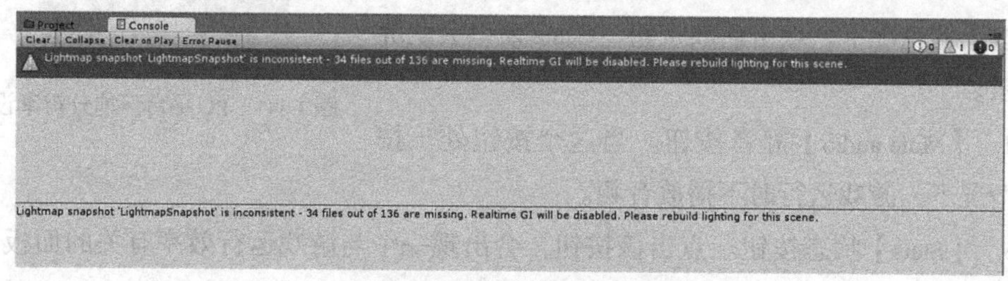

图 1-145 控制台输出的信息

- 点击【Clear】按钮，可以清除控制台中的所有信息。
- 点击激活【Collapse】按钮，合并相同的输出信息。
- 点击激活【Clear on Play】按钮，当游戏开始播放时清除所有原来的输出信息。
- 点击激活【Error pause】按钮，当脚本程序出现错误时游戏运行暂停。

1.4 自定义窗口布局

Unity 的窗口布局结构是可以自定义的。开发者可以根据自己的使用习惯布局窗口，也可以使用 Unity 内置的窗口布局功能来实现窗口布局的调整。

1.4.1 使用 Unity 内置的窗口布局功能

在工具面板的最右边有一个【Layout】按钮，点击它可以弹出一个浮动菜单栏，其中包含了 Unity 内置的窗口布局方式，如图 1-146 所示。

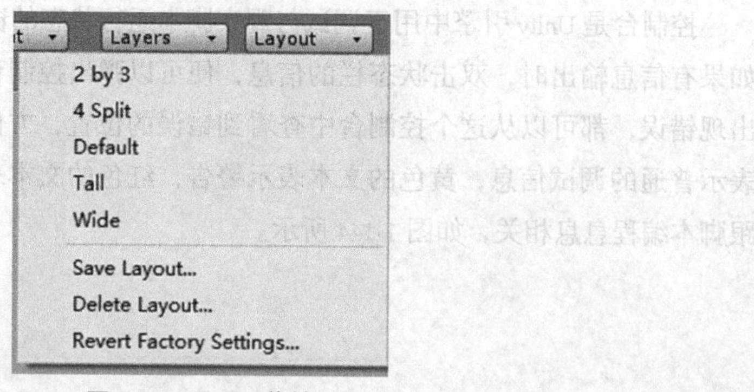

图 1-146 Layout 菜单

下图展示了五种内置的窗口布局方式（图 1-147~ 图 1-151）。

图 1-147　（2+3）2By3 窗口布局方式

图 1-148　（四视图）4 Split 窗口布局方式

图 1-149　默认（Default）窗口布局方式

图 1-150　（高屏）Tall 窗口布局模式

图 1-151　（宽屏）Wide 窗口布局模式

1.4.2　自定义窗口布局

在 Unity 中的每个窗口，都可以通过拖曳的方式重新布局每个窗口。

1. 停靠窗口。例如我们想把 Project 窗口停靠在编辑器的左边，可以使用鼠标左键点击 Project 窗口的标题，按住鼠标左键不放，把它拖曳到编辑器的左边。在拖曳的过程中，该窗口会以线框的方式显示，如图 1-152 所示。当该窗口停靠到我们需要的地方时，放开鼠标，我们便完成了该窗口的布局操作，如图 1-153 所示。

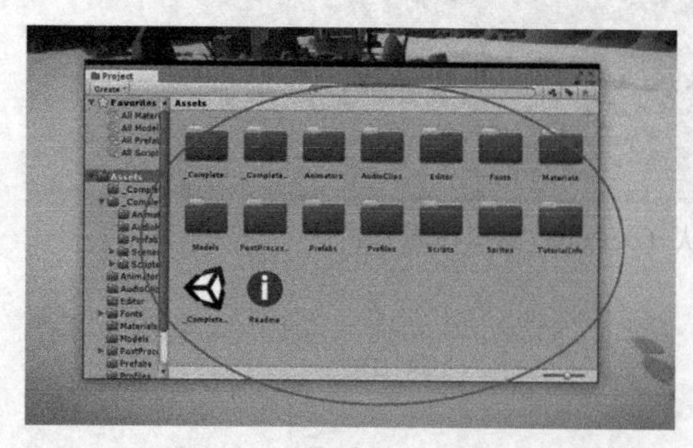

图 1-152　拖动 Project 窗口

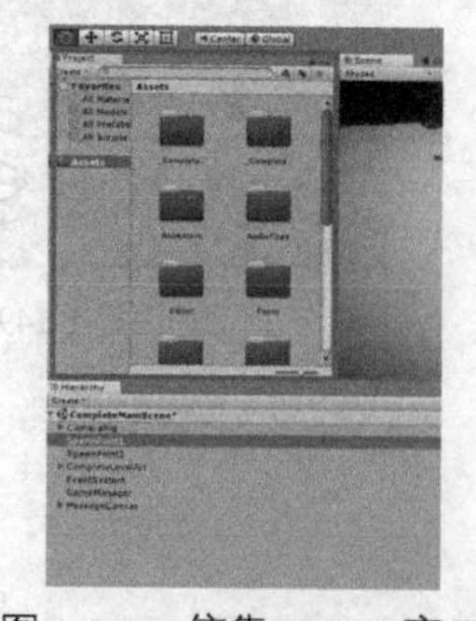

图 1-153　停靠 Project 窗口

2. 浮动窗口。每一个窗口可以浮动在编辑器中而不使用停靠的布局方式。还是以 Project 窗口为例，鼠标左键选择 Project 窗口的标题，按住鼠标不放，拖动到我们需要的位置，放开鼠标，便能够形成一个浮动窗口了，如图 1-154 所示。

3. 内嵌窗口。在同一个窗口中，我们可以内嵌其他的窗口，例如把 Hierarchy 窗口内嵌到 Project 窗口中。使用鼠标左键选择 Hierarchy 标签，按住鼠标左键不放，把该窗口的标签拖动到 Project 窗口的标签上，此时，Hierarchy 和 Project 窗口会公用同一个区域。而要切换这两个窗口，可以通过点击该区域上面的标签来切换，如图 1-155 所示。

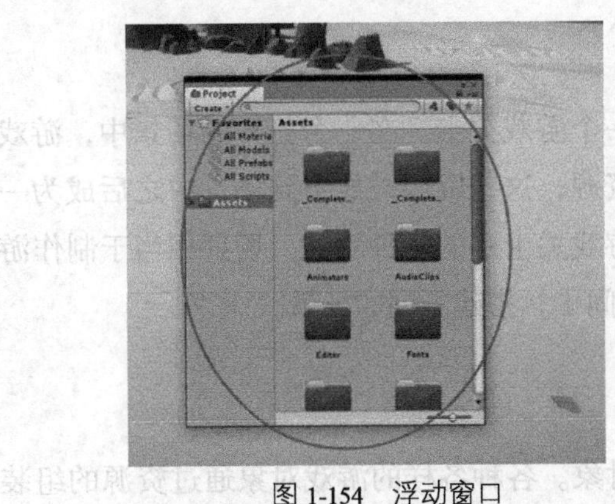

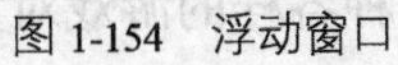

图 1-154　浮动窗口

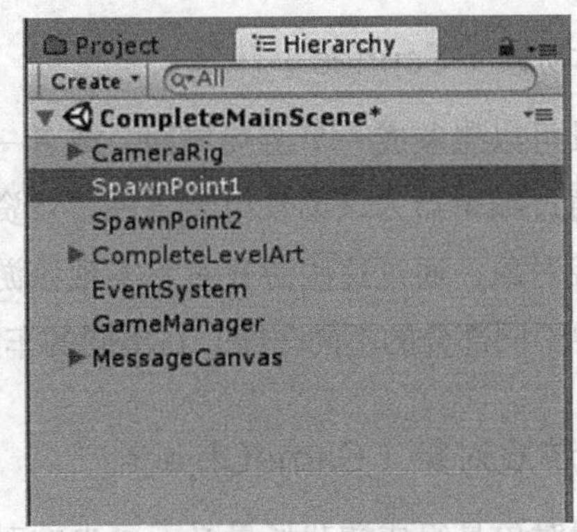

图 1-155　内嵌窗口

4. 添加窗口。在每个窗口的右上角，有一个图标，点击该图标，会出现一个浮动菜单栏，如图 1-156 所示。Maximize 用于最大化窗口，其快捷键是键盘上的空格键。Close Tab 是关闭该窗口，Add Tab 可以在该区域添加其他的窗口，添加窗口也可以通过菜单栏中的 Window 菜单来添加，如图 1-157 所示。

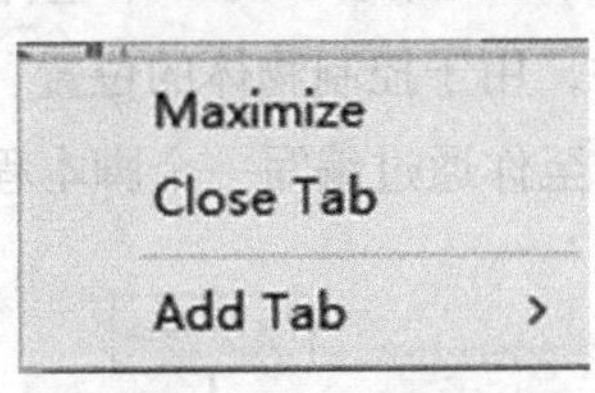

图 1-156　窗口添加菜单

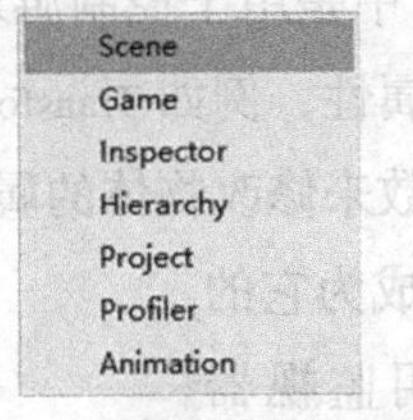

图 1-157　可添加的窗口列表

1.5　Unity 中定义的重要概念

本节介绍 Uinty 中的一些概念，也许在其他的游戏引擎中是没有这些概念的，而要掌握 Unity 游戏引擎的用法，这些概念就不能不知道。

1.5.1　资源（Assets）

在 Unity 游戏的制作开发过程中，需要用到各种各样的资源，这些资源包括模型、贴图、声音、程序脚本等。在 Unity 中，可以把资源（Assett）比喻成游戏制作过程中的原材料，通过原材料的不同组合和利用，便形成了一个游戏产品。

1.5.2 工程（Project）

在Unity中，工程就是一个游戏项目。这个工程包括了该游戏场景所需要的各种资源，还有关卡、场景和游戏对象等。在创建一个新的游戏之前，必须先创建一个游戏工程。游戏工程可以想象成实现游戏的工厂。它里面有游戏的资源仓库、制作游戏的装配间和打包输出的车间等。

1.5.3 场景（Scenes）

场景可以想象成一个游戏界面，或者一个游戏关卡。在一个打开的场景中，游戏开发者通过编辑器为该场景组装各种游戏资源，这些资源被放置到场景中之后成为一个个游戏对象，通过这些游戏对象实现该游戏关卡中的各种功能。场景相当于制作游戏过程中不同部分的不同车间，在不同的车间中，搭建不同的场景。

1.5.4 游戏对象（GameObject）

游戏对象是组成游戏场景必不可少的对象。各种各样的游戏对象通过资源的组装并加入到游戏场景中，只有某种资源被放置在游戏场景中，才会生成游戏对象。游戏对象根据功能的需要有不同的属性，用户通过这些属性来控制游戏对象的不同行为。

1.5.5 组件（Component）

组件，在Unity中是用于控制游戏对象属性的集合。每一个组件包括了游戏对象的某种特定的功能属性，例如Transform组件，用于控制物体的位置、旋转和缩放。可以通过组件中的参数来修改物体的属性，甚至你通过编写一个脚本程序并把该程序添加到游戏对象中，成为它的一个组件，并利用监视器（Inspector）来编辑你想要的属性值。简而言之，组件其实定义了游戏对象的属性和行为。

接下来，请大家来看一下这张图（图1-158），它表示出了使用Unity制作的游戏的一个层次结构。

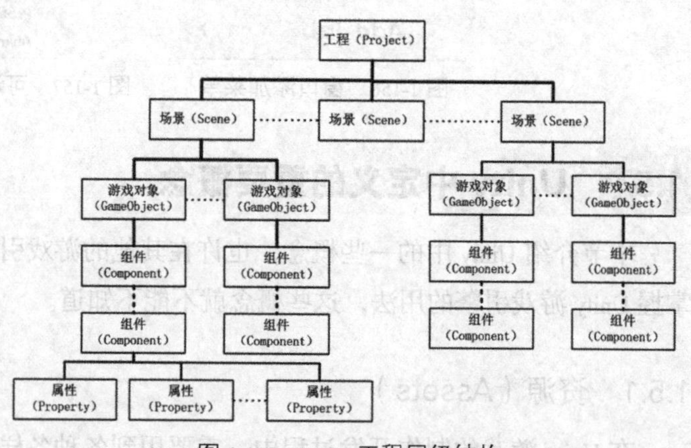

图1-158 Unity工程层级结构

1.5.6　脚本（Scripts）

我们知道，游戏与其他娱乐方式（电影、图书、电视、广播等）的最大区别在于可互动性。互动性是游戏的最基本特征之一，而程序脚本便是实现可互动性的最有利的工具。通过编写程序可以控制游戏中的每一个游戏对象，我们可以让他们根据我们的需要改变他们的状态和行为。在 Unity 中，使用最多的脚本语言是 JavaScript 和 C#。当然也可以使用 C/C++、Java 等高级语言为它编写第三方插件。

在编写游戏脚本的时候，我们可以不用关心 Unity 的底层原理，我们只要调用 Unity 为我们提供的 API，便可以完成出色的游戏产品。而且，你在 Unity 中同时使用 C# 和 JavaScript 脚本进行编写，也并不会影响它的运行，只是这两种语言的语法稍微有些不同而已。

在编写程序的时候，挑选合适的程序编辑器是提高编程效率的方法之一。我们可以使用 Microsoft Visual Studio 编辑器或者使用 Unity 自带的 MonoDevelop 脚本编辑器来编写代码。当然你也可以使用其他编辑器，例如 Ultra Editor 或者文本编辑器等来编写脚本。但是，笔者建议采用前面的两种编辑器。

1.5.7　预置（Prefabs）

有的时候我们会在 Unity 中为游戏对象添加各种组件，并设置好它的属性和行为，最后需要反复利用这些已经修改好的对象。Unity 为我们提供了一种保存这种设置的方法，该种方法称为保存预置（Prefab）。它使得我们在场景中编辑过后的游戏对象重新保存成一个 Prefab 对象，成为一种资源。这个 Prefab 可以在不同的地方不同的场景重复使用这些保存了的设置。通过预置，我们可以在游戏过程中动态地生成该预置使其成为场景中的游戏对象。例如，你按下鼠标的左键表示发射炮弹，这个炮弹已经通过添加各种组件，并设置好了它的属性，最后保存成一个预置，我们可以通过脚本实时地生成一个我们修改好的炮弹对象并加入到场景中。

在使用预置的过程中还有一个好处，便是同步性。当你在游戏场景中有很多的由该预置生成的游戏对象时，你通过修改其中一个游戏对象的属性，并运用到这个预置中，场景中所有的由该预置生成的游戏对象的属性也会同时改变。

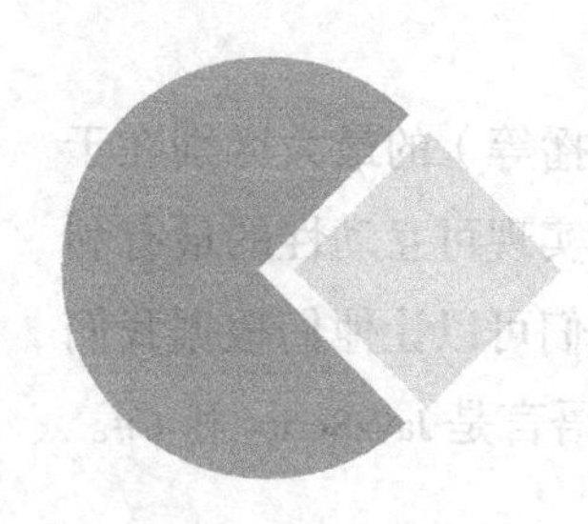

第 2 章　打地鼠

2.1　游戏简介

《打地鼠》(原名: Whac-A-Mole) 最早可以追溯到 1976 年创意工程股份有限公司 (Creative Engineering, Inc.) 推出的一款有偿街机游戏。这款游戏能够提高人体大脑和身体的协调能力，增强臂力，锻炼身体，深受大众的喜爱。在游戏中，玩家要在规定时间内，敲打一只只从地洞里冒出头的傻地鼠，从而获得游戏胜利。但是作为掌机，如 NDS 或智能手机等是不可能直接用锤子去敲打屏幕的，取而代之的便是 NDS 触控笔或者手指，如图 2-1 所示。

图 2-1　经典打地鼠圣诞版游戏画面

2.2　游戏规则

这个游戏的游戏规则是，在一定时间内，地鼠随机出现在九个洞口中，玩家要在它出现的时候击中它，击中加分，反之地鼠会自动消失，时间耗尽则游戏结束。

随着游戏时间的减少，老鼠出现的频率越来越高，存在的时间也越来越短，游戏难度逐步上升。

2.3　程序思路

2.3.1　洞口的排列

利用一个 3×3 的二维数组或者一个一维数组来表示地图中的 9 个洞口。在这里我们使用一维数组来存入洞口的位置坐标信息以及地鼠的出现状态。

这里可以利用公式 $k=i\times n+j$，把二维数组 a[m][n] 中的任意元素 a[i][j] 转化为一维数组的对应元素 b[k]。m、n 分别表示二维数组的行数和列数，i 为元素所在行，j 为元素所在列，同时 0<=i<m,0<=j<n。

```
[2][0]   [2][1]   [2][2]   →   [6]   [7]   [8]
[1][0]   [1][1]   [1][2]   →   [3]   [4]   [5]
[0][0]   [0][1]   [0][2]   →   [0]   [1]   [2]
```

2.3.2　地鼠出现频率

我们可以利用改变随机数的取值范围来控制地鼠出现的频率和个数。例如在（0,5）之间取某一个值的概率是 1/5, 在（0,10）之间取该值的概率为 1/10，前者比后者的概率要高一些。

当然我们也可以利用延时调用函数来改变地鼠出现的频率和个数。即随着时间的增加，地鼠出现函数被调用的次数也会被叠加。例如下方的伪代码，start 函数从第 0 秒开始调用 canAppear 函数，每 5 秒调用一次；canAppear 函数从被调用的第 0 秒开始调用地鼠生成函数，每 1 秒调用一次。即第 0 秒，每 1 秒生成 1 只地鼠；第五秒开始，每 1 秒生成 2 只地鼠……以此类推。

```
public void start(){
    InvokeRepeating("canAppear", 0,5);
}
public void canAppear(){
    InvokeRepeating(" 地鼠生成函数 ", 0,1);
}
```

2.3.3　单个地鼠设置

在地鼠上设置鼠标监听以及计时器。当它出现后，如果在规定的时间内被点击，则地鼠立刻消失，反之到时间结束后自动消失。伪代码如下：

```
If（未被点击）
    Destroy(this.gameObject,3.0f);
Else
    Destory(this.gameobject);
```

2.3.4　游戏时间和分数

利用整型变量记录游戏时长以及分数。每次游戏开始后，玩家的分数清零，时长则设置为初始值。随着游戏的进行，时长变量减小，分数变量随玩家击中地鼠数量的增加而增大。

提取码：2111

2.3.5 游戏流程图

如图 2-2 所示。

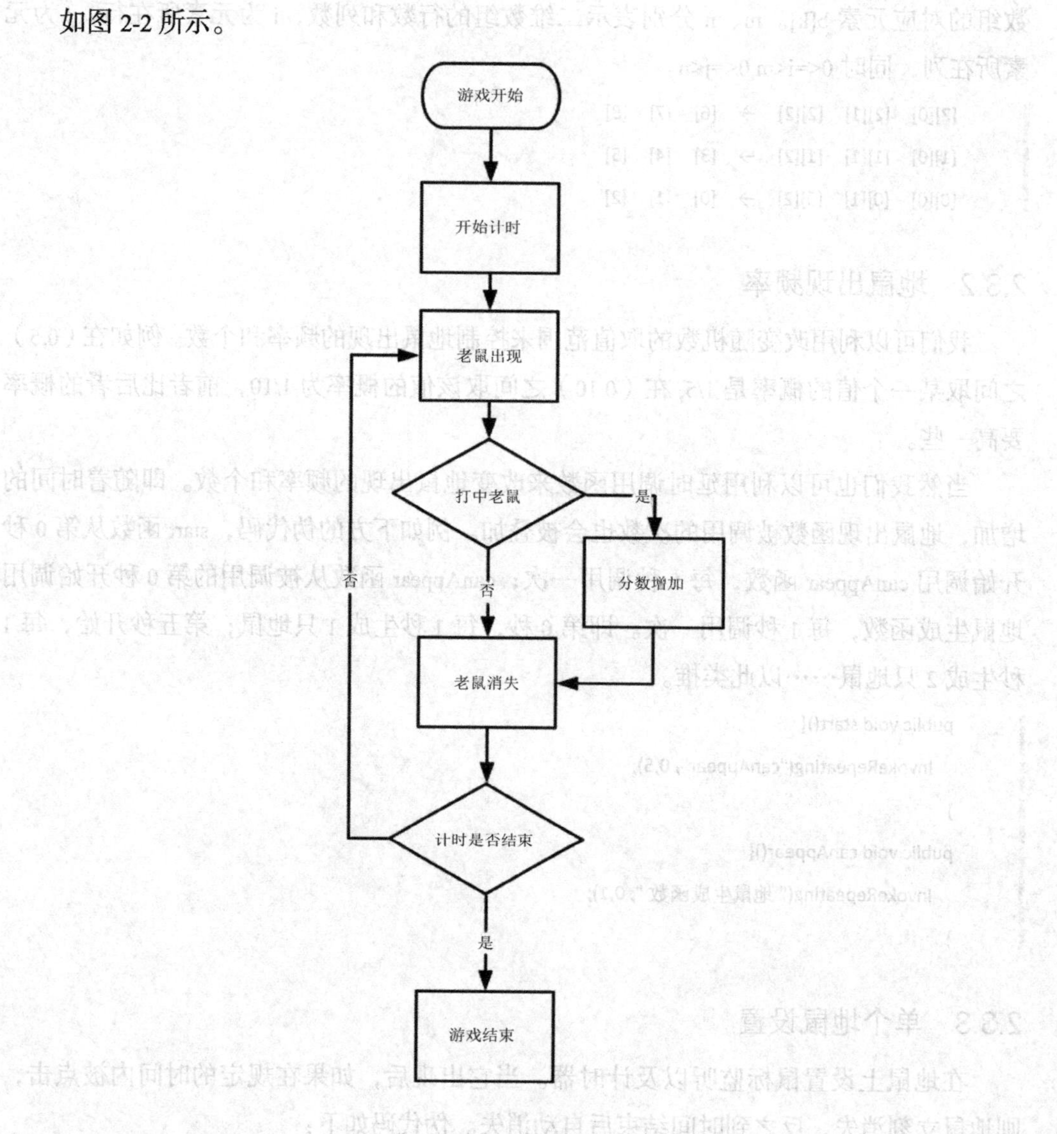

图 2-2 游戏流程图

2.4 程序实现

2.4.1 前期准备

[1] 新建文件。新建一个名为 WhacAMole 的 2D 工程。把 3D/2D 选项修改为 2D，如图 2-3 所示。点击“Create Project”按钮，完成新建工程。

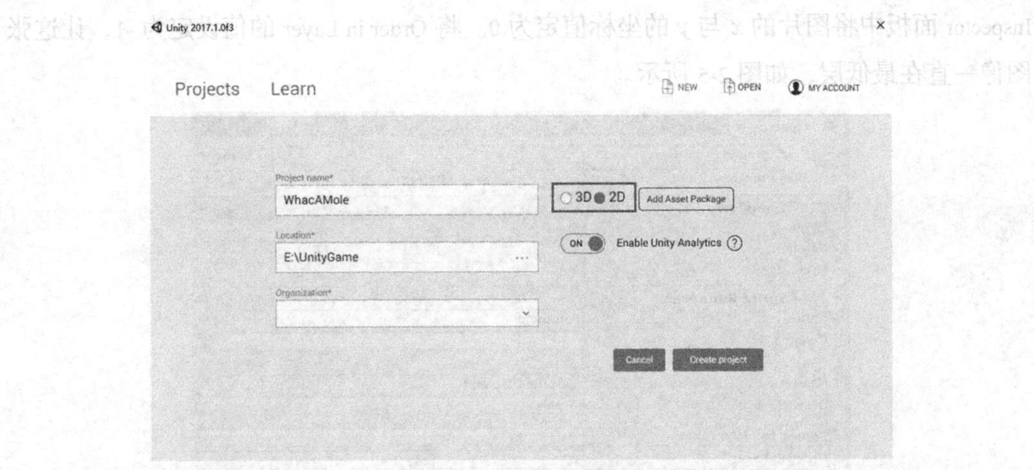

图 2-3　新建工程

[2]　导入素材包。在 Assets 标签上单击鼠标右键，在弹出菜单中选择“Import Package / custom Package…”，将本书资源包中 WhacAMole 文件导入。资源包中有完整的游戏案例和完成游戏所需的一切素材。在【_Complete-Game】文件夹中双击【Done_Mole】文件可以运行游戏。运行结果如图 2-4 所示。

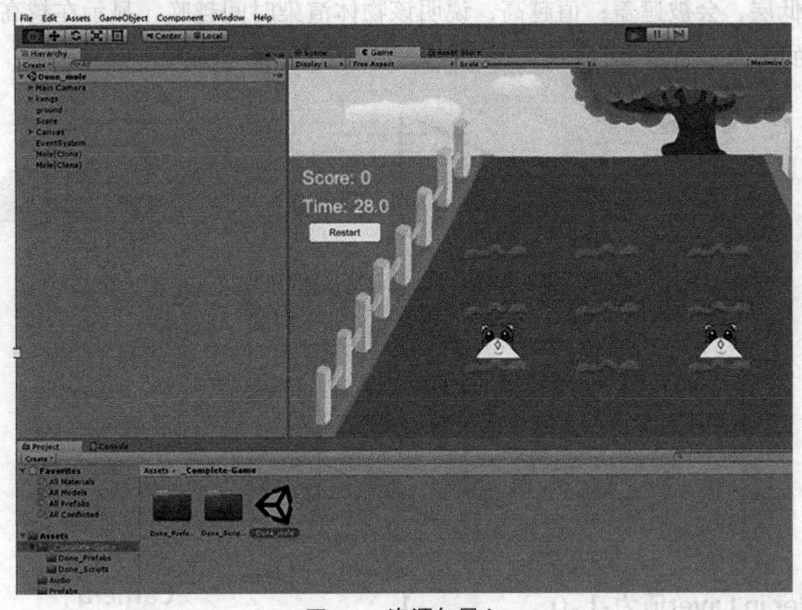

图 2-4　资源包导入

2.4.2 设置洞口

[1]　新建场景。在 Assets 标签上单击鼠标右键，在弹出的菜单中点击【Create/ scene】，新建名为【Game】的游戏场景后保存。我们的游戏将在这个场景里制作完成。

[2]　在 Sprites 文件夹中选择【ground】图片，将其拖入场景中。在界面右侧

Inspector 面板中将图片的 x 与 y 的坐标值定为 0。将 Order in Layer 的值设定为 -1，让这张图像一直在最低层，如图 2-5 所示。

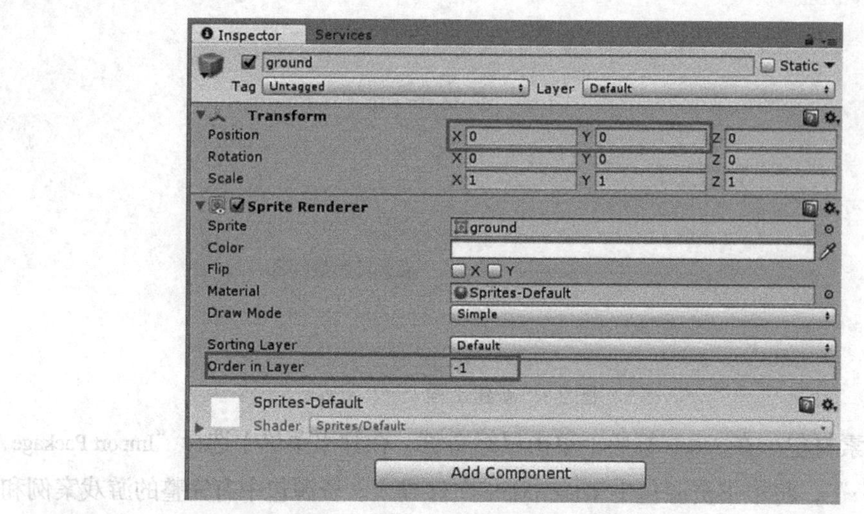

图 2-5 【ground】图像设置

注：Unity 会根据 Order 的值从低到高绘制图像。值越低，说明该物体渲染时间越早，显示在越低层，会被遮盖；值越高，说明该物体渲染时间越晚，显示在越高层，可以覆盖低层的图片，如图 2-6 所示。

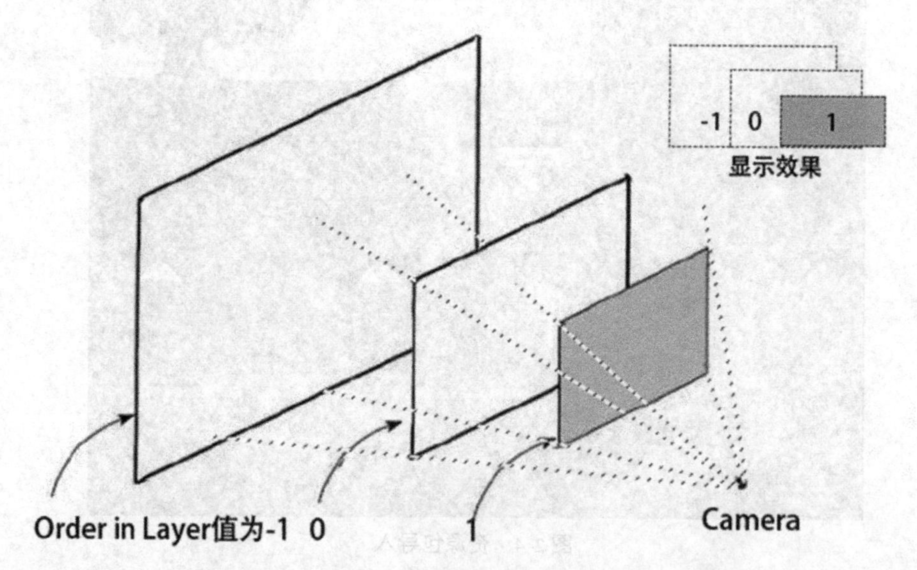

图 2-6 Order in layer 的值与画面显示效果的关系示意图

[3] 摄像机视野调整。调整摄像机的视野范围，使背景图片占据整个视野。在【Hierarchy】内单击选择 Main Camera 后，我们有两种方式调整摄像机视野，一种是直接在 Scene 面板内调整白色线框的大小，另一种则是在【Inspector】面板内调整 Size 值，如图 2-7 所示。

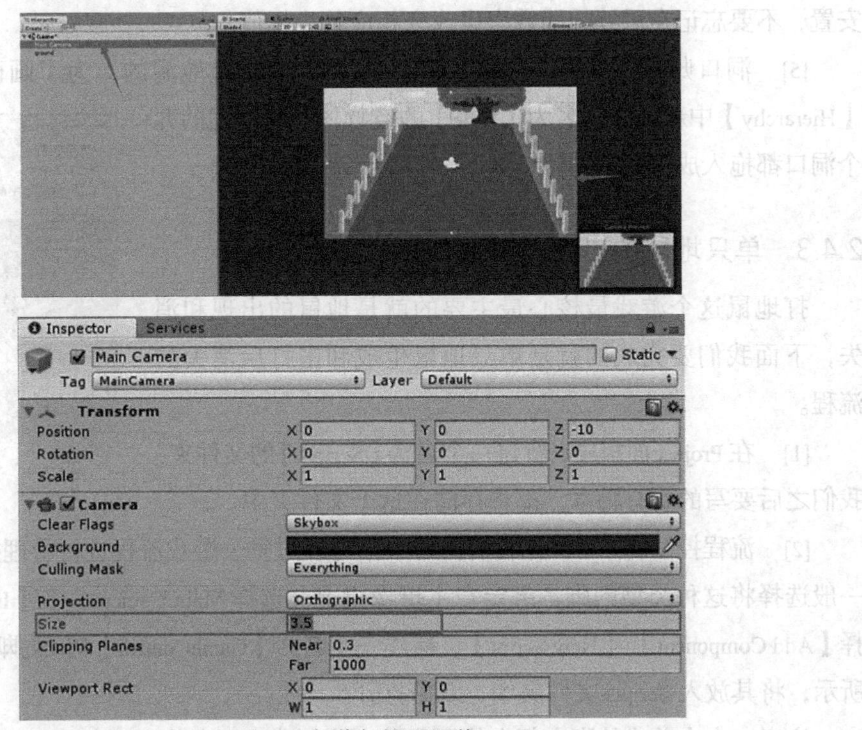

图 2-7 摄像机视野调整

[4] 洞口设置。选择【Sprites】文件夹内的【Hole】图片拖入场景中，将其 x、y 坐标值设置为 0 和 -1。九个洞口的坐标和序号对应如图 2-8 所示。

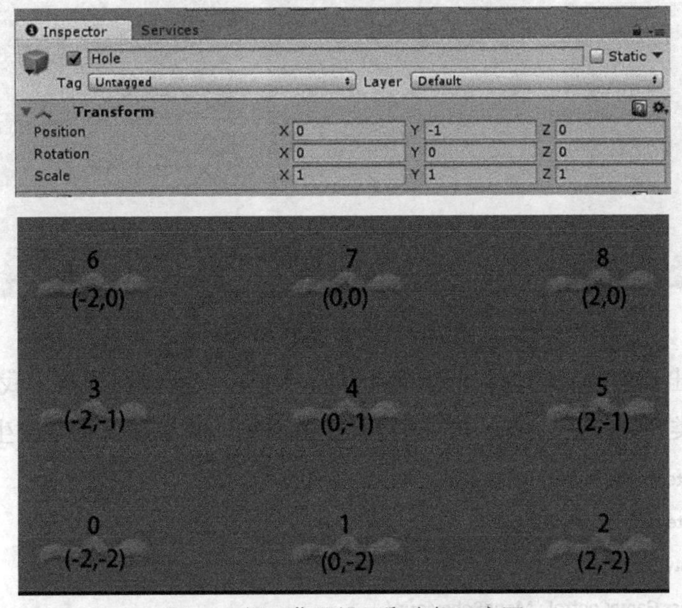

图 2-8 洞口位置设置和坐标示意图

以上的坐标是我根据当前的画面自己决定的，当然你也可以进行适当的改变。资源包中存有单个地洞的图像，如果你选择自己定义洞口坐标，可以利用单个地洞自行安置，不要忘记在后续的函数中也改变相应的坐标值。

[5] 洞口归类。如果你是利用单个地洞图像放置地洞的，为了画面的简洁，在【Hierarchy】中新建一个名为【Hole】的空物体，将上述的九个洞口都拖入成为其子物体，如图 2-9 所示。

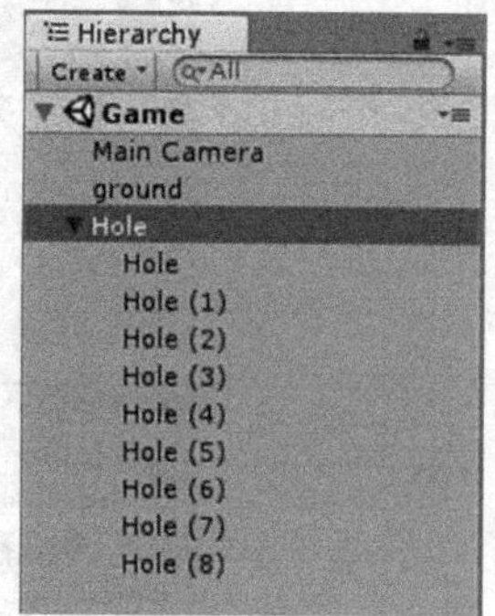

图 2-9 洞口归类

2.4.3 单只地鼠的出现与消失

打地鼠这个游戏最核心最主要的就是地鼠的出现和消失，下面我们要完成的就是单只地鼠生成和击打后消失的流程。

[1] 在 Project 面板中，新建一个名为【Scripts】的文件夹，我们之后要写的所有脚本，都将存储在这个文件夹中。

[2] 流程控制脚本。首先我们需要一个可以对整个游戏流程进行管理控制的脚本，一般选择将这种类型的脚本绑定在主摄像机上。选择 Main Camera，在【Inspector】中选择【Add Component】-【New Script】，新建一个名为【GameControl】的 C# 脚本，如图 2-10 所示，将其放入 Scripts 文件夹中，双击打开。

注意：本次游戏的脚本都会使用这种方法创建，下文将不再复述。

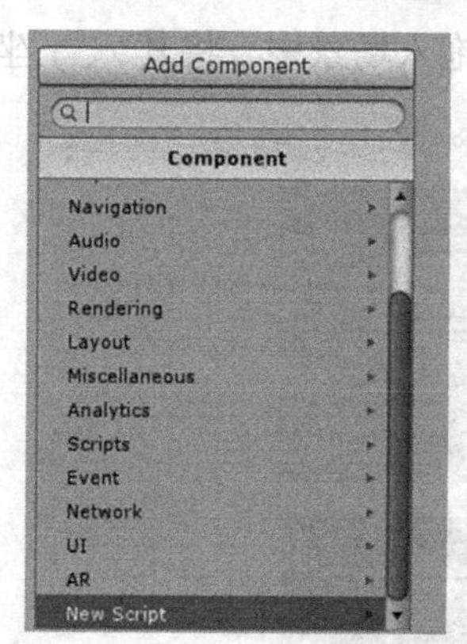

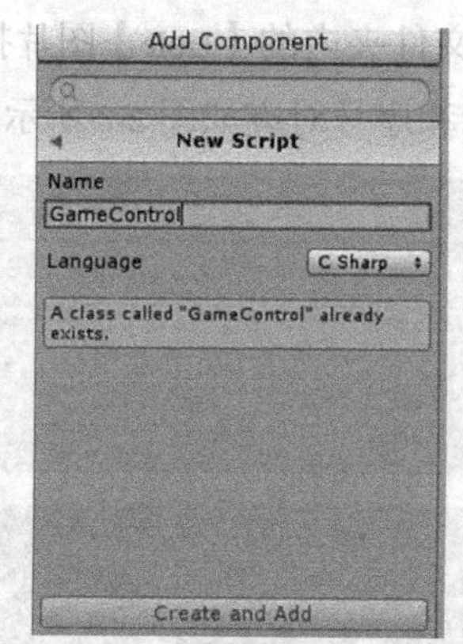

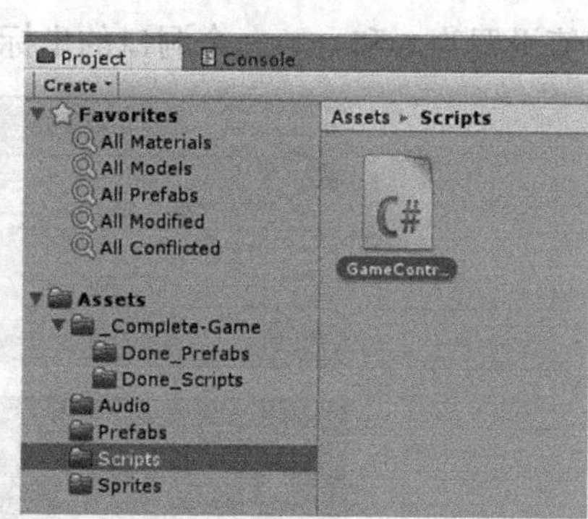

图 2-10 新建 c# 脚本步骤

[3] 地鼠出现程序。因为我们需要生成一个地鼠，所以在函数中我们需要定义一个 GameObject 类型的变量“Gophers”来存放地鼠对象，并在 Start 函数中生成它。

```
1    using System.Collections;
2    using System.Collections.Generic;
3    using UnityEngine;
4    public class GameControl : MonoBehaviour {
5        public GameObject Gophers;
6        // Use this for initialization
```

```
7       void Start () {
8               // 在（0，0+0.4f）上生成地鼠，0.4f 为地鼠的高度
9               Instantiate(Gophers,new Vector3(0, 0+ 0.4F, -0.1F), Quaternion.identity);
10      }
11      // Update is called once per frame
12      void Update () {
13      }
14  }
```

GameControl 脚本

[4]　预制体拖入。保存代码以后，返回 Unity 界面，选择 Main Camera，在【Inspector】中找到 GameControl 的脚本，将【Prefabs】文件夹下名为【Mole】的预制体拖入，如图 2-11 所示。

完成上述步骤以后，点击运行游戏，单个地鼠就会出现了，效果如图 2-12 所示。

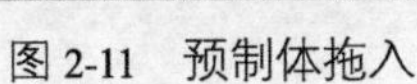
图 2-11　预制体拖入

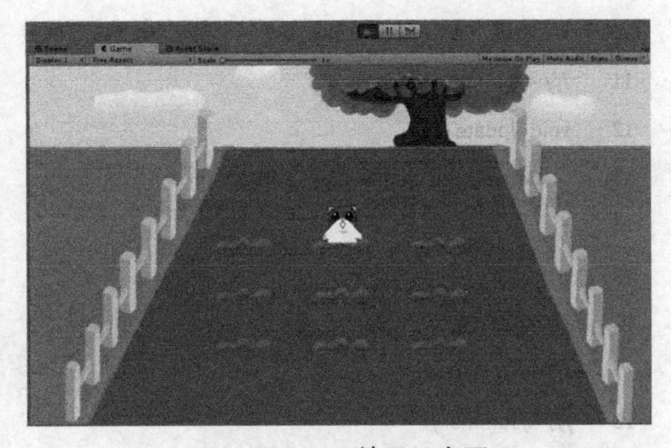

图 2-12　效果示意图

[5]　地鼠脚本。在【Prefabs】文件夹中，我们找到地鼠预制体【Mole】，为其新建并绑定 C# 脚本【Gophers】，如图 2-13 所示，将脚本放入 Scripts 文件夹后双击打开。

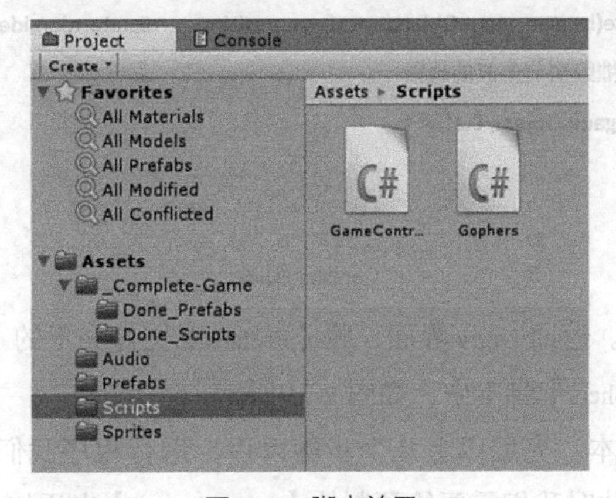

图 2-13　脚本放置

思考一下地鼠出现以后的状态：未被击打时，地鼠在一定时间后会自动消失；被击打后则会转化为击打状态的地鼠，在较短时间后消失。

让地鼠消失十分简单，我们只需要用 Destory 函数将当前的地鼠摧毁即可。

至于状态的转变，我们需要一个鼠标点击函数来获取点击状态，在当前地鼠的坐标上生成一个显示被击打的地鼠即可。生成方法与上述地鼠生成的方法几乎一致。

```
1  using UnityEngine;
2  /// <summary>
3  /// 地鼠类
4  /// </summary>
5  public class Gophers : MonoBehaviour {
6      // 定义一个新的游戏对象 beaten
7      public GameObject beaten;
8
9      /// <summary>
10     /// 地鼠出现后，如果未被点击，将在三秒后自动销毁
11     /// </summary>
12     void Update () {
13         Destroy(this.gameObject,3.0f);
14     }
15
16     /// <summary>
17     /// 鼠标点击函数
18     /// </summary>
19     void OnMouseDown() {
20         // 在相同的位置生成一个被击打图像的地鼠
21         GameObject g;
22         g = Instantiate(beaten, gameObject.transform.position,     Quaternion.identity);
23         // 在 0.1s 后摧毁当前生成的地鼠
24         Destroy(this.gameObject, 0.1f);
25     }
26 }
```

Gophers 脚本

[6]　预制体拖入。返回 Unity 界面，将【Prefabs】文件夹下的【Mole_beaten】预制体拖入【Mole】的【Gophers】脚本中，如图 2-14 所示。

[7]　击打地鼠脚本。完成以上几个步骤以后，运行程序我们会发现 beaten 状态下的地鼠会一直存在。此时我们需要给预制体【Mole_beaten】也添加一个脚本【Beaten】，

如图 2-15 所示，在其生成一段时间后自动销毁。

图 2-14　预制体拖入

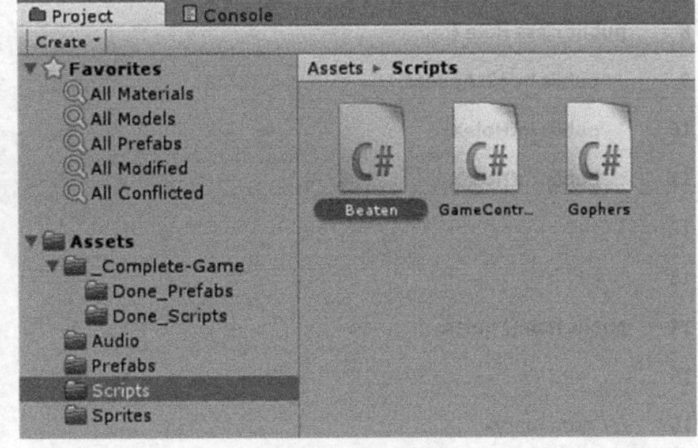

图 2-15　脚本放置

```
1  using UnityEngine;
2  /// <summary>
3  /// 地鼠被击打以后调用该函数
4  /// </summary>
5  public class Beaten : MonoBehaviour {
6    /// <summary>
7    /// 在点击后 3.5s 销毁该地鼠
8    /// </summary>
9    void Update () {
10       Destroy(gameObject, 0.35f);
11   }
12 }
```

Beaten 脚本

完成上述步骤后，我们就简单地完成了一个地鼠从出现到消失的整个过程。

2.4.4　地鼠的随机出现和出现频率

打地鼠游戏中，只在固定位置出现一次地鼠很显然是很单调的，我们接下来讲解如何在地图内随机生成地鼠。

[1]　设定洞口类。在 GameControl 脚本中，设定一个洞口 Hole 类，记录 9 个洞口的坐标以及地鼠出现的状态。

```
1  public class GameControl : MonoBehaviour {
2    public GameObject Gophers;
3    // 用于记录地鼠的 X,Y 坐标
4    public intPosX, PosY;
5    /// <summary>
```

```
6      /// 设定一个地洞类，存储地洞的坐标以及是否出现的布尔值
7      /// </summary>
8      public class Hole {
9          public boolisAppear;
10         public intHoleX;
11         public intHoleY;
12     }
13
14     public Hole[] holes;
15
16     /// <summary>
17     /// Awake 函数实际上比 Start 函数调用的更早
18     /// 在场景初始化的时候，将每个洞口的坐标值存入一维数组中，并将每一个洞口的 isAppear 值设
   定为 false
19     /// (-2,0)(0,0)(2,0)
20     /// (-2,-1)(0,-1)(2,-1)
21     /// (-2,-2)(0,-2)(2,-2)
22     /// </summary>
23     void Awake() {
24         PosX = -2;
25         PosY = -2;
26         holes = new Hole[9];
27        for (int i = 0; i < 3; i++)
28        {
29            for (int j = 0; j < 3; j++)
30            {
31                holes[i * 3 + j] = new Hole();
32                holes[i * 3 + j].HoleX = PosX;
33                holes[i * 3 + j].HoleY = PosY;
34                holes[i * 3 + j].isAppear = false;
35                PosY++;
36            }
37            PosY = -2;
38            PosX = PosX + 2;
39        }
```

```
40      }
41      ......
42  }
```

GameControl 脚本

[2]　地鼠出现函数。定义一个生成地鼠的函数“Appear()”，将原来 Start 函数中的生成语句删除，演示延时重复调用 Appear 函数。

```
1   public class GameControl : MonoBehaviour {
2       ......
3       void Start () {
4               Instantiate(Gophers, new Vector3(0, 0+ 0.4F, -0.1F), Quaternion.identity);
5               // 从第 0 秒开始调用，每秒掉用一次
6               InvokeRepeating("Appear", 0,1);
7       }
8       ......
9       /// <summary>
10      /// 地鼠生成函数
11      /// </summary>
12      public void Appear()
13      {
14          // 随机生成 i 值选择洞口
15          int i = Random.Range(0, 9);
16          //debug 只是用来打印当前的坐标，便于观察，并不会影响游戏运行（可略过）
17          Debug.Log(holes[i].HoleX + "," + holes[i].HoleY);
18          // 选定洞口以后，在洞口的坐标上生成地鼠
19          Instantiate(Gophers, new Vector3(holes[i].HoleX, holes[i].HoleY + 0.4F, -0.1F), Quaternion.identity);
20      }
21  }
```

GameControl 脚本

完成上述操作以后，我们可以正常运行游戏，地鼠以每秒一个的速度匀速出现。如何让地鼠出现的频率逐步加快呢？其实十分简单，我们只需套用两个延时调用函数即可。

[3]　地鼠频率增加。回到 GameControl 脚本，定义一个 CanAppear 函数，在 Start 函数中调用。

```
1   public class GameControl : MonoBehaviour {
2       ......
3       void Start () {
4               InvokeRepeating("Appear", 0,1);
5               // 在游戏场景开始后延时调用 canAppear 函数，从第 0 秒开始，每隔十秒调用一次
6               InvokeRepeating("CanAppear", 0, 10);
7         }
8         ......
9         /// <summary>
10        /// 从第 0 秒开始调用函数，每隔 1 秒调用一次
11        /// </summary>
12        public void CanAppear() {
13            InvokeRepeating("Appear", 0,1);
14        }
15  }
```

GameControl 脚本

简单回顾一下地鼠出现的频率：在游戏开始的第 0 秒，CanAppear 函数被调用一次，Appear 函数每秒被调用一次，地鼠每秒出现一个；在游戏开始的第 10 秒，CanAppear 被调用两次，Appear 函数每秒被调用两次，地鼠每秒出现两个……以此类推，地鼠出现的频率会随着时间的增加而上升。

[4] 禁止地鼠同位置生成。在地鼠同时出现的次数升高以后我们会发现一个问题：同批次的地鼠很有可能会生成在同一个地洞上，这个时候我们就要运用地洞类型里的 isAppear 布尔值了。

```
1   public class GameControl : MonoBehaviour {
2       ......
3       /// <summary>
4       /// 地鼠生成函数
5       /// </summary>
6       public void Appear()
7       {
8           // 当前地洞可以生成地鼠的条件：isAppear = false
9           // 随机生成 i 值选择洞口，直到符合条件的洞口被选中
10          int i = Random.Range(0, 9);
11          while (holes[i].isAppear == true)
12          {
13              i = Random.Range(0, 9);
```

```
14          }
15          //debug 只是用来打印当前的坐标，便于观察，并不会影响游戏运行（可写可不写）
16          Debug.Log(holes[i].HoleX + "," + holes[i].HoleY);
17
18          // 选定洞口以后，在洞口的坐标上生成地鼠，传递洞口 id，将当前洞口的 isAppear 值改为 true
19          Instantiate(Gophers, new Vector3(holes[i].HoleX, holes[i].HoleY + 0.4F, -0.1F), Quaternion.identity);
20          Gophers.GetComponent<Gophers>().id = i;
21          holes[i].isAppear = true;
22      }
23  }
```

GameControl 脚本

[5]　状态修改。如果仅仅是上述代码中的修改，我们很快就会发现游戏程序会进入一个死循环，因为 9 个洞口的 isAppear 值全部会变成 true, 所以我们需要一个状态修改，在地鼠消失以后，将对应洞口的 isAppear 值改回 false。而这个状态修改应该在 Gophers 和 Beaten 脚本中填写。

```
1   public class Gophers : MonoBehaviour {
2       ......
3       public int id;
4       void Update () {
5           Destroy(this.gameObject,3.0f);
6           // 将对应洞口的 isAppear 值设为 false
7           FindObjectOfType<GameControl>().holes[id].isAppear = false;
8       }
9       void OnMouseDown() {
10          ......
11          // 将当前洞口 id 传递给 beaten
12          g.GetComponent<Beaten>().id = id;
13      }
14  }
```

Gophers 脚本

```
13  public class Beaten : MonoBehaviour {
14      public int id;
15
16      void Update () {
17          Destroy(gameObject, 0.35f);
18          FindObjectOfType<GameControl>().holes[id].isAppear = false;
19      }
20  }
```

Beaten 脚本

2.4.5 时间、分数和其他

[1] 创建文本框。在 Hierachy 面板内创建两个 3D Text，其中之一重命名为“Time”，使其成为 MainCamera 的子物体，另一个重命名为“Score”。我们将用他们来显示游戏时间，具体属性如下图 2-16 所示。

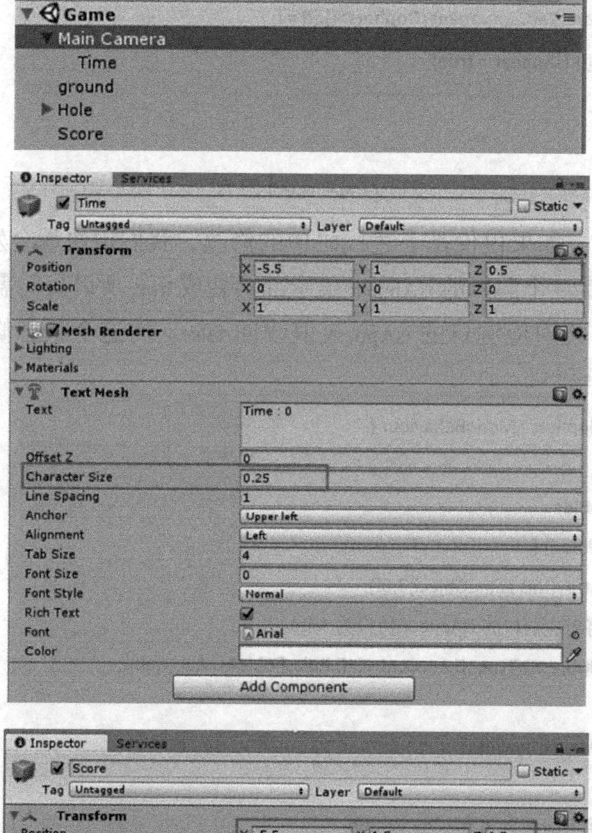

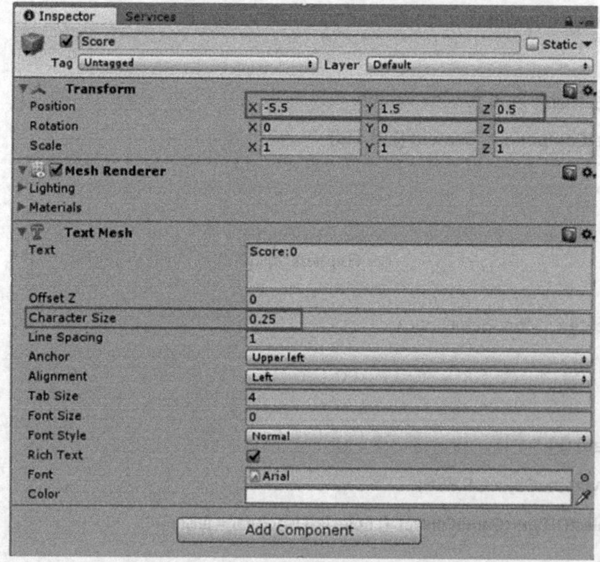

图 2-16 位置信息设置面板截图

[2]　时间管理，游戏结束。在 GameControl 脚本中定义 TimeLabel，共有变量时间和分数。在 update 函数里不断改变 Text 显示的时间值，当游戏时间小于 0 时，调用游戏结束函数。

```
24  public class GameControl : MonoBehaviour {
25      ......
26      public TextMeshtimeLabel;
27      public float time = 30.0f;
28      public int score = 0;
29      void Update () {
30          // 时间以秒的速度减少，并在 timeLabel 里显示当前剩余时间（一位小数）
31          time -= Time.deltaTime;
32          timeLabel.text = "Time: " + time.ToString("F1");
33
34          // 当时间耗尽，调用 GameOver 函数
35          if (time < 0)
36          {
37              GameOver();
38          }
39      }
40      ......
41      /// <summary>
42      /// 游戏结束函数
43      /// </summary>
44      void GameOver() {
45          time = 0;
46          timeLabel.text = "Time: 0";
47
48          // 将所有延时调用函数全部取消
49          CancelInvoke();
50      }
51  }
```

GameControl 脚本

[3]　在 Unity 界面添加对象，如图 2-17 所示。

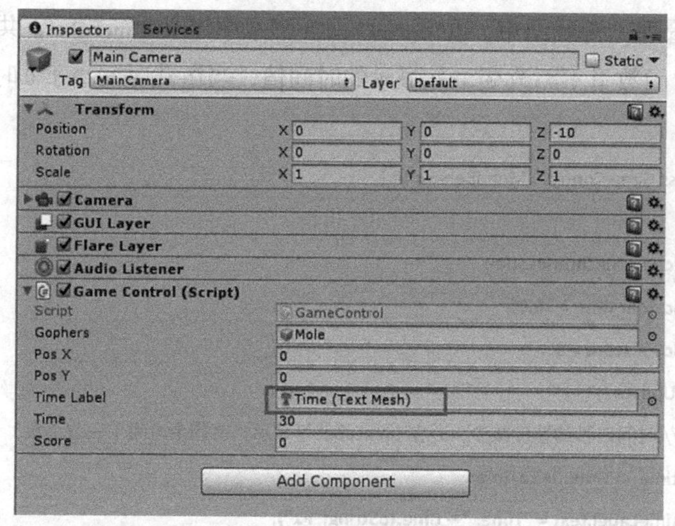

图 2-17　预制体拖入

[4]　分数设置。我们刚才在 GameControl 脚本中添加一个公有变量 score。下面就该思考，在什么地方填写分数的语句呢？答案是在地鼠被点击之后。所以我们应该将分数改变的语句添加到 Gophers 脚本中的 OnMouseDown 函数中。

```
1   public class Gophers : MonoBehaviour {
2       ......
3       void OnMouseDown()
4       {
5           ......
6           // 增加分数
7           FindObjectOfType<GameControl>().score += 1;
8           int scores = FindObjectOfType<GameControl>().score;
9           GameObject.Find("Score").gameObject.GetComponent<TextMesh>().text= "Score: " + scores.ToString();
10      }
11  }
```

Gophers 脚本

[5]　重新开始按钮。创建一个按钮，将按钮上的 Text 值改为 Restart，其坐标和大小信息修改如图 2-18 所示。

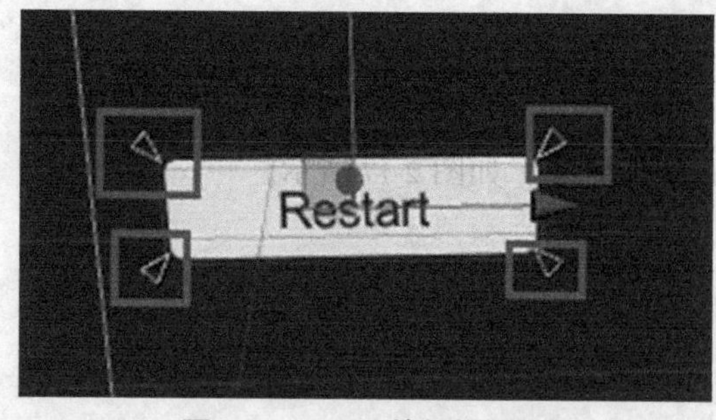

图 2-18　Restart 按钮设置面板

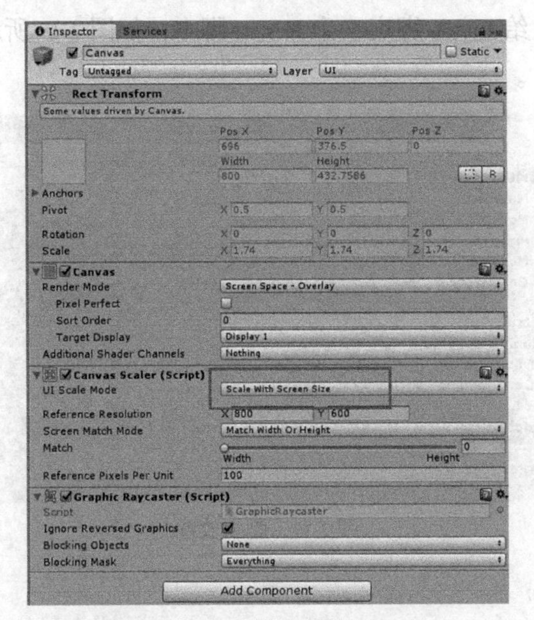

图 2-18　Restart 按钮设置面板（续）

```
1  public class Gophers : MonoBehaviour {
2        ......
3        public int id;
4        void Update () {
5              Destroy(this.gameObject,3.0f);
6              // 将对应洞口的 isAppear 值设为 false
7              FindObjectOfType<GameControl>().holes[id].isAppear = false;
8        }
9        void OnMouseDown() {
10             ......
11             // 将当前洞口 id 传递给 beaten
12             g.GetComponent<Beaten>().id = id;
13       }
14 }
```

Gophers 脚本

```
1  public class Beaten : MonoBehaviour {
2        public int id;
3
4        void Update () {
5            Destroy(gameObject, 0.35f);
6            FindObjectOfType<GameControl>().holes[id].isAppear = false;
7        }
8  }
```

Beaten 脚本

[6] 按钮脚本。给 Button 绑定一个 Restart 脚本，如图 2-19 所示，当点击时，将重新加载 scene【Game】。

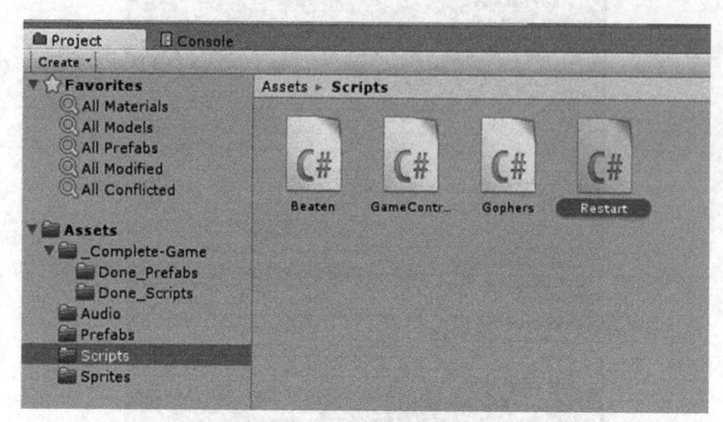

图 2-19 脚本放置

```
1   using UnityEngine;
2   using UnityEditor.SceneManagement;
3
4   public class Restart : MonoBehaviour {
5       /// <summary>
6       /// 按钮被点击以后，重新调用游戏场景
7       /// </summary>
8       public void OnMouseDown()
9       {
10          Debug.Log("restart");
11          EditorSceneManager.LoadScene("Game");
12      }
13  }
```

Restart 脚本

[7] 添加方法。脚本添加完成后，选择【Button】，在【Inspector】面板的【Button】下找到 On Click() 部分，点击“+”号，选择对象为“Button”，方法为【Restart】【OnMouseDown】，如图 2-20 所示。

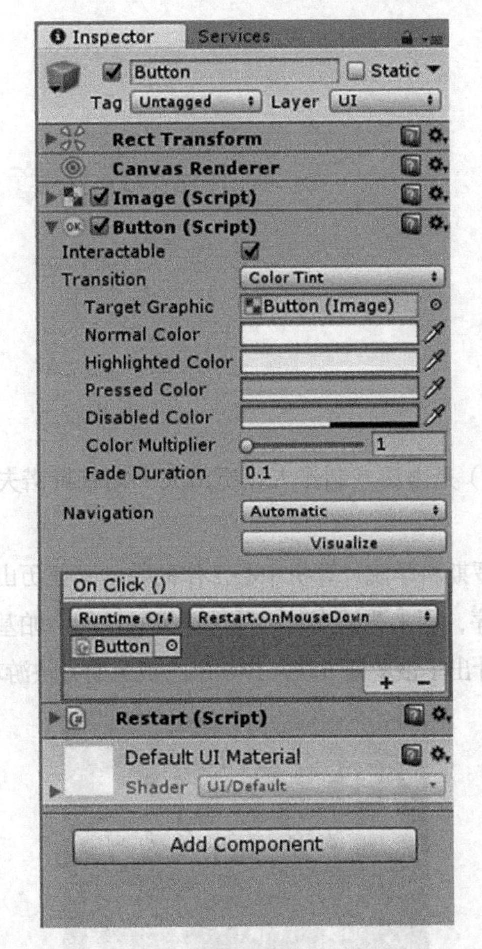

图 2-20　添加方法

打地鼠游戏到这里就已经完成了，运行游戏后效果如图 2-21 所示。

图 2-21　游戏效果图

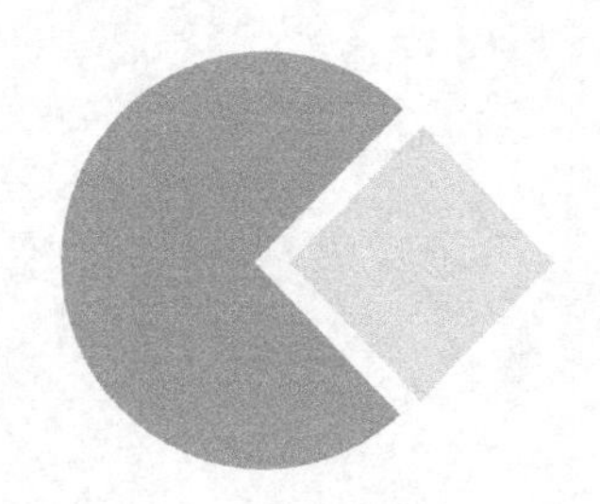

第3章　俄罗斯方块

3.1　游戏简介

俄罗斯方块（Tetris）是由游戏制作人亚历山大·帕基特诺夫（Alex Pajitnov）制作的一款经典休闲游戏。

1984年6月，在俄罗斯科学院计算机中心工作的数学家亚历山大·帕基特诺夫利用空闲时间编出一个游戏程序，用来测试当时一种计算机的性能。帕基特诺夫爱玩拼图，从拼图游戏里得到灵感，设计出了俄罗斯方块。1989年的俄罗斯方块游戏画面，如图3-1所示。

图3-1　俄罗斯方块

3.2　游戏规则

1. 有一块用于摆放方块的平面虚拟场地，其标准大小：行宽为10，列高为20，以一个小方块为一个单位。

2. 有一组由4个方块组成的规则图形（中文通称为方块），共有7种，分别以I、J、L、S、T、Z、O这7个字母的形状来命名，如图3-2所示。

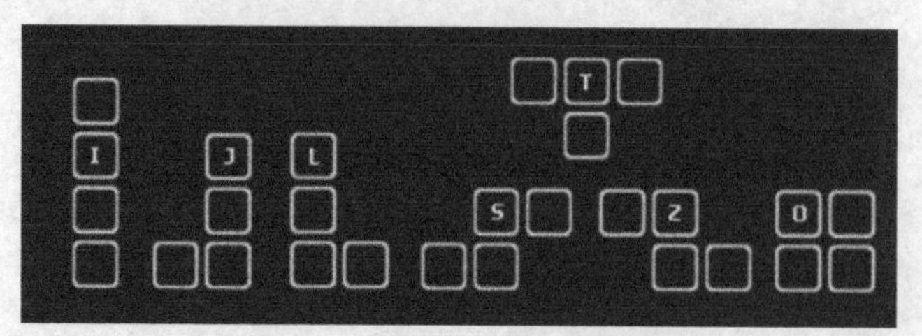

图3-2　俄罗斯方块的7种形状

3. 玩家可以进行如下操作。

◆ 以 90 度为单位旋转方块；

◆ 以格子为单位左右移动方块；

◆ 让方块加速下落。

方块移到区域最下方或者着地到其他方块上无法移动时，就会固定在该处，而新的方块会出现在区域上方开始落下。

4. 当区域中的某一行格子全部由方块填满，则该行方块会消失并成为玩家的得分。删除的行越多，得分越高。当方块堆到区域最上方而无法消除时，则该游戏结束。

5. 一般来说，游戏会提示下一个要落下的方块。

6. 几种常见的游戏模式如下。

◆ 经典马拉松：在该模式下游戏无计时，一直到方块组堆到最上方并且无法消除时，游戏结束。

◆ 竞速模式：消除指定的行数，用时最短者获胜。

◆ 定时模式：在一定的时间内，得分最高者获胜。

◆ 重力模式：传统版本的俄罗斯方块将堆栈的块向下移动一段距离，正好等于它们之下清除的行的高度。与重力定律相反，块可以悬空在间隙之上，如图 3-3 所示。实现使用洪水填充的不同算法将游戏区域分割成连接的区域将使每个区域并行落下，直到它接触到游戏场底部的区域。这开启了额外的“连锁反应”策略，涉及块级联以填补额外的线路，这可能被认为是更有价值的清除，如图 3-4 所示。

在本章中，我们实现的是俄罗斯方块的经典马拉松模式。

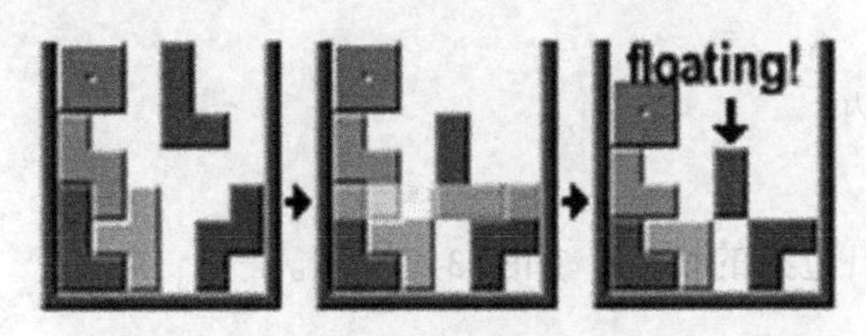

图 3-3 传统模式

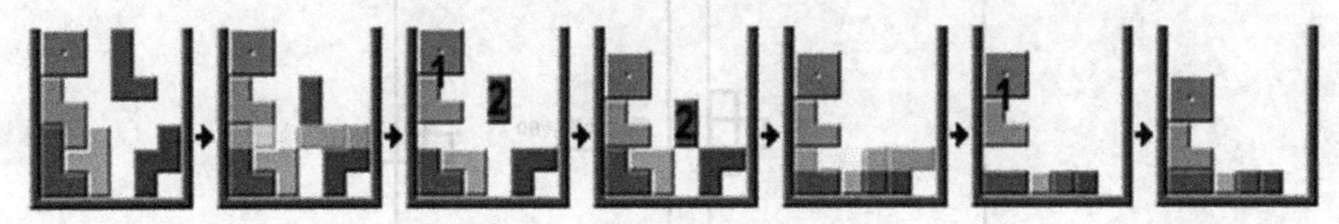

图 3-4　重力模式下的连锁反应

7. 降落方式如下。

◆ 硬降：方块立即下落到最下方并锁定。

◆ 软降：方块加速下落。

8. 旋转踢墙：指一个方块即使旋转后重合了左右墙壁或现有方块也有能旋转的能

力。在 NES（红白机）版本中，如果一个 Z 竖立着靠着左边的墙壁，玩家就不能旋转这个方块，给人的感觉就像是锁定了一样，在这种情况下，玩家必须在旋转之前把方块组向右移动一格，但就会失去宝贵的时间。

3.3 游戏实现思路

3.3.1 随机生成方块

用一个数组存放 7 种方块组，用生成随机数的方式选择生成方块组形状。

3.3.2 地图的生成

将场景看作是一个 10×20 的二维数组，每一个小方块占 1 个单位。每个格子在数组中的索引号为这个格子的坐标。

3.3.3 判断方块是否都在边界内

左右移动方块时，获取方块组中每个子方块的坐标以及边界的坐标，进行比较以判断方块组是否在边界内。若在边界内，更新方块组的坐标数据。

```
for( 每个子方块 )
{
    if( 方块 X 坐标 > 左边界的 X 坐标 && 方块 X 坐标 < 右边界的 X 坐标 )
    {
        return false;// 超出边界
    }
return true;// 在边界内
}
```

方块组旋转时超出边界的情况，如图 3-5 所示。

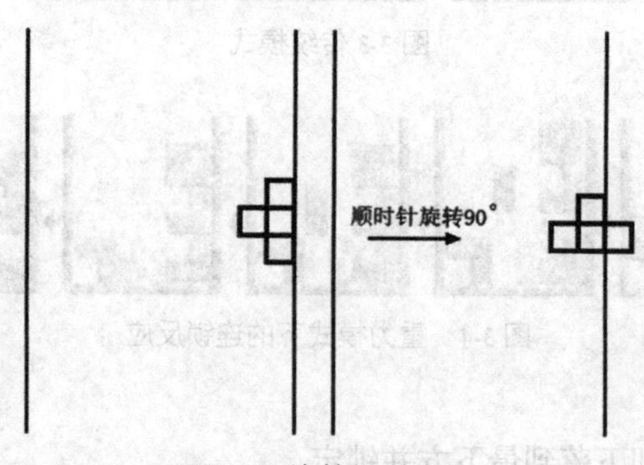

图 3-5　旋转超出边界

解决办法如下。

◆ 不能旋转。应该在旋转之后，循环遍历方块组的每一个方块，判断是否都在边界内，若有子方块不在边界内，再反方向旋转回去，这种方式在视觉上看起来就好像方块组被冻结，无法旋转。

◆ 能够旋转。在旋转后，遍历方块组的所有子方块，如果有方块的位置不在边界内，则将每个子方块的坐标向边界内移动，这种情况被称为旋转踢墙。

3.3.4　判断是否碰到其他方块

循环遍历网格数组，检测方块组要到达的地方是否为空，若为空，则继续移动，更新方块位置的坐标数据，若不为空，则停止移动。

3.3.5　检查是否满行

在地图中，位于同一行的方块的 y 坐标相同，遍历数组中 y 坐标相同的数据是否为空。若都不为空，则表示 y 坐标为 y 的一行被填满。

```
输入要检测的行的高度值 y;
for(int x = 0;x< 宽度 ;x++)
{
    if((x,y) 位置上没有方块 )
        return false;
    return true;
}
```

3.3.6　删除填满的行

删除该行数组的元素，即将数组中该行的数据全部置为空。再遍历上面所有行，将数组中的所有元素的 y 坐标减 1，达到下落的效果。

```
for(int y = 0;y<height;y++)
{
    if( 高度为 Y 的一行被填满 )
    {
        删除 y 行的所有元素 ;
        遍历 y 行上面所有的行，将上面所有行的 Y 坐标 -1;
    }
}
```

3.3.7　提示下一个方块组

判断是否是第一次生成方块，若是，则产生两个随机数，一个是当前的方块组的编号，一个是下一个方块组的编号；若不是，则将当前的编号置为下一个方块组的编号，再产生一个随机数表示下一个方块组的编号。

```
bool isFirst = true;
int currentNum = 0;  //当前方块组的编号
int nextNum = 0;      //下一个方块组的编号
if(isFirst)
{
      currentNum = 方块组数组长度内的一个随机数；
      nextNum = 方块组数组长度内的一个随机数；
      isFirst = false;
}
else
{
      currentNum = nextNum;
      nextNum = 方块组数组长度内的一个随机数；
}
产生编号为 currentNum 的方块组；
绘制编号为 nextNum 的方块组；
```

3.3.8 结束判定

获取产生的方块组的坐标，判断方块组中的子方块的坐标是否超过上边界，如果超出上边界，则游戏结束，如果没有超出上边界，则游戏继续。

3.3.9 游戏流程图

如图 3-6 所示。

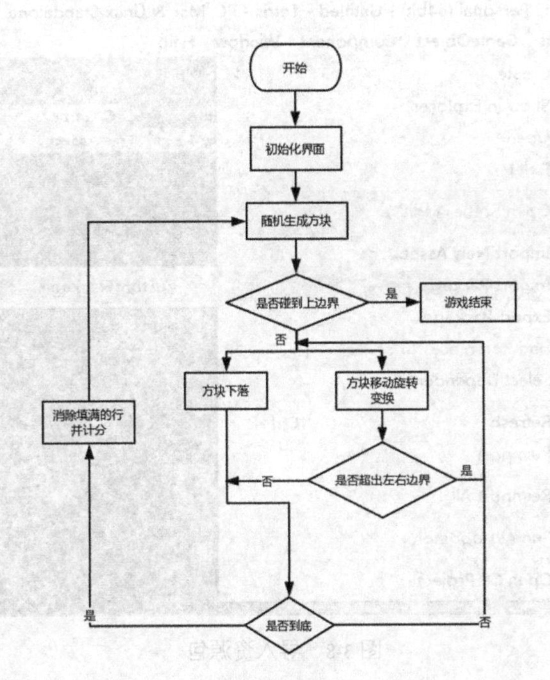

图 3-6　俄罗斯方块程序流程图

3.4 游戏程序实现

3.4.1　前期准备

[1]　新建工程。新建一个名为 Tetris 的工程，将 3D/2D 选项修改为 2D，如图 3-7 所示。

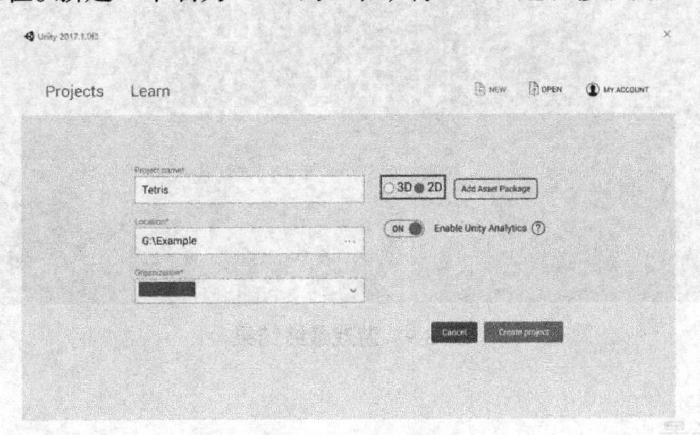

图 3-7　新建工程

[2]　导入资源包。点击菜单栏【Assets】-【Import Package】-【custom Package】，导入 Tetris 资源包，如图 3-8 所示。

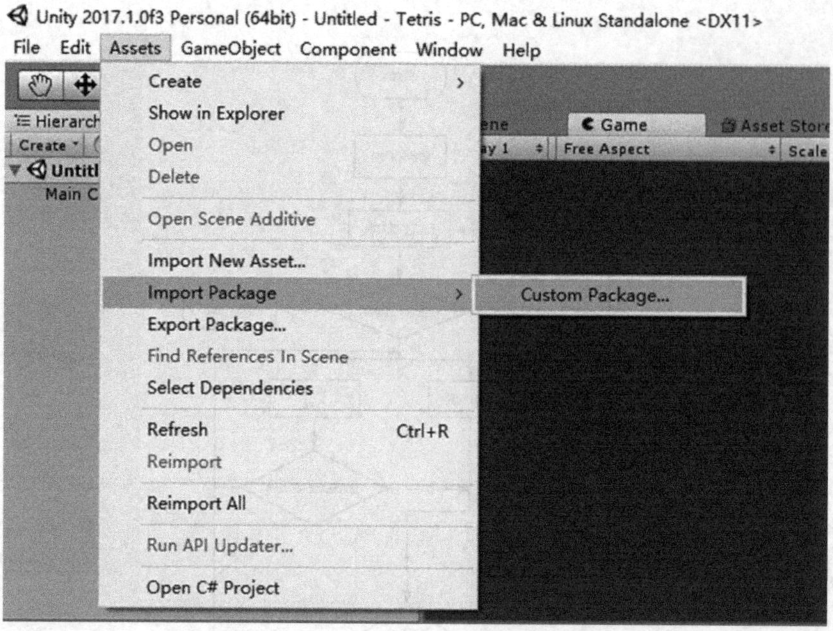

图 3-8　导入资源包

[3]　运行游戏。点击【_Complete-Game】-【Done_Scenes】-【Done_Tetris】，运行游戏，观察游戏最终结果，如图 3-9 所示。

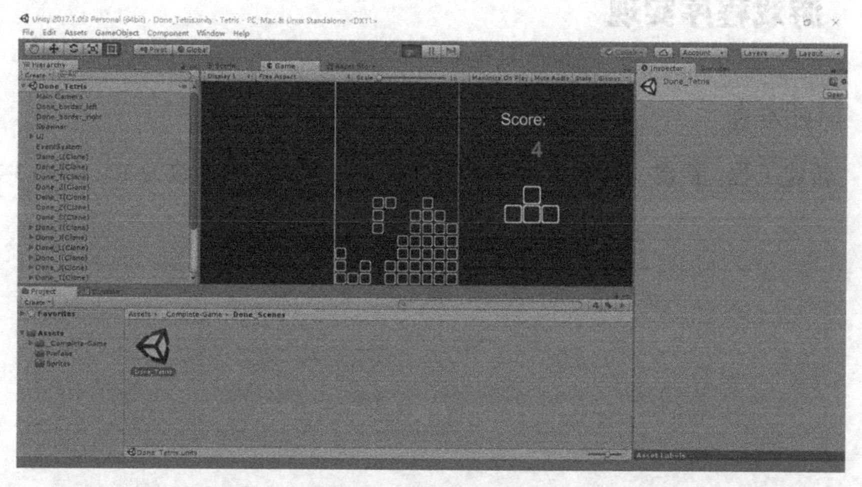

图 3-9　游戏最终结果

3.4.2　制作场景

[1]　新建场景目录。新建一个名为 Scenes 的文件夹，用来存放游戏场景文件，如图 3-10 所示。

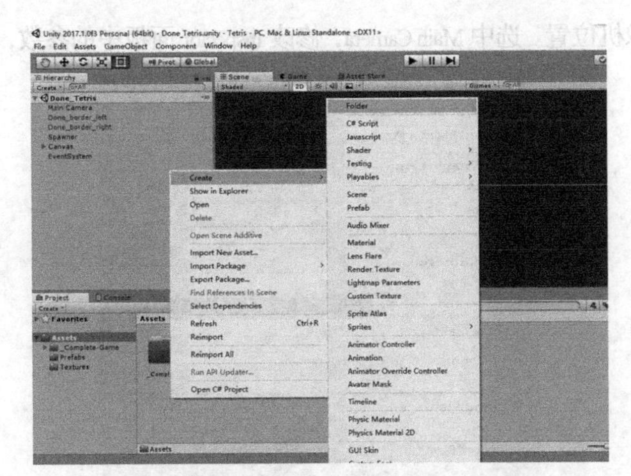

图 3-10　新建场景目录

[2]　新建场景。新建场景步骤如图 3-11 所示。新建一个名为 Tetris 的场景。双击打开场景，运行游戏，你会看到一个空的场景，如图 3-12 所示。

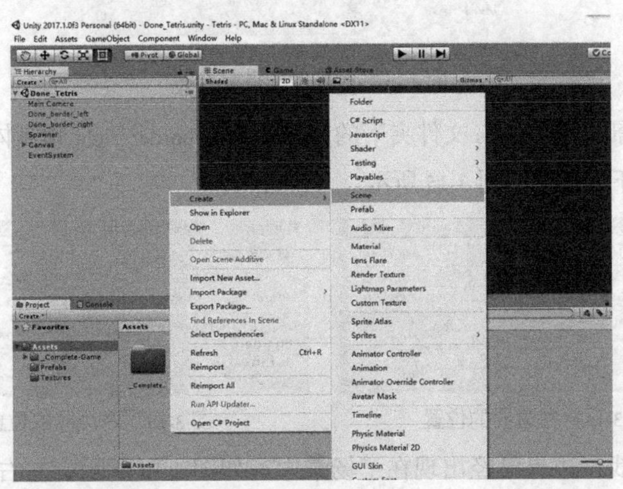

图 3-11　新建场景

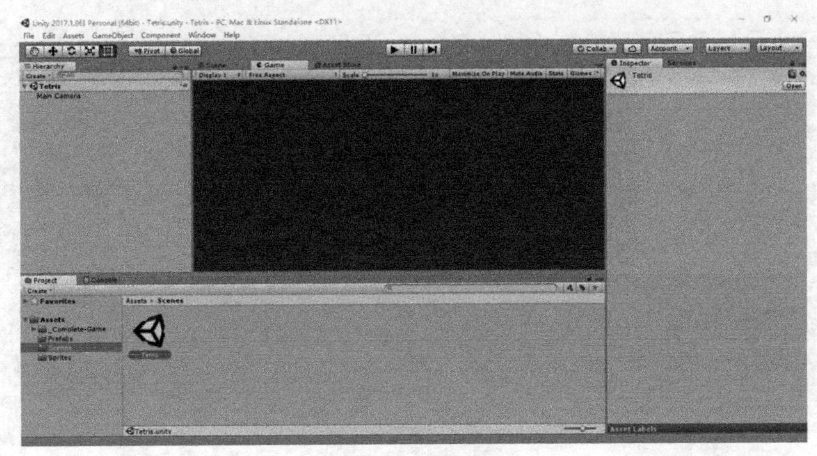

图 3-12　空场景

[3] 调整摄像机位置。选中 Main Camera，修改 Inspector 面板中的参数，如下图 3-13 所示。

Inspector Services
Main Camera Static
Tag MainCamera Layer Default
Transform
Position X 6 Y 7.5 Z -10
Rotation X 0 Y 0 Z 0
Scale X 1 Y 1 Z 1
Camera
Clear Flags Skybox
Background
Culling Mask Everything
Projection Orthographic
Size 8
Clipping Planes Near 0.3 Far 1000
Viewport Rect X 0 Y 0 W 1 H 1
Depth -1
Rendering Path Use Graphics Settings
Target Texture None (Render Texture)
Occlusion Culling
Allow HDR
Allow MSAA
Target Display Display 1

图 3-13 摄像机的设置参数

[4] 布置场景。将 Prefabs 文件夹下的 border_left、border_right 预制体添加到场景中，设置位置参数如下图 3-14、图 3-15 所示。

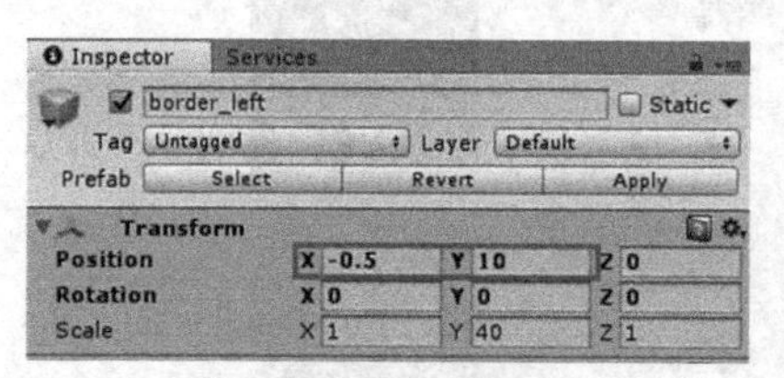

图 3-14 左边界的位置

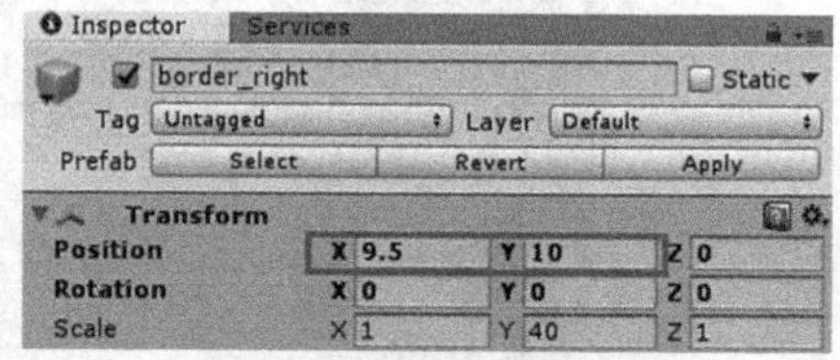

图 3-15 右边界的位置

[5] 运行游戏，边界已经出现在了场景中，如图 3-16 所示。左右边界的距离为 10 个单位。

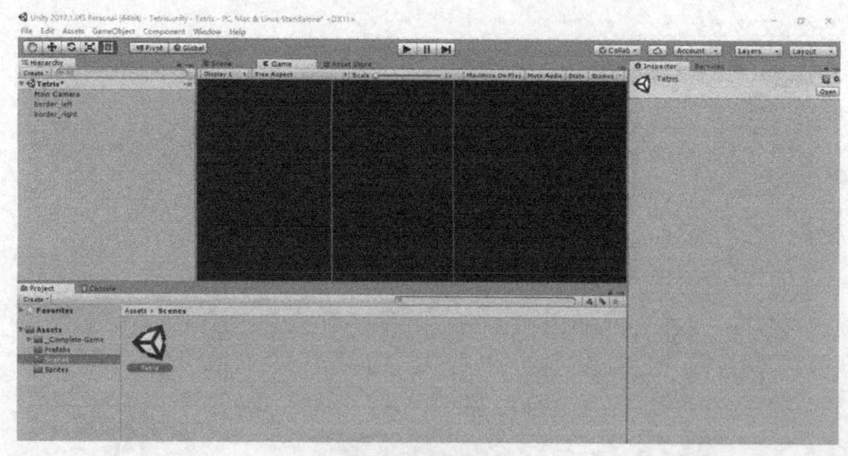

图 3-16 边界

场景布置完成之后，接下来我们需要产生方块。

3.4.3　生成方块组与方块组下落

[1]　我们已经准备在 Prefabs 文件夹中准备好了所有的方块组，如图 3-17 所示。

图 3-17　方块组

方块组由四个相同的小方块组成，如图 3-18 所示。

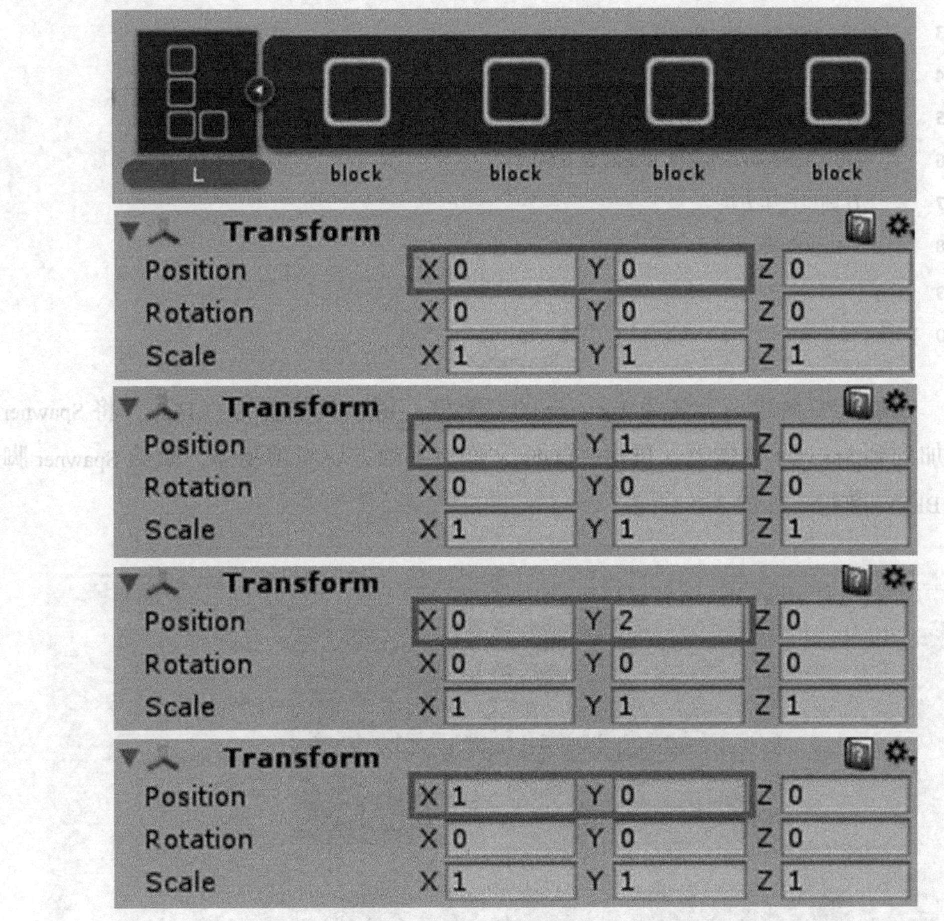

图 3-18　以方块组“L”为例，方块组由四个小方块组成，调整每个小方块的位置坐标，即能组成一个规则的形状

[2]　新建一个名为 Scripts 的文件夹，用于存放游戏中用到的所有脚本。

[3]　在 Scripts 文件夹下新建一个名为 Spawner 的脚本，用于产生方块。

```
1   using System.Collections;
2   using System.Collections.Generic;
3   using UnityEngine;
4
5   public class Spawner :MonoBehaviour {
6
7       public GameObject[] Blocks;// 储存方块组的数组
8
9       void Start () {
10          SpawnerNext();
11      }
12
13      public void SpawnerNext()
14      {
15          // 用产生随机数的方式随机产生方块组
16          inti = Random.Range(0, Blocks.Length);
17          // 随机产生方块
18          Instantiate(Blocks[i], transform.position, Quaternion.identity);
19      }
20  }
```

Spawner.cs

[4] 在场景中新建一个名为 Spawner 的空物体。调整其位置为 (5,14,0)，将 Spawner 脚本添加到到 Spawner 物体上，再将 Prefabs 文件夹下的方块组预制体，赋给 Spawner 脚本中的 Blocks 数组，如图 3-19 所示。

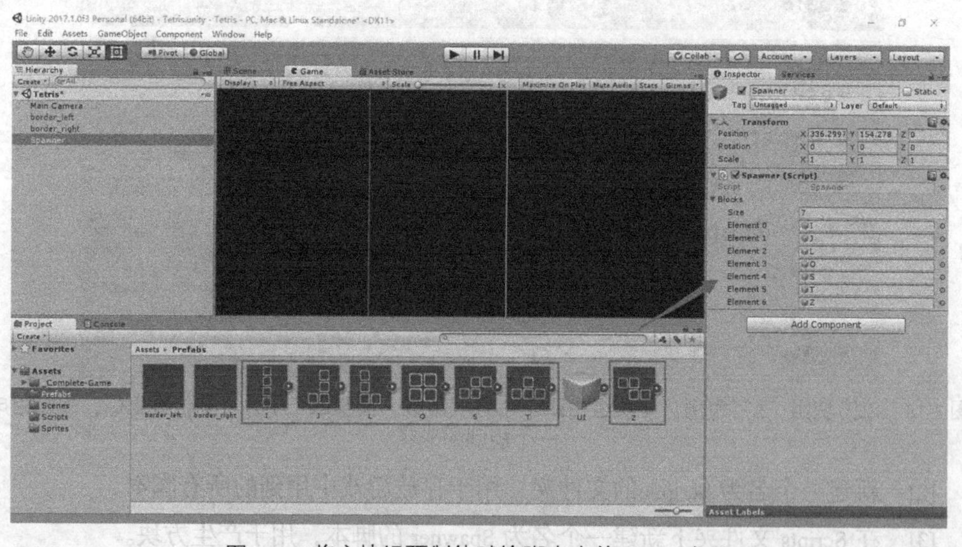

图 3-19　将方块组预制体赋给脚本中的 Blocks 变量

[5] 运行游戏，可以看到，在场景的最上方，方块组已经生成。试着多运行几次游戏，你会发现，每一次产生的方块组都是随机的，如图 3-20 所示。

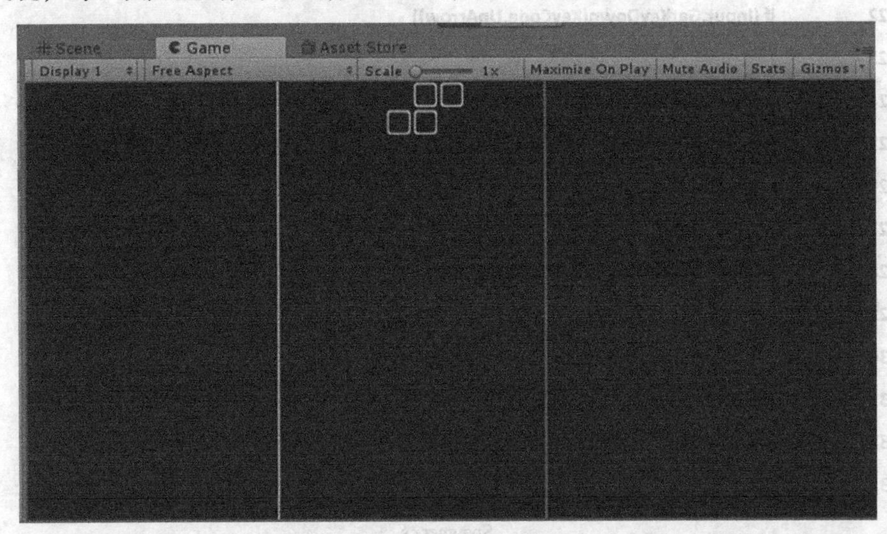

图 3-20 产生方块

[6] 移动方块。给方块添加控制脚本，控制方块移动。新建一个名为 Group 的脚本，控制方块组的移动。

```
1   using System.Collections;
2   using System.Collections.Generic;
3   using UnityEngine;
4
5   public class Group :MonoBehaviour {
6
7       void Update () {
8
9           // 向左移动
10          if (Input.GetKeyDown(KeyCode.LeftArrow))
11          {
12              transform.position += new Vector3(-1, 0, 0);
13          }
14
15          // 向右移动
16          if (Input.GetKeyDown(KeyCode.RightArrow))
17          {
18              transform.position += new Vector3(1, 0, 0);
19          }
```

```
20
21            //旋转
22            if (Input.GetKeyDown(KeyCode.UpArrow))
23            {
24                transform.Rotate(0, 0, -90);
25            }
26
27            //加速下落
28            if (Input.GetKeyDown(KeyCode.DownArrow))
29            {
30                transform.position += new Vector3(0, -1, 0);
31            }
32        }
33    }
```

Spawner.cs

[7] 将 Group 脚本添加到所有的方块组上，如图 3-21 所示。

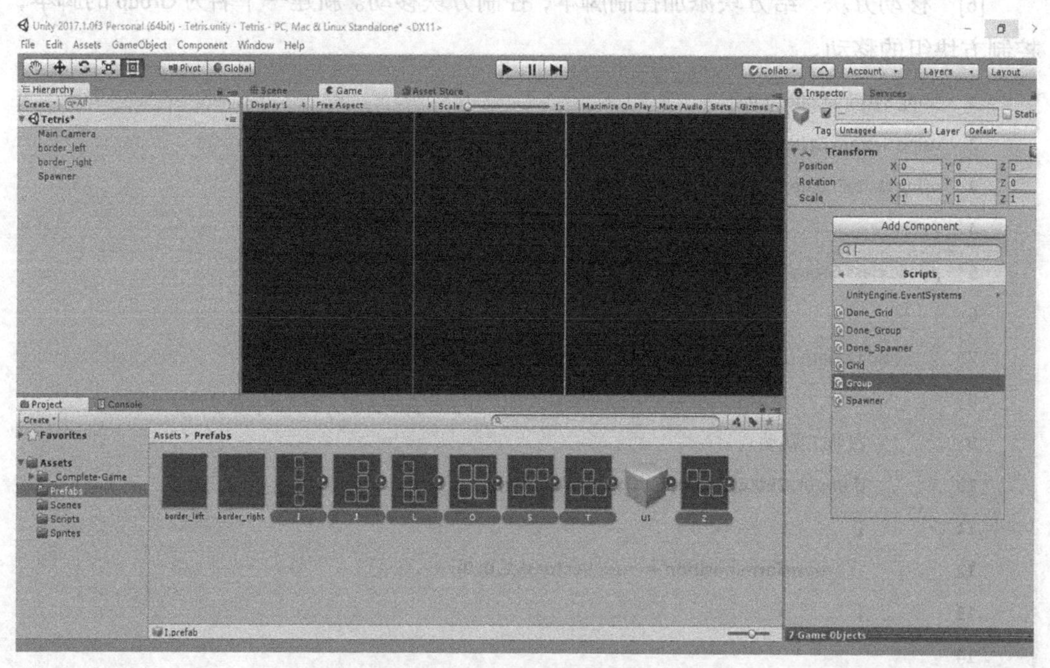

图 3-21 给方块组添加脚本

[8] 运行游戏。可以通过键盘上的方向键可以控制方块移动，如图 3-22 所示。

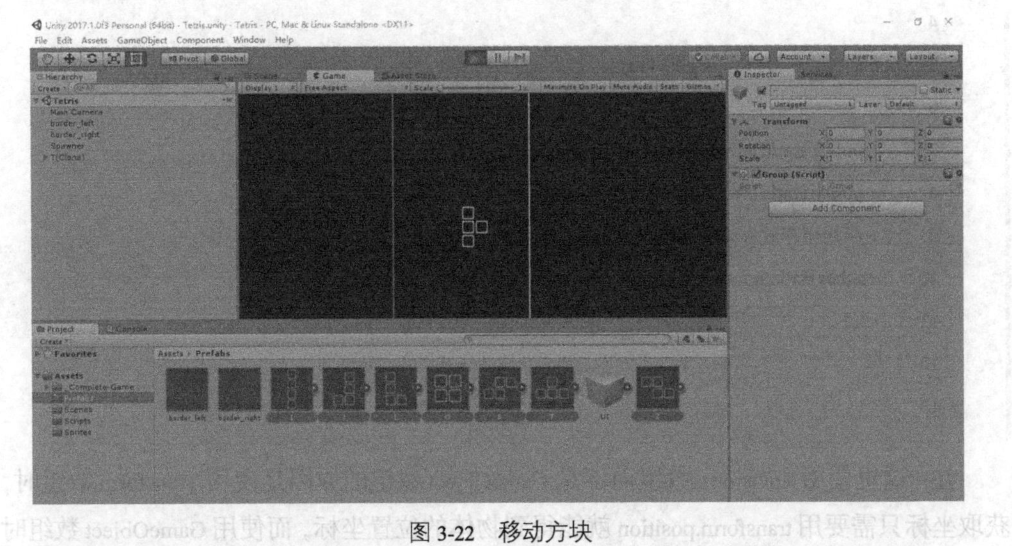

图 3-22　移动方块

但是，这时候的方块组是可以移出边界的，如图 3-23 所示。

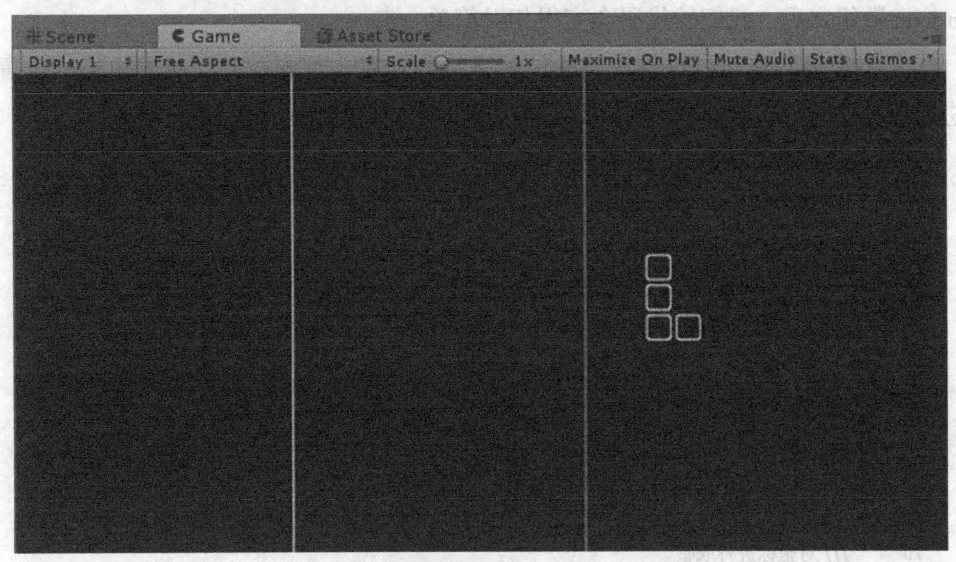

图 3-23　方块移除边界

我们需要做的是，判断方块组的移动的位置是否有效。

3.4.4　边界判断

[1]　新建一个名为 Grid 脚本中。它用于存放一个 10 × 20 的二维数组，也就是将场景看作是 10 × 20 的网格。方块组在这个网格中移动。

```
1   using System.Collections;
2   using System.Collections.Generic;
3   using UnityEngine;
```

```
4
5    public class Grid :MonoBehaviour {
6
7        public static int width = 10;// 游戏场景的宽度
8        public static int height = 20;// 游戏场景的高度
9        // 用于存放方块的二维数组
10       public static Transform[,] grid = new Transform[width, height];
11
12   }
13
```

Grid.cs

注：这里使用 Transform 数组而不是 GameObject 数组的原因是使用 Transform 数组时，获取坐标只需要用 transform.position 就能得到物体的位置坐标，而使用 GameObject 数组时，获取坐标需要用 gameObject.transform.position 才能得到物体的位置坐标。对比之下，使用 Transform 数组之后，我们的代码会变得相对简单一点。

[2] 将坐标取整。在对方块组的位置进行判断时，首先我们要对方块组的位置坐标进行取整。在 Grid 脚本中添加 RoundVec2 函数，对方块组的坐标进行取整。

```
1    using System.Collections;
2    using System.Collections.Generic;
3    using UnityEngine;
4
5    public class Grid :MonoBehaviour {
6
7        ......
8
9        /// <summary>
10       /// 对坐标进行取整
11       /// </summary>
12       public static Vector2 RoundVec2(Vector2 v)
13       {
14           return new Vector2(Mathf.Round(v.x), Mathf.Round(v.y));
15       }
16
17   }
```

Grid.cs

[3] 更新网格的状态。在 Group 脚本中，添加 UpdateGrid 函数，用于更新网格的状态。

```
1   using System.Collections;
2   using System.Collections.Generic;
3   using UnityEngine;
4
5   public class Group :MonoBehaviour {
6
7       ......
8
9       /// <summary>
10      /// 更新网格状态
11      /// </summary>
12      void UpdateGrid()
13      {
14          for (int y = 0; y <Grid.height; y++)
15          {
16              for (int x = 0; x <Grid.width; x++)
17              {
18                  if (Grid.grid[x, y] != null)
19                  {
20                      // 检测某一方块是否是该方块的一部分
21                      if (Grid.grid[x, y].parent == transform)
22                      {
23                          // 移除旧的子方块
24                          Grid.grid[x, y] = null;
25                      }
26                  }
27              }
28          }
29          // 更新数组中的方块。遍历方块组的每个子方块，将每个子方块添加到 grid 数组中
30          foreach (Transform child in transform)
31          {
32              Vector2 v = Grid.RoundVec2(child.position);
33              Grid.grid[(int)v.x, (int)v.y] = child;
34          }
35      }
36  }
```

Group.cs

这里的代码可能有些难以理解，我们这里用图 3-24 说明一下。

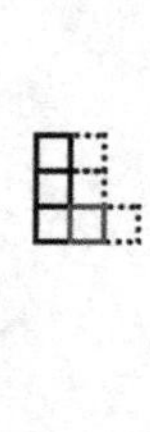

图 3-24 以方块组“L”为例，当此方块组向右移动一个单位之后，方块组中的每个子方块的位置也要发生相应的改变，所以在更新 Grid 数组中的数据时，需要将数组中旧的子方块移除（图中用实线表示的方块），然后将新的子方块（图中用虚线表示的方块）添加到数组中

[4] 边界判断。在 Grid 脚本中添加 IsInsideBorder 函数，判断方块组是否在边界内。

```
1  using System.Collections;
2  using System.Collections.Generic;
3  using UnityEngine;
4
5  public class Grid :MonoBehaviour {
6
7      ......
8
9      /// <summary>
10     /// 放快组是否在边界内
11     /// </summary>
12     public static bool InsideBorder(Vector2 pos)
13     {
14         return ((int)pos.x>= 0 && (int)pos.x< width && (int)pos.y>= 0);
15     }
16
17 }
```

Grid.cs

[5] 判断方块组移动的位置是否有效。在 Group 脚本中添加名为 IsValidPos 的函数，判断方块组的位置是否有效。当方块组不在边界内时，方块移动的位置无效，方块不能到达此位置。当方块组将要到达的位置存在其他方块组时，此位置无效，方块不能到达此位置。

```
1    using System.Collections;
2    using System.Collections.Generic;
3    using UnityEngine;
4
5    public class Group :MonoBehaviour {
6
7        ......
8
9        /// <summary>
10       /// 位置是否合理
11       /// </summary>
12       /// <returns></returns>
13       bool IsValidGridPos()
14       {
15           //遍历方块组中的每一个子方块
16           foreach (Transform child in transform)
17           {
18               Vector2 v = Grid.RoundVec2(child.position);
19               // 如果子方块的位置超出边界则返回 false
20               if (!Grid.InsideBorder(v))
21               {
22                   return false;
23               }
24           //检测方块组要移动的位置是否存在其他方块组
25           if (Grid.grid[(int)v.x, (int)v.y] != null &&
26               Grid.grid[(int)v.x, (int)v.y].parent != transform)
27           {
28               return false;
29           }
30       }
31       return true;
32     }
33   }
```

Group.cs

[6] 在移动时判断方块组是否在有效的位置。修改 Group 脚本中的代码。

```
34 using System.Collections;
35 using System.Collections.Generic;
36 using UnityEngine;
37
38 public class Group :MonoBehaviour {
39
40     void Update () {
41         // 向左
42         if (Input.GetKeyDown(KeyCode.LeftArrow))
43         {
44             // 向左移动一个单位
45             transform.position += new Vector3(-1, 0, 0);
46             if (IsValidGridPos())
47             {
48                 // 如果左移后的方块在有效的位置内，更新存放方块的数组
49                 UpdateGrid();
50             }
51             else
52                 // 向右移动一个单位
53                 transform.position += new Vector3(1, 0, 0);
54         }
55
56         // 向右
57         if (Input.GetKeyDown(KeyCode.RightArrow))
58         {
59             // 向右移动一个单位
60             transform.position += new Vector3(1, 0, 0);
61             if (IsValidGridPos())
62             {
63                 // 如果右移之后的方块在有效的位置内，更新数组
64                 UpdateGrid();
65             }
66             else
67                 // 向左移动一个单位
68                 transform.position += new Vector3(-1, 0, 0);
```

```
69
70      }
71
72      //旋转
73      if (Input.GetKeyDown(KeyCode.UpArrow))
74      {
75          //逆时针旋转90°
76          transform.Rotate(0, 0, -90);
77          if (IsValidGridPos())
78          {
79              //如果旋转后方块组在有效的位置内，更新数组
80              UpdateGrid();
81          }
82          else
83              //顺时针旋转90°
84              transform.Rotate(0, 0, 90);
85
86      }
87
88      //加速下落
89      if (Input.GetKeyDown(KeyCode.DownArrow))
90      {
91          //向下移动一个单位
92          transform.position += new Vector3(0, -1, 0);
93          if (IsValidGridPos())
94          {
95              //如果下移之后的方块在有效的位置内，更新数组
96              UpdateGrid();
97          }
98          else
99          {
100             //向上移动一个单位
101             transform.position += new Vector3(0, 1, 0);
102             //生成下一个方块
103             FindObjectOfType<Spawner>().SpawnerNext();
```

```
104                 //当方块组到达最下方后，禁用该方块的此脚本
105                 enabled = false;
106             }
107
108         }
109     }
110     ......
111 }
```

Group.cs

[7] 运行游戏。这时候，方块组不会被移出边界，并且当方块组到达下边界后，场景上方产生下一个方块，如图 3-25 所示。

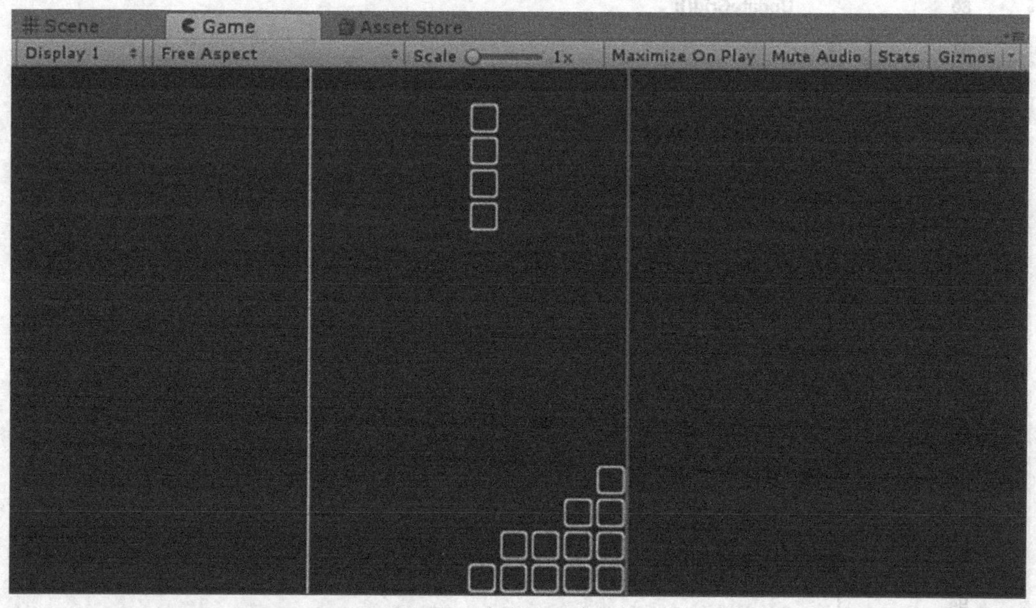

图 3-25　产生下一个方块

[8] 方块自动下落。我们可以通过一个变量，记录方块组上一次下降的时间。当与上一次下降的时间间隔大于 1s 时，方块组下降。

```
1   using System.Collections;
2   using System.Collections.Generic;
3   using UnityEngine;
4
5   public class Group :MonoBehaviour {
6
```

```
7       public float lastFall = 0;// 方块组上一次下落的时间
8
9       void Update () {
10
11          ......
12
13          // 加速下落
14          if (Input.GetKeyDown(KeyCode.DownArrow) ||Time.time - lastFall> 1)
15          {
16          transform.position += new Vector3(0, -1, 0);
17          if (IsValidGridPos())
18          {
19              UpdateGrid();
20          }
21          else
22          {
23              transform.position += new Vector3(0, 1, 0);
24              // 生成下一个方块
25              FindObjectOfType<Spawner>().SpawnerNext();
26
27              // 当方块组到达最下方后，禁用该方块的此脚本
28              enabled = false;
29
30          }
31          // 记录方块下落的时间
32          lastFall = Time.time;
33
34      }
35  }
36
37  ......
38 }
```

Group.cs

[9] 再次运行游戏。你会发现，这时候，方块已经可以自动下降。

但是，你会发现另一个问题：当方块填满一行时，并不会被消除，如图3-26所示。

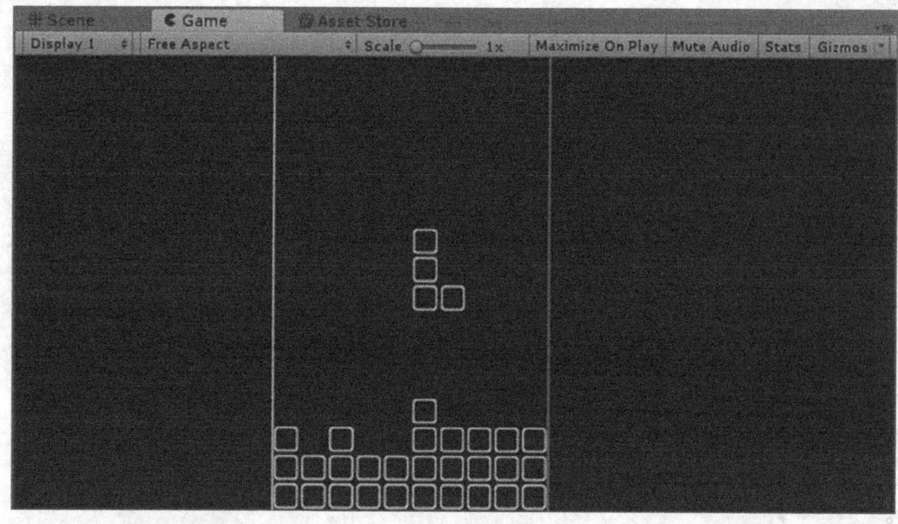

图 3-26　运行结果

3.4.5　删除一行方块

接下来我们要实现的就是对满行的方块进行删除。

[1]　首先，我们需要判断一行是否被填满。

```
1   using System.Collections;
2   using System.Collections.Generic;
3   using UnityEngine;
4
5   public class Grid :MonoBehaviour {
6
7       ......
8
9       /// <summary>
10      /// 判断一行是否被填满
11      /// </summary>
12      public static bool IsRowFull(int y)
13      {
14          for (int x = 0; x < width; x++)
15          {
16              if (grid[x, y] == null)
17              {
18                  return false;
19              }
20          }
```

```
21            return true;
22        }
23  }
```

Grid.cs

[2]　删除一行。在 Grid 脚本中使用 DeleteRow 函数。

```
1   using System.Collections;
2   using System.Collections.Generic;
3   using UnityEngine;
4
5   public class Grid :MonoBehaviour {
6
7       ......
8
9       /// <summary>
10      /// 删除行
11      /// </summary>
12      public static void DeleteRow(int y)
13      {
14          for (int x = 0; x < width; x++)
15          {
16              Destroy(grid[x, y].gameObject);
17              grid[x, y] = null;
18          }
19      }
20  }
```

Grid.cs

[3]　删除一行后，将上面的一行下降。

```
1   using System.Collections;
2   using System.Collections.Generic;
3   using UnityEngine;
4
5   public class Grid :MonoBehaviour {
6
7       ......
8
9       /// <summary>
10      /// 将删除行的上面一行下降
```

```
11        /// </summary>
12        public static void DecreaseRow(int y)
13        {
14            for (int x = 0; x < width; x++)
15            {
16                if (grid[x, y] != null)
17                {
18                    grid[x, y - 1] = grid[x, y];
19                    grid[x, y] = null;
20                    grid[x, y - 1].position += new Vector3(0, -1, 0);// 坐标下移
21                }
22            }
23        }
24 }
```

Grid.cs

[4] 将上面所有行下降。

```
1  using System.Collections;
2  using System.Collections.Generic;
3  using UnityEngine;
4
5  public class Grid :MonoBehaviour {
6
7      ......
8
9      /// <summary>
10     ///将上面所有行往下移
11     /// </summary>
12     public static void DecreaseRowAbove(int y)
13     {
14         for (inti = y; i< height; i++)
15         {
16             DecreaseRow(i);
17         }
18     }
19 }
20
```

Grid.cs

[5]　删除所有填满的行。

```
1   using System.Collections;
2   using System.Collections.Generic;
3   using UnityEngine;
4
5   public class Grid :MonoBehaviour {
6
7       ......
8
9       /// <summary>
10      /// 删除所有填满的行
11      /// 1、先判断一行是否填满，若填满，就删除
12      /// 2、删除上面所有填满的行。
13      /// 3、分数增加
14      /// </summary>
15      public static void DeleteFullRows()
16      {
17          for (int y = 0; y < height; y++)
18          {
19              if (IsRowFull(y))
20              {
21                  DeleteRow(y);
22                  DecreaseRowAbove(y + 1);
23                  y--;
24              }
25          }
26      }
27  }
28
```

Grid.cs

[6]　在 Group 脚本中调用 DeleteFullRows。

```
1   using System.Collections;
2   using System.Collections.Generic;
3   using UnityEngine;
4
5   public class Group :MonoBehaviour {
```

```
6
7       ……
8
9       void Update () {
10
11          ……
12          //加速下落
13          if (Input.GetKeyDown(KeyCode.DownArrow) || Time.time - lastFall> 1)
14          {
15              //向下移动一个单位
16              transform.position += new Vector3(0, -1, 0);
17              if (IsValidGridPos())
18              {
19                  //如果下移之后的方块在有效的位置内，更新数组
20                  UpdateGrid();
21              }
22              else
23              {
24                  //向上移动一个单位
25                  transform.position += new Vector3(0, 1, 0);
26
27                  //删除所有填满的行
28                  Grid.DeleteFullRows();
29
30                  //生成下一个方块
31                  FindObjectOfType<Spawner>().SpawnerNext();
32
33                  //当方块组到达最下方后，禁用该方块的此脚本
34                  enabled = false;
35
36              }
37              //记录方块下落的时间
38              lastFall = Time.time;
39
40          }
```

```
41        }
42        ......
43  }
```

Group.cs

3.4.6　结束判定

当方块堆到上边界，游戏结束。在代码上的实现是，当方块生成的位置不再有效的位置时，游戏结束。

[1]　在 Group 脚本中添加如下代码。

```
1   using System.Collections;
2   using System.Collections.Generic;
3   using UnityEngine;
4
5   public class Group :MonoBehaviour {
6
7       ......
8
9       void Start()
10      {
11          if (!IsValidGridPos())
12          {
13              Debug.Log("Game Over");
14              Destroy(gameObject);
15          }
16       }
17  }
```

Group.cs

[2]　运行游戏。当方块堆到最上方后，控制台会输出“Game Over”，如图 3-27 所示。

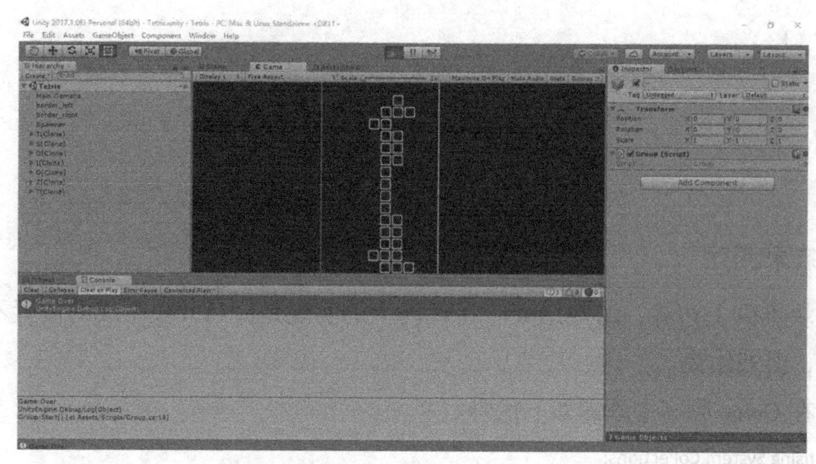

图 3-27　游戏结束

3.4.7　细节完善

1. 计分。当消除一行方块后进行分数的累加。

[1]　将 Prefabs 文件夹下的名为 UI 的预制体，添加到场景中，结果如下图 3-28 所示。

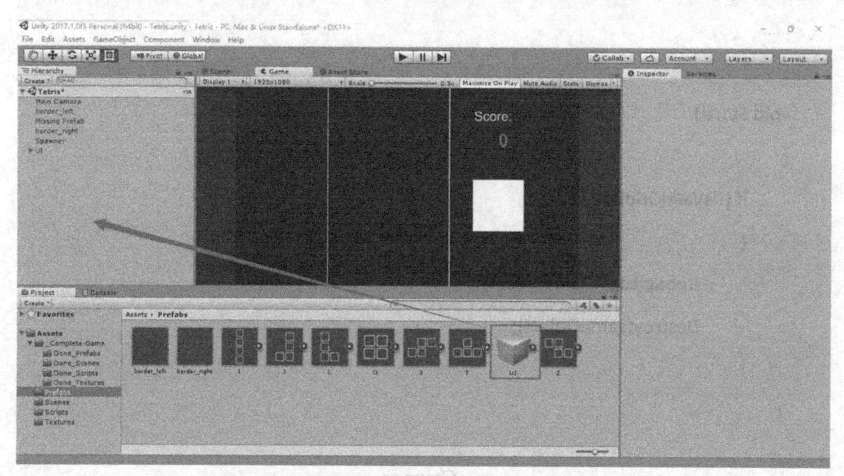

图 3-28　设置 UI

注：场景中白色的方块是用来显示下一个产生的方块的图片。

[2]　在 Grid 脚本中添加设置分数的代码。

```
1    using System.Collections;
2    using System.Collections.Generic;
3    using UnityEngine;
4    using UnityEngine.UI;
5
6    public class Grid :MonoBehaviour {
```

```
7
8       ......
9
10      public static int score = 0;// 分数
11
12      ......
13      public static void DeleteFullRows()
14      {
15          for (int y = 0; y < height; y++)
16          {
17              if (IsRowFull(y))
18              {
19                  DeleteRow(y);
20                  score++;
21                  SetScore(score);
22                  DecreaseRowAbove(y + 1);
23                  y--;
24              }
25          }
26      }
27
28      /// <summary>
29      /// 设置分数
30      /// </summary>
31      /// <param name="s"> 分数 </param>
32      public static void SetScore(int s)
33      {
34          GameObject.Find("Score").GetComponent<Text>().text = "" + s;
35      }
36  }
```

Grid.cs

[3] 运行游戏，每当一行方块消除是，分数会增加 1，如图 3-29 所示。

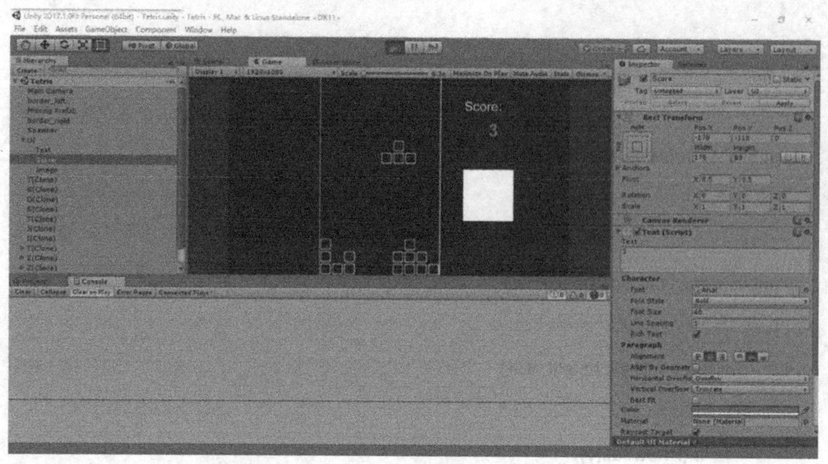

图 3-29　计分

2. 提示下一个产生的方块。

[1]　修改 Spawner 脚本中的代码。

```
1   using System.Collections;
2   using System.Collections.Generic;
3   using UnityEngine;
4   using UnityEngine.UI;
5
6   public class Spawner :MonoBehaviour {
7
8       public GameObject[] Blocks;            // 储存方块组的数组
9       public Sprite[] sprites;               // 储存方块组图片的数组
10      public static bool isFirst = true;     // 是否第一次产生方块
11      public static int current = 0;         // 当前方块的序号
12      public static int next = 0;            // 下一个产生的方块序号
13
14      void Start () {
15          SpawnerNext();
16      }
17
18      public void SpawnerNext()
19      {
20          inti = Random.Range(0, Blocks.Length);
21          Instantiate(Blocks[i], transform.position, Quaternion.identity);
22
23          if (isFirst)
24          {
```

```
25                  isFirst = false;
26                  current = Random.Range(0, Blocks.Length);
27                  next = Random.Range(0, Blocks.Length);
28              }
29              else
30              {
31                  current = next;
32                  next = Random.Range(0, Blocks.Length);
33              }
34              //随机产生方块
35              Instantiate(Blocks[current], transform.position, Quaternion.identity);
36              //在界面中显示出图片
37              GameObject.Find("Image").GetComponent<Image>().sprite = sprites[next];
38          }
39  }
40
```

Spawner.cs

[2]　返回场景，将 Sprites 文件夹内的名为方块 I、方块 J、方块 L、方块 O、方块 S、方块 T、方块 Z 的图片赋给 Spawner 脚本中的 Sprites 变量。注意，这里的图片放置的顺序需要与上面的方块组变量一一对应，如图 3-30 所示。

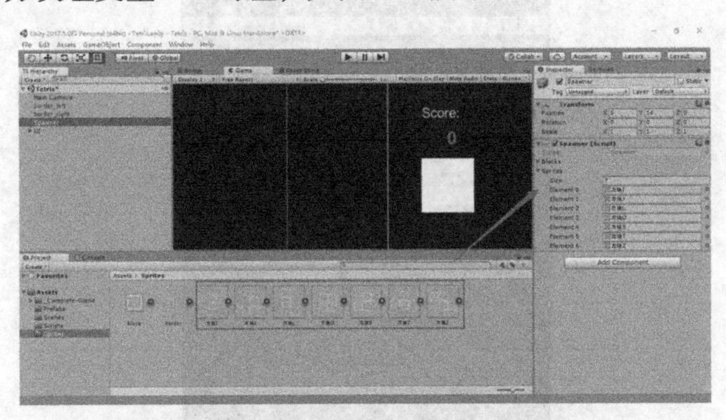

图 3-30　将 Sprites 中的图片赋给 Sprites 变量

[3]　运行游戏，效果如图 3-31 所示。

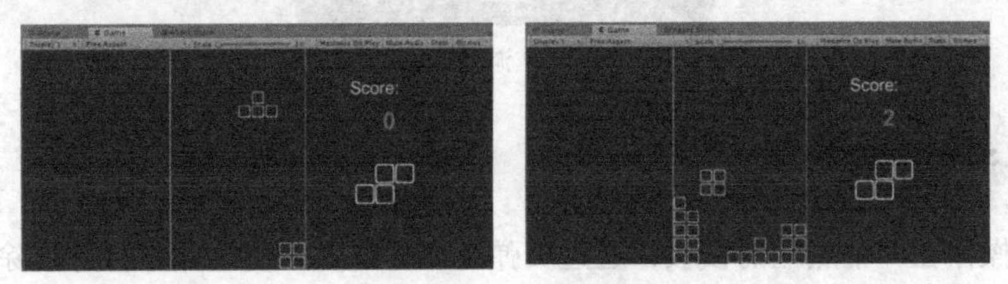

图 3-31　游戏运行结果

第4章 打砖块

4.1 游戏简介

打砖块是一款十分简单的小游戏，只需要打掉所有的砖块即可获得胜利，如图4-1所示。

《Breakout》，世界上第一款打砖块游戏，1976年由英宝格公司发行。游戏设计者是后来创立苹果电脑公司的史蒂夫·乔布斯与斯蒂夫·沃兹尼亚克两人，程序设计是Brad Stewart。

《Gee Bee》，日本Namco公司在1978年推出的该公司第一款街机游戏，合并了打砖块与弹珠台游戏的特色。

快打砖块《Arkanoid》，日本泰托（Taito）公司在1986年推出的街机游戏，引入了电脑控制的敌机，还有后来打砖块游戏中常见的加强道具（Powerup Item）等元素。

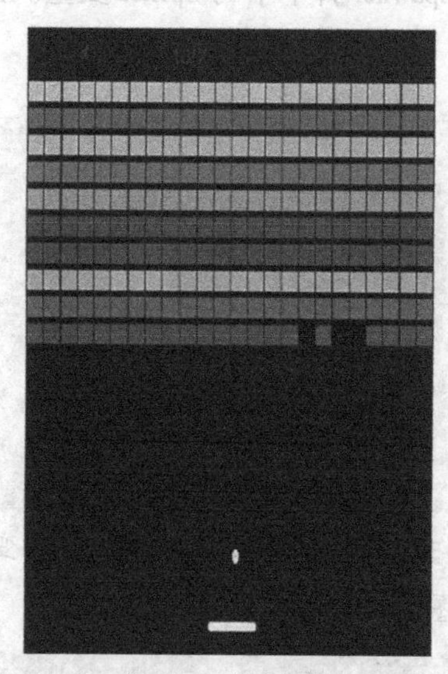

图4-1 游戏画面

4.2 游戏规则

玩家操作在屏幕底端的横板，通过反弹小球的方式，使小球击打并消除砖块，只需要打掉所有的砖块即可获得胜利。小球掉落至横板下方即失败。

4.3 程序思路

4.3.1 地图生成

使用动态生成的方式，利用循环，通过循环遍历的方式生成新的砖块。

如下：

```
for(x 轴 )
{
    for(y 轴 )
    {
            生成砖块；
    }
}
```

游戏需要设置砖块随机颜色以及砖块的排布（砖块随机组成各种设定好的图形）。外置一个储存地图的文件夹，内含地图的 txt 文档，将地图中方块排布转换为 txt 储存，由程序读取后循环遍历生成。

外置了 5 个编译好的 txt 文档，里面保存了地图数据，其中 X 表示空，R 表示红色 ;B 表示蓝色 ;G 表示绿色 ;Y 表示黄色。如图 4-2 所示。

```
XXXXRRRRRXXXX
XXXRRRRRRRXXX
XXRRRRRRRRRXX
XRRYRYRYRYRRX
RRRRRRRRRRRRR
XXRRRXRXRRRXX
XXXRXXXXXRXXX
XXXYXXXXXYXXX
XXXXYXXXYXXXX
XXXYYYYYYYXXX
XXYYXYYYXYYXX
XYYYYYYYYYYYX
XYXYYYYYYYXYX
XYXYXXXXXYXYX
XXXXYYXYYXXXX
```

图 4-2　txt 文档

4.3.2 砖块控制

设置一个砖块类，定义 color（用于显示）和 hits（作为可被撞击次数，即生命值）。

4.3.3 小球控制

给小球一个力，使其获得一个初速度。小球接触横板后，将获得一个向上的力 (ySpeed)，小球接触砖块时也将获得一个力使其反弹，但目前大多数平台都有物理引擎，所以我们可以使用其中的物理材质来实现反弹。

[1] 小球反弹方向的思路：小球与横板碰撞时的反弹方向，由于横板的 *x* 坐标为横板中心，所以我们只需要用球的 *x* 坐标减去横板的 *x* 坐标，即可判断小球是在横板的左边或右边与横板接触的，所以公式为：(ballPos.x - racketPos.x) / racketWidth。

小球碰触横板不同位置将获得不同方向的反弹力 (xSpeed)。

```
float HitFacter
{
    return (ballPos.x - racketPos.x) / racketWidth;
}

if( 碰撞板 )
{
    小球的 xSpeed = HitFacter;
}
```

4.3.4 游戏流程图

如图 4-3 所示。

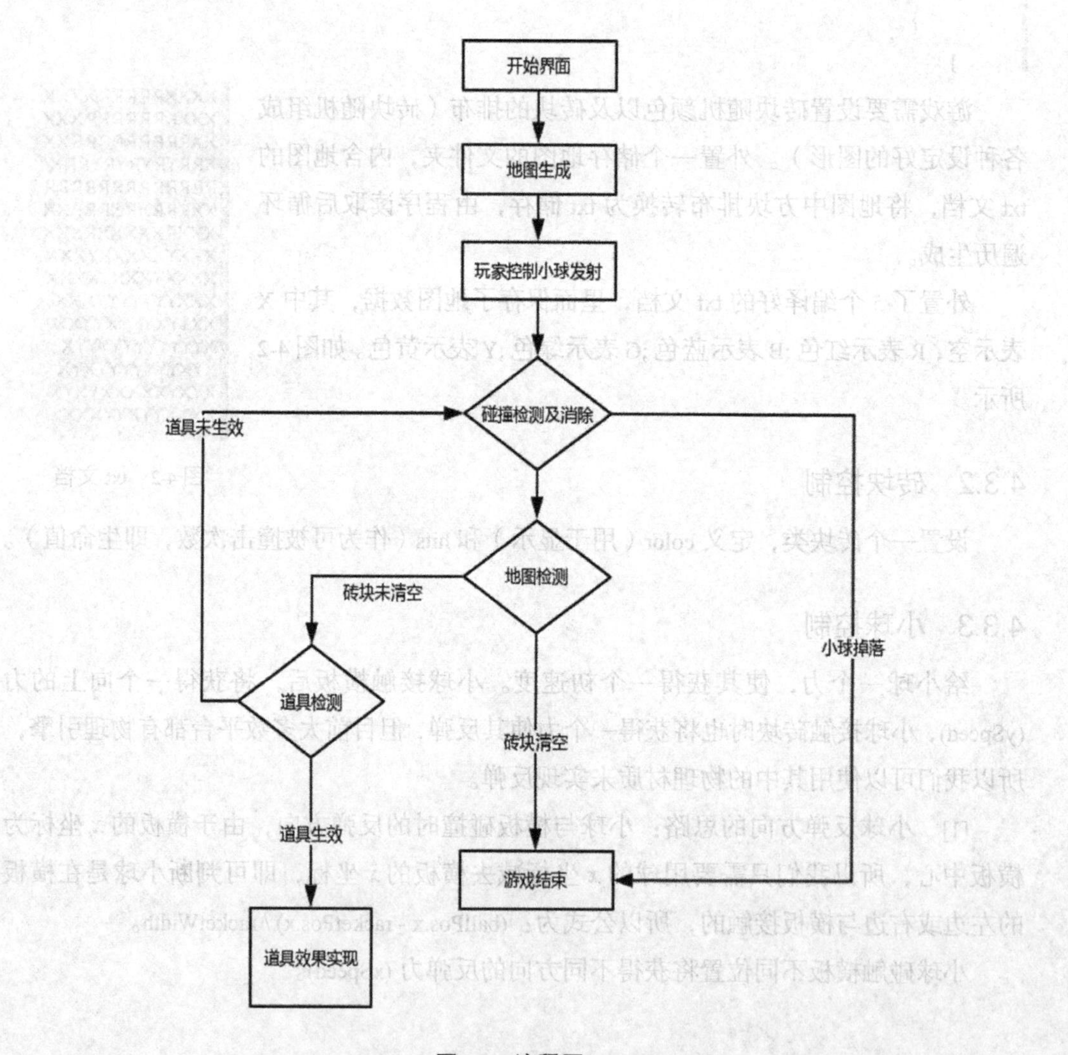

图 4-3 流程图

4.4　程序实现

4.4.1　前期准备

[1]　新建工程。新建一个名为 Break Out 的 2D 工程。把 3D/2D 选项修改为 2D，如图 4-4 所示。

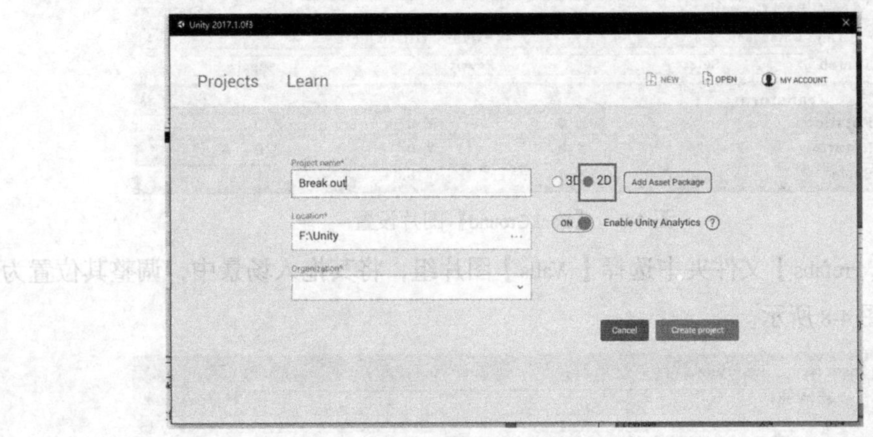

图 4-4　新建工程

[2]　导入素材包。将资源包 Break Out 导入。资源包中有完整的游戏案例和完成游戏所需的一切素材。

[3]　在【_Complete-Game】文件夹中双击【Done_Break Out】文件，然后点击运行按钮可以运行游戏，如图 4-5 所示。

图 4-5　双击打开场景

游戏截图，如图 4-6 所示。

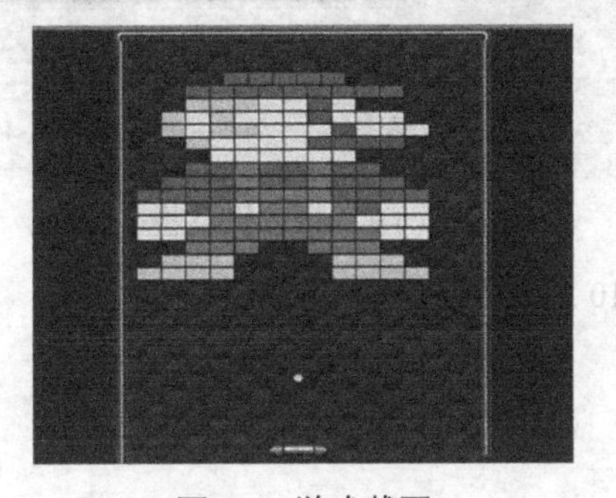

图 4-6　游戏截图

4.4.2 游戏场景设定

[1] 新建场景。新建名为【Game】的游戏场景后保存。我们的游戏将在这个场景里制作完成。

[2] 在【Prefabs】文件夹中选择【BackGround】图片，将其拖入场景中，调整其位置为（0,0,0），如图 4-7 所示。

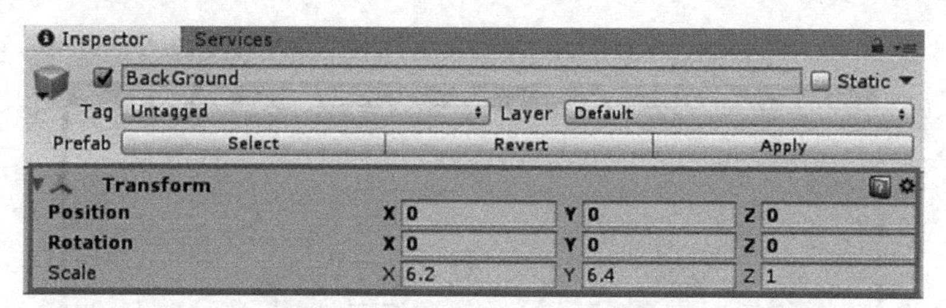

图 4-7 【BackGround】图片设置

[3] 在【Prefabs】文件夹中选择【Walls】图片组，将其拖入场景中，调整其位置为（0,0,0），如图 4-8 所示。

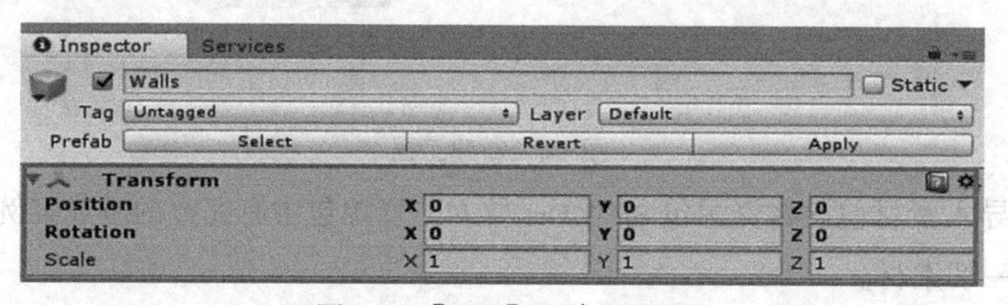

图 4-8 【Walls】图片组设置

[4] 在【Prefabs】文件夹中选择【racket】图片，将其拖入场景中。

[5] 在【Prefabs】文件夹中选择【ball】图片，将其拖入场景中。

[6] 调整摄像机大小，使其能显示全部场景，如图 4-9 所示。

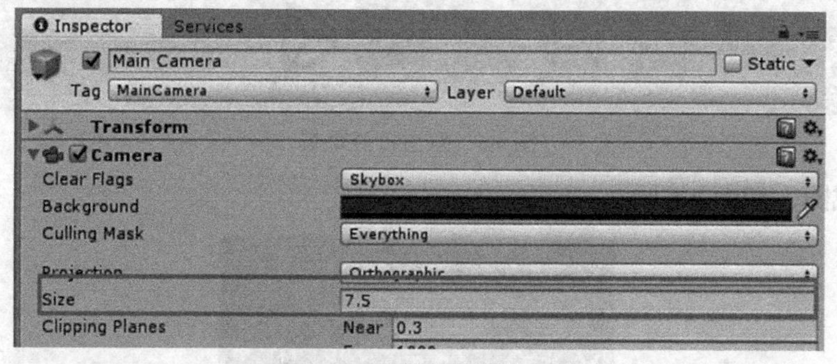

图 4-9 摄像机调整

此时游戏场景如图 4-10 所示。

图 4-10　游戏场景

4.4.3　横板控制

[1]　在 Project 面板中，新建一个名为【Scripts】的文件夹，我们之后要写的所有脚本，都将存储在这个文件夹中。

[2]　选中【Scripts】文件夹，右键单击空白处，创建一个名为【Racket】的 C# 脚本，如图 4-11 所示。

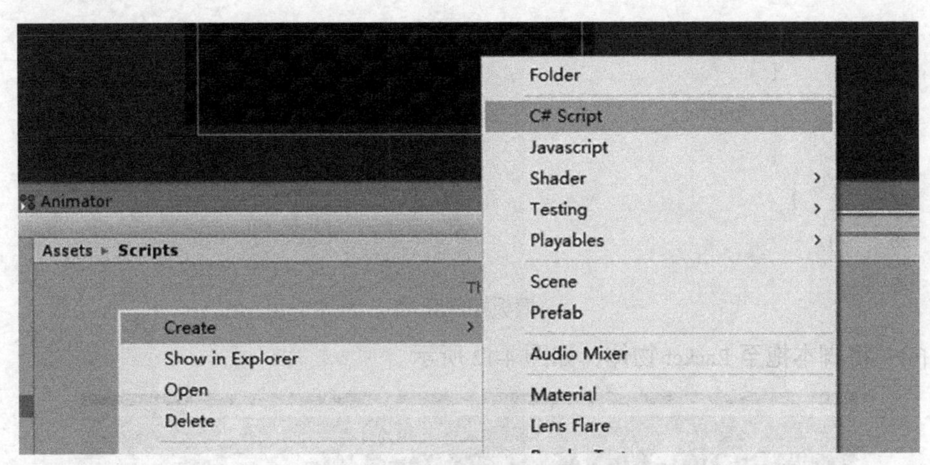

图 4-11　新建 c# 脚本步骤

注意：本次游戏的脚本都会使用这种方法创建，下文将不再复述。

[3]　打砖块游戏横板的控制比较简单，我们只需要控制其左右移动并不超出左右边界即可。

```
1    public class Racket : MonoBehaviour {
2    public float speed = 10.0f;// 横板移动速度
3    void Update ()
4        {
5            if (Input.GetKey(KeyCode.LeftArrow))
```

```
6           {
7               // 当横板未超过屏幕左侧时移动横板，否则横板不能再移动
8               if (transform.position.x > -5.2)
9               {
10                  transform.Translate(Vector3.left * Time.deltaTime * speed);
11              }
12              else
13              {
14                  return;
15              }
16          }
17          else if(Input.GetKey(KeyCode.RightArrow))
18          {
19              if (transform.position.x <5.2)
20              {
21                  transform.Translate(Vector3.right * Time.deltaTime * speed);
22              }
23              else
24              {
25                  return;
26              }
27          }
28      }
29  }
```

横板控制脚本

[4] 将脚本拖至 Racket 物体，如图 4-12 所示。

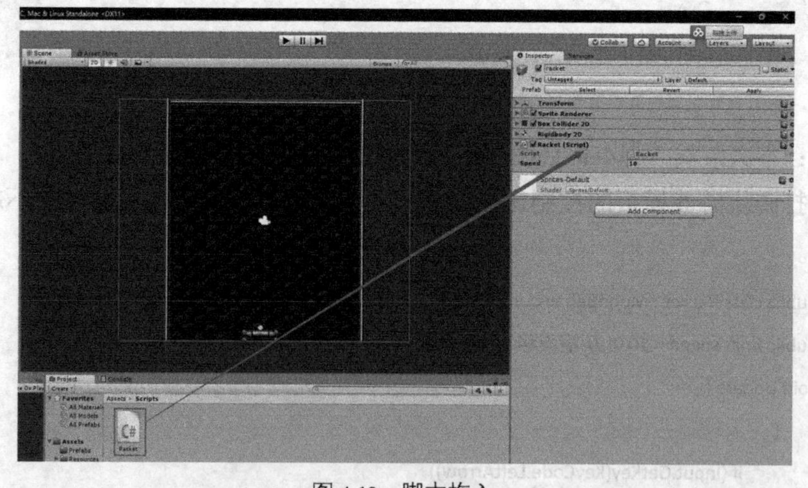

图 4-12　脚本拖入

此时在主界面点击运行按钮，按下左右方向键，可以看到横板已经可以移动了，如图 4-13 所示。

图 4-13　横板移动

4.4.4　小球控制

关于小球运动控制的分析如下。

- ◆ 小球需要一个弹性且无能量损失的材质；
- ◆ 小球第一次发出需要一个向上且能使小球运动到画面最上方的初始作用力。

[1]　小球材质

为了方便，这里已经制作好小球材质，我们将其拖入小球的物理材质框即可，如图 4-14 所示。

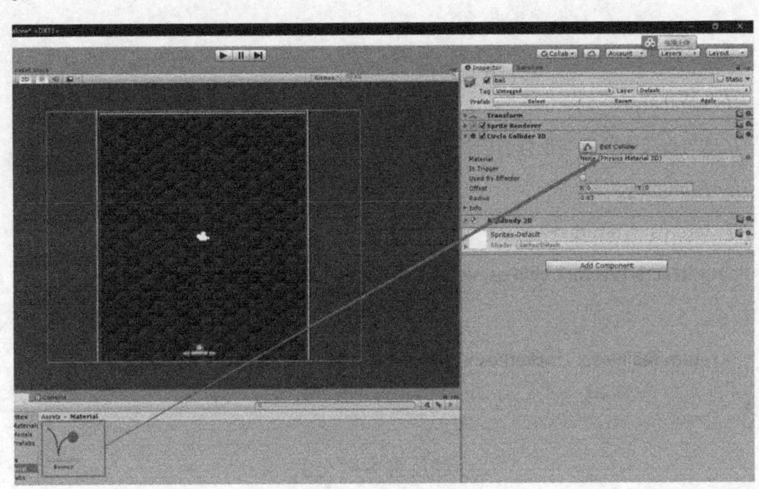

图 4-14　材质拖入

[2]　脚本编写：创建【Ball】脚本并打开。

同 racket 的控制一样，我们需要给小球定义一个速度，然后在小球第一次离开横板时给它一个初速度。

```
1  public class Ball : MonoBehaviour
2  {
3      public float BallSpeed = 10f;// 小球速度
4      int num = 0;
5     void Update ()
6     {
7           if (Input.anyKey && num == 0)//num 控制小球是不是第一次离开横板
8           {
9               GetComponent<Rigidbody2D>().velocity = Vector2.up * BallSpeed;
10              num++;
11          }
12    }
13 }
```

初始速度

[3]　然后我们需要考虑球与板碰撞时的反弹方向，由于横板的 x 坐标为横板中心，所以我们只需要用球的 x 坐标减去横板的 x 坐标，即可判断小球是在横板的左边或右边与横板接触的，所以公式为：(ballPos.x - racketPos.x) / racketWidth。

```
1  public class Ball : MonoBehaviour
2  {
3    void Update ()
4    {
5       .....
6    }
7      /// <summary>
8      /// 球与板接触位置与反弹方向的公式
9      /// </summary>
10     /// <returns></returns>
11     float HitFactor(Vector2 ballPos, Vector2 racketPos, float racketWidth)
12     {
13         return (ballPos.x - racketPos.x) / racketWidth;
14     }
15 }
```

小球反弹方向公式

[4]　最后，我们只需要给小球加上碰撞触发器即可。

```
1   public class Ball : MonoBehaviour
2    {
3      void Update ()
4      {
5         .....
6      }
7   /// <summary>
8   /// 发球的碰撞触发器
9   /// </summary>
10  /// <param name="col"></param>
11     private void OnCollisionEnter2D(Collision2D col)
12     {
13         if (col.gameObject.name == "racket" && num == 1)
14         {
15             float x = HitFactor(transform.position,
16                               col.transform.position, col.collider.bounds.size.x
17                               );
18
19             Vector2 dir = new Vector2(x, 1).normalized;
20             GetComponent<Rigidbody2D>().velocity = dir * BallSpeed;
21         }
22     }
23  }
```

碰撞触发器

[5]　最后我们需要在小球掉落（低于横板）后，将游戏场景重载来重新开始游戏。

```
1   using UnityEngine.SceneManagement;
2   public class Ball : MonoBehaviour
3   {
4       public float BallSpeed = 10f;// 小球速度
5       int num = 0;
6     void Update ()
7     {
8           if (Input.anyKey && num == 0)//num 控制小球是不是第一次离开横板
9           {
10              GetComponent<Rigidbody2D>().velocity = Vector2.up * BallSpeed;
11              num++;
12          }
```

```
13            if (transform.position.y < -8)// 小球掉落后重载场景
14            {
15                SceneManager.LoadScene("Game");
16            }
17        }
18    }
```

场景重载

[6] 此时，回到游戏主界面，将【Ball】脚本与小球绑定，然后点击运行按钮，按下随意按键，即可看到小球的运动与反弹，如图 4-15 所示。

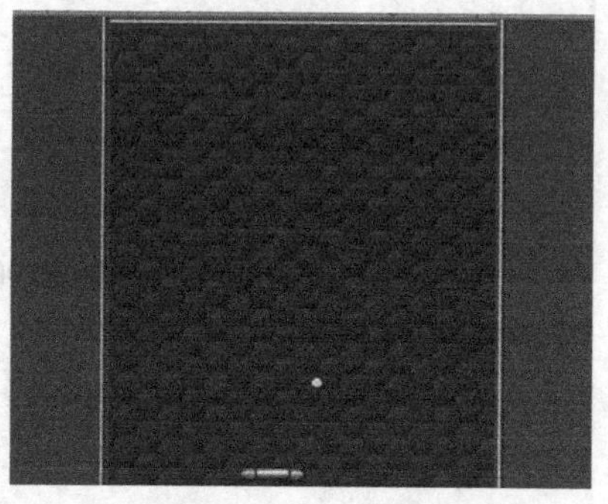

图 4-15 游戏界面

4.4.5 砖块的生成及控制

[1] 新建一个【Block】脚本，用于保存砖块的颜色及生命值。

```
1   public class Block : MonoBehaviour
2   {
3       public string color;
4       public int hits_required;
5   }
```

砖块类

[2] 本游戏生成砖块及让其有序排列的思路如下。

◆ 外置了 5 个编译好的 txt 文档，里面保存了地图数据，其中 X 表示空，R 表示红色，B 表示蓝色，G 表示绿色，Y 表示黄色，如图 4-16 所示。

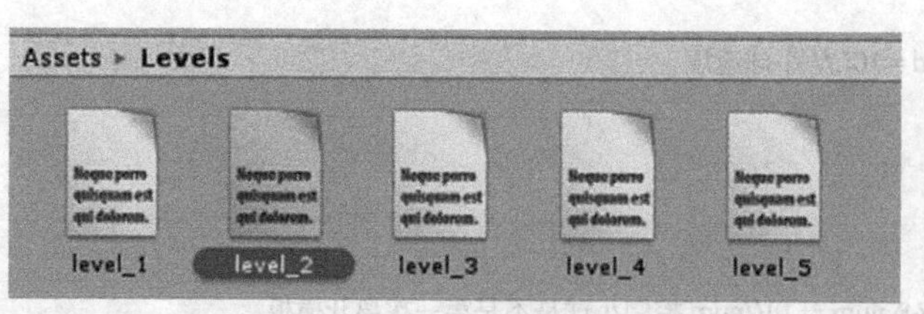


```
XXXXRRRRRXXXX
XXXRRRRRRRXXX
XXRRRRRRRRRXX
XRRYRYRYRYRRX
RRRRRRRRRRRRR
XXRRRXRXRRRXX
XXXRXXXXXRXXX
XXXYXXXXXYXXX
XXXXYXXXYXXXX
XXXYYYYYYYXXX
XXYYXYYYXYYXX
XYYYYYYYYYYYX
XYXYYYYYYYXYX
XYXYXXXXXYXYX
XXXXYYXYYXXXX
```

图 4-16 txt 文档

◆ 使用随机函数，生成一个 (1,5) 的随机数表示载入的是哪一张地图。

◆ 使用【Block】类定义 block，在 txt 文档长度内遍历，每一个字符进行一次计算。

a) 若是 X，则 x 坐标加一个空位距离。

b) 若是 R、B、G、Y 则生成 block，并在【Block】类中存入相应颜色及生命值。

◆ 遍历完后结束。

[3] 代码实现 : 创建一个【LevelLoader】脚本。

```
1   public class LevelLoader : MonoBehaviour
2   {
3       public Block block;
4       public int block_count = 0;
5
6       // Use this for initialization
7       void Start()
8       {
9           string level = getRandomLevelName();
10          //Debug.Log(level);
11          LoadLevel(level);
12      }
13
14      public string getRandomLevelName()// 随机获取地图名称
15      {
16          int level = Random.Range(1, 5);
17          // 通过地图名称读取文件夹中的 txt
18          return "Assets/Levels/level_" + level + ".txt";
19      }
20
21      /// <summary>
22      /// 载入地图
23      /// </summary>
24      /// <param name="levelName"></param>
25      public void LoadLevel(string levelName)
26      {
27      try
28      {
29      string line;
30      StreamReader reader = new StreamReader(levelName, Encoding.Default);
31      using (reader)
32      {
33          float pos_x = -5f;// 初始克隆方块位置
34          float pos_y = 5.8f;
```

```
35          line = reader.ReadLine();
36          while (line != null)
37          {
38              char[] characters = line.ToCharArray();
39              foreach (char character in characters)
40              {
41                  if (character == 'X')
42                  {
43                      pos_x += 0.87f;
44                      continue;
45                  }
46                  Vector2 b_pos = new Vector2(pos_x, pos_y);
47                  Block b = Instantiate(block, b_pos, Quaternion.identity);
48                  b.GetComponent<BoxCollider2D>().size =new Vector2(0.8f, 0.4f);// 方块大小
49                  switch (character)
50                  {
51                   case 'B':
52                   b.GetComponent<Block>().color = "blue";
53                   b.GetComponent<Block>().hits_required = 3;
54                   block_count++;
55                   break;
56                   case 'G':
57                   b.GetComponent<Block>().color = "green";
58                   b.GetComponent<Block>().hits_required = 2;
59                   block_count++;
60                   break;
61                   case 'P':
62                   b.GetComponent<Block>().color = "pink";
63                   b.GetComponent<Block>().hits_required = 1;
64                   block_count++;
65                   break;
66                   case 'R':
67                   b.GetComponent<Block>().color = "red";
68                   b.GetComponent<Block>().hits_required = 5;
69                   block_count++;
```

```
70                    break;
71                    case 'Y':
72                    b.GetComponent<Block>().color = "yellow";
73                    b.GetComponent<Block>().hits_required = 4;
74                    block_count++;
75                    break;
76                    default:
77                      Destroy(b);
78                      break;
79                  }
80                  pos_x += 0.87f;// 每块克隆方块间隔
81                }
82                  pos_x = -5.5f;
83                  pos_y -= 0.45f;
84                  line = reader.ReadLine();
85              }
86                reader.Close();
87          }
88      }
89      catch (IOException e)
90      {
91          Debug.Log(e.Message);
92          // Update is called once per frame
93      }
94  }
95 }
```

地图载入

[4]　我们需要一个【BlockController】脚本来控制砖块的贴图以及销毁。创建一个【BlockController】。

```
1  public class BlockController : MonoBehaviour
2  {
3      // Use this for initialization
4      void Start()
5      {
6        string spriteFileName = "sprites/block_" +GetComponent<Block>().color;// 获取颜色名称
7        this.GetComponent<SpriteRenderer>().sprite =Resources.Load<UnityEngine.Sprite>(spriteFileName);// 贴图
8      }
```

```
9         /// <summary>
10        /// 球与砖块的碰撞检测
11        /// </summary>
12        /// <param name="col"></param>
13        void OnCollisionEnter2D(Collision2D col)
14        {
15            GameObject go = GameObject.Find("Main Camera");
16            LevelLoader levelLoader = go.GetComponent<LevelLoader>();
17            gameObject.GetComponent<Block>().hits_required -= 1;
18
19            if (gameObject.GetComponent<Block>().hits_required == 0)
20            {
21                Destroy(gameObject);
22                levelLoader.block_count--;
23            }
24        }
25    }
```

砖块贴图及销毁

[5] 最后我们需要把脚本分别拖入相应的物体。

◆ 将【Block】及【BlockController】拖入【Prefab】文件夹中的【bolck】，如图 4-17 所示。

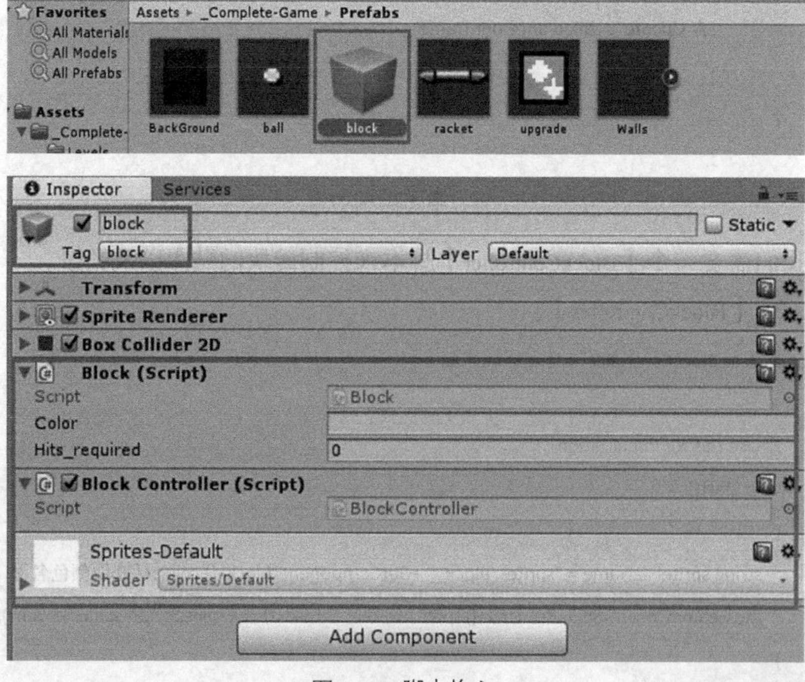

图 4-17　脚本拖入

◆ 将【LevelLoader】拖入【Main Camera】，并将【Prefab】文件夹中的【block】拖入【LevelLoader】脚本，如图 4-18 所示。

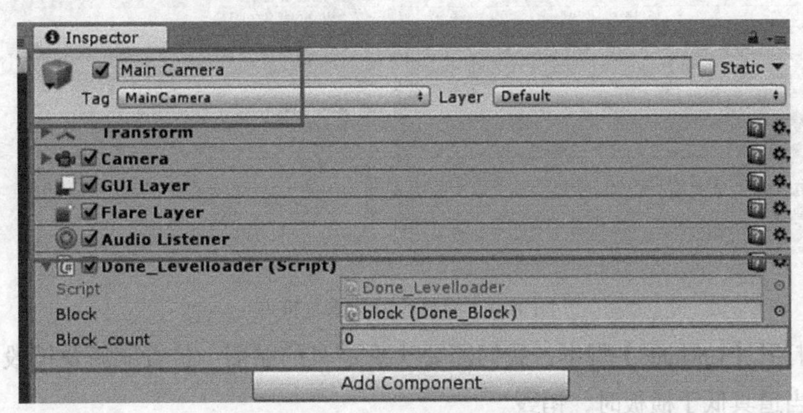

图 4-18　脚本及预制体拖入

[6]　点击运行按钮，按下任意按键，我们可以看到，程序已经可以随机生成关卡，并且小球已经可以撞击及击毁砖块了，如图 4-19 所示。

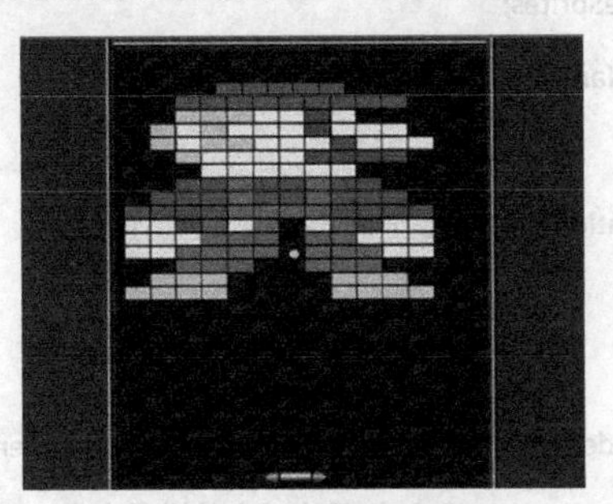

图 4-19　游戏截图

4.4.6　道具的控制

目前，我们游戏的主体已经完成了，接下来我们可以做一些道具来完善打砖块游戏。

[1]　首先，我们需要创建一个【UpGgrade】类来控制道具的种类、贴图、名称以及销毁。

[2]　在【UpGrade】脚本中创建一个精灵数组来储存道具的贴图。

```
1  public class Upgrade : MonoBehaviour
2  {
3      public Sprite[] upgradeSprites;
4  }
```

贴图数组

[3]　将【UpGrade】脚本拖入【Prefab】文件夹中的【upgrade】物体中，并将【Resources】文件夹下【Upgrades】文件夹中的图片拖入精灵数组，如图 4-20 所示。

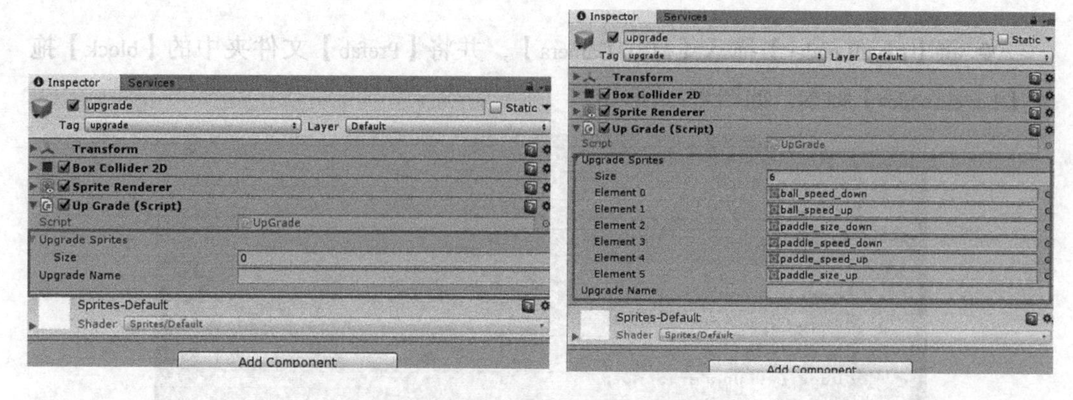

图 4-20　精灵数组的图片拖入

[4]　打开【UpGrade】脚本，我们需要实现道具的贴图、位置刷新及销毁。销毁的逻辑为：当道具低于横板时，销毁。

```
1   public class UpGrade : MonoBehaviour
2   {
3       public Sprite[] upgradeSprites;
4       public string upgradeName = "";
5   
6       // Use this for initialization
7       void Start()
8       {
9           Sprite icon = upgradeSprites[Random.Range(0, upgradeSprites.Length)];// 随机选择图片
10          upgradeName = icon.ToString();// 与图片对应的道具名字
11          this.gameObject.GetComponent<SpriteRenderer>().sprite =icon;// 贴图
12      }
13      ///
14      // Update is called once per frame
15      void Update()
16      {
17          // 道具位置刷新
18          this.gameObject.transform.position = new Vector3(this.gameObject.transform.position.x,
19                                                       this.gameObject.transform.position.y - 0.05f,
20                                                       0);
21          // 如果道具低于横板，则销毁
22          if (gameObject.transform.position.y <= -8.0f)
23              Destroy(this.gameObject);
24      }
```

```
25 }
```

道具的贴图、位置刷新及销毁

[5]　因为道具是在与横板接触后生效的，所以我们把道具生效的触发器和已经生效的相应代码放在【Racket】脚本中。打开【Racket】脚本，我们先来写控制道具生效的代码。

```
1  public class Racket : MonoBehaviour
2  {
3    void Update
4    {
5      ......
6    }
7    /// <summary>
8    /// 道具生效
9    /// </summary>
10   /// <param name="name"></param>
11   void performUpgrade(string name)
12   {
13           // removing Unity-attached suffixed data to get original sprite name
14           name = name.Remove(name.Length - 21);
15           float x;
16           Ball ballController = GameObject.Find("ball").GetComponent<Ball>();
17           switch (name)
18           {
19                   case "ball_speed_up":
20                           if (ballController.BallSpeed < 27)
21                           {
22                                   ballController.BallSpeed += 3; // 当小球速度小于 27，并且道具为 ball_speed_up 时，
   小球速度 +3，以下类似。
23                           }
24                           break;
25                   case "ball_speed_down":
26                           if (ballController.BallSpeed > 18)
27                           {
28                                   ballController.BallSpeed -= 3;
29                           }
30                           break;
```

```
31
32                 case "paddle_size_up":
33                     x = this.gameObject.transform.localScale.x;
34                     if (x < 8.0f)
35                         this.gameObject.transform.localScale = new Vector3( x += 0.25f,
36                                                         this.gameObject.transform.localScale.y,
37                                                                                  1.0f);
38                     break;
39                 case "paddle_size_down":
40                     x = this.gameObject.transform.localScale.x;
41                     if (x > 4.0f)
42                         this.gameObject.transform.localScale = new Vector3(x -= 0.25f,
43                                                         this.gameObject.transform.localScale.y,
44                                                                                  1.0f);
45
46                     break;
47                 case "paddle_speed_up":
48                     speed += 3;
49                     break;
50                 case "paddle_speed_down":
51                     if (speed > 7)
52                     {
53                         speed -= 3;
54                     }
55                     break;
56                 default:
57                     break;
58             }
59         }
```

道具生效

[6] 然后我们需要给横板加上对道具的触发器。

```
1  public class Racket : MonoBehaviour
2  {
3  /// <summary>
4      /// 道具与板接触的触发器
5      /// </summary>
6      /// <param name="col"></param>
7      void OnTriggerEnter2D(Collider2D col)
```

```
8   {
9           if (col.gameObject.tag == "upgrade")
10          {
11              string name = col.gameObject.GetComponent<UpGrade>().upgradeName;
12              performUpgrade(name);
13              Destroy(col.gameObject);
14          }
15      }
16  }
```

道具触发器

[7] 由于道具是在砖块销毁后生成的，所以我们可以把生成道具的代码放在【BlockController】脚本中。

```
1   public class BlockController : MonoBehaviour
2   {
3       public GameObject upgradePrefab;
4       void OnCollisionEnter2D(Collision2D col)
5       {
6           GameObject go = GameObject.Find("Main Camera");
7           Done_Levelloader levelLoader = go.GetComponent<Done_Levelloader>();
8           gameObject.GetComponent<Done_Block>().hits_required -= 1;
9
10          if (gameObject.GetComponent<Done_Block>().hits_required == 0)
11          {
12              Destroy(gameObject);
13              levelLoader.block_count--;
14
15              if (Random.value < 0.10)// 道具生成概率
16              {
17                  Instantiate(upgradePrefab,
18                          new Vector3(
19                              col.gameObject.transform.position.x,
20                              col.gameObject.transform.position.y,
21                              0),
22                          Quaternion.identity);
23              }
24      }
25  }
```

道具生成

[8] 最后，回到主界面，找到【Prefabs】文件夹中的【block】，将【Prefabs】文件夹中的【upgrade】拖入，如图 4-21 所示。

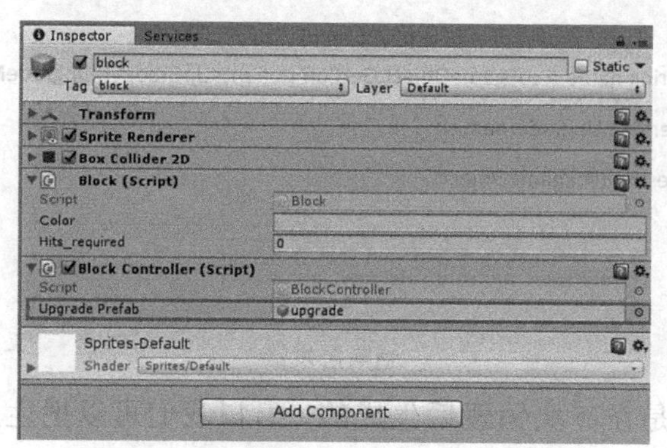

图 4-21 upgrade 拖入

[9] 在打砖块游戏运行时，我们就可以看到道具的生成了。到这里打砖块游戏就全部完成了，如图 4-22 所示。

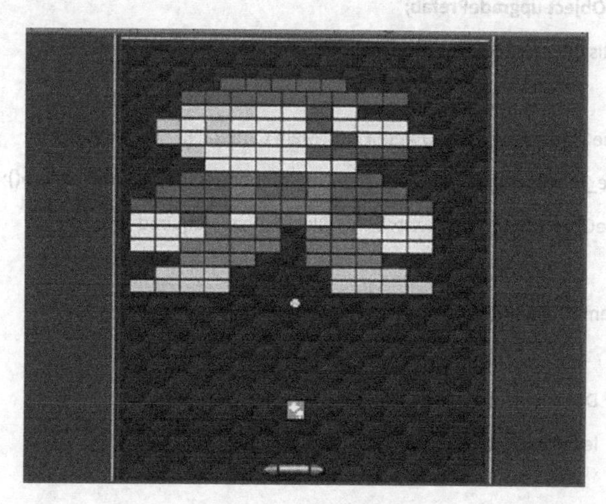

图 4-22 游戏截图

第 5 章　三消

5.1　游戏简介

三消类游戏的鼻祖是诞生于 2000 年的《宝石迷阵》。《宝石迷阵》是一款锻炼眼力的宝石交换消除游戏，游戏的目标是将一颗宝石与邻近的宝石交换位置，形成一种水平或垂直的三颗或更多颗宝石的宝石链。当有超过 3 颗相同宝石的宝石链形成时，或两个链在一个交换中形成时，就会得到额外的奖励。当链形成时，链上的宝石会消失，另有宝石从顶部掉落，以填补缺口。有时，连锁反应被称为瀑布效应，被落下的宝石所填充。连击将被奖励积分。有两种不同的游戏模式可供选择。正常模式下，玩家通过匹配宝石来填满屏幕底部的进度条。

这款游戏 2002 年入选 IGN 主办的世界电脑游戏名人堂，成为继《俄罗斯方块》后第二款入选的同类游戏。迄今为止宝石迷阵已成长为拥有五部作品的系列作，拥有超过五亿玩家，登陆了当今几乎所有主流平台（PC、手机、PS2、PS3、PSP、XBox、XBox360、NDS、NDSi、Wii 等），成为同类游戏中的 No.1，其界面如图 5-1 所示。

5.2　游戏规则

玩家选择两个宝石进行位置互换，互换后如果横排或竖排有 3 个以上相同的宝石，则消去这几个相同的宝石，如果互换后没有可以消去的宝石，则选中的两个宝石换回原来的位置。消去后的空格由上面的宝石掉下来补齐。每次消去宝石玩家都能得到一定的分数，如图 5-2 所示。

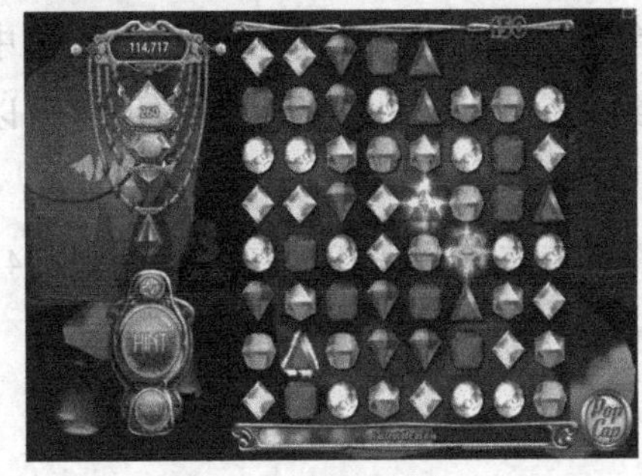

图 5-1　游戏截图

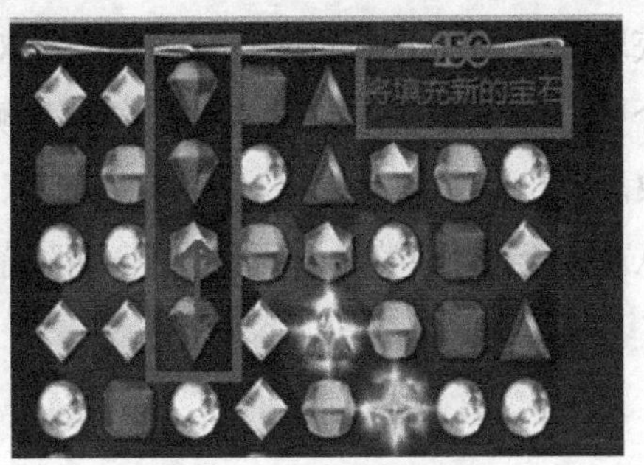

图 5-2　宝石填充界面

连锁：玩家消去宝石后，上面的宝石会掉下来补充空格。如果这时游戏池中有连续摆放（横、竖）的3个或3个以上相同的宝石，则可以消去这些宝石，这就是一次连锁。空格被新的宝石填充，又可以进行下一次连锁。每次连锁会有加分。

重排：玩家已经不能消去任何宝石时，将清空游戏池，用新的宝石填充。

5.3 程序思路

5.3.1 地图生成

这里使用列表（动态数组），数组内每个坐标代表一颗宝石。每一条 temp 列表为一行，一行建立完后将此条 temp 列表存入 List 列表中。动态数组的优点：可以实时改变数组长度，并且可在指定位置插入新的元素，如图 5-3 所示。

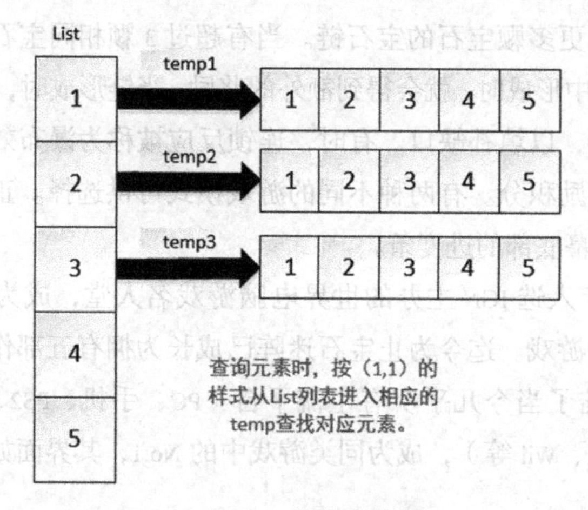

图 5-3　数据结构

由图可知，我们可以先由行号【1】找到对应的 temp 列表链，之后再由列号【1】找到对应的元素，这个元素就是对应二维数组的 [1][1] 了。

宝石的随机生成：利用随机函数，随机填充不同宝石。

5.3.2 消除检测

获取图案相同的对象，一定要以一个对象为基准，这样才能够知道以谁为中心，以这个中心为核心横向及纵向的检测，检测到三个及以上的对象，那说明是可以消除的对象。

从左上至左下，横向遍历，将符合消除条件的方块储存在临时数组里，如图 5-4 所示。

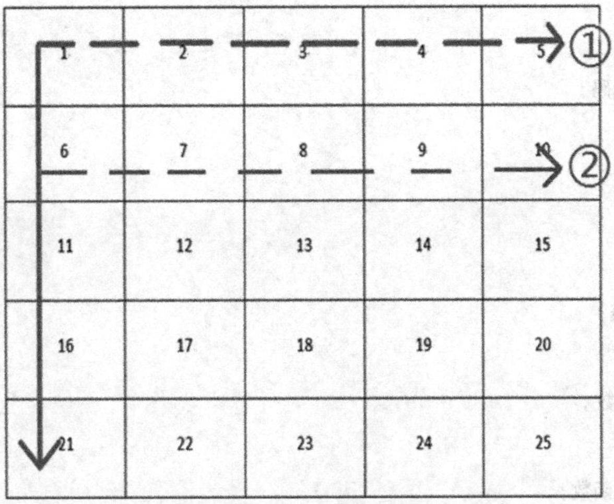

1	2	3	4	5 ①
6	7	8	9	10 ②
11	12	13	14	15
16	17	18	19	20
21	22	23	24	25

图 5-4　横向遍历

从左上至右上，竖向遍历，将符合消除条件的方块储存在临时数组里，如图 5-5 所示。

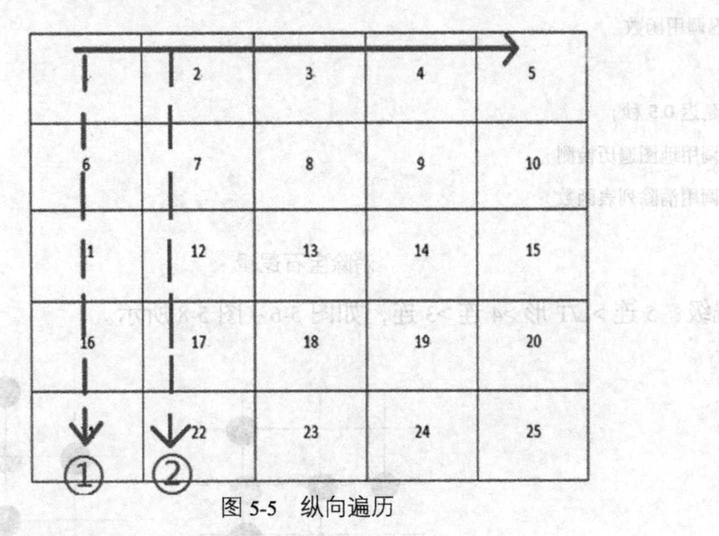

图 5-5　纵向遍历

遍历之后将符合消除条件的方块消除。

5.3.3　消除算法

在地图遍历结束，并且所有可消除宝石被存入消除列表后，我们可以利用遍历消除列表来调用消除函数，在消除宝石并且生成新的宝石后，再次调用地图遍历函数。这样就可以在新宝石生成后，将地图上可消除的宝石消除了。

```
void 消除函数
{
    消除宝石的代码；
}

void 消除列表
{
    for（遍历列表）
    {
      调用消除函数；
    }
    调用延迟调用函数；
}

延迟调用函数
{
    延迟 0.5 秒；
    调用地图遍历检测；
    调用消除列表函数；
}
```

消除宝石逻辑

优先级：5 连 >L/T 形 >4 连 >3 连，如图 5-6 ~ 图 5-8 所示。

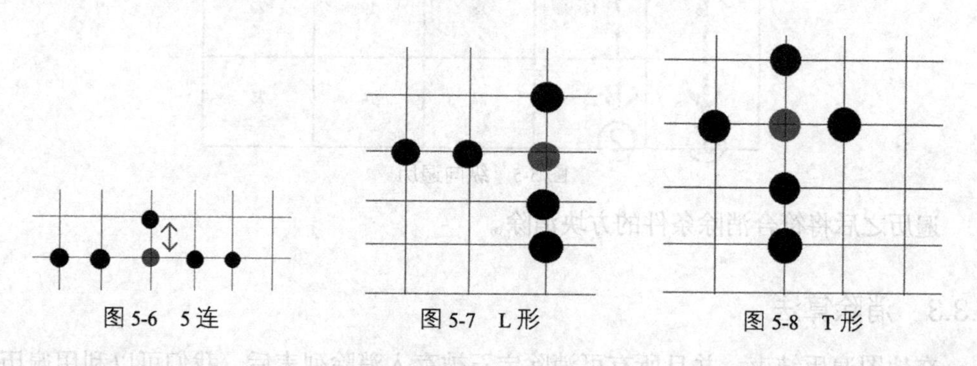

图 5-6　5 连　　图 5-7　L 形　　图 5-8　T 形

5.3.4　宝石掉落

在宝石 A 消除后，储存并传递被消除宝石上方的宝石 B 数据，在 B 下方生成一个新的 B，并将原有 B 消除，循环遍历，最后在最上方生成新的宝石 C 即可有宝石掉落的效果。

逻辑如图 5-9 所示。

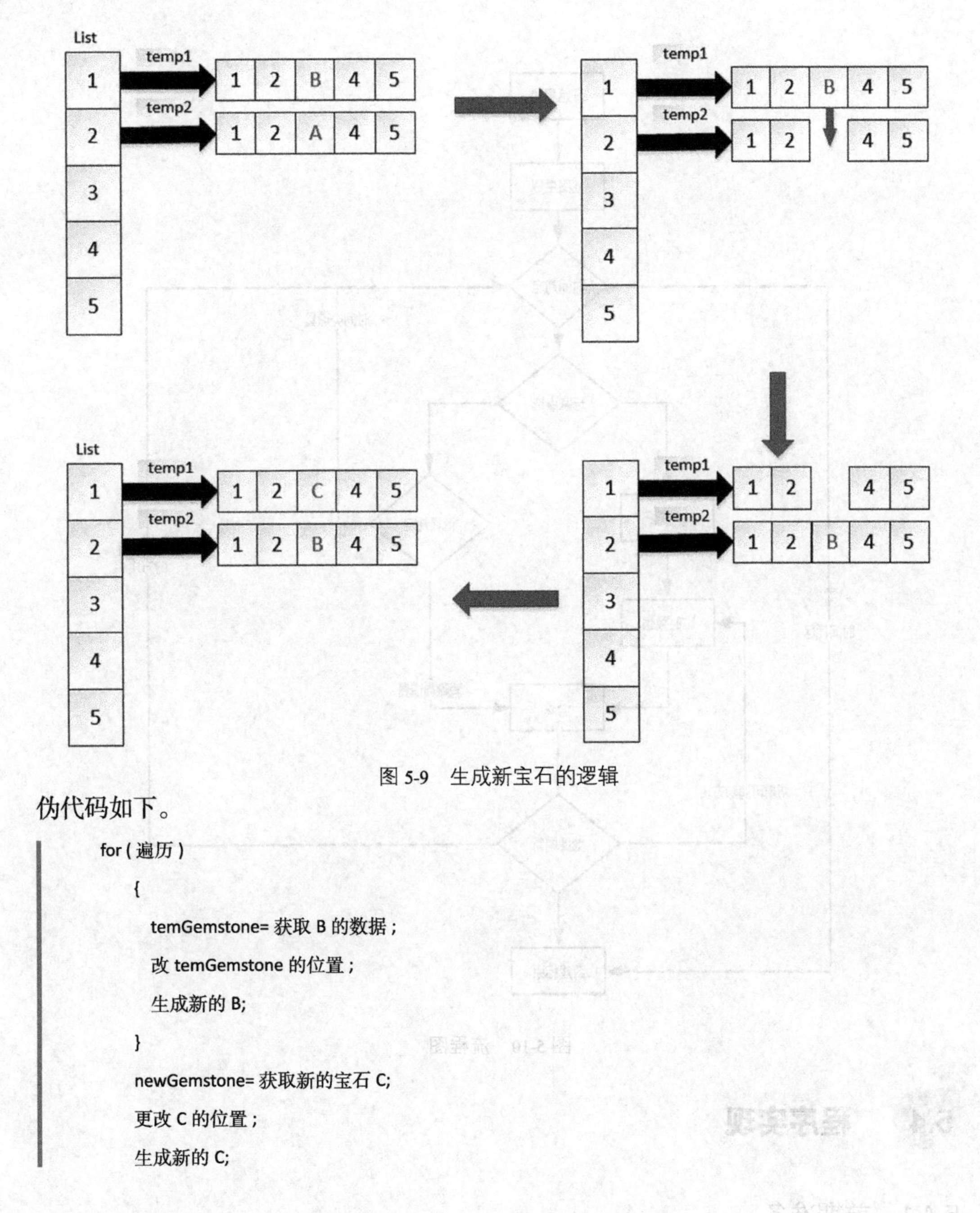

图 5-9　生成新宝石的逻辑

伪代码如下。

```
for ( 遍历 )
    {
      temGemstone= 获取 B 的数据 ;
      改 temGemstone 的位置 ;
      生成新的 B;
    }
    newGemstone= 获取新的宝石 C;
    更改 C 的位置 ;
    生成新的 C;
```

5.3.5　游戏流程图

如图 5-10 所示。

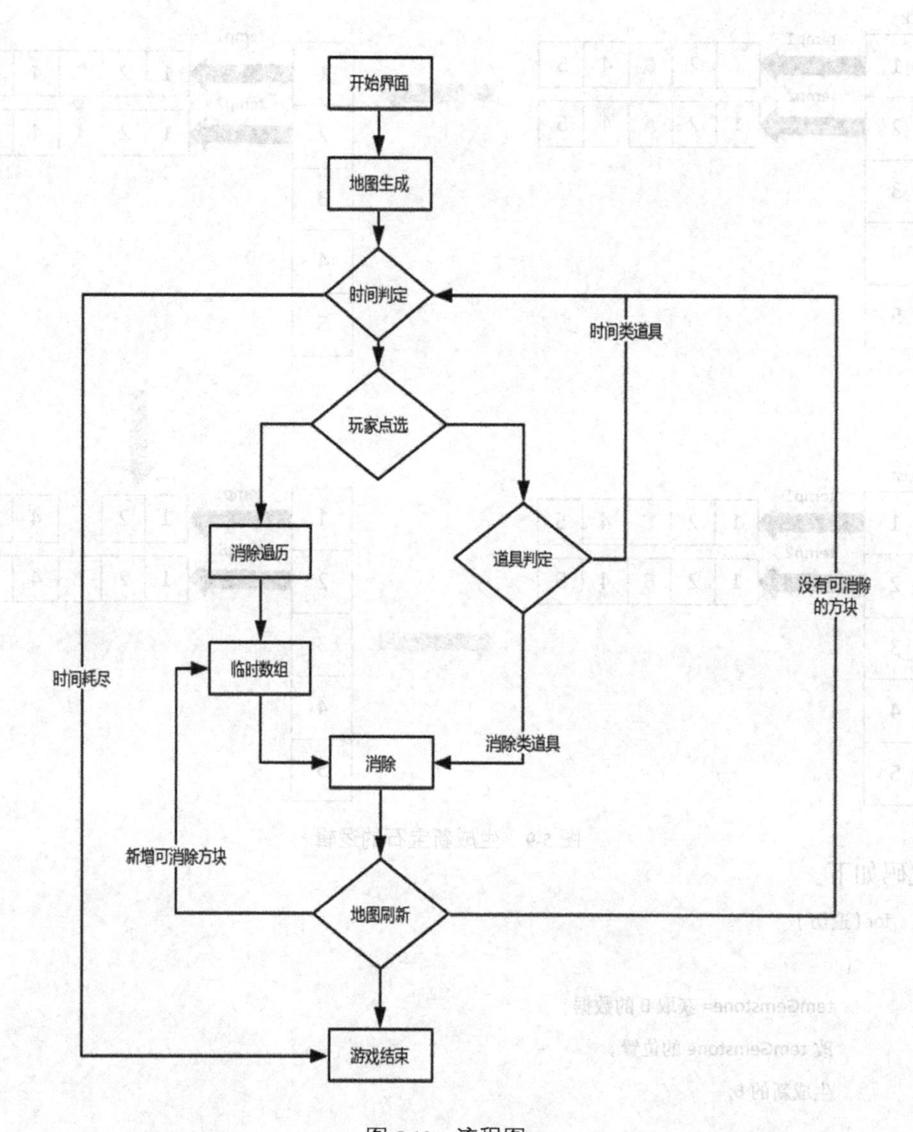

图 5-10　流程图

5.4　程序实现

5.4.1　前期准备

[1]　新建工程。新建一个名为 Eliminate 的 2D 工程。把 3D/2D 选项修改为 2D，如图 5-11 所示。

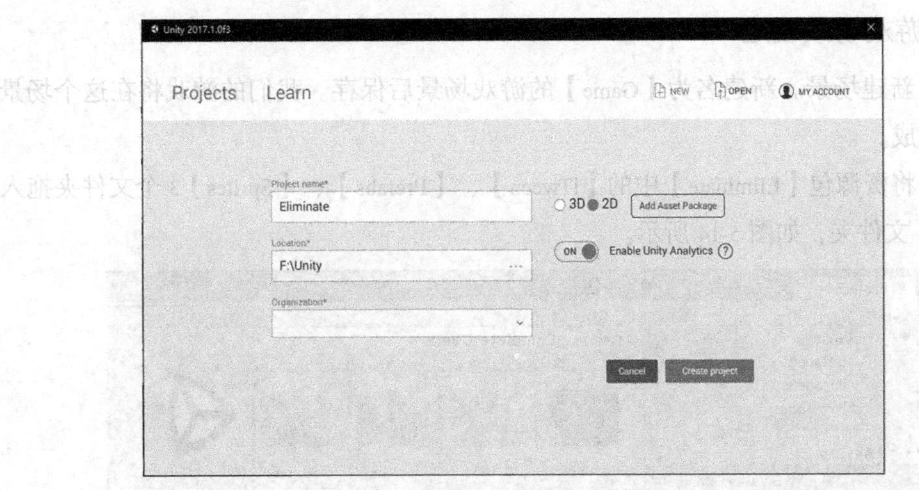

图 5-11　新建工程

[2]　导入素材包。将资源包 Eliminate 导入。资源包中有完整的游戏案例和完成游戏所需的一切素材。

[3]　在【_Complete-Game】文件夹中双击【Done_Eliminate】文件，然后点击运行按钮可以运行游戏，如图 5-12 所示。

图 5-12　双击打开场景

游戏截图如图 5-13 所示。

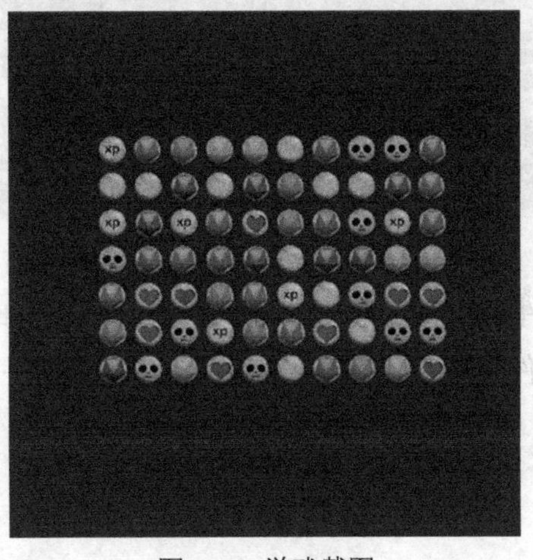

图 5-13　游戏截图

5.4.2 游戏场景设定

[1] 新建场景。新建名为【Game】的游戏场景后保存。我们的游戏将在这个场景里制作完成。

[2] 将资源包【Eliminate】中的【iTween】、【Prefabs】、【Sprites】3 个文件夹拖入【Assets】文件夹，如图 5-14 所示。

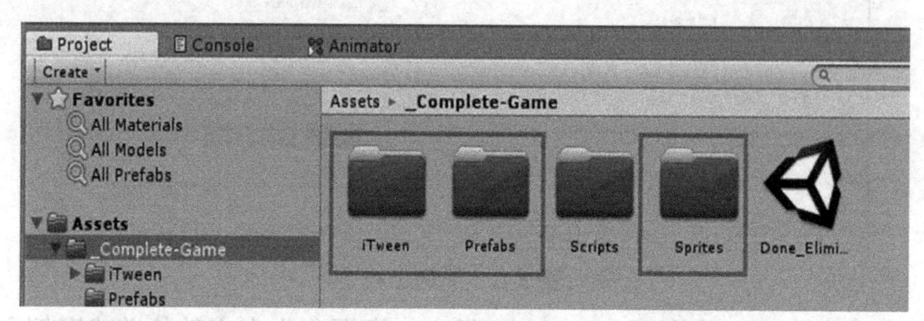

图 5-14 文件夹导入

[3] 在【Hierarchy】面板中新建一个空物体，命名为【GameController】，我们的脚本将绑定在这个物体上，如图 5-15 所示。

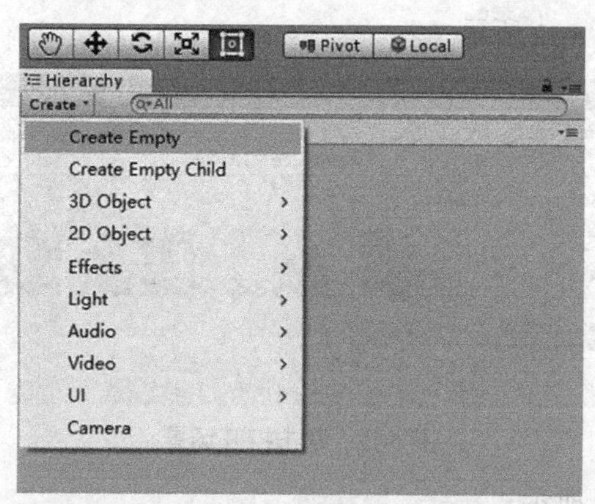

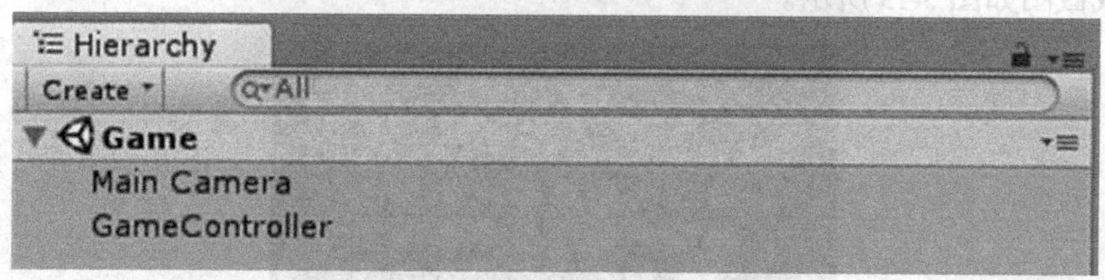

图 5-15 新建空物体【GameController】

[4] 在【Assets】文件夹中新建【Scripts】文件夹，我们写的所有脚本将放在其中。

[5] 在【Scripts】文件夹中新建一个名为【Gemstone】和一个名为【GameController】的脚本，如图 5-16 所示。

图 5-16　新建脚本

5.4.3　地图生成

[1]　首先，我们需要编写【Gemstone】类，用于储存宝石种类、控制宝石的随机生成并控制宝石生成的位置。

```
1    public class Gemstone : MonoBehaviour {
2        public float xOffset = -5.5f;// 宝石的 x 轴起始位置
3        public float yOffset = -2.0f;// 宝石的 y 轴起始位置
4        public int rowIndex = 0;
5        public int columIndex = 0;
6        public GameObject[] gemstoneBgs;// 宝石数组
7        public int gemstoneType;// 宝石类型
8        private GameObject gemstoneBg;
9        private SpriteRenderer spriteRenderer;
10
11       // Use this for initialization
12       void Start ()
13       {
14
15           spriteRenderer = gemstoneBg.GetComponent<SpriteRenderer>();
16       }
17
18       // Update is called once per frame
19       void Update () {
20
21       }
22
23       public void RandomCreateGemstoneBg()
24       {
```

```
25            if (gemstoneBg != null)
26                return;
27            gemstoneType = Random.Range(0, gemstoneBgs.Length);// 从宝石数组中随机选择一种宝石
28            gemstoneBg = Instantiate(gemstoneBgs[gemstoneType]) as GameObject;// 实例化随机的宝石
29            gemstoneBg.transform.parent = this.transform;
30        }
31
32        public void UpdatePosition(int _rowIndex, int _columIndex)
33        {
34            rowIndex = _rowIndex;
35            columIndex = _columIndex;
36            this.transform.position = new Vector3(columIndex + xOffset, rowIndex + yOffset, 0);// 控制生成宝
    石的位置
37        }
38    }
```

Gemstone 类

[2]　由程序思路中的分析可知：我们可以使用列表（动态数组）来作为创建地图中宝石的数据结构，如图 5-17 所示。

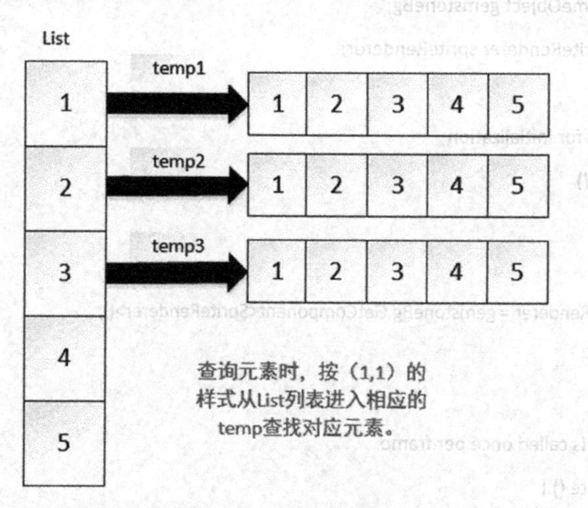

图 5-17　数据结构

所以我们可以编写【GameController】函数如下。

```
1    public class GameController : MonoBehaviour {
2        public Gemstone gemstone;
3        public int rowNum = 7;// 宝石列数
4        public int columNum = 10;// 宝石行数
5        public ArrayList gemstoneList;// 定义列表
6        private ArrayList matchesGemstone;
```

```
7        void Start () {
8            gemstoneList = new ArrayList();// 新建列表
9            matchesGemstone = new ArrayList();
10           for (introwIndex = 0; rowIndex<rowNum; rowIndex++)
11           {
12               ArrayList temp = new ArrayList();
13               for (intcolumIndex = 0; columIndex<columNum; columIndex++)
14               {
15                   Gemstone g = AddGemstone(rowIndex, columIndex);
16                   temp.Add(g);
17               }
18               gemstoneList.Add(temp);
19           }
20       }
21       public Gemstone AddGemstone(introwIndex, intcolumIndex)
22       {
23           Gemstone g = Instantiate(gemstone) as Gemstone;
24           g.transform.parent = this.transform;// 生成宝石为 GameController 子物体
25           g.GetComponent<Gemstone>().RandomCreateGemstoneBg();
26           g.GetComponent<Gemstone>().UpdatePosition(rowIndex, columIndex);// 传递宝石位置
27           return g;
28       }
29   }
```

GameController

[3]　找到【Prefabs】文件夹将其中的宝石预制体拖入【Gemstone】预制体中的【Gemstone Bgs】数组，如图 5-18 所示。

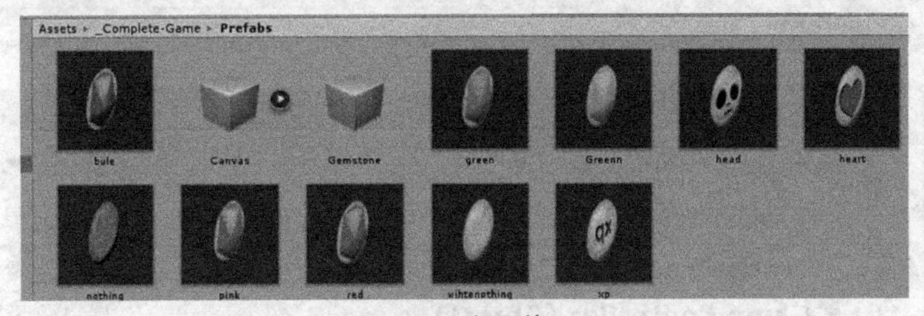

图 5-18　宝石拖入

[4]　找到【GameController】空物体，将【GameController】脚本拖入并将【Gemstone】预制体拖入【GameController】的【Gemstone】中，如图 5-19 所示。

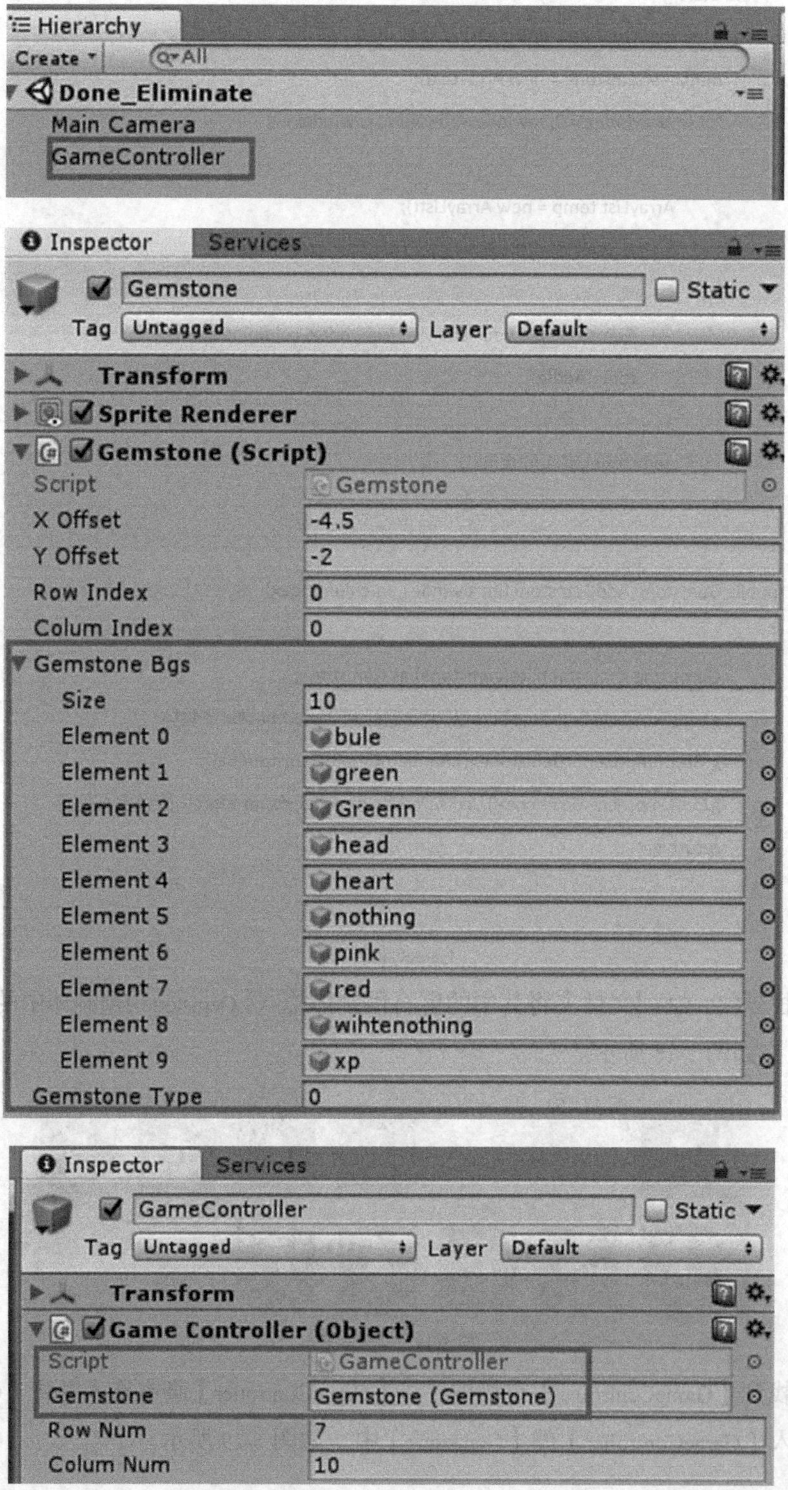

Hierarchy
Create
All
Done_Eliminate
Main Camera
GameController

Inspector　Services
Gemstone　Static
Tag Untagged　Layer Default
Transform
Sprite Renderer
Gemstone (Script)
Script　Gemstone
X Offset　-4.5
Y Offset　-2
Row Index　0
Colum Index　0
Gemstone Bgs
Size　10
Element 0　bule
Element 1　green
Element 2　Greenn
Element 3　head
Element 4　heart
Element 5　nothing
Element 6　pink
Element 7　red
Element 8　wihtenothing
Element 9　xp
Gemstone Type　0

Inspector　Services
GameController　Static
Tag Untagged　Layer Default
Transform
Game Controller (Object)
Script　GameController
Gemstone　Gemstone (Gemstone)
Row Num　7
Colum Num　10

图 5-19　脚本及预制体拖入

此时点击运行按钮，我们就可以看到游戏画面了，如图 5-20 所示。

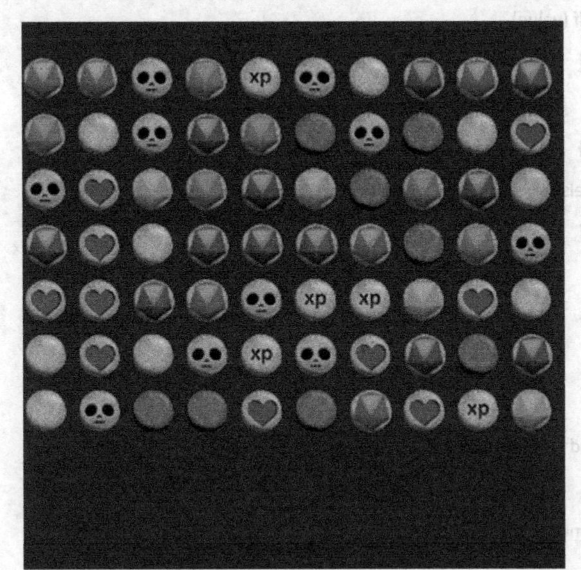

图 5-20　游戏画面

5.4.4　点选响应及宝石交换

生成地图后，我们需要给宝石加上点击响应及宝石位置的交换：第一次点击后，被点击的宝石变为红色，第二次点击后，若两次点击的宝石可以交换位置，则交换位置；若不能交换位置，则红色取消。

我们先来做宝石被点击后变红的效果。

[1]　控制宝石被选中变红，是单个宝石的属性，所以我们在【Gemstone】脚本中编写如下代码。

```
1   public class Gemstone : MonoBehaviour
2   {
3       private GameControllergameController;
4       void Start ()
5       {
6           gameController =
    GameObject.Find("GameController").GetComponent<GameController>();
7           spriteRenderer = gemstoneBg.GetComponent<SpriteRenderer>();
8       }
9
10      public boolisSelected
11      {
12          set
```

```
13          {
14              if (value)
15              {
16                  spriteRenderer.color = Color.red;
17              }
18              else
19              {
20                  spriteRenderer.color = Color.white;
21              }
22          }
23      }
24      public void OnMouseDown()
25      {
26          gameController.Select(this);
27      }
28  }
```

Gemstone 脚本中的选中控制

[2] 然后我们需要在全局获取并控制宝石是否被选中，所以需要在【GameController】中编写控制函数。

```
29 public class GameController : MonoBehaviour
30 {
31     private Gemstone currentGemStone;
32     /// <summary>
33     /// 鼠标点选判定
34     /// </summary>
35     /// <param name="g"></param>
36     public void Select(Gemstone g)
37     {
38
39         if (currentGemstone== null)
40         {
41             currentGemstone= g;
42             currentGemstone.isSelected = true;
43             return;
44         }
45         else
46         {
```

```
47                  currentGemstone.isSelected = false;
48                  currentGemstone= null;
49              }
50      }
51  }
```

GameController 脚本中的选中控制

此时，点击运行按钮，我们可以发现，第一次点击宝石，宝石已经变成红色，第二次点击，宝石的红色可以消失了，如下图所示。

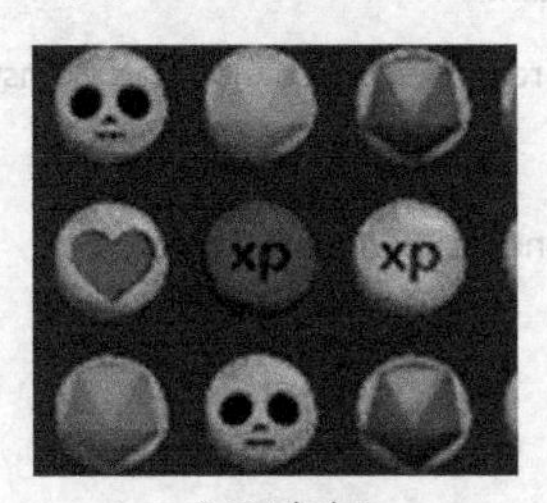

宝石变红

现在可以开始做宝石的交换了。

[3]　因为宝石交换的滑动效果也是基于单个宝石的，所以我们把 iTween 插件效果写在【Gemstone】脚本内。

```
1   public class Gemstone : MonoBehaviour
2   {
3       /// <summary>
4       /// 调用 iTween 插件实现宝石滑动效果
5       /// </summary>
6       /// <param name="_rowIndex"></param>
7       /// <param name="_columIndex"></param>
8       public void TweenToPostion(int _rowIndex, int _columIndex)
9       {
10           rowIndex = _rowIndex;
11          columIndex = _columIndex;
12           iTween.MoveTo(this.gameObject, iTween.Hash("x", columIndex + xOffset, "y", rowIndex + yOffset, "
time", 0.5f));
13      }
14  }
```

iTween 插件

[4]　交换宝石需要更改相应宝石在列表内的数据位置，并且生成在新的位置，所以我们在【GameController】脚本中编写如下代码。

```
1   public class GameController : MonoBehaviour
2   {
3       /// <summary>
4       /// 生成所对应行号和列号的宝石
5       /// </summary>
6       /// <param name="rowIndex"></param>
7       /// <param name="columIndex"></param>
8       /// <param name="g"></param>
9       public void SetGemstone(int rowIndex, int columIndex, Gemstone g)
10      {
11          ArrayList temp = gemstoneList[rowIndex] as ArrayList;
12          temp[columIndex] = g;
13      }
14
15      /// <summary>
16      /// 交换宝石数据
17      /// </summary>
18      /// <param name="g1"></param>
19      /// <param name="g2"></param>
20      public void Exchange(Gemstone g1, Gemstone g2)
21      {
22
23          SetGemstone(g1.rowIndex, g1.columIndex, g2);
24          SetGemstone(g2.rowIndex, g2.columIndex, g1);
25          //交换 g1，g2 的行号
26          int tempRowIndex;
27          tempRowIndex = g1.rowIndex;
28          g1.rowIndex = g2.rowIndex;
29          g2.rowIndex = tempRowIndex;
30          //交换 g1，g2 的列号
31          int tempColumIndex;
32          tempColumIndex = g1.columIndex;
33          g1.columIndex = g2.columIndex;
34          g2.columIndex = tempColumIndex;
35
```

```
36          g1.TweenToPostion(g1.rowIndex, g1.columIndex);
37          g2.TweenToPostion(g2.rowIndex, g2.columIndex);
38      }
39  }
```

交换宝石位置

[5] 宝石交换需要在第一次选中后，检测第二次点击的位置，判定能否交换，所以在【GameController】中的 Select 函数中加入判定。

```
1   public class GameController : MonoBehaviour
2   {
3       /// <summary>
4       /// 鼠标点选判定
5       /// </summary>
6       /// <param name="g"></param>
7       public void Select(Gemstone g)
8       {
9   
10          if (currentGemstone== null)
11          {
12              currentGemstone= g;
13              currentGemstone.isSelected = true;
14              return;
15          }
16          else
17          {
18              if (Mathf.Abs(currentGemstone.rowIndex - g.rowIndex)+
    Mathf.Abs(currentGemstone.columIndex-g. columIndex) == 1)
19              {
20                  StartCoroutine(ExangeAndMatches(currentGemstone, g));
21              }
22              currentGemstone.isSelected = false;
23              currentGemstone= null;
24          }
25      }
26  }
```

交换判定函数

[6] 由于之后我们需要消除宝石，所以我们先将交换函数的调用写在协程中，方便之后的消除及延迟调用。

```
1   public class GameController : MonoBehaviour
2   {
3       /// <summary>
4       /// 实现宝石交换并且检测匹配消除
5       /// </summary>
6       /// <param name="g1"></param>
7       /// <param name="g2"></param>
8       /// <returns></returns>
9       IEnumerator ExangeAndMatches(Gemstone g1, Gemstone g2)
10  {
11          Exchange(g1, g2);
12          yield return new WaitForSeconds(0.5f);
13              Exchange(g1, g2);// 因为这里还不能消除，所以在 0.5f 后再次交换宝石
14      }
15  }
```

交换函数调用

此时点击运行按钮，点击相邻的宝石，我们可以看到宝石已经可以交换了，如图 5-21 所示。

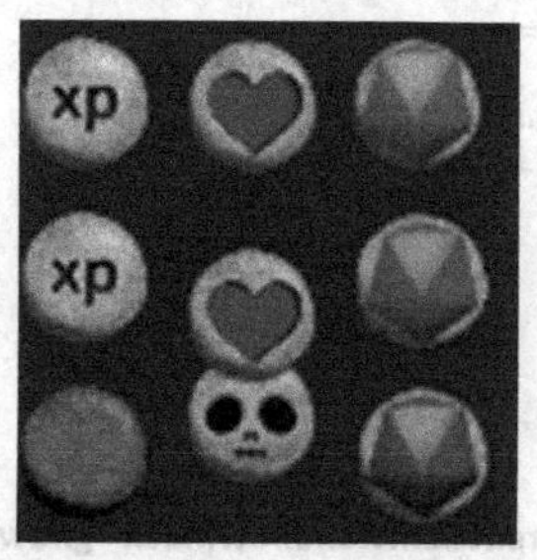

图 5-21　宝石交换

5.4.5　宝石的消除判定及宝石的消除

[1]　首先，我们来看一下列表定位某一个元素的逻辑，如图 5-22 所示。

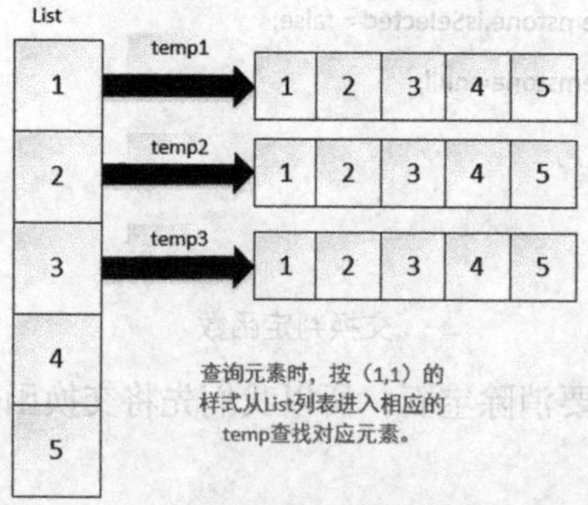

图 5-22　数据结构

由图可知，我们可以先由行号【1】找到对应的 temp 列表链，之后再由列号【1】找到对应的元素，这个元素就是对应二维数组的 [1][1] 了。

[2] 所以我们可以先打开【GameController】脚本，编写一个查找对应元素的函数。

```
1   public class GameController : MonoBehaviour
2   {      /// <summary>
3          /// 通过行号和列号，获取对应位置的宝石
4          /// </summary>
5          /// <param name="rowIndex"></param>
6          /// <param name="columIndex"></param>
7          /// <returns></returns>
8          public Gemstone GetGemstone(int rowIndex, int columIndex)
9          {
10             ArrayList temp = gemstoneList[rowIndex] as ArrayList;
11             Gemstone g = temp[columIndex] as Gemstone;
12             return g;
13         }
14  }
```

查找元素的函数

[3] 然后，我们就可以在【GameController】脚本中编写遍历地图的函数了。我们先来看一下遍历地图的思路，如图 5-23 和图 5-24 所示。

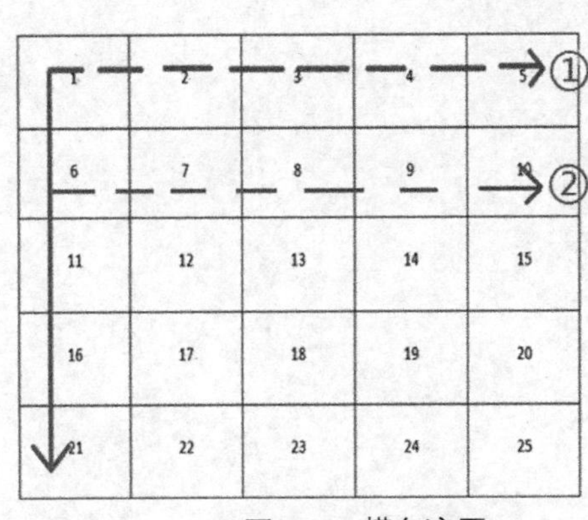

图 5-23 横向遍历

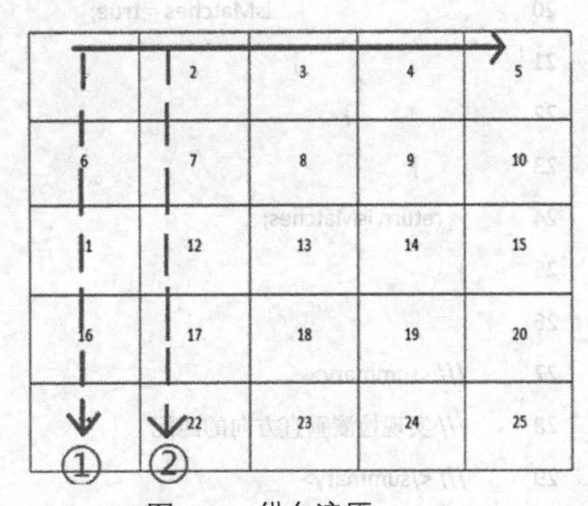

图 5-24 纵向遍历

由图可知，我们可按顺序先按横向顺序遍历每一条【temp】列表链，之后再纵向遍历不同列表链中的元素。

[4] 在遍历时，如果有可消除的宝石，我们不是马上消除，而是将其存入一个新的列表，在地图遍历完之后，将其统一消除，既可以防止意外情况导致程序崩溃，也可以有效地实现多方向符合情况的消除。

```
1    public class GameController : MonoBehaviour
2    {
3        /// <summary>
4        /// 实现检测水平方向的匹配
5        /// </summary>
6        /// <returns></returns>
7        bool CheckHorizontalMatches()
8        {
9            bool isMatches = false;
10           for (int rowIndex = 0; rowIndex<rowNum; rowIndex++)
11           {
12               for (int columIndex = 0; columIndex<columNum - 2; columIndex++)
13               {
14                   if ((GetGemstone(rowIndex, columIndex).gemstoneType ==
   GetGemstone(rowIndex, columIndex + 1).gemstoneType) &&(GetGemstone(rowIndex,
   columIndex).gemstoneType == GetGemstone(rowIndex, columIndex+ 2).gemstoneType))
15                   {
16                       //Debug.Log (" 发现行相同的宝石 ");
17                       AddMatches(GetGemstone(rowIndex, columIndex));
18                       AddMatches(GetGemstone(rowIndex, columIndex + 1));
19                       AddMatches(GetGemstone(rowIndex, columIndex + 2));
20                       isMatches = true;
21                   }
22               }
23           }
24           return isMatches;
25       }
26
27       /// <summary>
28       /// 实现检测垂直方向的匹配
29       /// </summary>
30       /// <returns></returns>
31       bool CheckVerticalMatches()
32       {
33           bool isMatches = false;
34           for (int columIndex = 0; columIndex<columNum; columIndex++)
```

```
35          {
36              for (int rowIndex = 0; rowIndex<rowNum - 2; rowIndex++)
37              {
38                  if ((GetGemstone(rowIndex, columIndex).gemstoneType ==GetGemstone(rowIndex + 1, columIndex).
    gemstoneType) && (GetGemstone(rowIndex,columIndex).gemstoneType == GetGemstone(rowIndex + 2, columIndex).
    gemstoneType))
39                  {
40                      //Debug.Log(" 发现列相同的宝石 ");
41                      AddMatches(GetGemstone(rowIndex, columIndex));
42                      AddMatches(GetGemstone(rowIndex + 1, columIndex));
43                      AddMatches(GetGemstone(rowIndex + 2, columIndex));
44                      isMatches = true;
45                  }
46              }
47          }
48          return isMatches;
49      }
50      /// <summary>
51      /// 储存符合消除条件的数组
52      /// </summary>
53      /// <param name="g"></param>
54      void AddMatches(Gemstone g)
55      {
56          if (matchesGemstone == null)
57              matchesGemstone = new ArrayList();
58          int Index = matchesGemstone.IndexOf(g);// 检测宝石是否已在数组当中
59          if (Index == -1)
60          {
61              matchesGemstone.Add(g);
62          }
63      }
64  }
```

遍历地图

[5] 当地图被遍历完，并且符合消除条件的宝石均被存入列表后，我们要做的自然就是写上消除函数了。首先在【Gemstone】脚本中，写一个消除单个宝石的函数。

```
1   public class Gemstone : MonoBehaviour
2   {
3       public void Dispose()
4       {
5           Destroy(this.gameObject);
6           Destroy(gemstoneBg.gameObject);
7           gameController = null;
8       }
9   }
```

消除单个宝石

[6] 在【GameController】脚本中，我们需要编写的是，当条件符合后，消除对应宝石，并在消除位置生成新的宝石及生成新的宝石后检测是否有新的可消除的宝石。我们首先来写消除并生成宝石的函数。

```
1   public class GameController : MonoBehaviour
2   {
3       /// <summary>
4       /// 删除 / 生成宝石
5       /// </summary>
6       /// <param name="g"></param>
7       void RemoveGemstone(Gemstone g)
8       {
9           //Debug.Log(" 删除宝石 ");
10          g.Dispose();
11          // 删除宝石生成新的宝石
12          for (int i = g.rowIndex + 1; i <rowNum; i++)
13          {
14              Gemstone temGemstone = GetGemstone(i, g.columIndex);
15              temGemstone.rowIndex--;
16              SetGemstone(temGemstone.rowIndex, temGemstone.columIndex,temGemstone);
17
18              temGemstone.TweenToPostion(temGemstone.rowIndex,temGemstone.columIndex);
19          }
20          Gemstone newGemstone = AddGemstone(rowNum, g.columIndex);
21          newGemstone.rowIndex--;
22          SetGemstone(newGemstone.rowIndex, newGemstone.columIndex, newGemstone);
23
24          newGemstone.TweenToPostion(newGemstone.rowIndex,newGemstone.columIndex);
25      }
26  }
```

消除并生成新的宝石

[7]　消除逻辑：通过遍历存储可消除宝石的数组【matchesGemstone】调用【RemoveGemstone】来消除存在其中的宝石，并且在新的宝石生成后再次遍历地图，如果有可消除宝石，则再次通过【matchesGemstone】调用【RemoveGemstone】来消除宝石。由于消除新的宝石需要给玩家反馈，所以我们通过协程来延迟消除。

```
1   public class GameController : MonoBehaviour
2   {
3       /// <summary>
4       /// 删除匹配的宝石
5       /// </summary>
6       void RemoveMatches()
7       {
8           for (int i = 0; i <matchesGemstone.Count; i++)
9           {
10              Gemstone g = matchesGemstone[i] as Gemstone;
11              RemoveGemstone(g);
12          }
13          matchesGemstone = new ArrayList();
14          StartCoroutine(WaitForCheckMatchesAgain());
15      }
16
17      /// <summary>
18      /// 连续检测匹配消除
19      /// </summary>
20      /// <returns></returns>
21      IEnumerator WaitForCheckMatchesAgain()
22      {
23          yield return new WaitForSeconds(0.5f);
24          if (CheckHorizontalMatches() || CheckVerticalMatches())
25          {
26              RemoveMatches();
27          }
28      }
29  }
```

消除宝石

[8]　首次调用【RemoveMatches】函数，是在宝石交换位置之后，还记得我们在【5.4.4 点选响应及宝石交换】中提到的协程吗？我们需要在这个协程中首次唤醒【RemoveMatches】函数。

```
1  public class GameController : MonoBehaviour
2  {
3      /// <summary>
4      /// 实现宝石交换并且检测匹配消除
5      /// </summary>
6      /// <param name="g1"></param>
7      /// <param name="g2"></param>
8      /// <returns></returns>
9      IEnumerator ExangeAndMatches(Gemstone g1, Gemstone g2)
10     {
11         Exchange(g1, g2);
12         yield return new WaitForSeconds(0.5f);
13         if (CheckHorizontalMatches() || CheckVerticalMatches())
14         {
15             RemoveMatches();
16         }
17         else
18         {
19             Exchange(g1, g2);// 若不能消除，再次交换宝石
20         }
21     }
22 }
```

首次调用消除函数

[9] 现在消消乐游戏还存在最后一个问题：首次生成地图时，由于还没有点选交换宝石，所以此时程序是无法消除宝石的，可能存在一开始生成的可消除宝石无法消除的情况。要解决这个问题很简单，我们只需要在程序一开始，调用一次遍历地图函数并消除可消除宝石即可。

```
1  public class GameController : MonoBehaviour
2  {
3    void Start () {
4
5      gemstoneList = new ArrayList();// 新建列表
6      matchesGemstone = new ArrayList();
7      for (int rowIndex = 0; rowIndex<rowNum; rowIndex++)
8    {
9      ArrayList temp = new ArrayList();
10       for (in tcolumIndex = 0; columIndex<columNum; columIndex++)
```

```
11          {
12              Gemstone g = AddGemstone(rowIndex, columIndex);
13              temp.Add(g);
14          }
15          gemstoneList.Add(temp);
16      }
17      if (CheckHorizontalMatches() || CheckVerticalMatches())
18      {// 开始检测匹配消除
19          RemoveMatches();
20      }
21    }
22 }
```

开始检查消除

[10] 为了使游戏更完善，我们可以在宝石被连续消除后，出现连击的提示，将预制体 Canvas 拖入场景，并在【GameController】脚本中检测连续消除的协程中加入以下代码。

```
1  using UnityEngine.UI;
2  public class GameController : MonoBehaviour
3  {
4      /// <summary>
5      /// 连续检测匹配消除
6      /// </summary>
7      /// <returns></returns>
8      IEnumerator WaitForCheckMatchesAgain()
9      {
10         yield return new WaitForSeconds(0.5f);
11         if (CheckHorizontalMatches() || CheckVerticalMatches())
12         {
13             RemoveMatches();
14             GameObject.Find("Text").GetComponent<Text>().text =" 连击 ";
15             yield return new WaitForSeconds(3f);
16             GameObject.Find("Text").GetComponent<Text>().text = "";
17         }
18     }
19 }
```

连击提示

此时，若宝石被连续消除，界面就会出现连击提示了，如图 5-25 所示。

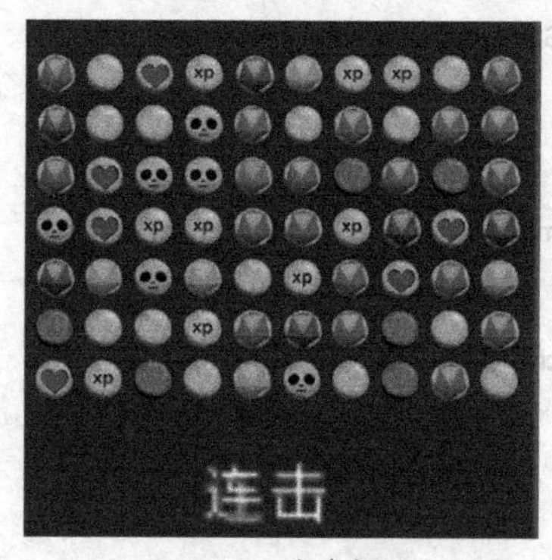

图 5-25　连击提示

注：如果想要效果更好看，可以自己设置字体、颜色及效果。

此时点击主界面的运行按钮，我们的消消乐游戏已经可以正常运行了，如图 5-26 所示。

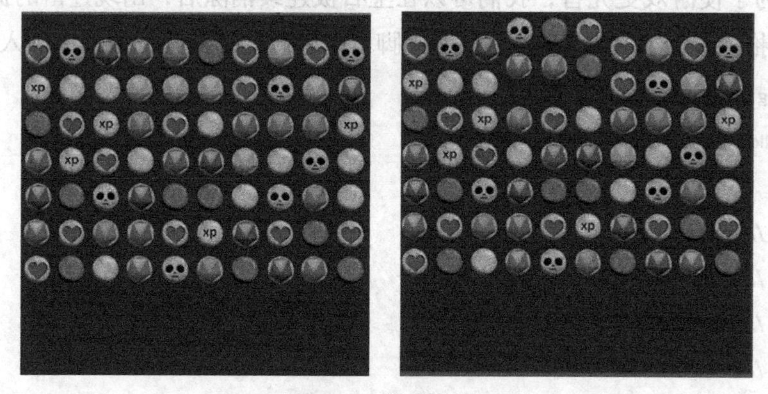

图 5-26　游戏画面

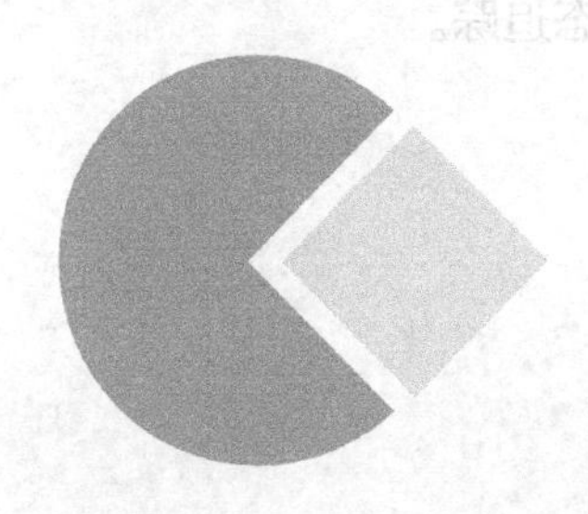

第6章 翻牌子

6.1 游戏简介

《翻牌子》是一个相当有趣的记忆力训练小游戏，操作简单，极易上手，深受广大玩家的喜爱。玩家只要找到两两对应的牌子即可得分，找到所有对应的卡牌即结束游戏，如图6-1所示。

图6-1 记忆卡片示意图

6.2 游戏规则

游戏界面内共有12张卡片，两两成对，共6种图案。

玩家每次可以翻开两张牌，若一样，则两张牌将始终处于正面，否则，再次翻转为背面。当所有卡牌配对成功后，计时停止，游戏结束。

游戏记录步数，步数越少成绩越好。

当不同的两张牌被翻出时，需等待一段时间后才能继续点击。

6.3 程序思路

6.3.1 搭建卡片池

翻牌子这个游戏的卡片池一般由三行四列12张卡片组成，这里我们可以使用自动布局，配置卡片列表，随机排列两组相同的卡片。我们可以通过二维数组为每一个卡片进行编号，随机赋予它卡片的性质，便于后续每张卡片的状态追踪。

如下所示。

```
[2][0]  [2][1]  [2][2]  [2][3]
[1][0]  [1][1]  [1][2]  [1][3]
[0][0]  [0][1]  [0][2]  [0][3]
```

6.3.2 卡片状态

翻牌子这个游戏中，最为核心的内容就是卡片的配对。我们在这里给每张卡片都定义了三种状态：未被翻开状态，翻开状态，配对成功状态。我们可以建立一个卡片类，给每个卡片一个定义初始状态即未被翻开状态。

在场景设置中，一张卡片其实是由两张图重叠组成的，在上面的是一张卡片的背面，在下面的则是卡片的图案。当玩家在点击卡片时，第一张图取消显示，让下面的卡片图案显示出来。

当玩家点击两张卡片以后，卡片切换至翻开状态，此时需要判断两张卡片是否相同，以此来决定卡片应切换回未被翻开状态还是配对状态，如图 6-2 所示。

```
用户点击函数 {
    卡片背面显示 = false;
    If（两张牌相同）{
    分数 ++;
    步数 ++;
    If( 场景中所有卡片均点击完成 )
        游戏结束;
}
Else{
    卡片背面显示 = true;
}
}
```

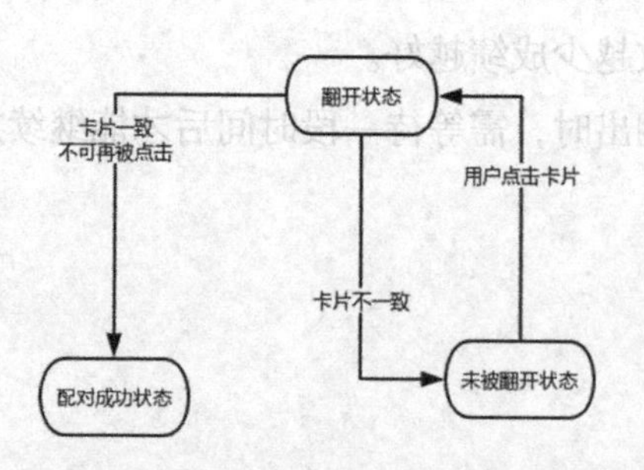

图 6-2　状态切换示意图

6.3.3　游戏计分

我们只需在游戏开始后用变量记录玩家点击两张卡片的次数，在玩家玩游戏的过程中同步更新显示即可。

6.3.4　游戏流程图

游戏流程如图 6-3 所示。

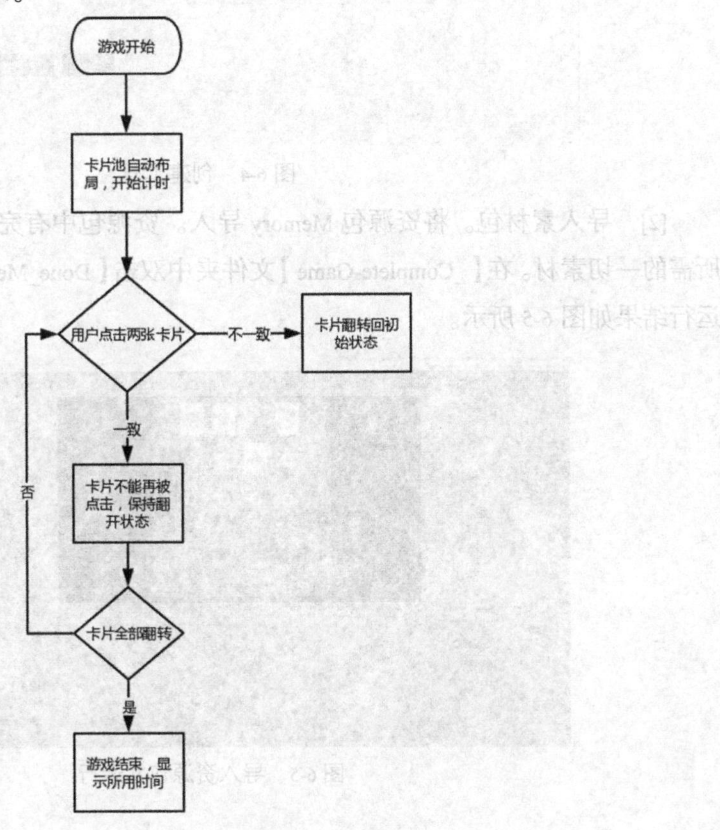

图 6-3　游戏流程图

6.4　程序实现

6.4.1　前期准备

[1]　新建文件。新建一个名为 Memory 的 2D 工程。把 3D/2D 选项改为 2D，如图 6-4 所示。

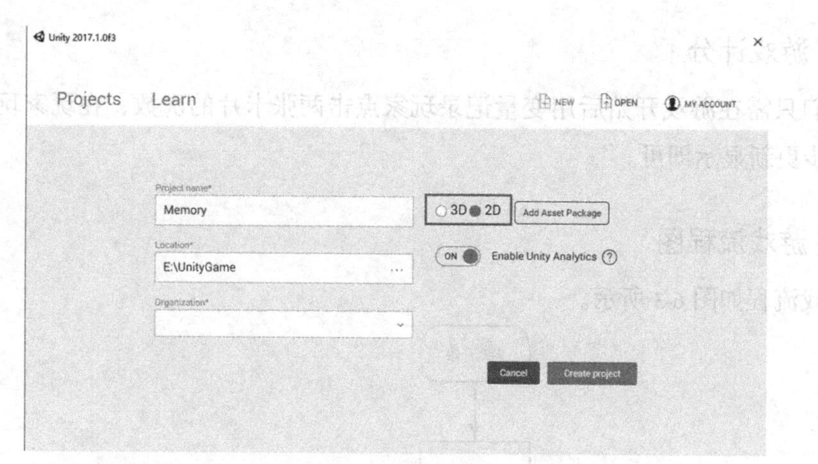

图 6-4　创建工程

[2]　导入素材包。将资源包 Memory 导入。资源包中有完整的游戏案例和完成游戏所需的一切素材。在【_Complete-Game】文件夹中双击【Done_Memory】文件可以运行游戏，运行结果如图 6-5 所示。

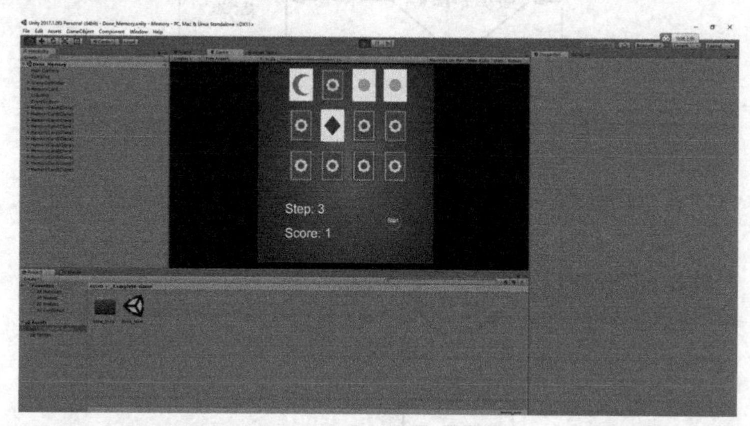

图 6-5　导入资源包并运行

6.4.2　游戏场景设定

[1]　新建场景。新建名为【Game】的游戏场景后保存。我们的游戏将在这个场景里制作完成。

[2]　调整摄像机。选择【Main Camera】将背景颜色调整至黑色，视野大小调整为 6.5，如图 6-6 所示。

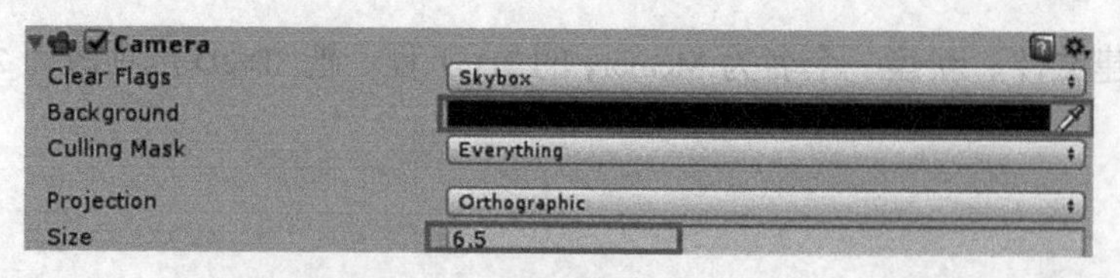

图 6-6　调整背景及大小

[3]　在 Sprites 文件夹中选择【table_top】图片，将其拖入场景中，把 Order in Layer 的值改为 -1，并将其大小调整至与摄像机视野一致，如图 6-7 所示。后期可以继续调整。

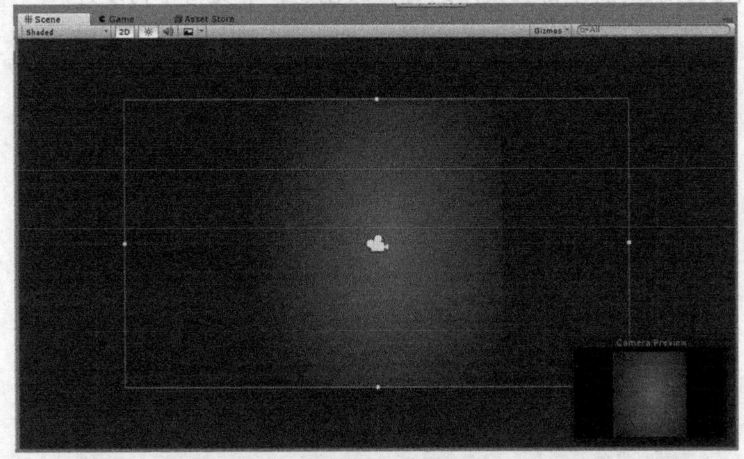

图 6-7　调整背景图

[4]　在【Prefabs】文件夹内找到【MemoryCard】，根据卡片的大小和排版，代码生成卡片的时候给它定义坐标 (-3,0)。这张卡片的作用是给整个卡片池定位，它所在的位置整个卡片池的左下角，其他卡片的位置会根据它进行定位，如图 6-8 所示。

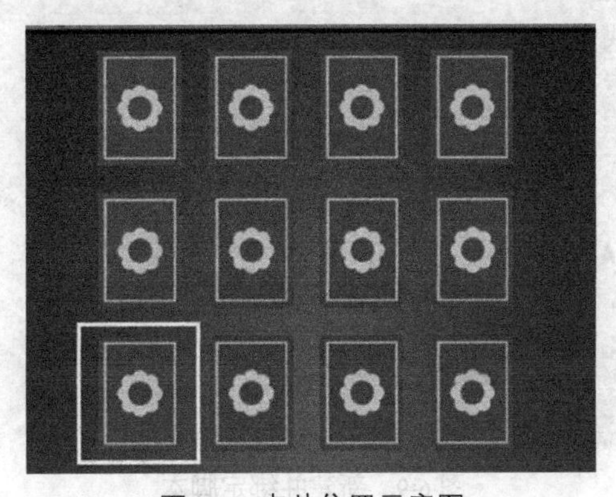

图 6-8　卡片位置示意图

6.4.3 卡片池的生成

记忆卡片游戏的主体就是十二张卡片的随机生成和配对，我们先来简单介绍一下如何生成 12 张卡片的背景图。

[1] 在 Project 面板中，新建一个名为【Scripts】的文件夹，我们之后要写的所有脚本，都将存储在这个文件夹中。

[2] 流程控制脚本。首先我们需要一个可以对整个游戏流程进行管理控制的脚本。由于在后面完善游戏的时候我们需要管理分数和步数，所以我们在【Hierarchy】中新建一个空白的游戏物体，重命名为【SceneController】，在【Inspector】中选择【Add Component】-【New Script】，新建一个名为【SceneController】的 C# 脚本，将其放入 Scripts 文件夹中，如图 6-9 所示，双击打开。

注意：本次游戏的脚本都会使用这种方法创建，下文将不再复述。

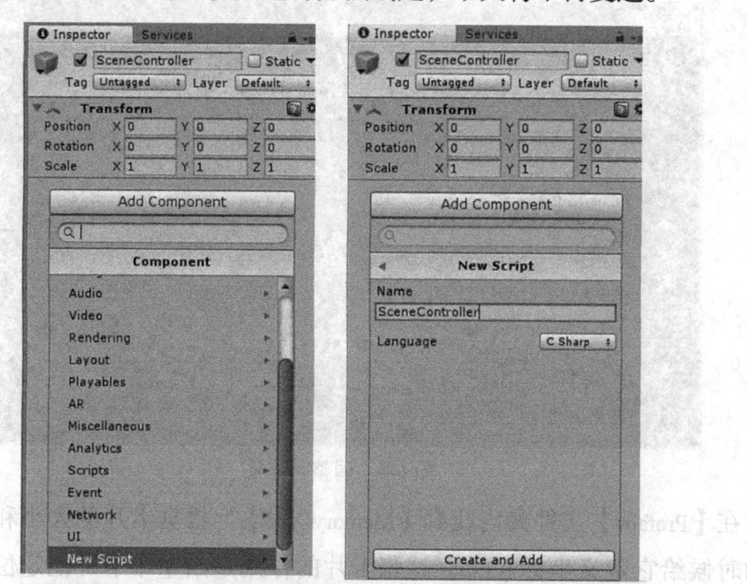

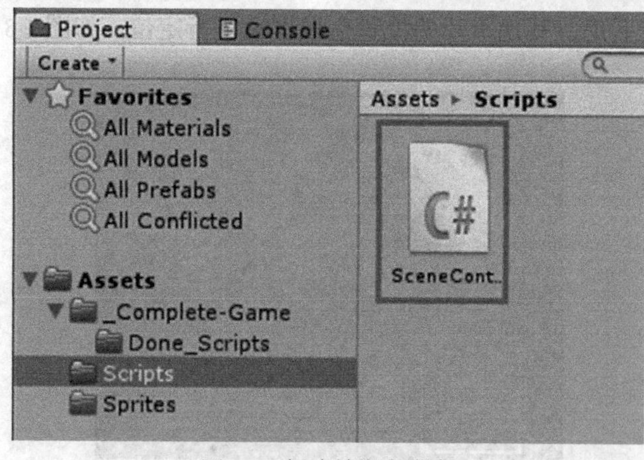

图 6-9 新建并绑定脚本

[3]　接下来我们要生成三行四列 12 张卡片，代码如下。

```
1  using System.Collections;
2  using System.Collections.Generic;
3  using UnityEngine;
4
5  public class SceneController : MonoBehaviour {
6
7      // 设置行数为三行四列，每张卡片中心之间的间隔大小
8      public const int gridRows = 3;
9      public const int gridCols = 4;
10     public const float offsetX = 2f;
11     public const float offsetY = 2.5f;
12     // 初始定位为 (-3,0)
13     public const float originalX = -3;
14     public const float originalY = 0;
15     // 设置一个游戏物体为原始卡片
16     public GameObject originalCard;
17     // Use this for initialization
18     void Start()
19     {
20         // 生成三行四列的卡片
21         for (int i = 0; i < gridCols; i++)
22         {
23             for (int j = 0; j < gridRows; j++)
24             {
25                 // 生成卡片
26                 Instantiate(originalCard, new Vector2(offsetX * i + originalX, offsetY * j + originalX),
Quaternion.identity);
27             }
28         }
29     }
30     // Update is called once per frame
31     void Update(){
32     }
33 }
```

SceneController 脚本

[4] 预制体拖入。保存代码以后，返回 Unity 界面，选择 SceneController，在【Inspector】中找到 SceneController 的脚本，将【Prefabs】文件夹内名为【MemoryCard】物体拖入，如图 6-10 所示。

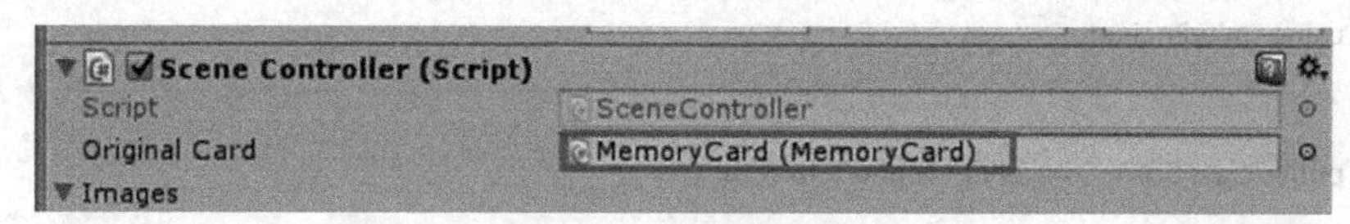

图 6-10 预制体拖入

完成上述步骤以后，点击运行游戏，12 张卡片背景就出现了，如图 6-11 所示。

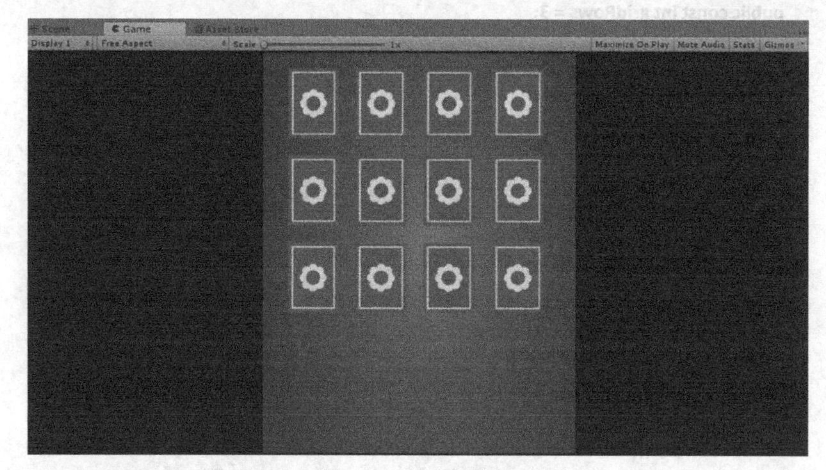

图 6-11 游戏示意图

6.4.4 卡片图案的随机生成

我们已经确定好 12 张卡片的位置，接下来就要给这 12 个位置随机分配卡片图案了。

[1] 设定图片数组。在 SceneController 脚本中，设定一个图片数组，将 6 种图片进行集中的管理。

```
1   public class SceneController : MonoBehaviour {
2       // 设置行数为三行四列，每张卡片之间的间隔大小
3       public const int gridRows = 3;
4       public const int gridCols = 4;
5       public const float offsetX = 2f;
6       public const float offsetY = 2.5f;
7       // 初始定位为 (-3,0)
8       public const float originalX = -3;
9       public const float originalY = 0;
10
11      public GameObject originalCard;
```

```
12        // 建立图片数组
13        public Sprite[] images;
14        // Use this for initialization
15        void Start()
16    {
17            // 设置数组并打乱，数组元素的值作为图片数组的下标，用于将图片赋值给卡片
18            int[] numbers = { 0, 0, 1, 1, 2, 2, 3, 3, 4, 4, 5, 5 };
19            numbers = ShuffleArray(numbers);
20            // 生成三行四列的卡片
21            for (int i = 0; i < gridCols; i++)
22            {
23                for (int j = 0; j < gridRows; j++)
24                {
25                    Instantiate(originalCard, new Vector2(offsetX*i+ originalX,
offsetY*j+ originalX), Quaternion.identity);
26 originalCard.GetComponent<SpriteRenderer>().sprite=images[numbers[j * gridCols + i]];
27                }
28            }
29        }
30        /// <summary>
31        /// 打乱数组函数
32        /// </summary>
33        /// <param name="numbers"></param>
34        /// <returns></returns>
35        private int[] ShuffleArray(int[] numbers)
36        {
37            // 复制数组
38            int[] newArray = numbers.Clone() as int[];
39            for (int i = 0; i < newArray.Length; i++)
40            {
41                // 打乱数组中的内容
42                int tmp = newArray[i];
43                int r = Random.Range(i, newArray.Length);
44                newArray[i] = newArray[r];
45                newArray[r] = tmp;
46            }
```

```
47          return newArray;
48      }
49      // Update is called once per frame
50      void Update(){
51      }
52  }
```

SceneController 脚本

[2] 图片拖入。保存代码以后，返回 Unity 界面，选择 SceneController，在【Inspector】中找到 SceneController 的脚本，将【Sprites】文件夹中的卡片图案拖入数组中，如图 6-12 所示。

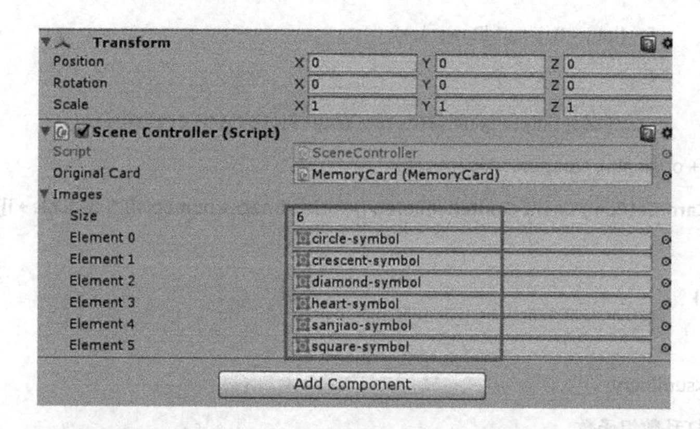

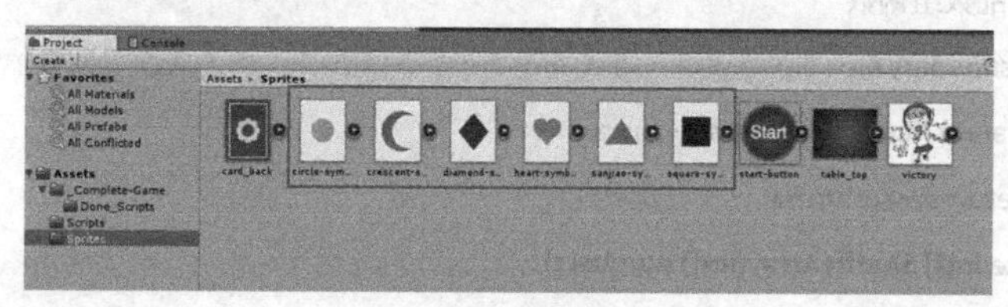

图 6-12 拖入图片

完成上述操作以后，点击运行程序，我们可以惊喜地发现图片成功被随机分配给了每一个位置，如图 6-13 所示。

然而记忆卡片是一个需要通过点击来逐个翻牌，从而找到一样的图案进行配对的游戏，而不是这样把所有的图案都显示在画面下，接下来我们要建立卡片类来进行卡片的同一管理。

[3] 建立卡片类。新建一个名为【MemoryCard】的脚本，将其绑定在【Prefabs】文件夹中的预制体【MemoryCard】上后双击打开，如图 6-14 所示。

图 6-13　游戏示意图

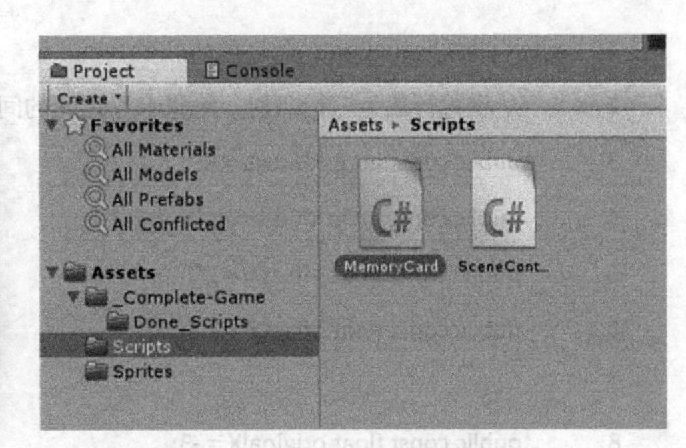

图 6-14　新建脚本

[4]　获取 id。我们在前文中将卡片图案随机分配给了卡片池中的各个卡片，现在为了统一管理，我们需要通过 id 传值来进行分配。

```
1   using System.Collections;
2   using System.Collections.Generic;
3   using UnityEngine;
4   public class MemoryCard : MonoBehaviour {
5       private int _id;
6       public int id
7       {
8           get { return _id; }
9       }
10          // Use this for initialization
11          void Start () {
12          }
13          // Update is called once per frame
14          void Update () {
15          }
16          // 获取被分配到的 id 和图案
17          public void SetCard(int id, Sprite image)
18          {
19              _id = id;
20              GetComponent<SpriteRenderer>().sprite = image;
21          }
22  }
```

MemoryCard 脚本

[5]　修改 SceneController 脚本。有了卡片管理脚本，我们需要修改一下之前写的脚本，将生成的预制体全部改为卡片类型，以便之后配对管理。

```
1    public class SceneController : MonoBehaviour {
2        //设置行数为三行四列，每张卡片之间的间隔大小
3        public const int gridRows = 3;
4        public const int gridCols = 4;
5        public const float offsetX = 2f;
6        public const float offsetY = 2.5f;
7
8        public const float originalX = -3;
9        public const float originalY = 0;
10
11       public GameObject originalCard;
12       public MemoryCard originalCard;
13       //设置图案数组
14       public Sprite[] images;
15       // Use this for initialization
16       void Start()
17       {
18           //设置数组并打乱
19           int[] numbers = { 0, 0, 1, 1, 2, 2, 3, 3, 4, 4, 5, 5 };
20           numbers = ShuffleArray(numbers);
21           //生成三行四列的卡片
22           for (int i = 0; i < gridCols; i++)
23           {
24               for (int j = 0; j < gridRows; j++)
25           {
26               MemoryCard card;
27               originalCard.GetComponent<SpriteRenderer>().sprite = images[numbers[j * gridCols + i]];
28               Instantiate(originalCard, new Vector2(offsetX * i + startPos.x,
     offsetY * j + startPos.y), Quaternion.identity);
29              originalCard.GetComponent<SpriteRenderer>().sprite = images[numbers[j * gridCols + i]];
30               card = Instantiate(originalCard) as MemoryCard;
31           }
32               //按顺序给牌定义数字位置下标，赋予 id，显示图片
33               int index = j * gridCols + i;
34               int id = numbers[index];
35               card.SetCard(id, images[id]);
```

```
36                  // 设置新的卡片的位置
37                  float posX = (offsetX * i) + originalX;
38                  float posY = (offsetY * j) + originalX;
39                  card.transform.position = new Vector3(posX, posY, 1);
40              }
41          }
42      }
43  }
```

SceneController 脚本

[6]　游戏物体拖入。完成上述过程之后，不要忘记在 SceneController 脚本中拖入【MemoryCard】，如图 6-15 所示。

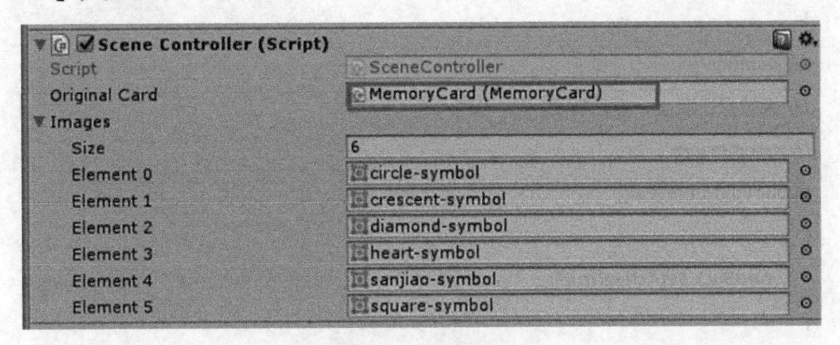

图 6-15　预制体拖入

[7]　卡片点击。我们的每组卡片由一张背景图和一张图案组成，鼠标点击以后，背景图消失，打开 MemoryCard 脚本，添加代码如下。

```
1   public class MemoryCard : MonoBehaviour {
2       // 添加预制体用来管理背景图
3       public GameObject cardBack;
4       private int _id;
5       public int id
6       {
7           get { return _id; }
8       }
9       // Use this for initialization
10      void Start () {
11      }
12      // Update is called once per frame
13      void Update () {
14      }
```

```
15      public void SetCard(int id, Sprite image)
16      {
17          _id = id;
18          GetComponent<SpriteRenderer>().sprite = image;
19      }
20      /// <summary>
21      /// 鼠标点击事件
22      /// </summary>
23      public void OnMouseDown()
24      {
25          // 点击以后背景图的显示状态为 false
26          cardBack.SetActive(false);
27      }
28      /// <summary>
29      /// 未被点击状态，显示背面
30      /// </summary>
31      public void Unreveal()
32      {
33          cardBack.SetActive(true);
34      }
35  }
```

MemoryCard 脚本

[8] 预制体拖入。选择【Prefabs】文件夹内的【MemoryCard】预制体，找到【MemoryCard】脚本后，将预制体名下的【carBack】拖入，如图 6-16 所示。

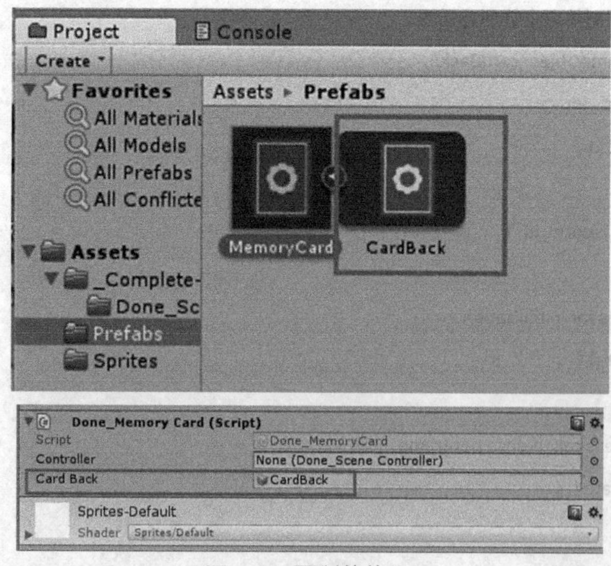

图 6-16　预制体拖入

此时运行程序，我们会看到点击卡片以后，相应的背景图片就会消失，如图 6-17 所示。

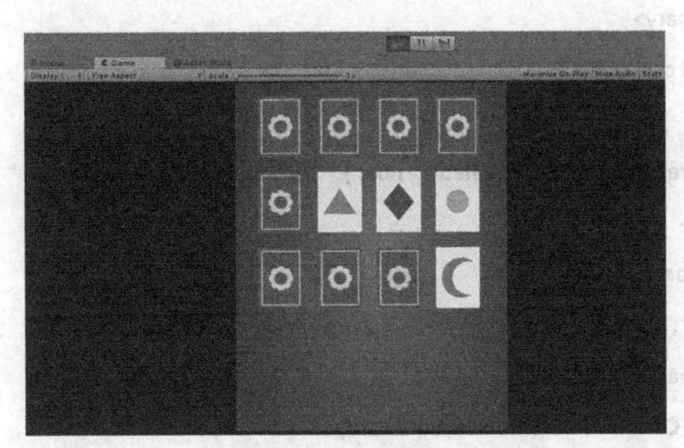

图 6-17　游戏示意图

6.4.5　卡片的配对

记忆卡片中最重要的内容是两张相同的卡片被点击以后将不再反转，而两张不同的卡片被点击以后会因为配对失败继续显示卡片背景图片。接下来我们将来讲解如何进行卡片的配对。

[1]　建立两个卡片对象。为了记录两次点击的卡片，在【SceneController】脚本中，我们需要建立两个卡片对象。代码如下。

```
1	public class SceneController : MonoBehaviour {
2		......
3		// 建立两个卡片对象，在点击判断时使用
4		private MemoryCard _firstRevealed;
5		private MemoryCard _secondRevealed;
6	
7		void Start()
8		{
9			......
10		}
11		private int[] ShuffleArray(int[] numbers)
12		{
13			......
14		}
15		void Update()
16		{
17		}
```

```
18    /// <summary>
19    /// 可以点击状态，即判断是否第二张卡片点击状态没有被改变
20    /// </summary>
21    public bool canReveal
22    {
23        get { return _secondRevealed == null; }
24    }
25    /// <summary>
26    ///点击卡片，如果第一次点击则记录翻开第一张卡片，反之记录翻开第二张，开启协程
27    /// </summary>
28    public void CardRevealed(MemoryCard card)
29    {
30        if (_firstRevealed == null)
31        {
32            _firstRevealed = card;
33        }
34        else
35        {
36            _secondRevealed = card;
37            StartCoroutine(CheckMatch());
38        }
39    }
40    private IEnumerator CheckMatch()
41    {
42        // 如果两张卡片的 id 相同，分数增加，如果分数增加到了一定值，判断胜利
43        // 如果不相同，等待 1.5 秒将卡片翻转
44        // 清空两个点击的状态
45        if (_firstRevealed.id == _secondRevealed.id)
46        {
47            //sth. to do
48        }
49        else
50        {
51            yield return new WaitForSeconds(1.5f);
```

```
52                  //将两张卡片的背面都显示出来
53                  _firstRevealed.Unreveal();
54                  _secondRevealed.Unreveal();
55              }
56              //将两次点击的卡片都清空
57              _firstRevealed = null;
58              _secondRevealed = null;
59          }
60  }
```

GameControl 脚本

简单的整理一下上述代码的逻辑。我们设定了两个 MemoryCard 类的变量来记录两次鼠标点击的卡片，如果两次卡片相同，则配对成功，反之在 1.5 秒以后，两张牌会重新变回被覆盖的状态。

[2]　传递点击的卡片信息。在完成上述步骤以后，不难发现我们的写的代码并没有起到作用。因为我们没有将点击的卡片状态传入其中。需在 MemoryCard 脚本中加入一句话即可。

```
1   public class MemoryCard : MonoBehaviour {
2       ......
3       /// <summary>
4       /// 鼠标点击事件
5       /// </summary>
6       public void OnMouseDown()
7       {
8           cardBack.SetActive(false);
9           //将点击的卡片传入 CardRevealed 函数中，使其被赋值。
10          FindObjectOfType<SceneController>().CardRevealed(this);
11      }
12      ......
13  }
```

MemoryCard 脚本

[3]　点击条件修改。在一般的记忆卡片游戏中，当不同的两张卡片被翻开以后，我们是无法点击其他卡片的。很显然，我们现在的游戏还没有做到这一步，然而要完成这一步也很简单，只需在鼠标点击的时候加一个判断函数即可。

```
1   public class MemoryCard : MonoBehaviour {
2       ......
3       /// <summary>
4       /// 鼠标点击事件
5       /// </summary>
6       public void OnMouseDown()
7       {
8           // 如果卡片的背面是显示状态，并且 SceneController 脚本中记录第二次点击的变量为被赋值，
    则可以点击
9           if (cardBack.activeSelf && FindObjectOfType<SceneController>().canReveal == true)
10          {
11              cardBack.SetActive(false);
12
13              FindObjectOfType<SceneController>().CardRevealed(this);
14          }
15      }
16      ......
17  }
```

MemoryCard 脚本

完成了上述的步骤，我们的记忆卡片游戏就基本完成了。

6.4.6 步数、分数和重新开始

接下来我们讲解分数和步数的计算，游戏结束的判定以及重新开始按钮的设定。

[1] 创建文本框。在 Hierachy 面板内创建两个 Text，其中之一重命名为“StepLabel”，另一个重命名为“ScoreLabel”，使其均成为 SceneController 的子物体。我们将用它们来显示游戏分数和步数，具体属性设置如下图 6-18 所示。

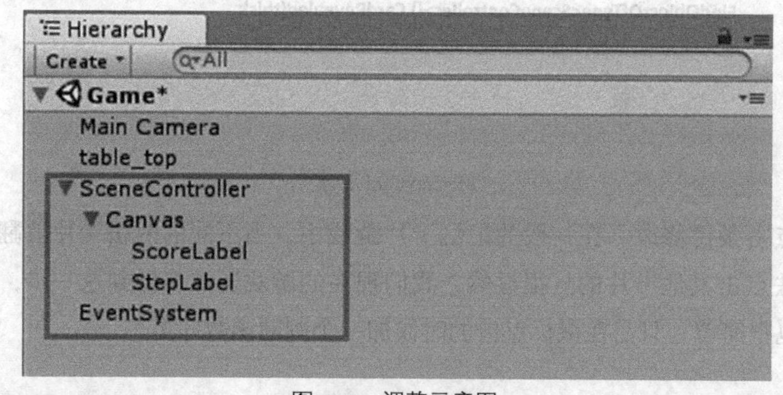

图 6-18 调整示意图

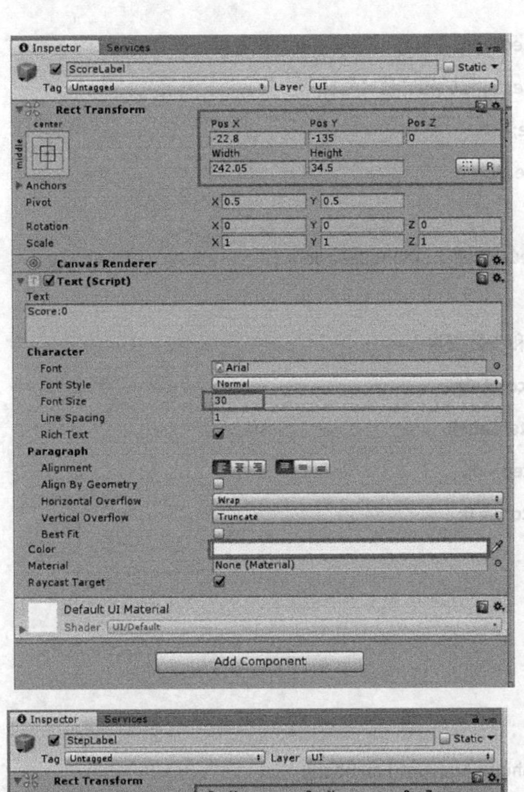

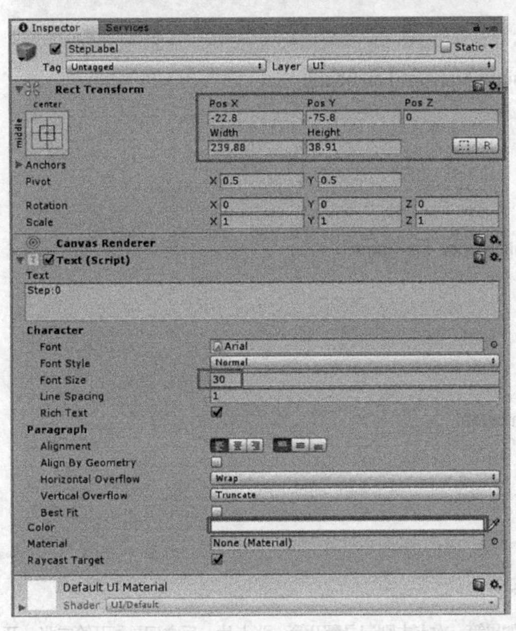

图 6-18　调整示意图（续）

[2]　分数与步数管理。在 SceneController 脚本中定义 ScoreLabel 和 StepLabel，公有变量步数和分数。在两次点击之后增加步数值，在配对成功之后增加分数值。

```
14  using System.Collections;
15  using System.Collections.Generic;
16  using UnityEngine;
17  using UnityEngine.UI;
18
19  public class SceneController : MonoBehaviour {
20      ......
21      // 添加分数和步数变量
22      public Text ScoreLabel;
23      public Text StepLabel;
24      public int _step = 0;
25      public int _score = 0;
26
27      void Start()
28      {
29          ......
30      }
31      private int[] ShuffleArray(int[] numbers)
32      {
33          ......
34      }
35      // Update is called once per frame
36      void Update()
37      {
38      }
39      public bool canReveal
40      {
41          ......
42      }
43      /// <summary>
44      /// 点击卡片，如果第一次点击则记录翻开第一张卡片，反之记录翻开第二张，开启协程
45      /// </summary>
46      public void CardRevealed(MemoryCard card)
47      {
48          if (_firstRevealed == null)
```

```
49          {
50              _firstRevealed = card;
51          }
52          else
53          {
54              _secondRevealed = card;
55              // 两次点击成功之后步数增加
56              _step++;
57              StepLabel.text = "Step:" + _step;
58
59              StartCoroutine(CheckMatch());
60          }
61      }
62      private IEnumerator CheckMatch()
63      {
64          // 如果两张卡片的 id 相同，分数增加，如果分数增加到了一定值，判断胜利
65          // 如果不相同，等待 1.5 秒将卡片翻转
66          // 清空两个点击的状态
67          if (_firstRevealed.id == _secondRevealed.id)
68          {
69              // 配对成功之后分数增加
70              _score++;
71              ScoreLabel.text = "Score: " + _score;
72          }
73          ......
74      }
75  }
```

SceneController 脚本

[3] 在 Unity 界面添加对象，如图 6-19 所示。

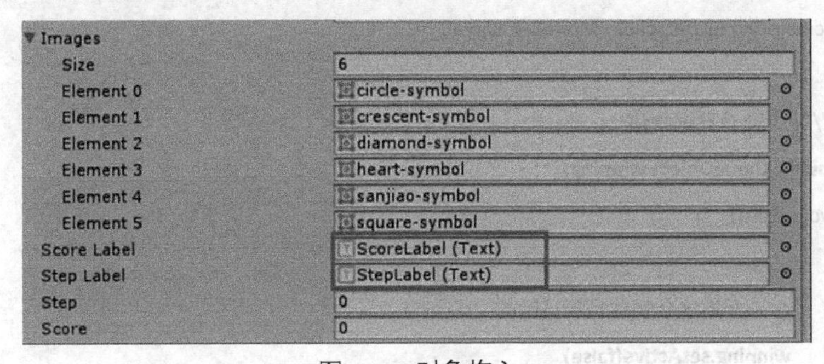

图 6-19 对象拖入

在完成上述步骤之后，我们的记忆卡片游戏就基本完成了，效果图如下图 6-20 所示。

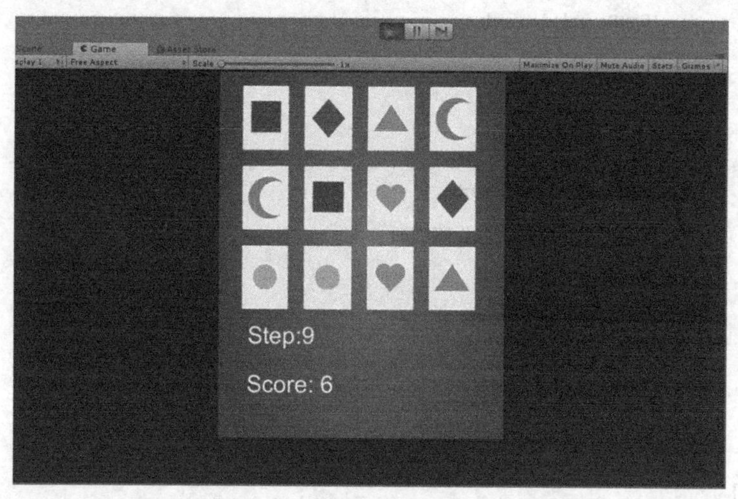

图 6-20　游戏效果图

[4]　图片拖入。为了使游戏的完整性更强，我们可以增加一个游戏结束判断。在【Sprites】文件夹中找到【victory】图片，拖入 SceneController 下，适当调整其大小，如图 6-21 所示。

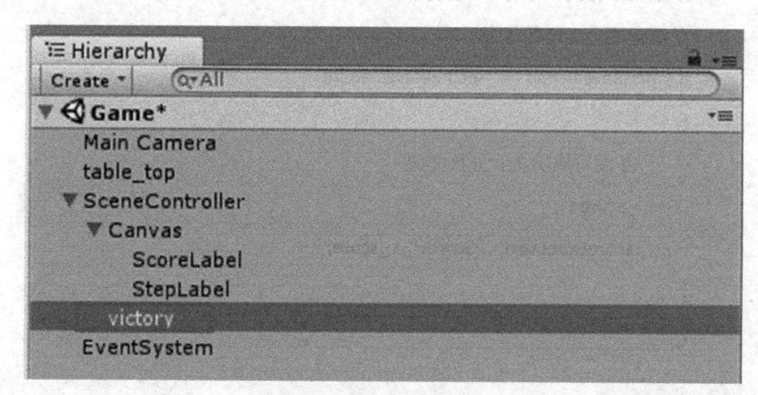

图 6-21　预制体拖入

[5]　游戏结束。这张胜利的图片一开始是不会显示的，在玩家完成游戏后才显示，具体代码如下。

```
1   public class SceneController : MonoBehaviour {
2       ......
3       // 定义游戏胜利物体
4       public GameObject winning;
5       void Start()
6       {
7           // 一开始这个物体是不显示的
8           winning.setActive(false)
9           ......
```

```
10  }
11      ......
12      private IEnumerator CheckMatch()
13      {
14          if (_firstRevealed.id == _secondRevealed.id)
15          {
16              _score++;
17              ScoreLabel.text = "Score: " + _score;
18              //因为记忆卡片是两两配对的，所以当分数到达所有卡片数量的一半时，游戏结束，游
戏胜利显示。
19              if (_score == ((gridRows * gridCols) / 2)) {
20                  winning.SetActive(true);
21              }
22          }
23      }
24  }
```

SceneController 脚本

[6]　图片拖入。写完代码以后不要忘记将【victory】拖入脚本控制中，如图 6-22 所示。

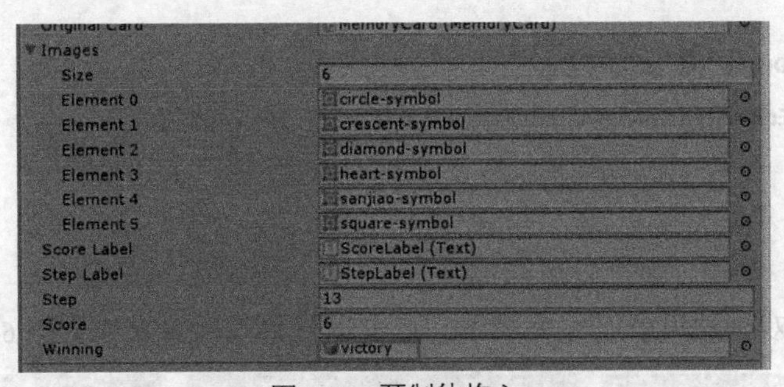

图 6-22　预制体拖入

当游戏结束以后，就会又图片跳出来庆祝游戏胜利了，如图 6-23 所示。

图 6-23　游戏效果图

[7]　重新开始。在【Prefabs】文件夹中的找到【start-button】，将其拖入场景中的适合

位置，调整大小。为其新建并绑定一个新的脚本文件【Resart】后双击打开，如图 6-24 所示。

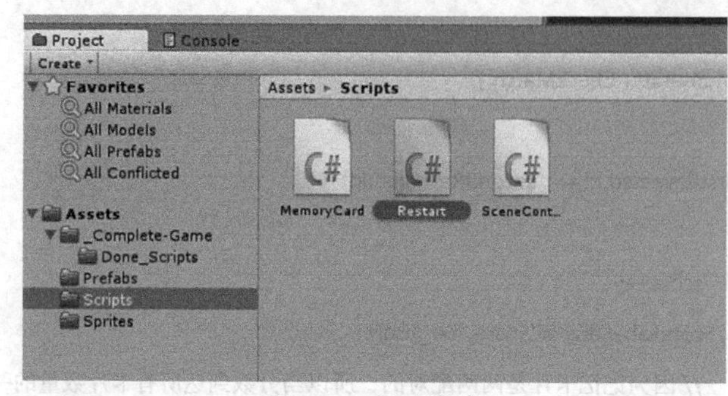

图 6-24　新建脚本

```
1    using UnityEngine;
2    using UnityEditor.SceneManagement;
3
4    public class Restart : MonoBehaviour {
5        /// <summary>
6        /// 按钮被点击以后，重新调用游戏场景
7        /// </summary>
8        public void OnMouseDown()
9        {
10           Debug.Log("restart");
11           EditorSceneManager.LoadScene("Game");
12       }
13   }
```

Restart 脚本

记忆卡片游戏到这里就已经完成了，点击运行游戏后效果如下图 6-25 所示。

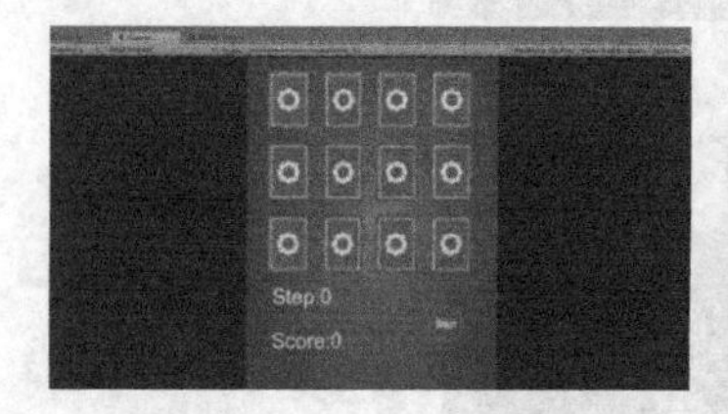

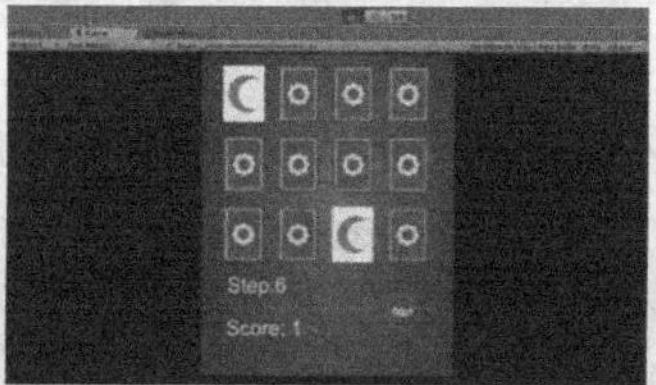

图 6-25　游戏效果图

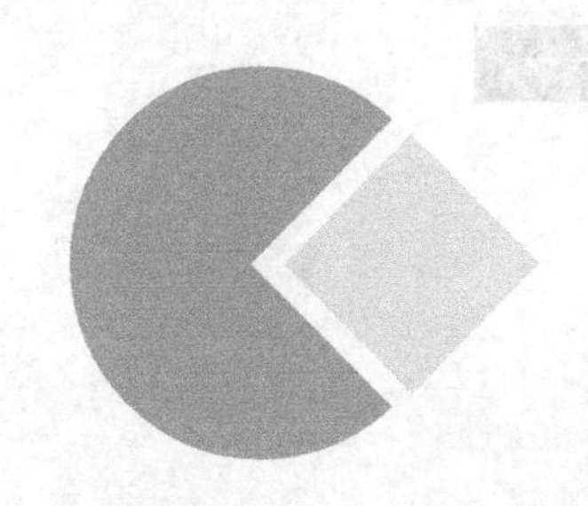

第7章　连连看

7.1　游戏简介

连连看是由黄兴武创作的一款PC端益智类游戏，于2001年成型后被广泛传播。2008年连连看成为2010上海世博会指定的“世博会推荐游戏”。

《连连看》只要将相同的两张牌用三根以内的直线连在一起就可以消除，规则简单容易上手。游戏速度节奏快，画面清晰可爱，适合细心的玩家。丰富的道具和公共模式的加入，增强游戏的竞争性。多样式的地图，使玩家在各个游戏水平都可以寻找到挑战的目标，长期地保持游戏的新鲜感，其界面如图7-1所示。

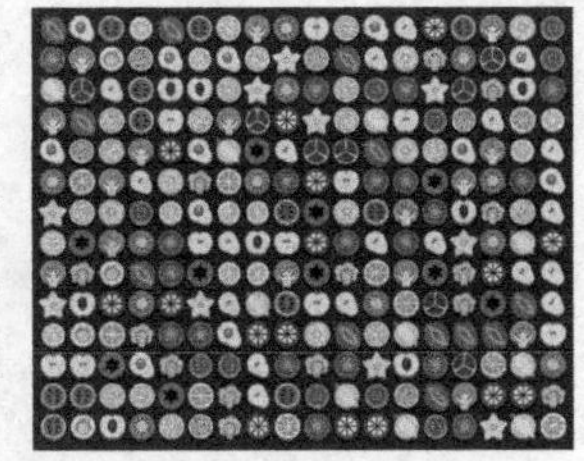

图7-1　游戏截图

7.2　游戏规则

将相同的两张牌用三根以内的直线连在一起就可以消除，将全地图牌消除完，即获胜。

1. 直连（一根直线），如图7-2所示。
2. 一折（两根直线），如图7-3所示。
3. 二折（三根直线），如图7-4所示。

图7-2　直连图

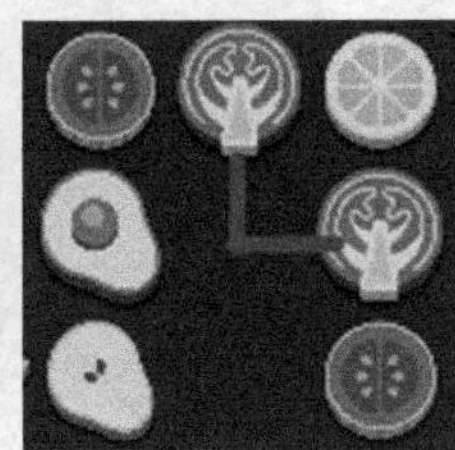

图7-3　一折图

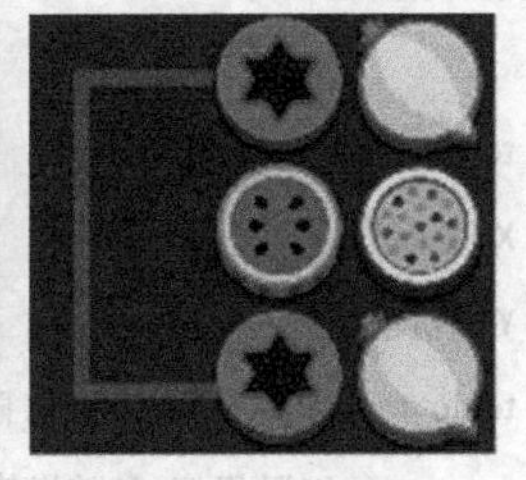

图7-4　二折图

游戏有多种道具。

1. 地图重置道具：在找不到可消除牌或无牌可消的时候可重置地图。
2. 炸弹：消除指定一张牌及与之可以相连的牌。

游戏有时间限制，但成功消除牌可以增加时间，如图7-5所示。

图 7-5 时间条

7.3 程序思路

7.3.1 地图生成

这里使用一个二维数组来表示界面中牌的位置。数组内每个坐标代表一张牌，相同数字代表相同牌。0 表示无牌。数组的下标表示交点的位置，以左上角为第一个交点，其位置对应的数组下标为 [0][0], 右下角的位置在数组中的下标为 [5][9]。为了防止有单数张牌生成，我们可以在初始化数组时，即生成偶数个的相同数字，如图 7-6 所示。

```
0 0 0 0 0 0 0 0 0 0
0 1 1 2 2 3 3 4 4 0
0 5 5 6 6 7 7 8 8 0
0 9 9 10 10 11 11 12 12 0
0 13 13 14 14 15 15 16 16 0
0 0 0 0 0 0 0 0 0 0
```

图 7-6 数据结构

随机打乱数组：初始化的时候创建了数组 temp_map 储存牌的数据，创建 ChangeMap 类用于打乱数组，这边可以使用随机函数 random 来实现打乱数组的功能（上图四周的 0 用作边界运算，后面会提到。Temp_map 不含这些 0。）函数基本思想如下。

```
ChangeMap()
  {
      for ( 循环遍历数组 )
      {
          temp = temp_map[i,j];
          X 随机值
          Y 随机值
          temp_map[i,j] = temp_map[X 随机值 , Y 随机值 ];
          temp_map[X 随机值 , Y 随机值 ] = temp;
      }
  }
```

随机打乱数组

牌的随机生成：利用随机函数，随机填充不同牌。

7.3.2　消除检测

消除算法：运用递归算法的思想。

◆ 直连：两张牌以一根直线连接并消除。获取两张牌的 *x*、*y* 坐标，用坐标遍历判定两张牌之间是否有障碍物。

```
bool X_Link(int x,int y1,int y2)
        for(int i = y1+1;i <= y2;i++)
        {
          if( 中间无隔断 ){return true;}
          if ( 中间有隔断 ) { break; }
        }
        return false;
Y 轴同 X 轴
```

◆ 一折：两张牌以两根直线（一次转折）连接并消除。获取两张牌的 *x*、*y* 坐标，并以两张牌为对角顶点形成矩形，分别判定两张牌到第三顶点的直连是否都成立，若均成立，则一折成立，如图 7-7 所示。

```
bool OneCorneLink(int x1, int y1,int x2,int y2)
{
  if( y2 * num + x1== 0 即：图中红色顶点或其对角顶点为空 )
    if(X_Link && Y_Link 成立 )
    {
        return ture;
    }
}
```

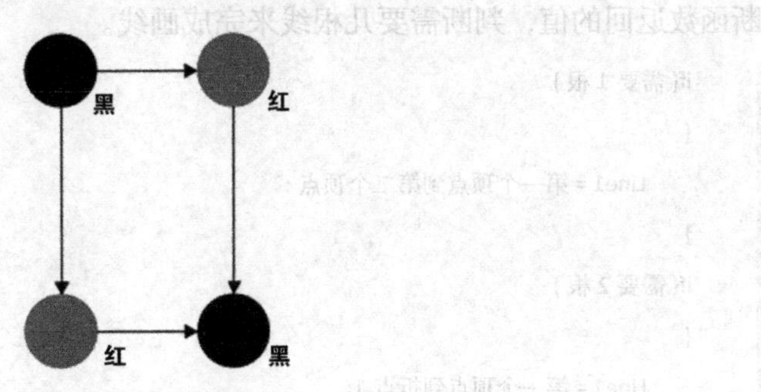

黑
红
红
黑
找出两张牌形成的矩阵的顶点，由这个顶点分别向两张牌判定直连，若均成立，则一折成立

图 7-7

◆ 二折：两张牌以三根直线（两次转折）连接并消除。同一连，形成矩形，分别判定两张牌的一折和直连是否都成立，若均成立，则二折成立，如图 7-8 所示。

```
bool TwoCornerLink(int x1,int y1,int x2,int y2)
{
    向上下左右遍历，找出图中红色点位（没有牌的位置）；
    遍历的原理基本同直连。
    if (OneCorneLink&&X_Link 或 Y_Link 成立 )
    {
      return true;
    }
}
```

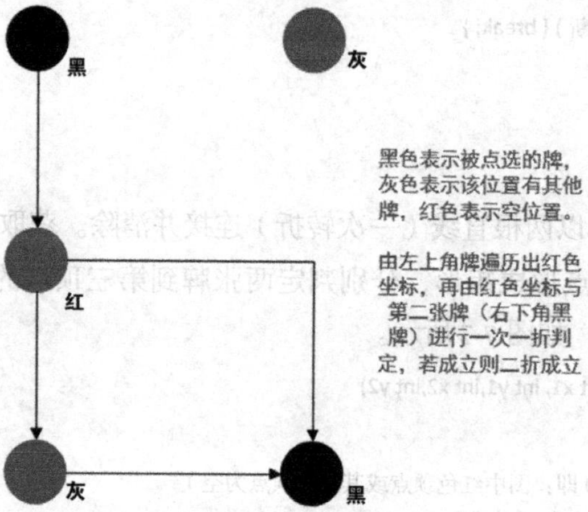

黑 灰

黑色表示被点选的牌，灰色表示该位置有其他牌，红色表示空位置。

由左上角牌遍历出红色坐标，再由红色坐标与第二张牌（右下角黑牌）进行一次一折判定，若成立则二折成立

红

灰 黑

图 7-8

7.3.3 画线

关于画线，我们可以利用规则中提到的“3 根线”思路一根一根地画。通过连接判断函数返回的值，判断需要几根线来完成画线。

```
if( 需要 1 根 )
{
    Line1 = 第一个顶点到第二个顶点 ;
}
if( 需要 2 根 )
{
    Line1 = 第一个顶点到折点 1;
    Line2 = 折点 1 到第二个顶点 ;
}
if( 需要 3 根 )
{
    Line1 = 第一个顶点到折点 1;
```

```
    Line2 = 折点 1 到折点 2;
    Line3 = 折点 2 到第二个顶点；
}
```

7.3.4　游戏流程图

如图 7-8 所示。

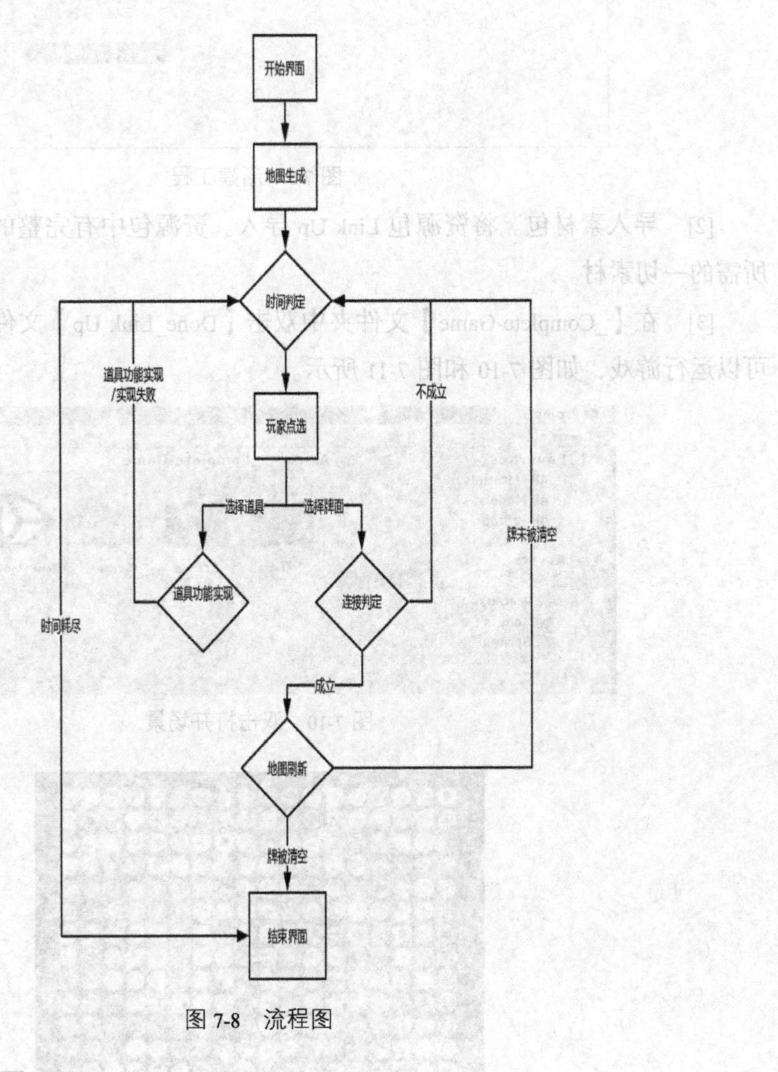

图 7-8　流程图

7.4　程序实现

7.4.1　前期准备

[1]　新建工程。新建一个名为 Link Up 的 2D 工程。把 3D/2D 选项修改为 2D，如图 7-9 所示。

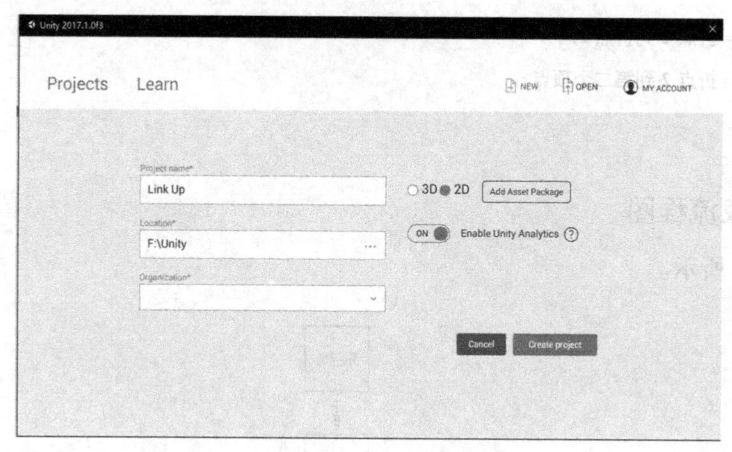

图 7-9　新建工程

[2]　导入素材包。将资源包 Link Up 导入。资源包中有完整的游戏案例和完成游戏所需的一切素材。

[3]　在【_Complete-Game】文件夹中双击【Done_Link Up】文件，然后点选运行按钮可以运行游戏，如图 7-10 和图 7-11 所示。

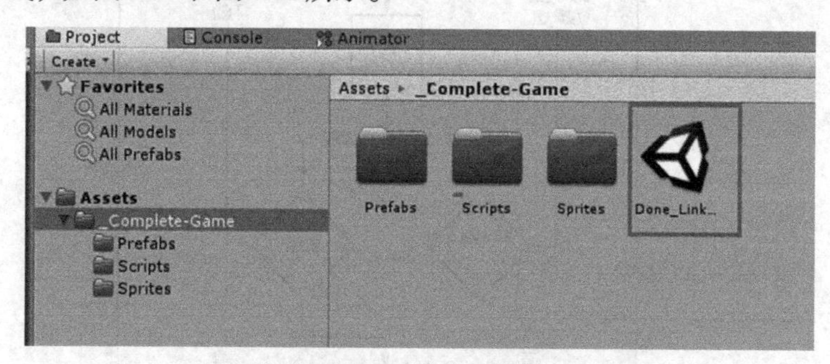

图 7-10　双击打开场景

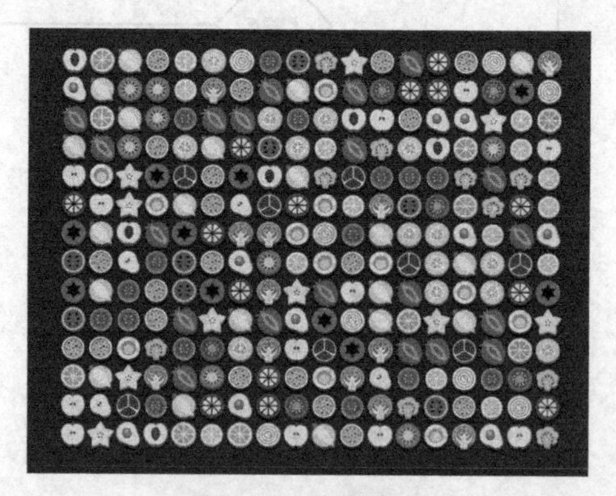

图 7-11　游戏截图

7.4.2　制作游戏场景

[1]　将资源包 Link Up 中的【Prefabs】和【Sprites】文件夹拖入新建工程的【Assets】

文件夹中，并创建【Scripts】文件夹。

[2]　在【Scripts】中创建【MapController】和【Tile】脚本，如图 7-12 所示。

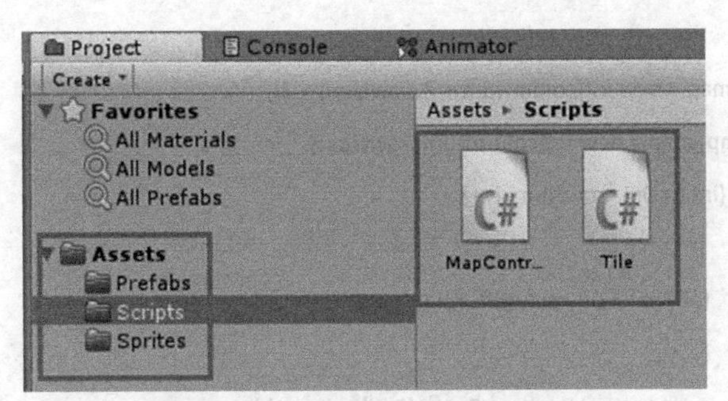

图 7-12　文件拖入及脚本创建

[3]　打开【Tile】脚本，我们需要在这个脚本中定义牌的一些属性。

```
1  public class Tile : MonoBehaviour
2  {
3      public int x;// 牌在数组中 x 位置
4      public int y;// 牌在数组中 y 位置
5      public int value;// 牌的贴图
6  }
```

定义 Tile 属性

7.4.3　地图创建

[1]　首先，先整理我们生成地图所需要的数组以及其余组件。

```
1  public class MapController : MonoBehaviour
2  {
3      public GameObject tile;
4      public int rowNum = 14;// 牌列数
5      public int columNum = 18;// 牌行数
6      public static int[,] temp_map;// 初始化偶数张牌以及被随机打乱的数组。
7      public static int[,] test_map;// 储存被打乱后的 temp_map 以及在周围加上一圈 0。
8      public Sprite[] tiles;// 贴图数组
9      public static float xMove = 0.71f;// 用于调整牌间距。
10     public static float yMove = 0.71f;// 用于调整牌间距。
11 }
```

生成地图需要的组件

[2]　实例化两个数组，由于 test_map 要在 temp_map 四周加上一圈用于边界检测的 0，所以 test_map 的行与列均需比 temp_map 大 2。

```
1   public class MapController : MonoBehaviour
2   {
3       void Awake()
4       {
5           test_map = new int[columNum + 2, rowNum + 2];
6             temp_map = new int[columNum, rowNum];
7             for (int i = 0; i <rowNum; i++)
8             {
9                 for (int j = 0;j <columNum; j = j + 2)
10                {
11                  int temp = Random.Range(0, tiles.Length);
12                  temp_map[j, i] = temp; // 同时生成 2 张一样的牌确保不出现单数牌
13                  temp_map[j+1, i] = temp;
14                }
15            }
16      }
17  }
```

实例化数组

[3] 在 temp_map 实例化并赋值完成后，我们需要一个【ChangeMap】函数来随机打乱 temp_map。

```
1   public class MapController : MonoBehaviour
2   {
3       public void ChangeMap()// 将储存 ID 的数组打乱
4       {
5           for (int i = 0; i <rowNum; i++)
6           {
7               for (int j = 0; j <columNum; j++)
8               {
9                   int temp = temp_map[j, i];
10                  int randomRow = Random.Range(0, rowNum);
11                  int randomColum = Random.Range(0, columNum);
12                  temp_map[j, i] = temp_map[randomColum, randomRow];
13                  temp_map[randomColum, randomRow] = temp;
14              }
15          }
16      }
17  }
```

随机打乱数组

[4]　调用【ChangeMap】打乱 temp_map 并将打乱后的 temp_map 存入 test_map，并在四周加上 0。

```
1   public class MapController : MonoBehaviour
2   {
3       void Awake()
4       {
5         ......
6         ChangeMap();
7             for (int i = 0; i <rowNum + 2; i++)
8             {
9                 for (int j = 0; j <columNum + 2; j++)
10                {
11                    if (i == 0 || j == 0 || i == rowNum + 1 || j == columNum + 1)
12                    {
13                        test_map[j, i] = 0;
14                    }
15                    else
16                    {
17                        test_map[j, i] = temp_map[j - 1, i - 1];
18                    }
19                }
20            }
21      }
22  }
```

test_map

[5]　我们需要一个【BuildMap】函数来实例化牌。

```
1   public class MapController : MonoBehaviour
2   {
3       public void BuildMap()
4       {
5           int i = 0;// 数组中的行
6           int j = 0;// 数组中的列
7           GameObject g;
8           for (int y = 0; y < rowNum+2; y++) //x，y 表示实际坐标
9           {
10              for (int x = 0; x < columNum+2; x++)
11              {
```

```
12                  g = Instantiate(tile) as GameObject;
13                  g.transform.position = new Vector3(x * xMove,-y * yMove, 0);
14                  Sprite icon = tiles[test_map[j, i]];
15                  g.GetComponent<SpriteRenderer>().sprite = icon;
16                  g.GetComponent<Tile>().x = x;// 储存牌的属性
17                  g.GetComponent<Tile>().y = y;
18                  g.GetComponent<Tile>().value = test_map[j, i];
19              if (x == 0 || y == 0 || x == columNum + 1 || y == rowNum + 1)
20              {
21                  g.GetComponentInChildren<SpriteRenderer>().enabled = false;
22              }
23              j++;
24          }
25          i++;
26          j = 0;
27      }
28  }
29  }
```

BuildMap

[6]　在【Awake】函数中调用【BuildMap】

```
1   public class MapController : MonoBehaviour
2   {
3       void Awake()
4       {
5           ........
6           BuildMap();
7       }
```

调用 BuildMap

[7]　在【Hierarchy】面板创建一个空物体 GameController，并将【MapController】脚本拖入。并将【Sprites】文件夹中的 1 至 35 号图片拖入脚本的【Tiles】数组，如图 7-13 所示。

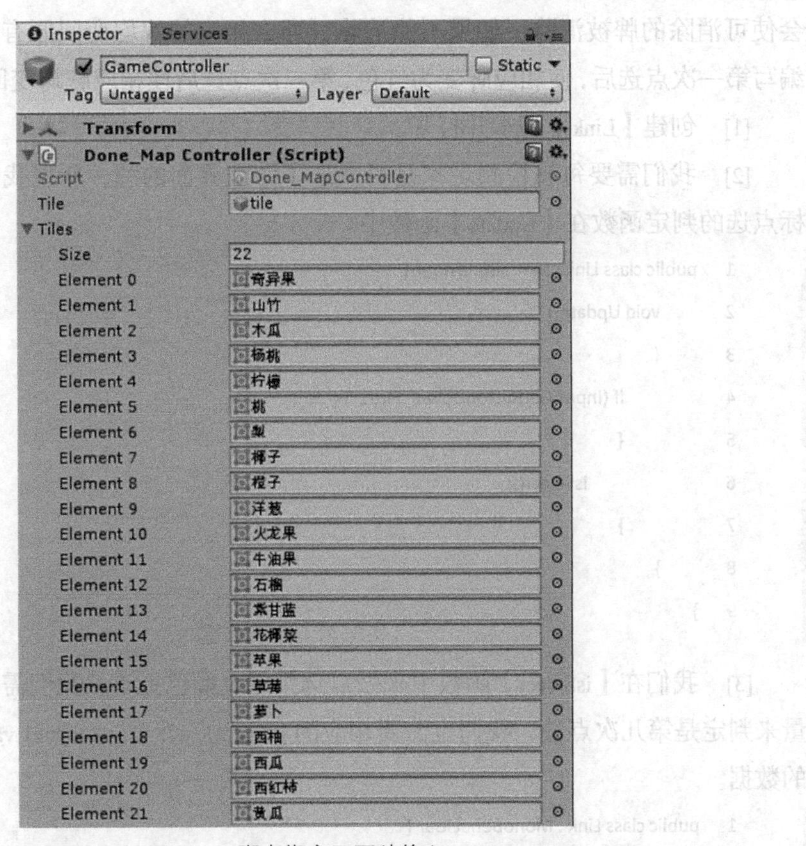

图 7-13　脚本绑定及图片拖入

此时，在调整摄像机位置后，点选主界面的运行按钮，可以看到地图已经可以正常生成了，如图 7-14 所示。

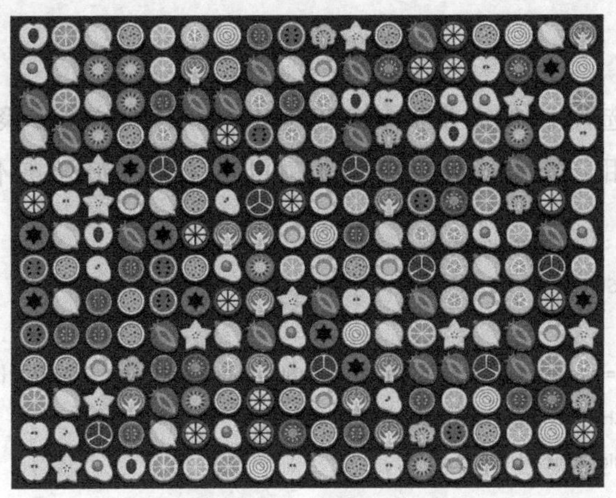

图 7-14　地图生成

7.4.4　点选判定

当我们点选连连看游戏的牌时，第一次点选会使相应的牌变为红色，第二次点选会使可消除的牌被消除，如果不能消除，那么相应的牌均变回原有颜色。这里我们先编写第一次点选后，使相应牌变为红色，第二次点选后使相应牌均变回原有颜色的脚本。

[1]　创建【Link】脚本并打开。

[2]　我们需要每帧检测玩家是否点选了游戏界面的牌，所以我们可以先写一个鼠标点选的判定函数在【Update】函数中。

```
1  public class Link : MonoBehaviour {
2      void Update()
3      {
4          if (Input.GetButtonDown("Fire1"))
5          {
6              isSelect();
7          }
8      }
9  }
```

每帧检测鼠标点选

[3]　我们在【isSelect】函数中来做点选判定及颜色更改，我们需要第一个 bool 型变量来判定是第几次点选，我们也需要相应的 g1,g2,x1, x2, y1, y2,value1,value2 来储存相应牌的数据。

```
1  public class Link : MonoBehaviour {
2      public static GameObject g1, g2;
3      public int x1, x2, y1, y2,value1,value2;
4      public bool select = false;
5  }
```

初始化相应变量

[4]　在鼠标点选后，我们需要获取被点选物体的属性，这个步骤需要用射线来完成，当使用射线获取到相应物体的属性后，我们就可以对这个物体的属性进行储存了。

```
1  public class Link : MonoBehaviour {
2    public void isSelect()
3      {
4          Ray ray = gameCamera.ScreenPointToRay(Input.mousePosition);// 鼠标位置作为射线方向
5          RaycastHit hit = new RaycastHit();// 生成射线
6          if (Physics.Raycast(ray, out hit))
7          {
8              if (select == false)
9              {
10                 g1 = hit.transform.gameObject;// 第一个点选的物体为 g1
11                 g1.GetComponent<SpriteRenderer>().color = Color.red;// 将 g1 的颜色改为红色
```

```
12                  x1 = g1.GetComponent<Tile>().x;// 获取 g1 在数组中的位置及贴图编号
13                  y1 = g1.GetComponent<Tile>().y;
14                  value1 = g1.GetComponent<Tile>().value;
15                  select = true;
16              }
17              else
18              {
19                  g2 = hit.transform.gameObject;
20                  g1.GetComponent<SpriteRenderer>().color = Color.white;
21                  x2 = g2.GetComponent<Tile>().x;
22                  y2 = g2.GetComponent<Tile>().y;
23                  value2 = g2.GetComponent<Tile>().value;
24                  select = false;          }
25          }
26      }
27  }
```

获取物体属性及改变物体颜色

[5]　返回主界面，将【Link】脚本绑定在空无图【GameController】上，如图 7-15 所示。此时点选运行按钮，在游戏界面点选牌，可以看到牌已经可以被选中并且改变颜色了，如图 7-16 所示。

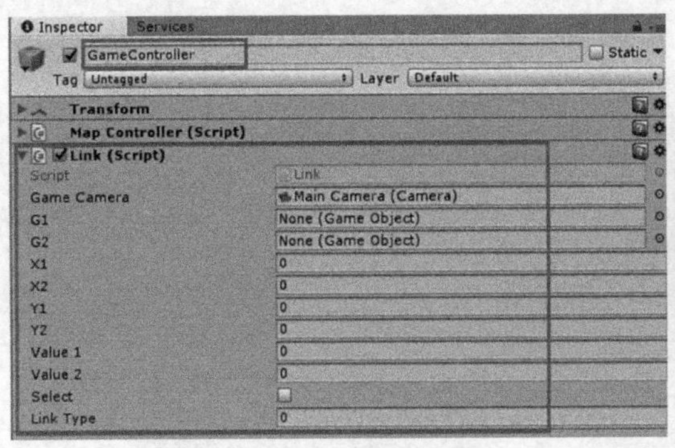

图 7-15　脚本绑定

图 7-16　牌被选中

7.4.5　消除判定

当牌被点选并相应牌的属性被储存后，我们就可以进行消除判定了

[1]　首先，我们要判定被点选的两张牌的贴图是否相同，由于生成牌的时候我们已经对牌的贴图（value）进行了储存，所以我们可以直接通过 value 判定两张牌是否相同。当然如果玩家连续对同一张牌点击两次，这也是不能消除牌的，所以我们把这种情况加入牌面不相同情况中。

```
1   public class Link : MonoBehaviour
2    {
3        public void isSame()
4        {
5            if ((value1 == value2)&&(g1.transform.position!=g2.transform.position))
6            {
7                Debug.Log("same");
8            }
9            else
10           {
11               x1 = x2 = y1 = y2 = value1 = value2 = 0;
12           }
13       }
14  }
```

牌的相同判定

[2] 在【isSelect】函数中调用【isSame】函数。

```
1   public class Link : MonoBehaviour
2   {
3       public void isSelect()
4         {
5           ......
6           else
7           {
8               ......
9               Select = false;
10              isSame();
11          }
12  }
```

调用 isSame 函数

[3] 判定完两张牌牌是否相同后，我们还需要判定两张牌是否能连接，为了代码美观，我们可以先写一个【isLink】函数对几种连接方式（直连、一折、二折）进行封装，我们先从直连开始写。

```
1   public class Link : MonoBehaviour
2   {
        bool isLink(int x1, int y1, int x2, int y2)
3         {
4   }
```

isLink 函数

[4]　先在【isSame】函数中对【isLink】函数进行调用。

```
1   public class Link : MonoBehaviour
2   {
3       public void isSame()
4       {
5           if ((value1 == value2)&&(g1.transform.position!=g2.transform.position))
6           {
7               Debug.Log("same");
8               isLink(x1, y1, x2, y2);
9           }
10          else
11          {
12              x1 = x2 = y1 = y2 = value1 = value2 = 0;
13      }
14  }
}
```

调用 isLink

[5]　先写一个消除牌的函数，方便之后判定牌可以消除后调用。

```
1   public class Link : MonoBehaviour
2   {
3       IEnumerator destory(int x1,int y1,int x2,int y2)
4       {
5           yield return new WaitForSeconds(0.2f);
6           Destroy(g1);
7           Destroy(g2);
8           MapController.test_map[x1, y1] = 0;// 刷新数组中 g1 的位置信息
9           MapController.test_map[x2, y2] = 0; // 刷新数组中 g2 的位置信息
10          x1 = x2 = y1 = y2 = value1 = value2 = 0;
11      }
12  }
```

消除函数

[6]　我们先来写直连的，能直连的两张牌，x 坐标与 y 坐标必定有一个相同，如图 7-17 所示。

图 7-17　直连

所以，直连分两种情况，一种是 x 轴并排，一种是 y 轴并排，我们可以分别写一个函数来遍历，函数分别命名为【X_Link】和【Y_Link】。

```
1   public class Link : MonoBehaviour
2   {
3       bool X_Link(int x1, int x2, int y2)
4       {
5           if (x1 > x2)
6           {
7               int n = x1;
8               x1 = x2;
9               x2 = n;
10          }
11          for (int i = x1 + 1; i <= x2; i++)
12          {
13              if (i == x2){return true; }// 相邻
14              if (MapController.test_map[i, y2] != 0) { break; }// 间隔若不为空，则跳出
15          }
16          return false;
17      }
18      bool Y_Link(int x1, int y1, int y2)
19      {
20          if (y1 > y2)
21          {
22              int n = y1;
23              y1 = y2;
24              y2 = n;
25          }
26          for (int i = y1 + 1; i <= y2; i++)
27          {
28              if (i == y2){return true;}// 相邻
29              if (MapController.test_map[x1, i] != 0) { break; }// 间隔若不为空，则跳出
30          }
31          return false;
32      }
33  }
```

直连判定

然后将直连判定函数在【isLink】中进行封装，前面已经分析了，能直连的两张牌 X、Y 必定有一个相同，所以可以根据 X、Y 来判定进入哪个直连判定函数。

```
1   public class Link : MonoBehaviour
2   {
3       bool isLink(int x1, int y1, int x2, int y2)
4       {
5                   if (x1 == x2)
6           {
7               if (Y_Link(x1, y1, y2))
8               {
9                   linkType = 0;
10                  StartCoroutine(destory(x1, y1, x2, y2));
11                  return true;
12              }
13          }
14          else if (y1 == y2)
15          {
16              if (X_Link(x1, x2, y1))
17              {
18                  linkType = 0;
19                  StartCoroutine(destory(x1, y1, x2, y2));
20                  return true;
21              }
22          }
23      }
```

封装直连函数

注：这里 linkType 是之后画连接线用的，这里可以先写入。

此时回到主界面点击运行按钮，我们可以发现，能直连的两张牌已经可以消除了，如图 7-18 所示。

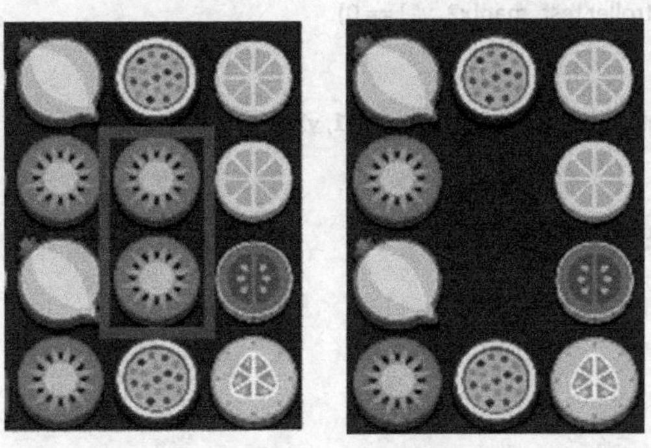

图 7-18　直连消除

[7]　然后我们可以开始写一折了。我们先来看一下牌的位置与矩形顶点位置的数组坐标关系，如图 7-19 所示。

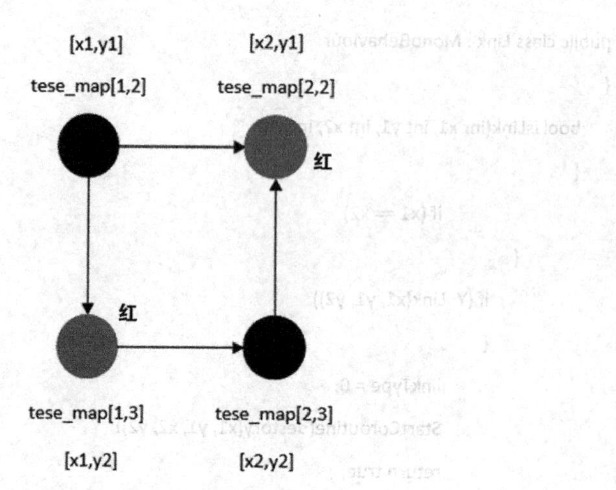

图 7-19　数组关系

通过数组关系，我们可以直接在一折判定函数中先判定两个红色位置是否为空，若有一个为空，则继续判定这个空位置是否能与两张牌进行直连，若可以，则一折成立。

```
1   public class Link : MonoBehaviour
2   {
3       bool oneCornerLink(int x1, int y1, int x2,int y2)
4       {
5           if (MapController.test_map[x1, y2] == 0)
6           {
7               if (X_Link(x1, x2, y2) &&Y_Link(x1, y1, y2))
8               {
9                   return true;
10              }
11          }
12
13          if (MapController.test_map[x2, y1] == 0)
14          {
15              if(X_Link(x1, x2, y1) &&Y_Link(x2, y1, y2))
16              {
17                  return true;
18              }
19          }
20          return false;
21      }
22  }
```

一折判定

[8]　将一折判定函数写入【isLink】进行封装。

```
1  public class Link : MonoBehaviour
2  {
3      bool isLink(int x1, int y1, int x2, int y2)
4      {
5          ......
6          if (oneCornerLink(x1, y1, x2, y2))
7          {
8              linkType = 1;
9              StartCoroutine(destory(x1, y1, x2, y2));
10             return true;
11         }
12     }
13 }
```

封装一折函数

此时回到主界面点击运行按钮，我们可以发现直连和一折已经能正常进行了，如图 7-20 所示。

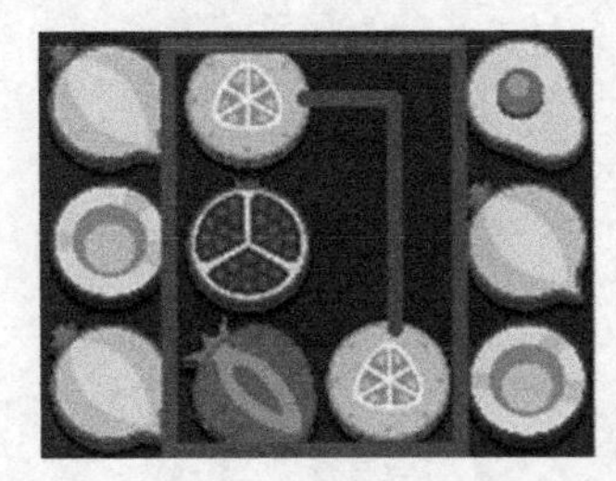

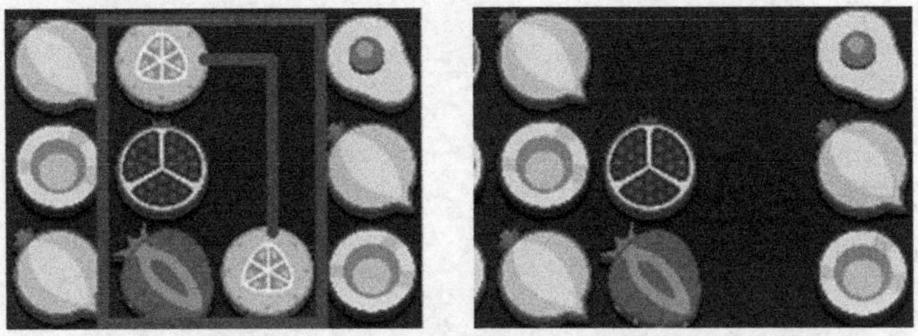

图 7-20　一折消除

[9]　最后我们来写二折判定。二折情况如图 7-21 所示。

我们这边以左上角黑色牌为例子。首先我们需要遍历左上角黑色牌的四周，找出一个空位置，图中用红色表示，之后再用红色位置的坐标与右下角黑色牌进行一折判定，若成立，则二折成立。遍历黑色牌四周的方法与直连遍历类似，只是需要将四个方向分开，这边不再赘述。

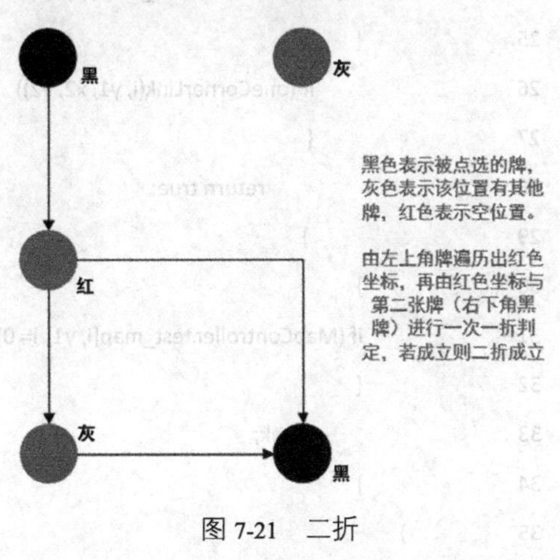

图 7-21　二折

```
1   public class Link : MonoBehaviour
2   {
3       bool twoCornerLink(int x1, int y1, int x2, int y2)
4       {
5           //右探
6           for (int i = x1+1; i < MapController.columNum+2; i++)
7           {
8               if (MapController.test_map[i, y1] == 0)
9               {
10                  if (oneCornerLink(i, y1, x2, y2))
11                  {
12                      return true;
13                  }
14              }
15              if (MapController.test_map[i, y1] != 0)
16              {
17                  break;
18              }
19          }
20
21          //左探
22          for (int i = x1 - 1; i > -1; i--)
23          {
24              if (MapController.test_map[i, y1] == 0)
25              {
26                  if (oneCornerLink(i, y1, x2, y2))
27                  {
28                      return true;
29                  }
30              }
31              if (MapController.test_map[i, y1] != 0)
32              {
33                  break;
34              }
35          }
```

```
36
37              //下探
38              for (int i = y1 + 1; i < MapController.rowNum+2; i++)
39              {
40                  if (MapController.test_map[x1, i] == 0)
41                  {
42                      if (oneCornerLink(x1, i, x2, y2))
43                      {
44                          return true;
45                      }
46                  }
47                  if (MapController.test_map[x1, i] != 0)
48                  {
49                      break;
50                  }
51              }
52
53              //上探
54              for (int i = y1 - 1; i > -1; i--)
55              {
56                  if (MapController.test_map[x1, i] == 0)
57                  {
58                      if (oneCornerLink(x1, i, x2, y2))
59                      {
60                          return true;
61                      }
62                  }
63                  if (MapController.test_map[x1, i] != 0)
64                  {
65                      break;
66                  }
67              }
68              return false
69      }
70  }
```

二折判定

[10]　将二折判定写入【isLink】进行封装。

```
1   public class Link : MonoBehaviour
2   {
```

```
3       bool isLink(int x1, int y1, int x2, int y2)
4       {
5           ......
6           if (twoCornerLink(x1, y1, x2, y2))
7           {
8               linkType = 2;
9               StartCoroutine(destory(x1, y1, x2, y2));
10              return true;
11          }
12      }
}
```

封装二折函数

注意，这里的判定一定要用 if 而不能使用 else if。原因如图 7-22 所示。

图 7-22　二折特殊情况

这种情况下，也是需要进行二折才能消除牌的，但是由于两张牌的 x 轴坐标是相同的，所以首先会进入直连判定，若使用 else if 则二折会被直接跳过。我们需要使直连、一折、二折三个判定函数在【isLink】中是并列的，所以这边三种判定均使用 if 开头。

回到主界面点击运行按钮，我们的连连看游戏已经可以正常运行所有连接判定了，如图 7-23 所示。

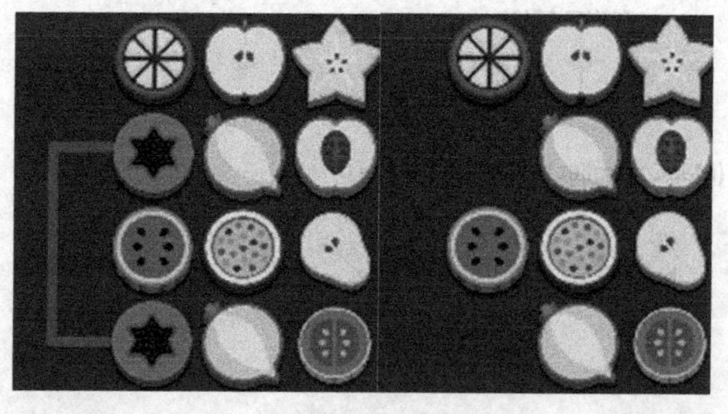

图 7-23

此时，我们连连看游戏的游戏的主体已经完成了，我们接下来来做可消除的牌在被消除时的画线。

7.4.6　画线

[1]　新建一个【DrawLine】脚本，我们将使用这个脚本控制画线。

[2]　由于连连看游戏最高是二折相连，所以我们最多只需要 3 根线。那么我们先

创建 3 根线。

```
1  public class DrawLine : MonoBehaviour
2  {
3      LineRenderer line1, line2, line3;
4      public void CreatLine()
5      {
6          GameObject Line = new GameObject("line1");
7          line1 = Line.AddComponent<LineRenderer>();
8          line1.SetWidth(0.1F, 0.1F);
9          line1.SetVertexCount(2);// 顶点数
10
11         Line = new GameObject("line2");
12         line2 = Line.AddComponent<LineRenderer>();
13         line2.SetWidth(0.1F, 0.1F);
14         line2.SetVertexCount(2);// 顶点数
15
16         Line = new GameObject("line3");
17         line3 = Line.AddComponent<LineRenderer>();
18         line3.SetWidth(0.1F, 0.1F);
19         line3.SetVertexCount(2);// 顶点数
20     }
21 }
```

创建线

[3]　然后我们需要一个函数【DrawLinkLine】来控制画几根线与线的位置。

```
1  public class DrawLine : MonoBehaviour
2  {
3      public void DrawLinkLine(GameObject g1,GameObject g2,
4                               int linkType,Vector3 z1,Vector3 z2)
5      {
6
7      }
8  }
```

DrawLinkLine 函数

[4]　由于每次需要画线时，都会调用 DrawLinkLine 函数，但我们只需要三根线，所以我们在生成地图的同时创建三根线，打开【MapController】脚本。

```
1   public class MapController : MonoBehaviour
2   {
3   void Awake()
4       {
5           FindObjectOfType<DrawLine>().CreatLine();
6       }
7   }
```

创建线

[5]　【DrawLinkLine】需要两个 GameObject：g1、g2 以及确认需要几根线的 linkType 和存储折点的 z_1、z_2。这些变量我们需要从【Link】脚本中传入。打开【Link 脚本】，因为折点在数组中的位置为（x_1,y_1），而我们在生成地图时，为了控制牌的间距，我们将坐标乘了一个变量 *x*Move*y*Move，所以这里（x_1*xMove,-y_1*yMove,-1）即为折点的位置。注：由于 Unity 中坐标原点在左上方，所以这边转换时，*y* 要加负号。

```
1   public class Link : MonoBehaviour
2   {
3       public Vector3 z1, z2;
4       bool OneCornerLink(int x1, int y1, int x2,int y2)
5       {
6           if (MapController.test_map[x1, y2] == 0)
7           {
8               if (X_Link(x1, x2, y2) &&Y_Link(x1, y1, y2))
9               {
10              z1 = new Vector3(x1*MapController.xMove, -y2*MapController.yMove, -1);
11                  return true;
12              }
13          }
14
15          if (MapController.test_map[x2, y1] == 0)
16          {
17              if (X_Link(x1, x2, y1) &&Y_Link(x2, y1, y2))
18              {
19              z1 = new Vector3(x2*MapController.xMove,-y1* MapController.yMove, -1);
20                  return true;
21              }
22          }
```

```
23            return false;
24        }
25        bool TwoCornerLink(int x1, int y1, int x2, int y2)
26        {
27            //右探
28            for (int i = x1+1; i < MapController.columNum+2; i++)
29            {
30
31                if (MapController.test_map[i, y1] == 0)
32                {
33                    if (OneCornerLink(i, y1, x2, y2))
34                    {
35                        z2=newVector3(i*MapController.xMove,-y1*MapController.yMove, -1);
36                        return true;
37                    }
38            }
39
40            if (MapController.test_map[i, y1] != 0)
41            {
42                break;
43            }
44        }
45
46        //左探
47        for (int i = x1 - 1; i > -1; i--)
48        {
49            if (MapController.test_map[i, y1] == 0)
50            {
51                if (OneCornerLink(i, y1, x2, y2))
52                {
53                    z2=newVector3(i*MapController.xMove,-y1*MapController.yMove, -1);
54                    return true;
55                }
56            }
57
```

```
58            if (MapController.test_map[i, y1] != 0)
59            {
60                break;
61            }
62        }
63
64        //下探
65        for (int i = y1 + 1; i < MapController.rowNum+2; i++)
66        {
67            if (MapController.test_map[x1, i] == 0)
68            {
69                if (OneCornerLink(x1, i, x2, y2))
70                {
71                    z2=newVector3(x1 * MapController.xMove, -i * MapController.yMove, -1);
72                    return true;
73                }
74            }
75
76            if (MapController.test_map[x1, i] != 0)
77            {
78                break;
79            }
80
81        }
82
83        //上探
84        for (int i = y1 - 1; i > -1; i--)
85        {
86            if (MapController.test_map[x1, i] == 0)
87            {
88                if (OneCornerLink(x1, i, x2, y2))
89                {
90                    z2=newVector3(x1 * MapController.xMove, -i * MapController.yMove, -1);
91                    return true;
92                }
```

```
93            }
94
95            if (MapController.test_map[x1, i] != 0)
96            {
97                break;
98            }
99        }
100       return false;
101   }
```

存储折点 z1、z2

[6]　画线是在消除时完成的，所以我们在消除牌的过程中调用画线函数。

```
1   IEnumeratordestory(int x1,int y1,int x2,int y2)
2   {
3       FindObjectOfType<DrawLine>().DrawLinkLine(g1, g2, linkType,z1,z2);
4       yield return new WaitForSeconds(0.2f);
5       Destroy(g1);
6       Destroy(g2);
7       MapController.test_map[x1, y1] = 0;// 刷新数组中 g1 的位置信息
8       MapController.test_map[x2, y2] = 0;// 刷新数组中 g2 的位置信息
9       x1 = x2 = y1 = y2 = value1 = value2 = 0;
10  }
```

调用画线函数

此时回到主界面点击运行按钮，在消除牌时我们已经可以看到对应的连线了，如图 7-24 所示。

图 7-24

7.4.7　道具实现

[1]　连连看中有许多道具功能，如加时间、提醒机会、禁手等，这里以禁手道具为例演示道具的实现方法。

[2]　创建【UpGrade】脚本并打开。我们需要在这个脚本中实现道具的贴图，道具名称的储存以及道具的销毁。

```
1   public class UpGrade : MonoBehaviour
2   {
3       public Sprite[] upgradeSprites;
4       public string upgradeName = "";
5
6       private void Awake()
7       {
8           Sprite icon = upgradeSprites[Random.Range(0, upgradeSprites.Length)];// 随机获取贴图
9           upgradeName = icon.ToString();// 道具名称的储存
10          this.gameObject.GetComponent<SpriteRenderer>().sprite = icon;// 贴图
11      }
12      // Update is called once per frame
13      void Update()
14      {
15          Destroy(this.gameObject, 0.8f);// 销毁道具
16      }
17  }
```

道具控制脚本

[3] 道具生成是在消除牌时进行的，所以我们可以在消除牌的过程中加入道具生成。

```
1   public class UpGrade : MonoBehaviour
2   {
3       public GameObject upgradePrefab;
4       IEnumerator destory(int x1,int y1,int x2,int y2)
5       {
6           //生成道具
7           if (Random.value< 0.10)
8           {
9               GameObject g;
10              g = Instantiate(upgradePrefab, new Vector3(8, -7, -1), Quaternion.identity);
11              string name = g.GetComponent<UpGrade>().upgradeName;
12              performUpgrade(name);
13          }
14      }
15  }
```

道具生成控制

[4] 在道具生成后，我们需要判定生成的是什么道具，并实现他的功能，这里提供三个道具的贴图与功能实现接口，但只演示禁手道具的生效。

```
1   public class UpGrade : MonoBehaviour
2   {
3       /// <summary>
4       /// 道具功能实现
5       /// </summary>
6       /// <param name="name"></param>
7       void performUpgrade(string name)
8       {
9         name = name.Remove(name.Length - 21);
10        switch (name)
11        {
12          case "plus":
13                break;
14          case "stop":
15                isStoped();
16          break;
17                case "clock":
18          break;
19        }
20      }
21  bool isStoped = true;
22      void isStoped()
23      {
24          isStoped = false;
25          StartCoroutine(Timer());
26      }
27
28      IEnumerator Timer()
29      {
30              yield return new WaitForSeconds(10.0f);// 禁手持续时间为 10 秒
31              isStoped = true;
32      }
33  }
```

道具生效

[5]　在【Update】中的判定鼠标点击的判断语句中加入判定 isStop 判定来控制禁手。

```
1   public class UpGrade : MonoBehaviour
2   {
```

```
3            if (Input.GetButtonDown("Fire1"))
4            if (Input.GetButtonDown("Fire1") &&(isStop == true))
5            {
6                IsSelect();
7            }
8    }
```

控制禁手

[6] 回到主界面，点击【Prefabs】文件夹中的【UpGrade】预制体，将【UpGrade】脚本拖入，并添加【Sprites】文件夹中的 clock、plus、stop 贴图，如图 7-25 所示。

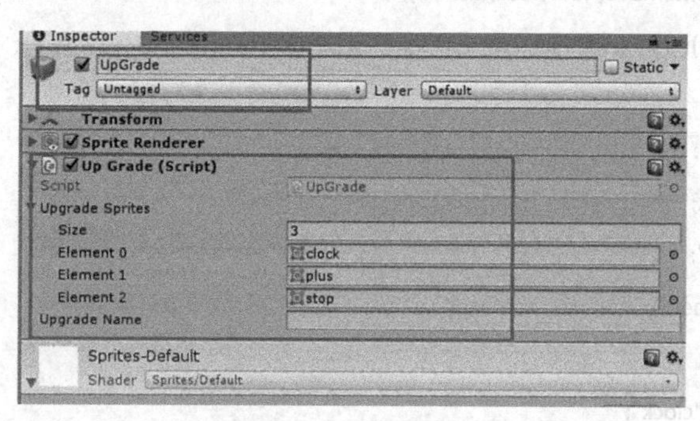

图 7-25 加脚本及贴图

[7] 点击【Hierarchy】面板中的【GameController】物体，将【Prefabs】文件夹中的【UpGrade】预制体拖入【Link】脚本，如图 7-26 所示。

此时点击主界面的运行按钮，连连看游戏已经能完整运行并且有禁手道具效果了，如图 7-27 所示。

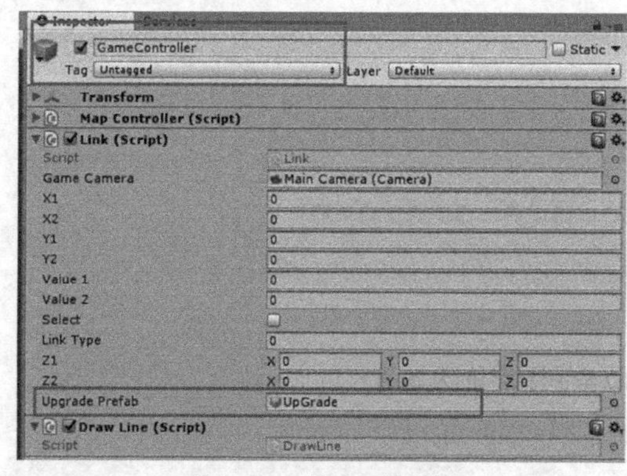

图 7-26 拖入预制体

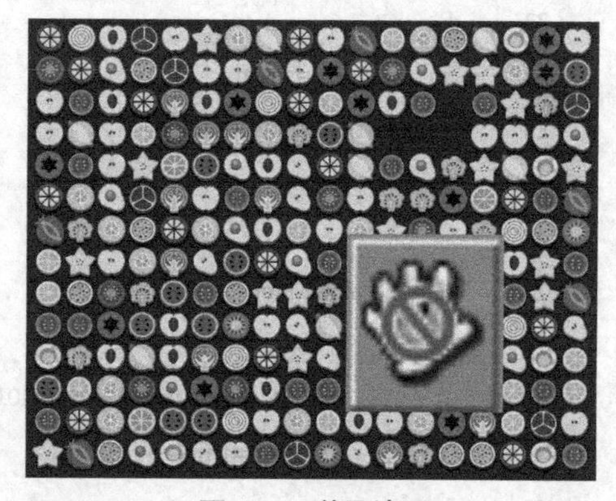

图 7-27 道具效果

连连看游戏到这里就全部完成了。

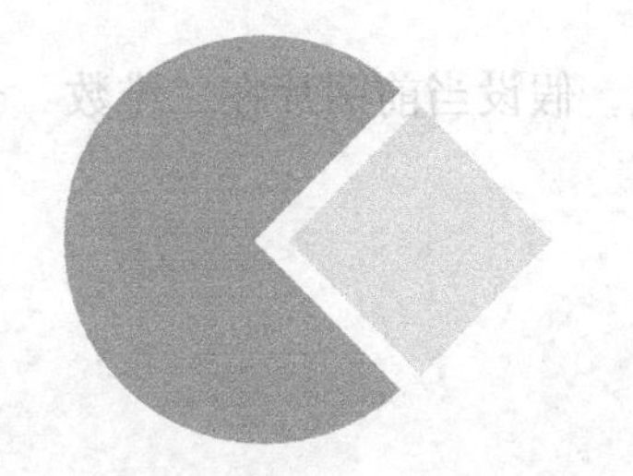

第 8 章　拼图

8.1　游戏简介

拼图游戏是一款经典的益智类游戏，它的历史可以追溯到 1760 年左右。英国雕刻师和制图师约翰·斯皮尔斯伯里（John Spilsbury）将地图贴在硬木板上，然后沿着国界线进行切割，制作了最原始的拼图，最初的拼图是具有教育意义的，拼图所用的图片有些附有适合青少年阅读的短文，有些则用于向更多的人传授历史或地理知识。图 8-1 所示为游戏拼图被打乱的效果。

图 8-1　拼图游戏

8.2　游戏规则

将一张图片分成若干份，我们这里把这些分开的图片称为碎片，玩家将这些碎片按照原图的样式拼接起来，则视为游戏成功。

8.3　游戏思路

8.3.1　原图与碎片的对应关系

以 3×3 九宫格为例，可以将构成原图的 9 个碎片图片用不同的整数（如 1，2，3，4，5，6，7，8，9）来表示，并保存到一个 3×3 的二维数组中。

假设碎片的宽度 w，高度为 h，碎片的中心点位置即碎片的位置坐标，二维数组的第一个元素图片位于地图的左下角。

当原图的左下角坐标为在世界坐标的原点，即 (0,0) 位置，假设当前图片在二维数组索引号为 [i][j]，那么当前碎片的具体位置公式如下。

$$\begin{cases} x = (i + \frac{1}{2}) \times w \\ y = (j + \frac{1}{2}) \times h \end{cases}$$

例如，索引号为 [2][2] 的坐标可以根据上述公式求出为 ($\frac{5}{2}w, \frac{5}{2}h$)，如图 8-2 所示。

注：如果原图的中心在世界坐标系的原点，如图 8-3 所示，即 (0,0) 位置上时，索引号为 [i][j] 碎片的具体位置公式为：

$$\begin{cases} x = (j - 1) \times w \\ y = (i - 1) \times h \end{cases}$$

例如，索引号为 [2][2] 的碎片的坐标可以根据上述公式求出为（w,h）。这里我们使用第一种方式。

图 8-2 坐标原点在图片左下角

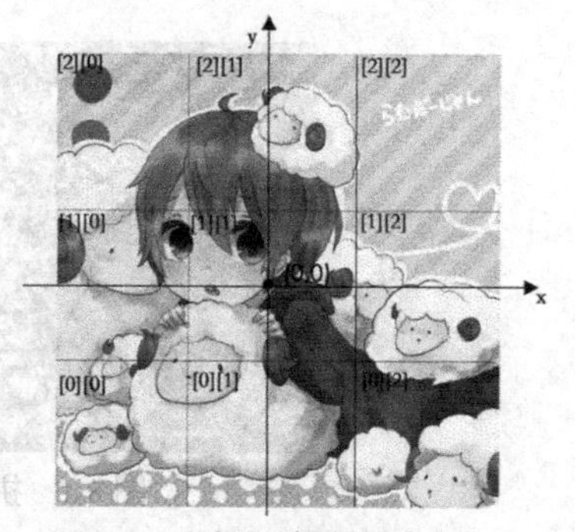

图 8-3 坐标原点在图片中心

8.3.2 鼠标拖曳移动碎片

鼠标拖曳移动碎片的功能包括以下几个功能。

◆ 判断鼠标点击的位置是否在碎片内：当鼠标点击左键时，获取鼠标的屏幕坐标，因为碎片的位置是在世界坐标系下的，所以需要把鼠标的屏幕位置坐标转化成世界坐标，使得它们在同一坐标系下，这样它们的数值才有可比性。获取碎片的左下角坐标（Sx,Sy），根据碎片的宽度与高度，可以得到这张碎片的内部坐标范围，即 $Sx<x<Sx+w$，$Sy<y<Sy+h$。若鼠标的世界坐标位置在此范围内，则可以判定碎片被选中。

◆ 实现被拖曳的碎片跟随鼠标移动：在鼠标拖曳的过程中，先获得当前鼠标的屏幕坐标位置，因为需要与碎片的坐标系保持统一，因此，还需要把鼠标的屏幕位置坐标转化为世界坐标。可以通过如下公式实现鼠标跟随效果：

碎片坐标 = 鼠标的世界坐标 + 碎片位置与鼠标位置的偏移量。

◆ 鼠标松开时。获取碎片当前的坐标，与对应的正确的位置坐标进行距离判断比较，我们可以设置一个临界值，如果它们之间的距离小于这个临界值，那么可认为碎片靠近了对应的正确位置，将碎片放置到正确的位置上，否则，碎片会回到碎片池里。

8.3.3　正确判断

如果图片靠近了对应的正确位置，那么把该碎片自动放置到正确的位置。

我们可以通过计算碎片与正确位置的距离来判断碎片是否靠近了正确的位置，设 $A(x_1,y_1)$ 和 $B(x_2,y_2)$ 分别表示碎片和对应的正确位置，我们可以通过如下公式计算它们之间的距离：

$$|AB| = \sqrt{(x_1-x_2)^2+(y_1-y_2)^2}$$

考虑到要进行开根号的计算会消耗更多的计算资源，因此我们可以用距离的平方来计算，即 $|AB|^2$。但我们也可以使用更简单的方法来判断碎片是否接近正确位置，即获取碎片的坐标 (S*x*,S*y*) 与碎片对应的正确的位置的坐标 (T*x*,T*y*)，若 |T*x* –S*x*|< 临界值 &&|T*y* - S*y*|< 临界值时则判定碎片靠近了对应的正确的位置，将碎片的位置修改为（T*x*,T*y*）。若没有靠近，则将碎片返回初始位置。

伪代码如下：

```
if(|Tx –Sx|< 临界值 &&|Ty - Sy|< 临界值 )
{
    碎片坐标 = 正确坐标
}
else
{
    碎片回到原来的位置；
}
```

8.3.4　获胜判断

当所有的碎片都被放置在正确的位置上，则判定游戏结束。那么，要怎么判断所有的碎片都被放置到了正确的位置呢？我们可以设置一个用来计数的变量，每当一个碎片被放置到正确的位置之后，该变量就加 1，当这个变量值等于碎片的总数时，就说明，所有的碎片都被放置到了正确的位置。这时，就可以判定游戏结束。

8.3.5　游戏流程图

如图 8-4 所示。

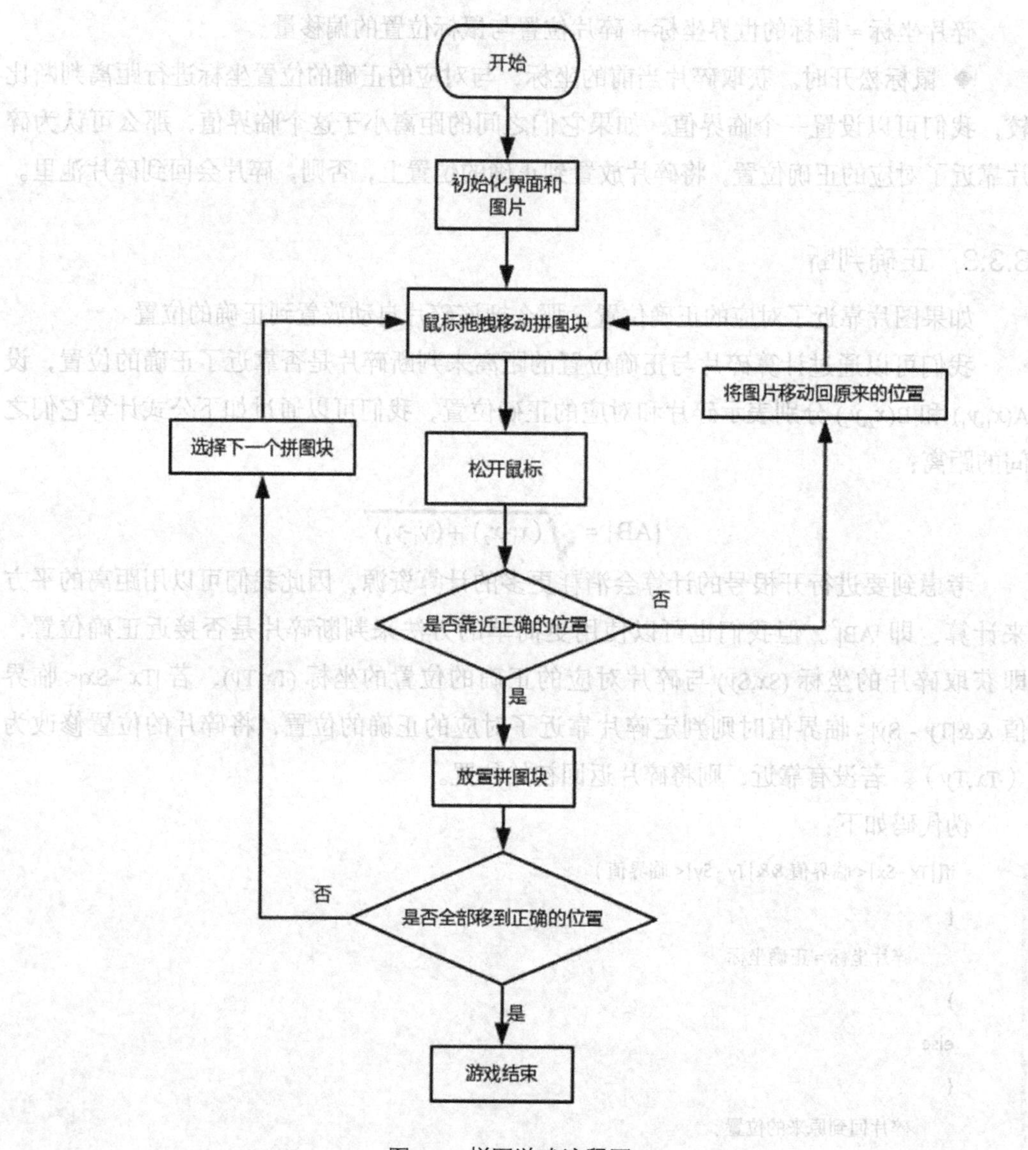

图 8-4　拼图游戏流程图

8.4　游戏实现

8.4.1　前期准备

[1]　新建工程。新建名为 Puzzle 的工程并打开。把 3D/2D 选项修改为 2D，如图 8-5 所示。

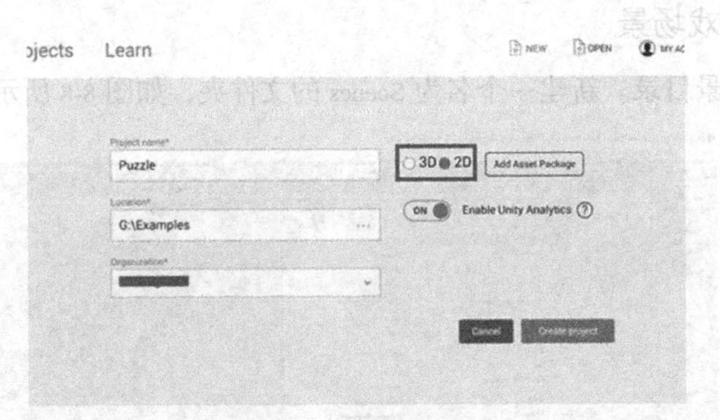

图 8-5 新建 2D 工程

[2] 导入资源包。点击菜单栏【Assets】-【Import Package】-【Custom Package】导入 puzzle.unitypackage，如图 8-6 所示。

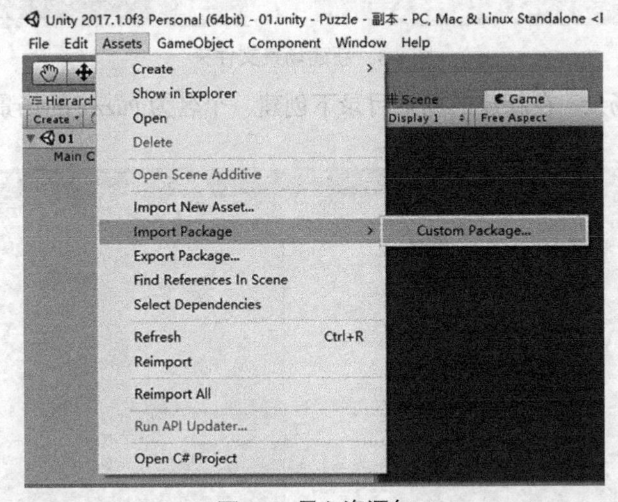

图 8-6 导入资源包

[3] 运行最终游戏，打开【_Complete-Game】-【Done_Scenes】-【Done_puzzle】，运行游戏，观察游戏最后结果，如图 8-7 所示。

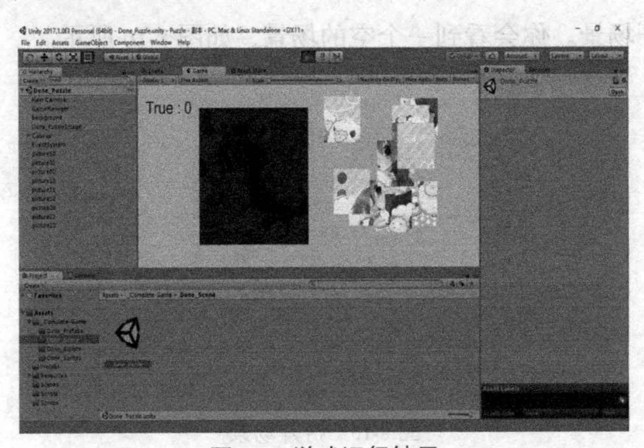

图 8-7 游戏运行结果

8.4.2 制作游戏场景

[1] 新建场景目录。新建一个名为 Scenes 的文件夹，如图 8-8 所示。

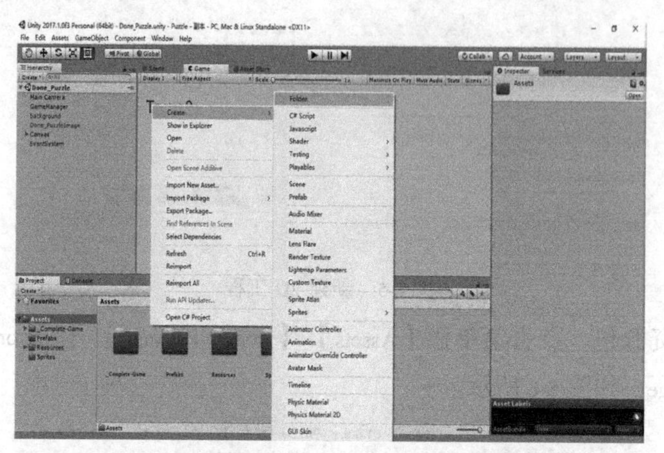

图 8-8 新建场景文件夹

[2] 创建新场景。在新建的场景目录下创建一个名为 Puzzle 的场景，如图 8-9 所示。

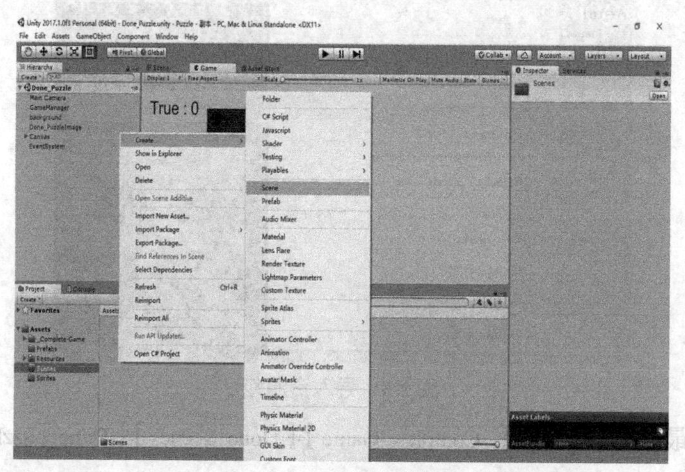

图 8-9 新建场景

[3] 双击打开场景。你会看到一个空的场景，如图 8-10 所示。

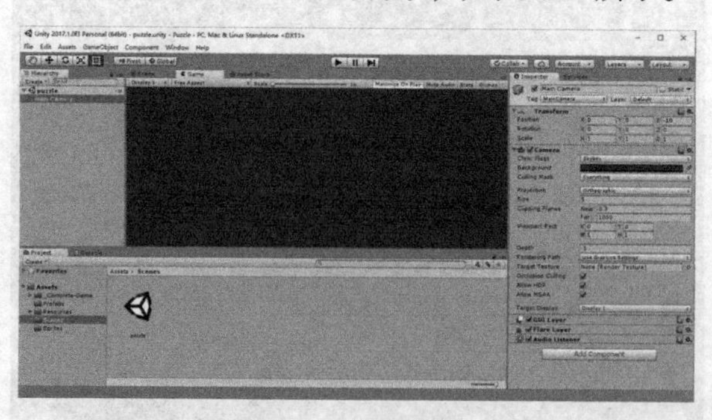

图 8-10 打开场景

[4] 设置摄像机位置。选中 Main Camera，设置 Inspector 面板中的参数，具体参数如

下图 8-11 所示。

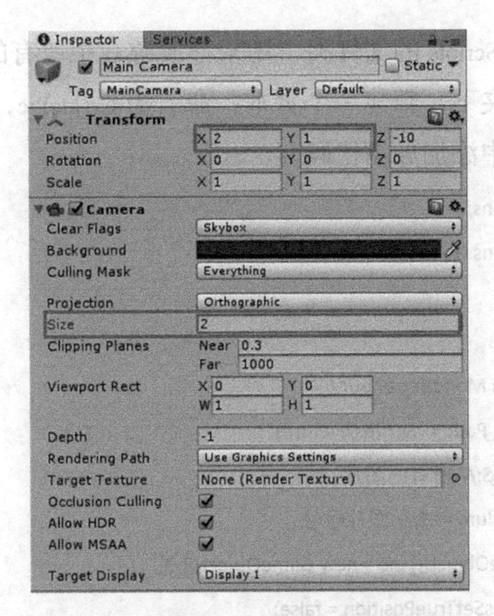

图 8-11　摄像机 Inspector 面板参数

[5]　设置背景。将 Prefabs 文件夹中名为 background 的预制体拖到场景中，将坐标设置为 (2.5,1,0)，具体参数如下图 8-12 所示。

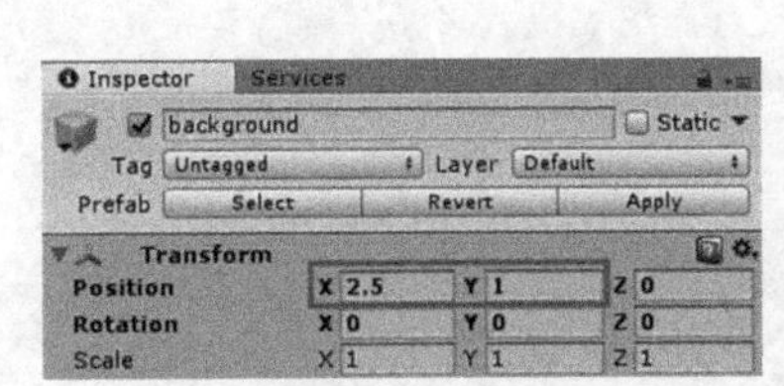

图 8-12　放置背景图

[6]　放置原图。将 Prefabs 文件夹中名为 PuzzleImage 的预制体拖到场景中，将坐标设置为 (1,1,0)，并将颜色设置为灰色。具体参数如下图 8-13 所示。

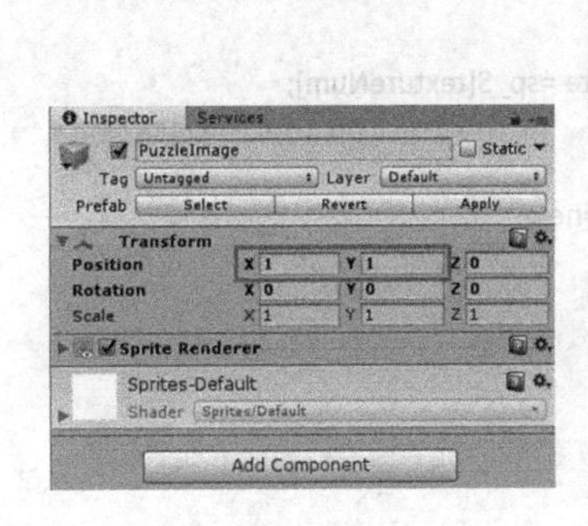

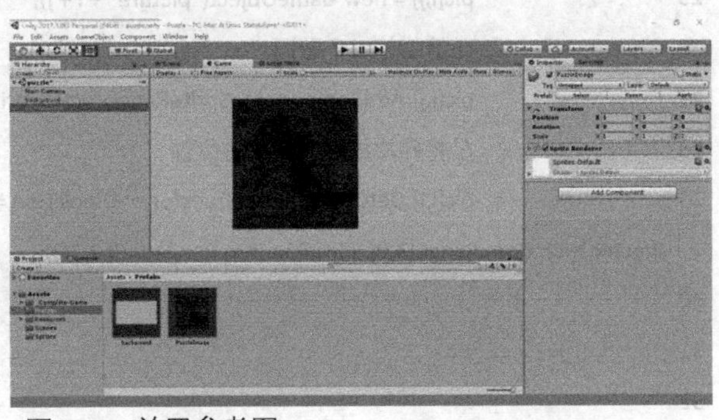

图 8-13　放置参考图

8.4.3 碎片生成

[1] 新建一个名为 Scripts 的文件夹，用来存放游戏中所有的脚本。

[2] 在 Scripts 文件夹下，新建一个脚本，命名为 CreatePic，此脚本用来生成碎片。双击打开脚本，在脚本中添加如下代码。

```
1    using System.Collections;
2    using System.Collections.Generic;
3    using UnityEngine;
4
5    public class CreatePic : MonoBehaviour {
6        public string sprit_Path = "Sprites/Pictures";
7        public Sprite[] sp_S;// 所有的图片
8        public int textureNum = -1;// 图片序号
9        public static GameObject[,] pic = new GameObject[3,3];
10       public static bool isSetTruePosition = false;
11
12
13       /// <summary>
14       /// 加载资源，并初始化界面
15       /// </summary>
16       void Start () {
17
18           sp_S = Resources.LoadAll<Sprite>(sprit_Path);
19
20           for (int i = 0; i < 3; i++)
21           {
22               for (int j = 0; j < 3; j++)
23               {
24                   textureNum++;
25                   pic[i,j] = new GameObject("picture" + i + j);
26                   // 给物体一个贴图
27                   pic[i,j].AddComponent<SpriteRenderer>().sprite =sp_S[textureNum];
28                   // 将碎片放置到随机的位置
29                   pic[i,j].GetComponent<Transform>().position =new
Vector2(Random.Range(3.0f,5.5f),Random.Range(0.0f,2.5f));
30               }
31           }
32
33       }
```

```
34 }
```

CreatePic.cs

[3] 新建一个空物体，命名为 GameManager, 将 CreatePic 脚本赋给 GameManager。运行游戏，我们可以看到，在原图的右侧出现了散乱的碎片，如图 8-14 所示。

图 8-14 实现碎片生成

8.4.4 鼠标事件

[1] 生成碎片之后，我们要实现鼠标拖曳碎片进行移动。创建一个名为 MouseDrag 的脚本，双击打开脚本，在脚本中添加如下代码。

```
1   using System.Collections;
2   using System.Collections.Generic;
3   using UnityEngine;
4
5   public class MouseDrag : MonoBehaviour
6   {
7
8       private Vector2 _vec3Offset;                  // 鼠标与碎片的偏移量
9       public Vector2 _ini_pos;                      // 初始位置
10      private Transform targetTransform;            // 目标物体
11      public static int width = 3;
12      public static int height = 3;
13
14      private bool isMouseDown = false;             // 鼠标是按下
15      private Vector3 lastMousePosition = Vector3.zero;
16
17      float chipWidth = 1;                          // 碎片宽度
18      float chipHeight = 1;                         // 碎片高度
19
20      void Update()
21      {
```

```
22              if (Input.GetMouseButtonDown(0))
23              {
24                  isMouseDown = true;
25                  for(int i = 0;i<width;i++)
26                  {
27                      for(int j = 0;j<height;j++)
28                      {
29  if(Mathf.Abs(Camera.main.ScreenToWorldPoint(Input.mousePosition).x- CreatePic.pic[i,
    j].transform.position.x) <chipWidth/2
30  && Mathf.Abs(Camera.main.ScreenToWorldPoint(Input.mousePosition).y- CreatePic.pic[i,
    j].transform.position.y) < chipHeight/2)
31                          {
32                          targetTransform = CreatePic.pic[i, j].transform;
33                          _ini_pos = new Vector2(targetTransform.position.x, targetTransform.position.y);// 记录
碎片初始位置
34                          break;
35
36                          }
37
38                      }
39                  }
40
41          }
42          if (Input.GetMouseButtonUp(0))
43          {
44              isMouseDown = false;
45              lastMousePosition = Vector3.zero;
46          }
47
48          if (isMouseDown)
49          {
50              if (lastMousePosition != Vector3.zero)
51              {
52                  // 将目标物体置于最上层
53                  targetTransform.GetComponent<SpriteRenderer>().sortingOrder = 100;
```

```
54
55                Vector3 offset =
Camera.main.ScreenToWorldPoint(Input.mousePosition) - lastMousePosition;// 鼠标偏移量
56                // 碎片当前位置 = 碎片上一帧的位置 + 鼠标偏移量
57                targetTransform.position += offset;
58            }
59            lastMousePosition =
Camera.main.ScreenToWorldPoint(Input.mousePosition);
60
61        }
62
63    }
```

MouseDrag.cs

[2]　将脚本绑定在物体上，才能上脚本起作用。将 MouseDrag 脚本也绑定在 GameManager 上，运行游戏，我们可以看到，鼠标已经可以拖曳图片进行移动了。

[3]　运行游戏，可以发现，鼠标拖曳时可以进行图片的移动，如图 8-15 所示。

图 8-15　实现鼠标拖曳

[4]　接下来要做的是当鼠标松开时，若碎片的坐标靠近正确的坐标时，将碎片的坐标修改为正确的坐标，若没有靠近，就放回原处。在 MouseDrag 脚本中，添加 OnMyMouseUp 函数进行判断。代码如下：

注意：由于代码篇幅过长，前面出现过的代码如果不再改动，此处用省略号进行代替。新增的代码会加粗显示。

```
1   using System.Collections;
2   using System.Collections.Generic;
3   using UnityEngine;
4
5   public class MouseDrag : MonoBehaviour
6   {
7       ...
8       public float threshold = 0.2f;          // 临界值
9       void Update()
```

```
10      {
11          ...
12          if (Input.GetMouseButtonUp(0))
13          {
14              isMouseDown = false;
15              lastMousePosition = Vector3.zero;
16              OnMyMouseUp();
17          }
18
19          if (isMouseDown)
20          {
21              ......
22          }
23      }
24
25
26      void OnMyMouseUp()
27      {
28          for(int j = 0;j<width;j++)
29          {
30              for(int i= 0;i<height;i++)
31              {
32                  if(targetTransform.name == CreatePic.pic[i,j].name)
33                  {
34                      if (Mathf.Abs(targetTransform.position.x - j)< threshold&&
Mathf.Abs(targetTransform.position.y - i) < threshold)
35                      {
36                          Debug.Log("OnMyMouseUp");
37                          targetTransform.position = new Vector2(j, i);
38                          GameOver._trueNum++;
39                          Debug.Log(GameOver._trueNum);
40                          GameOver.Judge();
41                          break;
42                      }
43                      else
```

```
44                        {
45                            targetTransform.position = _ini_pos;
46
47                        }
48                    }
49                    targetTransform.GetComponent<SpriteRenderer>().sortingOrder = 5;
50                }
51            }
52        }
53 }
54
```

MouseDrag.cs

[5]　运行场景，可以看到当碎片接近正确的位置时，会被自动放置到正确的位置。若没有靠近，碎片就会回到原来的位置，如图 8-16 所示。

图 8-16　放置碎片

8.4.5　游戏结束判断

接下来就是判断游戏是否结束，当所有的碎片都被放置到正确的位置时，游戏结束。这里我们使用计数的方式来作为游戏是否结束的判断。即，利用一个技术变量，每当碎片被放置到对应的正确的位置上是，该计数变量加 1，当该计数变量值等于碎片总数 9 时，说明，所有的碎片都已经放置在正确的位置上。

[1]　新建一个名为 GameOver 脚本，双击打开脚本，在脚本中添加如下代码。

```
1  public class GameOver : MonoBehaviour {
2
3      public static int _trueNum;// 到达正确位置的碎片的数量
4      private static int _allPicNum = 9;// 碎片的数量
5
6
7      /// <summary>
8      /// 结束判定
```

```
9          /// </summary>
10         public static void Judge()
11         {
12             if (_trueNum == _allPicNum)
13             {
14                 Debug.Log(" 游戏结束 ");
15             }
16         }
17     }
```

GameOver.cs

[2] 在 MouseDrag 脚本中的 OnMyMouseUp 函数中，添加一段代码，判定鼠标松开后，所有的碎片是否都在正确的位置。具体代码如下。

```
1      void OnMyMouseUp()
2      {
3          for(int j = 0;j<width;j++)
4          {
5              for(int i= 0;i<height;i++)
6              {
7                  if(targetTransform.name == CreatePic.pic[i,j].name)
8                  {
9                      if (Mathf.Abs(targetTransform.position.x - j)< threshold&&
                          Mathf.Abs(targetTransform.position.y - i) < threshold)
10                     {
                            targetTransform.position = new Vector2(j, i);
11                          GameOver._trueNum++;
12                          Debug.Log(GameOver._trueNum);
13                          GameOver.Judge();
14                          break;
15                     }
16                     .....
17     }
18     }
```

到这里，拼图游戏就已经制作完成，运行游戏，其效果如图 8-17 所示。

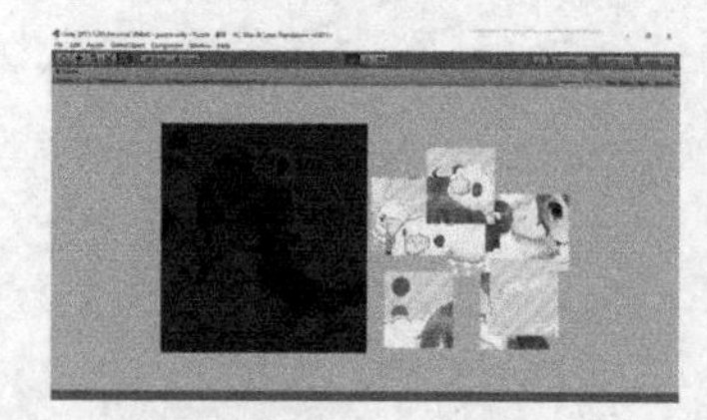  

图 8-17　游戏运行结果

第 9 章　推箱子

9.1　游戏简介

推箱子是一个古老的游戏，其目的是在训练玩家的逻辑思考能力。推箱子的场景设置在一个狭小的仓库中，要求把木箱放到指定的位置。这个游戏稍不小心就会出现游戏无解的情况，所以需要巧妙地利用有限的空间和通道，合理预测、安排移动的次序和位置，才有可能顺利完成任务，如图 9-1 所示。

9.2　游戏规则

这个游戏是在一个正方形的棋盘上进行的，每一个方块表示一个地板或一面墙。地板可以通过，墙面不可以通过。地板上放置了箱子，一些地板被标记为存储位置。

玩家被限制在棋盘上，可以水平或垂直地移动到空的方块上 (永远不会穿过墙或箱子)。箱子不得被推入其他箱子或墙壁，也不能被拉出。箱子的数量等于存储位置的数量。当所有的箱子都安放在储藏地点时，游戏胜利，如图 9-2 所示。

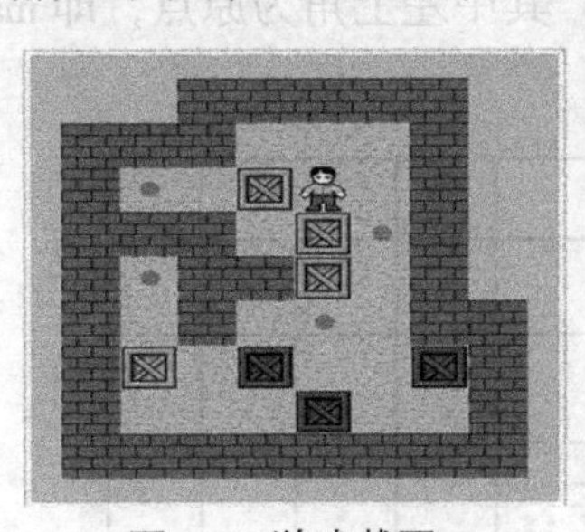

图 9-1　游戏截图

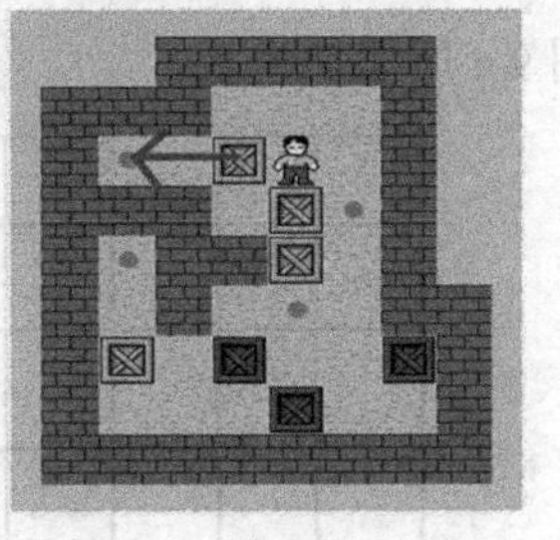

图 9-2　游戏规则

9.3　程序思路

9.3.1　地图生成

我们可以使用二维数组来存储地图信息。每个元素中用不同的数字来标记不同的对象。0 表示空白，1 表示墙，2 表示角色，3 表示箱子，9 表示终点（9 表示终点是为了方便以后加其他颜色的箱子），如图 9-3 所示。

```
1, 1, 1, 1, 1, 0, 0, 0, 0,
1, 2, 0, 0, 1, 0, 0, 0, 0,
1, 0, 3, 0, 1, 0, 1, 1, 1,
1, 0, 3, 0, 1, 0, 1, 9, 1,
1, 1, 1, 3, 1, 1, 1, 9, 1,
0, 1, 1, 0, 0, 0, 0, 9, 1,
0, 1, 0, 0, 0, 1, 0, 0, 1,
0, 1, 0, 0, 0, 1, 1, 1, 1,
0, 1, 1, 1, 1, 1, 0, 0, 0
```

图 9-3　用于保存地图的二维数组

地图的生成：通过遍历地图二维数组，读取每个元素的数值，根据数值标记生成不同的地图对象。由于一维数组在编译地图以及可以更简便地表示角色及箱子在数组内的移动，所以我们也可以利用一维数组来存储地图数组。这里我们使用一维数组来表示，其二维数组映射到一维数组的公式为：

$$b[i*n+j] = a[i][j]$$

其中，设数组有 m 行 n 列，i,j 分别表示数组内的行数与列数（$0<I<m$，$0<j<n$）。

每一个方格的具体位置都与其在二维数组内的位置对应，假设方块的长宽均为 1，例如：脚本内设定一个 9×9 的数组，方块对应的二维数组内位置为 a[2][1]，一维数组内位置为 b[2*9+1]==b[19]，那么方块实际坐标为（2,1）。

9.3.2　角色移动

角色移动：数组为 9×9 的一维数组，其中左上角为原点，即 map[0]（二维数组中为 map[0][0]）如图 9-4 所示。

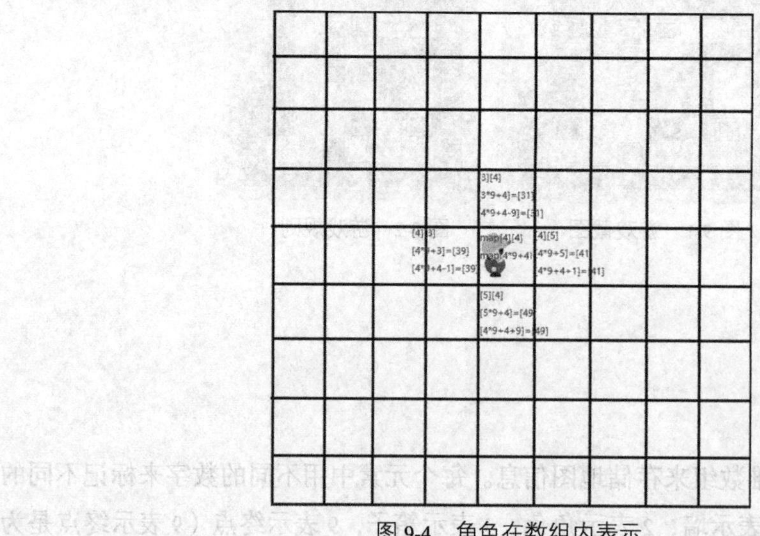

图 9-4　角色在数组内表示

◆ 角色在数组内表示的分析如下。

角色目前位置　二维数组表示：map[4][4]，

　　　　　　　一维数组表示：map[4*9+4]==map[40]

1　角色上侧第一个方格　二维数组表示：map[3][4]，

　　　　　　　　　　　一维数组表示：map[3*9+4]==map[4*9+4-9]==map[31]；

2　角色下侧第一个方格　二维数组表示：map[5][4]，

　　　　　　　　　　　一维数组表示：map[5*9+4]==map[4*9+4+9]==map[49]；

3　角色左侧第一个方格　二维数组表示：map[4][3]，

　　　　　　　　　　　一维数组表示：map[4*9+3]==map[4*9+4-1]==map[39]；

4　角色右侧第一个方格　二维数组表示：map[4][5]，

　　　　　　　　　　　一维数组表示：map[4*9+5]==map[4*9+5+1]==map[41]。

那么其实现如下。

我们可以定义一个枚举类型：

```
1  public enum Direction { Up = -9,Down = 9,Left = -1,Right = 1}
2  public Direction dir;
```

枚举类型

◆ 移动角色的功能：根据上面的分析，设定 dir 控制角色在数组内的移动距离。

1　向上移动：获取到按键“↑”，此时 dir = -9。将角色目前位置的数组值变为 0，下一目标移动位置的数组值变为 2，刷新角色；

2　向下移动：获取到按键“↓”，此时 dir = 9。将角色目前位置的数组值变为 0，下一目标移动位置的数组值变为 2，刷新角色；

3　向左移动：获取到按键“←”，此时 dir = -1。将角色目前位置的数组值变为 0，下一目标移动位置的数组值变为 2，刷新角色；

4　向右移动：获取到按键“→”，此时 dir = 9。将角色目前位置的数组值变为 0，下一目标移动位置的数组值变为 2，刷新角色。

◆ 遇到障碍物的时候：跳出遍历，返回 false。

9.3.3　箱子移动

箱子移动与角色的移动相同，如下。

◆ 移动箱子的功能：设定 dir 控制角色在数组内的移动距离。

1　向上移动：获取到按键“↑”，此时 dir = -9。将角色目前位置的数组值变为 0，下一目标移动位置的数组值变为 2，下二目标移动位置的数组值变为 3，刷新角色及箱子；

2　向下移动：获取到按键“↓”，此时 dir = 9。将角色目前位置的数组值变为 0，下一目标移动位置的数组值变为 2，下二目标移动位置的数组值变为 3，刷新角色及箱子；

3　向左移动：获取到按键“←”，此时 dir = -1。将角色目前位置的数组值变为 0，下一目标移动位置的数组值变为 2，下二目标移动位置的数组值变为 3，刷新角色及箱子；

4　向右移动：获取到按键“→”，此时 dir = 1。将角色目前位置的数组值变为 0，下一目标移动位置的数组值变为 2，下二目标移动位置的数组值变为 3，刷新角色及箱子。

◆ 遇到障碍物的时候：跳出遍历，返回 false。

9.3.4　角色及箱子移动逻辑

```
1     if ( 玩家按键 "↑")
2     {
3         dir = Direction.Up;
4     }
5         else if ( 玩家按键 "↓")
6     {
7         dir = Direction.Down;
8     }
9         else if ( 玩家按键 "←")
10    {
11        dir = Direction.Left;
12    }
13    else if ( 玩家按键 "→")
14    {
15        dir = Direction.Right;
16    }

17    if( 下一位置为空 )
18    {
19        temp_map[ 角色目前位置 ( i*n+j ) ] = 0;
20        temp_map[ 角色下一位置 ( i*n+j+dir ) ] = 2;
21    }
22    if( 下一位置为箱子 )
23    {
24        temp_map[ 角色目前位置 ( i*n+j ) ] = 0;
25        temp_map[ 角色下一位置 ( i*n+j+dir ) ] = 2;
26        temp_map[ 角色下二位置 ( i*n+j+dir*2 ) ] = 3;
27    }
28    if( 下一位置为墙壁 )
29    {
```

```
30            return false;
31       }
```

地图刷新：人物或箱子可以移动后，将人物或箱子在数组内对应位置的值设为 0，对应移动目标位置的数组的值设为人物或箱子的值，最后刷新人物或箱子即可。

逻辑如图 9-5 所示。

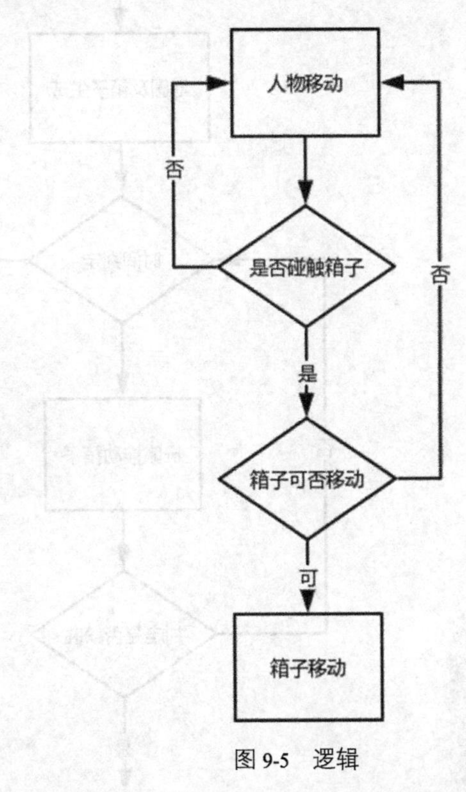

图 9-5　逻辑

9.3.5　游戏获胜判定

由程序遍历地图，当地图中没有不与地图重合的箱子时，玩家获胜。注：初始箱子名为 Box，当箱子与终点重合时，刷新为名为 FinalBox 的箱子，两种箱子颜色不同。

```
1    if( 没有 Box)
2    {
3          玩家获胜 ;
4    }
```

获胜情况如图 9-6 所示。

9.3.6　游戏流程图

游戏流程图如图 9-7 所示。

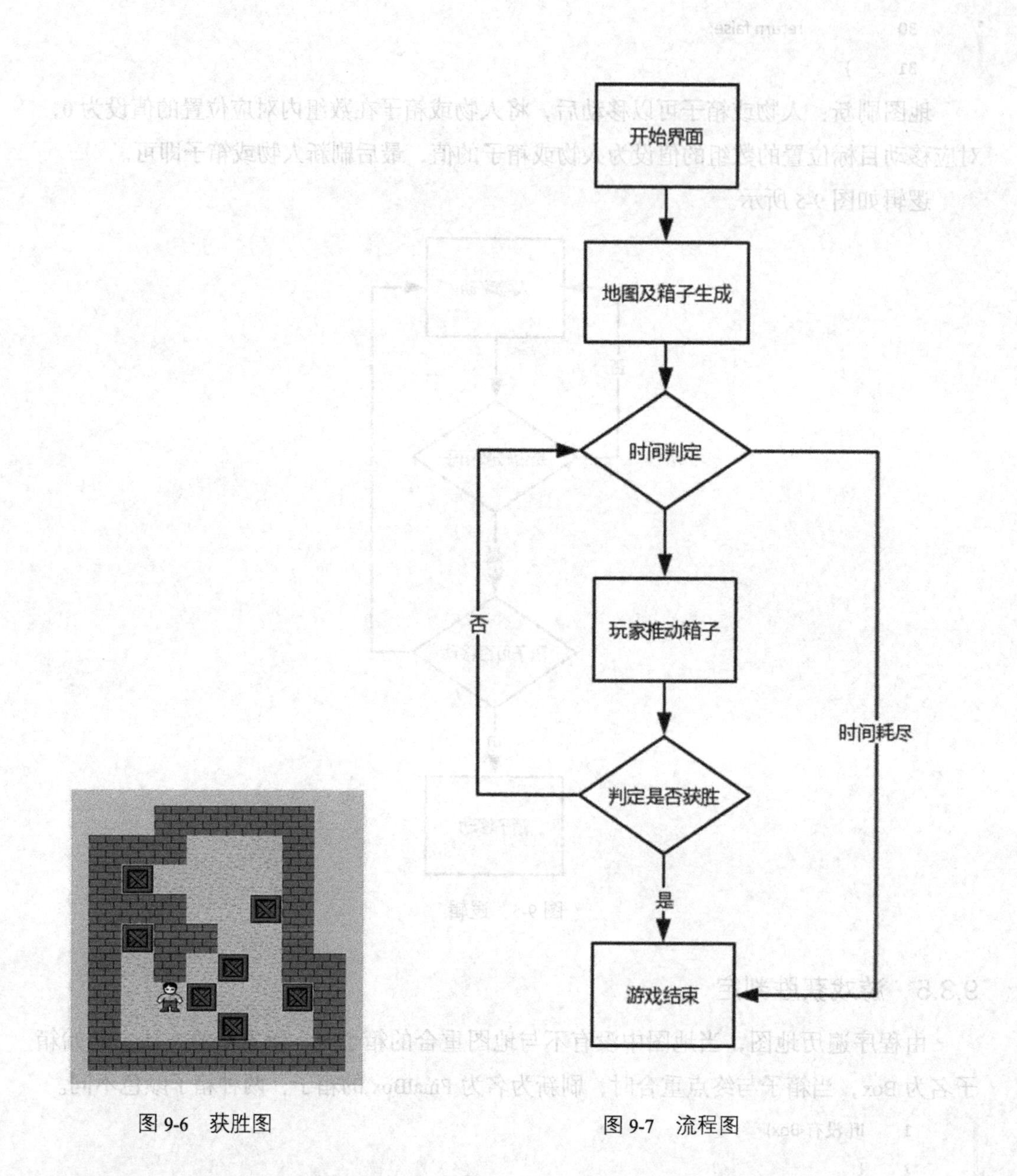

图 9-6　获胜图

图 9-7　流程图

9.4 程序实现

9.4.1　前期准备

[1]　新建工程。新建一个名为 Sokoban 的 2D 工程。把 3D/2D 选项修改为 2D，如图 9-8 所示。

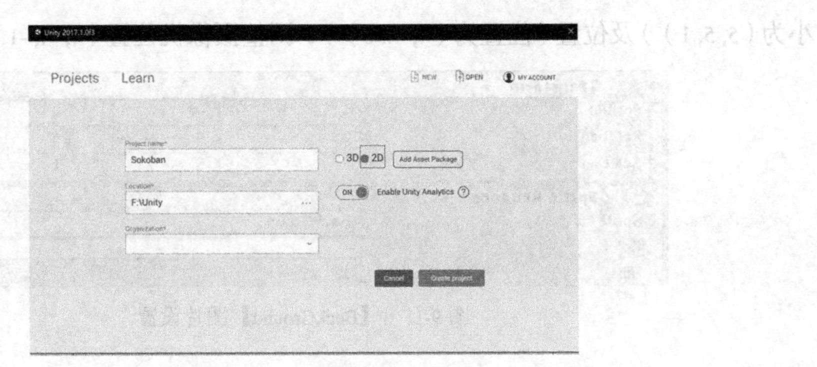

图 9-8　新建工程

[2]　导入素材包。将资源包 Sokoban 导入。资源包中有完整的游戏案例和完成游戏所需的一切素材。

[3]　在【_Complete-Game】文件夹中双击【Done_Sokoban】文件，然后点击运行按钮可以运行游戏，如图 9-9 和图 9-10 所示。

图 9-9　双击打开场景

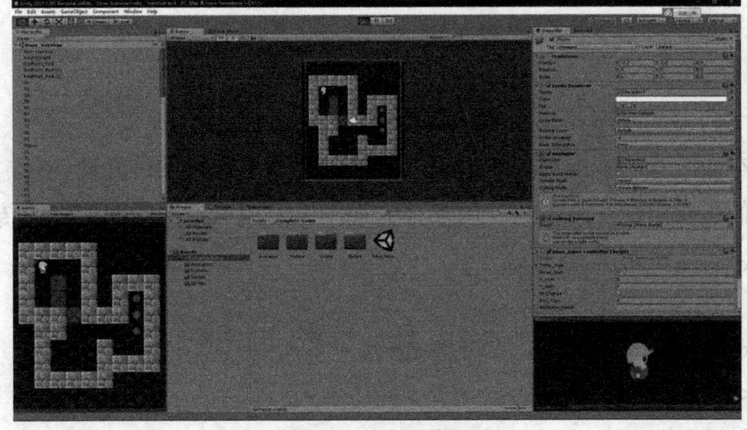

图 9-10　游戏截图

9.4.2　制作游戏场景

[1]　新建场景。新建名为【Game】的游戏场景后保存。我们的游戏将在这个场景里制作完成。

[2]　在【Prefabs】文件夹中选择【BackGround】图片，将其拖入场景中，调整大小（大

小为（5, 5, 1））及位置（位置为（4, -4, 0）），调整摄像机位置（4, -4, -1），如图 9-11 所示。

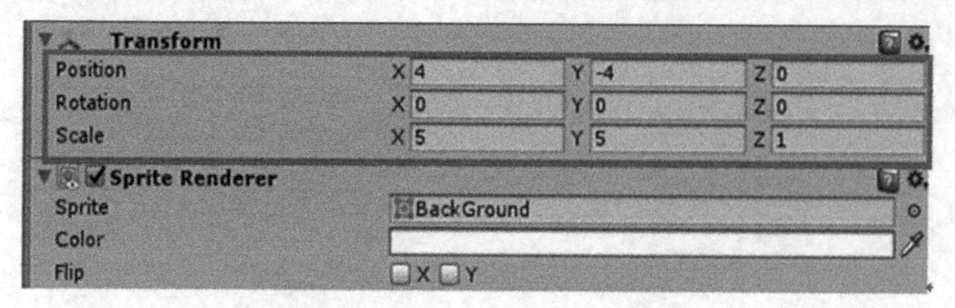

图 9-11 【BackGround】图片设置

9.4.3 地图生成

[1] 在 Project 面板中，新建一个名为【Scripts】的文件夹，我们之后要写的所有脚本，都将存储在这个文件夹中。

[2] 选中【Scripts】文件夹，右键单击空白处，创建一个名为【Build】的 C# 脚本，如图 9-12 所示。

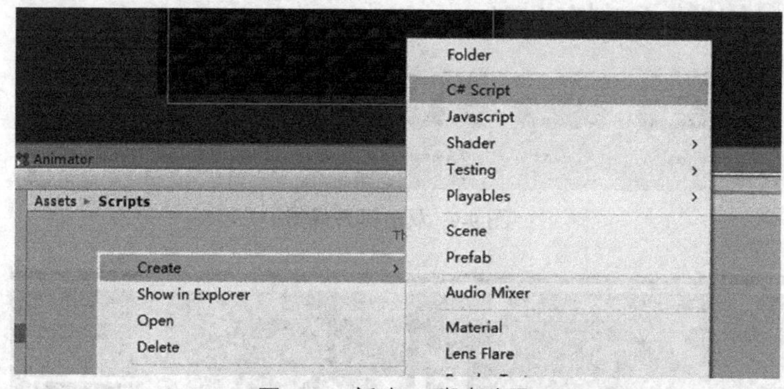

图 9-12 新建 c# 脚本步骤

注意：本次游戏的脚本都会使用这种方法创建，下文将不再复述。

[3] 我们需要定义几个数组。用来存放地图以及用于地图数组的值的传递。

```
1   public class Build : MonoBehaviour
2   {
3   public static int[] temp_map;           // 传值数组
4   public int[] final_map;                 // 用于终点检测
5       void Awake()
6       {
7           final_map = new int[9 * 9];
8           temp_map = new int[]
9           {
10              1, 1, 1, 1, 1, 0, 0, 0, 0,
11              1, 2, 0, 0, 1, 0, 0, 0, 0,
12              1, 0, 3, 0, 1, 0, 1, 1, 1,
```

```
13              1, 0, 4, 0, 1, 0, 1, 9, 1,
14              1, 1, 1, 5, 1, 1, 1, 9, 1,
15              0, 1, 1, 0, 0, 0, 0, 9, 1,
16              0, 1, 0, 0, 0, 1, 0, 0, 1,
17              0, 1, 0, 0, 0, 1, 1, 1, 1,
18              0, 1, 1, 1, 1, 1, 0, 0, 0
19          };
20          // 设定 final_map 与 temp 相同以便终点使用
21              for (int i = 0; i < 9; i++)
22              {
23                  for (int j = 0; j < 9; j++)
24                  {
25                      final_map[j * 9 + i] = temp_map[j * 9 + i];
26                  }
27              }
28      }
29  }
```

Build 脚本

[4]　贴图的储存：我们需要新建一个【Sprites】数组，用于存放贴图，如图 9-13 所示，这样可以在脚本中调用并使生成的预制体有贴图，如图 9-14 所示。

```
1   public class Build : MonoBehaviour
2   {
3       public Sprite[] MapSprites;
4   }
```

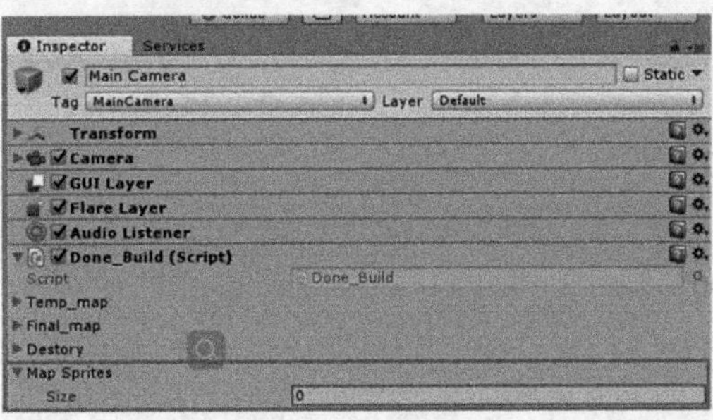

图 9-13　图片数组

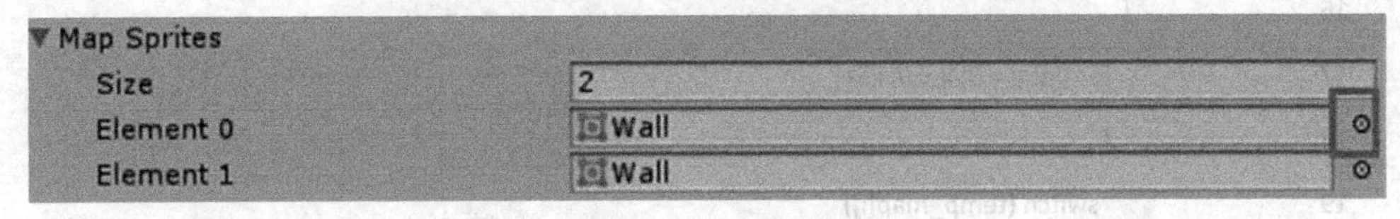

图 9-14　图片数组

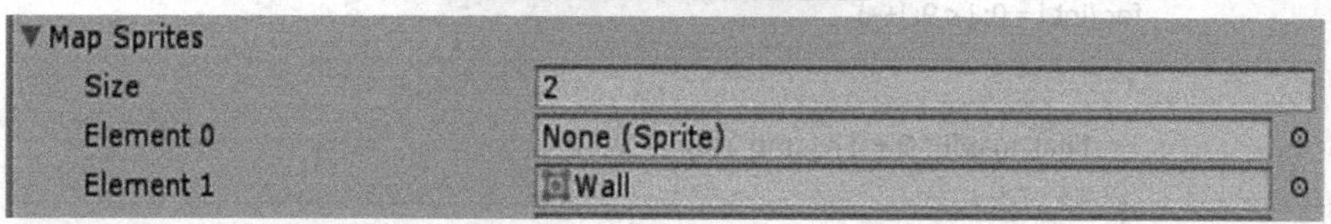

图 9-14　图片数组（续）

[5]　预制体的生成：我们需要在脚本中定义几个预制体，然后生成并储存在数组中，这样地图、人物及箱子就可以在游戏界面出现了。

```
1    public class Build : MonoBehaviour
2    {
3        public GameObjectmapPrefab;            // 地图
4        public GameObjectplayerPrefab;         // 角色
5        public GameObjectboxPrefab;            // 箱子
6        public GameObjectfinalboxPrefab;       // 获胜图
7        GameObject g;
8        void Start()
9        {
10           BuildMap();
11       }
12       void BuildMap()
13       {
14           int i = 0;
15           for (int y = 0; y < 9; y++)
16           {
17               for (int x = 0; x < 9; x++)
18               {
19                   switch (temp_map[i])
20                   {
```

```
21                  case 1: // 生成墙壁
22                  case 0:// 无图
23                  g = Instantiate(mapPrefab) as GameObject;
24                  g.transform.position = new Vector3(x, -y, 0);
25                  g.name = x.ToString() + y;
26                  Sprite icon = MapSprites[temp_map[i]];// 使贴图与地图数组吻合
27                  g.GetComponent<SpriteRenderer>().sprite = icon;
28                      break;
29
30                  case 2: // 生成人物
31                  g = Instantiate(playerPrefab) as GameObject;
32                  g.transform.position = new Vector3(x, -y, 0);
33                  g.name = "Player";
34                      break;
35
36                  case 3: // 生成箱子
37                  g = Instantiate(boxPrefab) as GameObject;
38                  g.transform.position = new Vector3(x, -y, 0);
39                  g.name = "Box";
40                      break;
41              }
42              if (i < 80)
43              {
44                  i++;
45              }
46      }
47  }
```

Build 脚本

Map Prefab　None (Game Object)
Player Prefab　None (Game Object)
Box Prefab　None (Game Object)
Final Box Prefab　None (Game Object)

Map Prefab　Wall
Player Prefab　Player
Box Prefab　CrateDark_Red
Final Box Prefab　Crate_Red

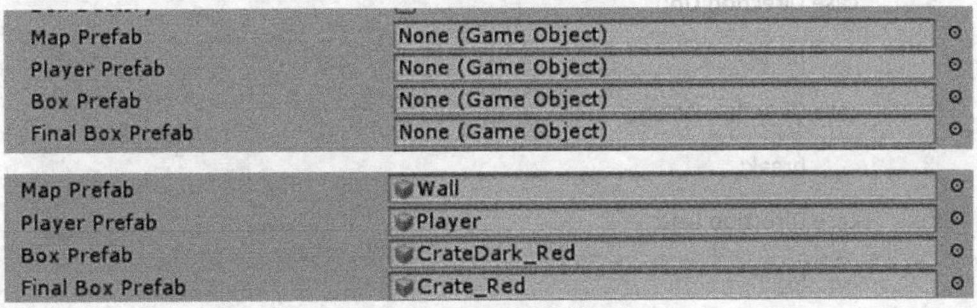

图 9-15　预制体拖入

在 Inspector 面板中拖入相应预制体，预制体在【Prefabs】文件夹中。

完成以上步骤后，点击运行游戏按钮，我们就能看到游戏的初始界面啦，如图 9-16 所示。

图 9-16　游戏初始界面

9.4.4　角色的移动

[1]　新建一个 C# 脚本，命名为【GameController】

[2]　我们可以先把获取玩家按键的判断语句写好，以便后期增加代码。

```
1   public class GameController : MonoBehaviour{
2   enum Direction { Up = -9,Down = 9,Left = -1,Right = 1}
3   Direction dir;
4   void Update()
5   {
6               if (Input.GetKeyDown(KeyCode.UpArrow)) { dir = Direction.Up; }
7               if (Input.GetKeyDown(KeyCode.DownArrow)) { dir = Direction.Down; }
8               if (Input.GetKeyDown(KeyCode.LeftArrow)) { dir = Direction.Left; }
9               if (Input.GetKeyDown(KeyCode.RightArrow)) { dir = Direction.Right; }
10
11              switch (dir)
12              {
13                  case Direction.Up:
14                      break;
15                  case Direction.Down:
16                      break;
17                  case Direction.Left:
18                      break;
```

```
19                  case Direction.Right:
20                      break;
21              }
22      }
23  }
```

玩家按键判断语句

[3]　编译判定人物是否可以移动的函数。同样，我们可以先写好判定语句，之后再向里面添加代码。注：因为判定箱子的代码比较复杂，我们放到后面再说。

```
1   public class GameController : MonoBehaviour
2   {
3       public bool IsMove()
4       {
5           int x, y;
6           // 获取 Player 坐标
7           Transform playerPos = GameObject.Find("Player").GetComponent<Transform>();
8           x = (int)playerPos.position.x;
9           y = (int)playerPos.position.y;
10
11              GameObject g;
12          // 如果人物下一个运动目标点为空
13          else if ()
14          {
15
16      }
17
18      // 如果人物下一个运动目标点为墙壁
19      else if ()
20      {
21
22      }
23    }
24  }
```

人物移动判定

[4]　之后我们就可以添加获取用户按键后的代码了。注：因为我们用一维数组代替二维数组，并且是 9×9 的所以我们 +-9 个单位就是数组内向上或下移动一格。

```
1    public class GameController : MonoBehaviour
2    {
3    Bool isChange;
4    void update（）
5    {
6            if (Input.GetKeyDown(KeyCode.UpArrow)) { dir = Direction.Up; }
7            if (Input.GetKeyDown(KeyCode.DownArrow)) { dir = Direction.Down; }
8            if (Input.GetKeyDown(KeyCode.LeftArrow)) { dir = Direction.Left; }
9            if (Input.GetKeyDown(KeyCode.RightArrow)) { dir = Direction.Right; }
10
11           switch (dir)
12           {
13               case Direction.Up:
14                   isChange = true;
15                   x_num = 0;            // 生成新 Gameboject 时的实际位置坐标
16                   y_num = 1;
17                   animator_name = "Up";    // 动画控制
18                   break;
19
20               case Direction.Down:
21                   isChange = true;
22                   x_num = 0;
23                   y_num = -1;
24                   animator_name = "Down";
25                   break;
26
27               case Direction.Left:
28                   isChange = true;
29                   x_num = -1;
30                   y_num = 0;
31                   animator_name = "Left";
32                   break;
33
34               case Direction.Right:
35                   isChange = true;
```

```
36                          x_num = 1;
37                          y_num = 0;
38                          animator_name = "Right";
39                          break;
40                  }
41              IsMove();
42          }
43  }
```

玩家按键判断

注：isChange 是一个布尔变量，由于 update 每帧刷新，所以我们需要一个控制【IsMove】函数运行次数的变量，减少程序运算量。

[5]　有了以上代码，我们就可以继续写【IsMove】函数里面的判定了。我们需要判定人物是否可以移动，若能移动，我们需要更改数组，并把更改后的数组传回【Build】脚本。

```
1   public class GameController : MonoBehaviour
2   {
3       public bool IsMove()
4       {
5               int x, y;
6               // 获取 Player 的坐标
7               x =(int)GameObject.Find("Player").GetComponent<Transform>().position.x;
8               y =(int)GameObject.Find("Player").GetComponent<Transform>().position.y;
9
10              GameObject g;
11
12              // 如果人物下一个运动目标点为空
13              if (temp_map[-y * 9 + x + dir] == 0 &&isChange == true)
14                      //temp_map[-y * 9 + x + dir]：下一个运动目标点的数组位置
15              {
16                      // 改变数组内人物位置
17                      Build. temp_map[-y * 9 + x] = 0;
18                      Build. temp_map[-y * 9 + x + (iny)dir] = 2;
19
20
21                      isChange = false;
22                      FindObjectOfType<Build>().playerDestory = true;
23                      return true;
```

```
24              }
25
26              // 如果人物下一个运动目标点为墙壁
27              else if (temp_map[-y * 9 + x + (int)dir] == 1 &&isChange == true)
28              {
29                  isChange = false;
30                  return false;
31              }
32              return false;
33      }
34  }
```

移动判定

注：这里的 playerDestory 同 isChange，也是用于控制【Build】脚本中的玩家移动函数运行次数的。

[6]　角色的移动判定以及数组的更改回传都做好了，现在我们要做的就是在【Build】中编写【PlayerMove】函数，用于刷新游戏界面的人物，使游戏界面上的人物看起来“移动”了。首先我们需要建立一个 GameObject 类型的数组【destory】，用于储存并销毁 GameObject（这里即指人物）。

```
1   public class Build : MonoBehaviour
2   {
3   public GameObject[] destoryObj;
4   void BuildMap()
5       {
6           destoryObj = new GameObject[9 * 9];// 用于销毁 GameObject
7
8           int i = 0;
9           for (int y = 0; y < 9; y++)
10          {
11              for (int x = 0; x < 9; x++)
12              {
13
14                  switch (temp_map[i])
15                  {
16
17                      case 1: // 生成墙壁
18                      case 0:// 无图
19
```

```
20                  g = Instantiate(mapPrefab) as GameObject;
21                  g.transform.position = new Vector3(x, -y, 0);
22                  g.name = x.ToString() + y;
23
24                  destory[y * 9 + x] = g;
25
26                  Sprite icon = MapSprites[temp_map[i]];// 使贴图与地图数组吻合
27                  g.GetComponent<SpriteRenderer>().sprite = icon;
28                      break;
29
30                  case 2:// 生成人物
31
32                  g = Instantiate(playerPrefab) as GameObject;
33                  g.transform.position = new Vector3(x, -y, 0);
34                  g.name = "Player";
35
36                  destory[y * 9 + x] = g;
37                      break;
38
39                  case 3:// 生成箱子
40
41                  g = Instantiate(boxPrefab) as GameObject;
42                  g.transform.position = new Vector3(x, -y, 0);
43                  g.name = "Box";
44
45                  destory[y * 9 + x] = g;
46                      break;
47              }
48          if (i < 80)
49              {
50                  i++;
51              }
52
53      }
54  }
```

```
55          }
56  }
```

destory 数组的创建

[7] 接下来，就是最重要的【PlayerMove】函数了。

```
1   public class Build : MonoBehaviour
2   {
3       /// <summary>
4       /// 角色移动
5       /// </summary>
6       void PlayerMove()
7       {// 获取各项数值
8
9           int x, y;
10          int x_num = 0;
11          int y_num = 0;
12
13          // 获取角色坐标
14          Transform playerPos = GameObject.Find("Player").GetComponent<Transform>();
15          x = (int)playerPos.position.x;
16          y = (int)playerPos.position.y;
17
18          // 获取界面移动坐标数值
19          x_num = FindObjectOfType<GameController>().x_num;
20          y_num = FindObjectOfType<GameController>().y_num;
21
22
23          // 销毁原有 Player
24          Destroy(destory[-y*9+x]);
25
26          g = Instantiate(playerPrefab) as GameObject;
27
28          g.transform.position = new Vector3(x + x_num, y + y_num, 0);
29          g.name = "Player";
30
31          // 将新的 Player 存入销毁数组
32          destory[-((y + y_num) * 9) + x + x_num] = g;
33          playerDestory = false;
```

```
34        }
35  }
```

人物移动

然后在【Build】的【update】函数中，设定调用【PlayerMove】即可。

```
1    public class Build : MonoBehaviour
2    {
3        private void Update()
4        {
5            if (playerDestory)// 如果 Player 移动并且原有 Player 需要销毁
6            {
7                PlayerMove();
8            }
9        }
10   }
```

调用【PlayerMove】

到这里，将 GameController 脚本绑定在角色的预制体上，然后点击主界面的运行按钮，并且按上下左右方向键，我们的人物就可以移动并且不能穿过墙壁及箱子了，如图 9-17 所示。

图 9-17　人物移动

9.4.5　箱子的移动

[1]　想要做出角色推动箱子的效果我们首先要理清角色能推动箱子的条件，这里使用伪代码来表示逻辑：注：前文已经提到：下一个目标位置的表达式为：temp_map[-y * 9 + x + dir]，由此可知，下二个目标位置的表达式为 temp_map[-y * 9 + x + dir+dir]。

```
1   if( 下一个目标位置 == Box && 下二个目标位置 == 0 &&isChange == true)
2   {
3            箱子移动；
4   }
```

箱子移动逻辑

[2] 现在就可以写代码了，打开【GameController】脚本，在【IsMove】函数中添加以下代码。

```
1   public class GameController : MonoBehaviour
2   {
3       public bool IsMove()
4       {
5           // 如果人物下一个运动目标点为墙壁
6           else if（ ）
7           {}
8
9           // 如果人物下一个运动目标点为箱子
10              else if (temp_map[-y * 9 + x + (int)dir] == 3 &&
11              (temp_map[-y * 9 + x + (int)dir*2] == 0||
12              temp_map[-y * 9 + x + (int)dir*2] == 9) &&isChange == true)
13  {
14              // 改变数组内人物及箱子位置
15              Build.temp_map[-y * 9 + x] = 0;
16              Build.temp_map[-y * 9 + x + (int)dir] = 2;
17              Build.temp_map[-y * 9 + x + (int)dir*2] = 3;
18
19
20              isChange = false;
21              FindObjectOfType<Done_Build>().playerDestory = true;
22              FindObjectOfType<Done_Build>().boxDestory = true;
23              return true;
24
25          }
26      }
27  }
```

箱子移动判定函数

[3] 回到【Build】脚本，现在我们需要写一个【BoxMove】函数来控制游戏画面上箱子的移动。这里我们使用获取 Player 坐标并加上移动方向来得到 Box 的坐标。其余原理与【PlayerMove】相同。

```
1    public class Build : MonoBehaviour
2    {
3      public bool boxDestory = false;
4
5        /// <summary>
6        /// 箱子移动
7        /// </summary>
8        void BoxMove()
9        {// 获取各项数值
10
11           int x, y;
12           intx_num = 0;
13           inty_num = 0;
14
15           // 获取界面移动坐标数值及 Box 界面编号
16           x_num = FindObjectOfType<GameController>().x_num;
17           y_num = FindObjectOfType<GameController>().y_num;
18
19           // 获取相应 Box 坐标
20           Transform playerPos = GameObject.Find("Player")GetComponent<Transform>();
21           //Player 的 X 坐标 +x_num 为下一个目标点的 X 坐标，即为相应 Box 的 X 坐标，Y 同理
22           x = (int)playerPos.position.x + x_num;
23           y = (int)playerPos.position.y + y_num;
24           // 销毁原有 Box
25           Destroy(destory[-y * 9 + x]);
26          if (final_map[-((y + y_num) * 9) + x + x_num]== 0 ||final_map[-((y + y_num) * 9) + x + x_num] == 3)
27           {
28               g = Instantiate(boxPrefab) as GameObject;
29               g.transform.position = new Vector3(x + x_num, y + y_num, 0);
30               g.name = "Box";
31           }
32           else if (final_map[-((y + y_num) * 9) + x + x_num] == 9)
33           {
34               g = Instantiate(finalboxPrefab) as GameObject;
35               g.transform.position = new Vector3(x + x_num, y + y_num, 0);
```

```
36                  g.name = "FinalBox";
37              }
38              //将新的 Box 存入销毁数组
39              destory[-((y + y_num) * 9) + x + x_num] = g;
40              playerDestory = false;
41              boxDestory = false;
42          }
43  }
```

BoxMove 函数

注：这里 boxDestory 的属性与作用和 playerDestory 相同，不再复述。

[4] 最后我们只需要在【Build】脚本中把【Update】函数调用的语句修改，加入【BoxMove】调用就可以了。

```
1   public class Build : MonoBehaviour
2   {
3       private void Update()
4       {
5               if (playerDestory)// 如果 Player 移动并且原有 Player 需要销毁
6               {
7                   if (boxDestory)// 如果 Box 移动并且原有 Box 需要销毁
8                   {
9                       BoxMove();
10                  }
11                  PlayerMove();
12              }
13      }
14  }
```

Update 函数

到这里，我们的游戏已经可以实现角色移动以及角色推动箱子的功能了，如图 9-18 所示。

图 9-18 推动箱子

9.4.6 游戏胜利判定

到现在，我们游戏的主体部分已经完成了，现在我们需要加入判定游戏获胜的代码。

[1] 首先我们可以找到【Prefabs】文件夹中的【EndPoint_Red】，将其拖到场景中的如图9-19所示位置，并复制三份。这三张图片在开始游戏后，可以用来标记终点位置。

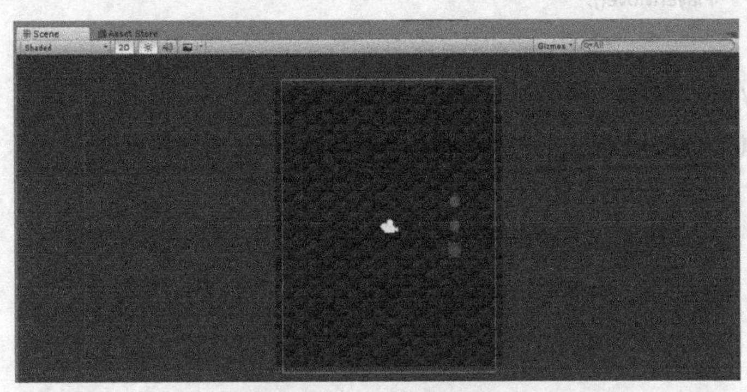

图9-19 终点场景图

注：为了方便，这里提供三个终点的坐标：（7,-3,0）、(7,-4,0)、(7,-5,0)

[2] 点击运行按钮，我们可以看到游戏场景如图9-20所示。

图9-20 游戏示意图

[3] 场景布置好之后，我们需要在脚本中加入游戏获胜的判断，打开【Build】脚本。因为箱子推到终点后，我们生成了不同颜色的【FinalBox】，所以我们可以通过遍历场景中有没有【Box】来判定是否所有箱子都在终点。我们可以在【Update】函数中加入以下代码：

```
1   public class Build : MonoBehaviour
2   {
3   public GameObject finalPrefab; // 游戏获胜后刷新一张图片，用于提示游戏获胜。
4   private void Update()
5   {
6       if (playerDestory)          // 如果 Player 移动并且原有 Player 需要销毁
7           {
```

```
8              if (boxDestory)      // 如果 Box 移动并且原有 Box 需要销毁
9              {
10                 BoxMove();
11             }
12             PlayerMove();
13         }
14         // 游戏结束判定
15         if (GameObject.Find("Box") == null&&GameObject.Find("Final")==null)
16         {
17             g = Instantiate(finalPrefab) as GameObject;
18             g.transform.position = new Vector3(4, -4, 0);
19             g.name = "Final";
20         }
21 }
```

游戏获胜判定函数

[4] 回到游戏界面，由于我们定义了 finalPrefab，所以我们需要在游戏场景中将一个新的 Prefab 拖入。将【Prefab】文件夹中的【final】拖入，如图 9-21 所示。

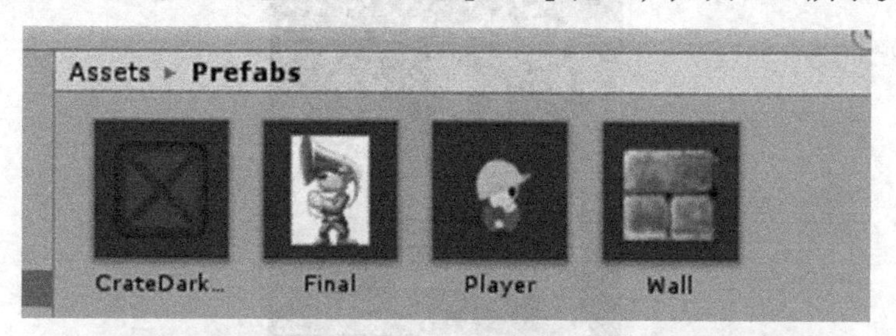

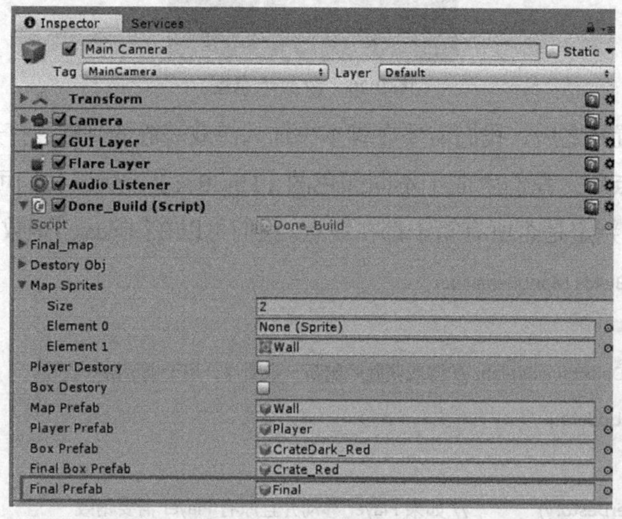

图 9-21 预制体拖入

然后运行游戏，将箱子全部推到终点处，我们就会发现游戏获胜的图片出现了，如图 9-22 所示。

图 9-22　游戏获胜

9.4.7　动画的加入

到现在，我们游戏已经全部做完了，但是为了游戏效果更好，我们需要在角色身上加入动画。

[1]　首先，找到【Animation】文件夹，将【Character4】拖入【Prefabs】文件夹中【Player】的【Animator】组件的【Controller】中，如图 9-23 所示。

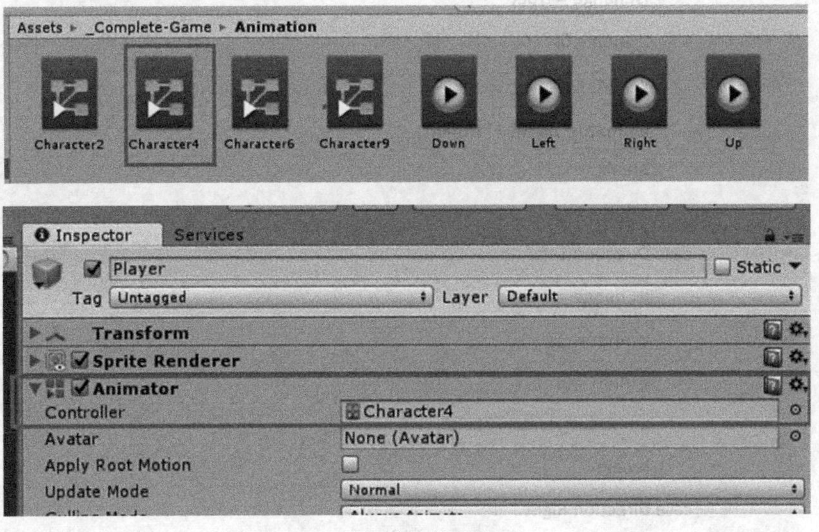

图 9-23　动画控制器图

[2]　打开【GameController】脚本。我们现在需要在【Update】函数的按键判断中，加入动画的回传。

```
1   public class GameController : MonoBehaviour
2   {
3   public string animator_name;
4   void Update()
5       {
6           if (Input.GetKeyDown(KeyCode.UpArrow)) { dir = Direction.Up; }
7           if (Input.GetKeyDown(KeyCode.DownArrow)) { dir = Direction.Down; }
8           if (Input.GetKeyDown(KeyCode.LeftArrow)) { dir = Direction.Left; }
9           if (Input.GetKeyDown(KeyCode.RightArrow)){dir=Direction.Right;}
10          switch (dir)
11          {
12              case Direction.Up:
13                  IsChange = true;
14                  x_num = 0;                  //生成新 Gameboject 时的实际位置坐标
15                  y_num = 1;
16                  animator_name = "Up";  // 动画控制
17                  break;
18
19              case Direction.Down:
20                  IsChange = true;
21                  x_num = 0;
22                  y_num = -1;
23                  animator_name = "Down";
24                  break;
25
26              case Direction.Left:
27                  IsChange = true;
28                  x_num = -1;
29                  y_num = 0;
30                  animator_name = "Left";
31                  break;
32              case Direction.Right:
33                  IsChange = true;
34                  x_num = 1;
35                  y_num = 0;
```

```
36                  animator_name = "Right";
37                  break;
38
39          }
40          IsMove();
41  }
```

动画名字回传

[3]　最后，我们需要在【Build】脚本中的【PlayerMove】函数中，在每一次生成新的角色 Prefab 时，加入对应方向的动画。

```
1   public class Build : MonoBehaviour
2   {
3     void PlayerMove()
4     {// 获取各项数值
5
6           int x, y;
7           int x_num = 0;
8           int y_num = 0;
9
10          // 获取 Player 坐标
11          x = (int)GameObject.Find("Player").GetComponent<Transform>().position.x;
12          y = (int)GameObject.Find("Player").GetComponent<Transform>().position.y;
13
14          // 获取界面移动坐标数值
15          x_num = FindObjectOfType<GameController>().x_num;
16          y_num = FindObjectOfType<GameController>().y_num;
17
18          // 获取动画一定要放在销毁 Player 前
19          string animator_name =FindObjectOfType<GameController>().animator_name;
20
21          // 销毁原有 Player
22          Destroy(destory[-y*9+x]);
23
24          g = Instantiate(playerPrefab) as GameObject;
25
26          g.GetComponent<Animator>().Play(animator_name);
27          g.transform.position = new Vector3(x + x_num, y + y_num, 0);
28          g.name = "Player";
```

```
29
30            //将新的 Player 存入销毁数组
31            destory[-((y + y_num) * 9) + x + x_num] = g;
32            playerDestory = false;
33        }
34    }
```

加入动画

到这里，去主界面点击运行按钮，你会发现角色已经动起来了。推箱子游戏到这里也全部完成了。

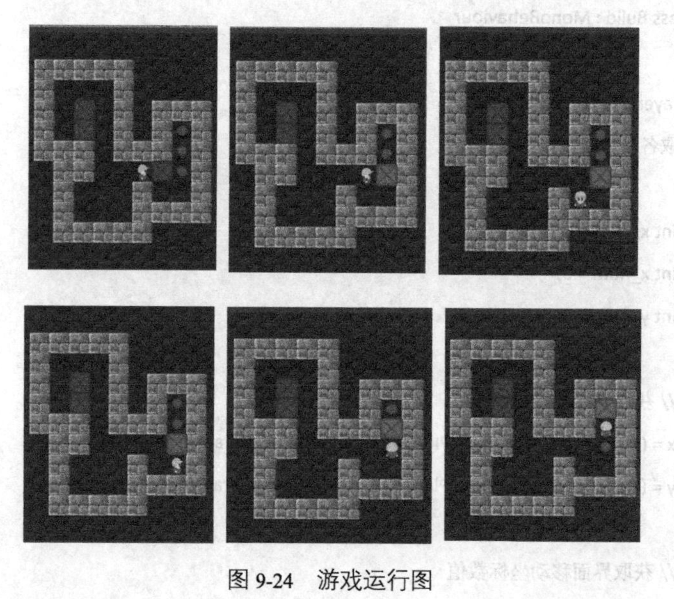

图 9-24　游戏运行图

第 10 章　炸弹人

10.1　游戏简介

《炸弹人》（Bomber Man）是 HUDSON 出品的一款战略迷宫类型电子游戏。游戏于 1983 年发行，至今已经陆续发行了 70 余款系列游戏。设计精妙，在操作上有一定的难度和要求，给很多红白机玩家带来了童年的乐趣。

炸弹人的形象完全采用了 Broderbund 公司制作的一款游戏《淘金者 (Lode Runner)》中敌方机器人的设计。这使得《炸弹人》成了一款与《淘金者》息息相关的游戏。

这里向大家介绍一下《炸弹人》与《淘金者》的故事。其实炸弹人是一个想变成人类的机器人，他坚信只要到达地面就能变成人类，最后，他终于努力变成了人，却以淘金者的身份回到了地下。游戏具体操作是游戏主人公放置炸弹杀死怪物，炸弹也可以炸死自己，在操作过程中不能碰到怪物，碰到怪物则死亡。玩家需要利用地形，寻找怪物运动的规律来炸死所有怪物，找到传送之门进入下一关。

图 10-1　炸弹人示意图

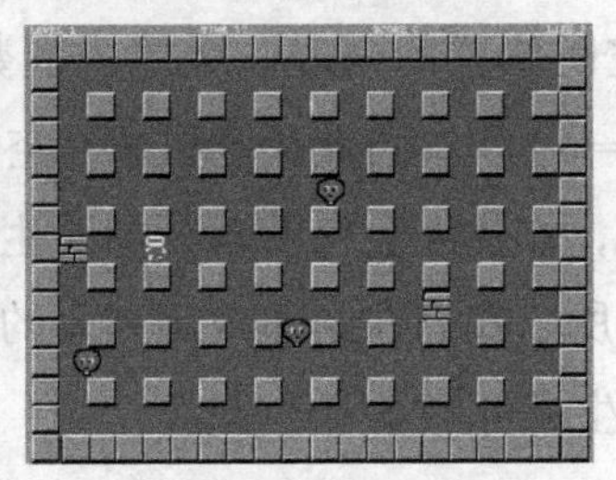

图 10-2　游戏示意图 1

10.2　游戏规则

在每一个关卡的地图内，主人公使用放置炸弹的方法来清理路障、消灭怪物。无论谁在炸弹爆炸的范围内都会死亡 / 消失。

清理路障的时候会爆出一些道具：增加威力、增加个数或是引爆炸弹的能力。

主人公一共有三条命，每次死亡都会重置本关，闯关成功则会奖励生命值。

玩家可以利用地形和灵活的走位获取游戏的胜利，在此过程中一旦死亡次数超过生命值，游戏结束，反之，如果在规定时间内消灭所有的怪物并顺利找到传送之门，即可进入下一关。

10.3 程序思路

10.3.1 地图生成

其实炸弹人较难的部分是要考虑地图的生成布局，地图的整体大小是固定不变的，地图主要由三个部分组成，即墙体、道具和怪物。

墙体生成：用二维数组记录地图行列数，在地图中有两种不同状态的墙体，分别为可炸毁的墙体和不可炸毁的墙体。

不可炸毁的墙体：在地图中按规律分布，我们可以利用该规律生成墙体。用二维数组来表示整张地图的话，记地图左下角为 [0][0]，则不可炸毁的墙体所在位置的数组下标均为奇数。注意，地图外围有一圈不可炸毁的墙体我们不记在数组内部。

```
For(x = -1;x < 列数 +1； x++){
    For ( y = -1;y < 行数 +1； y++ ) {
        If ( (x%2 == 1 & y%2 == 1) | x == -1 | x == 列 | y == -1 | y == 行数 ) // 数组下标均为奇数 | 均在地图最上 / 下 / 左 / 右侧
            生成不可炸毁的墙体;
    }
}
```

可炸毁的墙体：则随机分布在地图空闲的地方，因而我们需要建立一个存有当前地图内空闲位置的列表。数组内偶数行和偶数列即所选范围（添加判断语句 if（x%2==0|y%2==0）），再利用随机数在空闲位置生成一定数量的可摧毁墙体即可。

一般来说，炸弹人会在游戏开始时生成在地图的左上角，因而我们要给主角留些生存的空间，所以我们在制作空闲列表的时候需要将左上角这三个位置去除，即这三个位置是不能生成可摧毁墙体的。

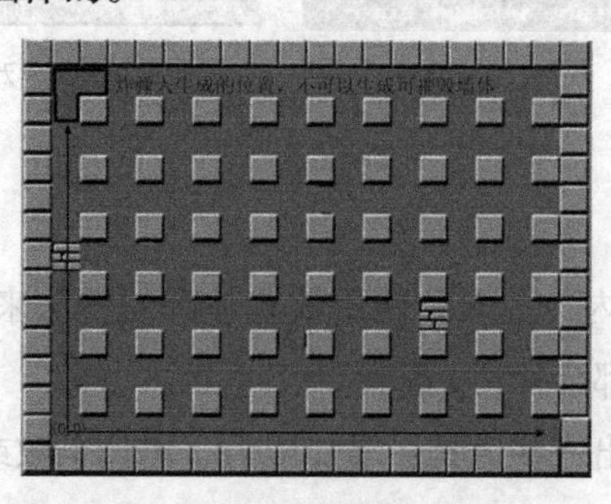

图 10-3 墙体分布示意图

道具 / 门的生成：当我们随机生成可炸毁墙体后，系统检测存有可炸毁墙体的位置列表，将道具随机赋予给其中 1 个或 2 个墙体，当墙体被炸毁时，道具显示。玩家拾取道具后可以改变玩家类的一些信息，这个以后会讲到。

10.3.2　炸弹管理

炸弹人中另一个较为重要的部分是炸弹爆炸的运算。

建立一个炸弹类，在炸弹上设置一个定时器。在生成炸弹前提前检测当前位置是否已经存在炸弹或墙体，有则炸弹无法生成。

炸弹计时器结束后调用火焰类，火焰类中包含定时器以及爆炸范围信息。在火焰类定时器工作时间内，存在于爆炸范围内的一切物体都将被摧毁（不可摧毁墙体除外），爆炸范围利用遍历算法，以炸弹位置为中心向上下左右四周进行遍历，中途如果遇到墙体时，该方向上的遍历结束。

下面的伪代码是一个方向上的火焰类的遍历。

```
For(i = 0;i< 威力; i++){
    If( 没有墙体 )
        炸弹放置坐标 a[x + i][y]. 火焰显示 = true;
    Else if（有可摧毁墙体）{
可摧毁墙体被销毁;
break;
}
Else break;
}
```

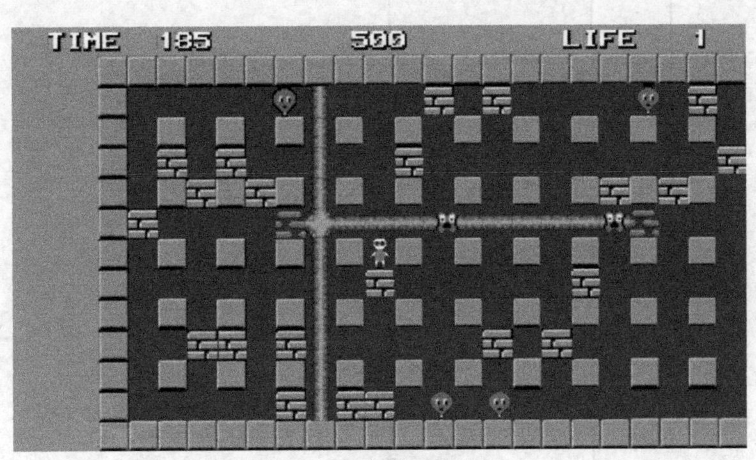

图 10-4　爆炸示意图

10.3.3　怪物管理

与道具生成恰恰相反，怪物生成时需检测地图中没有墙体的位置，利用随机数分布于这些位置中，然后开始运动。

怪物在运动过程中不断检测其运动方向上是否有障碍，一遇到障碍就通过随机数指定一个新的方向进行运动。

10.3.4 游戏管理

游戏有一个整体的计时器，在游戏初始化以后开始计时，如果在倒计时结束前玩家没有消灭所有敌人并打开传送之门，游戏结束。

玩家拥有生命值，用整型变量记录即可。玩家死亡一次，地图内所有的场景都将被重新加载。如果在消灭所有敌人之前玩家生命值降为 0，则游戏提前结束，反之游戏进入下一关。

10.3.5 游戏流程图

如图 10-5 所示。

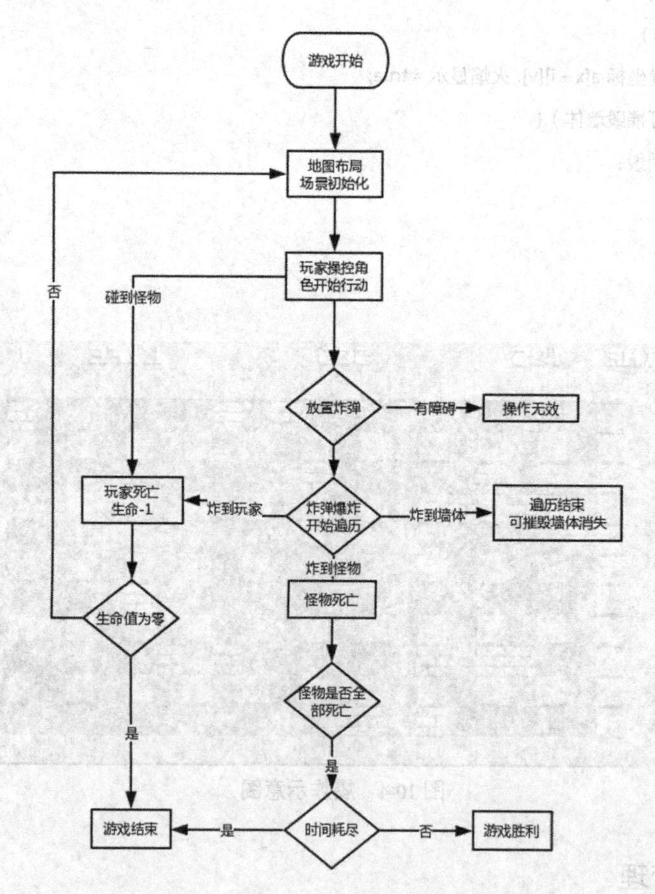

图 10-5 游戏流程图

10.4 程序实现

10.4.1　前期准备

[1]　打开 Unity，新建文件。新建一个名为 Bomberman 的 2D 工程。把 3D/2D 选项改为 2D。

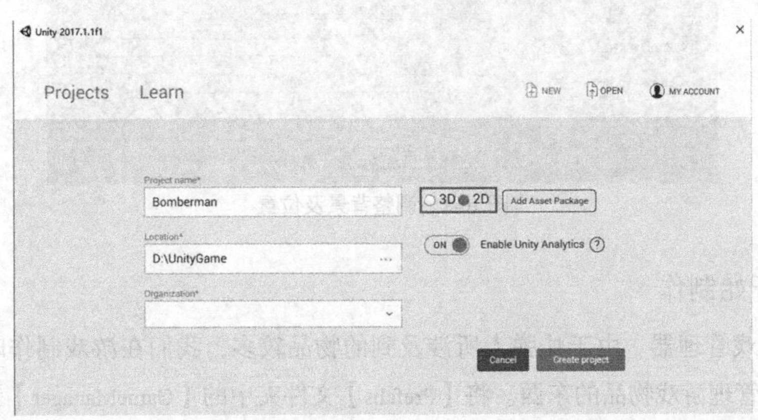

图 10-6　创建工程

[2]　导入素材包。将资源包 Bomberman 导入。资源包中有完整的游戏案例和完成游戏所需的一切素材。在【_Complete-Game】文件夹中双击【Done_game】文件可以运行游戏。

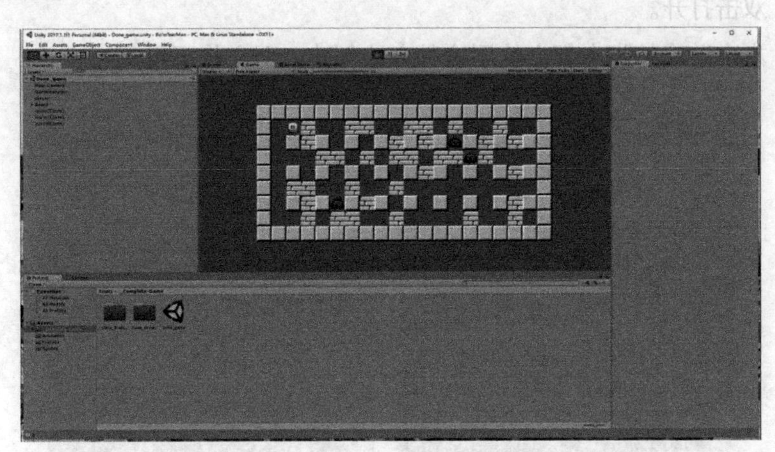

图 10-7　导入资源包

10.4.2　地图制作

[1]　新建场景。新建名为【game】的游戏场景后保存。我们的游戏将在这个场景里制作完成。

[2] 调整摄像机。选择【Main Camera】将背景颜色调整至绿色。

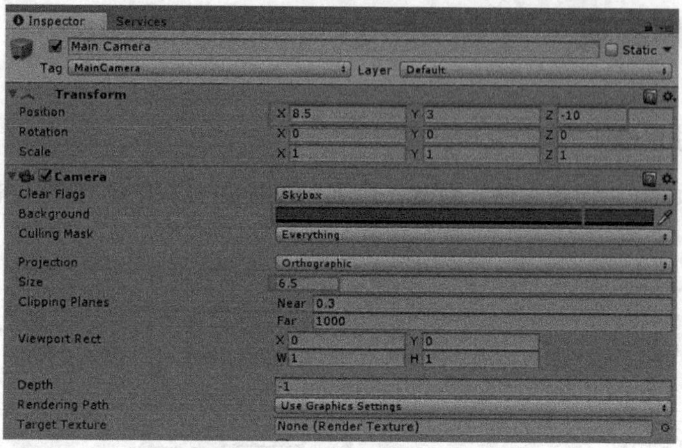

图 10-8 调整背景及位置

10.4.3 开始制作

[1] 游戏管理器。由于炸弹人所涉及到的物品较多，我们在游戏制作时，需要一个专门用于管理游戏物品的东西。将【Prefabs】文件夹中的【GameManager】预制体拖入场景中。之后我们如果要生成什么物体，只需将生成相关脚本绑定在这个 GameManager 预制体中即可。

[2] 墙体生成。选择【GameManager】，在【Inspector】中选择【Add Component】-【New Script】，新建一个名为【BoardManager】的 C# 脚本（如图 10-9 所示），将其放入 Scripts 文件夹中，双击打开。

注意：本次游戏的脚本都会使用这种方法创建，下文将不再复述。

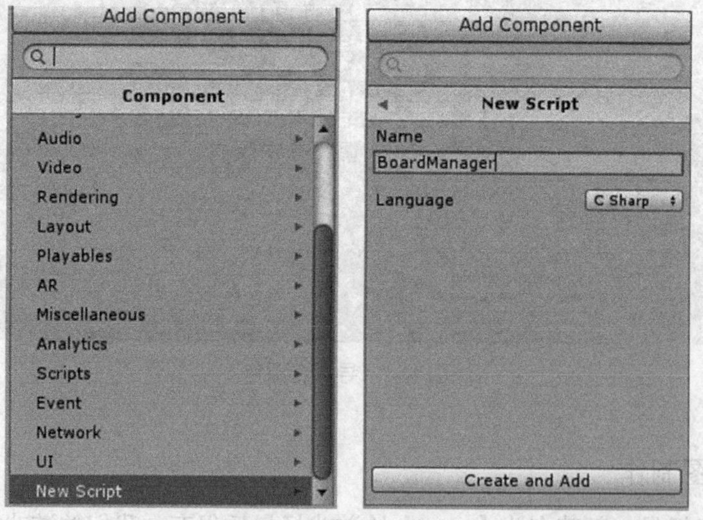

图 10-9 新建并绑定脚本

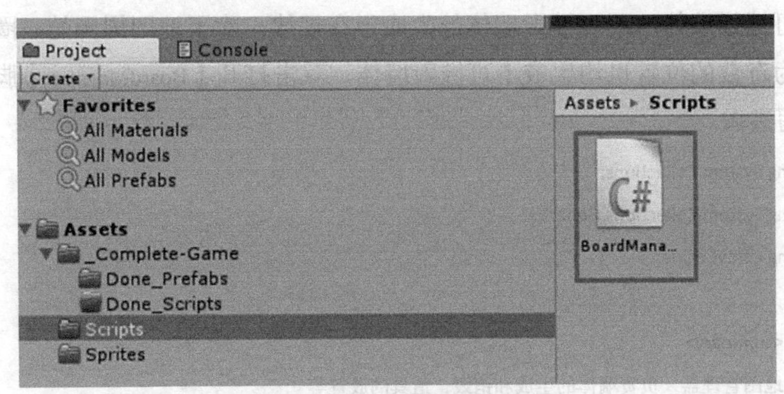

图 10-9　新建并绑定脚本（续）

[3]　建立新脚本。由于后续我们需要用到列表来进行墙体的生成与管理，所以在编辑【BoardManager】脚本之前，我们需要新建两个脚本，这两个脚本需分别绑定在【Prefabs】文件夹中的【Metal】和【Wall】上。这两个脚本现在不需要进行任何编辑，仅仅是为了方便我们管理这两类墙体而已。

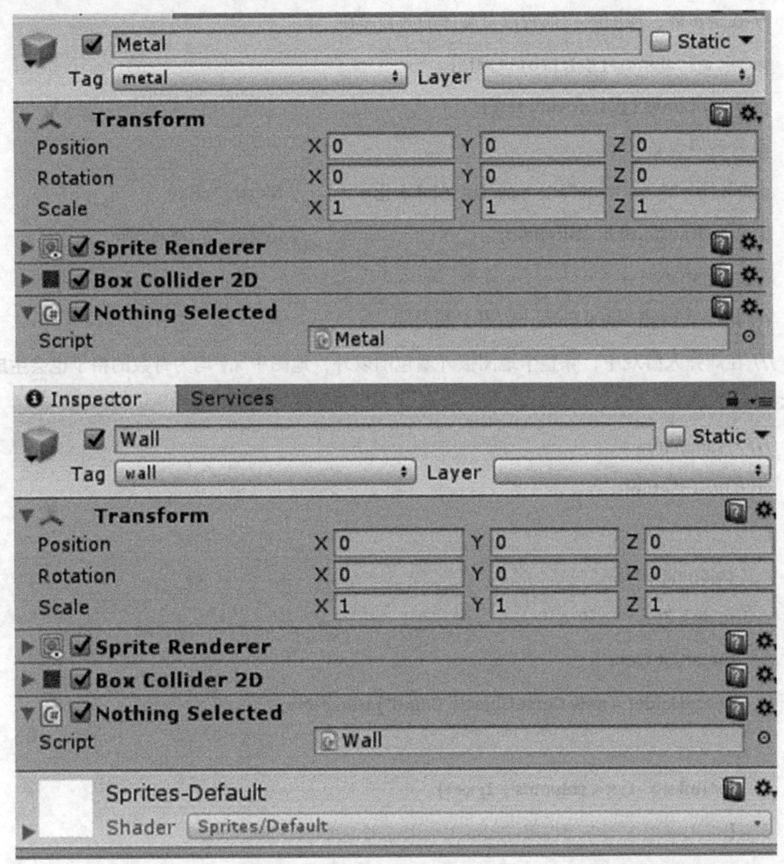

[4]　不可摧毁墙体的生成。进行完上述操作之后，我们就可以进行地图的简单生成了。炸弹人的地图总分为两种墙体，一种是可摧毁墙体，这个我们稍后解释，另一

种则是不可摧毁墙体。不可摧毁墙体的生成很有规律，除了地图周围的一圈以外，数组下标均为奇数的位置也均生成不可摧毁墙体。双击打开【BoardManager】脚本，将下述代码编写进去。

```
1   using System.Collections;
2   using System.Collections.Generic;
3   using UnityEngine;
4
5   /// <summary>
6   /// 地图管理器，负责墙体的生成和销毁，道具的放置等
7   /// </summary>
8   public class BoardManager : MonoBehaviour {
9
10      // 声明各种地图内的预制体
11      public GameObjectmetalTile;
12      // 数量参数，地图的行列数以及墙体的数量范围
13      public int columns { get; private set; }
14      public int rows { get; private set; }
15      // 管理用参数
16      public List<Metal>metalList = new List<Metal>();          // Metal 类集合
17      private Transform boardHolder;                            // 墙体的父 transform
18      /// <summary>
19      /// 给游戏创建 Metal 外墙（边界）和内墙
20      /// 在炸弹人游戏中，除整个地图被外墙包围以外，地图中 x,y 均为奇数的格子也会生成不可炸毁的
    墙体
21      /// </summary>
22      void BoardSetup()
23      {
24          columns = 18;
25          rows = 7;
26          metalList.Clear();
27          boardHolder = new GameObject("Board").transform;
28
29          for (int x = -1; x < columns + 1; x++)
30          {
31              for (int y = -1; y < rows + 1; y++)
```

```
32                {
33                    GameObject toInstantiate = null;
34                    if ((x % 2 == 1 & y % 2 == 1) | x == -1 | x ==columns | y == -1 | y == rows)
35                {
36                    toInstantiate = metalTile;
37                }
38                if (toInstantiate)
39                {
40                    GameObject instance = Instantiate(toInstantiate,new Vector3(x, y, 0f), Quaternion.identity);
41                    instance.transform.SetParent(boardHolder);
42                    metalList.Add(instance.GetComponent<Metal>());
43                }
44            }
45        }
46    }
47    // Use this for initialization
48    /// <summary>
49    /// 建立场景
50    /// </summary>
51    void Start () {
52        BoardSetup();
53    }
54
55    // Update is called once per frame
56    void Update () {
57
58    }
59 }
```

BoardManager 脚本

[5]　预制体拖入。保存代码以后，返回 Unity 界面，选择【GameManager】，在【Inspector】中找到【BorderManager】的脚本，将对应的预制体拖入。

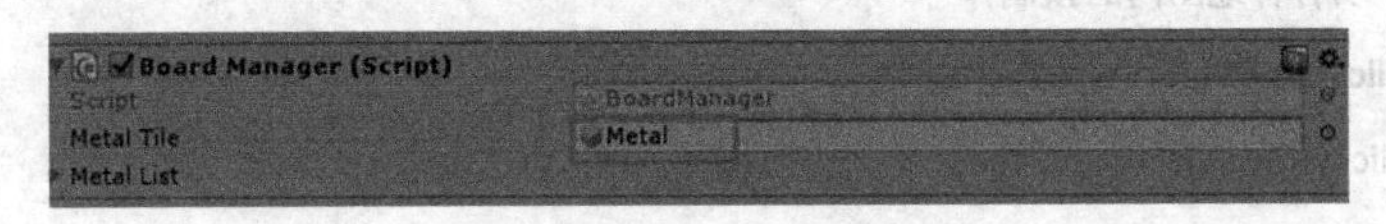

图 10-10　预制体拖入

完成上述步骤以后，点击运行游戏，不可摧毁墙体的生成就完成了。

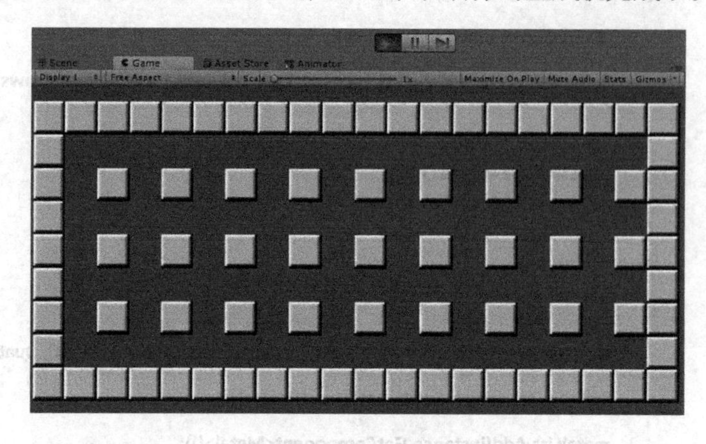

图 10-11　游戏示意图

[6]　可摧毁墙体的生成。可摧毁墙体的生成是随机的，它可以生成在除了不可生成墙体所在的任何位置，当然在生成的时候我们需要为玩家预留左上角的三个空格。双击脚本，将以下代码添加。

```
1    public class BoardManager : MonoBehaviour
2    {
3        /// <summary>
4        /// 用于管理可炸毁墙体数量
5        /// </summary>
6        public class Count
7        {
8            public int minimum;
9            public int maximum;
10
11           public Count(int min, int max)
12           {
13               minimum = min;
14               maximum = max;
15           }
16       }
17
18       //声明各种地图内的预制体
19       public GameObject wallTile;
20       public GameObject metalTile;
21
```

```
22        //数量参数，地图的行列数以及墙体的数量范围
23        public int columns { get; private set; }
24        public int rows { get; private set; }
25        public Count wallCount = new Count(30,40);
26
27        //管理用参数
28        public List<Wall>wallList = new List<Wall>();              //Wall 类集合
29        public List<Metal>metalList = new List<Metal>();         //Metal 类集合
30        private List<Vector3>gridPositions = new List<Vector3>();  //可用的格子的集合(用于放置出生的 Enemy)
31        private Transform boardHolder;    //墙体的父 Transform
32
33        void InitialiseList()
34        {
35            gridPositions.Clear();
36            for (int x = 0; x < columns; x++)
37            {
38                for (int y = 0; y < rows; y++)
39                {
40                    //为主角留一个出生位置
41                    //□□■■■■
42                    //□■■■■■
43                    //■■■■■■
44                    if((x == 0 & y == rows - 1) | (x == 0 & y == rows - 2) | (x == 1 & y== rows - 1))
45                    {
46                        continue;
47                    }
48                    //找出所有的可用的格子存入 gridPositions
49                   //在炸弹人游戏中，偶数行和偶数列的格子是可以用于可炸毁墙体的生成和怪物以及
    人的行走的。其余墙体均不可走。
50                    if (x % 2 == 0 || y % 2 == 0)
51                    {
52                        gridPositions.Add(new Vector3(x, y, 0f));
53                    }
54                }
55            }
```

```
56      }
57
58      void BoardSetup()
59      {
60          ......
61      }
62
63      /// <summary>
64      /// 从我们的 gridPositions 集合中返回一个随机位置
65      /// </summary>
66      /// <returns></returns>
67      public Vector3 RandomPosition()
68      {
69          if (gridPositions.Count == 0)
70          {
71              Debug.Log(" 可用的格子不够了 ");
72          }
73          int randomIndex = Random.Range(0, gridPositions.Count);
74          Vector3 randomPosition = gridPositions[randomIndex];
75          gridPositions.RemoveAt(randomIndex);
76          return randomPosition;
77      }
78
79
80      /// <summary>
81      /// 创建 minimum 到 maximum 数之间个数的可炸毁墙体 wall
82      /// wall 的生成范围在 GridPositions 列表中
83      /// </summary>
84      /// <param name="minimum"></param>
85      /// <param name="maximum"></param>
86      void LayoutWallAtRandom(int minimum, int maximum)
87      {
88
89          wallList.Clear();
```

```
90
91            int objectCount = Random.Range(minimum, maximum + 1);
92            Debug.Log(objectCount);
93
94            for (int i = 0; i <objectCount; i++)
95            {
96                Vector3 randomPosition = RandomPosition();
97
98                GameObject obj = Instantiate(wallTile, randomPosition,Quaternion.identity);
99
100               obj.transform.SetParent(boardHolder);
101
102               wallList.Add(obj.GetComponent<Wall>());
103           }
104       }
105       // Use this for initialization
106       /// <summary>
107       /// 建立场景
108       /// </summary>
109       void Start()
110       {
111           BoardSetup();
112           InitialiseList();
113           LayoutWallAtRandom(wallCount.minimum, wallCount.maximum);
114       }
115
116       // Update is called once per frame
117       void Update()
118       {
119
120       }
121 }
```

BoardManager 脚本

[7]　预制体拖入。保存代码以后，返回 Unity 界面，选择【GameManager】，在【Inspector】中找到【BorderManager】的脚本，将对应的预制体拖入。

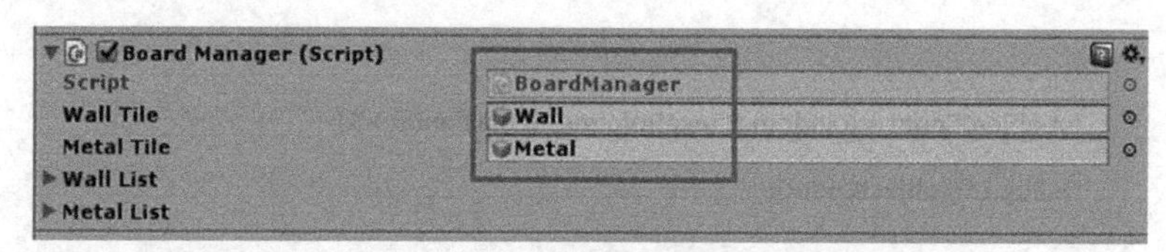

图 10-12　游戏示意图

完成上述步骤后，点击运行游戏，地图的雏形基本完成了。

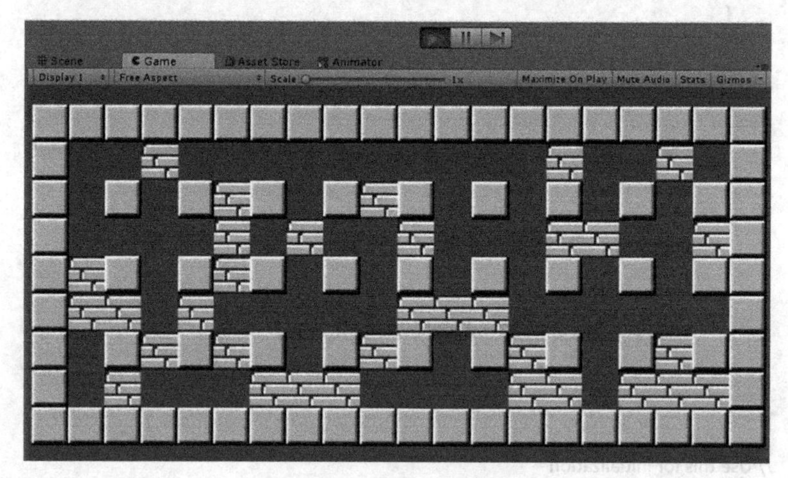

图 10-13　游戏地图示意图

10.4.4　玩家操控

我们已经大致将地图完成了，接下来就是控制玩家的运动了。

[1]　添加人物并控制移动。从【Prefabs】文件夹中找到【player】预制体，将其拖入场景中。为 player 新建并添加一个新的 C# 脚本，命名为【Move】。添加代码如下。

```
1     using System.Collections;
2     using System.Collections.Generic;
3     using UnityEngine;
4
5     public class Move : MonoBehaviour {
6
7
8         // 设置运动速度
9         public float speed = 16f;
10        /// <summary>
11        /// 实时获取键盘输入
12        /// </summary>
13        private void FixedUpdate()
14        {
```

```
15            //getAxisRaw 只能返回 -1 , 0, 1 三个值
16            // 得到水平或垂直命令
17            float h = Input.GetAxisRaw("Horizontal");
18            float v = Input.GetAxisRaw("Vertical");
19
20            // 访问炸弹人 2D 刚体，通过获取的值进行运动
21            GetComponent<Rigidbody2D>().velocity = new Vector2(h, v) * speed;
22
23            // 播放对应动画
24            GetComponent<Animator>().SetInteger("x", (int)h);
25            GetComponent<Animator>().SetInteger("y", (int)v);
26        }
27 }
```

Move 脚本

完成上述操作之后，点击运行游戏，我们可以通过方向键来控制人物的运动。

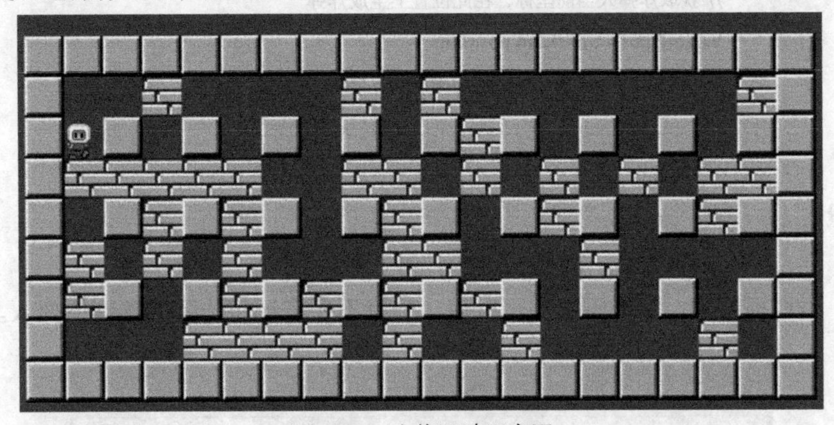

图 10-14　人物运动示意图

[2]　投放炸弹脚本。炸弹人需要通过投放炸弹来将可摧毁墙体炸开，我们需要为炸弹人新建并绑定一个脚本，命名为【BombDrop】，用于管理炸弹的生成。

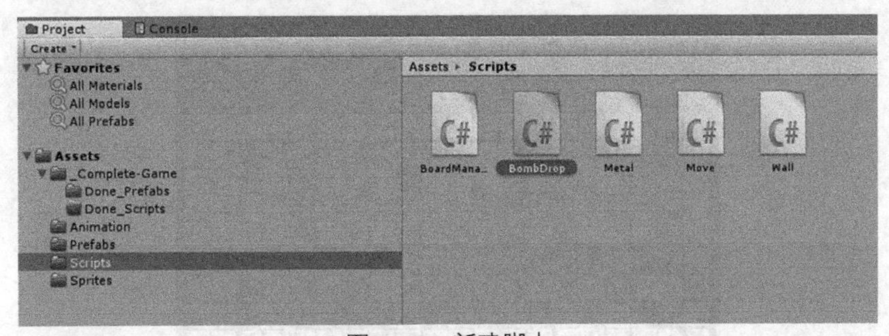

图 10-15　新建脚本

[3]　投放炸弹。双击打开投放炸弹脚本，将以下代码添加进去。

```
1  using System.Collections;
2  using System.Collections.Generic;
3  using UnityEngine;
4
5  public class BombDrop : MonoBehaviour {
6
7      // 申明炸弹
8      public GameObjectBombPrefab;
9
10     void Update()
11     {
12         // 检测空格键，生成炸弹
13         if (Input.GetKeyDown(KeyCode.Space))
14         {
15             // 获取炸弹人当前坐标，在此位置上生成炸弹
16             Vector2 pos = transform.position;
17             Instantiate(BombPrefab,pos, Quaternion.identity);
18         }
19     }
20 }
```

BombDrop 脚本

[4]　添加预制体。完成脚本编写以后，千万不要忘记将炸弹的预制体拖入。

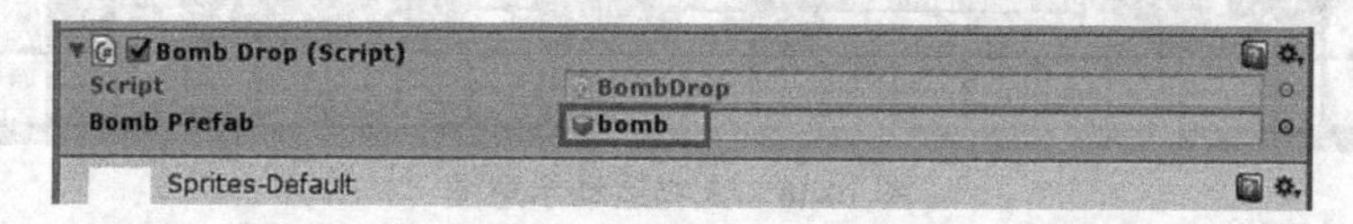

图 10-16　MemoryCard 脚本

完成上述步骤之后，点击运行游戏，通过按下空格键，我们就可以投放炸弹了。

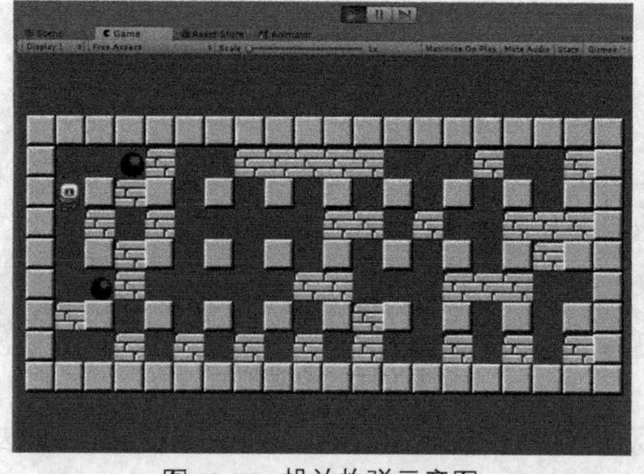

图 10-17　投放炸弹示意图

[5]　炸弹消失。投放炸弹以后我们发现，炸弹并不会消失，这很显然是不合理的，因而我们需要给炸弹添加一个脚本来控制其爆炸的时间。选择【Prefabs】文件夹中的【bomb】预制体，为其新建并绑定一个新的 C# 文件，命名为【DestoryAfter】。双击打开后将以下代码添加进去。

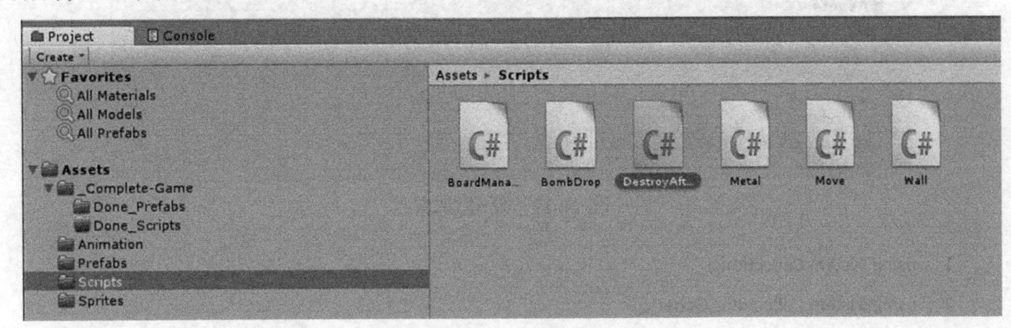

图 10-18　新建脚本

```
1   using System.Collections;
2   using System.Collections.Generic;
3   using UnityEngine;
4
5   /// <summary>
6   /// 炸弹消失脚本
7   /// </summary>
8   public class DestroyAfter : MonoBehaviour {
9       // 设置炸弹存在时间
10      public float time = 3f;
11      // Use this for initialization
12      void Start () {
13          // 销毁炸弹
14          Destroy(gameObject,time);
15      }
16  }
```

DesroyAfter 脚本

[6]　火花设置。炸弹消失以后还会有火花发出，这个火花也是用来消灭敌人和炸毁墙体的工具。所以在此还需要在【bomb】预制体中添加新的脚本，让炸弹消失以后运行新的动画形式。为【Prefabs】文件夹下的【bomb】新建并绑定一个新的 C# 脚本，命名为【Bomb】。

添加代码如下。

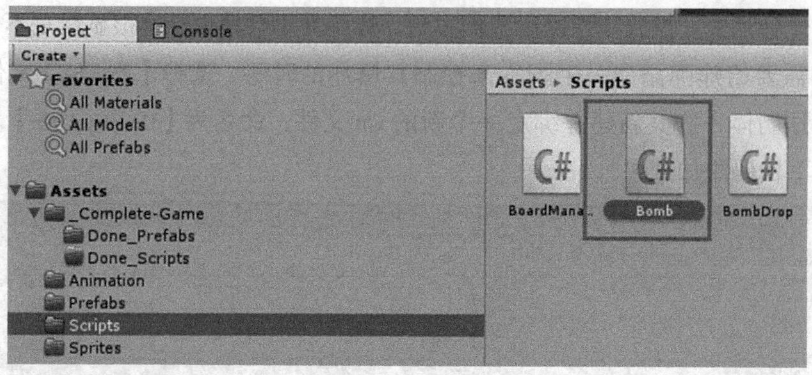

图 10-19 新建脚本

```
1   using System.Collections;
2   using System.Collections.Generic;
3   using UnityEngine;
4
5   /// <summary>
6   /// 火花生成
7   /// </summary>
8   public class Bomb : MonoBehaviour {
9
10      // 火花承载变量
11      public GameObject ExplosionRrefab;
12
13      void OnDestroy()
14      {
15          // 在炸弹的位置上生成火花
16          Instantiate(ExplosionRrefab,transform.position,Quaternion.identity);
17      }
18  }
```

Bomb 脚本

[7] 预制体拖入。选择【Prefabs】文件夹内的【bomb】预制体，将【fire】拖入。

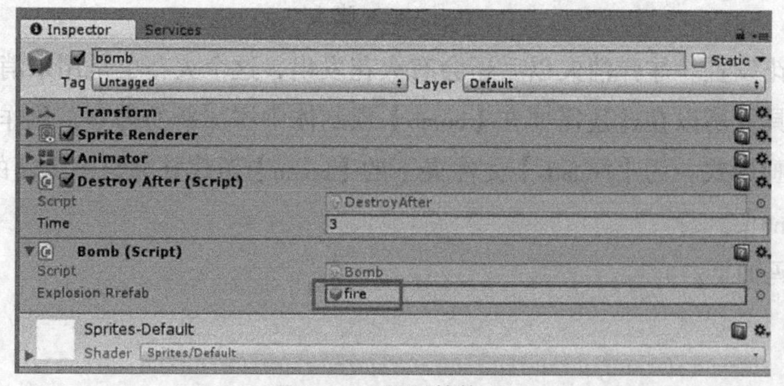

图 10-20 预制体拖入

此时运行程序，我们会看到，炸弹消失以后火花出现，但是这个火花并不会消失。

图 10-21　火花示意图

[8]　火花消失。火花的一直存在显然也是不合理的，我们需要让它在出现后一段时间自行消失。选择【Prefabs】文件夹下的【fire】文件，为其绑定一个【DestroyAfter】脚本。将 time 值设置为 2 秒。

注意：这个脚本我们不用新建，只需要调用即可。

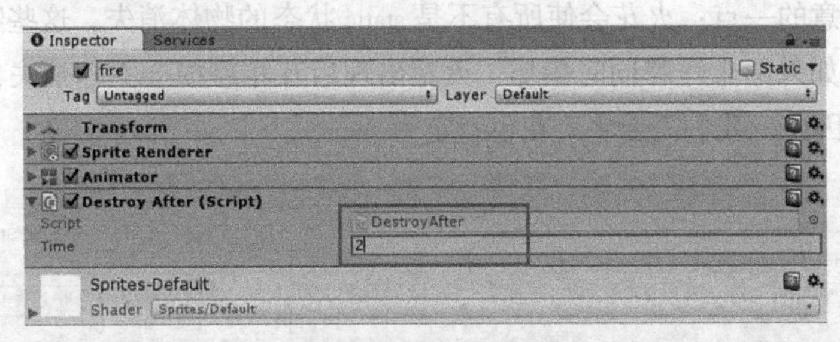

图 10-22　调用脚本

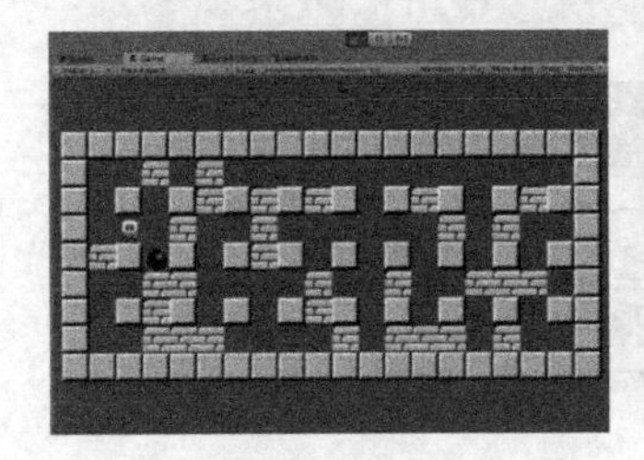
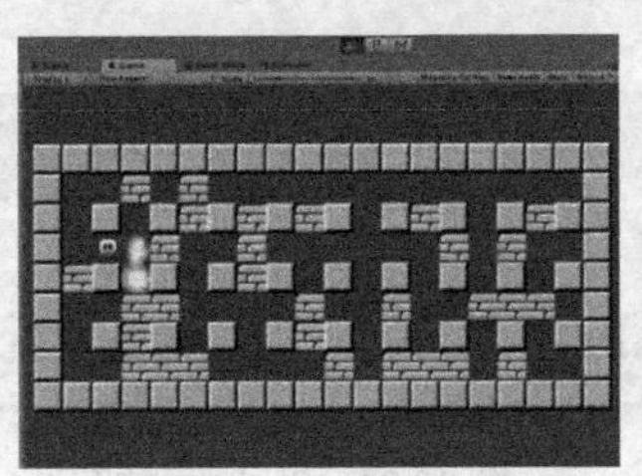
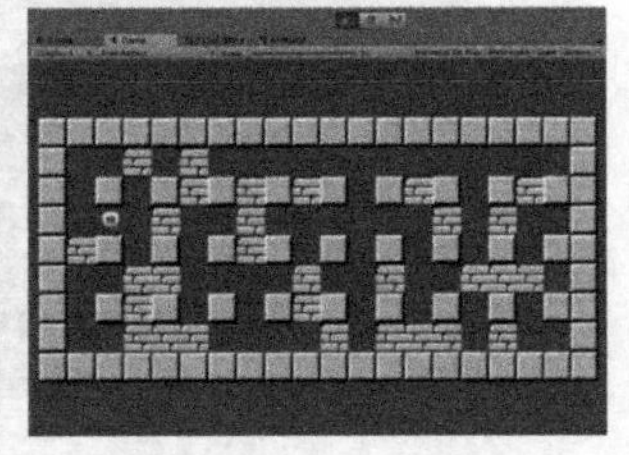

图 10-23　火花消失示意图

10.4.5　墙体摧毁

接下来我们要进行墙体的摧毁，火花接触到可摧毁墙体时，该墙体消失。

[1]　墙体炸毁。我们需要在火花上绑定一个脚本来检测是否与可摧毁墙体碰撞。选中【Prefabs】文件夹内的【fire】预制体，为其新建并绑定一个新的脚本，命名为【Explosion】，具体代码如下。

```
1  /// <summary>
2  /// 火花管理
3  /// </summary>
4  public class Explosion : MonoBehaviour {
5
6      private void OnTriggerEnter2D(Collider2D coll)
7      {
8          // 如果碰到的物体不是静态属性，则被消除
9          if (!coll.gameObject.isStatic) {
10             Destroy(coll.gameObject);
11         }
12     }
13 }
```

Explosion 脚本

我们在建立预制体的时候，给不可摧毁的墙体设定了一个 static 值，因而炸弹并不能销毁它。所以，炸弹可以销毁掉所有没有设定 static 值的物体，即除了不可摧毁墙体以外所有的东西。

还值得注意的一点：火花会使所有不是 static 状态的物体消失，这些物体中也包含了火花本身。如果两个炸弹同时爆炸，火花出现后互相碰撞会立即消失，这是我们不愿意看到的，因此，我们需要将火花也设定为 static。

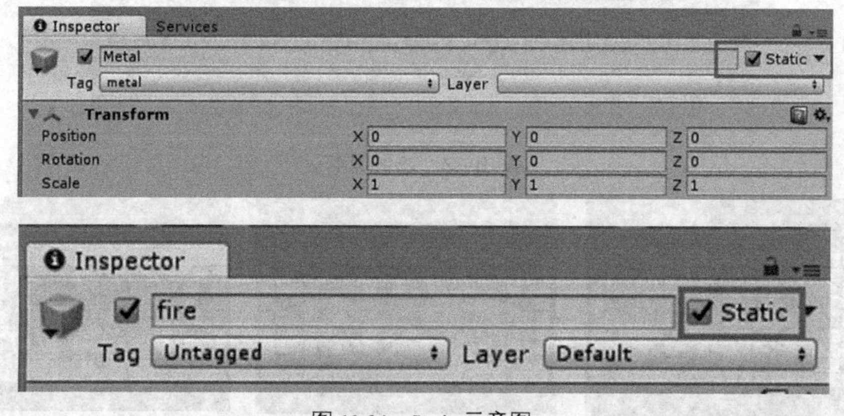

图 10-24　Static 示意图

完成上述代码以后，点击运行程序，就可以炸毁可摧毁的墙体了。

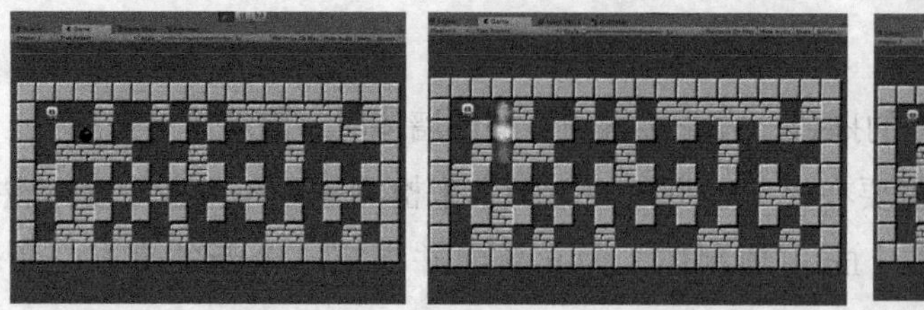

图 10-25　炸毁示意图

10.4.6　怪物制作

炸弹人的雏形基本已经完成了，接下来我们需要设置敌人的运动，以增加游戏的完整性。

[1]　敌人的生成。我们需要在地图随机的空余位置生成敌人。这里用到的方法与生成可摧毁墙体的方法基本一致，打开【BoardManager】脚本，将下列代码添加：

```
1   public class BoardManager : MonoBehaviour
2   {
3     ......
4
5     //声明各种地图内的预制体
6     public GameObject wallTile;
7     public GameObject metalTile;
8     //敌人预制体
9     public GameObject wormPrefab;
10    //数量参数，地图的行列数以及墙体的数量范围，敌人的数量
11    public int columns { get; private set; }
12    public int rows { get; private set; }
13    public Count wallCount = new Count(30, 40);
14    public Count wormCount = new Count(3, 5);
15    ......
16   void LayoutWallAtRandom(int minimum, int maximum)
17    {
18       ......
19    }
20
21    /// <summary>
22    /// 创建 minimum 到 maximum 数之间个数的敌人
23    /// 敌人的生成范围在 GridPositions 列表中
24    /// </summary>
25    /// <param name="minimum"></param>
26    /// <param name="maximum"></param>
27    void LayoutWormAtRandom(int minimum, int maximum)
28    {
29
30        wallList.Clear();
31
32        int objectCount = Random.Range(minimum, maximum + 1);
```

```
33            Debug.Log(objectCount);
34
35            for (int i = 0; i <objectCount; i++)
36            {
37                Vector3 randomPosition = RandomPosition();
38
39                GameObject obj = Instantiate(wormPrefab, randomPosition,Quaternion.identity);
40
41        }
42    }
43
44    // Use this for initialization
45    /// <summary>
46    /// 建立场景
47    /// </summary>
48    void Start()
49    {
50        BoardSetup();
51        InitialiseList();
52        LayoutWallAtRandom(wallCount.minimum, wallCount.maximum);
53        // 敌人生成
54        LayoutWormAtRandom(wormCount.minimum, wormCount.maximum);
55    }
56
57    // Update is called once per frame
58    void Update()
59    {
60    }
61 }
```

BoardManager 脚本

[2] 预制体拖入。回到 Unity 界面，将【Prefabs】文件夹中的【worm】拖入。

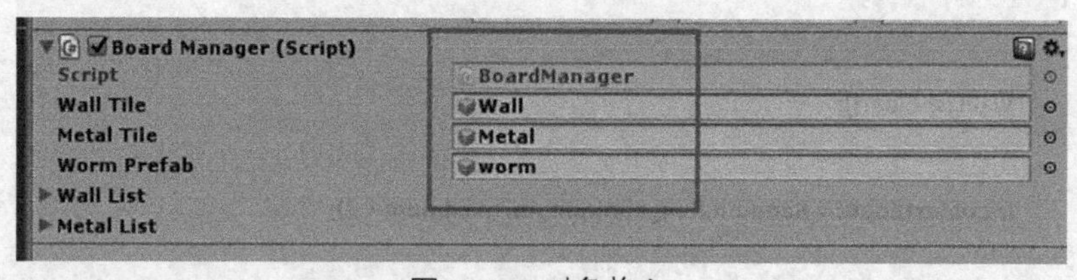

图 10-26 对象拖入

完成上述操作以后，点击运行程序，我们就可以在游戏画面中见到敌人了。

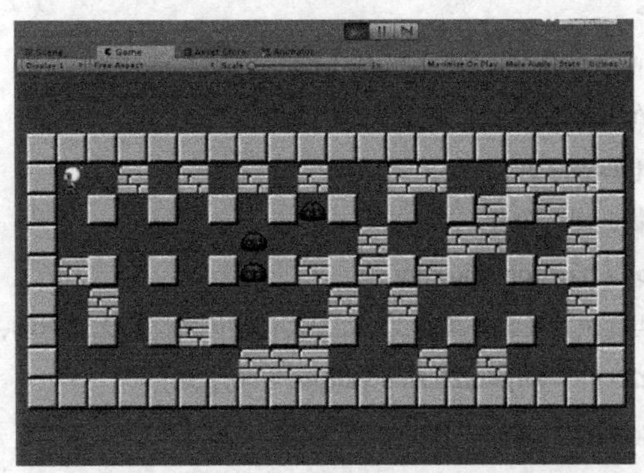

图 10-27 敌人示意图

[3] 怪物运动。炸弹人游戏中的敌人是不会固定不变的，而是会根据地形自行运动，这里需要用到一个较为简单的 AI。找到【Prefabs】文件夹中的【worm】预制体，为其新建并绑定一个新的 C# 脚本，命名为【worm】。双击打开后，添加如下代码。

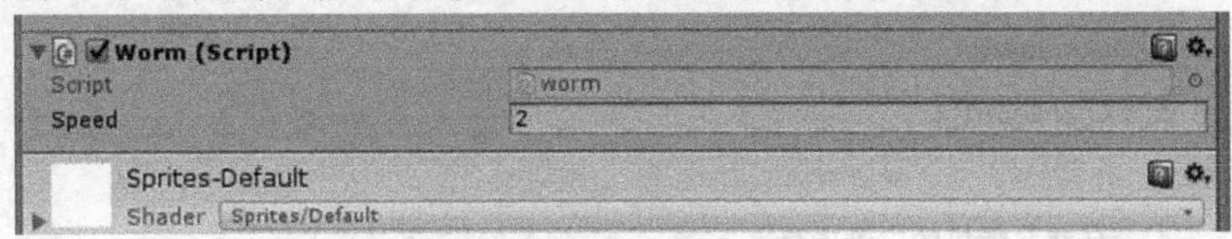

图 10-28 预制体拖入

```
1    using System.Collections;
2    using System.Collections.Generic;
3    using UnityEngine;
4
5    /// <summary>
6    /// 怪物运动
7    /// </summary>
8    public class worm : MonoBehaviour {
9        // 怪物运动速度
10       public float Speed = 2f;
11       /// <summary>
12       /// 给怪物设定一个随机的运动方向
13       /// </summary>
14       /// <returns></returns>
15       Vector2 randir() {
16           // 设置随机数为 -1，0，1
17           int r = Random.Range(-1, 2);
18           // 三目运算符（条件？结果 1：结果 2），给怪物一个运动方向
19           return (Random.value< 0.5) ? new Vector2(r, 0) : new Vector2(0, r);
20       }
21       /// <summary>
```

```
22        /// 检测运动方向
23        /// </summary>
24        /// <param name="dir"></param>
25        /// <returns></returns>
26        bool isVaildDir(Vector2 dir) {
27            // 获取怪物此时的位置
28            Vector2 pos = transform.position;
29            // 从怪物当前位置发射一条射线，如果碰到物体则怪物无法运动，反之可以
30            RaycastHit2D hit = Physics2D.Linecast(pos + dir, pos);
31            return (hit.collider.gameObject == gameObject);
32
33        }
34
35        /// <summary>
36        /// 怪物运动，调用动画
37        /// </summary>
38        void ChangeDir() {
39
40            // 获取随机的二维向量
41            Vector2 dir = randir();
42            {
43                // 检测是否能运动
44                if (isVaildDir(dir))
45                {
46                    GetComponent<Rigidbody2D>().velocity = dir * Speed;
47                    GetComponent<Animator>().SetInteger("x", (int)dir.x);
48                    GetComponent<Animator>().SetInteger("y", (int)dir.y);
49                }
50            }
51        }
52        /// <summary>
53        /// 实时获取运动方向
54        /// </summary>
55        void Start()
56        {
57            // 每隔 0.5 秒重复调用怪物运动函数，让怪物可以实时获取新的运动方向
58            InvokeRepeating("ChangeDir", 0, 0.5f);
59        }
60    }
```

SceneController 脚本

完成上述代码以后，点击运行游戏，我们就可以发现怪物可以自主移动了。

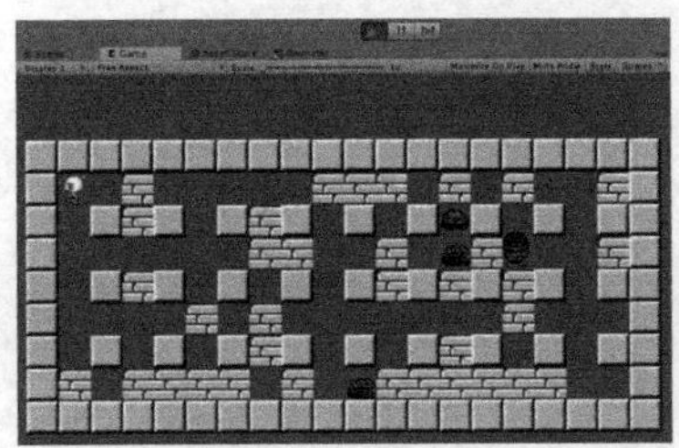
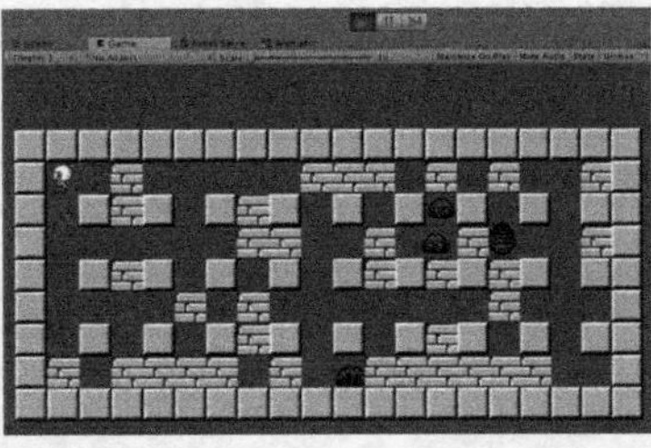

图 10-29 怪物移动效果图

[4] 玩家与怪物碰撞死亡。炸弹人游戏中，玩家是不能触碰到怪物的，因而在二者接触的时候，玩家会被销毁。方法很简单，我们只需在【Move】脚本中添加以下这段代码即可：

```
1  public class Move : MonoBehaviour {
2  ......
3         private void FixedUpdate()
4         {
5               ......
6         }
7
8         /// <summary>
9         /// 玩家与敌人相撞消失
10        /// </summary>
11        /// <param name="co"></param>
12        private void OnCollisionEnter2D(Collision2D co)
13        {
14            if (co.gameObject.name == "worm(Clone)")
15            {
16                Destroy(gameObject);
17            }
18        }
19 }
```

Move 脚本

至此，一个简单的炸弹人游戏就制作完成了。

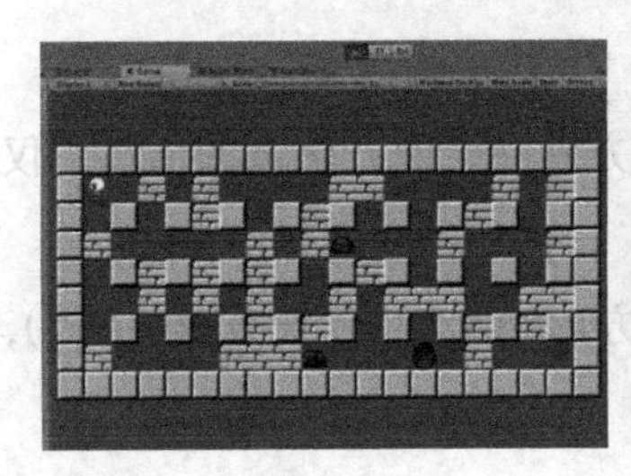
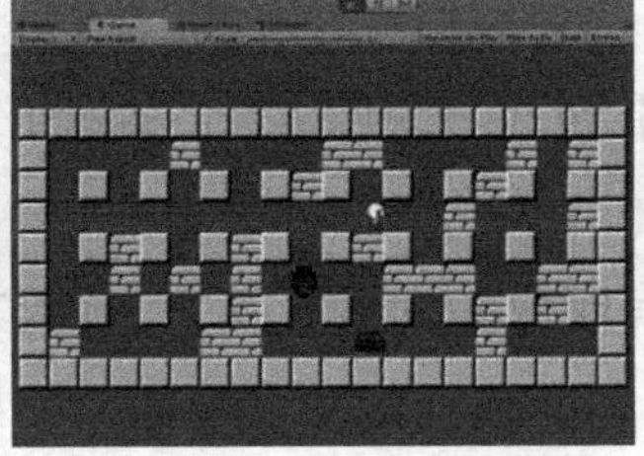
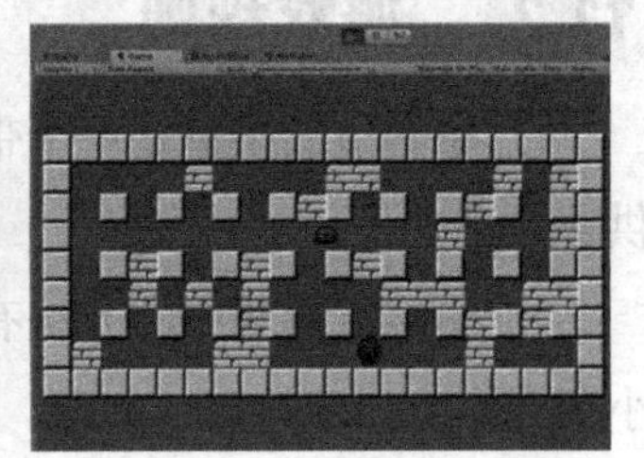

图 10-30 游戏完成示意图

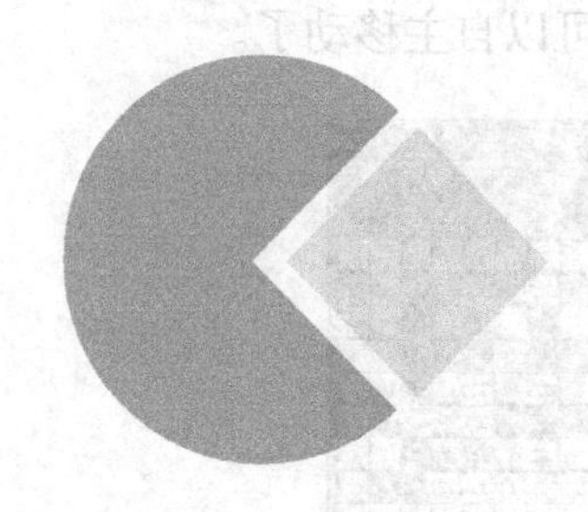

第 11 章 华容道

11.1 游戏简介

华容道是古老的中国民间益智游戏，以其变化多端、百玩不厌的特点与魔方、独立钻石棋一起被国外智力专家并称为“智力游戏界的三个不可思议”。它与七巧板、九连环等中国传统益智玩具还有个代名词叫作“中国的难题”，如图 11-1 所示。

图 11-1　华容道游戏

华容道游戏取自著名的三国故事，曹操在赤壁大战中被刘备和孙权的“苦肉计”“铁索连舟”打败，被迫退逃到华容道，又遇上诸葛亮的伏兵，关羽为了报答曹操对他的恩情，明逼实让，终于帮助曹操逃出了华容道。游戏就是依照“曹瞒兵败走华容，正与关公狭路逢。只为当初恩义重，放开金锁走蛟龙”这一故事情节而设计的。但是这个游戏的起源，却不是一般人认为的“中国最古老的游戏之一”。实际上它的历史可能很短。华容道的现在样式是 1932 年 John Harold Fleming 在英国申请的专利，并且还附上横刀立马的解法。

华容道是中国人发明的，最终解法是美国人用计算机求出的。但是华容道的数学原理到现在仍然是一个未解之谜。

11.2 游戏规则

1. 华容道的棋盘是一个带 20 个方块的棋盘，棋盘下方有一个两方格宽的出口，仅供曹操逃走；

2. 华容道游戏中的方块有四种，大正形（2×2），横长方形（2×1），竖长方形（1×2），小正方形（1×1）；

3. 游戏华容道有不同的开局，根据 5 个矩形块的放法分类，除了 5 个都竖放是不可能的以外，有一横式、二横式、三横式、四横式和五横式。如“横刀立马”“近在咫尺”“过五关”“水泄不通”“小燕还巢”等玩法，如图 11-2 所示。

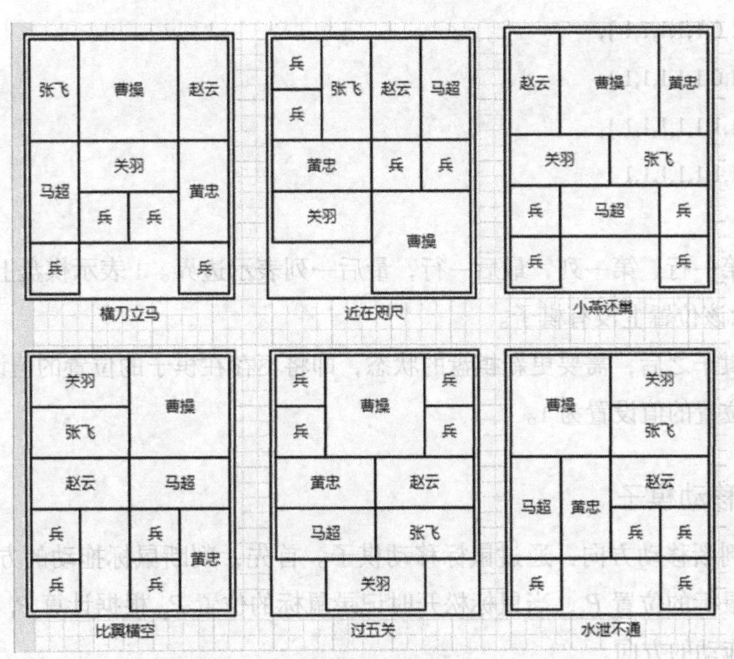

图 11-2　华容道布局方法举例

4. 棋盘上仅有两个空格可供棋子移动。

5. 玩家需要通过鼠标移动棋子，让曹操从棋盘最下方的中部两个空格中逃出，则游戏胜利。

11.3　游戏程序实现思路

11.3.1　棋子

[1]　记录棋子的左上角坐标，以及棋子的类型；

[2]　棋子类型：正方形大块、正方形小块、长方形竖块、长方形横块共四种。可以用一个枚举表示这四种类型的方块；

[3]　获取棋子所占据的所有坐标的范围。已知棋子的左上角坐标 (L*x*,L*y*)，棋子的宽度 *w*，棋子的高度 *h*，则棋子内任意一点 (*x*,*y*) 范围 :L*x*<*x*<L*x*+*w*，L*y*<*y*<L*y*+*h*。

11.3.2　棋盘

将棋盘看作是 7×6 的数组。棋子所占据的位置为数组中元素的索引号。

int[,] state =

```
{
    {1,1,1,1,1,1,1 },
    {1,1,1,1,1,1,1 },
    {1,0,1,1,1,1,1 },
    {1,0,1,1,1,1,1 },
    {1,1,1,1,1,1,1 },
    {1,1,1,1,1,1,1 }
};
```

数组第一行、第一列，最后一行，最后一列表示边界。1 表示棋盘上该位置存在棋子，0 表示该位置上没有棋子。

移动棋子之后，需要更新棋盘的状态，即将不存在棋子的位置的值设置为 0，将存在棋子的位置的值设置为 1。

11.3.3 移动棋子

[1] 判断移动方向：通过鼠标移动棋子。首先，判断鼠标拖动的方向。当鼠标按下时记录鼠标的位置 P_1，当鼠标松开时记录鼠标的位置 P_2，根据计算 P_1 与 P_2 的偏移量判断鼠标拖动的方向。

如图 11-3 所示，假设鼠标点击的位置坐标 P_1（x_1,y_1），鼠标松开时的位置坐标为 P_2（x_2,y_2），计算 P_1 与 P_2 的偏移量 P_2-P_1。

当 x_2-x_1 为负且 $|y_2-y_1| < 0.5$ 时，方向为向左。

当 x_2-x_1 为正且 $|y_2-y_1| < 0.5$ 时，方向为向右。

当 y_2-y_1 为负且 $|x_2-x_1| < 0.5$ 时，方向为向下。

当 y_2-y_1 为负且 $|x_2-x_1| < 0.5$ 时，方向为向上。

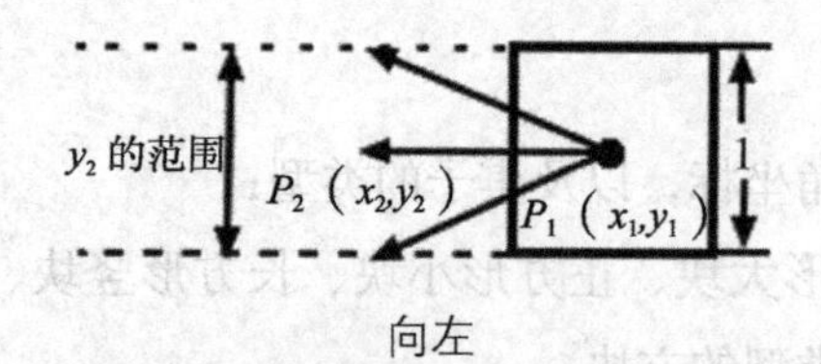

向左

1
P_1（x_1,y_1）
P_2（x_2,y_2）
y_2 的范围

向右

图 11-3

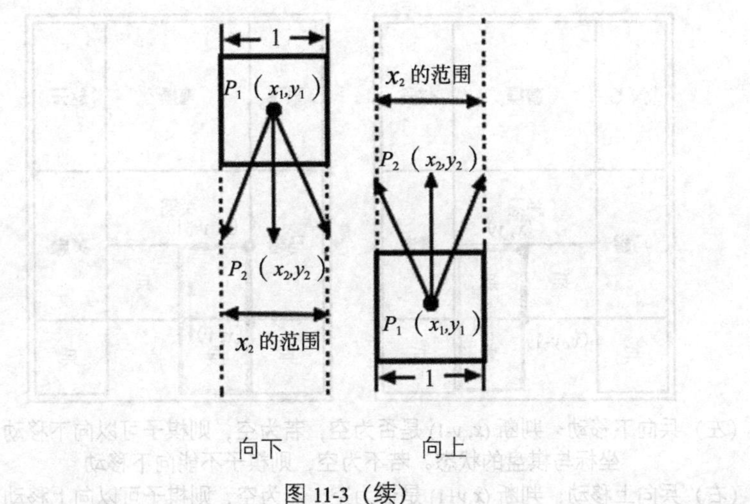

图 11-3（续）

[2]　判断被选中的棋子。获取鼠标点击时鼠标的位置坐标（这里获得的是鼠标的屏幕坐标），我们需要将之转化为世界坐标，使得鼠标的位置坐标与棋子的位置坐标置于同一坐标系下。然后循环遍历所有棋子，判断鼠标点击的世界位置坐标是在哪一个棋子的坐标范围内。

[3]　判断“兵”能否移动。

首先，获取棋子的左上角坐标，得到棋子所在位置 (x,y)，再判断移动的方向。

如果向右移动，则判断 $(x+1,y)$ 上是否为空，若为空，则将棋子位置的 x 坐标加 1，更新棋盘的状态，若不为空，则棋子不能向右移动，如图 11-4 所示。

如果向左移动，则判断 $(x-1,y)$ 是否为空，若为空，则将棋子所在位置的 x 坐标减 1，更新棋盘的状态，若不为空，则棋子不能向左移动，如图 11-5 所示。

如果向下移动，则判断 $(x,y-1)$ 是否为空，若为空，则将棋子所在位置的 y 坐标减 1，更新棋盘的状态，若不为空，则棋子不能向下移动，如图 11-6 所示。

如果向上移动，则判断 $(x,y+1)$ 是否为空，若为空，则将棋子所在位置的 y 坐标加 1，更新棋盘的状态，若不为空，则棋子不可以向上移动，如图 11-7 所示。

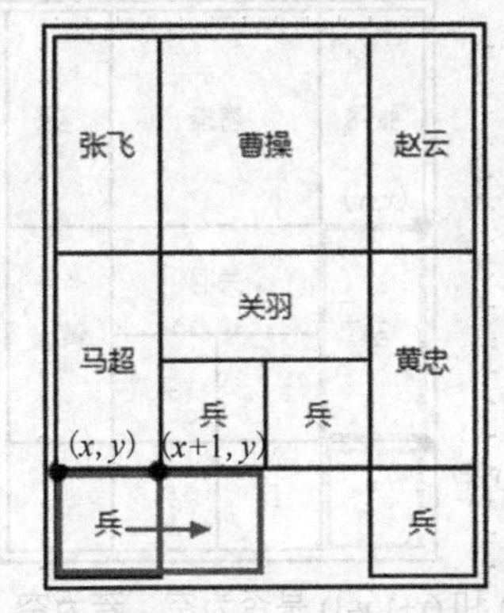

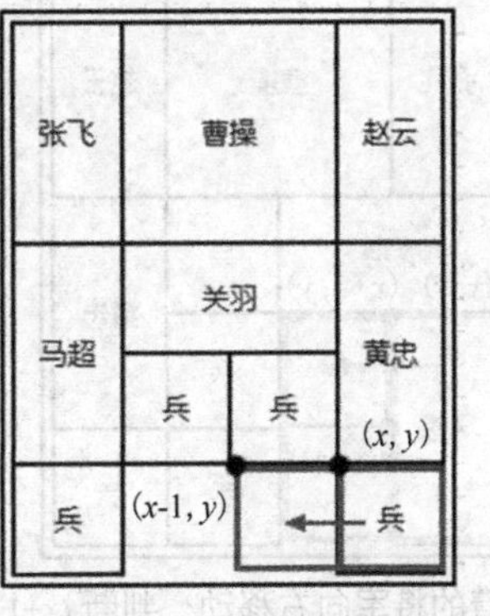

图 11-4　（左）兵向右移动：判断 $(x+1,y)$ 是否为空，若为空，则棋子可以向右移动，更新棋子的坐标与棋盘的状态；若不为空，则棋子不能向右移动

图 11-5　（右）兵向左移动：判断 $(x-1,y)$ 是否为空，若为空，则棋子可以向左移动，更新棋子的坐标与棋盘的状态；若不为空，则不可以向左移动

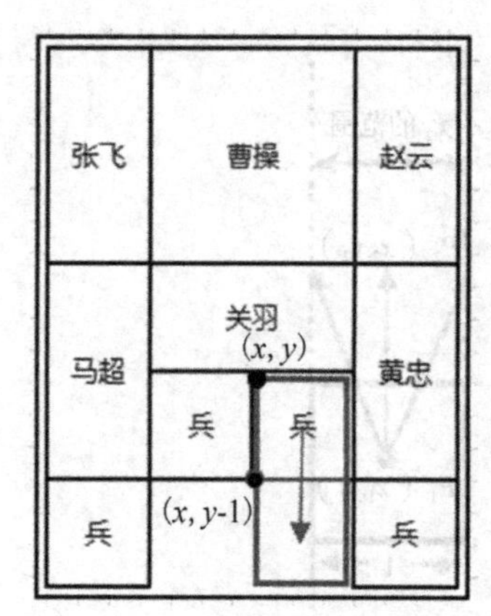

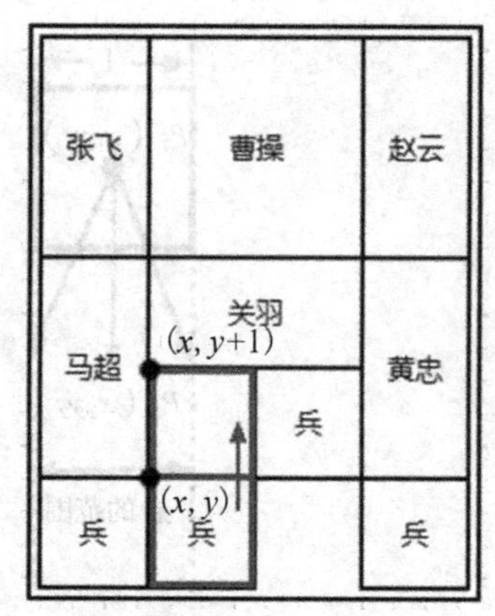

图 11-6 （左）兵向下移动：判断 (x, y-1) 是否为空，若为空，则棋子可以向下移动，更新棋子的坐标与棋盘的状态。若不为空，则棋子不能向下移动

图 11-7 （右）兵向上移动：判断 (x,y+1) 是否为空，若为空，则棋子可以向上移动，更新棋子的坐标和棋盘的状态；若不为空，则棋子不能向上移动

[4] 判断“将军”是否能移动。

◆ 竖着的将军

首先，获取棋子的左上角坐标，得到棋子所在位置 (x,y)，再判断移动的方向。

如果向右移动，则判断 (x+1,y) 和 (x+1,y-1) 是否为空，若为空，则将棋子所在位置的 x 坐标加 1，更新棋盘的状态，若都不为空或只有 1 个为空，则棋子不能向右移动，如图 11-8 所示。

如果向左移动，则判断 (x-1,y) 和 (x-1,y-1) 是否为空，若为空，则将棋子所在位置的 x 坐标减 1，更新棋盘的状态，若都不为空或只有一个为空，则棋子不能向左移动，如图 11-9 所示。

如果向上移动，则判断 (x,y+1) 是否为空，若为空，则将棋子所在位置的 y 坐标加 1，更新棋盘的状态，若不为空，则棋子不能向上移动，如图 11-10 所示。

如果向下移动，则判断 (x,y-1) 是否为空，若为空，则将棋子所在位置的 y 坐标减 1，更新棋盘的状态，若不为空，则棋子不能向下移动。如图 11-11 所示。

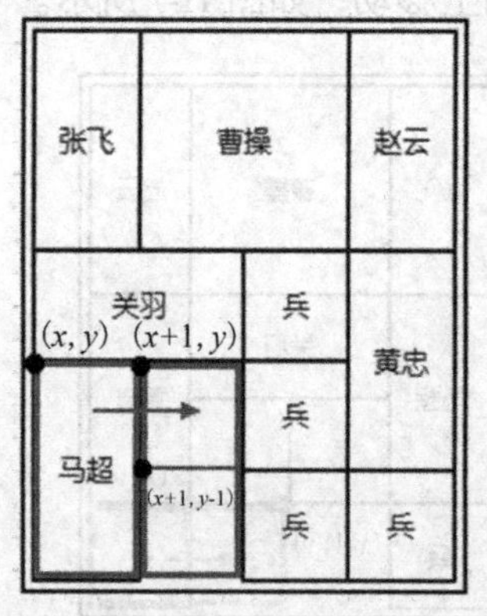

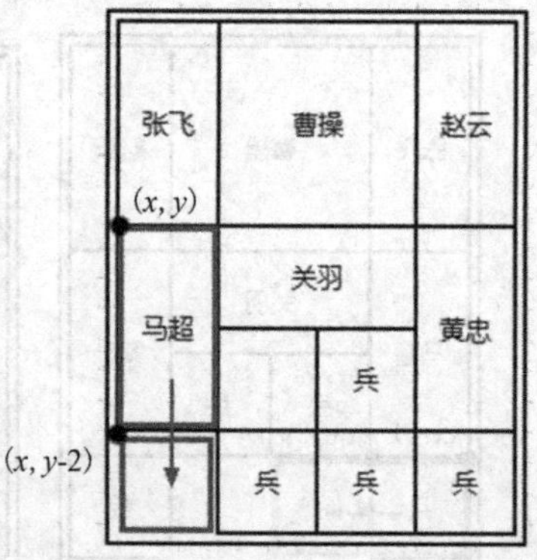

图 11-8 （左）竖着的将军向右移动：判断 (x+1,y) 和 (x+1,y-1) 是否为空，若为空，则棋子可以向右移动，更新棋子的位置和棋盘的状态；若都不为空或者只有一个为空，则棋子能向右移动

图 11-9 （右）竖着的将军向下移动：判断 (x,y-2) 是否为空，若为空，则棋子可以向下移动，更新棋子的坐标和棋盘的状态；若不为空，则棋子不能向下移动

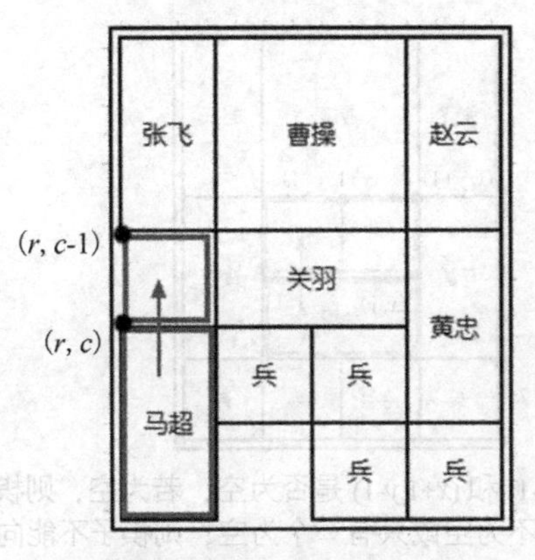

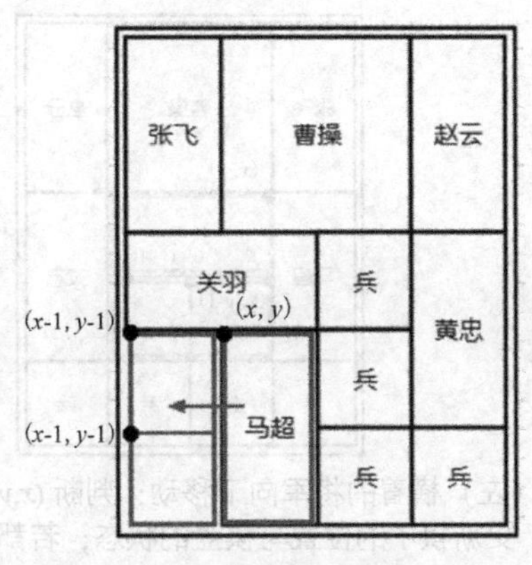

图 11-10　（左）竖着的将军向上移动：判断 (r,c-1) 是否为空，若为空，则棋子可以向上移动，更新棋子的坐标和棋盘的状态；若不为空，则棋子不能向上移动

图 11-11　（右）竖着的将军向左移动：判断 (x-1,y) 和 (x-1,y-1) 是否为空，若为空，则棋子可以向左移动，更新棋子的位置和棋盘的状态；若都不为空或只有一个为空，则棋子不能向左移动

◆ 横着的将军

首先，获取棋子的左上角坐标，得到棋子所在位置 (x,y)，再判断移动的方向。

如果向右移动，则判断 (x+2,y) 是否为空，若为空，则将棋子所在位置的 x 坐标加 1，更新棋盘的状态，若不为空，则棋子不能向右移动，如图 11-12 所示。

如果向左移动，则判断 (x-1,y) 是否为空，若为空，则将棋子所在位置的 x 坐标减 1，更新棋盘的状态，若不为空，则棋子不能向左移动，如图 11-13 所示。

如果向上移动，则判断 (x,y-1) 和 (x+1,y-1) 是否为空，若为空，则将棋子所在位置的 y 坐标加 1，更新棋盘的状态，若都不为空或只有一个为空，则棋子不能向上移动，如图 11-14 所示。

如果向下移动，则判断 (x,y-1) 和 (x+1,y-1) 是否为空，若为空，则将棋子所在位置的 y 坐标减 1，更新棋盘的状态，若都不为空或只有 1 个为空，则棋子不能向下移动，如图 11-15 所示。

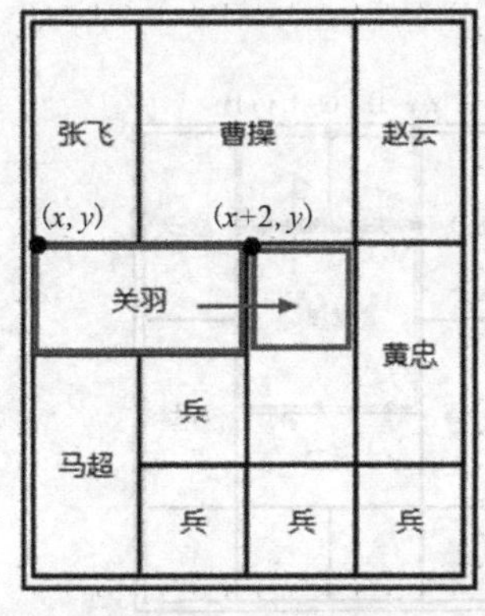

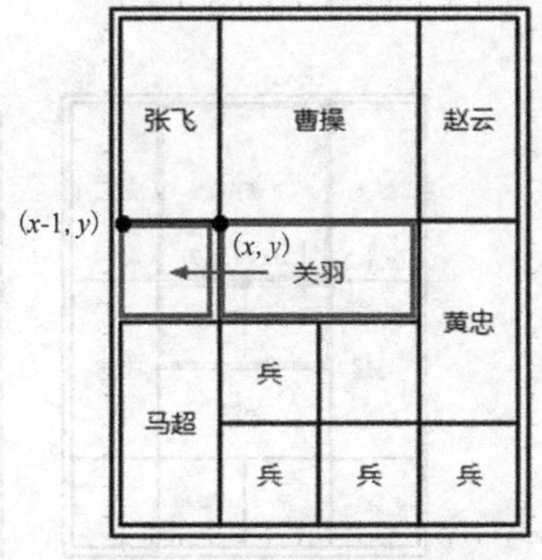

图 11-12　（左）横着的将军向右移动：判断 (x+2,y) 是否为空，若为空，则棋子可以向右移动，更新棋子的位置和棋盘的状态。若不为空，则棋子不能向右移动

图 11-13　（右）横着的将军向左移动：判断 (x-1,y) 是否为空，若为空，则棋子可以向左移动，更新棋子的位置与棋盘的状态；若不为空，则棋子不能向左移动

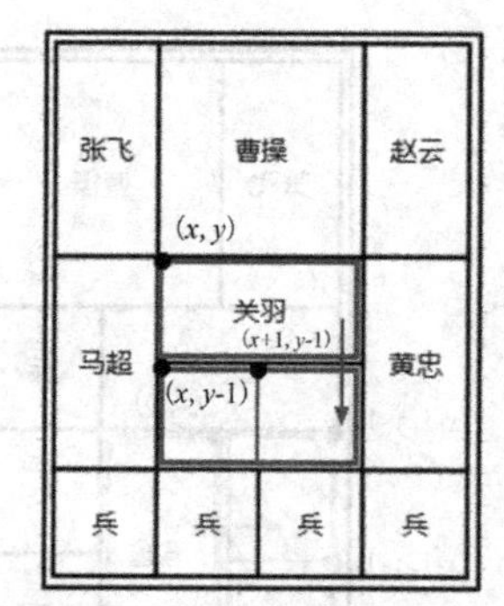

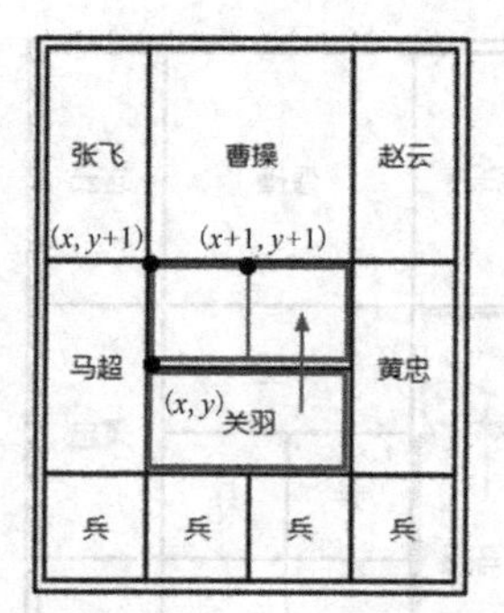

图 11-14　(左) 横着的将军向下移动：判断 (x,y-1) 和 (x+1,y-1) 是否为空，若为空，则棋子可以向下移动，更新棋子的位置与棋盘的状态；若都不为空或只有一个为空，则棋子不能向下移动

图 11-15　(右) 横着的将军向上移动：判断 (x,y+1) 和 (x+1,y+1) 是否为空，若为空，则棋子可以向上移动，更新棋子的位置与棋盘的状态，若都不为空或只有一个为空，则棋子不能向上移动

[5]　判断"曹操"是否能移动。

曹操是一个正方形的棋子，占四个格子。其移动与将军的移动相似。首先，获取棋子的左上角坐标，得到棋子所在位置 (x,y)，再判断移动的方向。

如果向右移动，则判断 (x+2,y) 和 (x+2,y-1) 是否为空，若为空，则将棋子所在位置的 x 坐标加 1，更新棋盘的状态，若都不为空或只有 1 个为空，则棋子不能向右移动，如图 11-16 所示。

如果向左移动，则判断 (x-1,y) 和（x-1,y-1）是否为空，若为空，则将棋子所在位置的 x 坐标减 1，更新棋盘的状态，若都不为空或只有 1 个为空，则棋子不能向右移动，如图 11-17 所示。

如果向上移动，则判断 (x,y+1) 和 (x+1,y+1) 是否为空，若为空，则将棋子所在位置的 y 坐标加 1，更新棋盘的状态，若都不为空或只有 1 个为空，则棋子不能向上移动，如图 11-18 所示。

如果向下移动，则判断 (x,y-2) 和 (x+1,y-2) 是否为空，若为空，则将棋子所在位置的 y 坐标减 1，更新棋盘的状态，若都不为空或只有 1 个为空，则棋子不能向下移动，如图 11-19 所示。

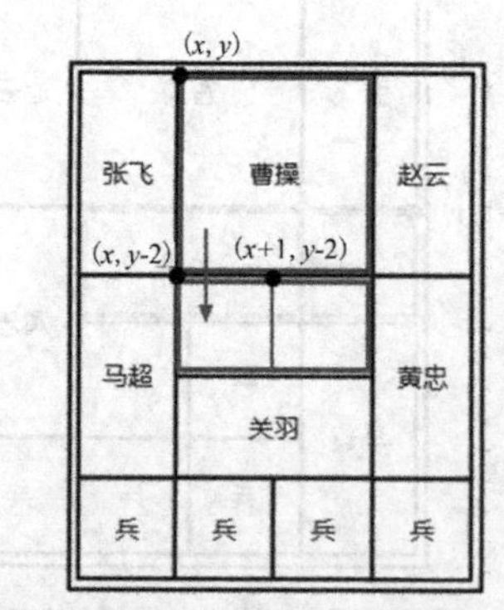

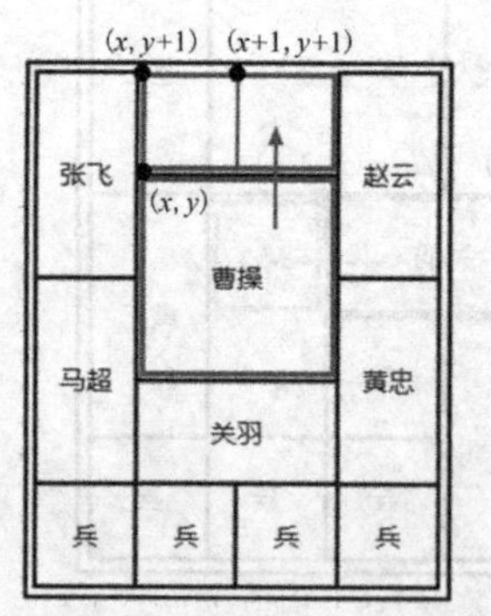

图 11-16　(左) 曹操向下移动：判断 (x,y-2) 和 (x+1,y-2) 是否为空，若为空，则棋子可以向下移动，更新棋子的位置与棋盘的状态；若都不为空或只有一个为空，则棋子不能向下移动

图 11-17　(右) 曹操向上移动：判断 (x,y+1) 和 (x+1,y+1) 是否为空。若为空，则棋子可以向上移动，更新棋子的位置与棋盘的状态；若都不为空或只有一个为空，则棋子不能向上移动

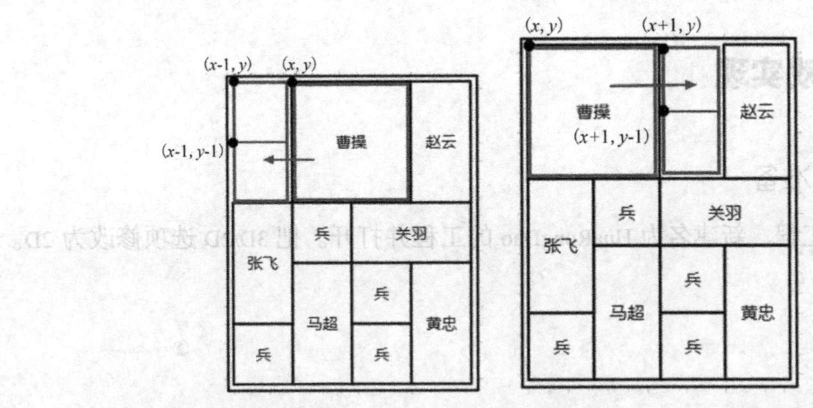

图 11-18　（左）曹操向左移动：判断 (x-1,y) 和 (x-1,y-1) 是否为空，若为空，则棋子可以向左移动，更新棋子的位置和棋盘的状态，若都不为空或只有一个为空，则棋子不能向左移动

图 11-19　（右）曹操向右移动：判断 (x+1,y) 和 (x+1,y-1) 是否为空，若为空，则棋子可以向右移动，更新棋子的位置与棋盘的状态；若都不为空或只有一个为空，则棋子不能向右移动

11.3.4　结束判定

当曹操移到正确的位置时，游戏结束。我们在设计游戏最初的时候，先算好曹操最终位置的坐标，在移动过程中，判断曹操的左上角坐标是否与设置的最终位置相等，若是，则游戏结束。

11.3.5　游戏流程图

如图 11-20 所示。

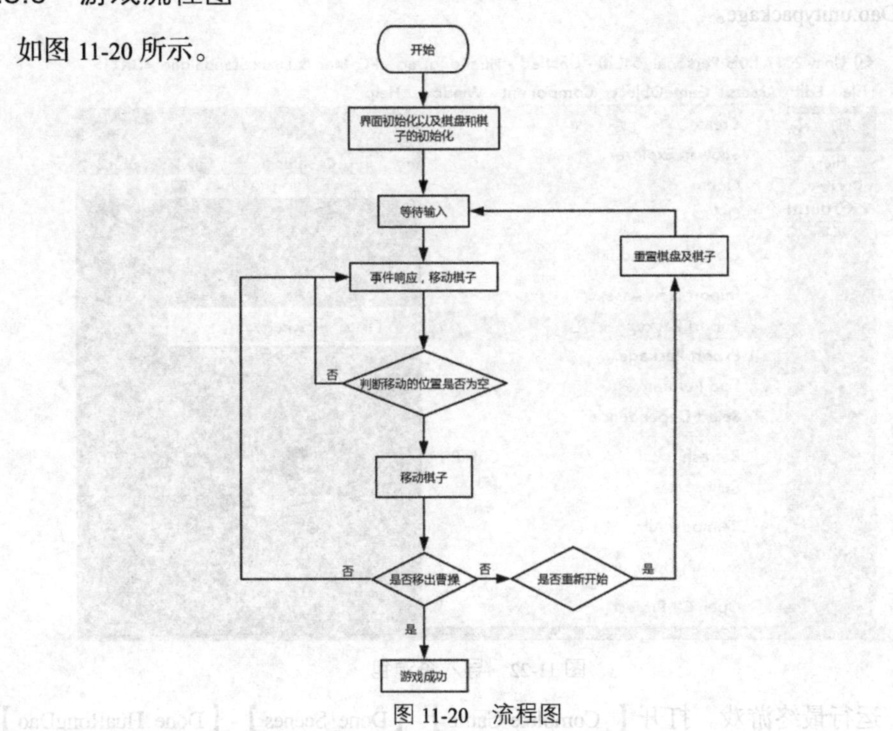

图 11-20　流程图

11.4 游戏实现

11.4.1 前期准备

[1] 新建工程。新建名为 HuaRongDao 的工程并打开。把 3D/2D 选项修改为 2D。

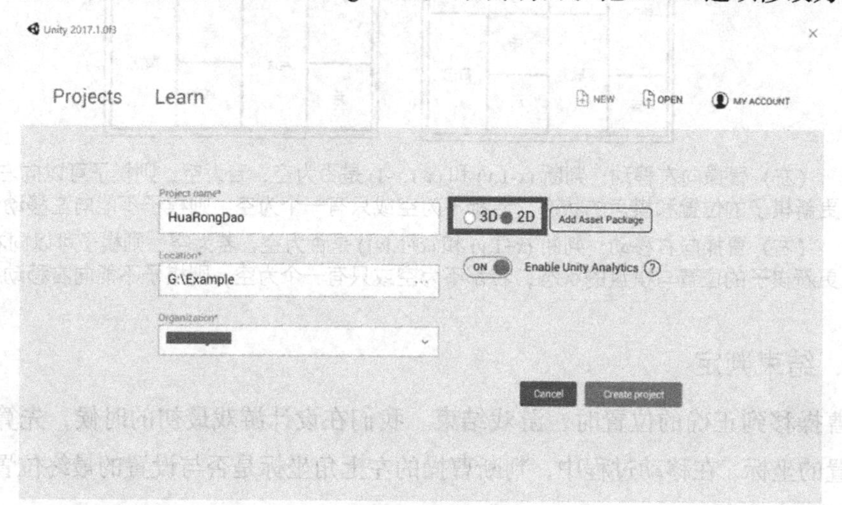

图 11-21　新建工程

[2] 导入资源包。点击菜单栏【Assets】-【Import Package】-【Custom Package】导入 HuaRongDao.unitypackage。

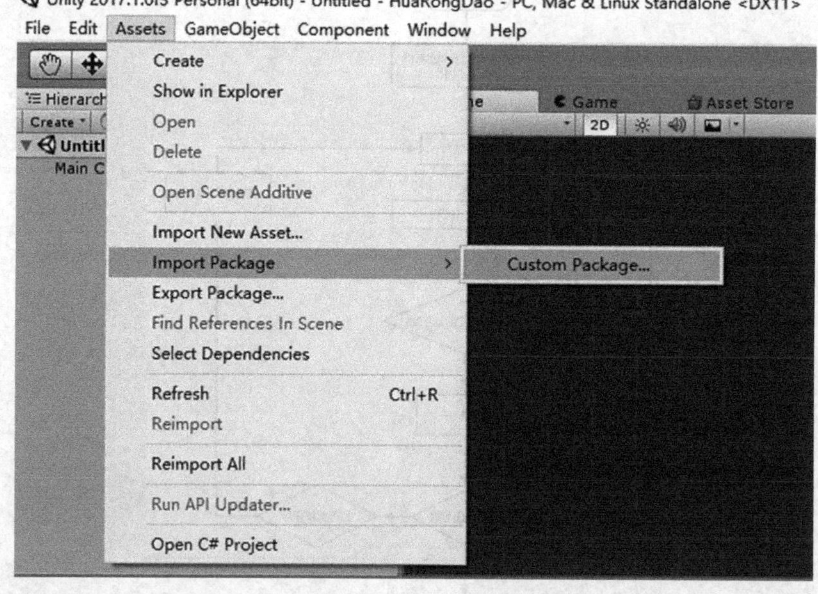

图 11-22　导入资源包

[3] 运行最终游戏。打开【_Complete-Game】-【Done_Scenes】-【Done_HuaRongDao】，

运行游戏，观察游戏最终结果。

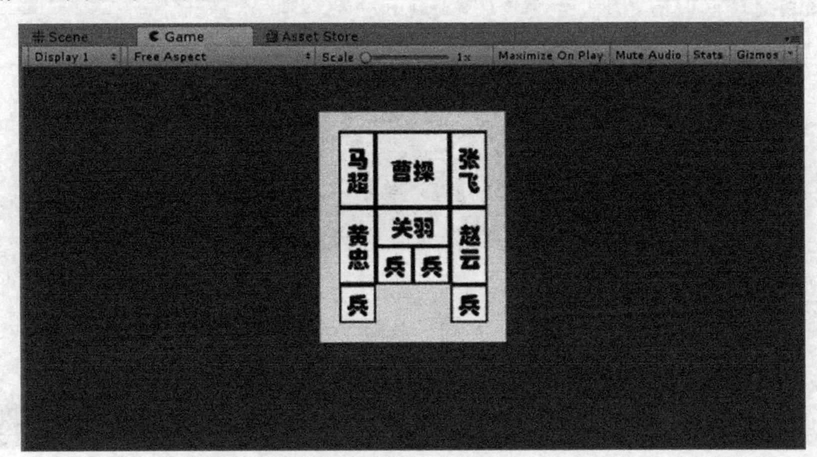

图 11-23　游戏最终运行结果

11.4.2　制作游戏场景

[1]　新建场景目录。新建一个名为 Scenes 的文件夹。

[2]　创建新场景。在新建的场景目录下创建一个名为 HuaRongDao 的场景，并保存，如图 11-24 所示。

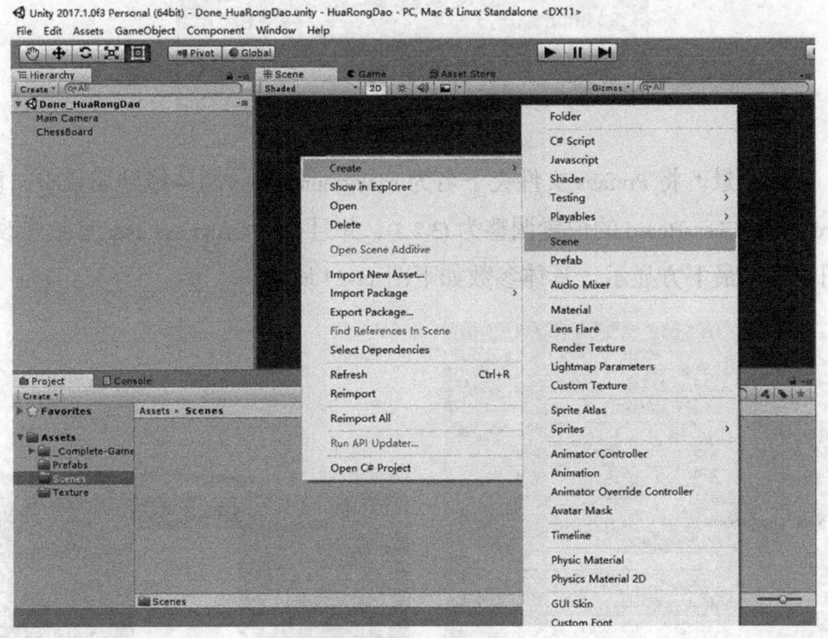

图 11-24　新建场景

[3]　双击打开场景。你会看到一个空的场景，如图 11-25 所示。

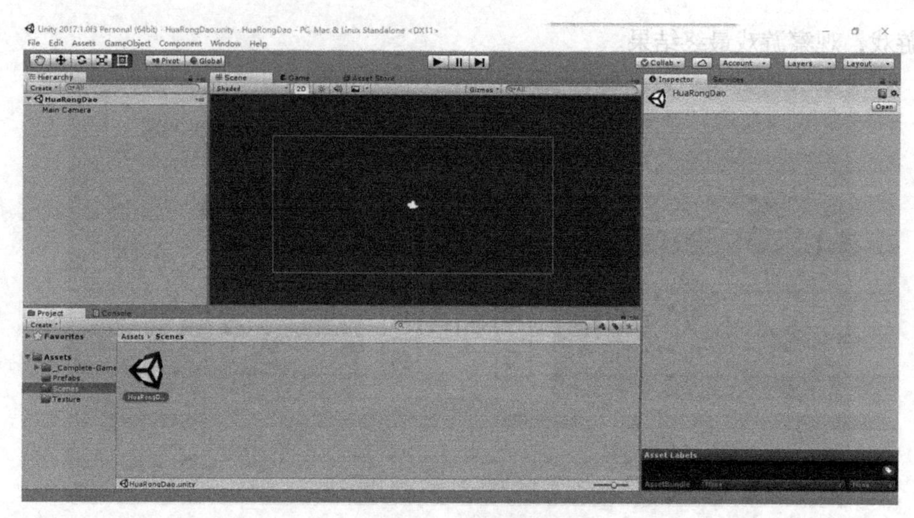

图 11-25 空场景

[4] 设置摄像机的位置。选中 Main Camera，修改 Inspector 面板中的参数，具体参数如下图 11-26 所示。

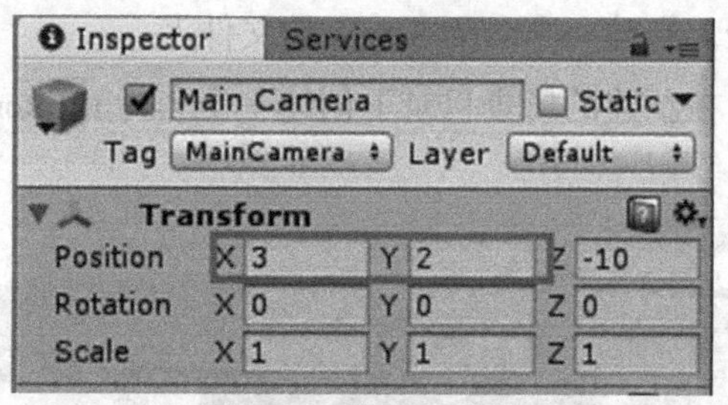

图 11-26 摄像机参数

[5] 放置背景。将 Prefabs 文件夹下名为 background 的预制体拖到场景中，重命名为 ChessBoard, 并将 ChessBoard 的位置调整为 (3,2.5)，并且，将 Order in Layar 参数修改为 -10，让背景图始终在最下方显示。具体参数如下图 11-27 所示。

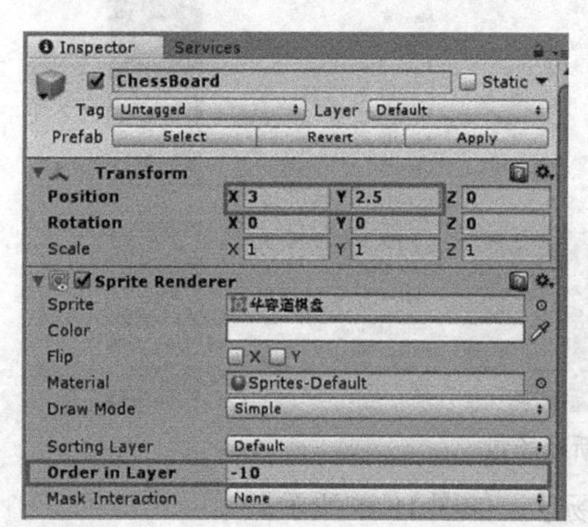

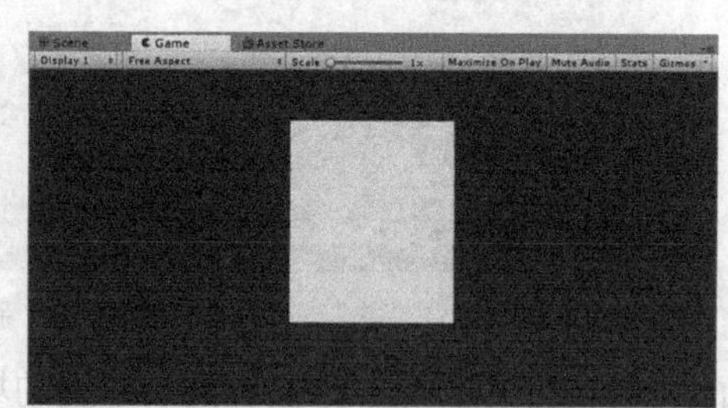

图 11-27 ChessBoard 图参数

11.4.3　生成棋子

场景布置好之后，就需要将棋子放到场景中。这里我们用脚本动态生成棋子。

[1]　新建脚本目录，在【Assett】目录下，新建一个 Scripts 文件夹，用来存放游戏中使用的所有的脚本。

[2]　新建名为 Chess 的脚本。新建一个棋子类，存储棋子的属性。

注：这里新增了一个命名空间，用于存储华容道游戏中棋子类型与棋子移动方向的枚举。

```
1   using System.Collections;
2   using System.Collections.Generic;
3   using UnityEngine;
4   using HuaRongDao;
5
6   namespace HuaRongDao
7   {
8       // 棋子类型
9       public enum ChessType
10      {
11          Rect11,//1*1 的棋子
12          Rect12,//1*2 竖长方形棋子
13          Rect21,//2*1 横长方形棋子
14          Rect22 //2*2 大长方形棋子
15      }
16
17      // 棋子移动方向
18      public enum Direction
19      {
20          Right,
21          Left,
22          Up,
23          Down
24      }
25  }
26  public class Chess : MonoBehaviour {
27
28      public ChessType chessType;
29      public int left_x;          // 棋子左上角坐标 x
```

```
30        public int left_y;                    // 棋子左上角坐标 y
31        public string chessName;              // 棋子的名字
32        public GameObject _gameObject;  // 棋子的预制体
33
34
35        /// <summary>
36        /// 构造函数
37        /// </summary>
38        /// <param name="go"> 棋子的预制体 </param>
39        /// <param name="type"> 棋子类型 </param>
40        /// <param name="x"> 棋子左上角 X 坐标 </param>
41        /// <param name="y"> 棋子左上角 Y 坐标 </param>
42        public Chess(GameObject go,ChessType type,int x,int y)
43        {
44            chessType = type;
45            left_x = x;
46            left_y = y;
47            _gameObject = go;
48            chessName = go.name;
49            Instantiate(go, new Vector2(x, y), Quaternion.identity);// 实例化棋子
50        }
51 }
```

Chess.cs

[3]　写好棋子类之后，我们只需要实例化棋子就可以在游戏中生成棋子了。接下来，创建一个名为 Main 的脚本来实例化棋子并将棋子放到场景中。

```
1   using System.Collections;
2   using System.Collections.Generic;
3   using UnityEngine;
4   using HuaRongDao;
5
6   public class Main : MonoBehaviour {
7
8       public Chess[] chess = new Chess[10];       // 华容道有 10 个棋子
9       public GameObject[] chessPrefab;            // 棋子的预制体
10
11      void Start () {
12          Ini_Game();
13      }
```

```
14      void Ini_Game()
15      {
16          chess[0] = new Chess(chessPrefab[0], ChessType.Rect11, 1, 1);  // 兵
17          chess[1] = new Chess(chessPrefab[1], ChessType.Rect11, 4, 1);  // 兵
18          chess[2] = new Chess(chessPrefab[2], ChessType.Rect11, 2, 2);  // 兵
19          chess[3] = new Chess(chessPrefab[3], ChessType.Rect11, 3, 2);  // 兵
20          chess[4] = new Chess(chessPrefab[4], ChessType.Rect12, 1, 3);  // 黄忠
21          chess[5] = new Chess(chessPrefab[5], ChessType.Rect12, 1, 5);  // 马超
22          chess[6] = new Chess(chessPrefab[6], ChessType.Rect12, 4, 5);  // 张飞
23          chess[7] = new Chess(chessPrefab[7], ChessType.Rect12, 4, 3);  // 赵云
24          chess[8] = new Chess(chessPrefab[8], ChessType.Rect21, 2, 3);  // 关羽
25          chess[9] = new Chess(chessPrefab[9], ChessType.Rect22, 2, 5);  // 曹操
26      }
27
28  }
```

Main.cs

[4] 返回场景，将 Main 脚本附加给 ChessBoard，并将 Prefabs 文件夹中的预制体赋给脚本中的 ChessPrefab 数组，如图 11-28 所示。

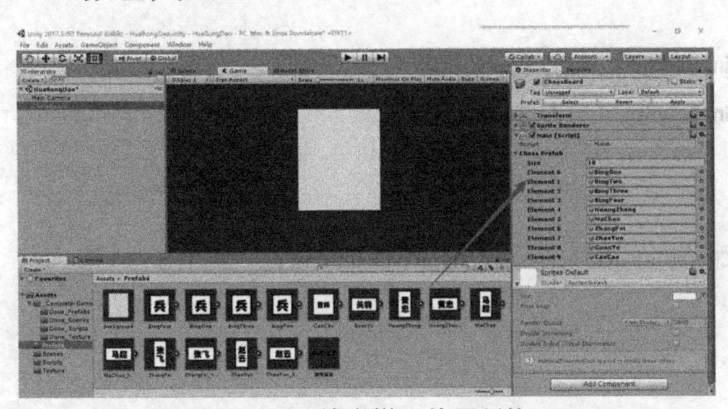

图 11-28 给定棋子的预制体

[5] 运行游戏，就会看见棋子已经在棋盘上显示了，如图 11-29 所示。

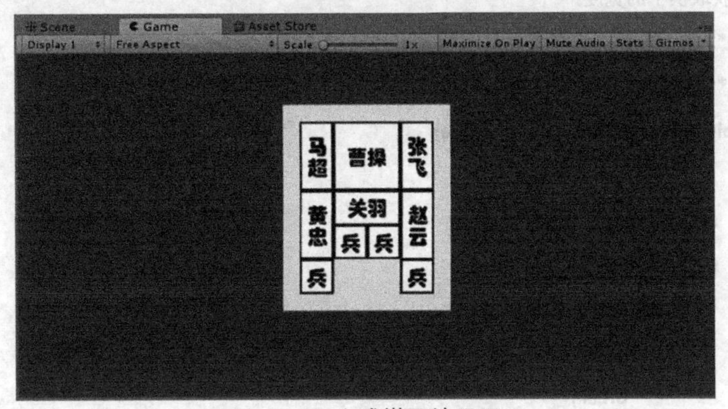

图 11-29 生成棋子效果图

11.4.4 棋子移动

棋子生成之后，我们就需要实现棋子的移动了。棋子的移动有多种方式，我们这里使用鼠标拖曳的方式实现棋子的移动。

[1] 新建名为 MouseEvent 的脚本。这个脚本用于实现鼠标拖曳棋子进行移动。

[2] 判断被选中的棋子。获取鼠标点击的屏幕坐标，并将之转化为世界坐标，判断鼠标点击的世界坐标位置在哪个棋子的坐标范围内。那么怎么判断呢？

[3] 首先，我们需要知道棋子的坐标范围。在棋子的属性中，已知棋子的左上角坐标，那么只要求出棋子的宽度和高度，我们就可以很方便地算出棋子的坐标范围。所以我们需要在 Chess 类中添加返回棋子宽度和高度的方法。

```
1   using System.Collections;
2   using System.Collections.Generic;
3   using UnityEngine;
4   using HuaRongDao;
5   ......
6   public class Chess : MonoBehaviour {
7
8       ......
9       public int width;           // 棋子的宽度
10      public int height;          // 棋子的高度
11
12
13      public Chess(GameObject go,ChessType type,int x,int y)
14      {
15          ......
16      }
17
18      // 获取棋子的宽度
19      //1*1 小正方形棋子宽度为 1，1*2 竖长方形棋子宽度为 1
20      //2*1 横长方形棋子宽度为 2，2*2 大正方形棋子宽度为 2
21      public int getWidth(ChessType type)
22      {
23          switch(type)
24          {
25              case ChessType.Rect11:
26                  width = 1;
27                  break;
```

```
28                  case ChessType.Rect12:
29                      width = 1;
30                      break;
31                  case ChessType.Rect21:
32                      width = 2;
33                      break;
34                  case ChessType.Rect22:
35                      width = 2;
36                      break;
37
38          }
39          return width;
40      }
41
42      // 获取棋子的高度
43      //1*1 小正方形棋子高度为 1，2*1 横长方形棋子高度为 1
44      //1*2 竖长方形棋子高度为 2，2*2 横长方形棋子高度我 2
45      public int getHeight(ChessType type)
46      {
47          switch(type)
48          {
49              case ChessType.Rect11:
50                  height = 1;
51                  break;
52              case ChessType.Rect12:
53                  height = 2;
54                  break;
55              case ChessType.Rect21:
56                  height = 1;
57                  break;
58              case ChessType.Rect22:
59                  height = 2;
60                  break;
61          }
62          return height;
```

```
63      }
64  }
```

Chess.cs

[4] 接下来需要判断哪个棋子被选中，即判断鼠标点击的位置在哪一个棋子的坐标范围内。实现代码如下：

```
1   using System.Collections;
2   using System.Collections.Generic;
3   using UnityEngine;
4   
5   public class MouseEvent : MonoBehaviour {
6   
7       private Vector2 firstPos;          // 鼠标点击的位置
8   
9       private Chess targetChess;      // 被选中的棋子
10      private Transform targetTransform; // 被选中棋子的 Transform 组件
11  
12      void Update () {
13          // 鼠标左键点击（0 为是鼠标左键，1 为鼠标右键，2 为鼠标中键）
14          if(Input.GetMouseButtonDown(0))
15          {
16              // 获取鼠标点击位置并转化为世界坐标
17              firstPos = (Vector2)Camera.main.ScreenToWorldPoint(Input.mousePosition);
18  
19              /**
20              * 判断鼠标点击的位置在哪一个方块上。
21              * 鼠标位置 (Mx,My), 棋子宽度 w, 棋子高度 h, 棋子左上角坐标为 (Lx,Ly)
22              * (Mx>w) && (Mx<Lx+w) && (My<Ly) && (My>Ly-h)
23              * 若满足上述条件，则棋子被选中
24              */
25              for (int i = 0;i<Main.chess.Length;i++)
26              {
27                  if(firstPos.x>Main.chess[i].left_x&&
28                      firstPos.x<Main.chess[i].left_x
29  
+Main.chess[i].getWidth(Main.chess[i].chessType)&&
30                      firstPos.y<Main.chess[i].left_y&&
31                      firstPos.y>Main.chess[i].left_y
32  
-Main.chess[i].getHeight(Main.chess[i].chessType))
```

```
33                          {
34                                targetChess = Main.chess[i];
35                                targetTransform =
    GameObject.Find(targetChess.chessName).transform.parent;
36
37                                break;
38                          }
39                    }
40             }
41       }
42 }
```

MouseEvent.cs

[5]　写到这里，你会发现代码会提示错误，这是因为在 MouseEvent 脚本中引用了 Main 脚本中的非静态数组 chess，解决方法非常简单，只需要将 Main 脚本中的数组变量 chess 变为静态变量即在变量类型前加上 static 标识符即可。代码如下。

```
1   using System.Collections;
2   using System.Collections.Generic;
3   using UnityEngine;
4   using HuaRongDao;
5
6   public class Main : MonoBehaviour {
7
8         public Chess[] chess = new Chess[10];    // 华容道有 10 个棋子
9         public static Chess[] chess = new Chess[10];
10
11        public GameObject[] chessPrefab;       // 棋子的预制体
12
13        ......
14
15  }
```

[6]　棋子移动的方向。鼠标松开后，我们需要获取鼠标松开的位置，通过比较鼠标按下的位置坐标与鼠标松开时的位置坐标，就能得到棋子移动的方向。实现代码如下。

```
1   using System.Collections;
2   using System.Collections.Generic;
3   using UnityEngine;
4   using HuaRongDao;
5
```

```
6   public class MouseEvent : MonoBehaviour {
7
8       private Vector2 firstPos;           // 鼠标点击的位置
9
10      private Chess targetChess;          // 被选中的棋子
11
12      private Vector2 secondPos;          // 鼠标松开的位置
13      private float threshold = 0.5f;     // 零界值
14      private Direction dir;              // 棋子移动方向
15
16
17      // Update is called once per frame
18      void Update () {
19          if(Input.GetMouseButtonDown(0))
20          {
21              ......
22          }
23          // 鼠标松开时
24          if(Input.GetMouseButtonUp(0))
25          {
26              // 获取鼠标松开时的位置坐标并转化为世界坐标
27              secondPos = Camera.main.ScreenToWorldPoint(Input.mousePosition);
28              // 向右
29              if(secondPos.x >= firstPos.x&&Mathf.Abs(secondPos.y-firstPos.y)<threshold)
30              {
31                  dir = Direction.Right;
32              }
33              // 向左
34              if(secondPos.x<=firstPos.x&& Mathf.Abs(secondPos.y -firstPos.y) < threshold)
35              {
36                  dir = Direction.Left;
37              }
38              // 向上
39              if(secondPos.y>=firstPos.y&&  Mathf.Abs(secondPos.x -firstPos.x) < threshold)
```

```
40              {
41                  dir = Direction.Up;
42              }
43              // 向下
44              if(secondPos.y<=firstPos.y&&Mathf.Abs(secondPos.x -firstPos.x)<threshold)
45              {
46                  dir = Direction.Down;
47              }
48          }
49      }
50  }
```

MouseEvent.cs

[7]　移动棋子。在 MouseEvent 脚本中添加 Move 函数，此函数用于移动棋子。

```
1   using System.Collections;
2   using System.Collections.Generic;
3   using UnityEngine;
4   using HuaRongDao;
5
6   public class MouseEvent : MonoBehaviour {
7
8       ......
9
10      void Move()
11      {
12          switch(targetChess.chessType)
13          {
14              //1*1 的棋子的移动
15              case ChessType.Rect11:
16                  switch(dir)
17                  {
18                      // 向左
19                      case Direction.Left:
20                          targetTransform.position += new Vector3(-1, 0, 0);  // 移动棋子
21                          targetChess.left_x += -1;
22                          break;
23                      // 向右
24                      case Direction.Right:
```

```
25                          targetTransform.position += new Vector3(1, 0, 0); // 移动棋子
26                          targetChess.left_x += 1;
27                          break;
28                      // 向上
29                      case Direction.Up:
30                          targetTransform.position += new Vector3(0, 1, 0);
31                          targetChess.left_y += 1;
32                          break;
33                      // 向下
34                      case Direction.Down:
35                          targetTransform.position += new Vector3(0, -1, 0);
36                          targetChess.left_y += -1;
37                          break;
38                  }
39                  break;
40              //1*2 竖长方形棋子的移动
41              case ChessType.Rect12:
42                  switch (dir)
43                  {
44                      // 向左
45                      case Direction.Left:
46                          targetTransform.position += new Vector3(-1, 0, 0);
47                          targetChess.left_x += -1;
48                          break;
49                      // 向右
50                      case Direction.Right:
51                          targetTransform.position += new Vector3(1, 0, 0); // 移动棋子
52                          targetChess.left_x += 1;
53                          break;
54                      // 向上
55                      case Direction.Up:
56                          targetTransform.position += new Vector3(0, 1, 0);
57                          targetChess.left_y += 1;
58                          break;
59                      // 向下
```

```
60                          case Direction.Down:
61                              targetTransform.position += new Vector3(0, -1, 0);
62                              targetChess.left_y += -1;
63                              break;
64                      }
65                      break;
66                  //2*1 横长方形棋子的移动
67                  case ChessType.Rect21:
68                      switch (dir)
69                      {
70                          // 向左
71                          case Direction.Left:
72                              targetTransform.position += new Vector3(-1, 0, 0);
73                              targetChess.left_x += -1;
74                              break;
75                          // 向右
76                          case Direction.Right:
77                              targetTransform.position += new Vector3(1, 0, 0); // 移动棋子
78                              targetChess.left_x += 1;
79                              break;
80                          // 向上
81                          case Direction.Up:
82                              targetTransform.position += new Vector3(0, 1, 0);
83                              targetChess.left_y += 1;
84                              break;
85                          // 向下
86                          case Direction.Down:
87                              targetTransform.position += new Vector3(0, -1, 0);
88                              targetChess.left_y += -1;
89                              break;
90                      }
91                      break;
92                  //2*2 大正方形棋子的移动
93                  case ChessType.Rect22:
```

```
94                          switch (dir)
95                          {
96                              // 向左
97                              case Direction.Left:
98                                  targetTransform.position += new Vector3(-1, 0, 0);
99                                  targetChess.left_x += -1;
100                                 break;
101                             // 向右
102                             case Direction.Right:
103                                 targetTransform.position += new Vector3(1, 0, 0); // 移动棋子
104                                 targetChess.left_x += 1;
105                                 break;
106                             // 向上
107                             case Direction.Up:
108                                 targetTransform.position += new Vector3(0, 1, 0);
109                                 targetChess.left_y += 1;
110                                 break;
111                             // 向下
112                             case Direction.Down:
113                                 targetTransform.position += new Vector3(0, -1, 0);
114                                 targetChess.left_y += -1;
115                         }
116                         break;
117                 }
118 
119         }
120 }
```

[8] Move 函数写好之后，在鼠标松开时调用此函数。

```
1   using System.Collections;
2   using System.Collections.Generic;
3   using UnityEngine;
4   using HuaRongDao;
5
6   public class MouseEvent : MonoBehaviour {
7
8       ......
9
```

```
10      // Update is called once per frame
11      void Update () {
12          if(Input.GetMouseButtonDown(0))
13          {
14              ......
15          }
16
17          if(Input.GetMouseButtonUp(0))
18          {
19              ......
20              Move();
21          }
22      }
23      void Move()
24      {
25          ......
26      }
27  }
28
```

[9]　运行游戏，我们可以看到鼠标拖曳时，棋子已经能够进行移动，如图 11-30 所示。

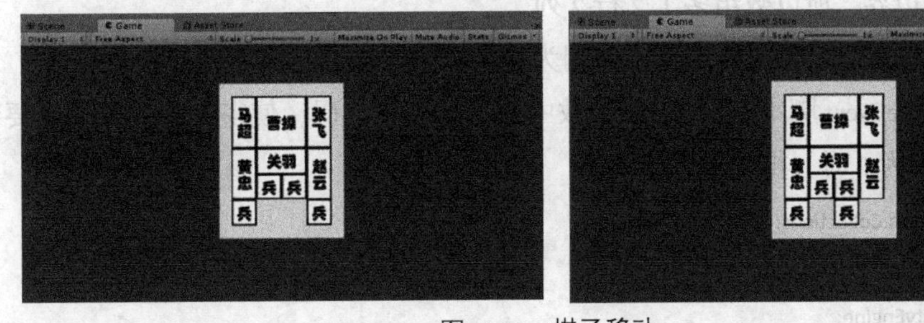

图 11-30　棋子移动

但是，这时候的移动是存在问题的。棋子会移出边界并且会移到其他棋子的位置上。那么，这个问题该怎么解决呢？

首先要判断棋子将要到达的位置是否存在棋子，若存在棋子则不能移动，若不存在棋子，才能移动棋子。

我们需要一个数组存储棋盘的状态，棋盘上的位置上有棋子时，该位置的置为 1，没有棋子时，该位置的值为 0。

[1]　新建一个 ChessBoard 脚本，该脚本用于存储棋盘的状态，以及更新棋盘的状态。建立一个二维数组，存储棋盘的状态。

```
1   using System.Collections;
2   using System.Collections.Generic;
3   using UnityEngine;
4
5   public class ChessBoard : MonoBehaviour {
6
7       //棋盘的初始状态
8       public static int[,] state =
9       {
10          {1,1,1,1,1,1,1 },
11          {1,1,1,1,1,1,1 },
12          {1,0,1,1,1,1,1 },
13          {1,0,1,1,1,1,1 },
14          {1,1,1,1,1,1,1 },
15          {1,1,1,1,1,1,1 }
16      };
17  }
```

添加棋盘状态

注：1. 以兵的大小为一个单位，那么表示棋盘的状态只需要用5×4的数组就可以了。但是我们这里用了一个7×6的数组表示，这是因为我们在这个数组里也储存了边界，所以数组多了2行2列。

2. 这里将数组设置为静态变量是因为这个数组会被其他脚本调用。

[2]　在MouseEvent脚本中的Move函数中，添加如下代码，使得只有当棋子将要到达的位置的状态为0时，棋子才可移动。

```
1   using System.Collections;
2   using System.Collections.Generic;
3   using UnityEngine;
4   using HuaRongDao;
5
6   public class MouseEvent : MonoBehaviour {
7
8       ......
9
10      void Move()
11      {
12          switch(targetChess.chessType)
13          {
```

```
14                //1*1 的棋子的移动
15                case ChessType.Rect11:
16                    switch(dir)
17                    {
18                        // 向左
19                        case Direction.Left:
20                            if (ChessBoard.state[targetChess.left_x - 1,targetChess.left_y] == 0)
21                            {
22                                // 移动棋子
23                                targetTransform.position += newVector3(-1, 0, 0);
24                                targetChess.left_x += -1;
25                            }
26                            break;
27                        // 向右
28                        case Direction.Right:
29                            if (ChessBoard.state[targetChess.left_x+ 1, targetChess.left_y] == 0)
30                            {
31                                targetTransform.position += newVector3(1, 0, 0); // 移动棋子
32                                targetChess.left_x += 1;
33                            }
34                            break;
35                        // 向上
36                        case Direction.Up:
37                            if (ChessBoard.state[targetChess.left_x, targetChess.left_y + 1] == 0)
38                            {
39                                targetTransform.position += new Vector3(0, 1, 0);
40                                targetChess.left_y += 1;
41                            }
42                            break;
43                        // 向下
44                        case Direction.Down:
45                            if (ChessBoard.state[targetChess.left_x, targetChess.left_y - 1] == 0)
46                            {
47                                targetTransform.position += newVector3(0, -1, 0);
48                                targetChess.left_y += -1;
```

```
49                      }
50                      break;
51              }
52              break;
53          //1*2 竖长方形棋子的移动
54          case ChessType.Rect12:
55              switch (dir)
56              {
57                  // 向左
58                  case Direction.Left:
59                      if (ChessBoard.state[targetChess.left_x - 1, targetChess.left_y] == 0&&
60                         ChessBoard.state[targetChess.left_x - 1, targetChess.left_y - 1] == 0)
61                      {
62                          targetTransform.position += new Vector3(-1, 0, 0); // 移动棋子
63                          targetChess.left_x += -1;
                        }
64                      break;
65                  // 向右
66                  case Direction.Right:
67                      if (ChessBoard.state[targetChess.left_x + 1, targetChess.left_y] == 0&&
68                         ChessBoard.state[targetChess.left_x + 1, targetChess.left_y - 1] == 0)
69                      {
70                          targetTransform.position += new Vector3(1, 0, 0); // 移动棋子
71                          targetChess.left_x += 1;
72                      }
73                      break;
74                  // 向上
75                  case Direction.Up:
76                      if (ChessBoard.state[targetChess.left_x, targetChess.left_y + 1] == 0)
77                      {
78                          targetTransform.position += new Vector3(0, 1, 0);
79                          targetChess.left_y += 1;
80                      }
81                      break;
82                  // 向下
```

```
83                        case Direction.Down:
84                            if (ChessBoard.state[targetChess.left_x, targetChess.left_y - 2] == 0)
85                            {
86                                targetTransform.position += new Vector3(0, -1, 0);
87                                targetChess.left_y += -1;
88                            }
89                            break;
90                    }
91                    break;
92                //2*1 横长方形棋子的移动
93                case ChessType.Rect21:
94                    switch (dir)
95                    {
96                        // 向左
97                        case Direction.Left:
98                            if (ChessBoard.state[targetChess.left_x - 1, targetChess.left_y] == 0)
99                            {
100                               targetTransform.position += new Vector3(-1, 0, 0);
101                               targetChess.left_x += -1;
102                           }
103                           break;
104                       // 向右
105                       case Direction.Right:
106                           if (ChessBoard.state[targetChess.left_x + 2, targetChess.left_y] == 0)
107                           {
108                               targetTransform.position += new Vector3(1, 0, 0); // 移动棋子
109                               targetChess.left_x += 1;
110                           }
111                           break;
112                       // 向上
113                       case Direction.Up:
114                           if (ChessBoard.state[targetChess.left_x, targetChess.left_y + 1] == 0&&
115                               ChessBoard.state[targetChess.left_x + 1, targetChess.left_y + 1] == 0)
116                           {
117                               targetTransform.position += new Vector3(0, 1, 0);
```

```
118                             targetChess.left_y += 1;
119                         }
120                         break;
121                     // 向下
122                     case Direction.Down:
123                         if (ChessBoard.state[targetChess.left_x, targetChess.left_y - 1] == 0&&
124                             ChessBoard.state[targetChess.left_x + 1, targetChess.left_y - 1] == 0)
125                         {
126                             targetTransform.position += new Vector3(0, -1, 0);
127                             targetChess.left_y += -1;
128                         }
129                         break;
130                 }
131                 break;
132             //2*2 大正方形棋子的移动
133             case ChessType.Rect22:
134                 switch (dir)
135                 {
136                     // 向左
137                     case Direction.Left:
138                         if (ChessBoard.state[targetChess.left_x - 1, targetChess.left_y] == 0&&
139                             ChessBoard.state[targetChess.left_x - 1, targetChess.left_y - 1] == 0)
140                         {
141                             targetTransform.position += new Vector3(-1, 0, 0);  // 移动棋子
142                             targetChess.left_x += -1;
143                         }
144                         break;
145                     // 向右
146                     case Direction.Right:
147                         if (ChessBoard.state[targetChess.left_x + 2, targetChess.left_y] == 0&&
148                             ChessBoard.state[targetChess.left_x + 2, targetChess.left_y - 1] == 0)
149                         {
150                             targetTransform.position += new Vector3(1, 0, 0); // 移动棋子
151                             targetChess.left_x += 1;
152                         }
```

```
153                         break;
154                     //向上
155                     case Direction.Up:
156                         if (ChessBoard.state[targetChess.left_x, targetChess.left_y + 1] == 0&&
157                           ChessBoard.state[targetChess.left_x + 1, targetChess.left_y + 1] == 0)
158                         {
159                             targetTransform.position += new Vector3(0, 1, 0);
160                             targetChess.left_y += 1;
                            }
161                         break;
162                     //向下
163                     case Direction.Down:
164                         if (ChessBoard.state[targetChess.left_x, targetChess.left_y - 2] == 0&&
165                           ChessBoard.state[targetChess.left_x + 1, targetChess.left_y - 2] == 0)
166                         {
167                             targetTransform.position += new Vector3(0, -1, 0);
168                             targetChess.left_y += -1;
169                         }
170                         break;
171                 }
172                 break;
173         }
174     }
175 }
```

[3] 运行游戏，你会发现，这个时候，棋子不会被移出边界，但是，当原来空的位置被放上棋子之后，棋盘上的棋子都不能移动了，原因在于没有更新棋盘的状态，棋子移动之后，棋子原来的位置的状态应置为 0，棋子当前位置的状态应置为 1。所以我们需要在 ChessBoard 脚本中添加一个更新的棋盘状态的函数 updateChessBoard。代码如下。

```
1   using HuaRongDao;
2   using System.Collections;
3   using System.Collections.Generic;
4   using UnityEngine;
5
6   public class ChessBoard : MonoBehaviour {
7
8       ......
9
```

```
10      //更新棋盘状态
11      public static void updateChessBoard(int x, int y, ChessType type, Direction dir)
12      {
13          switch(type)
14          {
15              case ChessType.Rect11:
16                  switch(dir)
17                  {
18                      case Direction.Left:
19                          state[x, y] = 1;
20                          state[x + 1, y] = 0;
21                          break;
22                      case Direction.Right:
23                          state[x, y] = 1;
24                          state[x - 1, y] = 0;
25                          break;
26                      case Direction.Up:
27                          state[x, y] = 1;
28                          state[x, y - 1] = 0;
29                          break;
30                      case Direction.Down:
31                          state[x, y] = 1;
32                          state[x, y + 1] = 0;
33                          break;
34                  }
35                  break;
36              case ChessType.Rect12:
37                  switch (dir)
38                  {
39                      case Direction.Left:
40                          state[x, y] = 1;
41                          state[x, y - 1] = 1;
42                          state[x + 1, y] = 0;
43                          state[x + 1, y - 1] = 0;
44                          break;
```

```
45                  case Direction.Right:
46                      state[x, y] = 1;
47                      state[x, y - 1] = 1;
48                      state[x - 1, y] = 0;
49                      state[x - 1, y - 1] = 0;
50                      break;
51                  case Direction.Up:
52                      state[x, y] = 1;
53                      state[x, y - 2] = 0;
54                      break;
55                  case Direction.Down:
56                      state[x, y - 1] = 1;
57                      state[x, y + 1] = 0;
58                      break;
59              }
60              break;
61          case ChessType.Rect21:
62              switch (dir)
63              {
64                  case Direction.Left:
65                      state[x, y] = 1;
66                      state[x + 2, y] = 0;
67                      break;
68                  case Direction.Right:
69                      state[x - 1, y] = 0;
70                      state[x + 1, y] = 1;
71                      break;
72                  case Direction.Up:
73                      state[x, y] = 1;
74                      state[x + 1, y] = 1;
75                      state[x, y - 1] = 0;
76                      state[x + 1, y - 1] = 0;
77                      break;
78                  case Direction.Down:
79                      state[x, y] = 1;
```

```
80                      state[x + 1, y] = 1;
81                      state[x, y + 1] = 0;
82                      state[x + 1, y + 1] = 0;
83                      break;
84              }
85              break;
86          case ChessType.Rect22:
87              switch (dir)
88              {
89                  case Direction.Left:
90                      state[x, y] = 1;
91                      state[x, y - 1] = 1;
92                      state[x + 2, y] = 0;
93                      state[x + 2, y - 1] = 0;
94                      break;
95                  case Direction.Right:
96                      state[x - 1, y] = 0;
97                      state[x - 1, y - 1] = 0;
98                      state[x + 1, y] = 1;
99                      state[x + 1, y - 1] = 1;
100                     break;
101                 case Direction.Up:
102                     state[x, y - 2] = 0;
103                     state[x + 1, y - 2] = 0;
104                     state[x, y] = 1;
105                     state[x + 1, y] = 1;
106                     break;
107                 case Direction.Down:
108                     state[x, y - 1] = 1;
109                     state[x + 1, y - 1] = 1;
110                     state[x, y + 1] = 0;
111                     state[x + 1, y + 1] = 0;
112                     break;
113             }
114             break;
```

```
115
116        }
117    }
118 }
```

ChessBoard.cs

[4]　写好 updateChessBoard 函数后，在 MouseEvent 脚本的 Move 函数中调用此函数。

```
1    using System.Collections;
2    using System.Collections.Generic;
3    using UnityEngine;
4    using HuaRongDao;
5
6    public class MouseEvent : MonoBehaviour {
7
8        ......
9
10       void Move()
11       {
12           switch(targetChess.chessType)
13           {
14               //1*1 的棋子的移动
15               case ChessType.Rect11:
16                   switch(dir)
17                   {
18                       // 向左
19                       case Direction.Left:
20                           if (ChessBoard.state[targetChess.left_x - 1, targetChess.left_y] == 0)
21                           {
22                               // 移动棋子
23                               targetTransform.position += new Vector3(-1, 0, 0);
24                               // 更新棋子的左上角坐标
25                               targetChess.left_x += -1;
26                               ChessBoard.updateChessBoard(targetChess.left_x,
                                             targetChess.left_y, targetChess.chessType, dir);
27                           }
28                           break;
```

```
29                //向右
30                case Direction.Right:
31                    if (ChessBoard.state[targetChess.left_x + 1, targetChess.left_y] == 0)
32                    {
33                        //移动棋子
34                        targetTransform.position += new Vector3(1, 0, 0);
35                        //更新棋子的左上角坐标
36                        targetChess.left_x += 1;
37                        ChessBoard.updateChessBoard(targetChess.left_x,
                                  targetChess.left_y, targetChess.chessType, dir);
38                    }
39
40                    break;
41                //向上
42                case Direction.Up:
43                    if (ChessBoard.state[targetChess.left_x, targetChess.left_y + 1] == 0)
44                    {
45                        targetTransform.position += new Vector3(0, 1, 0);
46                        targetChess.left_y += 1;
47                        ChessBoard.updateChessBoard(targetChess.left_x,
                                  targetChess.left_y, targetChess.chessType, dir);
48
49                    }
50                    break;
51                //向下
52                case Direction.Down:
53                    if (ChessBoard.state[targetChess.left_x, targetChess.left_y - 1] == 0)
54                    {
55                        targetTransform.position += new Vector3(0, -1, 0);
56                        targetChess.left_y += -1;
57                        ChessBoard.updateChessBoard(targetChess.left_x,
                                  targetChess.left_y, targetChess.chessType, dir);
58                    }
59                    break;
60            }
```

```
61                                  break;
62                          //1*2 竖长方形棋子的移动
63                          case ChessType.Rect12:
64                              switch (dir)
65                              {
66                                  // 向左
67                                  case Direction.Left:
68                                      if (ChessBoard.state[targetChess.left_x - 1, targetChess.left_y] == 0&&
69                                          ChessBoard.state[targetChess.left_x - 1, targetChess.left_y - 1] == 0)
70                                      {
71                                          targetTransform.position += new Vector3(-1, 0, 0);
72                                          targetChess.left_x += -1;
73                                          ChessBoard.updateChessBoard(targetChess.left_x,
                                                      targetChess.left_y, targetChess.chessType, dir);
74                                      }
75                                      break;
76                                  // 向右
77                                  case Direction.Right:
78                                      if (ChessBoard.state[targetChess.left_x + 1, targetChess.left_y] == 0&&
79                                          ChessBoard.state[targetChess.left_x + 1, targetChess.left_y - 1] == 0)
80                                      {
81                                          targetTransform.position += new Vector3(1, 0, 0); // 移动棋子
82                                          targetChess.left_x += 1;
83                                          ChessBoard.updateChessBoard(targetChess.left_x,
                                                      targetChess.left_y, targetChess.chessType, dir);
84                                      }
85                                      break;
86                                  // 向上
87                                  case Direction.Up:
88                                      if (ChessBoard.state[targetChess.left_x, targetChess.left_y + 1] == 0)
89                                      {
90                                          targetTransform.position += new Vector3(0, 1, 0);
91                                          targetChess.left_y += 1;
92                                          ChessBoard.updateChessBoard(targetChess.left_x,
                                                      targetChess.left_y, targetChess.chessType, dir);
```

```
93                  }
94                  break;
95              // 向下
96              case Direction.Down:
97                  if (ChessBoard.state[targetChess.left_x, targetChess.left_y - 2] == 0)
98                  {
99                      targetTransform.position += new Vector3(0, -1, 0);
100                     targetChess.left_y += -1;
101                     ChessBoard.updateChessBoard(targetChess.left_x,
                                targetChess.left_y, targetChess.chessType, dir);
102                 }
103                 break;
104         }
105         break;
106     //2*1 横长方形棋子的移动
107     case ChessType.Rect21:
108         switch (dir)
109         {
110             // 向左
111             case Direction.Left:
112                 if (ChessBoard.state[targetChess.left_x - 1, targetChess.left_y] == 0)
113                 {
114                     targetTransform.position += new Vector3(-1, 0, 0);
115                     targetChess.left_x += -1;
116                     ChessBoard.updateChessBoard(targetChess.left_x,
                                targetChess.left_y, targetChess.chessType, dir);
117                 }
118                 break;
119             // 向右
120             case Direction.Right:
121                 if (ChessBoard.state[targetChess.left_x + 2, targetChess.left_y] == 0)
122                 {
123                     targetTransform.position += new Vector3(1, 0, 0); // 移动棋子
124                     targetChess.left_x += 1;
125                     hessBoard.updateChessBoard(targetChess.left_x,
                                targetChess.left_y, targetChess.chessType, dir);
126                 }
127                 break;
```

```
128                    // 向上
129                    case Direction.Up:
130                        if (ChessBoard.state[targetChess.left_x, targetChess.left_y + 1] == 0&&
131                          ChessBoard.state[targetChess.left_x + 1, targetChess.left_y + 1] == 0)
132                        {
133                            targetTransform.position += new Vector3(0, 1, 0);
134                            targetChess.left_y += 1;
135                            ChessBoard.updateChessBoard(targetChess.left_x,
                                        targetChess.left_y, targetChess.chessType, dir);
136                        }
137                        break;
138                    // 向下
139                    case Direction.Down:
140                        if (ChessBoard.state[targetChess.left_x, targetChess.left_y - 1] == 0&&
141                          ChessBoard.state[targetChess.left_x + 1, targetChess.left_y - 1] == 0)
142                        {
143                            targetTransform.position += new Vector3(0, -1, 0);
144                            targetChess.left_y += -1;
145                            ChessBoard.updateChessBoard(targetChess.left_x,
                                        targetChess.left_y, targetChess.chessType, dir);
146                        }
147                        break;
148                }
149                break;
150            //2*2 大正方形棋子的移动
151            case ChessType.Rect22:
152                switch (dir)
153                {
154                    // 向左
155                    case Direction.Left:
156                        if (ChessBoard.state[targetChess.left_x - 1, targetChess.left_y] == 0&&
157                          ChessBoard.state[targetChess.left_x - 1, targetChess.left_y - 1] == 0)
158                        {
159                            targetTransform.position += new Vector3(-1, 0, 0);
160                            targetChess.left_x += -1;
```

```
161                         ChessBoard.updateChessBoard(targetChess.left_x,
                                targetChess.left_y, targetChess.chessType, dir);
162                     }
163                     break;
164                 //向右
165                 case Direction.Right:
166                     if (ChessBoard.state[targetChess.left_x + 2, targetChess.left_y] == 0&&
167                       ChessBoard.state[targetChess.left_x + 2, targetChess.left_y - 1] == 0)
168                     {
169                         targetTransform.position += new Vector3(1, 0, 0);
170                         targetChess.left_x += 1;
171                         ChessBoard.updateChessBoard(targetChess.left_x,
                                targetChess.left_y, targetChess.chessType, dir);
172
173                     }
174                     break;
175                 //向上
176                 case Direction.Up:
177                     if (ChessBoard.state[targetChess.left_x, targetChess.left_y + 1] == 0&&
178                       ChessBoard.state[targetChess.left_x + 1, targetChess.left_y + 1] == 0)
179                     {
180                         targetTransform.position += new Vector3(0, 1, 0);
181                         targetChess.left_y += 1;
182                         ChessBoard.updateChessBoard(targetChess.left_x,
                                targetChess.left_y, targetChess.chessType, dir);
183                     }
184                     break;
185                 //向下
186                 case Direction.Down:
187                     if (ChessBoard.state[targetChess.left_x, targetChess.left_y - 2] == 0&&
188                       ChessBoard.state[targetChess.left_x + 1, targetChess.left_y - 2] == 0)
189                     {
190                         targetTransform.position += new Vector3(0, -1, 0);
191                         targetChess.left_y += -1;
192                         ChessBoard.updateChessBoard(targetChess.left_x,
```

```
                                    targetChess.left_y, targetChess.chessType, dir);
193
194                         }
195                         break;
196                 }
197                 break;
198         }
199     }
200 }
```

MouseEvent.cs

[5]　运行游戏，这时候棋子已经能移动且不会覆盖其他棋子或移出边界。

11.4.5　游戏结束判定

[1]　华容道的结束判定十分简单，将曹操移到出口处，游戏结束。我们这里给定结束时曹操的位置坐标，当玩家将曹操移动到这个指定的位置时，游戏结束。只需要在 MouseEvent 脚本中添加以下代码：

```
1  using System.Collections;
2  using System.Collections.Generic;
3  using UnityEngine;
4  using HuaRongDao;
5
6  public class MouseEvent : MonoBehaviour {
7
8      ......
9      private Vector2 finishPos = new Vector2(2, 2);// 结束是曹操的位置
10     public static bool over = false;  // 游戏是否结束
11     ......
12
13     void Move()
14     {
15         switch(targetChess.chessType)
16         {
17             ......
18             //2*2 大正方形棋子的移动
19             case ChessType.Rect22:
20                 switch (dir)
21                 {
```

```
22 ......
23             }
24             Finish(targetTransform.position);
25             break;
26         }
27     }
28 
29     void Finish(Vector2 v)
30     {
31         if(v == finishPos)
32         {
33             Debug.Log(" 游戏结束 ");
34             over = true;
35         }
36     }
37 }
```

[2] 运行游戏，当曹移动到出口时，在控制台会输出”游戏结束”。

[3] 最后为了直观地表达游戏结束，我们这里在写一段代码，在游戏结束之后，屏幕上出现游戏结束的提示。新建一个名为 UI 的脚本，在脚本中添加一段简单的代码，实现游戏结束的 UI 的显示。

```
1  using System.Collections;
2  using System.Collections.Generic;
3  using UnityEngine;
4 
5  public class UI : MonoBehaviour {
6      public Texture gameOver;
7 
8      private void OnGUI()
9      {
10         // 游戏结束是绘制游戏结束的 UI。
11         if (Done_MouseEvent.over)
12         {
13             GUI.DrawTexture(new Rect(200, 210, 300, 100), gameOver, ScaleMode.StretchToFill,
                       true, 10.0F);
14             FindObjectOfType<Done_MouseEvent>().enabled = false;
15         }
16     }
```

```
17 }
```

UI.cs

[4]　将 UI 脚本赋给 ChessBoard，然后将 Texture 文件夹下的名为 gameover 的图片赋给 UI 脚本中的变量 gameOver，如图 11-31 所示。

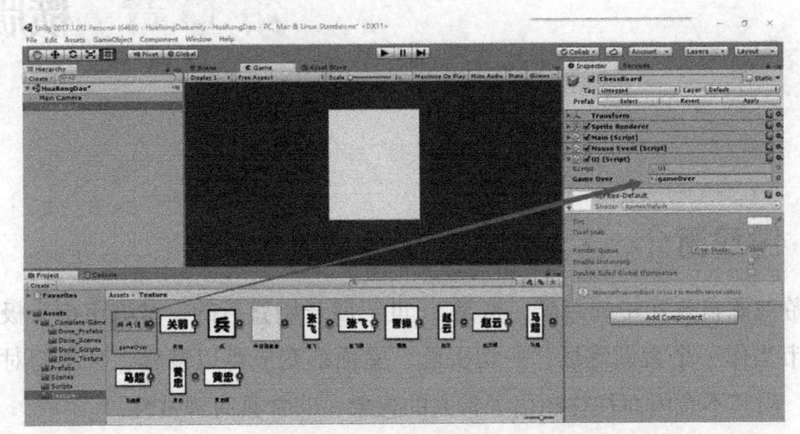

图 11-31　添加 UI 脚本

华容道游戏到这里就已经全部制作完成，运行效果如图 11-32 所示。

图 11-32　游戏运行结果

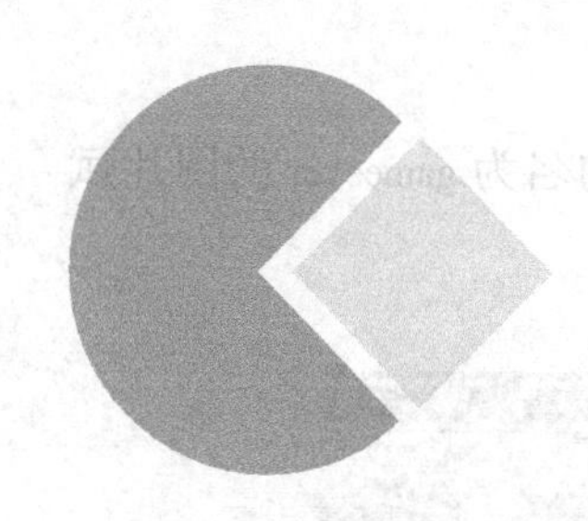

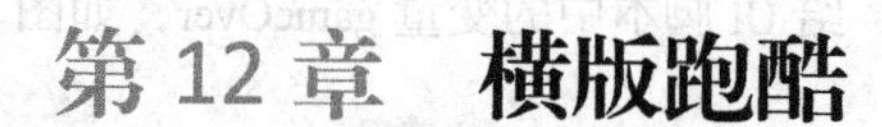

第 12 章　横版跑酷

12.1　游戏简介

跑酷游戏源自现实中的跑酷，这是 21 世纪后开始盛行的一种城市街头极限运动，把整个城市当作一个大训练场，一切围墙、屋顶都变成可以攀爬、穿越的对象，动作追求自由、出其不意因而往往超出了常人的想象，非常具有观赏性。

跑酷游戏英文名 Parkour Game，《神庙逃亡》《天天酷跑》《熊出没之熊大快跑》《忍者必须死》等游戏都是近年来的跑酷游戏中比较热门的。

真正让“跑酷”一词在游戏媒体圈井喷的头号功臣，当属 EA DICE 制作的《镜之边缘》。在摩天楼顶急速飞奔、跳跃或坠落，在枪林弹雨间追逐、格斗或逃亡，翻滚、滑铲、踏壁、夺枪，所有动作一气呵成、干脆利落……玩家们第一次用第一人称的游戏方式体验到了这种极限运动的狂野与浪漫，一时之间“跑酷”名声大噪，媒体纷纷炒作，玩家们纷纷寻找类似作品，游戏厂商也纷纷给自己的作品添加上“跑酷”标签。

主流的酷跑游戏，无非 2D 横版卷轴与 3D 第三人称两种形式，追根溯源的话，要到 fc 时代，前者简化自平台游戏，起点大概是《B.C.'s Quest for Tires》和《马戏团》；后者简化自竞速游戏，《南极大冒险》是一个典型代表作，如图 12-1、图 12-2、图 12-3 所示。

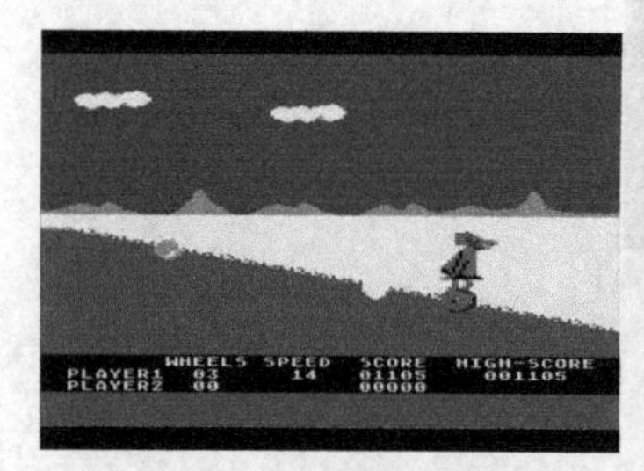

图 12-1　B.C.' s Quest for Tires

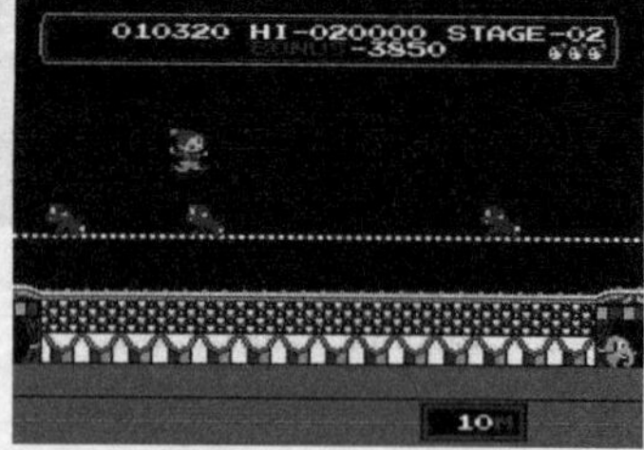

图 12-2 马戏团

图 12-3 南极大冒险

这几个来自二十世纪八十年代初的古董级游戏几乎就已经具备了当今主流酷跑游戏的全部要素。

1. 横版滚轴酷跑的主要操作是跳跃，纵轴酷跑的主要操作是左右移动及跳跃。

2. 地形随机生成，需要反复挑战并刷新最高分数。

3. 游戏中需不停躲避障碍物，并可分为两种：致死类与减速类。除此之外，《B.C.'s Quest for Tires》有下蹲的躲避方式和 Boss 战的设定，《马戏团》则加入了更为丰富的玩法，比如蹦床、骑马等等，甚至有随周目数而累增的难度系数。而《南极大冒险》也是引入了两个重要的系统：收集与道具，前者用来增加游戏分数，后者用来获得无敌飞行时间。

下面以 2D 横版滚轴的游戏作为实例进行讲解。

12.2 游戏规则

游戏：横版跑酷

1. 基本操作：上下控制起跳和下蹲，空格使用道具；
2. 障碍物：地图上随机刷新障碍物；
3. 死亡：触碰到障碍物就死亡；
4. 金币和道具：路途中可以获得金币和一些功能道具；
5. 游戏失败：当死亡之后，游戏失败；
6. 游戏胜利：当金币达到一定数量，即可胜利。

12.3 程序思路

12.3.1 地图

一张背景图片，采用滚动模式使之无限；当角色开始移动后，摄像机和场景跟随角色缓缓向右移动。当角色跑完每一个路段距离的 2/3 时，计算下一路段的位置，并在该位置生成一个新的路段，这样在游戏场景中可以产生无限远的路段，当某一路段离开界面时，立即将其销毁。

伪代码如下：

```
背景图片 .x= 初始坐标 .x+ 移动速度 * 移动量 .x;
玩家 .x= 初始坐标 .x+ 移动速度 * 移动量 .x;
```

12.3.2 金币和道具

地图随机生成，获取游戏中走过的路程，每当跑完一段路的 2/3 时，会生成下一个路段，再在下一路段上使用 random 函数随机生成金币。

每当生成一个路段，路段上会随机生成多少金币，每当吃到一个金币的时候，金币数变量加一；道具只有一种，吃到道具时，玩家的速度增加。

伪代码如下：

以金币为例子；

```
//在每段路段上随机产生 20 到 50 个金币
        int 金币数 =Random.Range(20,50);

        for(int i=0;i< 金币数 t;i++)
        {
            生成金币；
        }
```

12.3.3　障碍物

使用 random 函数在路段上随机生成。

同上，当玩家在游戏中走过的路段到达了一段路的 2/3 后，生成新路段；在这个路段上生成障碍物。

12.3.4　玩家

开始时有初速度，上下控制起跳和下蹲。

设置按键触发事件，上键——起跳，下键——下蹲，空格键——道具；初速度等于 v。

12.3.5　金币分数和已经前进距离的显示

显示在游戏界面上方，金币分数等于金币数变量，而已经前进的距离则是初速度 v × 游戏进行的时间 t。

12.3.6　游戏流程图

如图 12-4 所示。

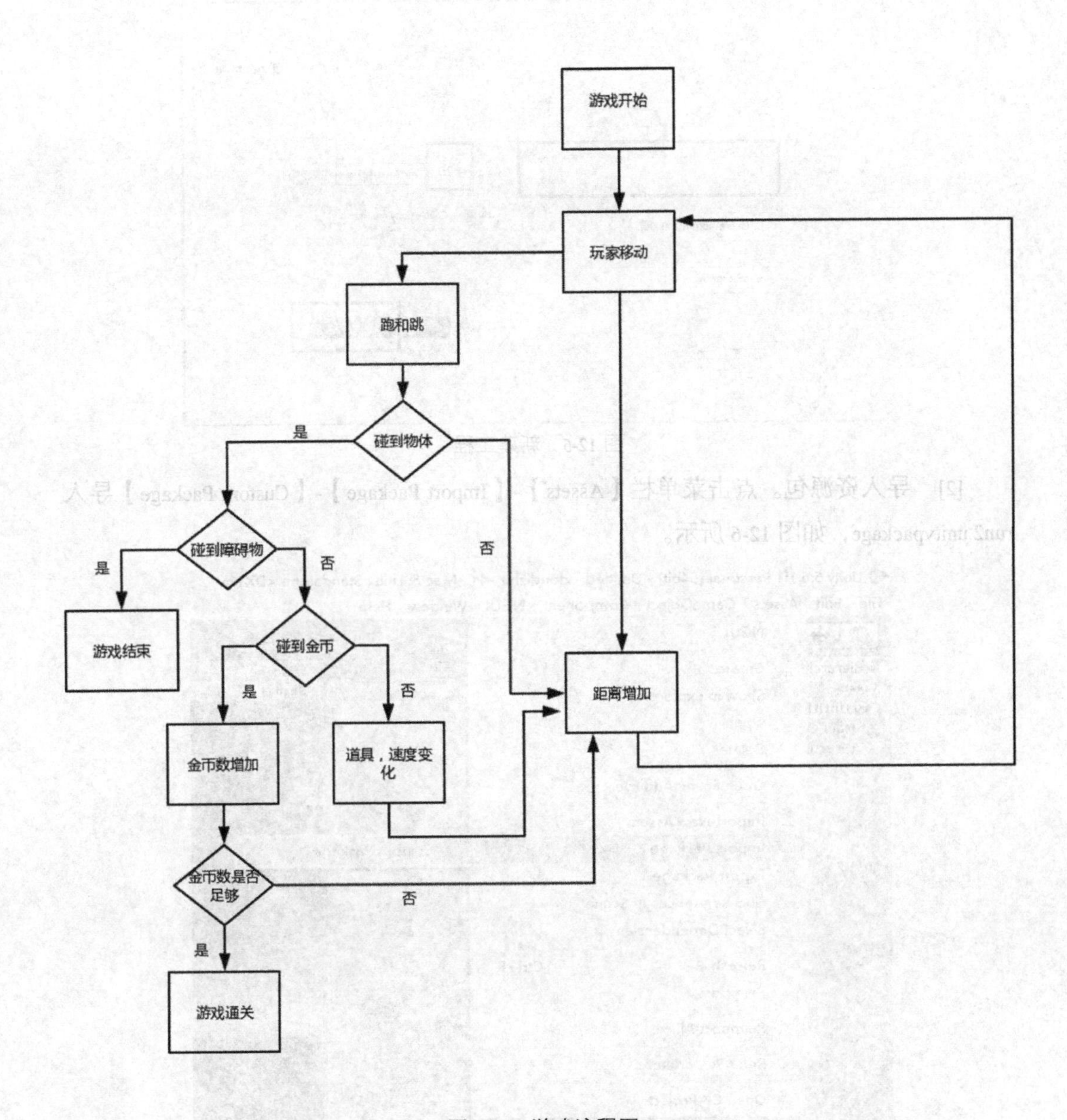

图 12-4　游戏流程图

12.4 工程实现

12.4.1 前期准备

[1] 新建工程。新建名为 Run 的工程并打开。把 3D/2D 选项修改为 2D，如图 12-5 所示。

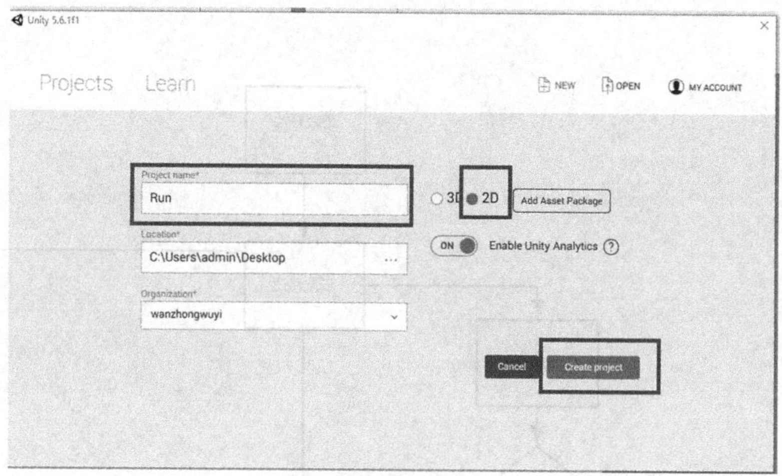

图 12-5　新建工程

[2]　导入资源包。点击菜单栏【Assets】-【Import Package】-【Custom Package】导入run2.unitypackage，如图 12-6 所示。

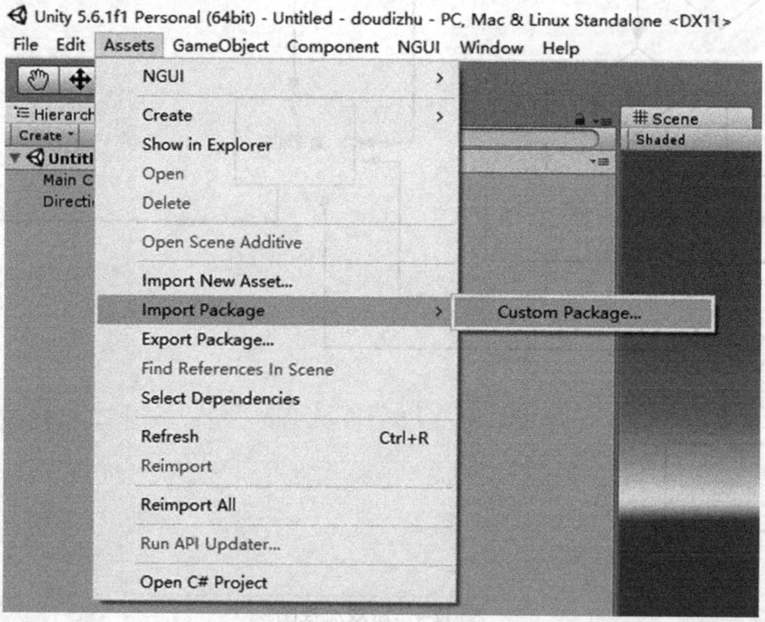

图 12-6　导入资源包

[3] 运行最终游戏，打开【_Complete-Game】-【Done_Scene】-【Done_Main】，运行游戏，观察游戏最后结果，如图 12-7 所示。

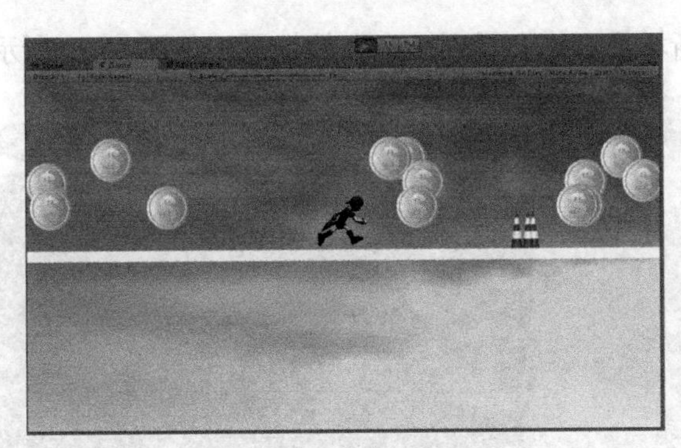

图 12-7　游戏效果图

12.4.2　制作游戏场景

[1]　新建场景目录。新建一个名为 Scenes 的文件夹，如图 12-8 所示。

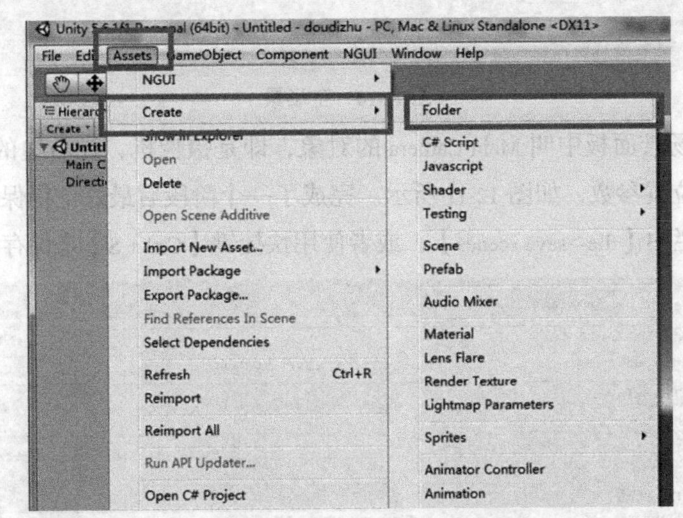

图 12-8　新建场景目录

[2]　创建新场景。在新建的场景目录下创建一个名为 Run 的场景，如图 12-9 所示。

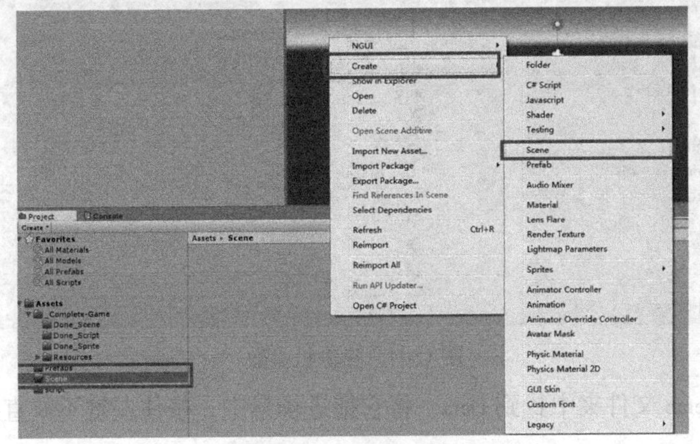

图 12-9　创建新场景

[3] 双击打开新场景。你会看到一个空的场景，如图 12-10 所示。

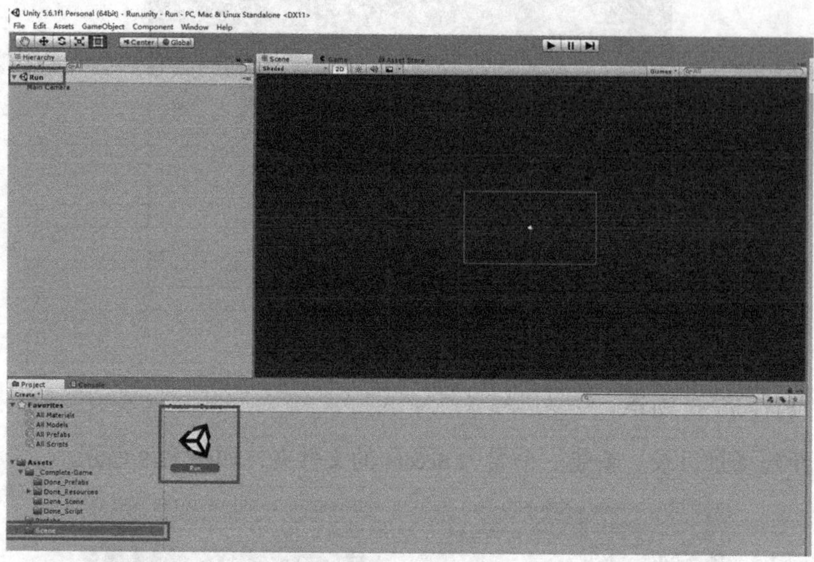

图 12-10 空场景

[4] 找到场景面板中叫 Main Camera 的对象，即是摄像机，在右边的 inspector 面板中修改摄像机位置参数，如图 12-11 所示。完成了一个阶段后最好记得保存，这是很重要的。用导航栏中【file->save scenes】，或者使用快捷键【Ctrl + S】来保存场景。

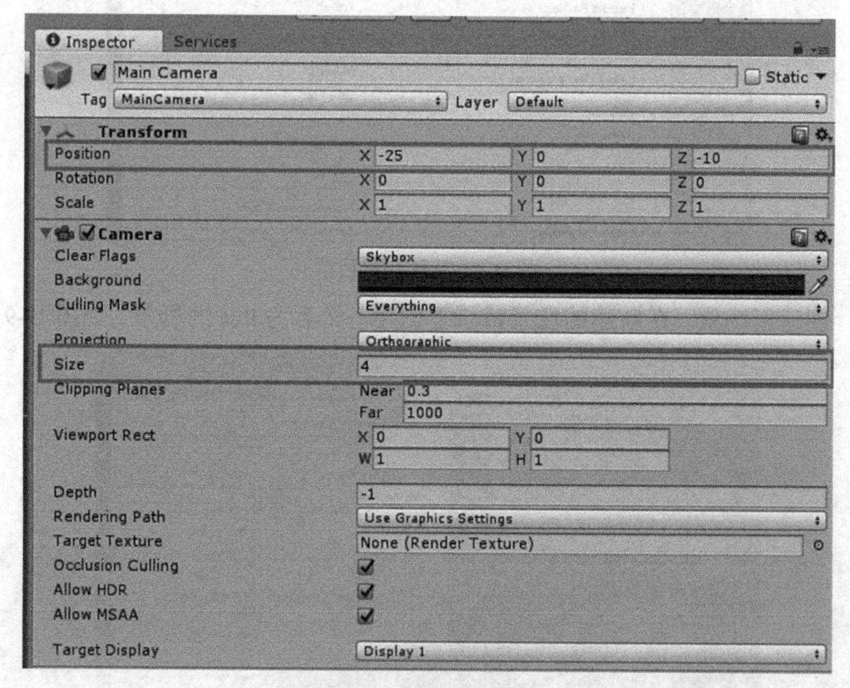

图 12-11 摄像机参数

[5] 从 prefab 文件夹中找到 Data，将它拖进场景中，按住左键不放直接拖动，如图 12-12 所示。

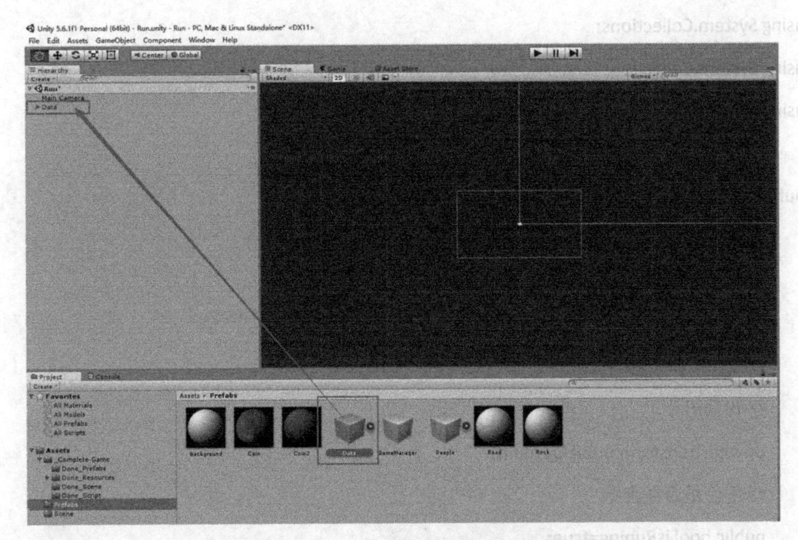

图 12-12　将预制体拖入场景

[6] 同样的，分别从 prefab 文件夹中找到叫 GameManager、People、Road、Background 的预制体，将它们一个一个拖进场景中，最终场景面板如图 12-13 所示。

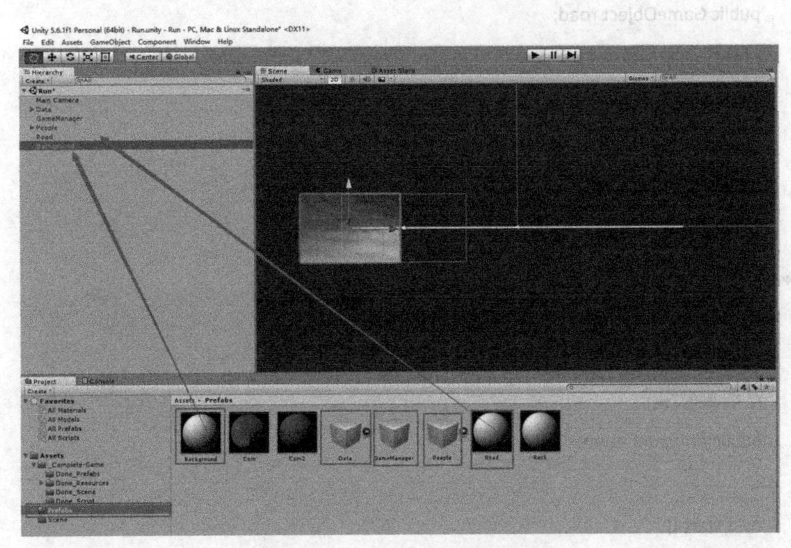

图 12-13　将预制体拖入场景

12.4.3　玩家控制

[1]　新建一个名为 Scripts 的文件夹，用来存放游戏中所有的脚本。

[2]　在 Scripts 文件夹下，新建一个脚本，命名为 Player，我们要实现玩家、背景、摄像机的同步移动，每过 2/3 的路程生成新的路段，计算玩家的跑步、跳跃、死亡、胜利动画情况，以及当前的奔跑距离和当前金币值。双击打开脚本，在脚本中添加如下代码。

```
1   using System.Collections;
2   using System.Collections.Generic;
3   using UnityEngine;
4
5   public class Player : MonoBehaviour {
6       //定义角色移动速度
7       public float mMoveSpeed=2.5F;
8       //摄像机
9       private Transform mCamera;
10      //背景图片
11      private Transform mBackground;
12      //角色是否在奔跑
13      public bool isRuning=true;
14      //场景中路段总数目
15      private int mCount=1;
16      //路段预设
17      public GameObject road;
18      //死亡动画播放次数
19      private int DeathCount=0;
20      //收集的金币数目
21      public int mCoinCount=0;
22      //当前奔跑距离
23      public int mLength=0;
24      //当前得分
25      public int mGrade=0;
26      //动画组件
27      public Animator anim;
28
29      void Start ()
30      {
31          //获取组件
32          anim = GetComponent<Animator> ();
33          //获取相机
34          mCamera=Camera.main.transform;
35          //获取背景
```

```
36          mBackground=GameObject.Find("Background").transform;
37      }
38
39      void Update ()
40      {
41
42          // 如果角色处于奔跑状态则移动角色、相机和场景
43          if(isRuning)
44          {
45              Move();
46              CreateNewRoad();
47              Jump();
48              UpdateData();
49              // 金币达到 60，执行胜利函数
50              if (mCoinCount == 60) {
51                  Win ();
52              }
53          }else
54          {
55              Death();
56          }
57      }
58
59      /// <summary>
60      /// 更新玩家的游戏数据
61      /// </summary>
62      public void UpdateData()
63      {
64          // 计算奔跑距离
65          mLength=(int)((transform.position.x+25)*25);
66          // 计算玩家得分
67          mGrade=(int)(mLength*0.8+mCoinCount*0.2);
68      }
69      /// 角色胜利
```

```
70        public void Win(){
71            mMoveSpeed = 0;
72            //播放胜利动画
73            anim.Play ("Win");
74        }
75
76        ///角色死亡
77        public void Death()
78        {
79            //为避免死亡动画在每一帧都更新，使用 DeathCount 限制其执行
80            if(DeathCount<=1)
81            {
82                //播放死亡动画
83                anim.Play("Lose");
84                //次数 +1
85                DeathCount+=1;
86                //保存当前记录
87                //PlayerPrefs.SetInt(" 这里填入一个唯一的值 ",Grade);
88            }
89        }
90
91        public void Jump()
92        {
93            //这里不使用刚体组件，使用直接修改位置来实现跳跃
94            if(Input.GetKeyDown(KeyCode.Space) || Input.GetMouseButton(0))
95            {
96                while(transform.position.y<=1)
97                {
98                    float y=transform.position.y+0.02f;
99                    transform.position=new
   Vector3(transform.position.x,y,transform.position.z);
100                   anim.Play("Jump");
101               }
102               StartCoroutine("Wait");// 运行协程
```

```
103     }
104     }
105     // 协程，其中有个等待用法，过一段时间再执行下一段代码
106     IEnumerator Wait()
107     {
108         yield return new WaitForSeconds(0.8F);
109         // 角色落地继续奔跑
110         while(transform.position.y>0.125F)
111         {
112             float y=transform.position.y-0.02F;
113             transform.position=new Vector3(transform.position.x,y,transform.position.z);
114
115         }
116     }
117
118     // 移动角色、相机和场景
119     public void Move()
120     {
121         // 让角色从左到右开始奔跑
122         transform.Translate(Vector3.forward * mMoveSpeed * Time.deltaTime);
123         // 移动摄像机
124         mCamera.Translate(Vector3.right * mMoveSpeed * Time.deltaTime);
125         // 移动背景
126         mBackground.Translate(Vector3.left * mMoveSpeed * Time.deltaTime);
127     }
128
129     // 创建新的路段
130     public void CreateNewRoad()
131     {
132         // 当角色跑完一个路段的的 2/3 时，创建新的路段
133         // 用角色跑过的总距离计算前面 n-1 个路段的距离即为在第 n 个路段上跑过的距离
134         if(transform.position.x+30-(mCount-1)*50 >=50*2/3)
135         {
136             // 克隆路段
137             // 这里从第一个路段的位置开始计算新路段的距离
```

```
138             GameObject                    mObject=(GameObject)Instantiate(road,new
      Vector3(-5F+mCount * 50F,0F,-2F),Quaternion.identity);
139             mObject.transform.localScale=new Vector3(50F,0.25F,1F);
140             // 路段数加 1
141             mCount+=1;
142         }
143     }
144
145     void OnTriggerEnter(Collider mCollider)
146     {
147         // 如果碰到的是金币，则金币消失，金币数目加 1; 如果金币数量达到 10 个，
148         //30 个，50 个时，移动速度都会加 0.5。
149         if(mCollider.gameObject.tag=="Coin")
150         {
151             Destroy(mCollider.gameObject);
152             mCoinCount+=1;
153             if (mCoinCount == 10) {
154                 mMoveSpeed += 0.5F;
155             }
156             if (mCoinCount == 30) {
157                 mMoveSpeed += 0.5F;
158             }
159             if (mCoinCount == 50) {
160                 mMoveSpeed += 0.5F;
161             }
162         }
163         // 如果碰到的是道具，道具消失，玩家速度变成 2.5;
164         else if(mCollider.gameObject.tag=="Coin2")
165         {
166             Destroy(mCollider.gameObject);
167             mMoveSpeed=2.5f;
168         }
169         // 如果碰到的是障碍物，则游戏结束
170         else if(mCollider.gameObject.tag=="Rock")
171         {
```

```
172                isRuning=false;
173            }
174        }
175 }
```

[3]　写完后，将代码保存，先选中 prefabs 文件夹中的 People，在 script 文件夹下找到叫 Player 的脚本，按住左键不放，将 Player 脚本直接拖到 People 的 Inspector 面板中；或者点击 People 的 Inspector 面板中 Add Component，手动输入 Player 来添加脚本，如图 12-14 所示。

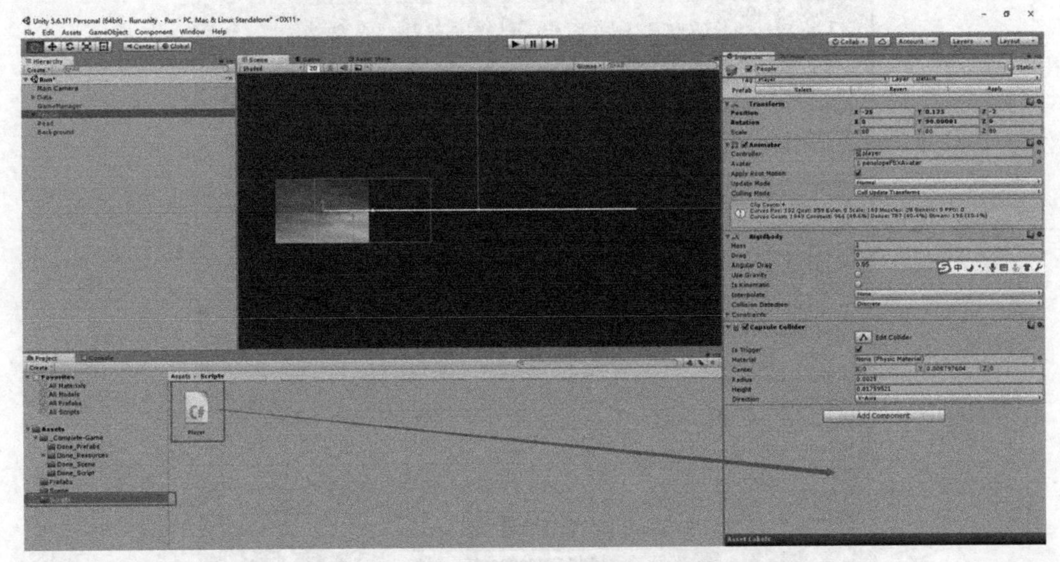

图 12-14　将代码拖入玩家参数面板

[4]　拖进去之后 Inspector 面板中成了这样，如图 12-15 所示。

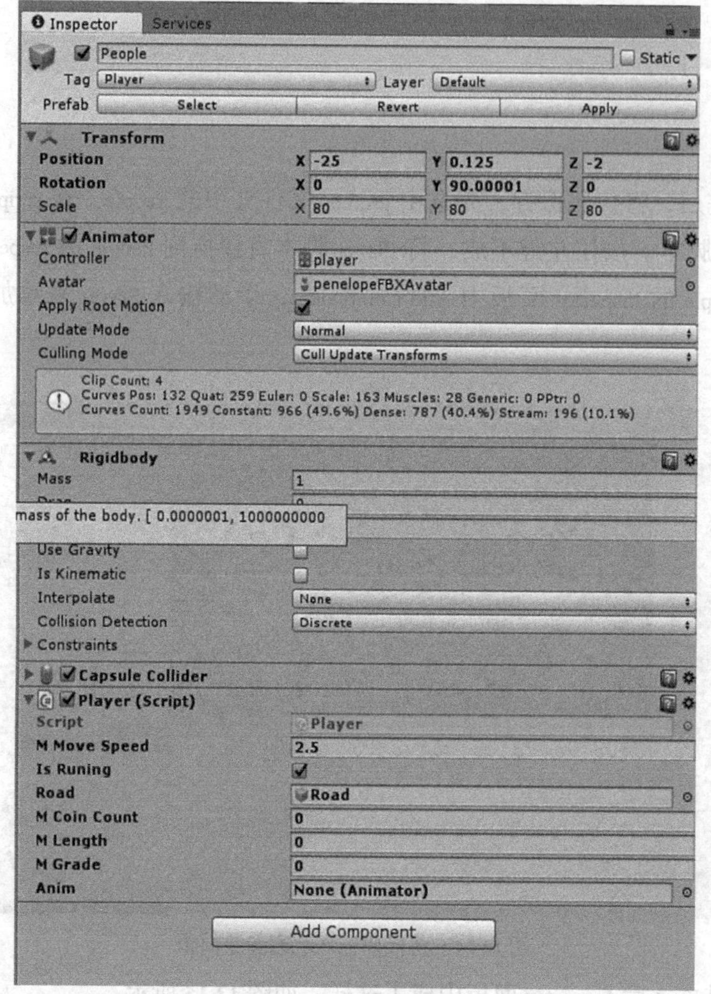

图 12-15　玩家参数

[5]　新加了 Player 脚本后，我们看到 Road、Anim（动画组件）都是没有对象的，需要我们添加，点击 Road 一栏后面的圆点，找到叫 Road 的对象，点击将它添加，如图 12-16 所示。

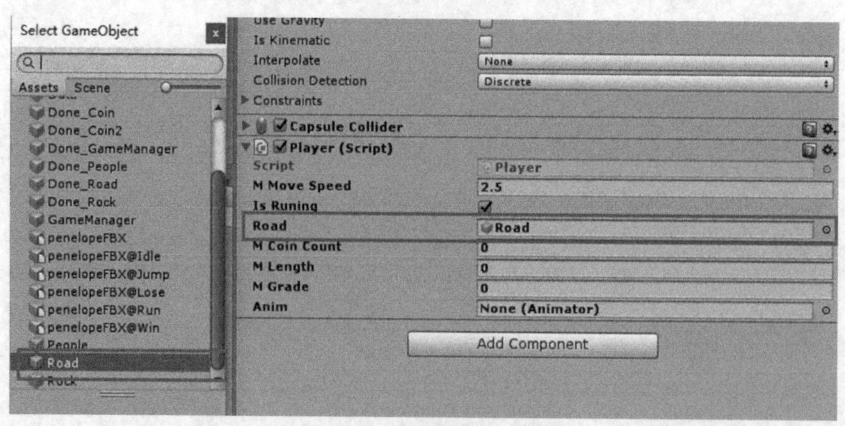

图 12-16　添加 road 对象

[6]　同理，给 Anim 添加叫 People 的对象，如图 12-17 所示。

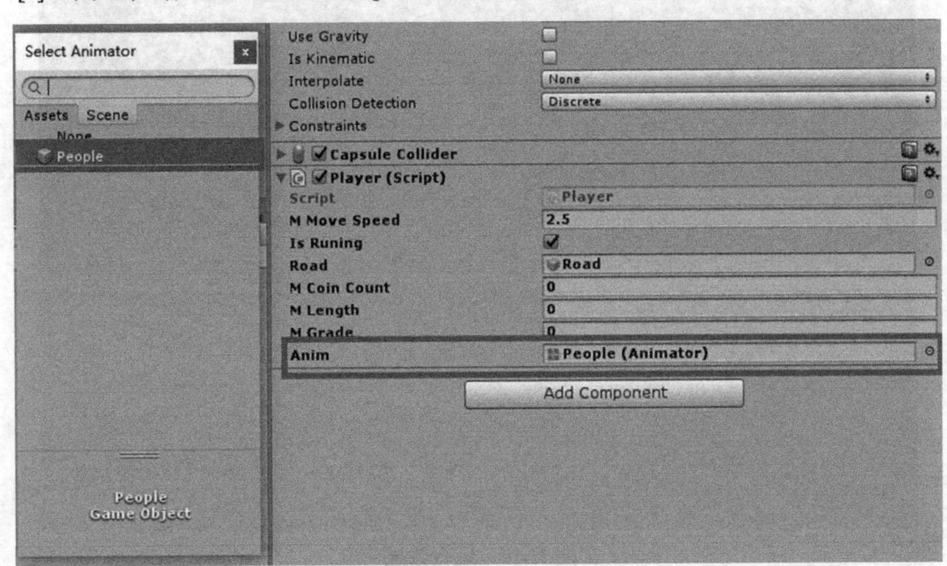

图 12-17　添加 anim 对象

[7]　做完这些 People 就 ok 了，接下来我们在场景面板中，找到空的地方点击右键，弹出选项，选择 light，添加一个平行光就可以了，如图 12-18 所示。

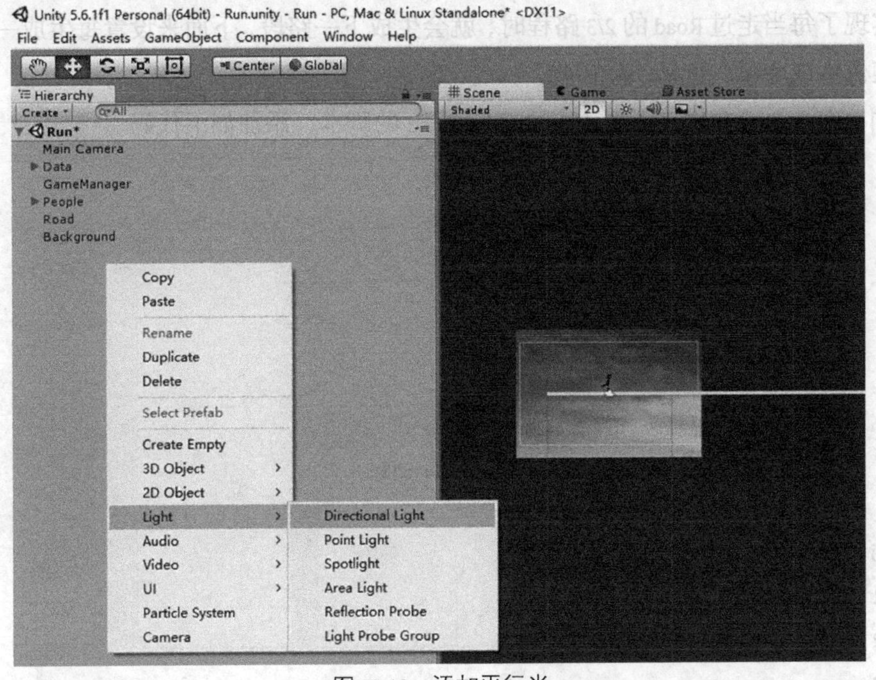

图 12-18　添加平行光

[8]　点击运行按钮，效果如下（玩家跑动，并且按空格可以跳跃），如图 12-19 所示。

图 12-19　运行效果

12.4.4　路段上金币、道具和障碍物的生成

[1]　游戏中，我们的 Road 上显然还没有金币、道具和障碍物。前面在 Player 脚本中，我们实现了每当走过 Road 的 2/3 路程时，就会生成下一路段，下面来设置每生成一段路，都要随机生成金币、道具、障碍物。

[2]　在 Scripts 文件夹下新建一个名叫 Road 的脚本，添加如下代码。

```
1   using System.Collections;
2   using System.Collections.Generic;
3   using UnityEngine;
4
5   public class Road : MonoBehaviour {
6
7       // 在道路上显示的金币、障碍物
8       public GameObject[] mObjects=new GameObject[3];
9
10
11      void Start ()
12      {
13
14          // 在每段路段上随机产生 20 到 50 个物品
15          int mCount=Random.Range(20,50);
16
```

```
17          for(int i=0;i<mCount;i++)
18          {
19              //随机生成金币的高度
20              int height = Random.Range (2, 5);
21              Instantiate(mObjects[0],
22                      New Vector3(Random.Range(this.transform.position.x25,
23                              this.transform.position.x+25),0.55f*height,-2F),
24                      Quaternion.Euler(new Vector3(90F,180F,0F)));
25          }
26          //在每段路段上随机产生 5 到 10 个障碍物
27          mCount=Random.Range(5,10);
28          for(int i=0;i<mCount;i++)
29          {
30              Instantiate(mObjects[1],newVector3(
31  Random.Range(this.transform.position.x-15,this.transform.position.x+25),0.5F,-2F),
32              Quaternion.Euler(new Vector3(90F,180F,0F)));
33          }
34          //在每段路段上随机产生 2 个道具
35          for (int i = 0; i < 2; i++)
36          {
37              int height = Random.Range (2, 4);
38              Instantiate(mObjects[2],newVector3(
39  Random.Range(this.transform.position.x-5,this.transform.position.x + 25), 0.6f*height, -2F),
40              Quaternion.Euler (new Vector3 (90F, 180F, 0F)));
41          }
42      }
43
44      //当离开摄像机视野时立即销毁
45      void OnBecameInvisible()
46      {
47          Destroy(this.gameObject);
48      }
49  }
```

[3]　在 prefabs 文件夹下找到 Road 对象，选中，在 inspector 面板中的 add component 输入 Road，找到我们写好的脚本，添加，如图 12-20 所示。

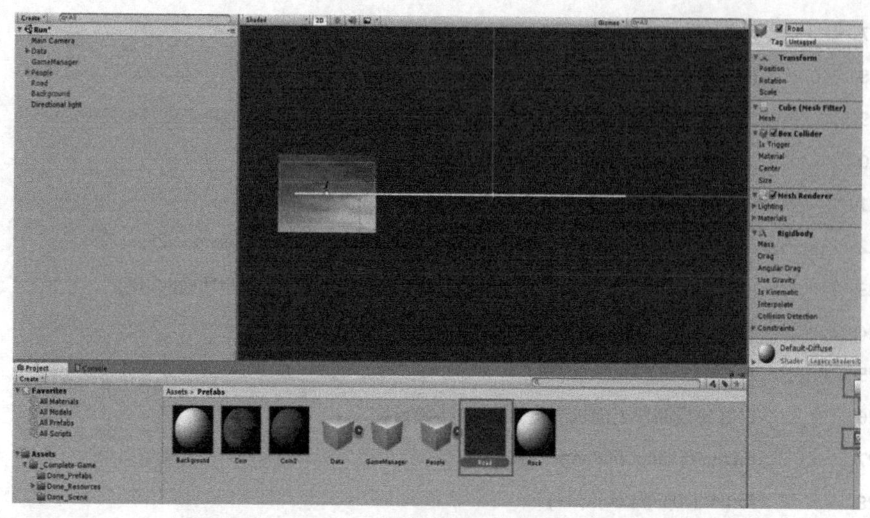

图 12-20　添加 Road 脚本

[4]　添加完，点开 M Objects，我们发现数组 M objects 中的长度是 3，这三个对象是空的，如图 12-21 所示。

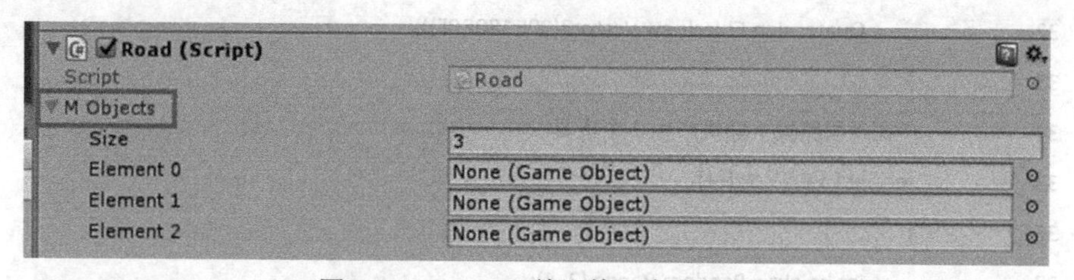

图 12-21　m Object 数组的三个空对象

[5]　我们要分别添加的是金币、障碍物和道具，找到 prefabs 文件夹，不要单击左键，这会使右边的 inspector 面板变成你选中的对象的属性，只要按住左键不放，直接拖动对象到空的对象框中，对应关系是 coin-Element 0 、 rock-Element 1、coin2-Element 2，如图 12-22 所示。

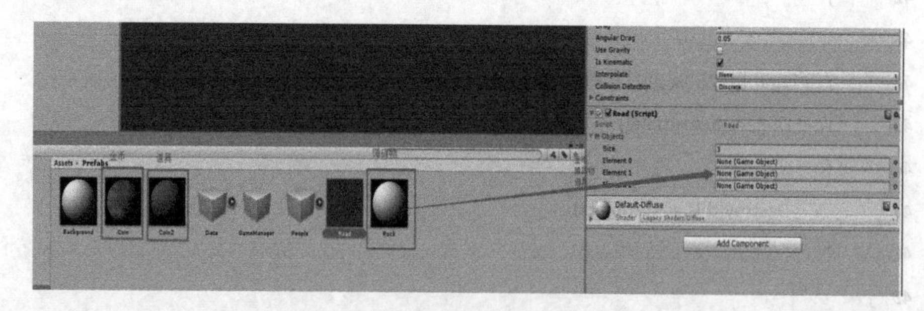

图 12-22　将预制体对应脚本中的对象

[6]　运行之后的游戏效果，如图 12-23 所示。

图 12-23　运行效果

[7]　游戏中出现金币和障碍物了，但金币不会旋转。并且考虑到节省内存的关系，我们要将物体离开摄像机视野的时候销毁它；因此我们要写两个简单的脚本，Coin 脚本和 Rock 脚本，代码如下。

```
1   using System.Collections;
2   using System.Collections.Generic;
3   using UnityEngine;
4
5   public class Coin : MonoBehaviour {
6
7       // 这里是一个控制金币旋转的脚本
8
9       void Update ()
10      {
11          transform.Rotate(Vector3.forward * 50F * Time.deltaTime);
12      }
13
14      // 当离开摄像机视野时立即销毁
15      void OnBecameInvisible()
16      {
17          Destroy(this.gameObject);
18      }
19  }
```

Coin.cs

```
using System.Collections;
using System.Collections.Generic;
using UnityEngine;

public class Rock : MonoBehaviour {

    //当离开摄像机视野时立即销毁
    void OnBecameInvisible()
    {
        Destroy(this.gameObject);
    }
}
```

Rock.cs

[8] 在 prefabs 文件夹下找到 Coin 和 Coin2 对象，选中，在 inspector 面板中的 add component 输入 Coin，找到我们写好的脚本，然后添加，操作与之前添加脚本的方法一致。

[9] 在 prefabs 文件夹下找到 Rock 对象，选中，在 inspector 面板中的 add component 输入 Rock，找到我们写好的脚本，添加，操作与之前添加脚本的方法一致。

[10] 这样金币就可以转起来，运行，如图 12-24 所示。

图 12-24 运行效果

12.4.5 显示前进距离和金币

[1] 最后只剩下显示前进距离和金币了，前面的 Player 脚本中，我们已经通过代码计算有了距离和金币数，现在只要获取就可以了。

[2] 在 Scripts 文件夹下建立一个叫 GameManager 的脚本，用于在游戏界面显示距离和金币数，代码如下：

```
1   using System.Collections;
2   using System.Collections.Generic;
3   using UnityEngine;
4   using UnityEngine.UI;
5
6   public class GameManager : MonoBehaviour {
7
8       // 玩家
9       public GameObject mPlayer;
10      public Text goldCoin;
11      public Text distance;
12
13      void Update ()
14      {
15          goldCoin.text=" 金币 :" + mPlayer.GetComponent<Player>   ().mCoinCount;
16          distance.text= " 距离 :" + mPlayer.GetComponent<Player> ().mLength;
17      }
18  }
```

[3] 写完后，给场景面板中的 GameManager 添加这个脚本，如图 12-25 所示。

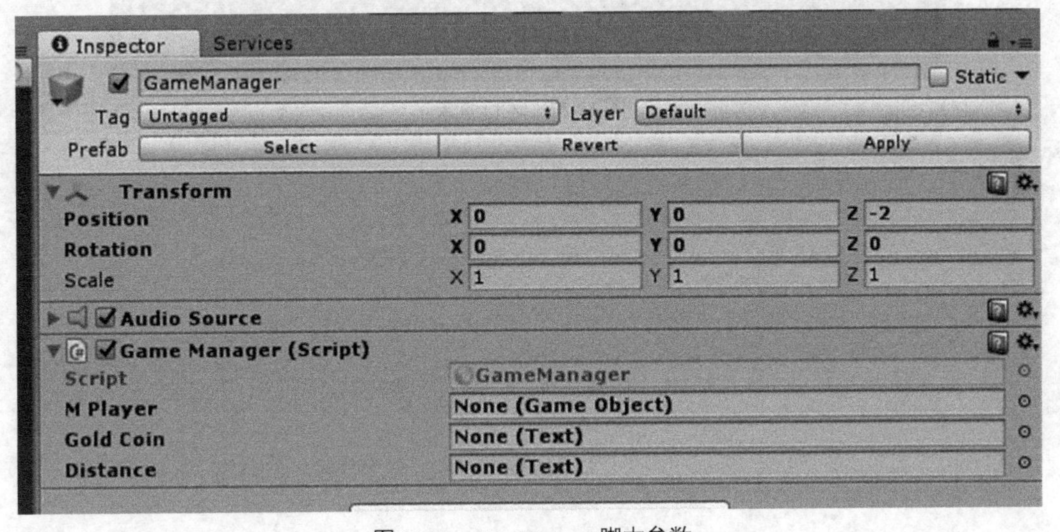

图 12-25　GameManager 脚本参数

[4] 这里要添加几个对象，都在场景面板中，分别是 People 和点开 Data 后的 goldCoin 和 distance，按左键不放将它们直接拖进来，如图 12-26 所示。

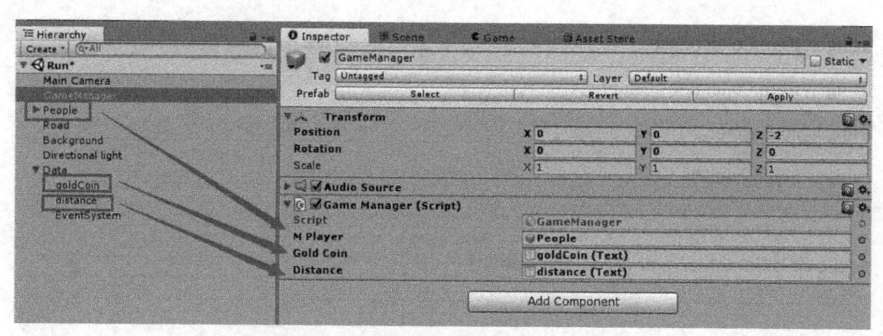

图 12-26　将场景中的对象拖入脚本中

[5]　最终完成，运行，如图 12-27 所示。

图 12-27　运行效果

第 13 章　扫雷

13.1 游戏简介

扫雷是一款十分经典的大众类益智小游戏。玩家基于简单的数字逻辑，排查出画面内所有的地雷，玩法容易，深受玩家喜爱。可以让人不知不觉间花上好几个小时的时间去挑战。作为日常调剂的游戏作品，扫雷的确是款老少皆宜的休闲游戏，而且用来打发时间会非常有效。

其最原始的版本可以追溯到 1973 年一款名为“方块”的游戏。发行不久后，“方块”被改写成了游戏“Rlogic”。在“Rlogic”里，玩家的任务是作为一名士兵，为指挥中心探出一条没有地雷的安全路线，如果路全被地雷堵死就算输。两年后，汤姆·安德森在“Rlogic”的基础上又编写出了游戏“地雷”，由此奠定了现代扫雷游戏的雏形。

1981 年，微软公司的罗伯特·杜尔和卡特·约翰逊两位工程师在 Windows 3.1 系统上加载了该游戏，扫雷游戏才正式在全世界推广开来。

图 13-1　扫雷示意图

13.2 游戏规则

13.2.1　扫雷的布局

游戏区包括雷区、地雷计数器（记录剩余地雷数）和计时器（记录游戏时间）。在确定大小的矩形雷区中随机布置一定数量的地雷（初级为 9×9 个方块 10 个雷，中级为 16×16 个方块 40 个雷，高级为 16×30 个方块 99 个雷，自定义级别可以自己设定雷区大小和雷数，但是雷区大小不能超过 24×30 个方块），玩家需要尽快找出雷区中的所有不是地雷的方块，而不许踩到地雷。

13.2.2 扫雷的基本操作

游戏的基本操作包括左键单击、右键单击、左右键双击三种。其中左键用于打开安全的格子，推进游戏进度；右键用于标记地雷，以辅助判断，或为接下来的双击做准备；双击在一个数字周围的地雷标记完时，相当于对数字周围未打开的方块均进行一次左键单击操作。

左键单击：在判断出不是雷的方块上按下左键，可以打开该方块。如果方块上出现数字，则该数字表示以该方块为中心的 3×3 区域中的地雷数。如果方块上为空（相当于 0），则可以递归地打开与空相邻的方块；如果不幸触雷，则游戏结束。

图 13-2 表示在游戏区中间 / 边缘 / 角落点击方块时数字显示地雷数的范围，红点所在处为鼠标左键单击方块。

右键单击：在判断为地雷的方块上按下右键，可以标记地雷（显示为小红旗）。重复一次或两次操作可取消标记（如果在游戏菜单中勾选了“标记 (?)”，则需要两次操作来取消标雷）。

左右键双击：同时按下左键和右键完成左右键双击。当双击位置周围已标记雷数等于该位置数字时操作有效，相当于对该数字周围未打开的方块均进行一次左键单击操作。地雷未标记完全时使用双击无效。若数字周围有标错的地雷，则游戏结束，标错的地雷上会显示一个“×”。

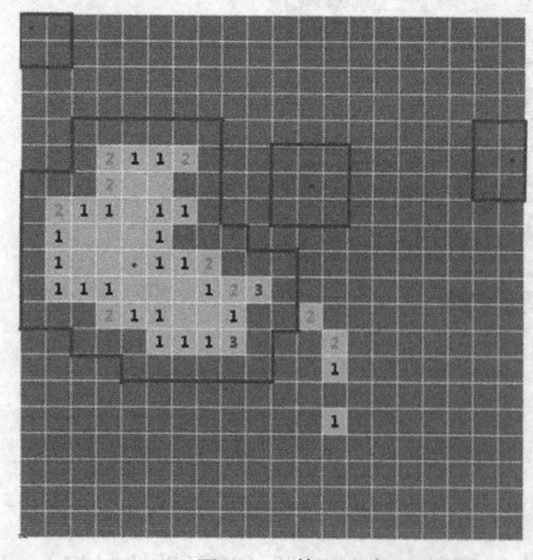

图 13-2 范围示意图

图 13-3 双击示意图

13.2.3　游戏结束

当一个地雷被踩中时，所有地雷都将显示，游戏失败；玩家猜出所有地雷，游戏成功。

13.3　程序思路

13.3.1　雷区绘制

用于绘制整个雷区，我们可以利用二维数组记录每个方块的位置信息，便于接下来对方块的状态和信息进行存储跟踪。每一个方块都有两个属性：布尔值 isMine，用于标记当前方块是否有雷，初始值为 false；整型变量 NearByMines，用于记录周围的地雷数，初始值为 0。

建立雷区后，我们会通过随机数选择其中的某些方块，将它们的 isMine 值更改为 true，同时将与地雷方块相邻的方块的 NearByMines 值加 1。

例如建立以下雷区后，给 [1][0] 和 [1][2] 这两个方块赋予地雷，则下列雷区内方块的值将会改变。

[2][0] false 1	[2][1] false 2	[2][2] false 1	[2][3] false 1	[2][4] false 0
[1][0] true 0	[1][1] false 2	[1][2] true 0	[1][3] false 1	[1][4] false 0
[0][0] false 1	[0][1] false 2	[0][2] false 1	[0][3] false 1	[1][5] false 0

13.3.2　左键单击

我们都知道扫雷有三种点击方式，其中左键单击中的算法最为核心。这里需要分两种基本情况讨论。

1. 单击到的方块没有雷。

这是扫雷中最核心的部分，这里举一个简单的例子来更好的帮助理解：在用户单击雷区中的方块 [1][2] 时，我们需要通过递归遍历算法和计数器，检测其周围八个方块（[0][1]，[0][2]，[0][3]，[1][1]，[1][3]，[2][1]，[2][2]，[2][3]）是否有地雷，有几个地雷。当然，在检测前，我们还需要判断这八个方块是否超过雷区边界，超过雷区边界的方块则不需要检测（如点击方块 [0][0] 时只需遍历方块 [0][1]，[1][0]，[1][1] 即可）。

[2][0]	[2][1]	[2][2]	[2][3]	[2][4]
[1][0]	[1][1]	[1][2]	[1][3]	[1][4]
[0][0]	[0][1]	[0][2]	[0][3]	[1][5]

点击方块[1][2]，我们需要遍历其周围八个方块

当我们点击到的方块周围八个方块均没有地雷时，则需分别以其周围八个方块为中心继续遍历，直到接近一个附近有地雷的方块后递归停止。其实这段算法用到的就是一个递归函数。

```
遍历函数（方块坐标，是否遍历）{
If( 方块在雷区范围内 ){
    If（周围有地雷）
        遍历结束;
    Else
        //这里需要写八个函数语句，对周围八个方块各自都进行遍历
        遍历函数（方块坐标，遍历）;
    }
}
```

2. 单击到的方块存在雷

在用户不慎点击到地雷，我们需要用遍历算法对雷区中所有的方块进行判断，显示地雷，此时游戏结束。

13.3.3 右键单击

对于右键单击，处理起来就比左键单击容易一点了。我们只需获取当前点击的方块数组下标，将其显示的图片加载为红旗即可。当方块显示状态为红旗时，鼠标左键需被禁用，只有再次右键单击取消该状态的时候鼠标左键才能被取消禁用。

13.3.4 左右键双击

左右键双击需判断已经打开的方块上的数字 X 与 X 周围八块方块中被标记的方块总数是否相等。若相等，则在 X 上双击后可打开 X 周围八个方块中未被标记且未被点击的方块。

```
If( 方块数字 == 周围标记总数 )
{
    遍历周围八个方块
    If( 标记错误 )
        遍历加载所有地雷，游戏结束
    Else
        翻开未翻开的方块
}
```

13.3.5 游戏结束

如果在玩家点击过程中点到地雷，则通过遍历加载所有地雷，玩家失败，游戏结束。如果玩家成功，需通过遍历确定所有翻开的方块均无雷，游戏结束，玩家胜利。

13.3.6 游戏流程图

如图 13-4 所示。

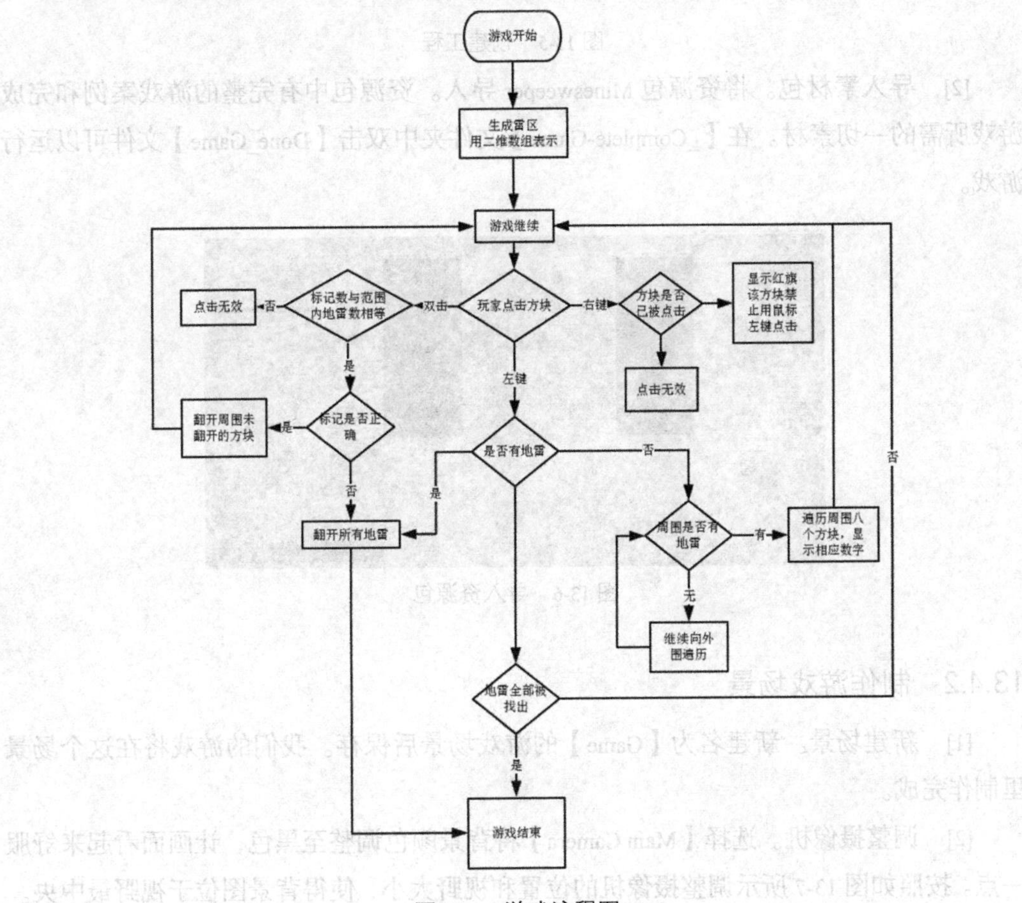

图 13-4 游戏流程图

13.4 程序实现

13.4.1 前期准备

[1] 新建文件。新建一个名为 MineSweeper 的 2D 工程。把 3D/2D 选项改为 2D。

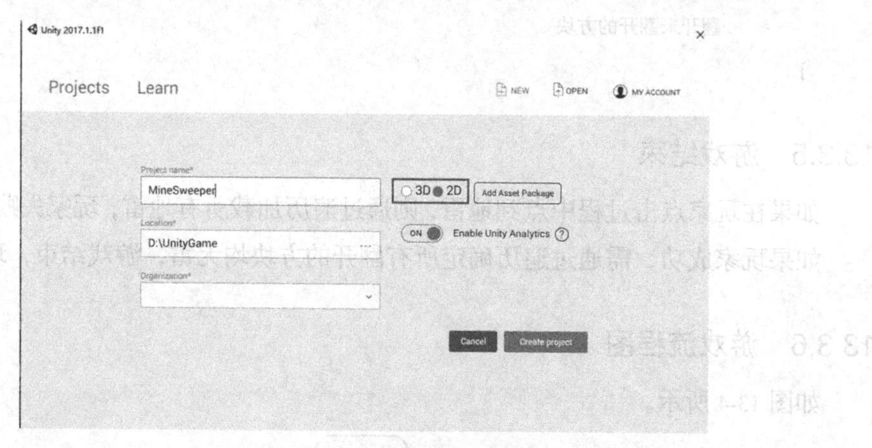

图 13-5 创建工程

[2] 导入素材包。将资源包 Minesweeper 导入。资源包中有完整的游戏案例和完成游戏所需的一切素材。在【_Complete-Game】文件夹中双击【Done_Game】文件可以运行游戏。

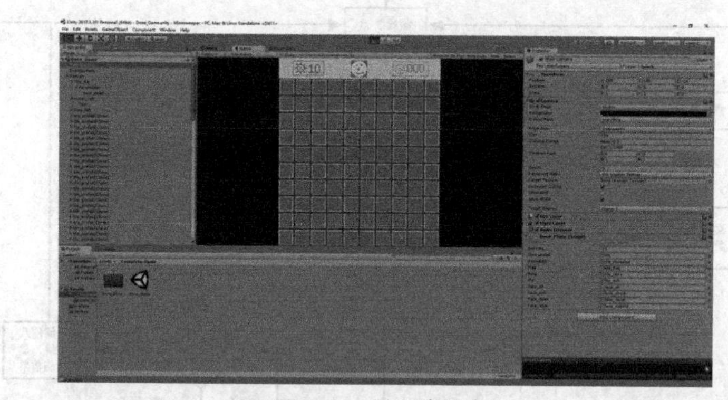

图 13-6 导入资源包

13.4.2 制作游戏场景

[1] 新建场景。新建名为【Game】的游戏场景后保存。我们的游戏将在这个场景里制作完成。

[2] 调整摄像机。选择【Main Camera】将背景颜色调整至黑色，让画面看起来舒服一点。按照如图 13-7 所示调整摄像机的位置和视野大小，使得背景图位于视野最中央。

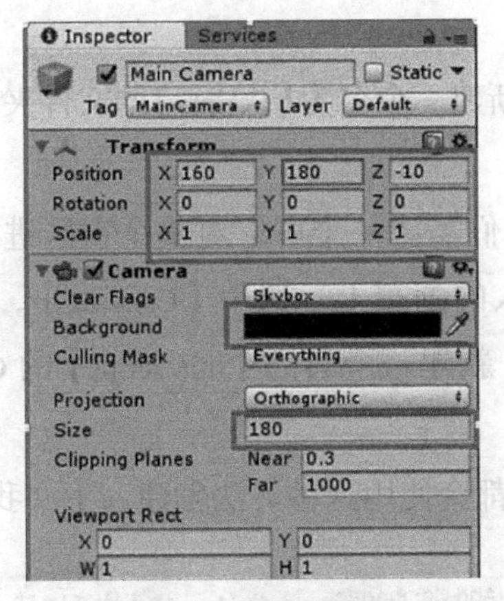

图 13-7　调整摄像机

[3]　在【Prefabs】文件夹中选择【Canvas1】预制体，将其拖入场景中，并将【Sprites】文件夹中的【battlenet】字体拖入场景中预制体包含的中的 Text 中，如图 13-8 所示。

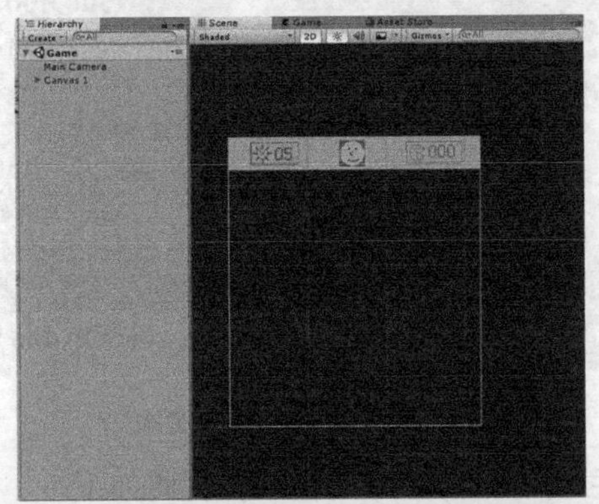

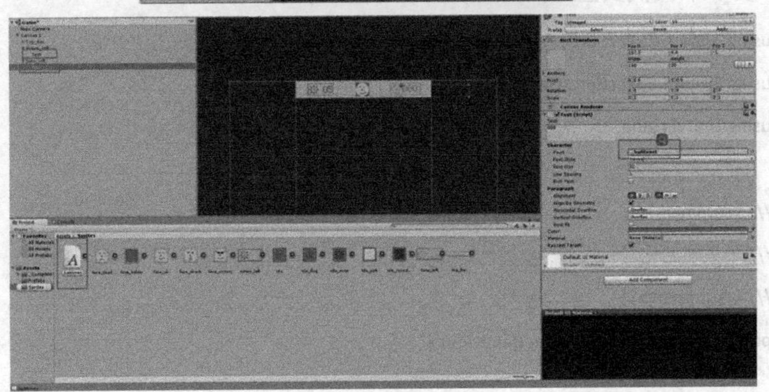

图 13-8　导入背景预制体

通过以上简单的步骤我们就已经做出了扫雷游戏的雏形，接下来我们要来用代码将这个扫雷游戏进行细化。

13.4.3　雷区的生成

扫雷游戏的主体就是这个雷区，接下来我们要来说明雷区的生成以及地雷的随机放置。

[1] 在Project面板中，新建一个名为【Scripts】的文件夹，我们之后要写的所有脚本，都将存储在这个文件夹中。

[2] 雷区脚本。首先我们需要一个可以对整个雷区进行管理控制的脚本。而雷区的生成则需在我们刚刚导入的画布上。选中【Canvas1】，在【Inspector】中选择【Add Component】-【New Script】，新建一个名为【init_script】的C#脚本，将其放入Scripts文件夹中，双击打开。

注意：本次游戏的脚本都会使用这种方法创建，下文我将不再复述。

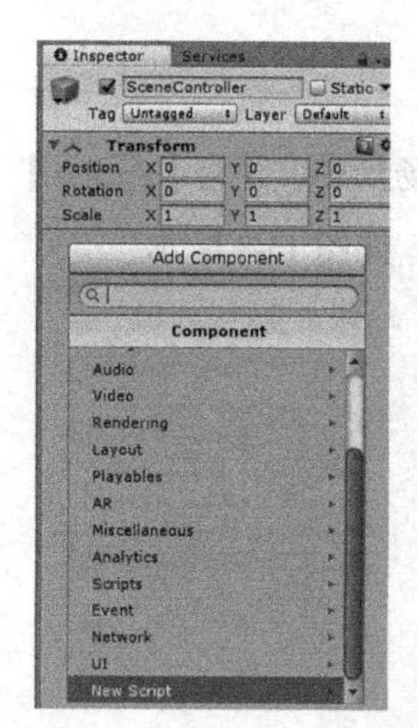

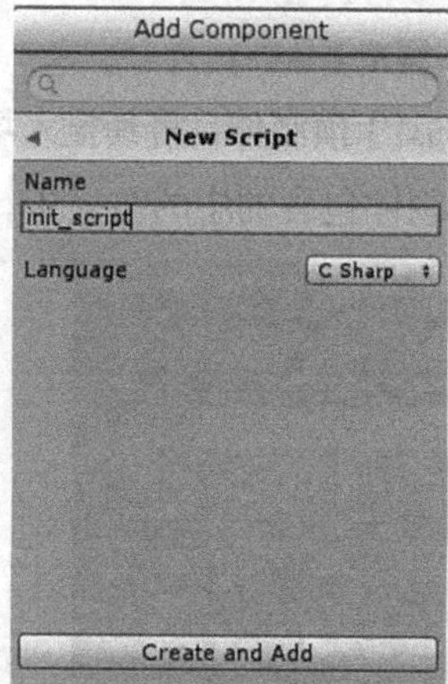

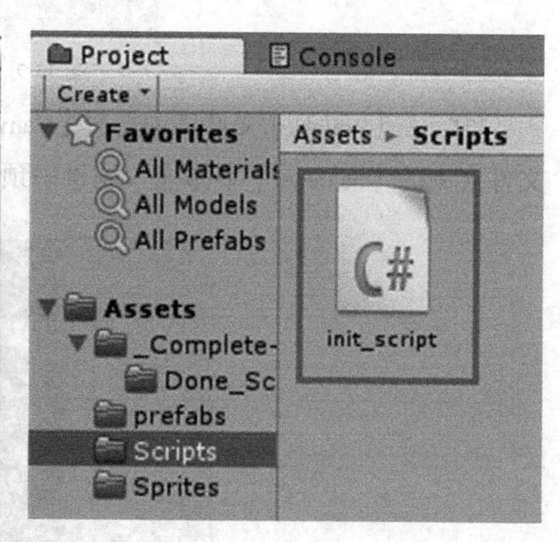

图 13-9 新建并绑定脚本

[3] 接下来我们要生成一个10×10的雷区，代码如下。

```
1   using System.Collections;
2   using System.Collections.Generic;
3   using UnityEngine;
4
5   /// <summary>
6   /// 场景初始化
7   /// </summary>
8   public class init_script : MonoBehaviour {
9
10      //定义方块，方块大小，以及雷区的行列数
11      public Transform tile;
12      int tileSize = 32;
13      const int tilesAcross = 10;
14      const int tilesDown = 10;
```

```
15      /// <summary>
16      /// 布置雷区，实例化方块
17      /// </summary>
18      void Start () {
19          print("start");
20
21          // 数据清理
22          PlayerPrefs.DeleteAll();
23
24          // 生成雷区
25          for (int y = 0; y <tilesAcross; y++)
26          {
27              for (int x = 0; x <tilesDown; x++)
28              {
29                  // 实例化方块
30                  Transform newTile = (Transform)(Instantiate(tile, new Vector3(x *
tileSize, y *tileSize, 0),Quaternion.identity));
31                  newTile.SetParent(transform);
32              }
33          }
34          print("over");
35      }
36      // Update is called once per frame
37      void Update () {
38      }
39  }
```

Init_script 脚本

[4]　预制体拖入。保存代码以后，返回 Unity 界面，选择【Canvas1】，在【Inspector】中找到 init_script 的脚本，将【Prefabs】文件夹内名为【tile_prefab】物体拖入。

完成上述步骤以后，点击运行游戏，雷区生成了。

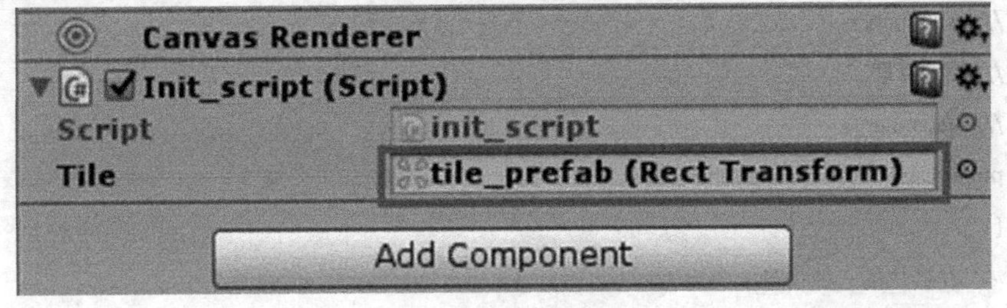

图 13-10　预制体拖入

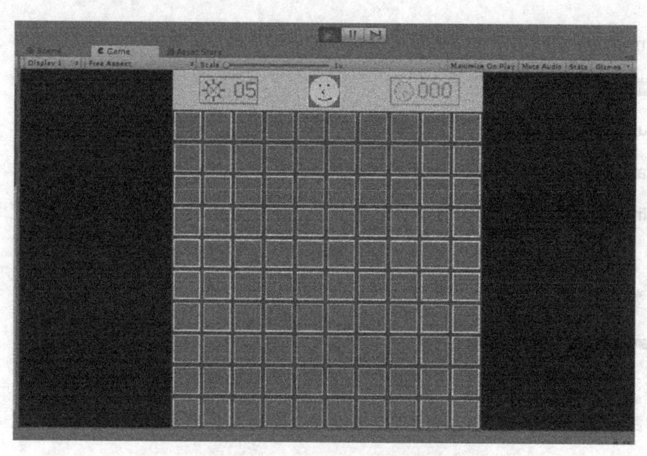

图 13-11　游戏示意图

13.4.4　地雷随机分布

我们已经布置好了雷区，接下来我们需要进行地雷的随机分布。在此之前，我们还需要进行一些准备工作。

[1]　图片管理脚本。接下来的游戏制作中我们会根据游戏状态来调用不同的图片，所以我们需要对这些图片进行一个统一的归纳管理。在【Main Camera】上新建并绑定一个新的脚本，命名为【Photo】。双击打开后将如下代码贴入：

```
1    using System.Collections;
2    using System.Collections.Generic;
3    using UnityEngine;
4
5    /// <summary>
6    /// 图像管理
7    /// </summary>
8    public class Photo : MonoBehaviour
9    {
10       // 砖块的三种状态
```

```
11          public Sprite unrevealed;
12          public Sprite revealed;
13          public Sprite flag;
14
15          // 地雷
16          public Sprite mine;
17          public Sprite ooh;
18
19          // 笑脸的四种管理
20          public Sprite face_ok;
21          public Sprite face_ooh;
22          public Sprite face_dead;
23          public Sprite face_wow;
24
25          private static Photo self;
26
27          /// <summary>
28          /// 图片获取
29          /// </summary>
30          /// <returns></returns>
31          public static Photo get()
32          {
33              if (self == null)
34              {
35                  self = (Photo)(FindObjectOfType(typeof(Photo)));
36              }
37              return self;
38          }
39      }
```

Photo 脚本

[2]　图片拖入。按照如图 13-12 所示将图片一次拖入。

图 13-12　图片拖入示意图

[3]　方块脚本。我们需要一个脚本对每一个方块进行单独管理，用于记录是否被点击，是否有地雷，周围有几个地雷等。将【Prefabs】文件夹内的【tile_prefab】新建并绑定一个方块脚本，命名为【tile_script】，用于进行单个方块的管理。并为其添加如下代码。

图 13-13　新建脚本

```
1   using System.Collections;
2   using System.Collections.Generic;
3   using UnityEngine;
4
5   /// <summary>
6   /// 单个方块的管理
7   /// </summary>
8   public class tile_script : MonoBehaviour {
9
10      // 方块的三种状态，未显示，显示，标旗
11      public enum State
12      {
```

```
13              Unrevealed, Revealed, Flag
14      };
15      // 方块的初始状态是未显示状态
16      State state = State.Unrevealed;
17
18
19      SpriteRenderer renderPhoto;
20
21      // 地雷、鼠标移动
22      public bool mine;
23      public bool mouseOver;
24      public int x,y;
25
26      /// <summary>
27      /// 每一个方块都进行初始化
28      /// </summary>
29      public void Reset()
30      {
31          state = State.Unrevealed;
32          mine = false;
33          mouseOver = false;
34
35          if (renderPhoto != null)
36          {
37              renderPhoto.sprite = Photo.get().unrevealed;
38          }
39
40      }
41      /// <summary>
42      /// 获取当前方块在二维数组中的位置
43      /// </summary>
44      /// <param name="x"></param>
45      /// <param name="y"></param>
46      public void SetPosition(int x, int y) {
47          this.x = x;
```

```
48          this.y = y;
49          }
50          /// <summary>
51          /// 设置炸弹
52          /// </summary>
53          public void MakeMine()
54          {
55              mine = true;
56          }
57          /// <summary>
58          /// 鼠标移动监听
59          /// </summary>
60          void OnMouseEnter()
61          {
62              mouseOver = true;
63          }
64
65          void OnMouseExit()
66          {
67              mouseOver = false;
68          }
69      }
```

tile_script 脚本

[4] 布置地雷。初步完成单个方块的管理脚本以后，我们需要回到雷区管理脚本，随机分布地雷。

```
1   public class init_script : MonoBehaviour {
2
3       // 定义方块，方块大小，以及雷区的行列数
4       public Transform tile;
5       int tileSize = 32;
6       const int tilesAcross = 10;
7       const int tilesDown = 10;
8
9       // 建立二维数组，以便管理雷区中的方块
10      public tile_script[,] grid = new tile_script[tilesAcross, tilesDown];
11      // 记录地雷列表
```

```
12    public List<tile_script> Mines = new List<tile_script>();
13
14    /// <summary>
15    /// 布置雷区，实例化方块，并将每一个建立的方块添加到二位数组中
16    /// </summary>
17    void Start () {
18        print("start");
19
20        // 数据清理
21        PlayerPrefs.DeleteAll();
22
23        for (int y = 0; y <tilesAcross; y++)
24        {
25            for (int x = 0; x <tilesDown; x++)
26            {
27                Transform newTile = (Transform)(Instantiate(tile, new Vector3(x *
tileSize, y *tileSize, 0), Quaternion.identity));
28                // 将实例化的方块存入二维数组中
29                grid[x, y] = newTile.GetComponent<tile_script>();
30                grid[x, y].SetPosition(x, y);
31                newTile.SetParent(transform);
32            }
33        }
34        print("over");
35        Reset();
36    }
37    /// <summary>
38    /// 给数组中的每一个方块都进行初始化，遍历方块，在没有炸弹的方块上随机放置炸弹
39    /// </summary>
40    public void Reset()
41    {
42        print("reset");
43        for (int y = 0; y <tilesAcross; y++)
44        {
```

```
45                      for (int x = 0; x <tilesDown; x++)
46                      {
47                          // 对数组中的每一个方块都进行初始化
48                          grid[x, y].Reset();
49                      }
50                  }
51                  // 设置十个地雷数，一个暂时用于存放所有地雷的列表
52                  int numMines = 10;
53                  List<tile_script> mines = new List<tile_script>();
54
55                  // 随机选择二维数组中的方块，判断此处是否有地雷，有则重新选择，没有则继续执行接下
    来的程序
56                  for (int i = 0; i<numMines; i++)
57                  {
58                      print("put mines");
59                      tile_script tile;
60                      do
61                      {
62                          tile = grid[Random.Range(0, tilesAcross), Random.Range(0, tilesDown)];
63                      }
64                      while (tile.mine);
65                      // 添加地雷
66                      tile.MakeMine();
67                      // 将方块载入列表中
68                      mines.Add(tile);
69                      // 将暂存地雷的列表存入全局变量中，用于游戏失败时地雷的全部显示
70                      Mines = mines;
71                  }
72          }
73          ......
74  }
```

Init_script 脚本

完成上述操作以后，理论上我们的地雷已经安放完成了，但如何验证这些代码的正确性呢？我们需要通过鼠标点击方块来观察。

[5] 鼠标点击事件。由于我们还没有设置太多的东西，我们只需要简单的判断一下方块是否有地雷，以此来决定显示的图片。

```
1   public class tile_script : MonoBehaviour {
2
3       ......
4       public void Reset()
5       {
6           ......
7       }
8       /// <summary>
9       /// 获取组件
10      /// </summary>
11      void Start()
12      {
13          renderPhoto = GetComponent<SpriteRenderer>();
14          renderPhoto.sprite = Photo.get().unrevealed;
15      }
16      ......
17      private void OnMouseDown()
18      {
19          // 判断是否有地雷，有则显示地雷，没有则显示点击后的方块
20          if (mine) {
21              renderPhoto.sprite = Photo.get().mine;
22          }
23          else
24              renderPhoto.sprite = Photo.get().revealed;
25      }
26  }
```

Tile_script 脚本

完成上述步骤之后，运行游戏，我们可以惊喜的看到地雷随机放置成功了。

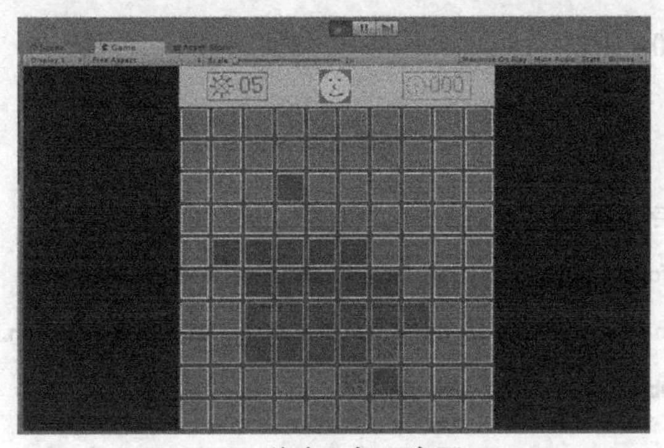

图 13-14　游戏运行示意图

13.4.5 方块关联

对比之前玩的扫雷游戏，我们很快发现了不同。扫雷游戏的方块被点击以后会出现数字，这些数字可以帮我们很好的判断其周围有哪些方块含有雷，哪些没有。然而我们现在的方块之间并没有这样的信息传递。接下来我们将来介绍如何在方块间建立这样的纽带。

[1] 为每一个方块添加数字。在这里我们导入了字体，利用字体可以为接下来具体数字的展示提供便利。

```
1   using System.Collections;
2   using System.Collections.Generic;
3   using UnityEngine;
4   using UnityEngine.UI;
5   public class tile_script : MonoBehaviour {
6       ......
7       // 导入字体
8       public Transform TEXT_PREFAB;
9       Text text;
10      ......
11      public void Reset()
12      {
13          ......
14          // 如果文字未被赋值，则不显示
15          if (text != null)
16          {
17              text.text = "";
18          }
19      }
20      void Start()
21      {
22          ......
23          // 将字体显示在方块的正中间，且需在上方
24          Transform textObject = (Transform)(Instantiate(TEXT_PREFAB, new
    Vector3(transform.position.x + 16, transform.position.y + 16, -3), Quaternion.identity));
25          textObject.SetParent(transform);
```

```
26          text = textObject.GetComponent<Text>();
27      }
```

Tile_script 脚本

[2] 字体拖入。完成上述过程之后，不要忘记将【Prefabs】文件夹中的【Text1】拖入。

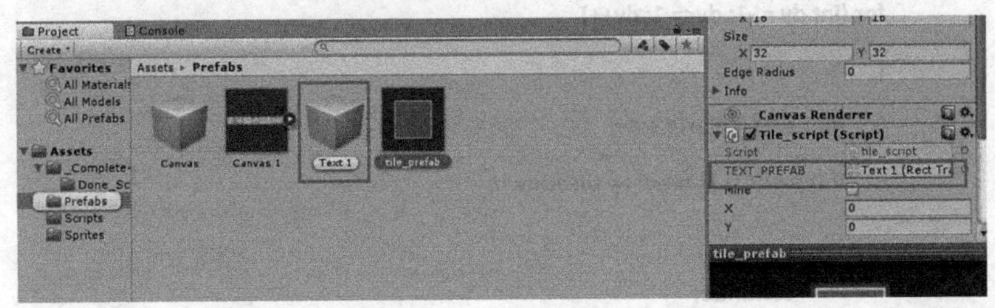

图 13-15　字体拖入

[3] 方块关联。尽管我们已经为每一个方块添加了数字，然而方块仍不能检测周围地雷数，改变数字大小。换句话说，这些方块仍然是独立存在的个体，我们需要利用一些方法来将它们联系起来。添加代码如下：

```
1   public class init_script : MonoBehaviour {
2       ......
3       /// <summary>
4       /// 遍历周围的以点击方块为中心的 3*3 数组，将在雷区内的方块存入 result 列表中
5       /// </summary>
6       /// <param name="origin"></param>
7       /// <returns></returns>
8       public List<tile_script>GetAdjacentTiles(tile_script origin)
9       {
10          // 被点击的方块所处于整个雷区这个二维数组的位置
11          int startX = origin.x;
12          int startY = origin.y;
13          // 新建一个结果列表用于 return 周围的具体方块
14          List<tile_script> result = new List<tile_script>();
15
16      // 对周围八个方块进行遍历，如果被点击的方块处于边缘，则只需遍历五个方块，如果处于角落，
    则只需遍历三个方块
17      for (int dx = -1; dx <= 1; dx++)
18      {
19          int newX = startX + dx;
20          if (newX< 0 || newX>= tilesAcross)
```

```
21                {
22                        continue;
23                }
24
25                for (int dy = -1; dy<= 1; dy++)
26                {
27                    int newY = startY + dy;
28                    if (newY< 0 || newY>= tilesDown)
29                    {
30                        continue;
31                    }
32                    if (dx == 0 &&dy == 0)
33                    {
34                        continue;
35                    }
36
37                    result.Add(grid[newX, newY]);
38            }
39        }
40
41        return result;
42        }
43 }
```

Init_script 脚本

[4] 数字赋值。我们只需在放置地雷的时候，获取地雷周围的方块，将它们上面的数字 +1 即可。即使一个方块附近有多个地雷也没有关系，数字会被叠加。

```
1  public class tile_script : MonoBehaviour {
2      // 地雷、鼠标移动
3      public bool mine;
4      // 周围地雷数
5      public int nearbyMines;
6      ......
7      public void MakeMine()
8      {
9          mine = true;
```

```
10            // 遍历列表，将列表内所有方块的数字均 +1
11            foreach (tile_script t in GetAdjacentTiles())
12            {
13                t.nearbyMines++;
14            }
15        }
16        ......
17        private void OnMouseDown()
18        {
19            if (mine)
20            {
21                renderPhoto.sprite = Photo.get().mine;
22            }
23            else
24            {
25                // 显示数字
26                text.text = nearbyMines.ToString();
27                renderPhoto.sprite = Photo.get().revealed;
28            }
29        }
30        /// <summary>
31        /// 获取周围方块列表
32        /// </summary>
33        /// <returns></returns>
34        List<tile_script>GetAdjacentTiles()
35        {
36            init_script script = FindObjectOfType<init_script>();
37            List<tile_script> result = script.GetAdjacentTiles(this);
38            return result;
39        }
40    }
```

Tile_script 脚本

此时运行程序，我们会看到点击方块以后，方块会显示数字，而这个数字对应的就是方块周围的地雷数。

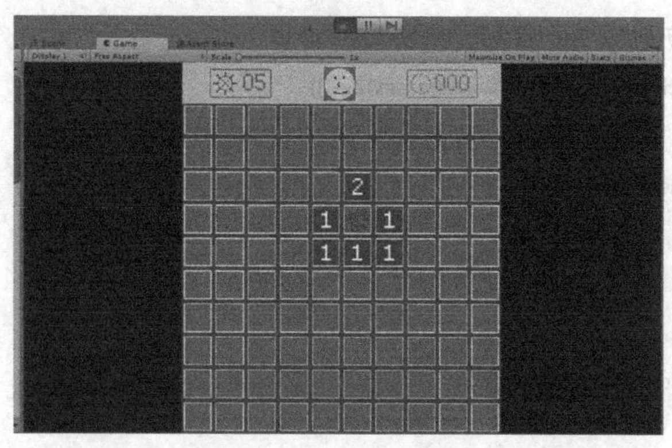

图 13-16　游戏示意图

13.4.6　鼠标点击

有了方块之间信息的传递，我们就可以很好地进行下一步的操作了。扫雷游戏中，左键点击是一块比较核心的内容，我们在算法分析中已经简单的介绍过。

[1]　递归算法。在扫雷游戏中，我们经常会碰到这种情况：单击一个方块之后翻开了一大片方块。这里用到了递归算法。代码如下。

```
1    public class tile_script : MonoBehaviour {
2        ......
3        public void MakeMine()
4        {
5            ......
6        }
7
8        /// <summary>
9        /// 显示函数
10       /// 如果方块不是未点击状态，则操作无效
11       /// 执行后为点击状态
12       /// 点击到地雷，游戏失败
13       /// 点击一次，记录需要点击的方块数 -1，如果需要点击的雷数为零，游戏胜利
14       /// 点击无地雷，检测 nearbymine 的值，为零则递归遍历周围的方块，反之显示数字
15       /// </summary>
16       public void reveal()
17       {
18           // 如果方块已经被点击，则操作无效
19           if (state == State.Revealed) return;
20           // 执行后为点击状态
```

```
21            state = State.Revealed;
22
23            if (mine)
24            {
25                renderPhoto.sprite = Photo.get().mine;
26                return;
27            }
28            renderPhoto.sprite = Photo.get().revealed;
29
30            // 周围有地雷，显示数字
31            if (nearbyMines != 0)
32            {
33                text.text = nearbyMines.ToString();
34            }
35            // 周围没有地雷，遍历周围的方块，直到方块周围有地雷为止
36            if (nearbyMines == 0)
37            {
38                foreach (tile_script t in GetAdjacentTiles())
39                {
40                    t.reveal();
41                }
42        }
43    }
44    ......
45
46    private void OnMouseDown()
47    {
48        if (mine)
49        {
50            renderPhoto.sprite = Photo.get().mine;
51        }
52        else
53        {
54            text.text = nearbyMines.ToString();
55            renderPhoto.sprite = Photo.get().revealed;
```

```
56                }
57                reveal();
58            }
59
60            /// <summary>
61            /// 获取周围方块列表
62            /// </summary>
63            /// <returns></returns>
64            List<tile_script>GetAdjacentTiles()
65            {
66                init_script script = FindObjectOfType<init_script>();
67                List<tile_script> result = script.GetAdjacentTiles(this);
68                return result;
69            }
70    }
```

Tile_script 脚本

完成上述操作以后，点击运行游戏，单击鼠标就可以成功翻开一大块雷区了。

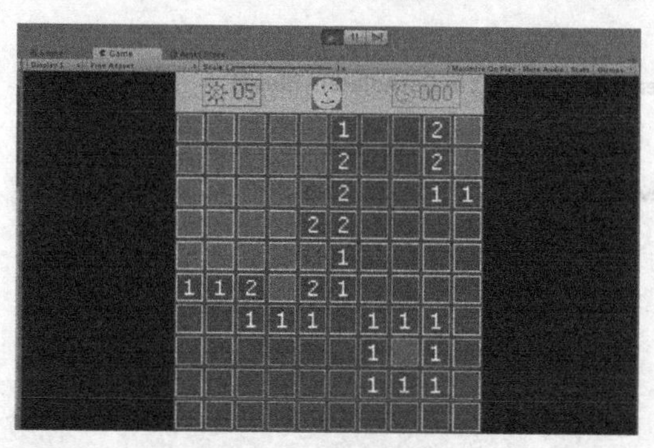

图 13-17　游戏示意图

由于我们还没有做到游戏结束的判定，所以我们的左键单击算法先告一段落，接下来介绍右键单击的算法。

[2]　右键单击。扫雷游戏中，右键可以在我们认为是地雷的地方标记旗帜，标志旗帜以后，鼠标左键单击失效，只有再次用右键单击取消标志以后才可以继续点击。具体代码如下。

```
1    public class tile_script : MonoBehaviour {
2        ......
3        void Start()
4        {
5            ......
6        }
```

```
7         void Update()
8         {
9             // 右键标旗
10            if (mouseOver&&Input.GetMouseButtonDown(1))
11            {
12                MakeFlag();
13            }
14        }
15
16        // 分两种情况，一是未被点击方块标旗，二是已标旗的方块取消标记，同时左边显示框显示数量变化
17        void MakeFlag()
18        {
19            print("putflag");
20
21            if (state == State.Unrevealed)
22            {
23                // 将方块状态更改为标旗状态，显示图片
24                state = State.Flag;
25                renderPhoto.sprite = Photo.get().flag;
26            }
27            else if (state == State.Flag)
28            {
29                // 将方块状态更改为未点击状态，显示图片
30                state = State.Unrevealed;
31                renderPhoto.sprite = Photo.get().unrevealed;
32            }
33        }
34        ......
35        public void reveal()
36        {
37            // 如果方块已经被点击或者是标记状态，则操作无效
38            if (state == State.Revealed|| state == State.Flag) return;
39            ......
40        }
41        ......
42    }
```

Tile_script 脚本

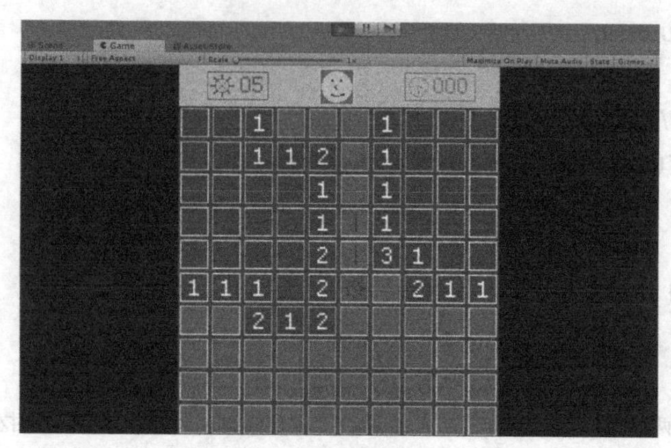

图 13-18　游戏示意图

13.4.7　游戏失败

显示全部地雷。在玩家击中地雷以后，游戏会失败并显示所有地雷，这时我们会用到之前存有所有地雷的列表，具体代码如下：

```
1   public class tile_script : MonoBehaviour {
2       ......
3
4       public int x, y;
5       // 判断游戏失败
6       static bool lost;
7       public void Reset()
8       {
9           state = State.Unrevealed;
10          mine = false;
11          mouseOver = false;
12          lost = false;
13          ......
14      }
15      ......
16      /// <summary>
17      /// 实时获取当前游戏状态
18      /// </summary>
19      void Update()
20      {
21          if (lost) return;
22          // 右键标旗
23          if (mouseOver&&Input.GetMouseButtonDown(1))
```

```
24          {
25              MakeFlag();
26          }
27      }
28      ......
29      /// <summary>
30      /// 显示函数
31      /// 如果方块不是未点击状态，则操作无效
32      /// 执行后为点击状态
33      /// 点击到地雷，游戏失败
34      /// 点击一次，记录需要点击的方块数 -1，如果需要点击的雷数为零，游戏胜利
35      /// 点击无地雷，检测 nearbymine 的值，为零则递归遍历周围的方块，反之显示数字
36      /// </summary>
37      public void reveal()
38      {
39          // 如果方块已经被点击或者是标记状态或是游戏处于失败状态，则操作无效
40          if (lost||state == State.Revealed || state == State.Flag) return;
41          // 执行后为点击状态
42          state = State.Revealed;
43
44
45          if (mine)
46          {
47              youDead();
48              return;
49          }
50          ......
51      }
52
53      /// <summary>
54      /// 失败函数
55      /// </summary>
56      private void youDead()
57      {
58          print("youlose");
```

```
59              // 加载所有地雷
60              foreach (tile_script t in GetMines())
61              {
62                  t.renderPhoto.sprite = Photo.get().mine;
63              }
64
65              lost = true;
66          }
67          ……
68
69          /// <summary>
70          /// 获取所有地雷列表
71          /// </summary>
72          /// <returns></returns>
73          List<tile_script>GetMines()
74          {
75              init_script script = FindObjectOfType<init_script>();
76              List<tile_script> result = script.Mines;
77              return result;
78          }
79  }
```

Tile_script 脚本

完成了上述的步骤，点击一个地雷，所有的地雷都会显示，且游戏处于失败状态。

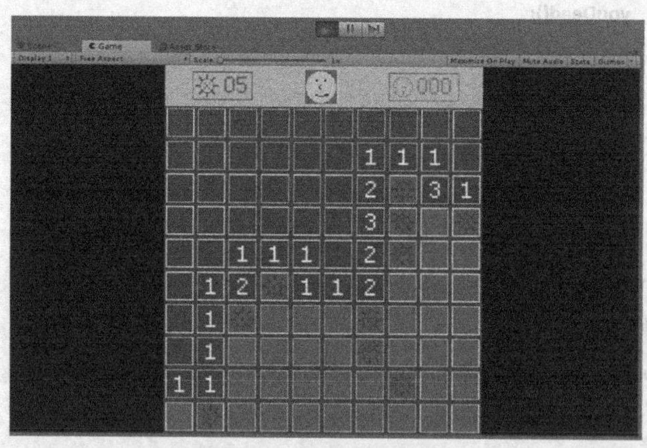

图 13-19　游戏状态示意图

13.4.8　剩余地雷数、时间和笑脸管理

做完以上步骤，扫雷基本上就结束了，现在我们需要完善一下整个游戏，让它变

得更加完整。

[1]　左上角剩余地雷数。整个游戏界面的左上角有一个显示剩余地雷数的文本框，当玩家右键标旗以后，地雷数会随之减少。现在我们需要脚本对其进行管理。选中【mines_left】下的【Text】文本框，为其新建并绑定一个名为【MinesLeftScript】的 C# 脚本。

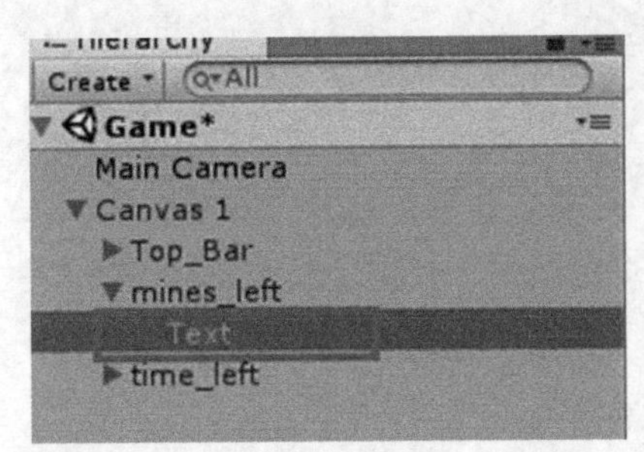

图 13-20　绑定脚本示意图

[2]　编写代码。在脚本中简单的编写数字的变化和显示。

```
1    using System.Collections;
2    using System.Collections.Generic;
3    using UnityEngine;
4    using UnityEngine.UI;
5    /// <summary>
6    /// 左侧地雷数显示管理
7    /// </summary>
8    public class MinesLeftScript : MonoBehaviour {
9
10       int minesLeft;
11
12       /// <summary>
13       /// 增加地雷数
14       /// </summary>
15       public void addMine()
16       {
17           minesLeft++;
18           updateText();
19       }
20
21       /// <summary>
22       /// 减少地雷数
```

```
23        /// </summary>
24        public void removeMine()
25        {
26            minesLeft--;
27            updateText();
28        }
29
30        /// <summary>
31        /// 显示数字
32        /// </summary>
33        /// <param name="i"></param>
34        public void setMines(inti)
35        {
36            minesLeft = i;
37            updateText();
38        }
39
40        /// <summary>
41        /// 更新数字
42        /// </summary>
43        public void updateText()
44        {
45            string s = minesLeft.ToString();
46            if (s.Length == 1) s = "0" + s;
47            GetComponent<Text>().text = s;
48        }
49
50    }
```

MinesLeftScript 脚本

[3] 改变数字。在对方块进行操作的过程中，我们需要及时将操作过程反馈给【mines_left】，让它可以通过改变显示的数字来反应剩余地雷数。

```
1    public class tile_script : MonoBehaviour {
2        ......
3        void MakeFlag()
4        {
5            print("putflag");
```

```
6
7           if (state == State.Unrevealed)
8           {
9               FindObjectOfType<MinesLeftScript>().removeMine();
10              // 将方块状态更改为标旗状态，显示图片
11              state = State.Flag;
12              renderPhoto.sprite = Photo.get().flag;
13          }
14          else if (state == State.Flag)
15          {
16              FindObjectOfType<MinesLeftScript>().addMine();
17              // 将方块状态更改为未点击状态，显示图片
18              state = State.Unrevealed;
19              renderPhoto.sprite = Photo.get().unrevealed;
20          }
21      }
22      ......
23  }
```

Tile_script 脚本

```
1   public class init_script : MonoBehaviour {
2       ......
3       public void Reset()
4       {
5           ......
6           // 将初始地雷数赋予给左上文本框
7           FindObjectOfType<MinesLeftScript>().setMines(numMines);
8       }
9       ......
10  }
```

Init_script 脚本

在完成上述步骤之后，左上角的数字就会根据标旗的数量而变化。效果图如图 13-21 所示。

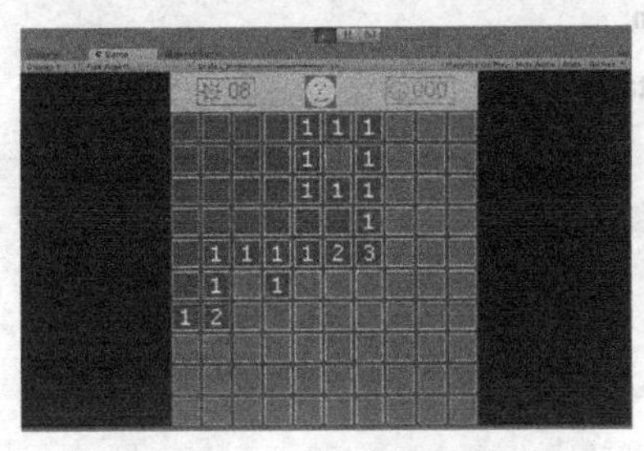

图 13-21　游戏效果图

[4] 游戏时间。选择【time_left】下的【text】文本框，为其新建并绑定一个新的 C# 脚本，命名为【Countdown】。双击后打开，我们将在这里进行时间的设定。

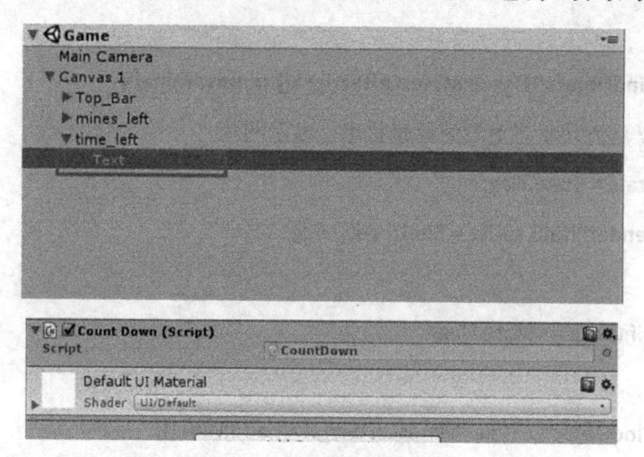

图 13-22 脚本绑定

[5] 编写代码。管理时间的开始和结束，以及变化。

```
1   using UnityEngine;
2   using System.Collections;
3   using UnityEngine.UI;
4
5   /// <summary>
6   /// 时间设置
7   /// </summary>
8   public class Countdown : MonoBehaviour
9   {
10      Text text;
11      // 终止计时
12      bool paused = true;
13
14      float time;
15
16
17      void Update()
18      {
19          if (paused) return;
20          time += Time.deltaTime;
21          UpdateText();
22      }
23      /// <summary>
24      /// 更新时间
```

```
25      /// </summary>
26      void UpdateText()
27      {
28          text = GetComponent<Text>();
29          text.text = ((int)time).ToString();
30          while (text.text.Length< 3) text.text = "0" + text.text;
31      }
32
33      /// <summary>
34      /// 终止计时
35      /// </summary>
36      public void PauseTimer()
37      {
38          paused = true;
39      }
40
41      /// <summary>
42      /// 开始计时
43      /// </summary>
44      public void StartTimer()
45      {
46          paused = false;
47      }
48
49      /// <summary>
50      /// 重置
51      /// </summary>
52      public void reset()
53      {
54          time = 0;
55          UpdateText();
56      }
57  }
```

Countdown 脚本

[6] 时间管理调用。计时的开始与结束与游戏状态息息相关，因而我们的计时器需要在其他脚本中被调用。

```
1  public class Done_tile_script : MonoBehaviour {
2      ......
3      public void reveal()
4      {
5          ......
6          state = State.Revealed;
7          FindObjectOfType<Countdown>().StartTimer();
8          ......
9      }
10     //胜利，停止计时
11     void victory() {
12         print("youwin");
13
14         FindObjectOfType<Countdown>().PauseTimer();
15     }
16
17     /// <summary>
18     /// 失败
19     /// </summary>
20     private void youDead() {
21         ......
22         FindObjectOfType<Countdown>().PauseTimer();
23         lost = true;
24     }
25 ......
26 }
```

Tile_Script 脚本

```
1  public class init_script : MonoBehaviour
2  {
3      public void Reset()
4      {
5          ......
6          FindObjectOfType<MinesLeftScript>().setMines(numMines);
7          FindObjectOfType<Countdown>().reset();
8      }
9  }
```

Init_script 脚本

完成上述步骤之后，游戏得以计时。

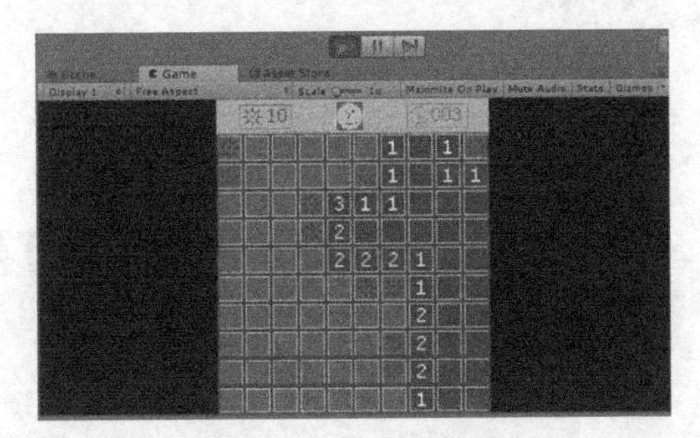

图 13-23　游戏效果图

[7]　重新开始。点击笑脸可以将游戏重新开始，完成这一步骤很简单，只需为【face_dead】新建并绑定一个名为【restart】的脚本。添加以下代码。

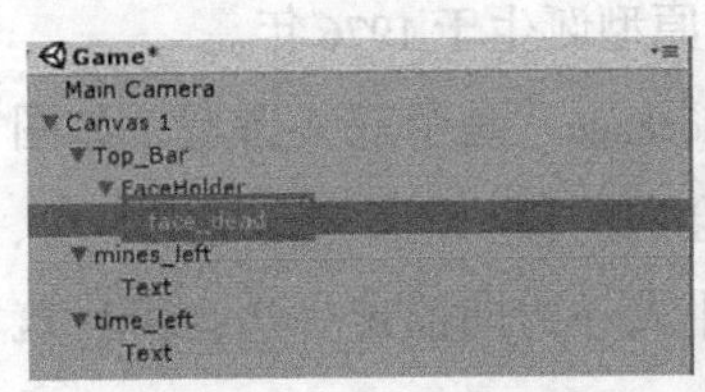

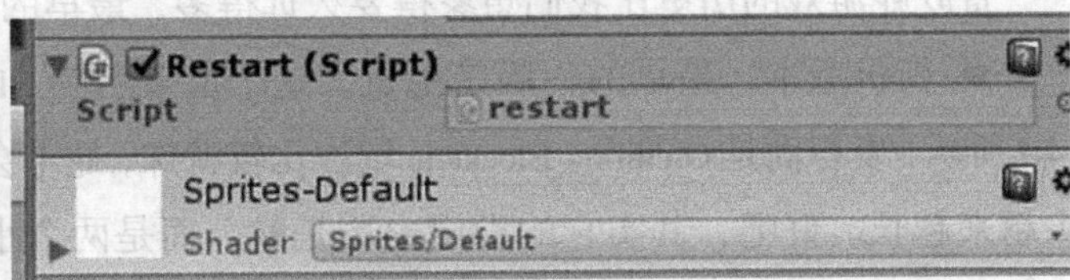

图 13-24　新建脚本

```
1   using System.Collections;
2   using System.Collections.Generic;
3   using UnityEngine;
4   using UnityEditor.SceneManagement;
5
6   public class restart : MonoBehaviour {
7
8       // 鼠标点击，调用重置函数
9       void OnMouseDown()
10      {
11          print("clickface");
12
13          EditorSceneManager.LoadScene("Game");
14      }
15  }
```

Restart 脚本

扫雷游戏到这里就已经完成了，点击运行游戏后效果如下。

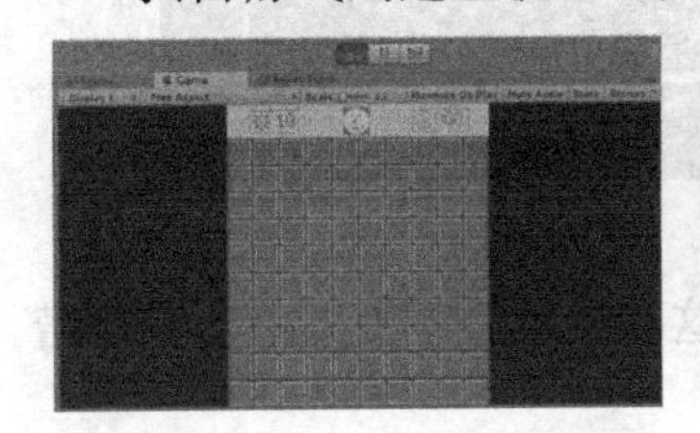

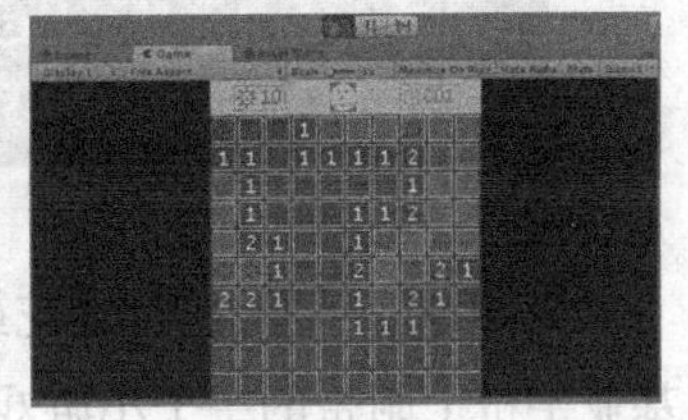

图 13-25　游戏效果图

第 14 章　贪吃蛇

14.1　游戏简介

贪吃蛇游戏的历史比我们想象得要久远得多，最早的原型诞生于 1976 年。

◆ 街机版本：最早的一版是街机，这个游戏名为 Blockade，是个双人游戏，如图 14-1 所示，发行商是 Gremlin。Blockade 玩法比较特殊，蛇不会向前移动，而只会尾巴不动、头越来越长。好吧，其实它的设定也不是蛇，而是两个小人一边向前走一边在身后筑墙……规则是谁先撞墙谁输。

图 14-1　Blockade 图

◆ 个人电脑版。已知的个人电脑版是 TRS-80 型电脑上的 Worm 程序，作者是 Peter Trefonas。Worm 当时的界面如图 14-2 所示。

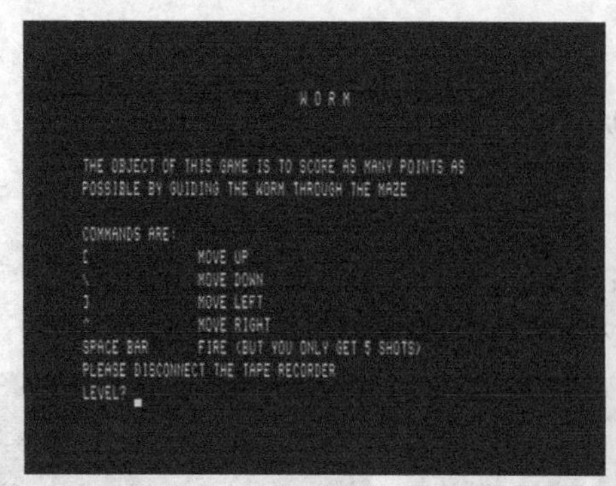

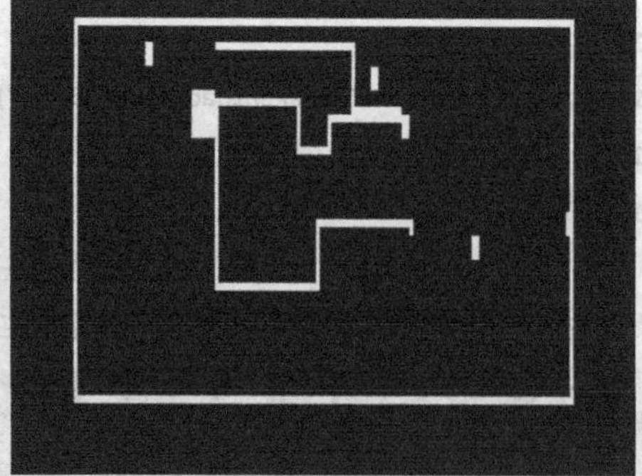

图 14-2　Worm 图

◆ 诺基亚时代：贪吃蛇虽然有着很久的历史，但是这款游戏最先被人们所知是诺基亚手机上附带的一个小游戏，如图 14-3 所示。

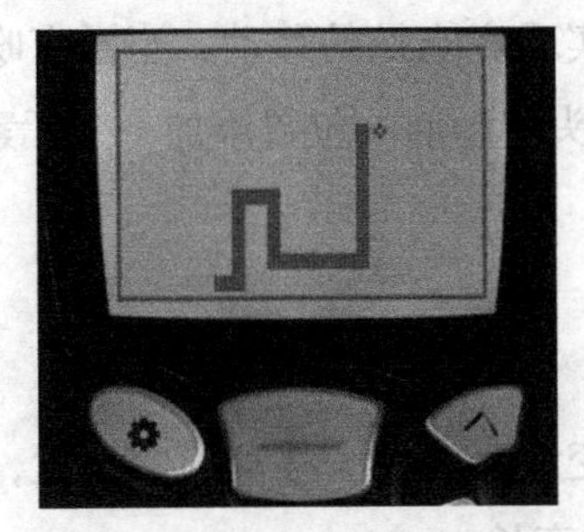

图 14-3　诺基亚上的贪吃蛇

14.2 游戏规则

1. 游戏地图是一个长方形场地，可以看作是一个由 30×20 的方格组成的地图，食物和组成蛇身的块占一个小方格。

2. 玩家操控一条贪吃的蛇在长方形的场地里行走，贪吃蛇会按玩家所按的方向行走或者转弯。

3. 蛇头吃到豆子后，蛇身会变长，并得分。

4. 贪吃蛇碰到墙壁或者自身，游戏结束或者损失一条生命。

14.3 程序思路

14.3.1　地图的生成

将游戏画面看成是 30×20 的二维数组。食物和组成蛇的部分占一个单位。

14.3.2　食物出现

1. 采用随机数生成食物出现的坐标。

2. 判断食物出现的坐标是否是在贪吃蛇身体范围内。将食物的坐标与贪吃蛇身体的每一个元素的坐标进行比较，若有重合，则重新生成随机数，直到不在贪吃蛇的身体范围内为止。

14.3.3　蛇的数据结构

用列表存储蛇所有的块，吃到食物之后，就在列表中添加一个元素。

14.3.4　贪吃蛇移动算法

[1]　移动方向：通过用户输入，获得贪吃蛇的移动方向。

[2]　移动：如果用坐标的自加或者自减运算来做蛇的移动，代码计算量会很大。

我们可以用一种简单的方法实现贪吃蛇的移动，当没有吃到食物时，用一个变量存储蛇头移动前的位置，然后在蛇头移动前的位置添加一个元素，再移除尾部最后一个元素，实现贪吃蛇的移动。

14.3.5 蛇的增长

当吃到食物时，用一个变量存储蛇头移动前的位置，在蛇头移动前的位置添加新的块，这样就实现了贪吃蛇的变长。

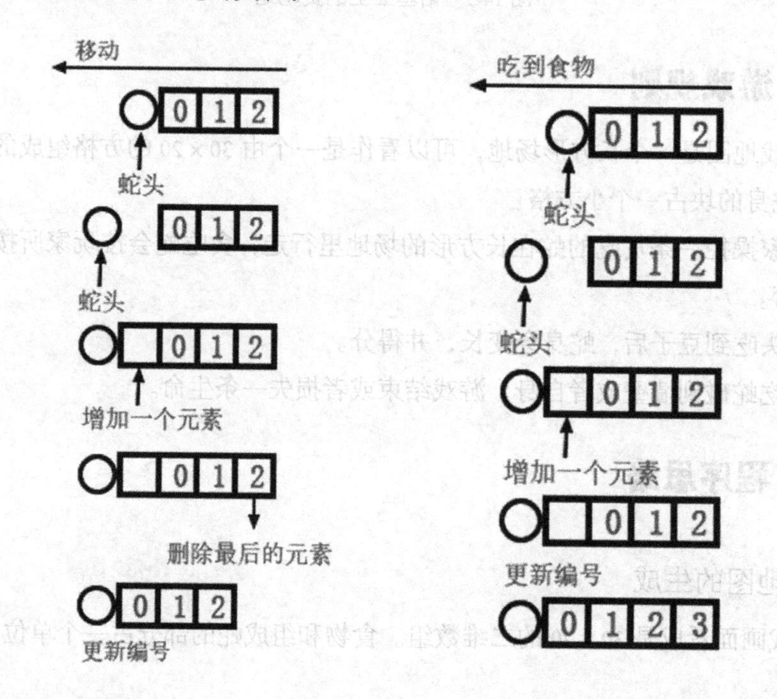

图 14-4 蛇的移动（没有吃到食物） 图 14-5 蛇的移动（吃到食物）

14.3.6 判断蛇头是否撞到了自身

遍历组成蛇的所有的块，判断非蛇头的位置是否与蛇头的位置相同，如果有相同，则蛇碰到了自身，若没有相同，则没有碰到自身。

14.3.7 边界判断

将蛇头的坐标与边界的坐标进行比较，若蛇头的坐标与边界有重合的地方，则蛇头碰到了边界，游戏结束。

14.3.8 游戏流程图

如图 14-6 所示。

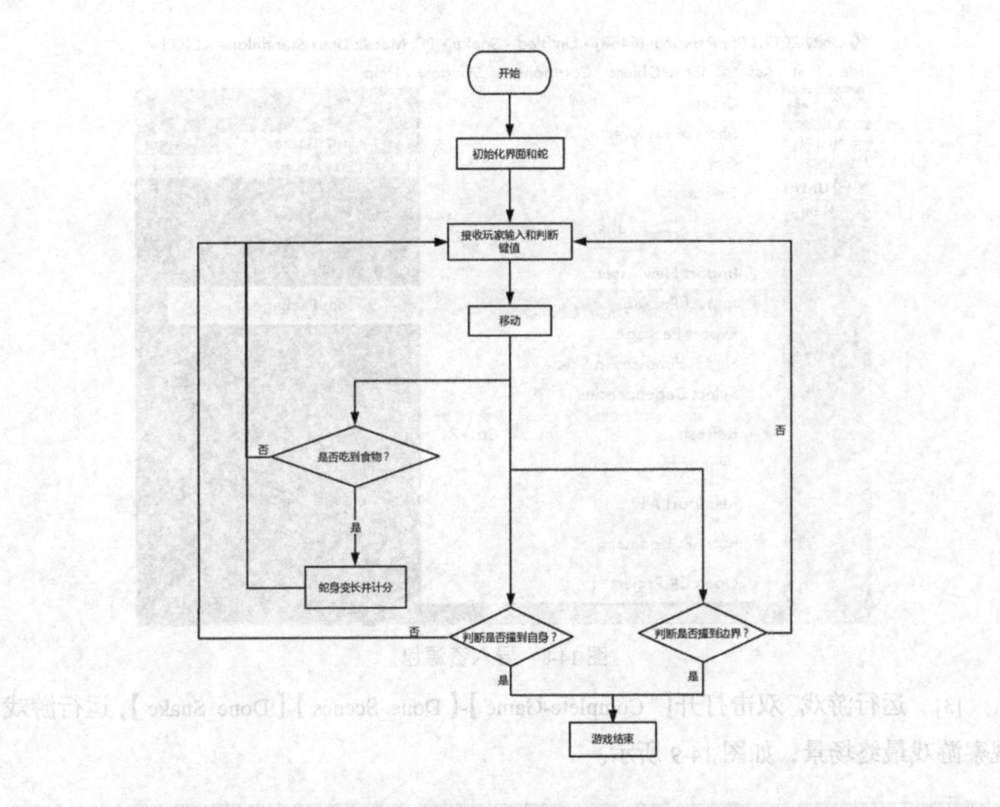

图 14-6　程序流程图

14.4 游戏程序实现

14.4.1　前期准备

[1]　新建工程。新建一个名为 Snake 的工程，将 3D/2D 选项修改为 2D，如图 14-7 所示。

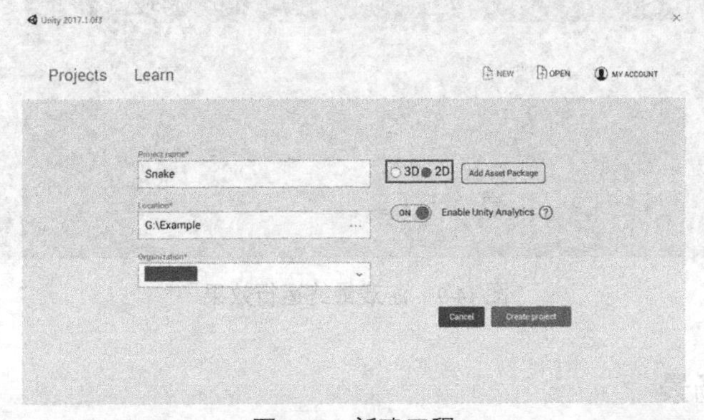

图 14-7　新建工程

[2]　导入资源包。点击菜单栏【Assets】-【Import Package】-【Custom Package】，导入 Snake.package。

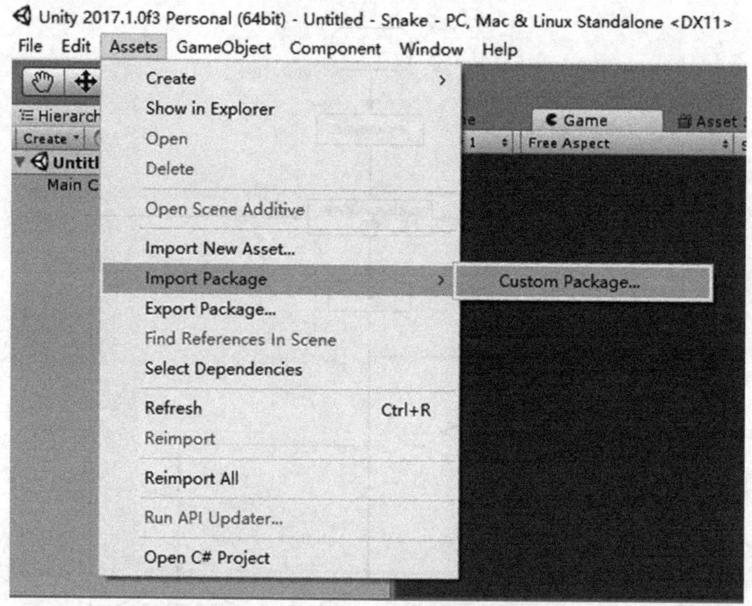

图 14-8　导入资源包

[3]　运行游戏。双击打开【_Complete-Game】-【Done_Scenes】-【Done_Snake】，运行游戏，观察游戏最终场景，如图 14-9 所示。

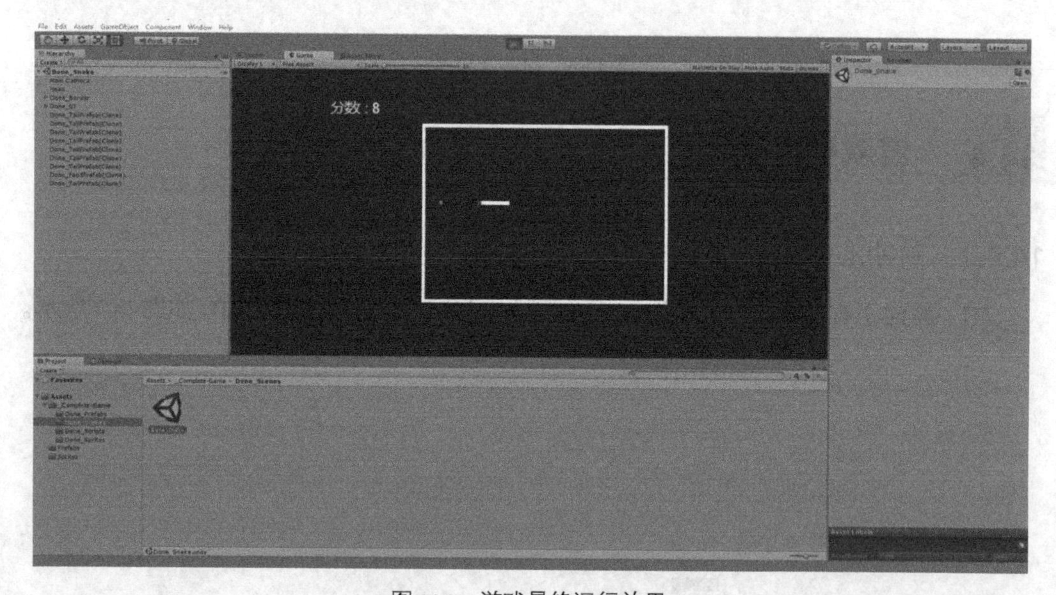

图 14-9　游戏最终运行效果

14.4.2　制作场景

[1]　新建场景目录。新建一个名为 Scenes 的文件夹，用于存放游戏场景，如图 14-10 所示。

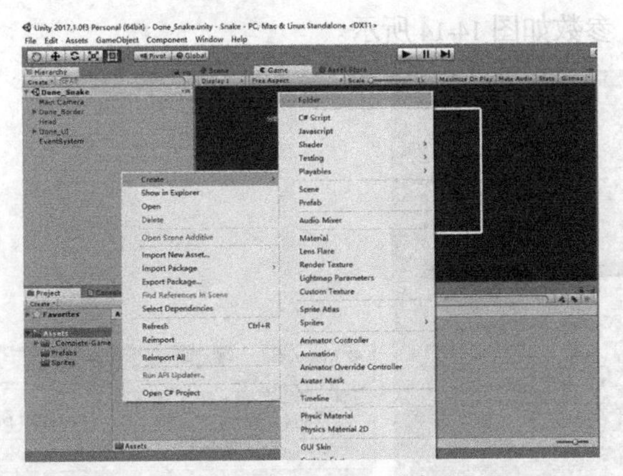

图 14-10　新建文件夹

[2]　新建场景。新建一个名为 Snake 的场景。双击打开场景你会看到一个空的场景，如图 14-11 和图 14-12 所示。

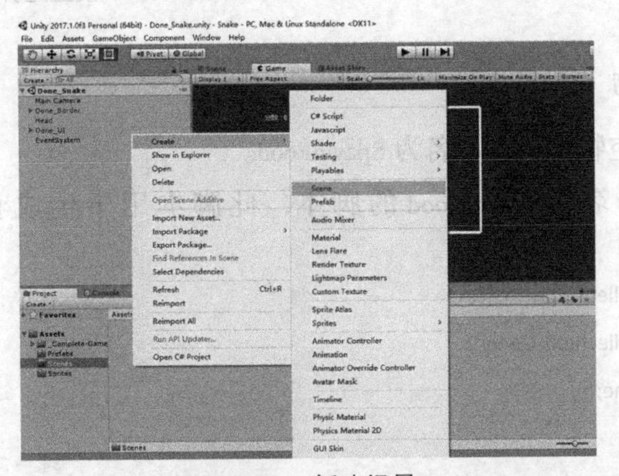

图 14-11　新建场景

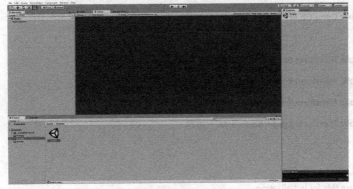

图 14-12　空场景

[3]　调整摄像机。选中场景中的 Main Camera，修改其 Inspector 面板的参数，具体参数如图 14-13 所示。

[4]　布置场景。将 Prefabs 文件夹下的名为 Border 的预制体，添加到场景中，调整

位置到视野最中间，参数如图 14-14 所示。

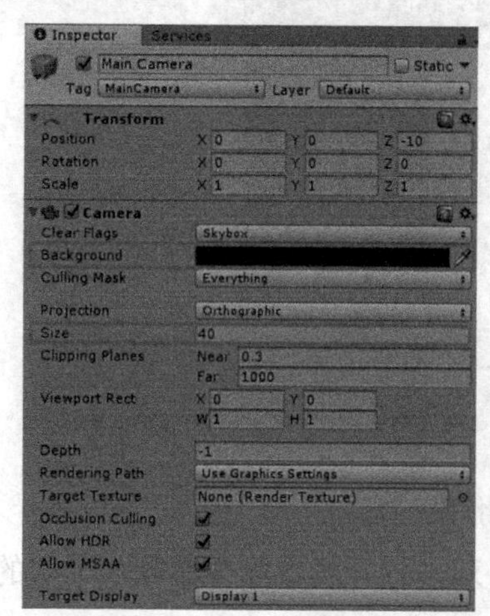

图 14-13　设置摄像机

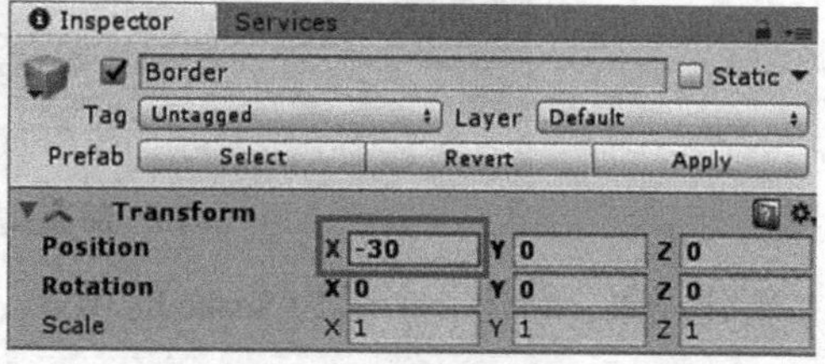

图 14-14　设置边界位置

14.4.3　生成食物

[1]　新建一个空物体，重命名为 SpawnFood。

[2]　新建一个名为 SpawnFood 的脚本，此脚本用于生成食物。将脚本赋给 SpawnFood 物体。

```
1   using System.Collections;
2   using System.Collections.Generic;
3   using UnityEngine;
4
5   public class SpawnFood : MonoBehaviour {
6
7       public GameObject foodPrefab; // 食物预制体
8
9       public Transform borderLeft; // 左边界
10      public Transform borderRight; // 右边界
11      public Transform borderTop;  // 上边界
12      public Transform borderBottom;// 下边界
13
14
15      // Use this for initialization
16      void Start()
17      {
18          // 调用生成食物的函数
19          Spawn();
```

```
20      }
21
22      public void Spawn()
23      {
24          // 在上下边界范围内生成随机数
25          int y = Random.Range((int)borderBottom.position.y + 1,
26                               (int)borderTop.position.y - 1);
27          // 在左右边界范围内生成随机数
28          int x = Random.Range((int)borderLeft.position.x + 1,
29                               (int)borderRight.position.x - 1);
30          // 实例化食物
31          Instantiate(foodPrefab, new Vector2(x, y), Quaternion.identity);
32      }
33  }
```

SpawnFood.cs

[3]　将 SpawnFood 脚本赋给 SpawnFood 物体，并将 Hierarchy 面板中的 border_bottom、border_left、border_right、border_top 分别赋给 SpawnFood 的脚本中的变量 borderBottom、borderLeft、borderRight、BorderTop 变量；将 Prefabs 文件夹下的 FoodPrefab 预制体赋给脚本中的 foodPrefab 变量，如图 14-15 所示。

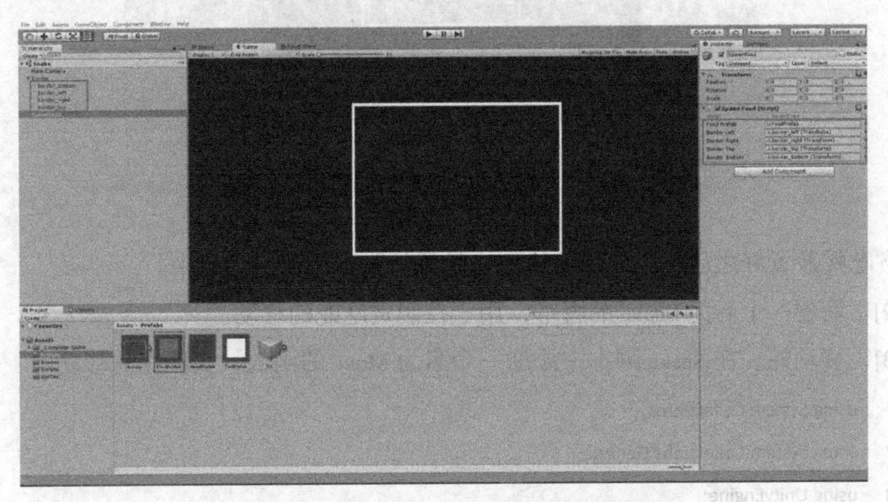

图 14-15　将场景中的物体赋给脚本变量

[4]　运行游戏。你会看到场景中产生了一个小方块，这将会是贪吃蛇的食物。试着多运行几次游戏，你会发现每次食物产生的位置都是不同的，并且食物产生的位置都是位于边界内，如图 14-16 所示。

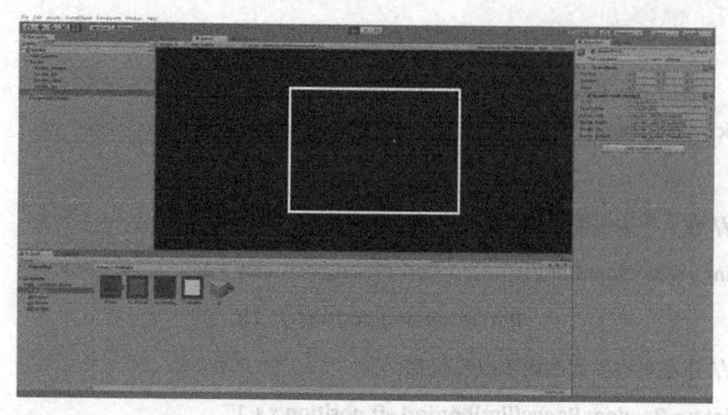

图 14-16　生成食物

14.4.4　蛇的移动

[1]　放置“蛇头”。将 Prefab 文件夹中的 HeadPrefab 预制体添加到场景中，重命名为 Head，调整其位置到边界框的中间，场景中蓝色的小方块就是贪吃蛇最初始的模样，如图 14-17 所示。

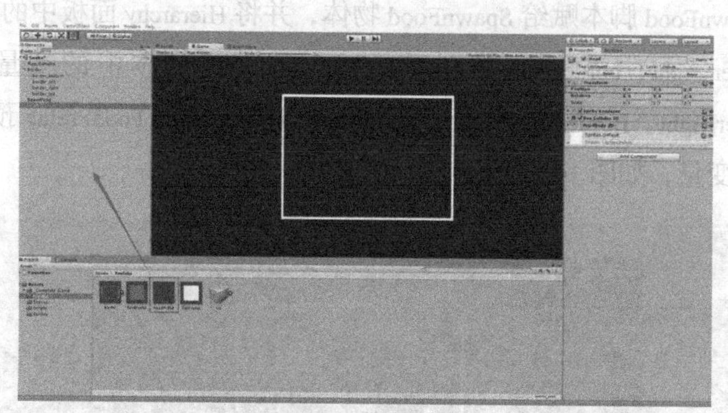

图 14-17　放置蛇头

贪吃蛇放置好之后，我们需要给贪吃蛇添加脚本，让它动起来。

[2]　新建一个名为 Snake 的脚本，用于控制贪吃蛇的移动。

[3]　移动蛇。在 Snake 脚本中添加一个名为 Move 的函数，实现蛇的移动。

```
1    using System.Collections;
2    using System.Collections.Generic;
3    using UnityEngine;
4
5    public class Snake : MonoBehaviour
6    {
7
8        Vector2 dir = Vector2.right;// 蛇的移动方向
9
```

```
10      // Use this for initialization
11      void Start()
12      {
13          //循环调用 Move 函数，是贪吃蛇能自动移动
14          InvokeRepeating("Move", 0.3f, 0.3f);
15      }
16
17      void Move()
18      {
19          //移动
20          transform.Translate(dir);
21      }
22  }
```

Snake.cs

[4] 返回场景，将 Snake 脚本赋给场景中的 Head 物体，如图 14-18 所示。

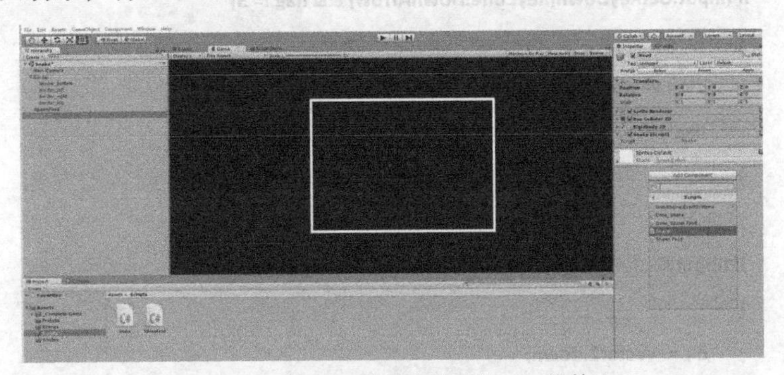

图 14-18 将 Snake 脚本添加到 Head 物体上

[5] 运行游戏，你会看到蛇头会不断的向右移动，如图 14-19 所示。

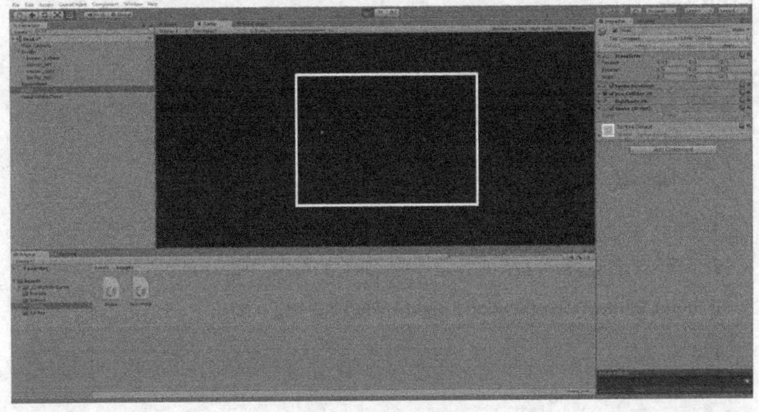

图 14-19 蛇移动

[6] 蛇会不断右移是因为最初赋给蛇的运动方向是向右。接下来我们需要实现键盘控制蛇的运动方向。

```
1    using System.Collections;
2    using System.Collections.Generic;
3    using UnityEngine;
4
5    public class Snake : MonoBehaviour
6    {
7
8        Vector2 dir = Vector2.right;// 蛇的移动方向
9        int flag = 1;// 记录方向，1, 向右，2，向左，3，向上，4，向下
10       ……
11
12       void Update()
13       {
14           // 向下
15           if (Input.GetKeyDown(KeyCode.DownArrow) && flag != 3)
16           {
17               dir = Vector2.down;
18               flag = 4;
19           }
20           // 向上
21           if (Input.GetKeyDown(KeyCode.UpArrow) && flag != 4)
22           {
23               dir = -Vector2.down;
24               flag = 3;
25           }
26           // 向左
27           if (Input.GetKeyDown(KeyCode.LeftArrow) && flag != 1)
28           {
29               dir = -Vector2.right;
30               flag = 2;
31           }
32           // 向右
33           if (Input.GetKeyDown(KeyCode.RightArrow) && flag != 2)
34           {
35               dir = Vector2.right;
```

```
36                flag = 1;
37            }
38        }
39        ......
40    }
```

Snake.cs

[7]　运行游戏。按键盘上的方向键，可以控制蛇的移动方向，如图 14-20 所示。

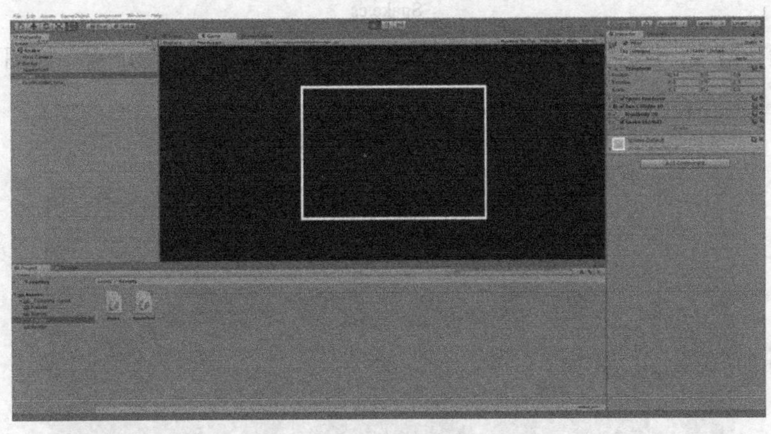

图 14-20　通过键盘控制蛇移动方向

[8]　蛇吃到食物。这里我们做一个碰撞检测即可，当蛇头碰到食物，就表示蛇吃到食物，记录蛇吃到食物的状态，然后销毁食物，然后生成下一个食物。

```
1   using System.Collections;
2   using System.Collections.Generic;
3   using UnityEngine;
4
5   public class Snake : MonoBehaviour
6   {
7       ......
8       bool ate = false;// 是否吃到食物
9
10      ......
11
12      void OnTriggerEnter2D(Collider2D collision)
13      {
14          if (collision.name.StartsWith("FoodPrefab"))
15          {
16              ate = true;
17              // 生成下一个食物
```

```
18                FindObjectOfType<SpawnFood>().Spawn();
19                Destroy(collision.gameObject);
20            }
21        }
22
23 }
24
```

Snake.cs

[9] 运行游戏，当蛇头碰到食物时，食物会消失，并有下一食物产生，如图 14-21 所示。

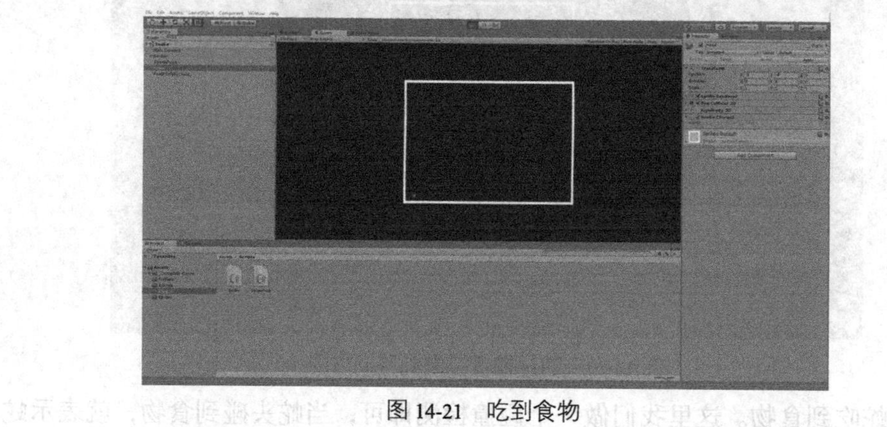

图 14-21 吃到食物

14.4.5 蛇的长大及移动

[1] 当蛇运动的时候，有两种情况。

◆ 没吃到食物。将蛇头向前移动，然后在蛇头移动前的位置添加一个元素，删掉蛇尾最后一个元素。

◆ 吃到食物。蛇头向前移动，然后在蛇头移动前的位置添加一个元素，不删除蛇尾元素。

```
1   using System.Collections;
2   using System.Collections.Generic;
3   using UnityEngine;
4
5   public class Snake : MonoBehaviour
6   {
7
8       ......
9       public GameObject tailPrefab;                         //表示蛇身体的预制体
10      List<Transform> tail = new List<Transform>();         //存放蛇身和蛇头的列表
11
```

```
12          ......
13
14          void Move()
15          {
16              Vector2 v = transform.position;
17              // 移动
18              transform.Translate(dir);
19
20              // 碰到食物，在蛇头移动前的位置插入一个元素
21              if (ate)
22              {
23                  GameObject g = (GameObject)Instantiate(tailPrefab, v,
                            Quaternion.identity);
24                  tail.Insert(0, g.transform);
25                  ate = false;
26              }
27              // 没有碰到食物的移动，移动蛇头，在蛇头移动前的位置插入一个元素，删除最后一个元素
28              else if (tail.Count > 0)
29              {
30                  tail[tail.Count - 1].position = v;
31                  tail.Insert(0, tail[tail.Count - 1]);
32                  tail.RemoveAt(tail.Count - 1);
33              }
34          }
35          ......
36  }
```

Snake.cs

[2]　返回场景，将 Prefab 文件夹下名为 TailPrefab 预制体赋给 Snake 脚本中的 tailPrefab 变量，如图 14-22 所示。

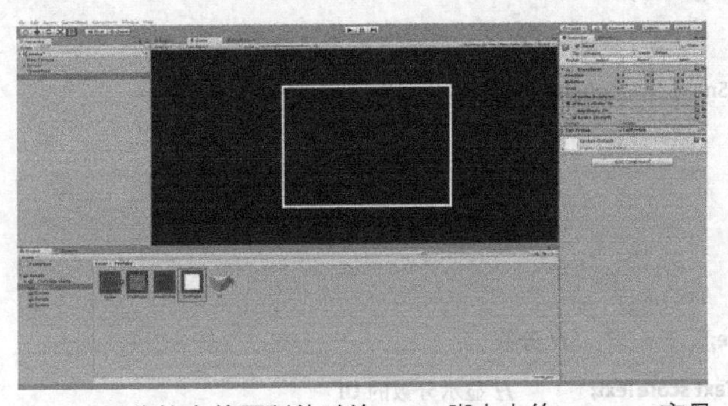

图 14-22　将蛇身的预制体赋给 Snake 脚本中的 tailPrefab 变量

[3] 运行游戏。蛇随着吃到的食物增多而变长，如图 14-23 所示。

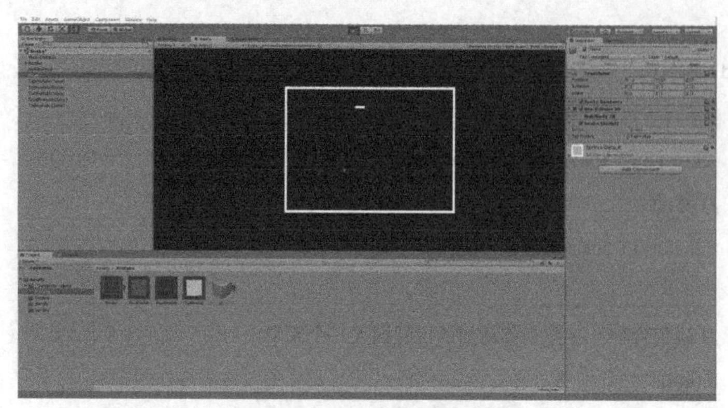

图 14-23 蛇的长大

14.4.6 累计分数

[1] 将 Prefab 文件夹下的 UI 预制体添加到场景中，如图 14-24 所示。

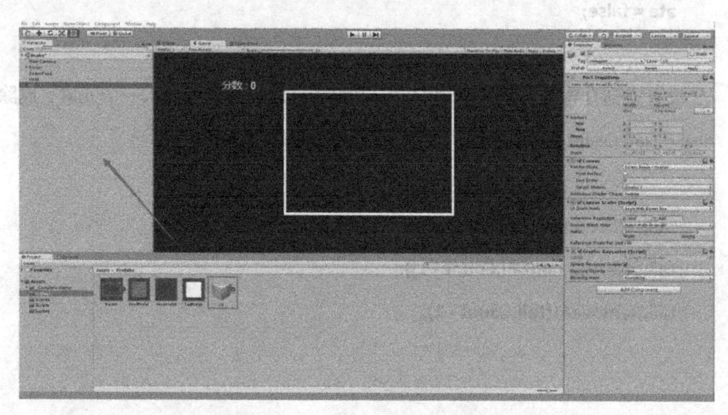

图 14-24 将 UI 添加到场景中

[2] 当蛇吃到食物即加 1 分。

```
1   using System.Collections;
2   using System.Collections.Generic;
3   using UnityEngine;
4   using UnityEngine.UI;
5
6   public class Snake : MonoBehaviour
7   {
8
9       ......
10
11      int score;                  // 分数
12      public Text scoreText;          // 显示分数的 UI
```

```
13
14      ......
15
16      void OnTriggerEnter2D(Collider2D collision)
17      {
18          if (collision.name.StartsWith("FoodPrefab"))
19          {
20              ate = true;
21
22              // 分数 +1
23              score++;
24              // 显示分数
25              scoreText.text = " 分数：" + score;
26
27              // 生成下一个食物
28              FindObjectOfType<SpawnFood>().Spawn();
29              // 销毁当前食物
30              Destroy(collision.gameObject);
31          }
32      }
33  }
```

Snake.cs

[3]　将场景中的 ScoreText 组件赋给 Snake 脚本中的 scoreText 变量，如图 14-25 所示。

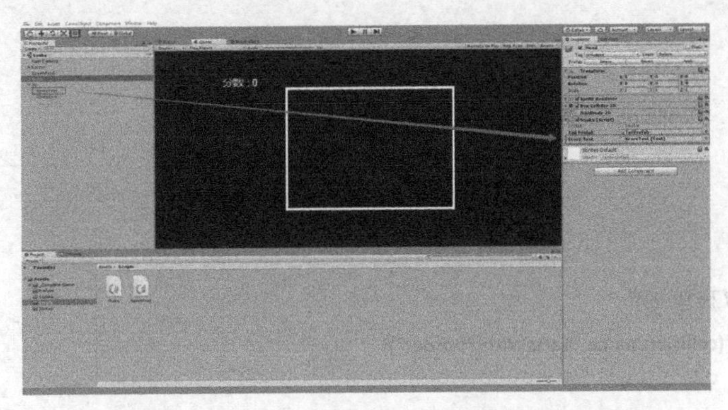

图 14-25　将 ScoreText 赋给 Snake 脚本的 ScoreText 变量

[4]　运行游戏。当吃到食物后，分数会增加，如图 14-26 所示。

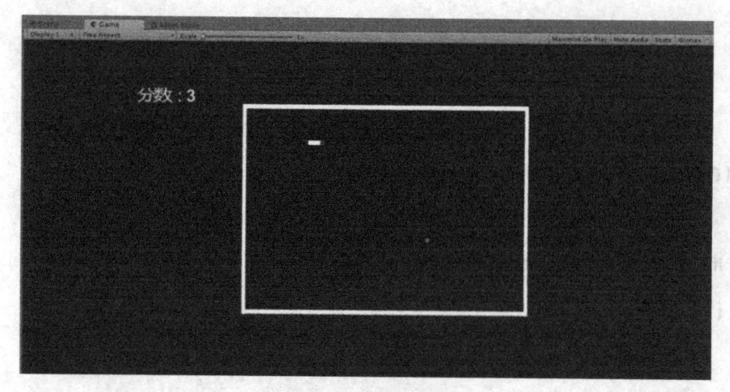

图 14-26　累计分数

14.4.7　结束判定

[1]　检测蛇头与墙壁或者自身是否发生碰撞，若是，则游戏结束。

```
1   using System.Collections;
2   using System.Collections.Generic;
3   using UnityEngine;
4   using UnityEngine.UI;
5
6   public class Snake:MonoBehaviour
7   {
8       ......
9       public Text gameOverText;     // 游戏结束的 UI
10      ......
11      void OnTriggerEnter2D(Collider2D collision)
12      {
13          // 碰到食物
14          if(collision.name.StartsWith("FoodPrefab"))
15          {
16              ......
17          }
18          // 碰到边界
19          if (collision.name.StartsWith("border"))
20          {
21              Debug.Log(" 撞到边界，游戏结束！ ");
22              gameOverText.text = "Game Over!";
23              // 停止游戏
24              dir = Vector2.zero;
```

```
25                  Time.timeScale = 0;
26              }
27              //碰到自身
28              if (collision.name.StartsWith("TailPrefab"))
29              {
30                  Debug.Log(" 撞到自身，游戏结束！ ");
31                  gameOverText.text = "Game Over!";
32                  //停止游戏
33                  Time.timeScale = 0;
34              }
35          }
36  }
```

Snake.cs

[2]　将 UI 组件下的 GameOver 组件赋给 Snake 脚本的 gameOverText 变量，如图 14-27 所示。

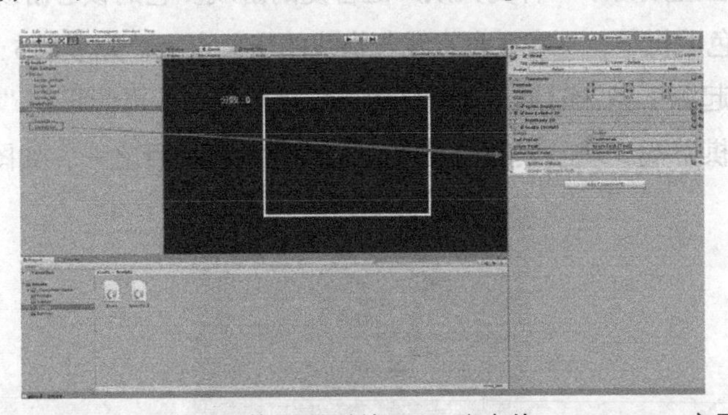

图 14-27　将 GameOver 的 Text, 赋给 Snake 脚本的 gameOverText 变量

到这里，贪吃蛇游戏就已经全部制作完成。

[3]　运行游戏，游戏效果如图 14-28、图 14-29 和图 14-30 所示。

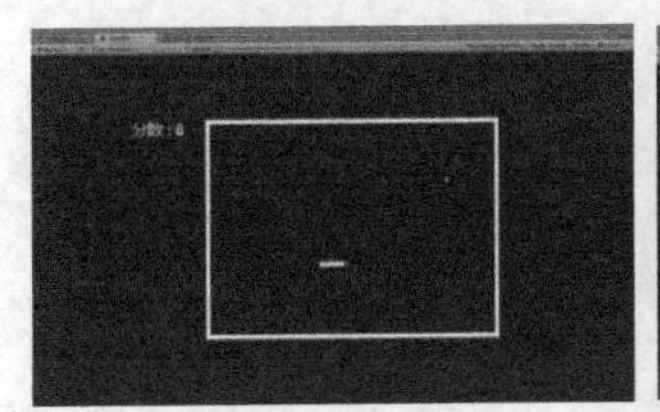

图 14-28　游戏运行

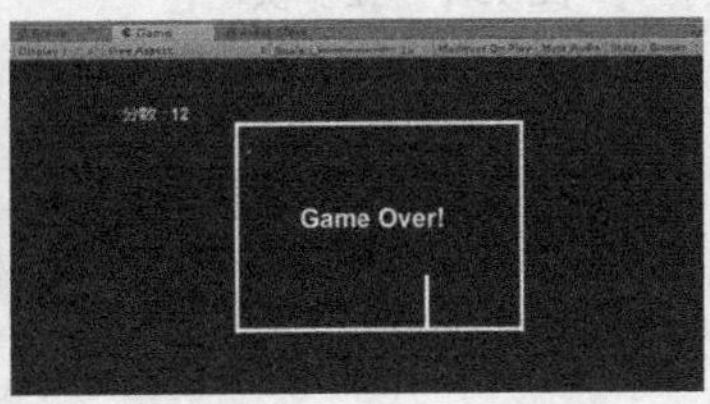

图 14-29　撞到边界，游戏结束

图 14-30　撞到自身游戏结束

第 15 章　五子棋

15.1　游戏简介

五子棋是一种两人对弈的纯策略型棋类游戏。由于容易上手，老少皆宜，而且趣味横生，引人入胜。它不仅能增强玩家的思维能力，提高智力，而且富含哲理，有助于修身养性。五子棋已经成为了一种受大众广泛喜爱的游戏。它的核心游戏规则是玩家双方分别使用黑白两色的棋子，下在棋盘直线与横线的交叉点上，先形成 5 子连线者获胜。

五子棋相传起源于尧帝时期，比围棋的历史还要悠久，可能早在“尧造围棋”之前，民间就已有五子棋游戏。现已成为世界智力运动会竞技项目之一，如图 15-1 所示。

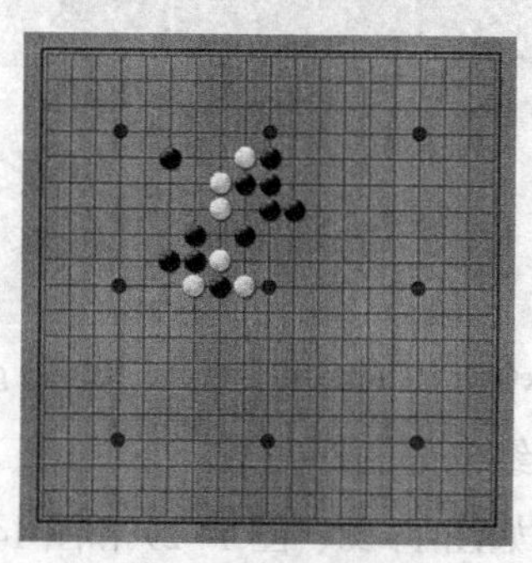

图 15-1　五子棋

15.2　游戏规则

15.2.1　五子棋棋盘和棋子

五子棋的棋盘与围棋的棋盘相似，但比围棋棋盘少 4 × 4 路，即由 15 × 15 路（共 225 个交叉点）组成。在棋盘上，上下两端的横线称为端线，左右两端的纵线称为边线。纵横交叉的第 4 条线形成的 4 个点称为“星”，棋盘正中一点为“天元”。

以对局开始时的黑方为准，棋盘上的纵线从近到远用阿拉伯数字 1-15 标记，横线从左到右用英文字母 A-O 表示。由于每个英文字母都对应一条纵线，每个阿拉伯数字都对应一条横线，所以，棋盘上的每一个交叉点都可用英文字母和阿拉伯数字的组合来表示出来。一般，在标记一个交叉点时，把英文字母放在前边，阿拉伯数字放在后边，如“天元”的位置为 H8，其中四个“星”的位置分别为 D4、L4、D12 和 L12，如图 15-2 所示。

五子棋的棋子分为黑白两色，黑子 113 枚，白子 112 枚，黑白子共计 225 枚，恰好和棋盘的交叉点相同。在对弈的过程中，双方的棋子可放置于空白的交叉点上，如图 15-3 所示。

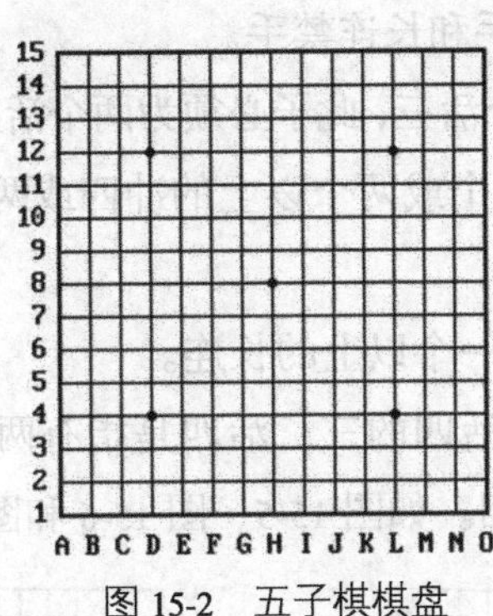

图 15-2　五子棋棋盘

图 15-3

15.2.2　五子棋基本规则

五子棋的核心规则是：黑白双方依次落子，任一方先在棋盘上形成横向、纵向、斜向的连续的相同颜色的五个（含五个以上）棋子的一方为胜，如图 15-4 所示。

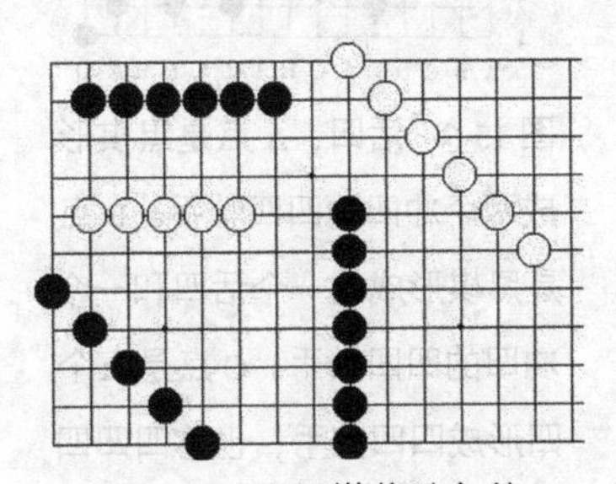

图 15-4　五子棋获胜条件

15.2.3　落子顺序

游戏开始时，落子顺序以黑方为先，白方为后。黑方的第一个棋子应下在天元（H8）上，白方第一个棋子只能下在与天元为中心临近的八个点上，黑方第二个棋子只能下在与天元为中心临近 5×5 点上，白棋第二个棋子不受任何限制，可下在棋盘任意位置。

15.2.4　禁手

因为黑方先下必胜，为了尽可能保持黑白方的公平性，平衡黑白方优势，需采用一些规则来限制黑棋先行的优势。

所谓禁手，是对局中对先行一方（黑方）禁止使用的战术和被判为负的棋子，具体是指黑方一子落下时同时形成两个或两个以上的活三、双四、长连等棋形，就是在对局中如果使用将被判负的行棋手段。也就是说，黑方如果使用以下几种禁手规定的棋型来获胜的话，则被判定为输掉游戏。禁手只对黑方有效，白方无禁手，黑方禁手的位置称为禁手点。黑方禁手形成时，白方应立即指出。若白方未发现或发现后不立即指出，反而继续落子，则禁手失效，不再判黑方负。

五子棋的禁手分为：三三禁手、四四禁手和长连禁手。

◆ 三三禁手：黑棋一子落下同时形成两个活三，此子必须为两个活三共同的构成子；

◆ 四四禁手：黑棋一子落下同时形成两个或两个以上的冲四或两个以上的冲四或活四；

◆ 长连禁手：黑棋一子落下形成一个或一个以上的长连。

其中，活三是指本方再走一子可以形成活四的三；活四是指有两个点可以形成五的四；冲四指的是只有一个点可以形成五的四。如图 15-5、图 15-6 和图 15-7 所示。

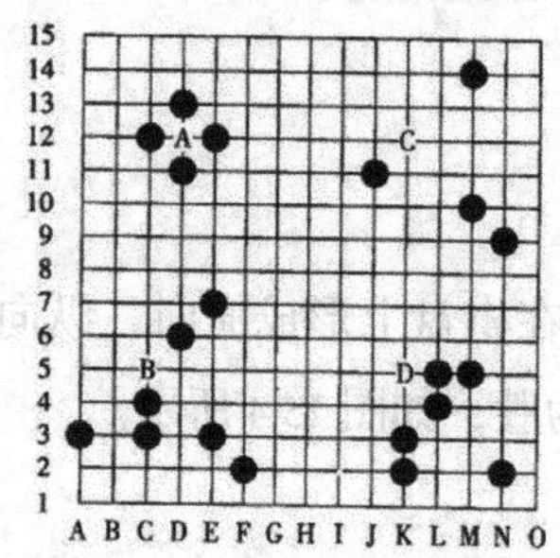

图 15-5　活三，A 点是两个连活三的三三禁手。B 点是两个活三和一个冲四的三三禁手，也称四三三禁手。D 点是三个活三形成的三三禁手，也称三三三禁手

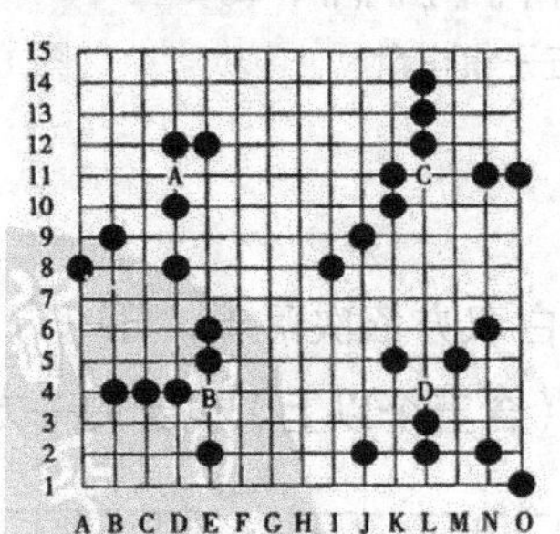

图 15-6　活四，A 点是黑棋形成两个冲四的四四禁手。B 点是黑棋形成的一个活四和一个冲四的四四禁手。C 点是三个四形成四四禁手，也称四四四禁手。D 点是两个四和一个活三形成的四四禁手，也称四四三禁手

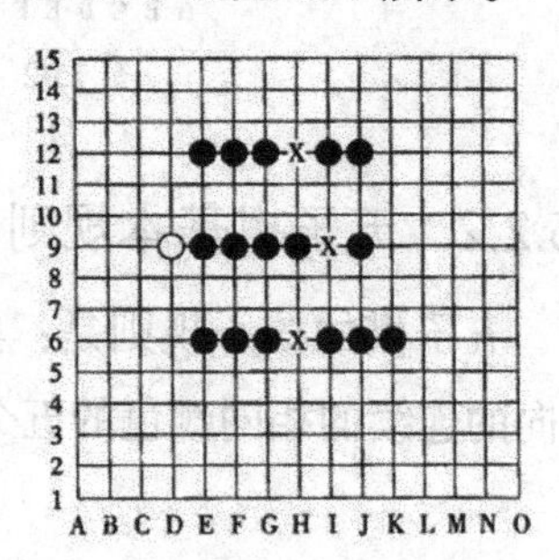

图 15-7　长连，X 点都是长连禁手。长连以六连为主，七连甚至七连以上比较少见

15.3 游戏算法思路

15.3.1 棋盘的绘制

用于绘制整个棋盘，这里可以通过绘制一张棋盘的图片来完成。为了计算方便，每个交点相隔 1 个单位，也就是整个棋盘画面共有 15×15 个单位，如图 15-8 所示。

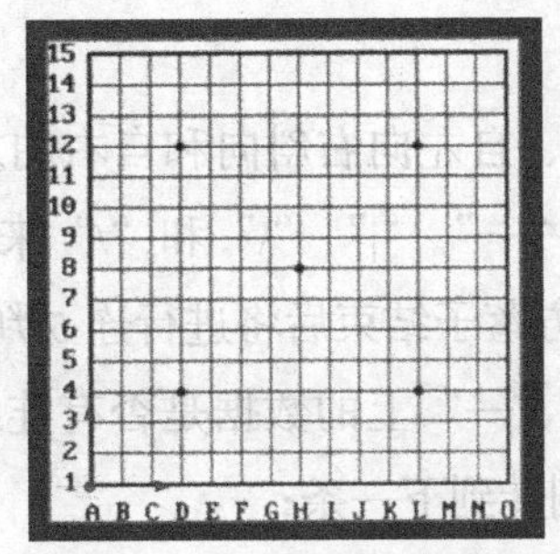

图 15-8　五子棋棋盘绘制

15.3.2　盘面棋子绘制

这里使用一个 15 × 15 的二维数组来表示盘面上的棋子位置。每一个元素的数值分别表示无子、白子和黑子。例如可以使用 0 表示空位、-1 表示白子、1 表示黑子。为了使得程序有可阅读性，也可以使用枚举类型来表示。

数组的下标表示交点的位置，以左下角为第一个交点，其位置对应的数组下标为 [0][0], 右上角的位置在数组中的下标为 [14][14]。

这个二维数组是整个游戏的关键数据结构，它不仅可以用于绘制当前整个盘面的棋子位置，通过遍历该数组，也可以用于游戏的胜负判定。

15.3.3　落子

对局双方是交替落子，可以设置一个枚举来切换双方下子权限。

通过获得鼠标在屏幕上的位置，并映射成世界坐标中的位置，从而寻找到落子的位置，并计算出落子位置所对应的数组元素序号。

为计算方便，棋盘上的每一个交点相隔 1 个单位，以棋盘的左下角第一个交点为原点。横向坐标为 x，纵向坐标为 y，那么某一交点的二维数组下标为 $[x][y]$。假设当前鼠标在棋盘上的坐标为（M_x，M_y），因为鼠标的具体位置不是正整数，我们利用四舍五入 Round 计算获得鼠标坐标的整数值，映射到盘面棋形的二维数组的下标中。即 $[x][y] = [Round(M_x), Round(M_y)]$。这样玩家不需要非常准确地点击落子点。例如鼠标当前的位置在 H8 位置附近，如（7.3，7.2），那么映射到盘面棋形的二维数组坐标为 [7][7]。注意，数组的起始坐标为 [0][0]）。

当每一次落子之后，通过修改表示盘面棋形的二维数组，保存当前的盘面棋形，接着通过遍历整个二维数组来判定胜负。

对于重新开始游戏，只需对盘面棋形的二维数组清零即可。

15.3.4 获胜规则判定

五子棋是通过横向、纵向、自左向右斜向和自右向左斜向是否有五个相同颜色的棋子相连来判定胜负。下面以“—”“|”“\”和“/”来分别表示横向、纵向、自左向右斜向和自右向左斜向。当一方落子结束后将进行连 5 判定。

搜索盘面棋形二维数组中“—”上的数据是否有连续相同的 5 个颜色，如果有，则说明有一方构成了连 5，否则转到下一条；

搜索盘面棋形二维数组上“|”上的数据是否有连续相同的 5 个颜色，如果有，则说明有一方在纵向上构成了连 5，否则转到下一条；

搜索盘面棋形二维数组上“\”数据是否有连续相同的 5 个颜色，如果有，则说明有一方构成了连 5，否则转到下一条；

搜索盘面棋形二维数组上“/”是否有连续相同的 5 个颜色，如果有，则说明有一方构成了连 5，否则转到下一条；

如果没有，则说明当前盘面棋形二维数组上没有连 5 的情况，则转到禁手判断，如果没有禁手，则双方可以继续下子。

15.3.5 判定黑方禁手功能

当黑方下子之后，判定黑方是否出现三三禁手、四四禁手和长连禁手情况等情况，可以按照以下逻辑进行。

获得当前棋子落下的位置，并修改盘面棋形二维数组；

搜索盘面棋形二维数组上落子位置相连的“—”数据是否构成禁手。如果有，则返回，否则转到下一条；

搜索盘面棋形二维数组上落子位置相连的“|”数据是否构成禁手。如果有，则返回，否则转到下一条；

搜索盘面棋形二维数组上落子位置相连的“\”数据是否构成禁手。如果有，则返回，否则转到下一条；

搜索盘面棋形二维数组上落子位置相连的“/”数据是否构成禁手。如果有，则返回，否则转到下一条；

如果都没有，则转到探索落子位置不相连的，即搜索中间有一个空格的数据；

搜索盘面棋形二维数组上落子位置有一个空格的“—”数据是否构成禁手。如果有，则返回，否则转到下一条；

搜索盘面棋形二维数组上落子位置有一个空格的“|”数据是否构成禁手。如果有，则返回，否则转到下一条；

搜索盘面棋形二维数组上落子位置是否有一个空格的“\”数据是否构成禁手。如果有，则返回，否则转到下一条；

搜索盘面棋形二维数组上落子位置是否有一个空格的“/”数据是否构成禁手。如果有，则返回，否则转向下一条；

如果都没有，说明没有禁手产生，则由白方继续落子。

15.3.6　游戏流程图

如图 15-9 所示。

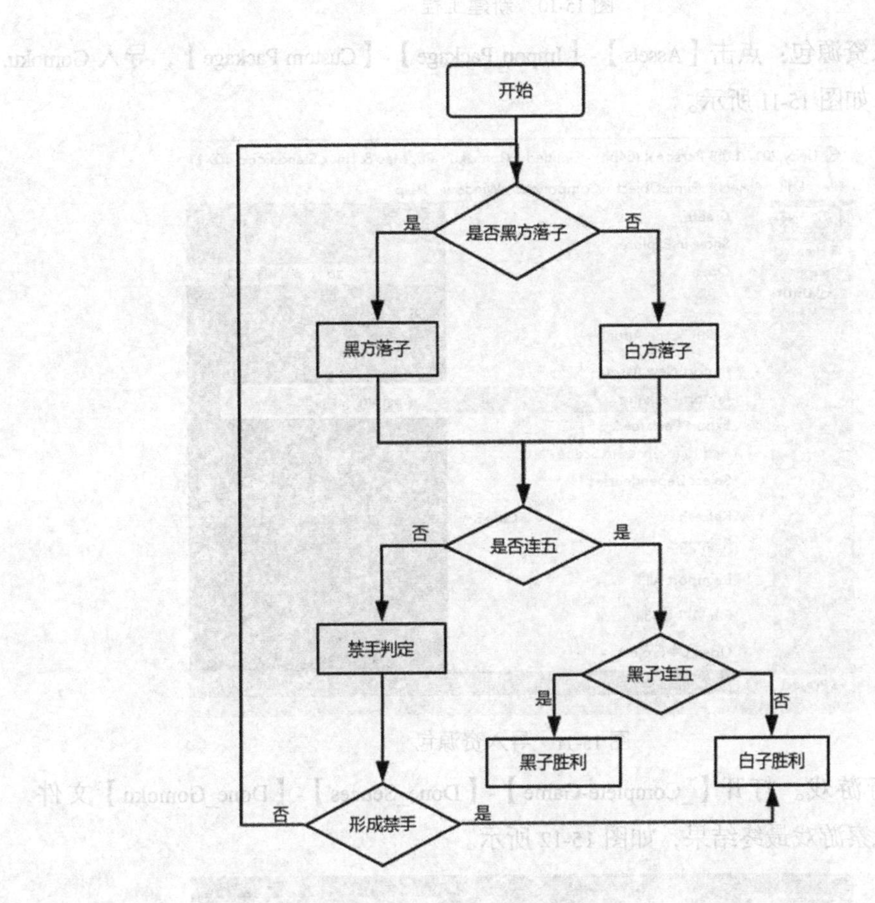

图 15-9　流程图

15.4　游戏程序实现

15.4.1　前期准备

[1]　新建工程: 新建一个名为Gomoku的工程。将3D/2D选项选择为2D，如图15-10所示。

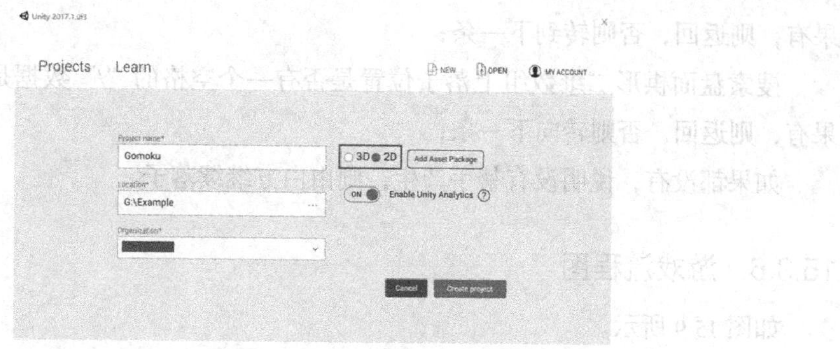

图 15-10　新建工程

[2]　导入资源包：点击【Assets】-【Import Package】-【Custom Package】，导入 Gomoku. package 文件，如图 15-11 所示。

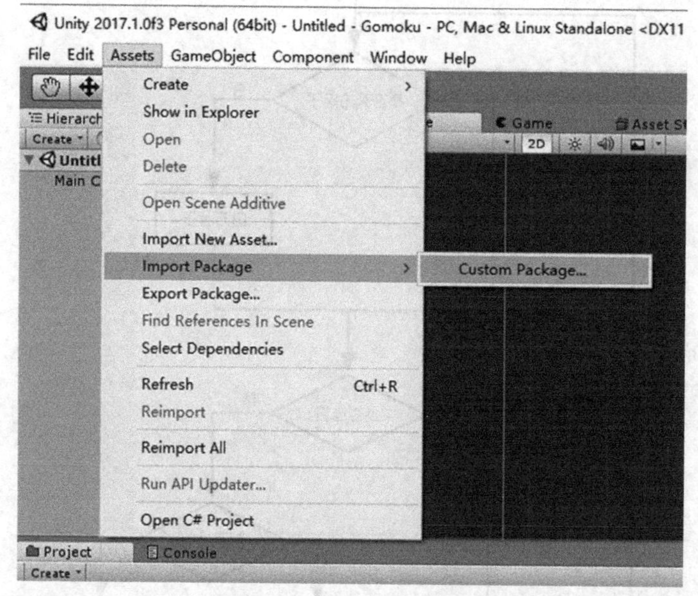

图 15-11　导入资源包

[3]　运行游戏。打开【_Complete-Game】-【Done_Sences】-【Done_Gomoku】文件，运行游戏，观察游戏最终结果，如图 15-12 所示。

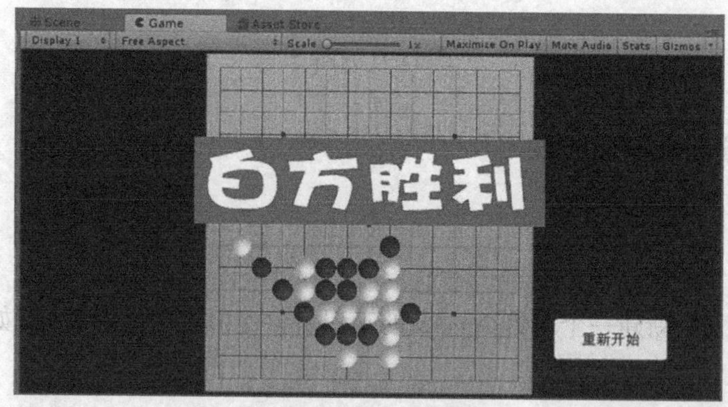

图 15-12　游戏最终效果

15.4.2　创建场景

[1]　创建场景目录。新建一个名为 Scences 的文件夹，如图 15-13 所示。

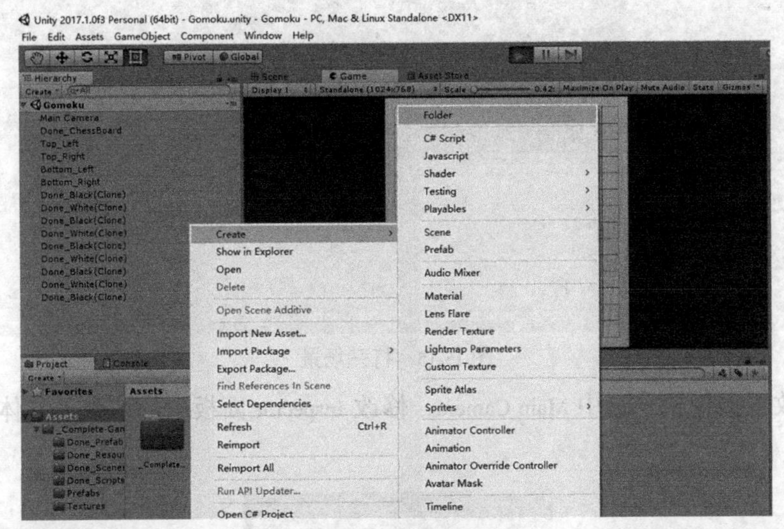

图 15-13　新建场景目录

[2]　创建场景。在新建的场景目录下创建一个名为 Gomoku 的场景，如图 15-14 所示。

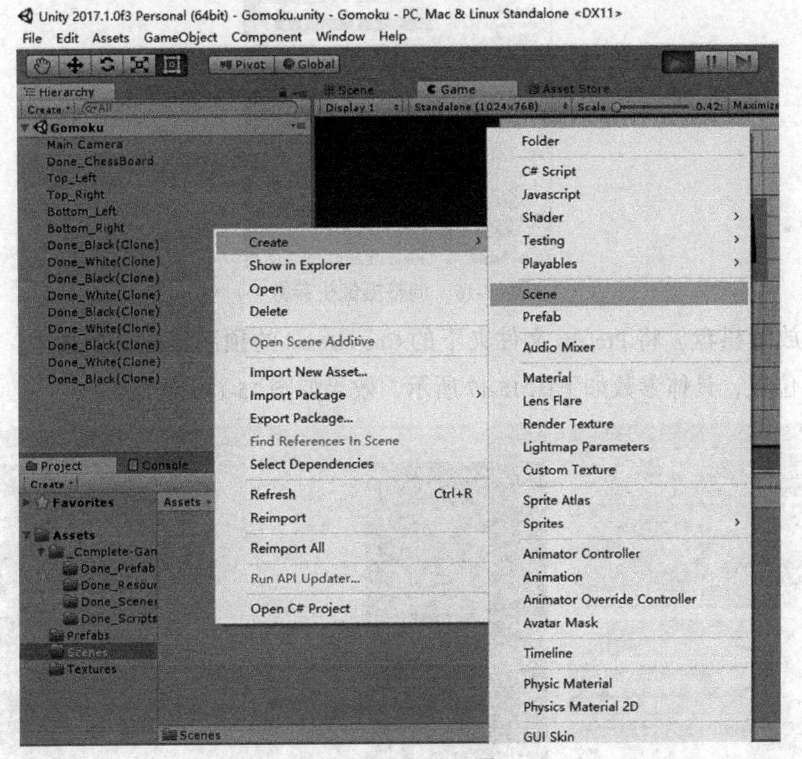

图 15-14　新建场景

[3]　打开场景。双击打开场景，运行游戏，你会看到一个空的场景，如图 15-15 所示。

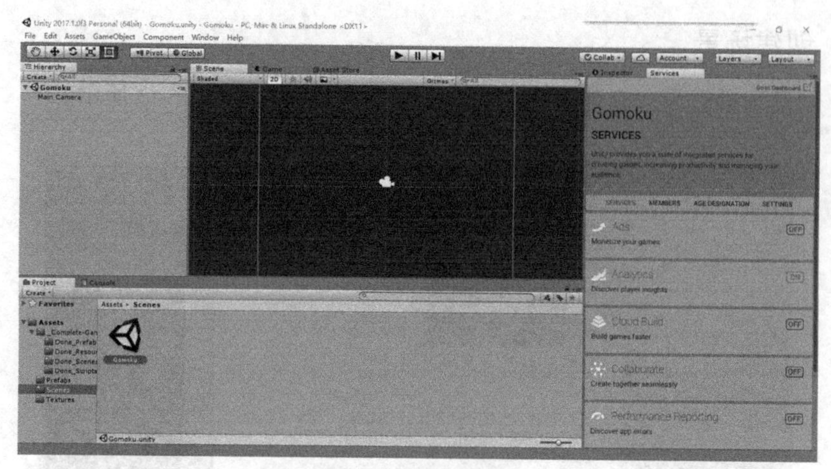

图 15-15　打开场景

[4]　放置摄像机。选中 Main Camera，修改 Inspector 面板中的参数，具体参数如图 15-16 所示。

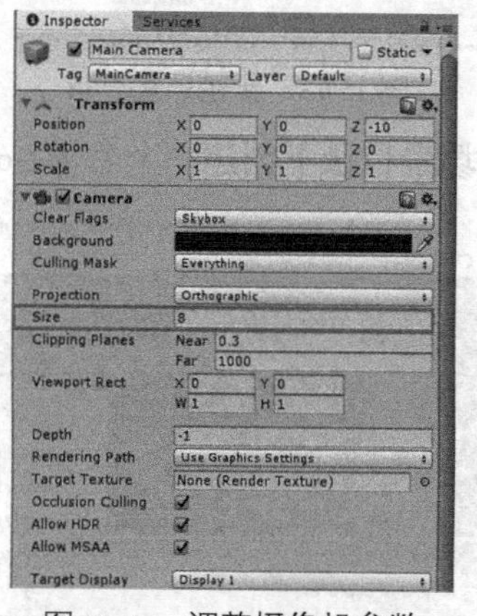

图 15-16　调整摄像机参数

[5]　放置棋盘。将 Prefabs 文件夹下的 ChessBoard 的预制体拖到场景中，将位置调整到 (0,0) 位置，具体参数如下图 15-17 所示，效果如图 15-18 所示。

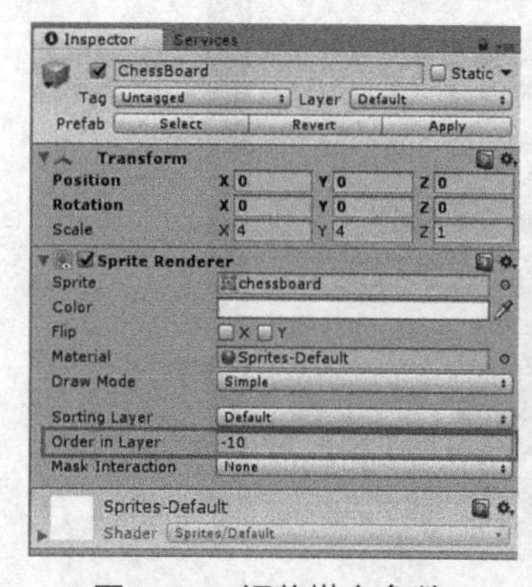

图 15-17　调整棋盘参数

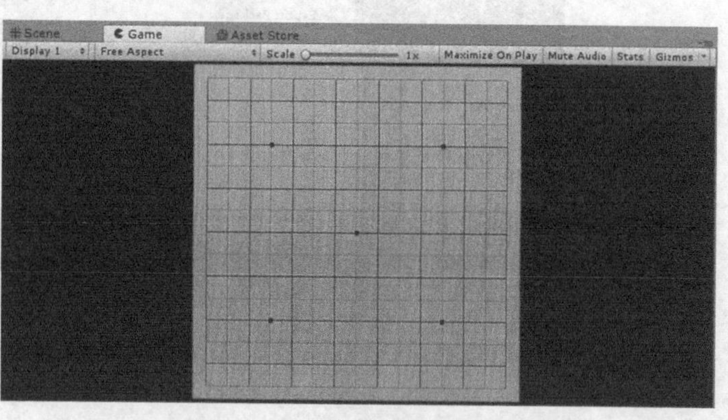

图 15-18　调整后的效果图

[6]　固定棋盘的范围。新建四个空物体，如图 15-19 所示，分别命名为 Top_Right、Top_Left、Bottom_Right、Bottom_Left。分别将这四个空物体调整到棋盘的右上角、左上角、右下角、左下角的位置，这四个位置的坐标分别为 (7.2, 7.2)，(-7.2, 7.2)，(7.2, -7.2)，(-7.2, -7.2)，如图 15-20 所示。

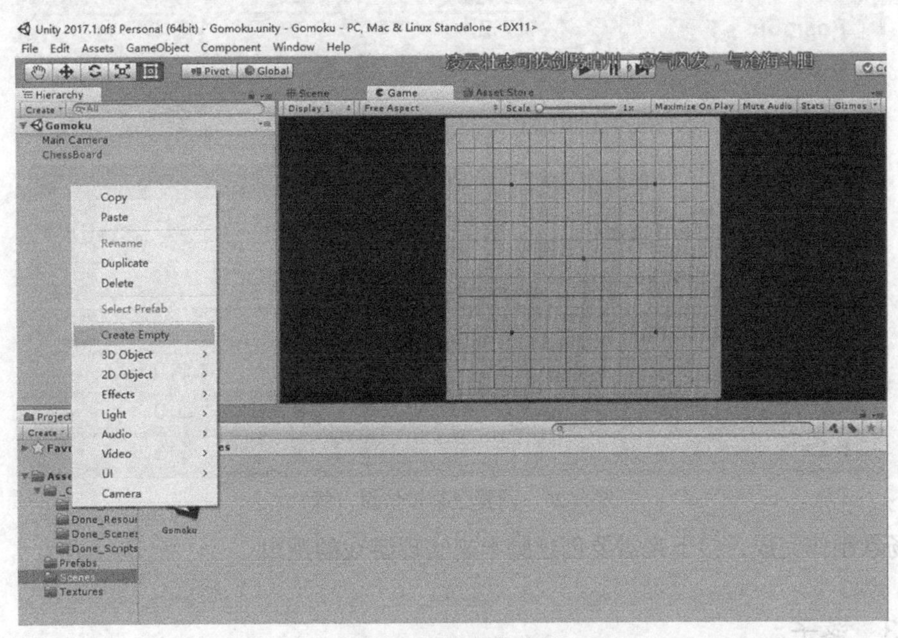

图 15-19　添加空物体

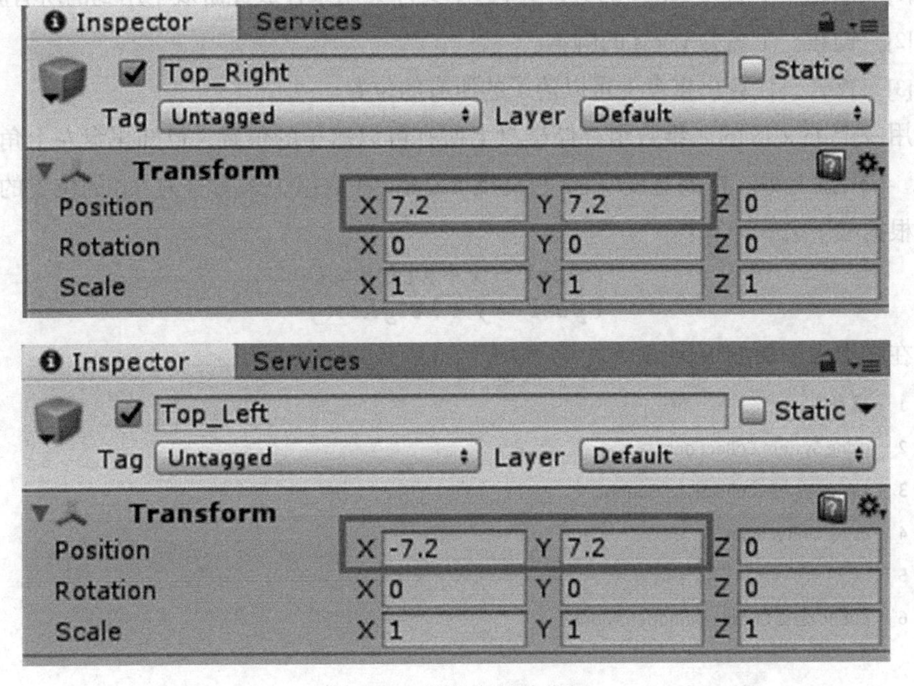

图 15-20　调整空物体位置

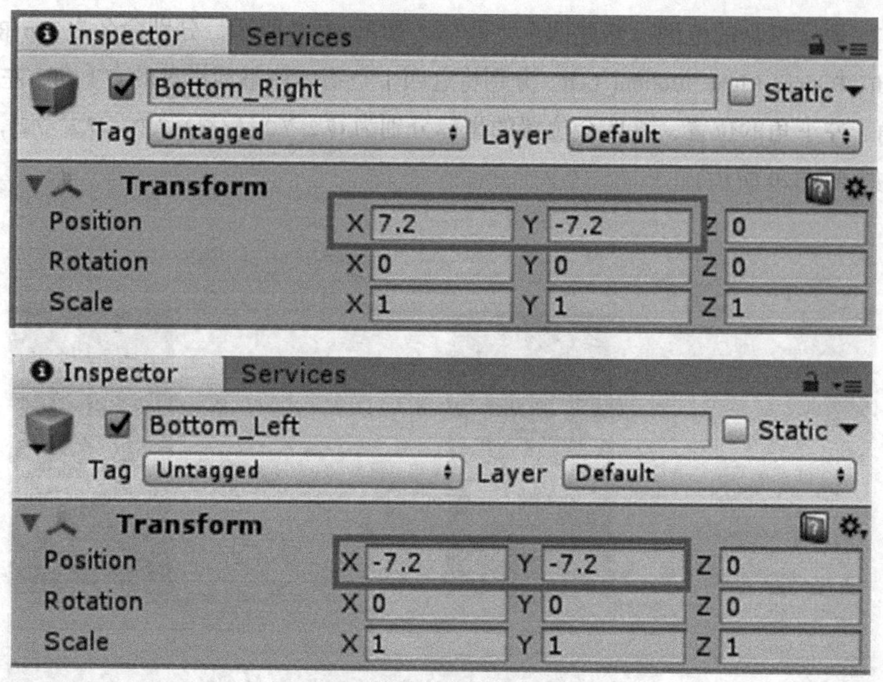

图 15-20 调整空物体位置（续）

场景制作完成，接下来需要创建脚本来实现游戏的逻辑。

15.4.3 落子

[1] 创建一个名为 Scripts 的文件夹，这个文件夹用来存放此游戏中用到的所有脚本。

[2] 创建一个名为 Chess 的脚本。

[3] 首先，计算出棋盘上可以落子的所有的位置。

用一个 15 × 15 的二维数组存储棋盘上所有可以落子的位置，已知棋盘左上角坐标 (x,y)，与棋盘上每一格的宽度 width 与高度 height，在数组中索引号为 [i,j] 的位置的坐标可以根据如下公式计算：

$$\begin{cases} posX = x + width \times i \\ posY = y + height \times j \end{cases}$$

在脚本中添加如下代码。

```
1  棋盘
2  using System.Collections;
3  using System.Collections.Generic;
4  using UnityEngine;
5
6  public class Chess : MonoBehaviour {
```

```
7
8        public Transform top_left;           // 左上角的空物体
9        public Transform top_right;          // 右上角的空物体
10       public Transform bottom_left;        // 左下角的空物体
11       public Transform bottom_right;       // 右下角的空物体
12
13       Vector2 pos_TL;    // 左上角坐标
14       Vector2 pos_TR;    // 右上角坐标
15       Vector2 pos_BL;    // 左下角坐标
16       Vector2 pos_BR;    // 右下角坐标
17
18       float gridWidth;  // 棋盘上一格的宽度
19       float gridHeight;  // 棋盘上一格的高度
20
21       Vector2[,] chessPos;          // 可以放置棋子的位置
22
23       // Use this for initialization
24       void Start () {
25           // 初始化可以落子的位置
26           chessPos = new Vector2[15, 15];
27
28       }
29
30       // Update is called once per frame
31       void Update () {
32           // 棋盘左上角位置
33           pos_TL = top_left.position;
34           // 棋盘右上角位置
35           pos_TR = top_right.position;
36           // 棋盘左下角位置
37           pos_BL = bottom_left.position;
38           // 棋盘右下角位置
39           pos_BR = bottom_right.position;
40
41
```

```
42            //棋盘上每一格的高度
43            gridHeight = (pos_TR.y - pos_BR.y) / 14;
44            //棋盘上每一格的宽度
45            gridWidth = (pos_TR.x - pos_TL.x) / 14;
46
47            for (int i = 0; i < 15; i++)
48            {
49                for (int j = 0; j < 15; j++)
50                {
51                    //计算棋盘上可以落子的位置
52                    chessPos[i, j] = new Vector2(pos_TL.x + gridWidth * i,
                                                    pos_TL.y - gridHeight * j);
53                }
54            }
55
56        }
57    }
```

Chess.cs

[4] 落子。可以落子的位置计算好之后需要实现落子的功能。在 Chess 脚本中添加鼠标事件。

```
1    using System.Collections;
2    using System.Collections.Generic;
3    using UnityEngine;
4
5    public class Chess : MonoBehaviour {
6        ......
7        Vector2 mousePos;
8        ......
9        void Update () {
10           ......
11           if(Input.GetMouseButtonDown(0))
12           {
13               //记录鼠标点击的坐标并转化为世界坐标
14               mousePos = Camera.main.ScreenToWorldPoint(Input.mousePosition);
15
16               //在鼠标点击的地方生成棋子
```

```
17
18            }
19        }
20    }
```

Chess.cs

[5]　接下来在 Chess 脚本中添加生成棋子的函数并在鼠标点击的时候调用。

```
1   using System.Collections;
2   using System.Collections.Generic;
3   using UnityEngine;
4
5   public class Chess : MonoBehaviour {
6       ......
7       public GameObject blackChess;// 黑棋预制体
8       public GameObject whiteChess;// 白棋预制体
9
10      void Update () {
11          ......
12          if(Input.GetMouseButtonDown(0))
13          {
14              // 记录鼠标点击的坐标并转化为世界坐标
15              mousePos = Camera.main.ScreenToWorldPoint(Input.mousePosition);
16              // 在鼠标点击的地方生成棋子
17              CreateChess(mousePos);
18          }
19      }
20      void CreateChess(Vector2 v)
21      {
22          Instantiate(blackChess, v, Quaternion.identity);
23      }
24  }
25
```

Chess.cs

[6]　将脚本赋给场景中的 ChessBoard 物体。将场景中的 Top_Right、Top_Left、Bottom_Right、Bottom_Left 物体分别赋给脚本中的 top_right、top_left、bottom_right、bottom_left 变量。将 Prefab 文件夹下的名为 black 和 white 的预制体分别赋给脚本中的 blackChess 和 whiteChess 变量，如图 15-21 所示。

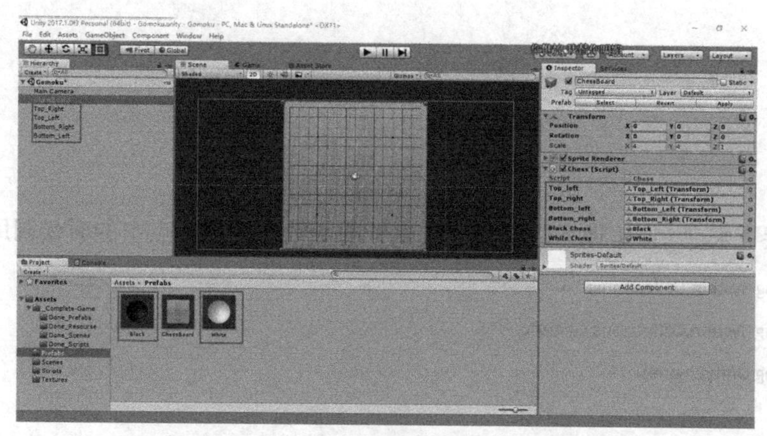

图 15-21　将物体赋给脚本中的变量

[7]　运行游戏。鼠标点击屏幕时，会在鼠标点击的位置出现棋子。

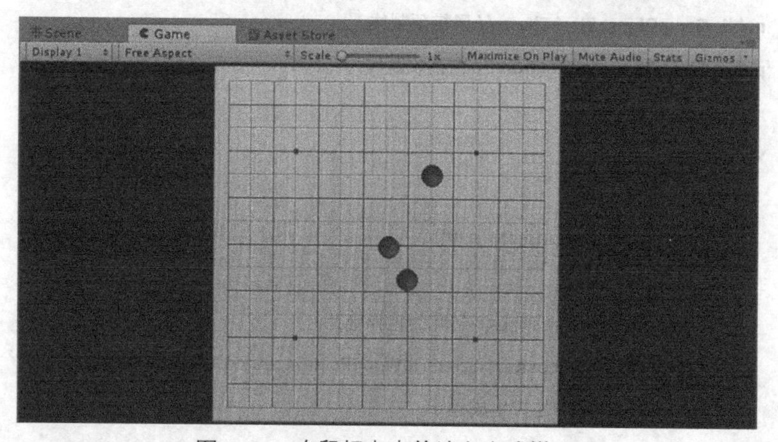

图 15-22　在鼠标点击的地方生成棋子

游戏运行到这里，你就会发现，棋子可以在任意位置出现，但是，五子棋的落子位置都是在棋盘上横竖两条线的交叉的地方。那么怎么解决这个问题呢？非常简单，前文我们已经计算出了棋盘上可以落子的所有位置，这里，我们只需要判断鼠标点击的位置坐标接近了哪一个可以落子的位置坐标，就在该位置放上棋子。代码如下。

```
1   using System.Collections;
2   using System.Collections.Generic;
3   using UnityEngine;
4
5   public class Chess : MonoBehaviour {
6
7   ......
8
9       float threshold = 0.4f;    // 临界值
10
```

```
11      ......
12
13      // Update is called once per frame
14      void Update () {
15          ......
16          if(Input.GetMouseButtonDown(0))
17          {
18              // 记录鼠标点击的坐标并转化为世界坐标
19              mousePos = Camera.main.ScreenToWorldPoint(Input.mousePosition);
20
21              for (int i = 0; i < 15; i++)
22              {
23                  for (int j = 0; j < 15; j++)
24                  {
25
26                      // 鼠标点击的位置与落子位置距离小于 0.4 时，认为接近落子位置
27                      if (Dis(mousePos, chessPos[i, j]) < threshold)
28                      {
29                          CreateChess(chessPos[i, j]);
30                      }
31                  }
32              }
33          }
34      }
35
36      /// <summary>
37      /// 计算鼠标点击的位置与标准位置的坐标之间的距离
38      /// </summary>
39      float Dis(Vector2 v1, Vector2 v2)
40      {
41          return Mathf.Sqrt(((v2.x - v1.x) * (v2.x - v1.x)) + ((v2.y - v1.y) * (v2.y - v1.y)));
42      }
43
44  }
```

Chess.cs

[8] 再次运行游戏，只有当鼠标点击的位置靠经横竖两条线的交叉点时，棋子才会出现，如图 15-23 所示。

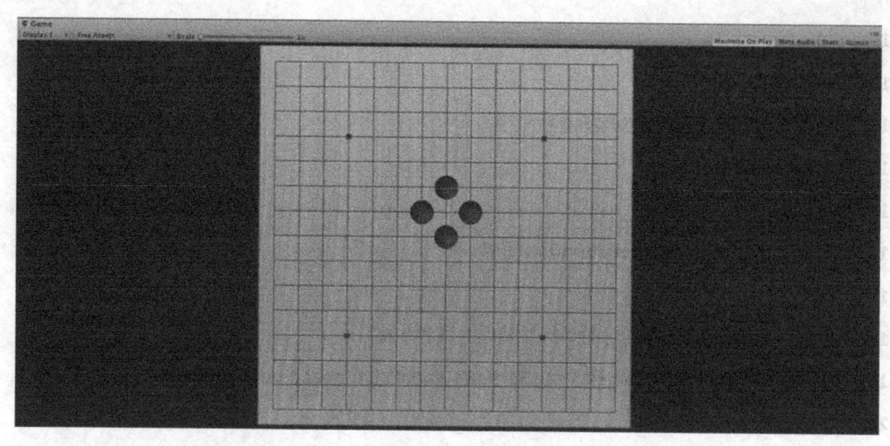

图 15-23　落子

15.4.4　切换落子权限

[1]　切换落子权限。写完上述脚本后，落下的棋子都为黑色。现在我们需要做的是黑白双方交替落子。用一个枚举表示黑白双方。当黑子落下后，切换为白方落子状态，当白子落下后，切换为黑方落子状态。代码如下。

```
1    using System.Collections;
2    using System.Collections.Generic;
3    using UnityEngine;
4
5    public class Chess : MonoBehaviour {
6        ......
7        // 枚举表示黑白双方
8        enum turn
9        {
10           black,
11           white
12       }
13
14       turn chessTurn;// 当前落子的一方
15
16       // Use this for initialization
17       void Start () {
18           // 初始化可以落子的位置
19           chessPos = new Vector2[15, 15];
20           // 游戏开始时是黑方先下
21           chessTurn = turn.black;
```

```
22          }
23
24          // Update is called once per frame
25          void Update () {
26              ......
27              if(Input.GetMouseButtonDown(0))
28              {
29                  ......
30              }
31      }
32
33      ......
34
35      void CreateChess(Vector2 v)
36      {
37          Instantiate(blackChess, v, Quaternion.identity);
38          switch(chessTurn)
39          {
40              // 黑方落子
41              case turn.black:
42                  Instantiate(blackChess, v, Quaternion.identity);
43                  // 切换为白方落子
44                  chessTurn = turn.white;
45                  break;
46              // 白方落子
47              case turn.white:
48                  Instantiate(whiteChess, v, Quaternion.identity);
49                  // 切换为黑方落子
50                  chessTurn = turn.black;
51                  break;
52          }
53      }
54  }
```

[2] 运行游戏。这时，已经实现黑白双方交替落子，如图 15-24 所示。

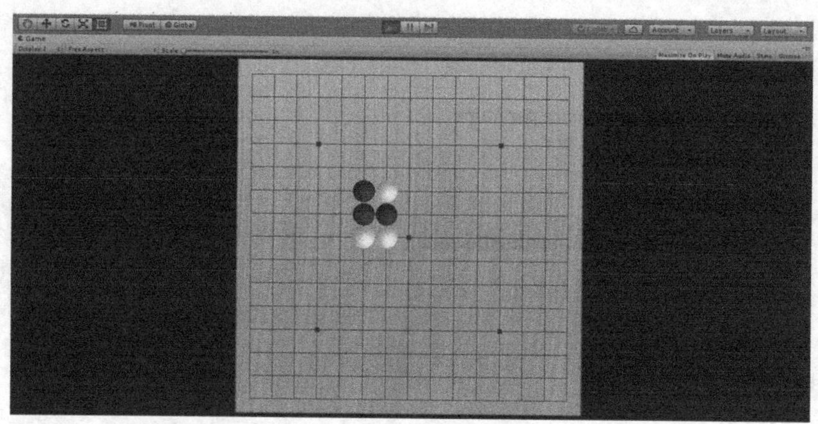

图 15-24　黑白双方交替落子

15.4.5　更新棋盘状态

运行游戏，你会发现另一个问题，已经有棋子的地方依然可以落下棋子。我们需要实现的是，当该位置已经有棋子存在时，就不能再在该位置落子。该怎么做呢？我们需要用到一个二维数组存储棋盘的状态，当棋盘上该位置已经有黑色棋子时，棋盘上该位置的状态置为 1；有白色棋子时，棋盘上该位置的状态为 -1；没有棋子时，该位置的状态为 0。代码如下。

```
1   using System.Collections;
2   using System.Collections.Generic;
3   using UnityEngine;
4
5   public class Chess : MonoBehaviour {
6
7       ......
8
9       int[,] chessState;
10
11      // Use this for initialization
12      void Start () {
13          // 初始化可以落子的位置
14          chessPos = new Vector2[15, 15];
15          // 游戏开始时是黑方先下
16          chessTurn = turn.black;
17          // 初始化棋盘状态
18          chessState = new int[15, 15];
19      }
```

```
20
21     // Update is called once per frame
22     void Update () {
23         ......
24         if(Input.GetMouseButtonDown(0))
25         {
26             //记录鼠标点击的坐标并转化为世界坐标
27             mousePos = Camera.main.ScreenToWorldPoint(Input.mousePosition);
28             for (int i = 0; i < 15; i++)
29             {
30                 for (int j = 0; j < 15; j++)
31                 {
32                     // 鼠标点击的位置接近落子位置并该位置状态为空
33                     if (Dis(mousePos, chessPos[i, j]) < threshold&&chessState[i,j]==0)
34                     {
35                         // 更新状态，黑子为 1，白子为 -1
36                         chessState[i, j] = chessTurn == turn.black ? 1 : -1;
37                         // 生成棋子
38                         CreateChess(chessPos[i, j]);
39                     }
40                 }
41             }
42         }
43     }
44     ......
45 }
```

Chess.cs

15.4.6　获胜判断

[1]　落子的问题到这里都已经解决，接下来我们要做的就是，黑白双方是否连五的判断。

在脚本中添加一个名为 result 的函数，返回连五的一方。

```
1  using System.Collections;
2  using System.Collections.Generic;
3  using UnityEngine;
4
5  public class Chess : MonoBehaviour {
```

```
6       ......
7       int winner;// 获胜方
8       ......
9       // Update is called once per frame
10      void Update () {
11          ......
12          if(Input.GetMouseButtonDown(0))
13          {
14              ......
15              // 结果判断
16              int result = Result();
17              if (result == 1)
18              {
19                  Debug.Log(" 黑棋胜 ");
20                  winner = 1;
21              }
22              if (result == -1)
23              {
24                  Debug.Log(" 白棋胜 ");
25                  winner = -1;
26              }
27          }
28      }
29      ......
30      /// <summary>
31      /// 棋子是否连五判断
32      /// </summary>
33      /// <returns> 获胜方，1 为黑方，-1 为白方 </returns>
34      int Result()
35      {
36          int flag = 0;
37          switch(chessTurn)
38          {
39
40          // 进入黑棋是否连五的判断
```

```
41          case turn.white:
42              for (int i = 0; i < 11; i++)
43              {
44                  for (int j = 0; j < 15; j++)
45                  {
46                      if (j < 4)
47                      {
48                          // 纵向
49                          if (chessState[i, j] == 1 &&
50                              chessState[i, j + 1] == 1 &&
51                              chessState[i, j + 2] == 1 &&
52                              chessState[i, j + 3] == 1 &&
53                              chessState[i, j + 4] == 1)
54                          {
55                              flag = 1;
56                              return flag;
57                          }
58                          // 横向
59                          if (chessState[i, j] == 1 && chessState[i + 1, j] == 1 &&
60                              chessState[i + 2, j] == 1 &&
61                              chessState[i + 3, j] == 1&&
62                              chessState[i + 4, j] == 1)
63                          {
64                              flag = 1;
65                              return flag;
66                          }
67                          // 右斜线
68                          if (chessState[i, j] == 1 &&
69                              chessState[i + 1, j + 1] == 1 &&
70                              chessState[i + 2, j + 2] == 1 &&
71                              chessState[i + 3, j + 3] == 1 &&
72                              chessState[i + 4, j + 4] == 1)
73                          {
74                              flag = 1;
75                              return flag;
```

```
76                  }
77                  //左斜线
78
79              }
80              else if (j >= 4 && j < 11)
81              {
82                  //纵向
83                  if (chessState[i, j] == 1 &&
84                      chessState[i, j + 1] == 1 &&
85                      chessState[i, j + 2] == 1 &&
86                      chessState[i, j + 3] == 1 &&
87                      chessState[i, j + 4] == 1)
88                  {
89                      Debug.Log("henxing");
90                      flag = 1;
91                      return flag;
92                  }
93                  //横向
94                  if (chessState[i, j] == 1 &&
95                      chessState[i + 1, j] == 1 &&
96                      chessState[i + 2, j] == 1 &&
97                      chessState[i + 3, j] == 1 &&
98                      chessState[i + 4, j] == 1)
99                  {
100                     flag = 1;
101                     return flag;
102                 }
103                 //右斜线
104                 if (chessState[i, j] == 1 &&
105                     chessState[i + 1, j + 1] == 1 &&
106                     chessState[i + 2, j + 2] == 1 &&
107                     chessState[i + 3, j + 3] == 1 &&
108                     chessState[i + 4, j + 4] == 1)
109                 {
110                     flag = 1;
```

```
111                 return flag;
112             }
113             //左斜线
114             if (chessState[i, j] == 1 &&
115                 chessState[i + 1, j - 1] == 1 &&
116                 chessState[i + 2, j - 2] == 1 &&
117                 chessState[i + 3, j - 3] == 1 &&
118                 chessState[i + 4, j - 4] == 1)
119             {
120                 flag = 1;
121                 return flag;
122             }
123         }
124         else
125         {
126
127             //横向
128             if (chessState[i, j] == 1 &&
129                 chessState[i + 1, j] == 1 &&
130                 chessState[i + 2, j] == 1 &&
131                 chessState[i + 3, j] == 1 &&
132                 chessState[i + 4, j] == 1)
133             {
134                 flag = 1;
135                 return flag;
136             }
137
138             //左斜线
139             if (chessState[i, j] == 1 &&
140                 chessState[i + 1, j - 1] == 1 &&
141                 chessState[i + 2, j - 2] == 1 &&
142                 chessState[i + 3, j - 3] == 1 &&
143                 chessState[i + 4, j - 4] == 1)
144             {
145                 flag = 1;
```

```
146                                 return flag;
147                             }
148                         }
149 
150                 }
151             }
152             for (int i = 11; i < 15; i++)
153             {
154                 for (int j = 0; j < 11; j++)
155                 {
156                     // 只需要判断纵向
157                     if (chessState[i, j] == 1 &&
158                         chessState[i, j + 1] == 1 &&
159                         chessState[i, j + 2] == 1 &&
160                         chessState[i, j + 3] == 1 &&
161                         chessState[i, j + 4] == 1)
162                     {
163                         flag = 1;
164                         return flag;
165                     }
166                 }
167             }
168             break;
169         // 进入白棋是否连五的判断
170         case turn.black:
171             for (int i = 0; i < 11; i++)
172             {
173                 for (int j = 0; j < 15; j++)
174                 {
175                     if (j < 4)
176                     {
177                         // 纵向
178                         if (chessState[i, j] == -1 &&
179                             chessState[i, j + 1] == -1 &&
180                             chessState[i, j + 2] == -1 &&
```

```
181                 chessState[i, j + 3] == -1 &&
182                 chessState[i, j + 4] == -1)
183             {
184                 flag = -1;
185                 return flag;
186             }
187             // 横向
188             if (chessState[i, j] == -1 &&
189                 chessState[i + 1, j] == -1 &&
190                 chessState[i + 2, j] == -1 &&
191                 chessState[i + 3, j] == -1 &&
192                 chessState[i + 4, j] == -1)
193             {
194                 flag = -1;
195                 return flag;
196             }
197             // 右斜线
198             if (chessState[i, j] == -1 &&
199                 chessState[i + 1, j + 1] == -1 &&
200                 chessState[i + 2, j + 2] == -1 &&
201                 chessState[i + 3, j + 3] == -1 &&
202                 chessState[i + 4, j + 4] == -1)
203             {
204                 flag = -1;
205                 return flag;
206             }
207 
208         }
209         else if (j >= 4 && j < 11)
210         {
211             // 纵向
212             if (chessState[i, j] == -1 &&
213                 chessState[i, j + 1] == -1 &&
214                 chessState[i, j + 2] == -1 &&
215                 chessState[i, j + 3] == -1 &&
```

```
216                         chessState[i, j + 4] == -1)
217                 {
218                         flag = -1;
219                         return flag;
220                 }
221                 //横向
222                 if (chessState[i, j] == -1 &&
223                         chessState[i + 1, j] == -1 &&
224                         chessState[i + 2, j] == -1 &&
225                         chessState[i + 3, j] == -1 &&
226                         chessState[i + 4, j] == -1)
227                 {
228                         flag = -1;
229                         return flag;
230                 }
231                 //右斜线
232                 if (chessState[i, j] == -1 &&
233                         chessState[i + 1, j + 1] == -1 &&
234                         chessState[i + 2, j + 2] == -1 &&
235                         chessState[i + 3, j + 3] == -1 &&
236                         chessState[i + 4, j + 4] == -1)
237                 {
238                         flag = -1;
239                         return flag;
240                 }
241                 //左斜线
242                 if (chessState[i, j] == -1 &&
243                         chessState[i + 1, j - 1] == -1 &&
244                         chessState[i + 2, j - 2] == -1 &&
245                         chessState[i + 3, j - 3] == -1 &&
246                         chessState[i + 4, j - 4] == -1)
247                 {
248                         flag = -1;
249                         return flag;
250                 }
```

```
251                 }
252                 else
253                 {
254 
255                     // 横向
256                     if (chessState[i, j] == -1 &&
257                         chessState[i + 1, j] == -1 &&
258                         chessState[i + 2, j] == -1 &&
259                         chessState[i + 3, j] == -1 &&
260                          chessState[i + 4, j] == -1)
261                     {
262                         flag = -1;
263                         return flag;
264                     }
265 
266                     // 左斜线
267                     if (chessState[i, j] == -1 &&
268                         chessState[i + 1, j - 1] == -1 &&
269                         chessState[i + 2, j - 2] == -1 &&
270                         chessState[i + 3, j - 3] == -1 &&
271                         chessState[i + 4, j - 4] == -1)
272                     {
273                         flag = -1;
274                         return flag;
275                     }
276                 }
277             }
278         }
279         for (int i = 11; i < 15; i++)
280         {
281             for (int j = 0; j < 11; j++)
282             {
283                 // 只需要判断纵向
284                 if (chessState[i, j] == -1 &&
285                     chessState[i, j + 1] == -1 &&
```

```
286                             chessState[i, j + 2] == -1 &&
287                             chessState[i, j + 3] == -1 &&
288                             chessState[i, j + 4] == -1)
289                         {
290                             flag = -1;
291                             return flag;
292                         }
293                     }
294                 }
295                 break;
296 
297         }
298         return flag;
299     }
300 }
```

Chess.cs

[2] 运行游戏,当相同颜色的棋子形成连五之后,控制台输出获胜方,如图 15-25 所示。

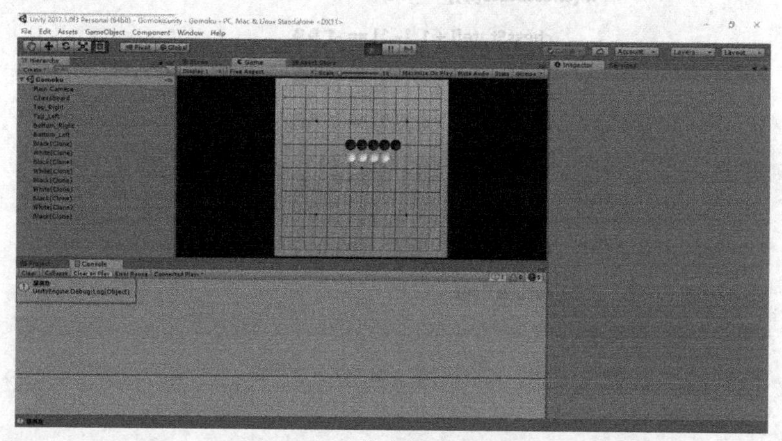

图 15-25　此阶段运行效果

[3] 为了更加直观的看到获胜方，我们这里用 UI 来提示获胜方。

新建一个名为 UI 的脚本。当黑方获胜时，在屏幕上显示黑方获胜的图；当白方获胜是显示白方获胜的图。

代码如下：

```
1   using System.Collections;
2   using System.Collections.Generic;
3   using UnityEngine;
4 
5   public class UI : MonoBehaviour {
```

```
6
7       public Texture2D blackWin;              // 黑方获胜的贴图
8       public Texture2D whiteWin;              // 白方获胜的贴图
9
10      private void OnGUI()
11      {
12          if (Chess.winner == 1)
13          {
14              // 绘制黑方获胜的图片
15              GUI.DrawTexture(new Rect(Screen.width * 0.25f, Screen.height * 0.25f,
                        Screen.width * 0.5f, Screen.height * 0.25f), blackWin);
16              // 禁用 Chess 脚本
17              FindObjectOfType<Chess>().enabled = false;
18          }
19          if (Chess.winner == -1)
20          {
21              // 绘制白方获胜的图片
22              GUI.DrawTexture(new Rect(Screen.width * 0.25f, Screen.height * 0.25f,
                        Screen.width * 0.5f, Screen.height * 0.25f), whiteWin);
23              // 禁用 Chess 脚本
24              FindObjectOfType<Chess>().enabled = false;
25          }
26      }
27  }
```

UI.cs

因为这里调用了 Chess 脚本中的 winner 变量，所以，我们需要将 Chess 脚本中的变量 winner 改为公共的静态变量。

```
1   using System.Collections;
2   using System.Collections.Generic;
3   using UnityEngine;
4
5   public class Chess : MonoBehaviour {
6       ......
7       int winner;
8       public static int winner;
9
10      void Start () {
11          ......
```

```
12          }
13
14          void Update () {
15              ......
16              // 鼠标左键点击时
17              if(Input.GetMouseButtonDown(0))
18              {
19                  ......
20              }
21          }
22          /// <summary>
23          /// 计算鼠标点击的位置与标准位置的坐标之间的距离
24          /// </summary>
25          float Dis(Vector2 v1, Vector2 v2)
26          {
27                  ......
28          }
29
30      void CreateChess(Vector2 v)
31      {
32          ......
33      }
34
35      /// <summary>
36      /// 棋子是否连五判断
37      /// </summary>
38      /// <returns> 获胜方，1 为黑方，-1 为白方 </returns>
39      int Result()
40      {
41          ......
42      }
43
44  }
```

Chess.cs

[4] 将 UI 脚本赋给场景中的 ChessBoard 物体，将 Textures 文件夹下名为 blackWin、whiteWin 的图片赋给脚本中变量 blackWin、whiteWin，如图 15-26 所示。

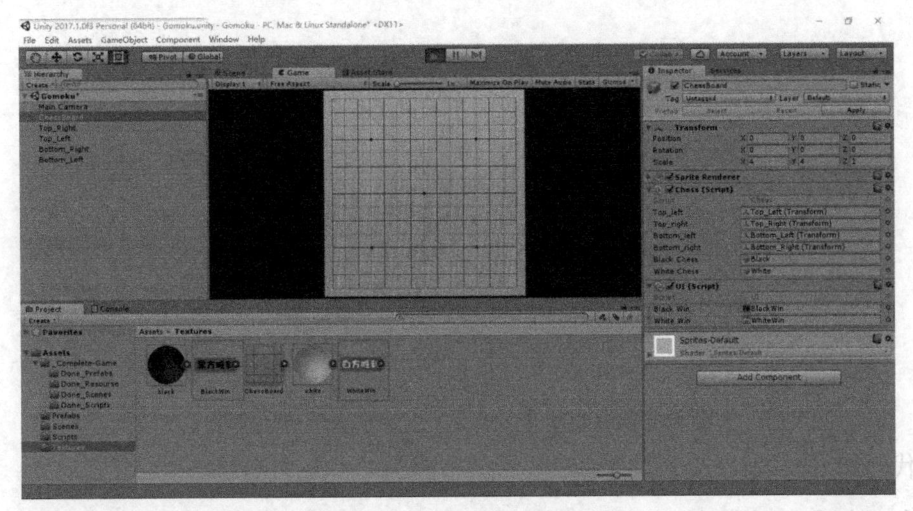

图 15-26 将预制体赋给脚本变量

[5] 运行游戏，如图 15-27 所示。

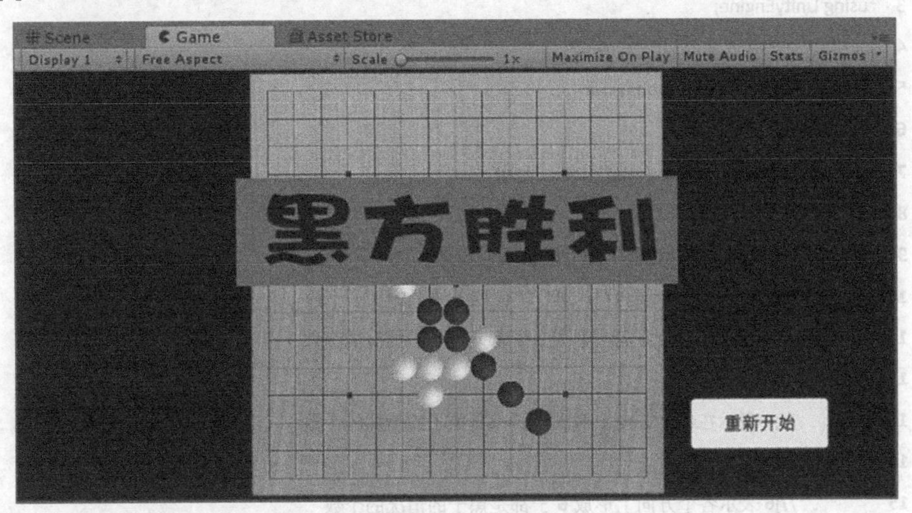

图 15-27 运行结果

15.4.7 禁手规则

五子棋的禁手是五子棋游戏中的一大难点。关于禁手的概念，前面的游戏规则里已经详细介绍过了，这里，我们就直接看代码吧。

[1] 新建一个名为 Rule 的脚本，此脚本中是关于禁手判断的代码。

禁手大致可以分为两类，一个是连子禁手，棋盘上落子位置相连的“—”“|”“/”“\”方向的数据构成禁手。另一个是非连子禁手，即棋盘上落子位置有一个空格的“—”“|”“/”“\”数据构成禁手。

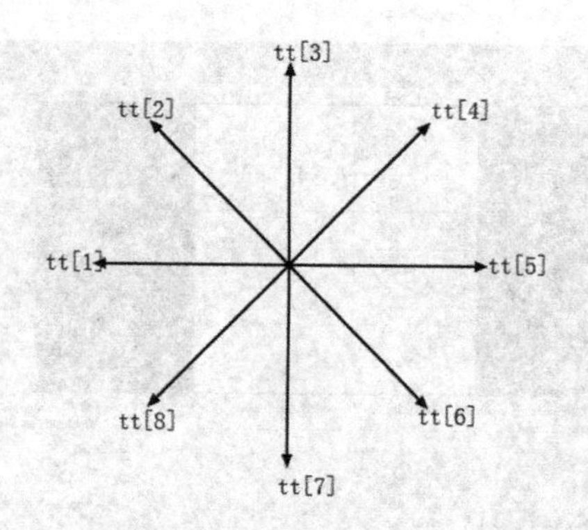

代码中数组 tt[]，表示如图八个方向上的棋子个数

代码如下。

```
1   using System.Collections;
2   using System.Collections.Generic;
3   using UnityEngine;
4
5   public class Rule : MonoBehaviour {
6       // 连子禁手
7       public static bool BanHand1(int x, int y)
8       {
9           int[] tt = new int[9];// 分别记录八个方向上的棋子个数
10          int[] w = new int[4]; //"-""|""/""\" 四条线上的棋子个数
11          //j3 表示在各个方向上形成 3 子都是黑子的情况的个数
12          int j3 = 0;
13          //j4 表示在各个方向上形成 4 子都是黑子的情况的个数
14          int j4 = 0;
15          //j6 表示各个方向上形成 6 子都是黑子的情况的个数
16          int j6 = 0;
17
18          // 水平方向
19          for (int i1 = 1; i1 < 5; i1++)
20          {
21              if(x-i1>=0&&x+1<15)
22              {
23                  if (Chess.chessState[x - i1, y] == 1)
24                  {
25                      tt[1]++;
26                  }
27                  else if (Chess.chessState[x + 1, y] == -1||
```

```
28                                   Chess.chessState[x - i1, y] == -1)
29                   {
30                       tt[1] = 0;
31                       break;
32                   }
33               }
34
35       }
36
37       //右
38       for (int i2 = 1; i2 < 5; i2++)
39       {
40               if(x+i2<15&&x-1>=0)
41               {
42                   if (Chess.chessState[x + i2, y] == 1)
43                   {
44                       tt[5]++;
45                   }
46                   else if (Chess.chessState[x - 1, y] == -1||
47                               Chess.chessState[x + i2, y] == -1)
48                   {
49                       tt[5] = 0;
50                        break;
51                   }
52           }
53
54       }
55
56       w[0] = tt[1] + tt[5];
57
58       //竖直方向
59       //上
60       for (int i3 = 1; i3 < 5; i3++)
61       {
62           if(y-i3>=0&&y+1<15)
```

```
63                        {
64                            if (Chess.chessState[x, y - i3] == 1)
65                            {
66                                tt[3]++;
67                            }
68                            else if (Chess.chessState[x, y + 1] == -1||
69                                Chess.chessState[x, y - i3] == -1)
70                            {
71                                tt[3] = 0;
72                                break;
73                            }
74                        }
75
76                    }
77
78                //下
79                for (int i4 = 1; i4 < 5; i4++)
80                {
81                    if(y+i4<15&&y-1>=0)
82                    {
83                        if (Chess.chessState[x, y + i4] == 1)
84                        {
85                            tt[7]++;
86                        }
87                        else if (Chess.chessState[x, y - 1] == -1||
88                                Chess.chessState[x, y + i4] == -1)
89                        {
90                            tt[7] = 0;
91                            break;
92                        }
93                    }
94
95                }
96
97                w[1] = tt[3] + tt[7];
```

```
98
99
100         //左上
101         for (int i5 = 1; i5 < 5; i5++)
102         {
103             if(x-i5>=0&&y-i5>=0&&x+1<15&&y+1<15)
104             {
105                 if (Chess.chessState[x - i5, y - i5] == 1)
106                 {
107                     tt[2]++;
108                 }
109                 else if (Chess.chessState[x + 1, y + 1] == -1||
110                         Chess.chessState[x - i5, y - i5] == -1)
111                 {
112                     tt[2] = 0;
113                     break;
114                 }
115             }
116
117         }
118
119         //右下
120         for (int i6 = 1; i6 < 5; i6++)
121         {
122             if(x+i6<15&&y+i6<15&&x-1>=0&&y-1>=0)
123             {
124                 if (Chess.chessState[x + i6, y + i6] == 1)
125                 {
126                     tt[6]++;
127                 }
128                 else if (Chess.chessState[x - 1, y - 1] == -1 ||
129                         Chess.chessState[x + i6, y + i6] == -1)
130                 {
131                     tt[6] = 0;
132                     break;
```

```
133                 }
134             }
135         }
136
137
138         w[2] = tt[2] + tt[6];
139
140
141         //左下
142         for (int i7 = 1; i7 < 5; i7++)
143         {
144             if(x-i7>=0&&y+i7<15&&x+1<15&&y-1>=0)
145             {
146                 if (Chess.chessState[x - i7, y + i7] == 1)
147                 {
148                     tt[8]++;
149                 }
150                 else if (Chess.chessState[x + 1, y - 1] == -1||
151                     Chess.chessState[x - i7, y + i7] == -1)
152                 {
153                     tt[8] = 0;
154                     break;
155                 }
156             }
157
158         }
159
160         //右上
161         for (int i8 = 1; i8 < 5; i8++)
162         {
163             if(x+i8<15&&y-i8>=0&&x-1>=0&&y+1<15)
164             {
165                 if (Chess.chessState[x + i8, y - i8] == 1)
166                 {
167                     tt[4]++;
```

```
168                }
169                else if (Chess.chessState[x - 1, y + 1] == -1||
170                    Chess.chessState[x + i8, y - i8] == -1)
171                {
172                        tt[4] = 0;
173                        break;
174                }
175            }
176
177        }
178
179
180        w[3] = tt[4] + tt[8];
181
182
183        for (int i = 0; i < 4; i++)
184        {
185            if (w[i] == 2)
186            {
187                j3++;
188            }
189            else if (w[i] == 3)
190            {
191                j4++;
192            }
193            else if (w[i] == 5)
194            {
195                j6++;
196        }
197    }
198
199    if (j3 >= 2 && j4 != 2 || j4 >= 2 ||
200        j3 >= 2 && j4 >= 1 || j6 >= 1||j3>=1&&j4>=1)
201    {
202        return true;
```

```
203         }
204
205         return false;
206     }
207 }
```

连子禁手

非连子禁手的代码如下。

```
1    using System.Collections;
2    using System.Collections.Generic;
3    using UnityEngine;
4
5    public class Rule : MonoBehaviour {
6    ......
7    //非连子禁手
8        public static bool BanHand2(int x,int y)
9        {
10           //三三禁手
11           if(x-3>=0&&x+3<15&&
12               y+4<15&&y-4>=0)
13           {
14               if ((Chess.chessState[x - 1, y] == 1 && Chess.chessState[x - 2, y] == 1&&
15               Chess.chessState[x - 3, y] == 0 && Chess.chessState[x + 1, y] == 0||
16               Chess.chessState[x + 1, y] == 1 && Chess.chessState[x + 2, y] == 1&&
17               Chess.chessState[x + 3, y] == 0 && Chess.chessState[x - 1, y] == 0)&&
18               (Chess.chessState[x, y + 1] == 0 && Chess.chessState[x, y + 2] == 1&&
19               Chess.chessState[x, y + 3] == 1 && Chess.chessState[x, y + 4] == 0&&
20               Chess.chessState[x, y - 1] == 0) || Chess.chessState[x, y - 1] == 0&&
21               Chess.chessState[x, y - 2] == 1 && Chess.chessState[x, y - 3] == 1&&
22               Chess.chessState[x, y - 4] == 0 && Chess.chessState[x, y + 1] == 0)
23               {
24                   return true;
25               }
26           }
27           if(y+3<15&&y-3>=0&&
28               x+4<15&&x-4>=0)
```

```
29        {
30        if ((Chess.chessState[x, y + 1] == 1 && Chess.chessState[x, y + 2] == 1 &&
31            Chess.chessState[x, y + 3] == 0 && Chess.chessState[x, y - 1] == 0 ||
32            Chess.chessState[x, y - 1] == 1 && Chess.chessState[x, y - 2] == 1 &&
33            Chess.chessState[x, y - 3] == 0 && Chess.chessState[x, y + 1] == 0) &&
34            (Chess.chessState[x + 1, y] == 0 && Chess.chessState[x + 2, y] == 1 &&
35            Chess.chessState[x + 3, y] == 1 && Chess.chessState[x + 4, y] == 0 &&
36            Chess.chessState[x - 1, y] == 0 || Chess.chessState[x - 1, y] == 0 &&
37            Chess.chessState[x - 2, y] == 1 && Chess.chessState[x - 3, y] == 1 &&
38            Chess.chessState[x + 1, y] == 0 && Chess.chessState[x - 4, y] == 0))
39         {
40             return true;
41         }
42
43        }
44        if(x+4<15&&y-4>=0&&x-4>=0&&y+4<15)
45        {
46        if ((Chess.chessState[x-1, y-1]==1 && Chess.chessState[x - 2, y - 2] == 1 &&
47            Chess.chessState[x-3, y-3]==0&&Chess.chessState[x + 1, y + 1] == 0 ||
48            Chess.chessState[x+1, y+1]==1&&Chess.chessState[x+2, y+2]==1&&
49            Chess.chessState[x+3, y+3]==0&&Chess.chessState[x-1, y-1]==0) &&
50            (Chess.chessState[x+1, y-1]==0&&Chess.chessState[x+2, y-2]==1&&
51            Chess.chessState[x+3, y-3]==1&&Chess.chessState[x + 4, y - 4] == 0||
52            Chess.chessState[x-1, y+1]==0&&Chess.chessState[x-2, y+2]==1&&
53            Chess.chessState[x-3, y+3]==1&&Chess.chessState[x - 4, y + 4] == 0))
54         {
55             return true;
56         }
57    }
58    if(x+4<15&&y+4<1&&x-4>=0&y-4>=0)
59    {
60        if ((Chess.chessState[x-1, y+1]==1&&Chess.chessState[x-2, y+2]==1&&
61            Chess.chessState[x - 3, y + 3]==1&&Chess.chessState[x + 1, y - 1]==0||
62            Chess.chessState[x + 1, y - 1]==1&&Chess.chessState[x+2, y-2]==1&&
63            Chess.chessState[x+3, y-3]==0&&Chess.chessState[x-1, y+1]==0)&&
```

```
64                  (Chess.chessState[x+1, y+1]== 0&&Chess.chessState[x+2, y+2]==0&&
65                  Chess.chessState[x + 3, y + 3]==1&&Chess.chessState[x+4, y+4]==0||
66                  Chess.chessState[x-1, y-1]==0&&Chess.chessState[x-2, y - 2]==0&&
67                  Chess.chessState[x - 3, y - 3]==1&&Chess.chessState[x-4, y-4]==0))
68          {
69                  return true;
70          }
71      }
72      if(x-6>=0&&x+5<15&&y-6>=0&&y+6<15)
73      {
74          //四四有界禁手
75          if ((Chess.chessState[x - 1, y] == 1 && Chess.chessState[x - 2, y] == 0 &&
76                  Chess.chessState[x - 3, y] == 1 && Chess.chessState[x - 4, y] == 1 &&
77                  Chess.chessState[x - 6, y] == 0 && Chess.chessState[x - 5, y] == 0 &&
78                  Chess.chessState[x + 2, y] == 1 && Chess.chessState[x + 3, y] == 1 &&
79                  Chess.chessState[x + 1, y] == 0 && Chess.chessState[x + 4, y] == 0 &&
80                  Chess.chessState[x + 5, y] == 0) || (Chess.chessState[x, y + 1] == 0 &&
81                  Chess.chessState[x, y + 2] == 1 && Chess.chessState[x, y + 3] == 1 &&
82                  Chess.chessState[x, y + 4] == -1 && Chess.chessState[x, y + 5] == 0 &&
83                  Chess.chessState[x, y - 1] == 1 && Chess.chessState[x, y - 2] == 0 &&
84                  Chess.chessState[x, y - 3] == 1 && Chess.chessState[x, y - 4] == 1 &&
85                  Chess.chessState[x, y - 5] == -1 && Chess.chessState[x, y - 6] == 0) ||
86                  (Chess.chessState[x, y + 1] == 1 && Chess.chessState[x, y + 2] == 0 &&
87                  Chess.chessState[x, y + 3] == 1 && Chess.chessState[x, y + 4] == 1 &&
88                  Chess.chessState[x, y + 5] == -1 && Chess.chessState[x, y + 6] == 0 &&
89                  Chess.chessState[x, y - 1] == 0 && Chess.chessState[x, y - 2] == 1 &&
90                  Chess.chessState[x, y - 3] == 1 && Chess.chessState[x, y - 4] == -1 &&
91                  Chess.chessState[x, y - 5] == -1) || (Chess.chessState[x, y + 1] == 0 &&
92                  Chess.chessState[x, y + 2] == 1 && Chess.chessState[x, y + 3] == 1 &&
93                  Chess.chessState[x, y + 4] == -1 && Chess.chessState[x, y + 5] == 0 &&
94                  Chess.chessState[x, y - 6] == 0 && Chess.chessState[x, y - 1] == 1 &&
95                  Chess.chessState[x, y - 2] == 0 && Chess.chessState[x, y - 3] == 1 &&
96                  Chess.chessState[x, y - 4] == 1 && Chess.chessState[x, y - 5] == -1))
97          {
98                  return true;
```

```
99          }
100     }
101     // 判断禁手之前，判断数组不会溢出
102     if(x-3>=0&&y+3<15&&x+3<15&&y-3>=0)
103     {
104       // 四四无界禁手
105       if ((Chess.chessState[x - 1, y] == 1 && Chess.chessState[x - 2, y] == 0 &&
106            Chess.chessState[x - 3, y] == 1 && Chess.chessState[x + 1, y] == 1 &&
107             Chess.chessState[x + 2, y] == 0 && Chess.chessState[x + 3, y] == 1) ||
108             (Chess.chessState[x, y + 1] == 1 && Chess.chessState[x, y + 2] == 0 &&
109             Chess.chessState[x, y + 3] == 1 && Chess.chessState[x, y - 1] == 1 &&
110             Chess.chessState[x, y - 2] == 0 && Chess.chessState[x, y - 3] == 1) ||
111             (Chess.chessState[x+1, y+1]==1&&Chess.chessState[x+2, y+2]==0 &&
112             Chess.chessState[x+3, y+3]==1&&Chess.chessState[x-1, y-1]==1&&
113             Chess.chessState[x-2, y-2]==0&&Chess.chessState[x-3, y-3]==1)||
114             (Chess.chessState[x-1, y+1]==1&&Chess.chessState[x-2, y+2]==0&&
115             Chess.chessState[x-3, y+3]==1&&Chess.chessState[x + 1, y - 1] == 1 &&
116             Chess.chessState[x+2, y-2]==0&&Chess.chessState[x + 3, y - 3] == 1))
117       {
118             return true;
119       }
120     }
121     return false;
122   }
123 }
```

非连子禁手

写完禁手的脚本，我们在 Chess 脚本中添加如下代码，每次落下黑子之后都进行一次禁手判断。若构成禁手，则白子获胜，若没有构成禁手，则继续落子。

```
1   using System.Collections;
2   using System.Collections.Generic;
3   using UnityEngine;
4
5   public class Chess : MonoBehaviour {
6       ......
7       void Update () {
8           ......
9           if(Input.GetMouseButtonDown(0))
```

```
10          {
11              // 记录鼠标点击的坐标并转化为世界坐标
12              mousePos = Camera.main.ScreenToWorldPoint(Input.mousePosition);
13
14              for (int i = 0; i < 15; i++)
15              {
16                  for (int j = 0; j < 15; j++)
17                  {
18                      // 点击位置小于 0.4 并且点击的位置为空
19                      if (Dis(mousePos, chessPos[i, j]) < threshold&&chessState[i,j]==0)
20                      {
21                          // 更新状态，黑子为 1，白子为 -1
22                          chessState[i, j] = chessTurn == turn.black ? 1 : -1;
23                          // 生成棋子
24                          CreateChess(chessPos[i, j]);
25                          // 落子后禁手判断
26                          if (Rule.BanHand1(i, j) || Rule.BanHand2(i, j))
27                          {
28                              Debug.Log(" 黑方禁手 ");
29                              winner = -1;
30                          }
31
32                      }
33                  }
34              }
35          ......
36      }
37  }
38  }
```

15.4.8 重新开始

[1] 添加按钮。在场景中添加一个名为“重新开始”的按钮，如图 15-28 所示。

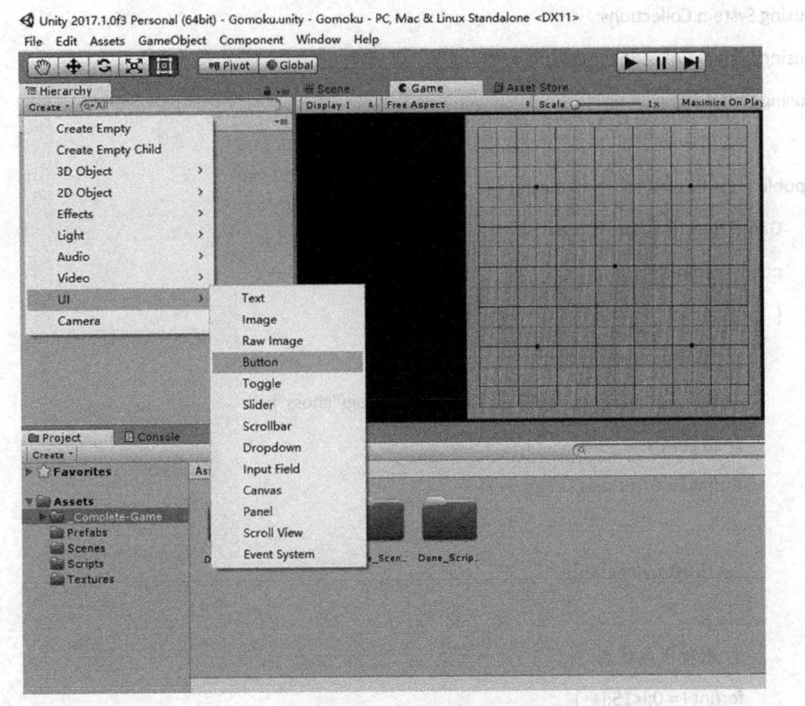

图 15-28　添加按钮

[2]　调整按钮的位置。具体参数如下图 15-29 所示。

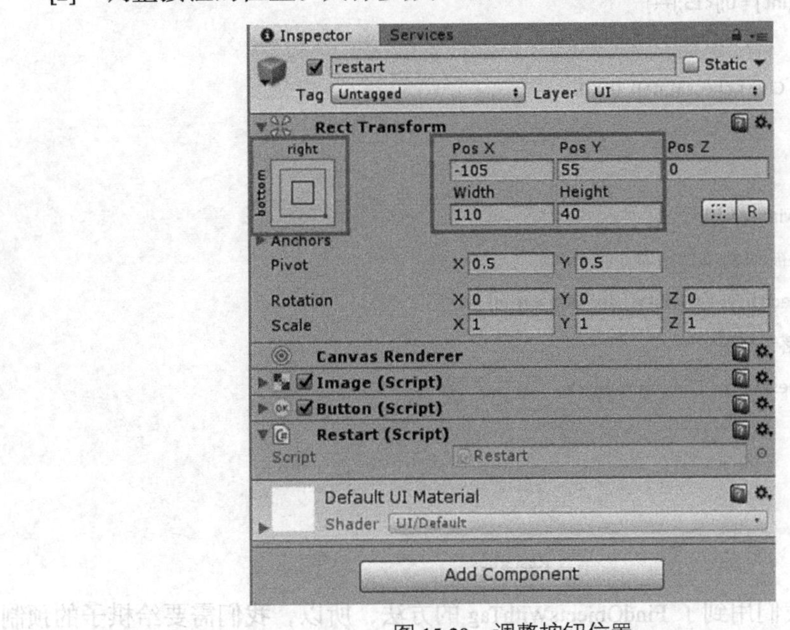

图 15-29　调整按钮位置

[3]　给按钮添加事件响应。新建一个名为 Restart 的脚本。

```
1   using System.Collections;
2   using System.Collections.Generic;
3   using UnityEngine;
4
5   public class Restart : MonoBehaviour {
6       GameObject[] chess;
7       public void restart()
8       {
9           // 获取场景中所有棋子
10          chess = GameObject.FindGameObjectsWithTag("chess");
11          // 销毁棋子
12          for(int i = 0; i<chess.Length;i++)
13          {
14              Destroy(chess[i]);
15          }
16          // 重置棋盘状态
17          for(int i = 0;i<15;i++)
18          {
19              for(int j = 0;j<15;j++)
20              {
21                  Chess.chessState[i, j] = 0;
22              }
23          }
24          Chess.winner = 0;
25          // 启用被 UI 脚本禁用的 Chess 脚本
26          FindObjectOfType<Chess>().enabled = true;
27          // 重置落子权限
28          Chess.chessTurn = Chess.turn.black;
29      }
30  }
31
```

Restart.cs

在此脚本中，我们用到了 FindObjectsWithTag 的方法，所以，我们需要给棋子的预制体加上一个名为 chess 的标签，如图 15-30 所示。

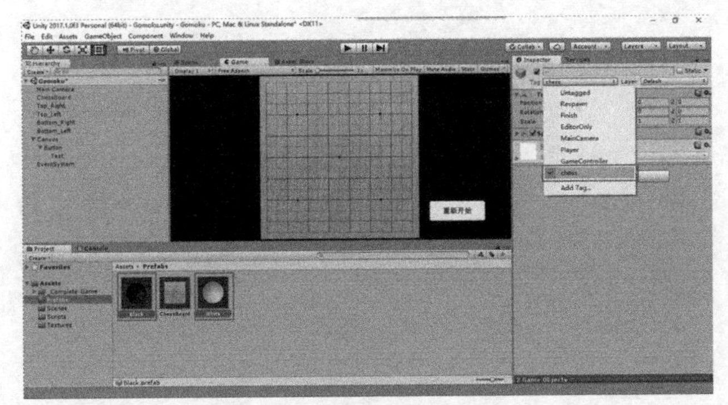

图 15-30　给棋子添加标签

给按钮添加点击事件响应。将 Restart 脚本赋给“重新开始”按钮。选中“重新开始”按钮，在 Inspector 面板中给此按钮的点击事件添加响应函数，如图 15-31 所示。

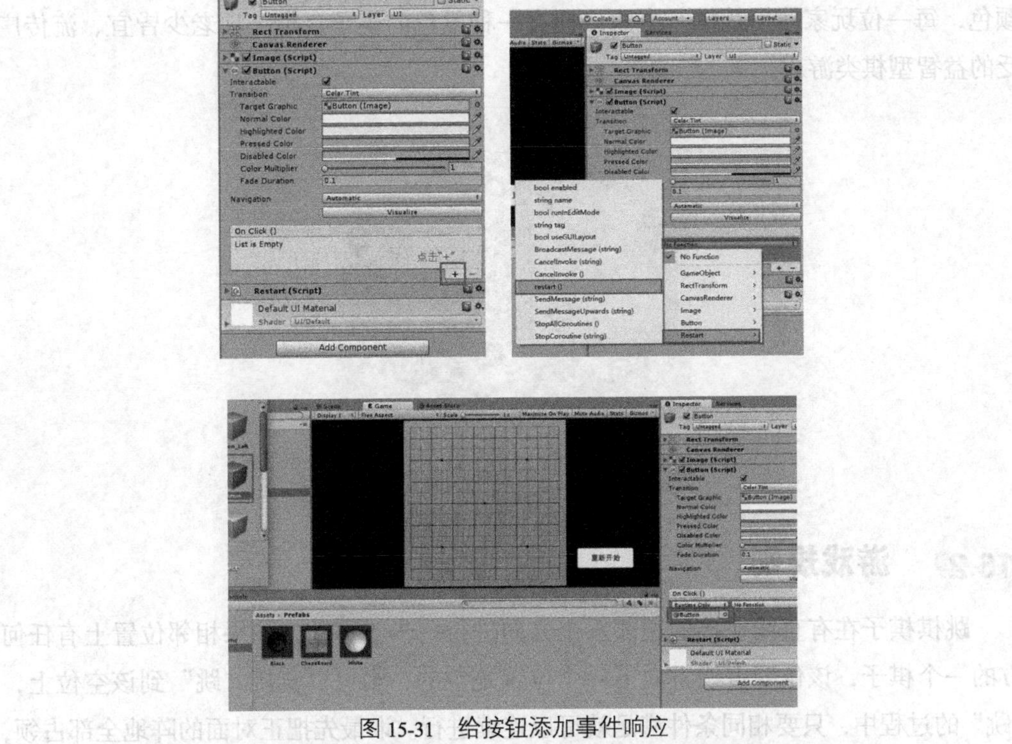

图 15-31　给按钮添加事件响应

五子棋游戏到这里就已经全部完成。运行游戏，效果如图 15-32 所示。

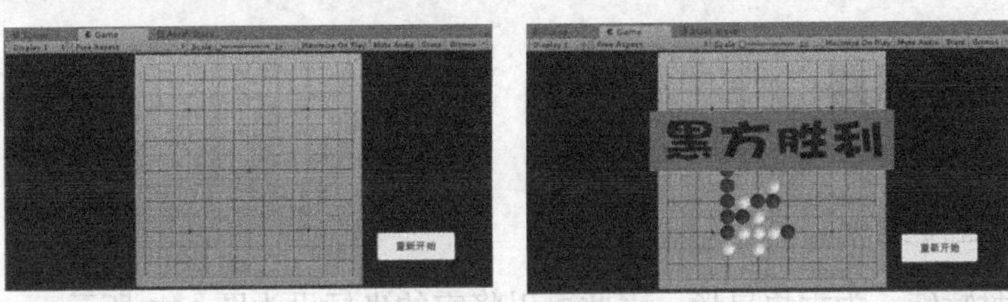

图 15-32　游戏运行结果

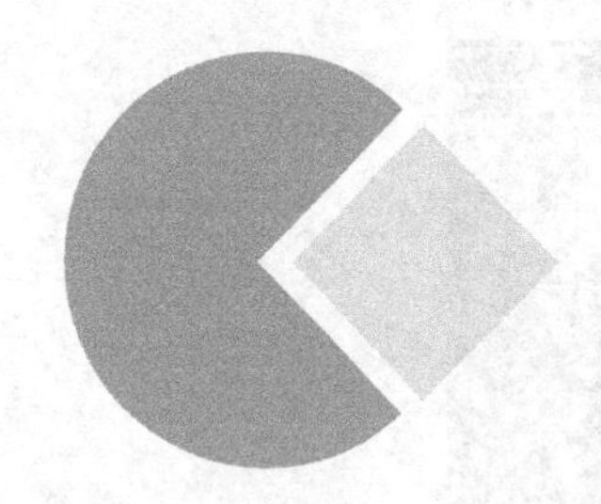

第16章　跳棋

16.1　游戏简介

中国跳棋（Chinese checkers），经常被简称为跳棋，在粤语中也称波子棋，如图16-1所示。跳棋是一种可以由二至六人同时进行的棋，棋盘为六角星形，棋子分为六种颜色，每一位玩家使用跳棋一个角，拥有一种颜色的棋子，是一项老少皆宜、流传广泛的益智型棋类游戏。

图16-1　经典中国跳棋

16.2　游戏规则

跳棋棋子在有直线连接的相邻六个方向进行一步步移动，如果相邻位置上有任何方的一个棋子，该位置直线方向下一个位置是空的，则可以直接“跳”到该空位上，“跳”的过程中，只要相同条件满足就可以连续进行。谁最先把正对面的阵地全部占领，谁就取得胜利。

16.3　程序思路

16.3.1　棋盘排列

跳棋棋盘特殊，为六角星形，因此可以将它的坐标设为图16-2所示。

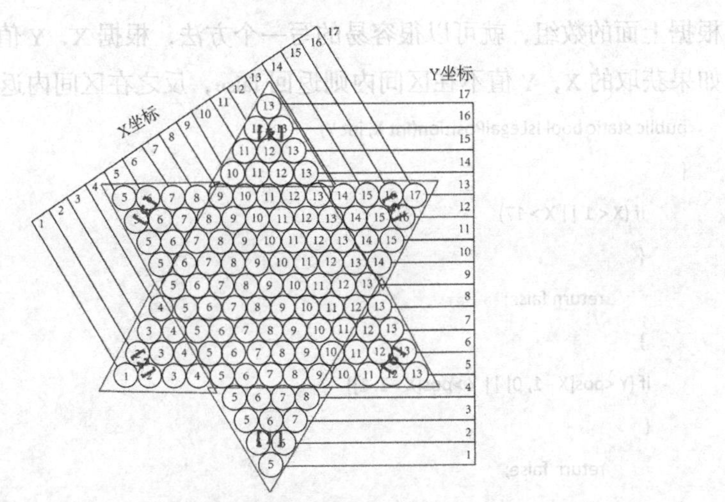

图 16-2　棋盘划分坐标

这样做的好处是，x 坐标映射到 y 坐标，y 值就会是连续的。当 x 坐标为 1 时，y 坐标只能为 5；当 x 坐标为 2 时，y 坐标为 {5,6}；当 x 坐标为 3 时，y 坐标为 {5,6,7}，以此类推，以便建立二维数组。若是按照普通的笛卡尔坐标系，则会出现不连续的 y 坐标值，不方便程序编写。建立的二维数组如下：

```
private static int[,] pos = {
    {5,5},//X 为 1，Y 的上限是 5，下限是 5
    {5,6},//X 为 2，Y 的上限是 5，下限是 6
    {5,7},//X 为 3，Y 的上限是 5，下限是 7
    {5,8},//X 为 4，Y 的上限是 5，下限是 8
    {1,13},//X 为 5，Y 的上限是 1，下限是 13
    {2,13},//X 为 6，Y 的上限是 2，下限是 13
    {3,13},//X 为 7，Y 的上限是 3，下限是 13
    {4,13},//X 为 8，Y 的上限是 4，下限是 13
    {5,13},//X 为 9，Y 的上限是 5，下限是 13
    {5,14},//X 为 10，Y 的上限是 5，下限是 14
    {5,15},//X 为 11，Y 的上限是 5，下限是 15
    {5,16},//X 为 12，Y 的上限是 5，下限是 16
    {5,17},//X 为 13，Y 的上限是 5，下限是 17
    {10,13},//X 为 14，Y 的上限是 10，下限是 13
    {11,13},//X 为 15，Y 的上限是 11，下限是 13
    {12,13},//X 为 16，Y 的上限是 12，下限是 13
    {13,13},//X 为 17，Y 的上限是 13，下限是 13
};
```

根据上面的数组，就可以很容易的写一个方法，根据 X，Y 值来确定该位置是否存在。如果获取的 X，Y 值不在区间内则返回 false，反之在区间内返回 true。

```
public static bool IsLegalPosition(int X, int Y)
{
    if (X < 1 || X > 17)
    {
        return false;
    }
    if (Y <pos[X - 1, 0] || Y >pos[X - 1, 1])
    {
        return false;
    }
    return true;
}
```

16.3.2 棋子生成

排列好棋盘后，可以根据棋盘位置坐标来生成棋子。比如要在上图 [1] 位置生成棋子，对应的 x 坐标范围是 5~8，对应的 y 坐标范围是 1~4，可编写如下方法来生成对应棋子。

```
for(int i=X 坐标下限；i<=X 坐标上限；i++)
{
    for(int j=Y 坐标下限；j<=Y 坐标上限；i++)
    {
        If( 位置存在 )
        {
            // 创建一个新棋子；
        }
    }
}
```

16.3.3 棋子的位置和移动

首先，棋子和棋盘位置都设定各自的 x，y 坐标值（不同于空间坐标中的 x，y，这里的 x，y 代表棋盘位置坐标）。

先要根据棋盘上每一格的位置信息设置好对应的空间坐标。这里，我们选择以 [9,9] 这个中心位置为原点，即它的空间坐标为（0,0）。可以取棋盘中任意四个点，用 x，y 值分别对应空间中的 x，y 值，联立三元一次方程组，即可求得棋盘位置坐标与空间坐标的映射关系。求解后得到，若物体的位置为 [x,y]，则物体的空间位置坐标 pos 可表示为:

$$pos = (2 \times X - Y - 9, \sqrt{3} \times (Y - 9))$$

用射线检测判断玩家点击的是什么物体。如果选中的是棋子，则将 SelectChess 设为它；如果选中的是空位置，则先判断是否有选中棋子，若有，将棋子的 X，Y 值设为点击位置的 X，Y 值，最后调用映射空间位置的方法，将选中棋子移动到该位置上。

16.3.4 计算可移动位置

当有棋子被选中时，选中的棋子周围各位置坐标关系如图 16-3 所示。

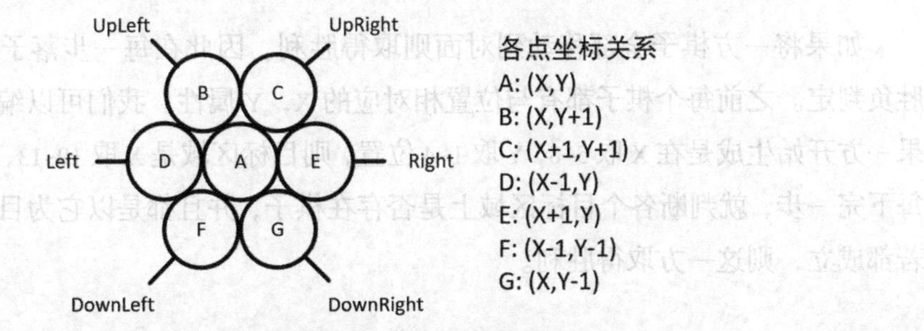

图 16-3 棋子周围各位置坐标关系

先给每个棋盘位置设置一个布尔值 CanMove，初始为 false，只有在可移动时布尔值设为 true。

要寻找棋子的可连续跳动的位置，就要向着棋子的 6 个方向来寻找，逐方向寻找可跳动位置。而在寻找每个方向的跳动位置时，要实现棋子的隔子跳动，也就意味着要找到一个棋子，并且以这个棋子做跳板，跳到同方向对称的位置上。因此在寻找 i 方向是否有可跳动位置时分三步判断。

◆ 第一步：判断 i 方向是否有棋子，如果没有，则该方向位置可走，将状态设为可移动，因为没有执行过跳动，不用继续判断；如果有棋子，则该棋子就是跳板，进入第二步判断。

◆ 第二步：判断当前棋子 i 方向上的棋子的 i 方向位置是否有棋子，如果有棋子则退出（说明位置被占住，当前棋子不能跳到此位置）；如果没有棋子则该位置可跳动，所以将该位置设为可移动状态，此时进入第三步判断。

◆ 第三步：判断第二步中的棋子除去跳过来的方向，剩余五个方向是否有棋子。如果 j 方向没有棋子，则第二步中位置为此方向最终跳动位置。若有棋子，说明又有跳板，则跳到第二步，判定这个棋子 j 方向有没有棋子，进入继续循环判定。

需要注意的是，在之后的程序中，并没有直接获取棋子跳过来的方向。处理的方法是，进行六方向判定，在第二步中加一个判断条件，如果没有棋子且该位置没有被设为可移动状态，才进入第三步。因为如果该位置已经被设为可移动状态，则说明已经判定过那个位置，现在进行这次判定是从第三步“反跳”回来的。进行六方向判定，如果不加这个判断条件，则会出现死循环，始终在第二步和第三步之间跳转。

16.3.5 回合限制

以有两方玩家为例，可以设置一个变量 Count, 从 1 开始计数，每回合结束加一。如果 Count 除以 2，余数为 1，则是玩家 1 的回合；余数为 0，则是玩家 2 的回合。如果有四方玩家，则除以 4，判断余数，以此类推（本教程玩家人数为 2）。

16.3.6 游戏胜负判断

如果将一方棋子全部移动到对面则取得胜利。因此在每一步落子结束后，要进行胜负判定。之前每个棋子都有与位置相对应的 X，Y 属性。我们可以编写一个方法，如果一方开始生成是在 X 取 5~8，Y 取 1~4 位置，则目标区域是 X 取 10~13，Y 取 14~17 位置。每下完一步，就判断各个目标区域上是否存在棋子，并且都是以它为目标一方的棋子，若都成立，则这一方取得胜利。

16.3.7 游戏流程图

如图 16-4 所示。

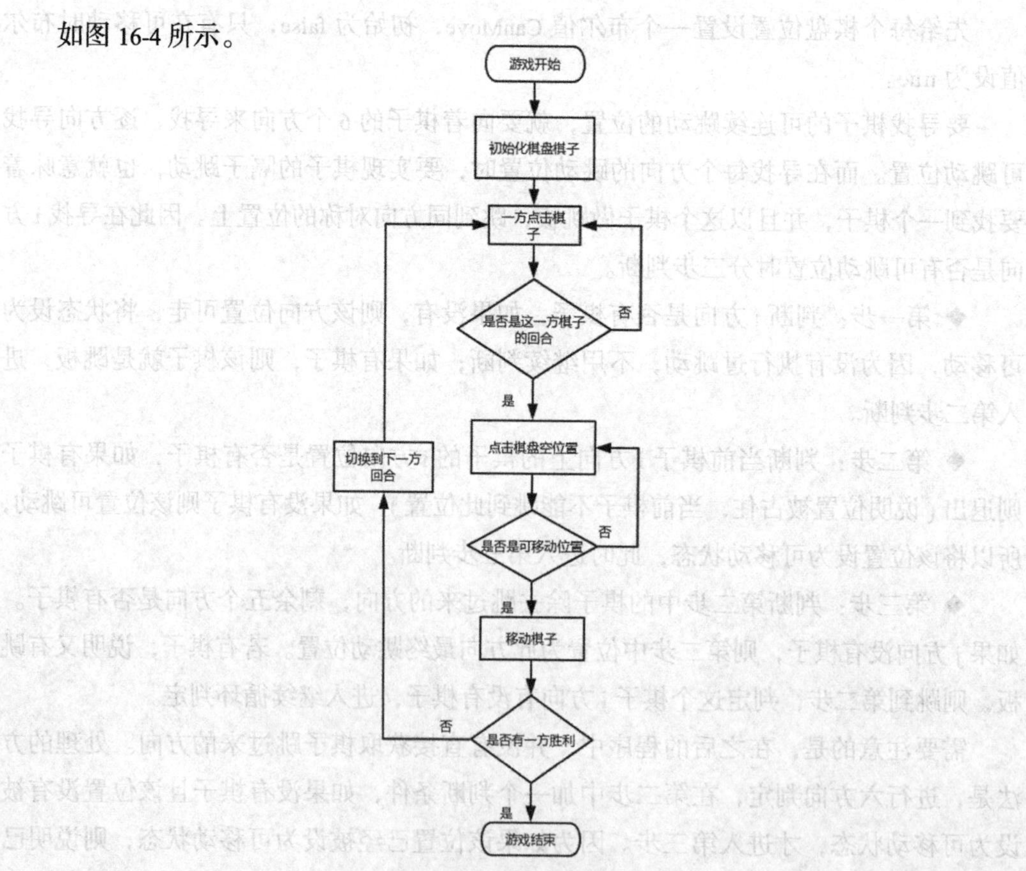

图 16-4 游戏流程图

16.4 程序实现

16.4.1 前期准备

[1] 新建工程。新建一个名为 ChineseCheckers 的 2D 工程，如图 16-5 所示。

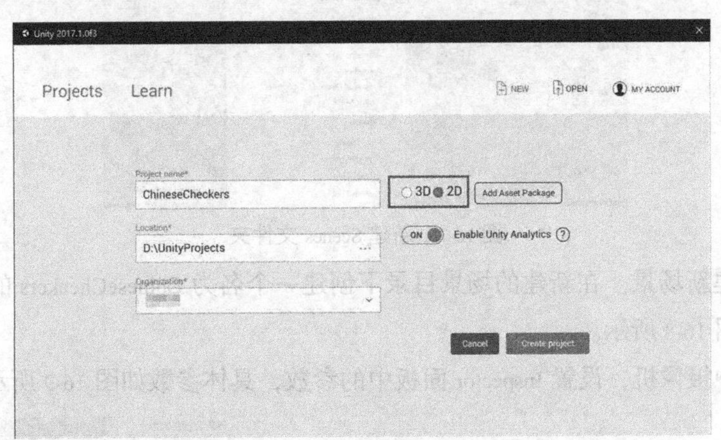

图 16-5　新建 2D 工程

[2] 导入资源包。点击菜单栏【Assets】-【Import Package】-【Custom Package】导入 ChineseCheckers.unitypackage，如图 16-6 所示。

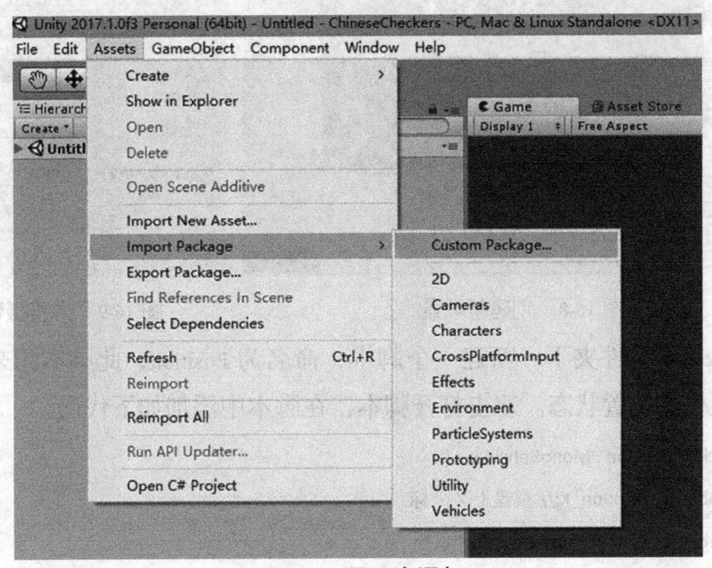

图 16-6　导入资源包

16.4.2 创建棋盘

[1] 新建场景目录和脚本目录。新建一个名为 Scenes 的文件夹和一个名为 Scripts 的文件夹，如图 16-7 所示。

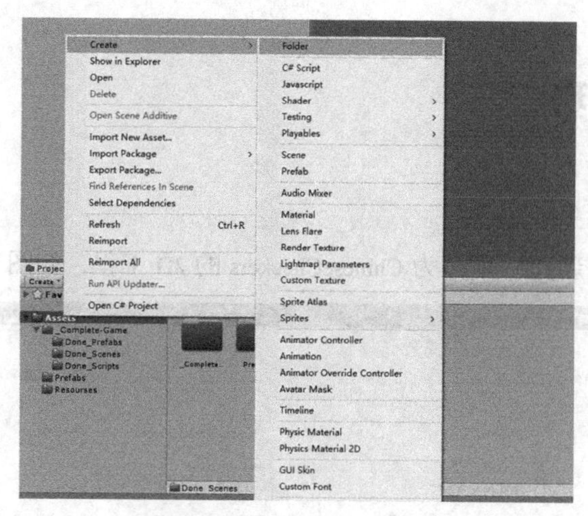

图 16-7　新建 Scenes 文件夹

[2]　创建新场景。在新建的场景目录下创建一个名为 ChineseCheckers 的场景，并双击打开，如图 16-8 所示。

[3]　选中摄像机，设置 Inspector 面板中的参数，具体参数如图 16-9 所示。

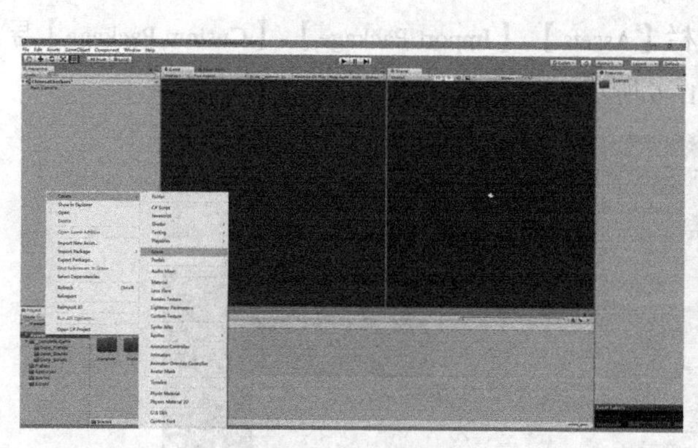

图 16-8　创建新场景

图 16-9　调整摄像机

[4]　在 Scripts 文件夹下，新建一个脚本，命名为 Position，此脚本用来保存棋盘位置信息和设置棋盘位置状态。双击打开脚本，在脚本中添加如下代码。

```
1   public class Position : MonoBehaviour {
2       public int Position_X;// 棋盘上 X 坐标
3       public int Position_Y;// 棋盘上 Y 坐标
4       public bool CanMove;// 此位置的可移动状态
5       // Use this for initialization
6       void Start () {
7
```

```
8       }
9
10      // Update is called once per frame
11      void Update () {
12
13      }
14      // 设置位置坐标信息
15      public void setIndex(int i, int j)
16      {
17          Position_X = i;
18          Position_Y = j;
19      }
20  }
```

[5]　给 Prefabs 文件夹下的 PositonPrefab 添加上 Position 脚本，如图 16-10 所示。

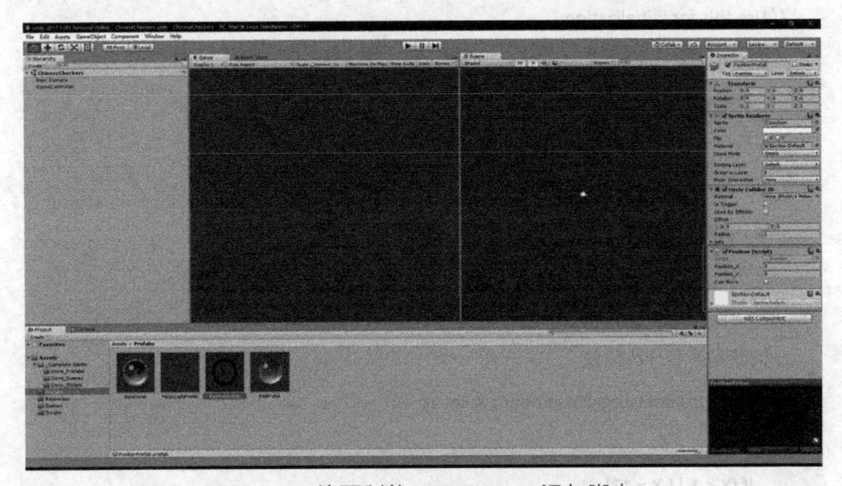

图 16-10　给预制体 PositionPrefab 添加脚本

[6]　在 Scripts 文件夹下，新建一个脚本，命名为 ChessBoard，此脚本用来控制整个游戏流程，现在先实现它的初始化棋盘功能。双击打开 ChessBoard 脚本，在 ChessBoard 脚本中添加如下代码。

```
1   public class ChessBoard : MonoBehaviour {
2       public GameObject posPrefab;// 棋盘每个位置预制体
3       private GameObject[,] positions = new GameObject[18, 18];// 存储所有棋盘位置
4       private static int[,] pos = {
5           {5,5},//X 为 1，Y 的上限是 5，下限是 5
6           {5,6},//X 为 2，Y 的上限是 5，下限是 6
7           {5,7},//X 为 3，Y 的上限是 5，下限是 7
8           {5,8},//X 为 4，Y 的上限是 5，下限是 8
```

```
9           {1,13},//X 为 5，Y 的上限是 1，下限是 13
10          {2,13},//X 为 6，Y 的上限是 2，下限是 13
11          {3,13},//X 为 7，Y 的上限是 3，下限是 13
12          {4,13},//X 为 8，Y 的上限是 4，下限是 13
13          {5,13},//X 为 9，Y 的上限是 5，下限是 13
14          {5,14},//X 为 10，Y 的上限是 5，下限是 14
15          {5,15},//X 为 11，Y 的上限是 5，下限是 15
16          {5,16},//X 为 12，Y 的上限是 5，下限是 16
17          {5,17},//X 为 13，Y 的上限是 5，下限是 17
18          {10,13},//X 为 14，Y 的上限是 10，下限是 13
19          {11,13},//X 为 15，Y 的上限是 11，下限是 13
20          {12,13},//X 为 16，Y 的上限是 12，下限是 13
21          {13,13},//X 为 17，Y 的上限是 13，下限是 13
22      };
23      // Use this for initialization
24      void Start () {
25          CreatePositions();
26      }
27      // Update is called once per frame
28      void Update () {
29
30      }
31      //判断是否是合法位置
32      public static bool IsLegalPosition(int X, int Y)
33      {
34          if (X < 1 || X > 17)
35          {
36              return false;
37          }
38          if (Y <pos[X - 1, 0] || Y >pos[X - 1, 1])
39          {
40              return false;
41          }
42          return true;
43      }
```

```
44
45      // 根据位置信息设置物体坐标
46      public static void SetPosition(GameObject go, int i, int j)
47      {
48          if (go.tag == "Position")
49          {
50              go.transform.position = new Vector3(2 * i - j - 9, Mathf.Sqrt(3) * (j - 9), 0);
51          }
52          else
53          {
54              go.transform.position = new Vector3(2 * i - j - 9, Mathf.Sqrt(3) * (j - 9), -1);
55          }
56      }
57
58      // 创建棋盘位置
59      void CreatePositions()
60      {
61          for (int i = 0; i <= 17; i++)
62          {
63              for (int j = 0; j <= 17; j++)
64              {
65                  if (IsLegalPosition(i, j))
66                  {
67                      GameObject go = Instantiate(posPrefab);
68                      positions[i, j] = go;
69                      // 给位置标记对应的位置坐标
70                      go.GetComponent<Position>().setIndex(i, j);
71                      SetPosition(go, i, j);// 根据位置，设置空间坐标
72                  }
73              }
74          }
75      }
76  }
```

[7]　在场景中创建一个空物体，命名为 GameController，然后给这个物体添加上 ChessBoard 脚本。在 Inspector 面板中找到 ChessBoard 脚本，并将 Prefabs 文件夹下的 PositonPrefab 拖入，如图 16-11 所示。

[8]　点击运行，可以看到棋盘位置自动生成了，如图 16-12 所示。

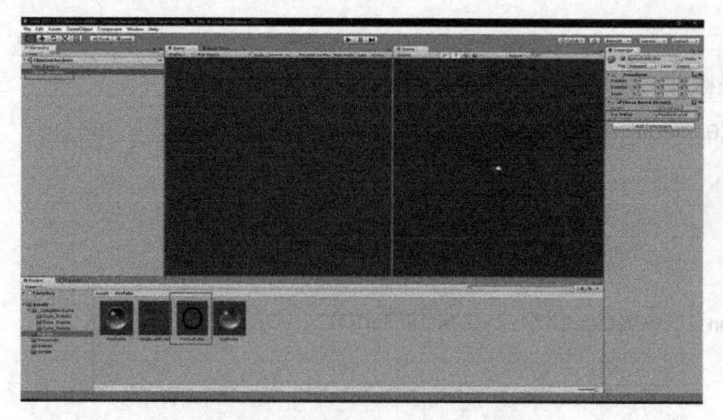

图 16-11　创建 GameController

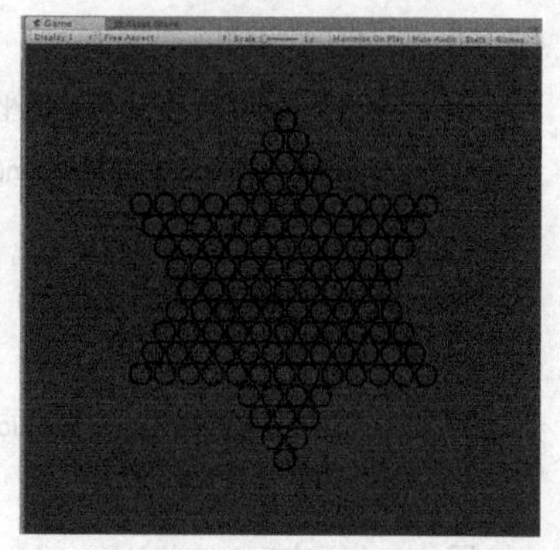

图 16-12　此阶段运行效果

16.4.3　创建棋子

[1]　在 Scripts 文件夹下，新建一个脚本，命名为 Chess，此脚本用来保存棋子位置信息。双击打开脚本，在脚本中添加如下代码。

```
1   public class Chess : MonoBehaviour
2   {
3       public int ChessPosition_X;// 棋子 X 位置信息
4       public int ChessPosition_Y;// 棋子 Y 位置信息
5
6       public void setIndex(int i, int j)
7       {
8           ChessPosition_X = i;
9           ChessPosition_Y = j;
10      }
11  }
```

[2]　给 Prefabs 文件夹下的 PositonPrefab 添加上 Position 脚本，如图 16-13 所示。

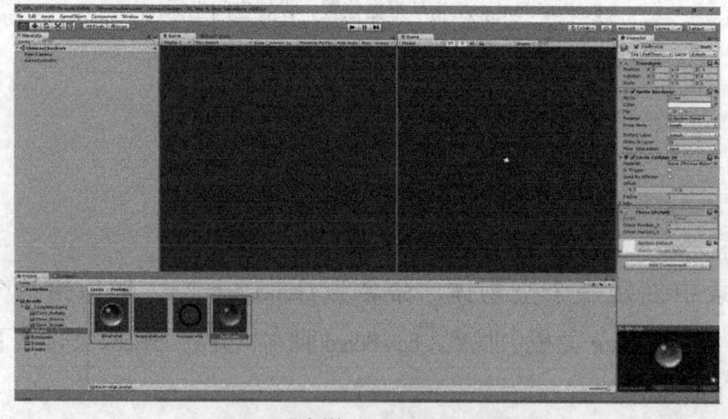

图 16-13　给棋子预制体添加脚本

[3] 在 ChessBoard 脚本中添加生成棋子的代码，具体如下（已经说明的代码用省略号代替）。

```
1   public class ChessBoard : MonoBehaviour {
2   ......
3       public GameObject RedChess;
4       public GameObject BlueChess;
5       public GameObject[,] chesses = new GameObject[18, 18];// 存储所有棋子
6   ......
7       void Start () {
8           ......
9           CreateChesses(RedChess, 5, 8, 1, 4);// 对应棋盘上最下方三角形区域
10          CreateChesses(BlueChess, 10, 13, 14, 17);// 对应棋盘上最上方三角形区域
11      }
12      ......
13      // 创建棋盘位置
14      ......
15      // 创建棋子
16      public void CreateChesses(GameObject chess, int i_upper, int i_lower, int j_upper, int j_lower)
17      {
18          for (int i = i_upper; i <= i_lower; i++)
19          {
20              for (int j = j_upper; j <= j_lower; j++)
21              {
22                  if (IsLegalPosition(i, j))
23                  {
24                      GameObject go = Instantiate(chess);// 生成棋子
25                      chesses[i, j] = go;// 存入数组
26                      Chess thisChess = go.GetComponent<Chess>();
27                      thisChess.setIndex(i, j);// 设置棋子对应 XY 值
28                      SetPosition(go, i, j);// 根据 XY 值设置棋子空间位置
29                  }
30              }
31          }
32      }
33  }
```

[4] 保存代码后，选中 GameController 物体，在 Inspector 面板中找到 ChessBoard 脚本，将 Prefabs 文件夹下的 RedPrefab 和 BluePrefab 拖入，如图 16-14 所示。

[5] 点击运行，可以看到棋子也在棋盘上自动生成了，如图 16-15 所示。

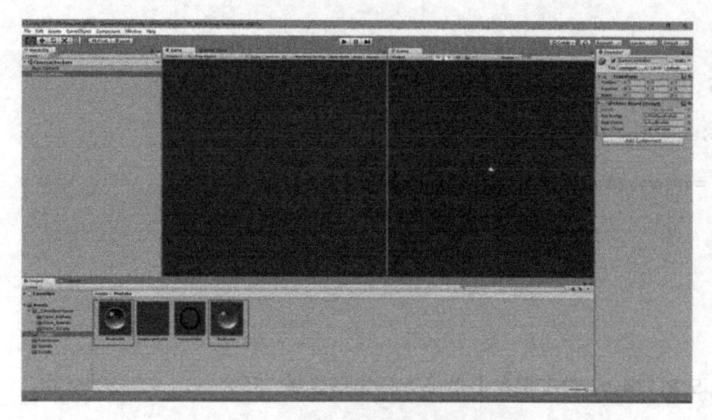

图 16-14 将预制体拖到对应处

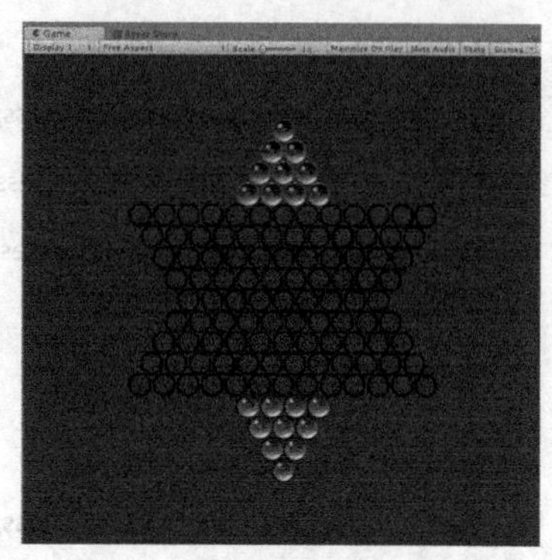

图 16-15 此阶段运行效果

16.4.4 移动棋子

[1] 利用射线检测，通过标签判断点击的物体是什么。如果是棋子则对它高亮显示；如果是空位置且有棋子被选中，就将棋子移动到该位置，并取消高亮和选择。代码如下。

```
1   public class ChessBoard : MonoBehaviour {
2       ......
3       public GameObject HeighLight;// 场景中的高亮圈
4       public GameObject SelectChess;// 选中的棋子
5       private SpriteRenderer heighLightRenderer;// 高亮圈的渲染器 ......
6       void Start () {
7           ......
8           heighLightRenderer = HeighLight.GetComponent<SpriteRenderer>();// 获取高亮圈的渲染器
9       }
10      void Update () {
11          // 当鼠标点击时
12          if (Input.GetMouseButtonDown(0))
13          {
14              // 摄像机到点击位置的射线
15              RaycastHit2D hit = Physics2D.Raycast(Camera.main.
16              ScreenToWorldPoint(Input.mousePosition), Vector2.zero);
17              if (hit.collider != null)
18              {
19                  // 点击棋子
20                  if (hit.transform.tag == "RedChess"|| hit.transform.tag == "BlueChess")
```

```
21                {
22                    // 设定选择棋子
23                    SelectChess = hit.transform.gameObject;
24                    // 选中棋子，设置高亮
25                    SetPosition(HeighLight, hit.transform.
26                    GetComponent<Chess>().ChessPosition_X,
27                    hit.transform.GetComponent<Chess>().ChessPosition_Y);
28                    heighLightRenderer.enabled = true;
29                }
30                // 点击空位置
31                else if (hit.transform.tag == "Position" &&SelectChess != null)
32                {
33                    int Click_X = hit.transform.GetComponent<Position>().
34                    Position_X;// 被点击位置的 X 属性值
35                    Int Click_Y = hit.transform.GetComponent<Position>().
36                    Position_Y;// 被点击位置的 Y 属性值
37                    SetPosition(SelectChess, Click_X, Click_Y);// 将棋子空间位
38                    置变换到点击位置
39                    SelectChess.GetComponent<Chess>().
40                    setIndex(Click_X, Click_Y);// 改变选中棋子的位置编号
41                    chesses[SelectChess.GetComponent<Chess>().
42                    ChessPosition_X,
43                    SelectChess.GetComponent<Chess>().ChessPosition_Y] =
44                    null;// 移除该位置储存的棋子
45                    chesses[Click_X, Click_Y] = SelectChess;// 在点击位置加入
46                    选中的棋子
47                    heighLightRenderer.enabled = false;// 取消高亮
48                }
49            }
50        }
51    }
```

[2] 将 Prefabs 文件夹下的 HeightLightPrefab 拖入 Hierarchy 中，再选中 GameController，将场景中的 HeightLightPrefab 拖入 ChessBoard 脚本中，如图 16-16 所示。

[3] 点击运行，可以点击选中棋子，并随意移动棋子到其他位置上了，如图 16-17 所示。

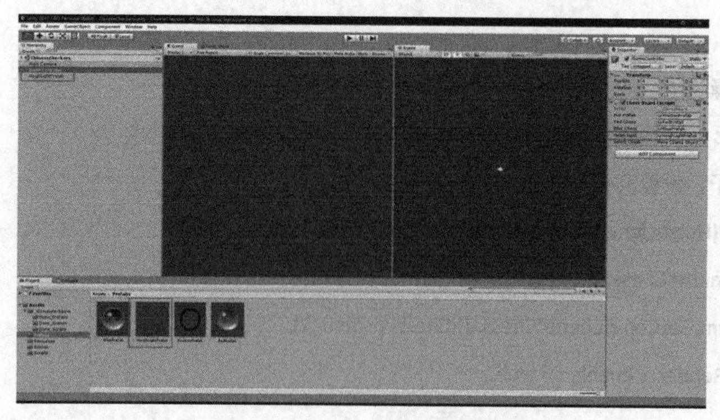

图 16-16　拖入高亮圈预制体

图 16-17　此阶段运行效果

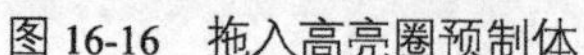

16.4.5　限制可移动位置

[1]　为了方便观察，将可移动位置设置为高亮黄色，不可移动位置还是黑色。打开 Scripts 文件夹下的 Position 脚本，添加如下代码。

```
1  public class Position : MonoBehaviour {
2      ......
3      public Sprite Normal;// 正常状态 sprite
4      public Sprite HeighLight;// 高亮状态 sprite
5      private SpriteRenderer positionRenderer;// 位置物体的 SpriteRenderer
6      // Use this for initialization
7      void Start () {
8          positionRenderer = this.GetComponent<SpriteRenderer>();// 获取 SpriteRenderer
9      }
10
11     // Update is called once per frame
12     void Update () {
13         if (CanMove)
14         {
15             positionRenderer.sprite = HeighLight;// 显示为高亮状态
16         }
17         else
18         {
19             positionRenderer.sprite = Normal;// 显示为正常状态
20         }
21     }
22     ......
23 }
```

[2]　没有棋子选中时，所有位置均为不可移动状态，在 ClassBoard 脚本中添加一个重置所有位置状态的方法，代码如下。

```
1    public void CancelCanMove()
2    {
3        for (int i = 0; i <= 17; i++)
4        {
5            for (int j = 0; j <= 17; j++)
6            {
7                if (positions[i, j])
8                {
9                    positions[i, j].GetComponent<Position>().CanMove = false;
10               }
11           }
12       }
13   }
```

[3]　选中 Prefabs 文件夹下的 PositionPrefab，将 Resources 文件夹下的 HeighLight 和 position 分别拖入预制体的 Position 脚本中的 HeighLight 和 Normal 处。这样做好后，当位置的状态改变时，它的显示状态就会相应地改变，如图 16-18 所示。

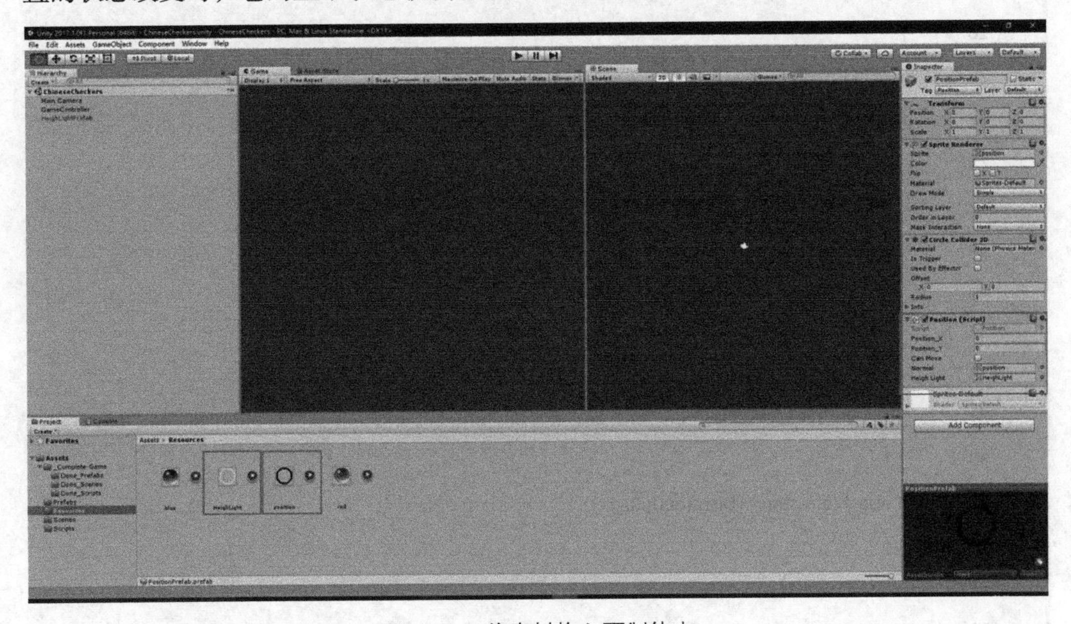

图 16-18　将素材拖入预制体中

[4]　根据之前程序思路的分析，我们要进行三个阶段判断。为了进行这三个判断，首先要在 ClassBoard 脚本中添加两个方法，去判断该位置是否有棋子和获得棋子相邻位置，代码如下。

```
1   public class ChessBoard : MonoBehaviour {
2       public enum Director
3       {
4           UpLeft,
5           UpRight,
6           Left,
7           Right,
8           DownLeft,
9           DownRight
10      }
11      ......
12      // 判断该位置是否有棋子
13      public bool IsThereChess(int i, int j)
14      {
15          if (chesses[i, j] == null)
16          {
17              return false;
18          }
19              return true;
20      }
21      // 获得相邻的位置
22      public GameObject GetJoint(int X, int Y, Director director)
23      {
24          int x = 0;
25          int y = 0;
26          if (director == Director.UpLeft)
27          {
28              x = X;
29              y = Y + 1;
30          }
31          else if (director == Director.UpRight)
32          {
33              x = X + 1;
34              y = Y + 1;
35          }
```

```
36          else if (director == Director.Left)
37          {
38              x = X - 1;
39              y = Y;
40          }
41          else if (director == Director.Right)
42          {
43              x = X + 1;
44              y = Y;
45          }
46          else if (director == Director.DownLeft)
47          {
48              x = X - 1;
49              y = Y - 1;
50          }
51          else if (director == Director.DownRight)
52          {
53              x = X;
54              y = Y - 1;
55          }
56          if (IsLegalPosition(x, y))
57          {
58              return positions[x, y];
59          }
60          else
61          {
62              return null;
63          }
64      }
65  }
```

[5] 写完准备方法后，就可以去执行判断棋子是否可跳的三个阶段了，代码如下。

```
1   //第一阶段
2   public void FirstJudgment(int X, int Y, Director director)
3   {
4       if (GetJoint(X, Y, director))
5       {
6           if (!IsThereChess(GetJoint(X, Y, director).
```

```
7                   GetComponent<Position>().Position_X,
8                   GetJoint(X, Y, director).GetComponent<Position>().Position_Y))
9               {
10                  if (GetJoint(X, Y, director))
11                      GetJoint(X, Y, director).GetComponent<Position>().
12                      CanMove = true;
13                  return;
14              }
15              else
16              {
17                  SecondJudgment(GetJoint(X, Y, director).
18                  GetComponent<Position>().Position_X,
19                  GetJoint(X, Y, director).GetComponent<Position>().
20                  Position_Y, director);
21              }
22          }
23      }
24      //第二阶段
25      public void SecondJudgment(int X, int Y, Director director)
26      {
27          if (GetJoint(X, Y, director))
28          {
29              if (!IsThereChess(GetJoint(X, Y, director).
30                  GetComponent<Position>().Position_X,
31                  GetJoint(X, Y, director).GetComponent<Position>().Position_Y))
32              {
33                  if (GetJoint(X, Y, director) && !GetJoint(X, Y, director).
34                  GetComponent<Position>().CanMove)
35                  {
36                      GetJoint(X, Y, director).GetComponent<Position>().
37                      CanMove = true;
38                      AddChess(GetJoint(X, Y, director).
39                          GetComponent<Position>().Position_X,
40                          GetJoint(X, Y, director).GetComponent<Position>().
41                          Position_Y, Director.UpLeft);
```

```
42                    AddChess(GetJoint(X, Y, director).
43                        GetComponent<Position>().Position_X,
44                        GetJoint(X, Y, director).GetComponent<Position>().
45                        Position_Y, Director.UpRight);
46                    AddChess(GetJoint(X, Y, director).
47                        GetComponent<Position>().Position_X,
48                        GetJoint(X, Y, director).GetComponent<Position>().
49                        Position_Y, Director.Left);
50                    AddChess(GetJoint(X, Y, director).
51                        GetComponent<Position>().Position_X,
52                        GetJoint(X, Y, director).GetComponent<Position>().
53                        Position_Y, Director.Right);
54                    AddChess(GetJoint(X, Y, director).
55                        GetComponent<Position>().Position_X,
56                        GetJoint(X, Y, director).GetComponent<Position>().
57                        Position_Y, Director.DownLeft);
58                    AddChess(GetJoint(X, Y, director).
59                        GetComponent<Position>().Position_X,
60                        GetJoint(X, Y, director).GetComponent<Position>().
61                        Position_Y, Director.DownRight);
62            }
63        }
64        else
65        {
66            //return;
67        }
68    }
69  }
70  //第三阶段
71  public void AddChess(int X, int Y, Director director)
72  {
73      if (GetJoint(X, Y, director))
74      {
75          if (IsThereChess(GetJoint(X, Y, director).
76          GetComponent<Position>().Position_X,
```

```
77                  GetJoint(X, Y, director).GetComponent<Position>().Position_Y))
78              {
79                  SecondJudgment(GetJoint(X, Y, director).
80                  GetComponent<Position>().Position_X,
81                  GetJoint(X, Y, director).GetComponent<Position>().
82                  Position_Y, director);
83              }
84              else
85              {
86                  return;
87              }
88          }
89      }
```

[6] 经过以上准备，对于一个棋子我们要进行六个方向的第一阶段，因此在 ChessBoard 脚本中写一个可以获取所有可移动位置的方法，代码如下。

```
1       // 判断六个方向
2       public void SetAllowPlace(intX,int Y)
3       {
4           FirstJudgment(X,Y,Director.UpLeft);
5           FirstJudgment(X, Y, Director.UpRight);
6           FirstJudgment(X, Y, Director.Left);
7           FirstJudgment(X, Y, Director.Right);
8           FirstJudgment(X, Y, Director.DownLeft);
9           FirstJudgment(X, Y, Director.DownRight);
10      }
```

[7] 在每次选中棋子时，增加对其进行可移动位置的计算，修改 ChessBoard 脚本中 Update 部分的代码，修改后代码如下。

```
1   void Update () {
2       // 当鼠标点击时
3       if (Input.GetMouseButtonDown(0))
4       {
5           // 摄像机到点击位置的射线
6           RaycastHit2D hit = Physics2D.Raycast(Camera.
7           main.ScreenToWorldPoint(Input.mousePosition), Vector2.zero);
8           if (hit.collider != null)
9           {
10              // 点击棋子
```

```
11            if (hit.transform.tag == "RedChess" || hit.transform.tag ==
12  "BlueChess")
13            {
14                CancelCanMove();// 重置可移动状态
15                // 设定选择棋子
16                SelectChess = hit.transform.gameObject;
17                // 选中棋子，设置高亮
18                SetPosition(HeighLight,
19                hit.transform.GetComponent<Chess>().ChessPosition_X,
20                hit.transform.GetComponent<Chess>().ChessPosition_Y);
21                heighLightRenderer.enabled = true;
22                // 计算周围可走位置，将可走位置标记为 CanMove
23                SetAllowPlace(hit.transform.GetComponent<Chess>().
24                ChessPosition_X,
25                hit.transform.GetComponent<Chess>().ChessPosition_Y);
26            }
27            // 点击空位置
28            else if (hit.transform.tag == "Position" &&SelectChess != null)
29            {
30                bool canMove = hit.transform.
31                GetComponent<Position>().CanMove;
32                if (canMove)
33                {
34                    int Click_X = hit.transform.
35                    GetComponent<Position>().Position_X;
36                    int Click_Y = hit.transform.
37                    GetComponent<Position>().Position_Y;
38                    SetPosition(SelectChess, Click_X, Click_Y);
39                    chesses[SelectChess.GetComponent<Chess>().
40                    ChessPosition_X,
41                    SelectChess.GetComponent<Chess>().
42                    ChessPosition_Y] = null;// 移除该位置储存的棋子
43                    SelectChess.GetComponent<Chess>().
44                    setIndex(Click_X, Click_Y);// 改变选中棋子的位置编号
45                    // 在点击位置加入选中的棋子
```

```
46                          chesses[Click_X, Click_Y] = SelectChess;
47                          //落子，取消高亮，将所有位置标记为不可移动
48                          SelectChess = null;
49                          heighLightRenderer.enabled = false;
50                          CancelCanMove();
51                      }
52                  }
53              }
54          }
55      }
```

[8] 点击运行，可以发现现在选中棋子后，会显示可移动的位置，只有点击可移动位置才能进行移动。至此跳棋游戏的核心功能已经完成，如图 16-19 所示。

图 16-19 此阶段运行效果

16.4.6 回合限制

[1] 根据思路，设置一个 Count 值，切换红蓝方玩家回合。在 ChessBoard 脚本中添加两处代码，添加的代码和位置如下。

```
1  public int Count = 1;// 回合数值
2  ......
3  //落子，取消高亮，将所有位置标记为不可移动，回合值加一
4  SelectChess = null;
5  heighLightRenderer.enabled = false;
6  CancelCanMove();
7  Count++;
```

[2] 在 ChessBoard 中，修改点击棋子后的判定条件，将如下代码进行修改。

```
1   //点击棋子
2   if (hit.transform.tag == "RedChess" || hit.transform.tag == "BlueChess")
3   {
4        ......
5   }
```

修改为如下代码。

```
6   //点击棋子
7   if (hit.transform.tag == "RedChess"&& Count%2==1 || hit.transform.tag =="BlueChess"&&Count%2==0)
8   {
9        ......
10  }
```

[3] 此时红蓝方已经有了回合限制，为了提示玩家，在 Hierarchy 面板新建一个 Text，清除文字，属性如图 16-20 和图 16-21 所示。

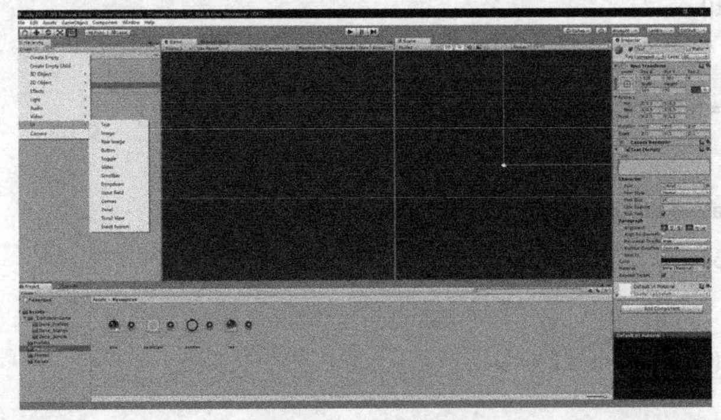

图 16-20 新建 Text

[4] 按住【Alt】键，将 Text 设在画布上方，如图 16-22 所示。

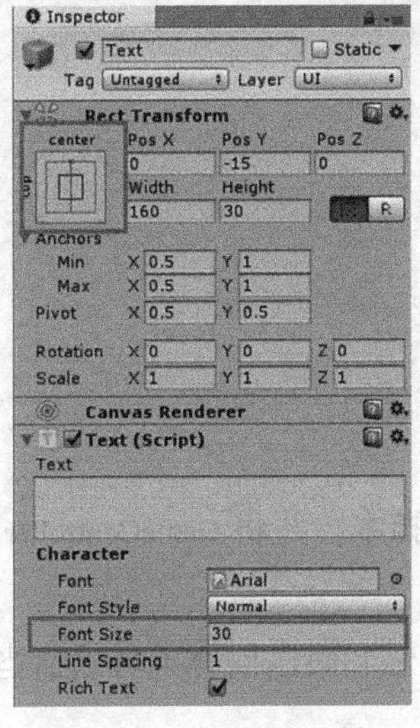

图 16-21 修改 Text 属性

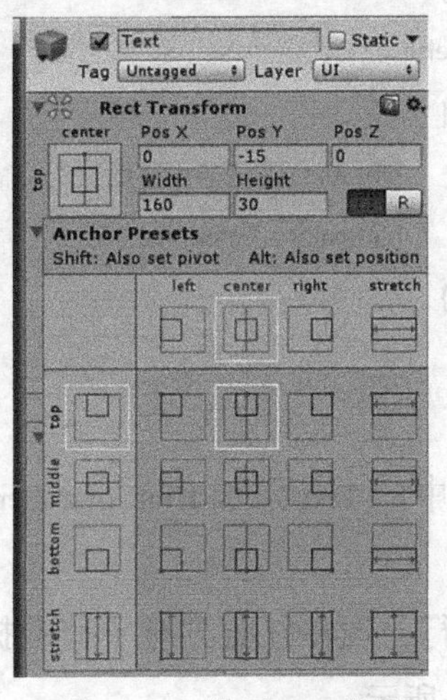

图 16-22 设置 Text 位置

[5] 在 Scripts 文件夹下，新建一个 HintController 脚本，用来控制提示的显示。注意添加 using UnityEngine.UI，代码如下。

```
1  using System.Collections;
2  using System.Collections.Generic;
3  using UnityEngine;
4  using UnityEngine.UI;
5
6  public class HintController : MonoBehaviour
7  {
8
9      public ChessBoard Board;
10     private Text hint;
11     // Use this for initialization
12     void Start()
13     {
14         hint = this.GetComponent<Text>();
15       }
16       // Update is called once per frame
17       void Update()
18       {
19           if (Board.Count % 2 == 1)
20           {
21               hint.text = " 请红方移动！ ";
22               hint.color = Color.red;
23           }
24           else
25           {
26               hint.text = " 请蓝方移动！ ";
27               hint.color = Color.blue;
28           }
29     }
30 }
```

[6] 给场景中的 Text 添加 HintController 脚本，并将 GameController 拖入脚本中，如图 16-23 所示。

[7] 点击运行，现在红蓝方有了移动提示和限制回合（可以适当调整摄像机背景色），如图 16-24 所示。

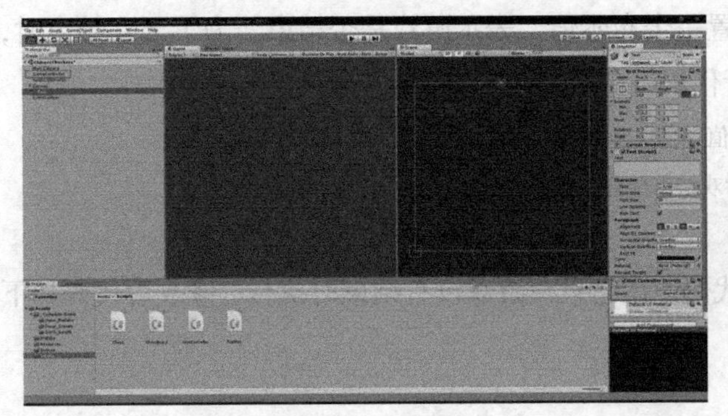

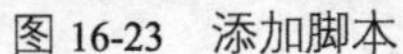

图 16-23　添加脚本

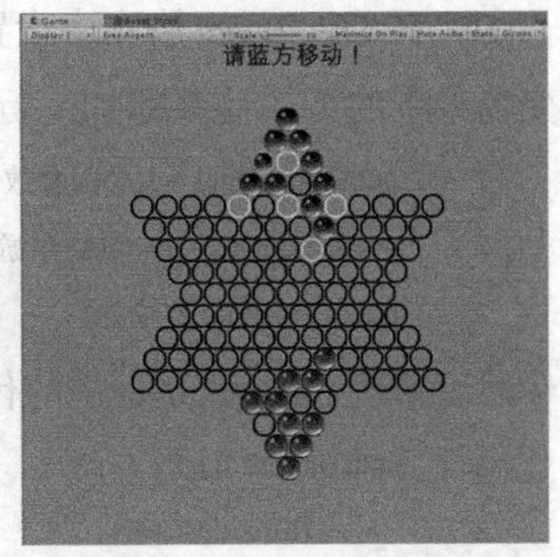

图 16-24　此阶段运行效果

16.4.7　胜利判断

[1]　在 ChessBoard 脚本中添加一个能判定一方棋子是否全部移动到对面的方法。代码如下。

```
1	// 判定是否全部移动到对面
2	public bool GameOver(GameObject chess, int i_upper, int i_lower, int j_upper, int j_lower)
3	{
4	    for (int i = i_upper; i <= i_lower; i++)
5	    {
6	        for (int j = j_upper; j <= j_lower; j++)
7	        {
8	            if (IsLegalPosition(i, j) && chesses[i, j] != null)
9	            {
10	                // 存在该位置棋子
11	                if (chesses[i, j].tag != chess.tag)
12	                {
13	                    // 该位置上的棋子不是以此位置为目标
14	                    return false;
15	                }
16	            }
17	            else if (IsLegalPosition(i, j) && chesses[i, j] == null)
18	            {
19	                    // 该位置上没有棋子
20	                    return false;
21	            }
22	        }
23	    }
24	    return true;
25	}
```

[2] 在 ChessBoard 脚本中设置一个布尔值，表示游戏是否结束。为了要在结束时，改变场景中的 Text，也要添加一行代码，代码和位置如下。

```
1    public int Count = 1;// 回合数值
2    public bool IsOver = false;// 游戏结束标记
3    public Text Hint;// 文本
```

然后修改 HintController 中的代码，让它只在游戏没有结束时执行，修改后代码如下。

```
1    void Update () {
2        if (!Board.IsOver)
3        {
4            if (Board.Count % 2 == 1)
5            {
6                hint.text = " 请红方移动！ ";
7                hint.color = Color.red;
8            }
9            else
10           {
11               hint.text = " 请蓝方移动！ ";
12               hint.color = Color.blue;
13           }
14       }
15   }
```

[3] 修改 ChessBoard 中的判定条件，要在游戏未结束时才进行之后的判定。并且在 Update 中添加胜利检测方法，修改添加后的代码如下。

```
1  void Update()
2  {
3      // 当鼠标点击时
4      if (Input.GetMouseButtonDown(0)&&!IsOver)
5      {
6          ......
7          else if (hit.transform.tag == "Position" &&SelectChess != null)
8          {
9              ......
10         // 落子，取消高亮，记一回合，将所有位置标记为不可移动
11             ......
12             // 红方胜利
13             if(GameOver(RedChess,10, 13, 14, 17))
14             {
15             IsOver = true;
```

```
16                     Hint.text = " 红方获胜！ ";
17                 }
18                 // 蓝方胜利
19                 if(GameOver(BlueChess, 5, 8, 1, 4))
20                 {
21                     IsOver = true;
22                     Hint.text = " 蓝方获胜！ ";
23                 }
24             }
25         ......
26     }
27 }
```

[4]　保存代码，选中 GameController 将场景中的 Text 拖入 ChessBoard 脚本中，如图 16-25 所示。

[5]　点击运行，此时能够执行胜利判定，简单的跳棋游戏就完成了，如图 16-26 所示。

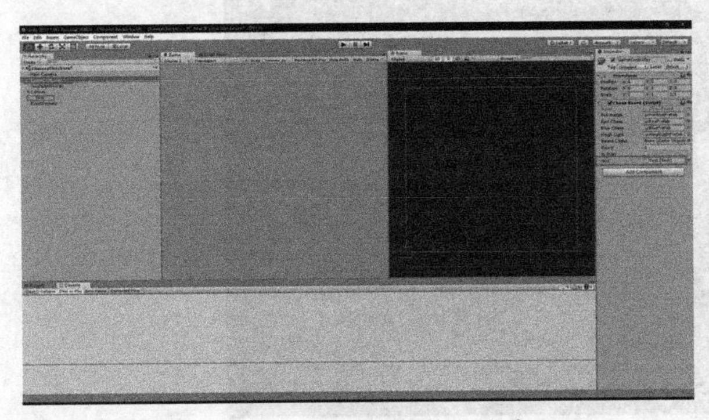

图 16-25　将 Text 拖入脚本

图 16-26　最终效果图

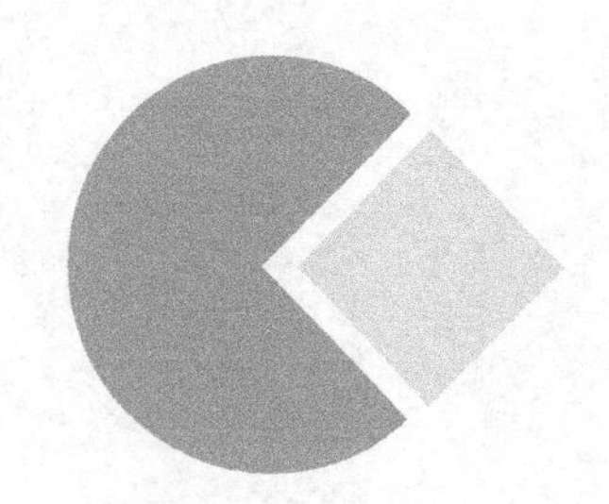

第 17 章　吃豆人

17.1　游戏简介

《吃豆人》是电子游戏历史上的经典街机游戏。

该游戏的背景以黑色为主，有四个颜色，分别为红、黄、蓝、绿的幽灵在迷宫中穿梭。玩家按动方位键可以控制小精灵移动，吞吃迷宫路径上的豆子，吃完即获得胜利，但遇到幽灵时就会被吃掉，如图 17-1 所示。

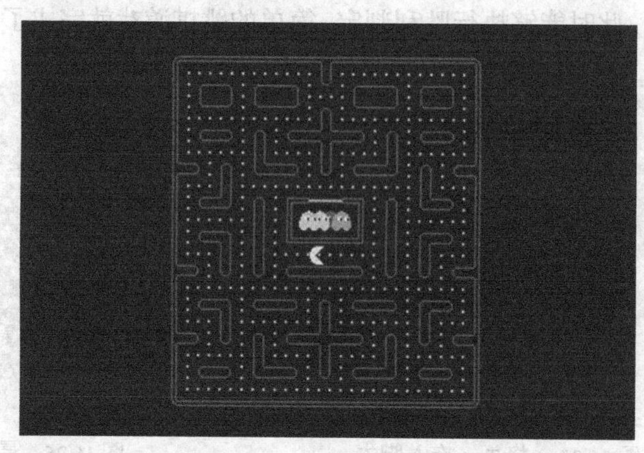

图 17-1　吃豆人示意图

17.2　游戏规则

玩家通过方向键控制小精灵移动，吞吃完迷宫路径上的豆子即获得胜利。

玩家在移动过程中，不可以碰到地图中的幽灵，碰到则生命值 -1，如果生命值为零，则游戏结束。

迷宫的四个角落有大力丸，提供小精灵一段时间能量，可以反过来吃掉幽灵。

幽灵一开始存在于地图中心的牢笼中，当小精灵开始运动时，幽灵会来追逐玩家，一旦玩家吃到大力丸后，幽灵会变成蓝色，开始躲避玩家，在此过程如果幽灵被小精灵触碰，则幽灵死亡，回到地图中心的牢笼。

幽灵状态，如图 17-2 所示。

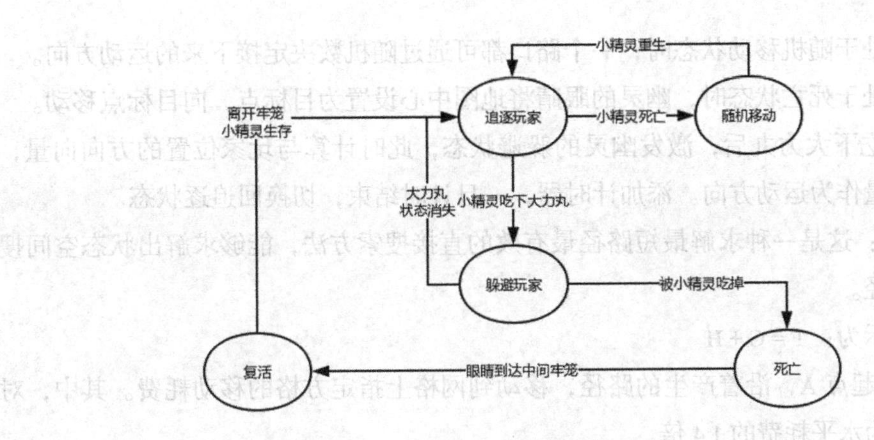

图 17-2　幽灵状态

幽灵一般有 5 种状态，这 5 种状态由玩家操控小精灵的行动决定。

[1]　复活状态：幽灵在游戏从此刻开始拥有生命，它的起始位置是地图中央的牢笼。在获得新的身体后走出牢笼，转换状态至追逐小精灵。

[2]　追逐状态：在小精灵正常运动过程中，幽灵一直处于一个追逐状态，计算路径的时候，它的目标是小精灵当前的坐标。如果在这个状态下与小精灵发生碰撞，小精灵死亡，幽灵切换至随机移动状态，等到小精灵复活后切换回追逐状态。

[3]　躲避状态：在小精灵吃下大力丸之后，幽灵会变成蓝色，开始往反方向运动，如果在这个状态下与小精灵发生碰撞，幽灵切换至死亡状态。

[4]　在随机移动的状态下，等待玩家复活后切换至追逐状态。

[5]　在死亡状态下，幽灵会根据生成路径回到地图中间的牢笼中，等待下一次的复活。

17.3　程序思路

17.3.1　地图生成

由于吃豆人的经典地图只有一款，因而我们可以直接导入图片，并在空余位置布满豆子。

17.3.2　幽灵状态

在本游戏中，幽灵的状态切换可以说是最核心最重要的一部分。我们需要创建有限状态机，控制 AI 角色幽灵的行为，完成状态切换。在状态机中构造五种状态的五个类，并将可能的“转换 - 状态”加入到相应类的字典中，利用 A* 算法（一种自动寻找最短路径的算法）完成幽灵移动路径的计算。

当幽灵处于追逐状态时，幽灵将玩家位置设置为目标点，生成运动向量路径，向目标点移动。

当幽灵处于随机移动状态时，一个路口都可通过随机数决定接下来的运动方向。

当幽灵处于死亡状态时，幽灵的眼睛将地图中心设置为目标点，向目标点移动。

小精灵吃下大力丸后，激发幽灵的躲避状态，此时计算与玩家位置的方向向量，计算相反向量作为运动方向。添加计时器，一旦计时结束，切换回追逐状态。

A* 算法：这是一种求解最短路径最有效的直接搜索方法，能够求解出状态空间搜索的最短路径。

公式表示为：F = G + H

* G = 从起点 A，沿着产生的路径，移动到网格上指定方格的移动耗费。其中，对角线耗费约为水平耗费的 1.4 倍。

* H = 从网格上那个方格移动到终点 B 的预估移动耗费。这经常被称为启发式的，这样叫的原因是因为它只是个猜测。我们没办法事先知道路径的长度，因为路上可能存在各种障碍 (墙、水等)。

我们所要求的最短路径是通过反复遍历开启列表并且选择具有最低 F 值的方格来生成的。下面有一个较为简单的例子。

假设有人想从 A 点（绿色）移动到一墙之隔的 B 点（红色），中间的蓝色方块是墙体，如图 17-3 所示。

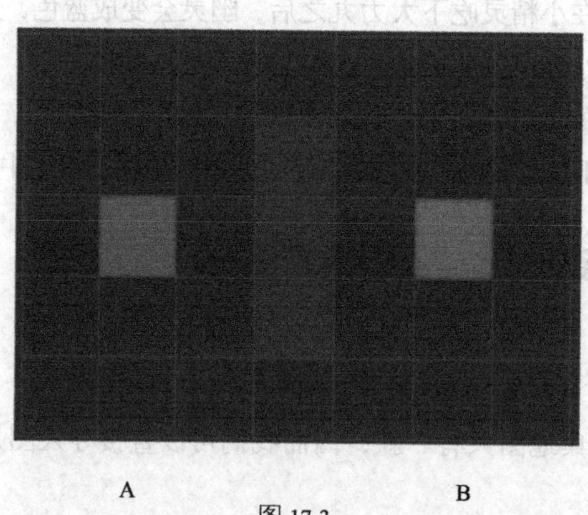

图 17-3

在图中，搜索区域被我们简化成了方形格子，这样我们也可以进一步简化为一个二维数组，在数组中标记可通过和不可通过的方块，那么路径就是从 A 到 B 时经过的方块集合，这些方块的坐标点就是“节点”。

将 A 点存入一个待处理的“开启列表”，遍历周围八个节点，将可通过或可到达的节点存入“开启列表”，完成这些工作后，将 A 点从“开启列表”中删除，存入“关闭列表”。计算从 A 点到每一个节点的移动耗费 G（左下角），节点到终点的移动耗费 H（右下角），二者之和 F（左上角），如图 17-4 所示。

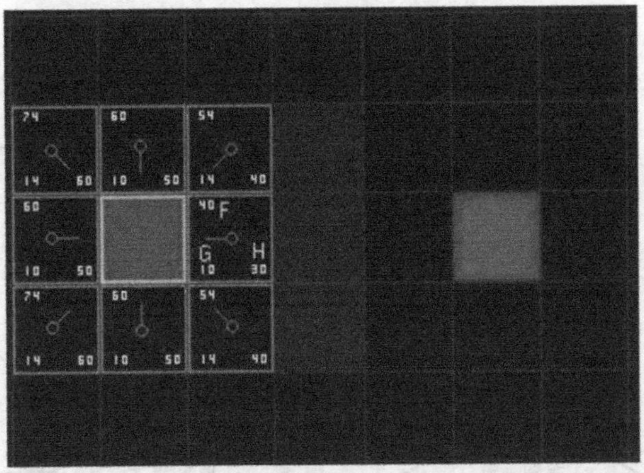

图 17-4

选择 F 值最小的节点，将其从“开启列表”中删除，加入到“关闭列表”中，将其视为新的“A 点”，不断重复上述操作，直到到达终点，循环结束。如图 17-5 所示，当前红点所示即为通过 A* 算法求出的最短路径，如图 17-5 所示。

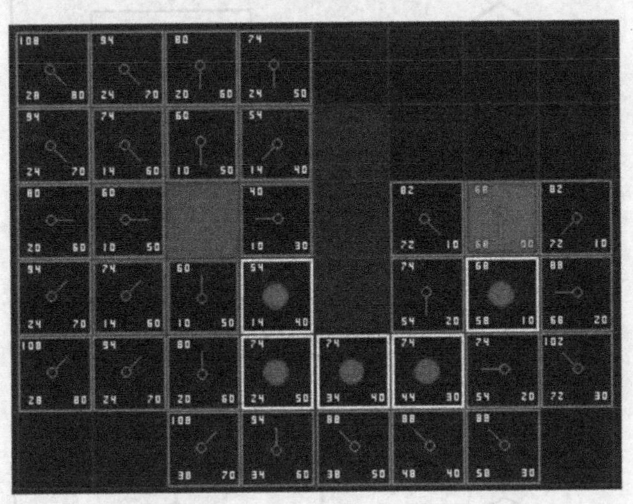

图 17-5

17.3.3　小精灵管理

小精灵的移动需要通过不断获取用户的键盘输入来完成，它在游戏开始时拥有三条生命值，每次死亡一次生命值 -1，只需要用整形变量来记录生命值，当生命值为零且豆子没有被吃完时，游戏结束。

17.3.4　游戏流程图

如图 17-6 所示。

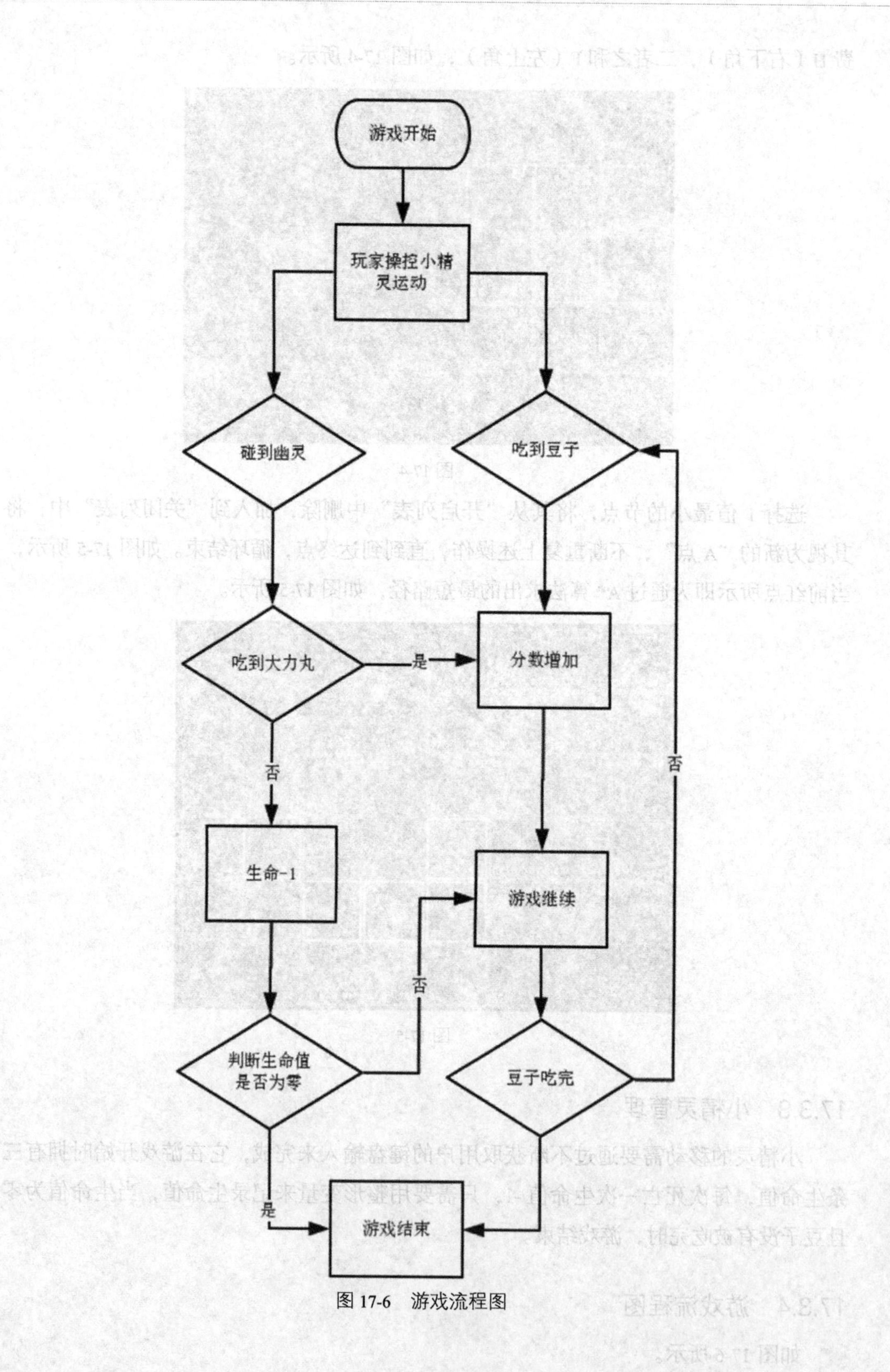
游戏开始
玩家操控小精灵运动
碰到幽灵
吃到豆子
吃到大力丸
是
分数增加
否
否
生命-1
游戏继续
否
判断生命值是否为零
豆子吃完
是
游戏结束

图 17-6　游戏流程图

17.4 程序实现

17.4.1 前期准备

[1] 新建文件。新建一个名为 Pacman 的 2D 工程。把 3D/2D 选项改为 2D，如图 17-7 所示。

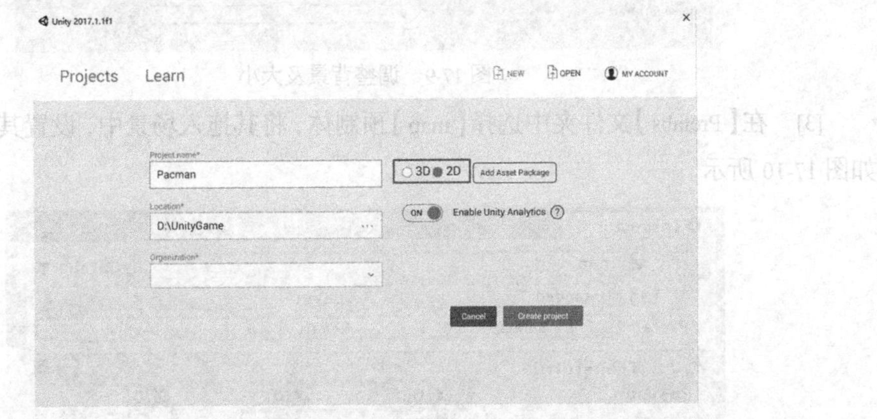

图 17-7　创建工程

[2] 导入素材包。将资源包 pacman 导入。资源包中有完整的游戏案例和完成游戏所需的一切素材。在【_Complete-Game】文件夹中双击【Done_game】文件可以运行游戏，如图 17-8 所示。

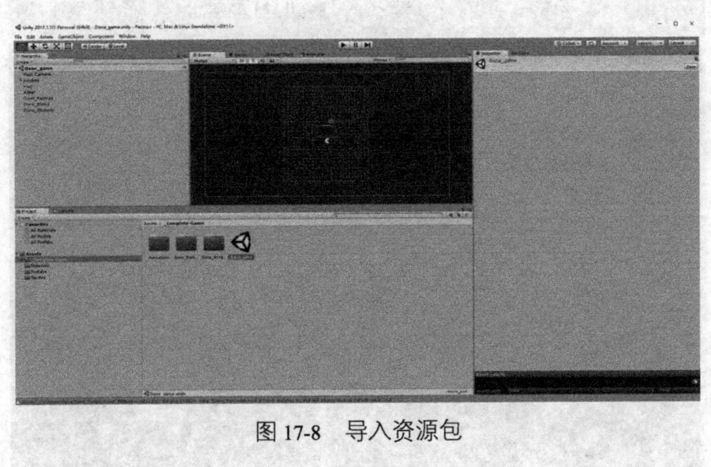

图 17-8　导入资源包

17.4.2 制作游戏场景

[1] 新建场景。新建名为【Game】的游戏场景后保存。我们的游戏将在这个场景里制作完成。

[2] 调整摄像机。选择【Main Camera】将背景颜色、位置和视野大小，具体参数如图 17-9 所示。

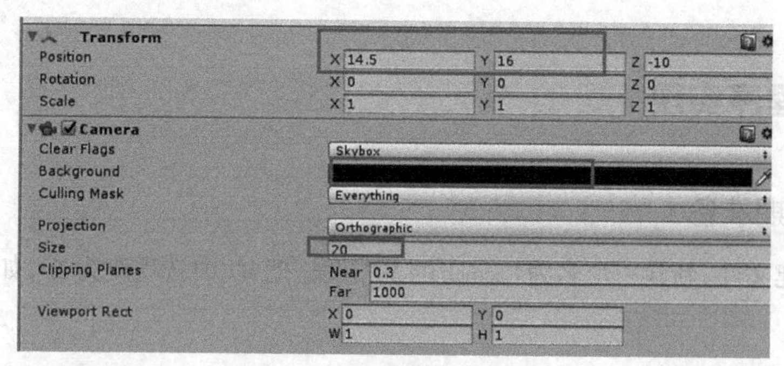

图 17-9　调整背景及大小

[3]　在【Prefabs】文件夹中选择【map】预制体，将其拖入场景中，设置其坐标为(0,0)，如图 17-10 所示。

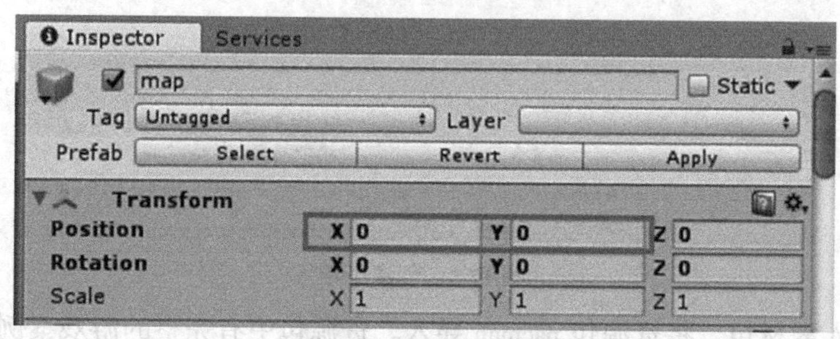

图 17-10　预制体的坐标

至此，地图就导入成功了，如图 17-11 所示。

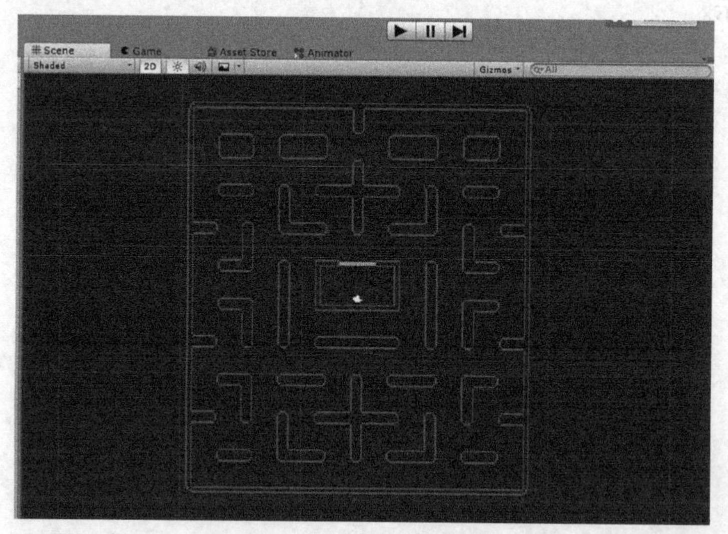

图 17-11　地图导入示意图

17.4.3　吃豆人的移动

吃豆人作为吃豆人游戏的主体，在游戏中是十分重要的，接下来我们要来讲解吃豆人的移动和豆子的消失。

[1] 选择【Prefabs】文件夹下的【Pacman】预制体，将其拖入场景中，如图 17-12 所示。

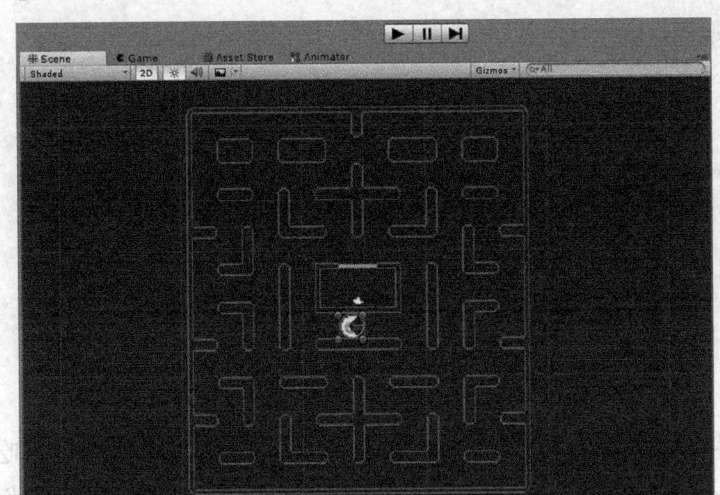

图 17-12 位置示意图

[2] 吃豆人控制脚本。吃豆人需要玩家通过键盘进行操控，所以我们需要一个脚本来获取键盘输入。选择场景中的【Pacman】，在【Inspector】中选择【Add Component】-【New Script】，新建一个名为【PacmanMove】的 C# 脚本，将其放入【Scripts】文件夹中，如图 17-13 所示，双击打开。

注意：本次游戏的脚本都会使用这种方法创建，下文将不再复述。

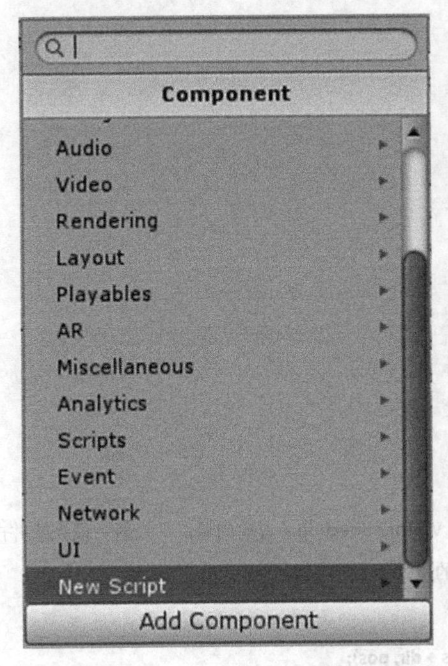

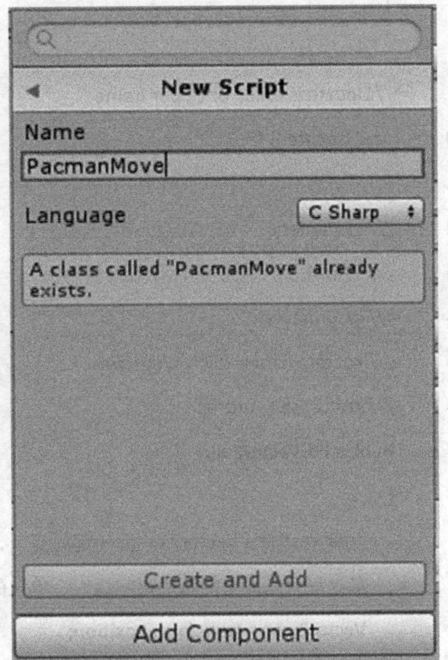

图 17-13 新建并绑定脚本

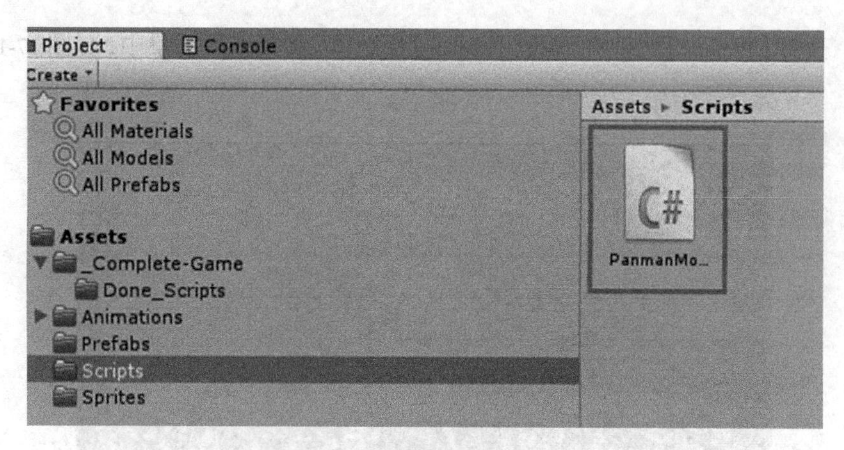

图 17-13　新建并绑定脚本（续）

[3]　障碍判断。这个脚本的主要内容是当玩家按下某个方向键时，吃豆人都在相应方向移动一个完整单位，同时播放相应的移动动画。但在此之前，我们需要先对吃豆人是否可以在这方向上运动做一个简单的判断。具体代码如下。

```
1   using System.Collections;
2   using System.Collections.Generic;
3   using UnityEngine;
4   public class PacmanMove : MonoBehaviour {
5       // Use this for initialization
6       void Start () {
7       }
8
9       // Update is called once per frame
10      void Update () {
11      }
12      /// <summary>
13      /// 检测吃豆人先放是否有障碍物
14      /// </summary>
15      /// <param name="dir"></param>
16      /// <returns></returns>
17      bool valid(Vector2 dir)
18      {
19          //RaycastHit（Vector2 origin（起始点）, Vector2 direction（方向向量））投射一段光线并击打
20          // 这里只是简单的从距离吃豆人一单位的点 (pos + dir) 发射到吃豆人自身 (pos)。
21          Vector2 pos = transform.position;
22          RaycastHit2D hit = Physics2D.Linecast(pos + dir, pos);
```

```
23            return (hit.collider == GetComponent<Collider2D>());
24        }
25    }
```

PacmanMove 脚本

[4]　控制输入。简单的进行障碍判断以后，我们就可以编写控制输入语句来让吃豆人运动起来了。具体代码如下。

```
1   using System.Collections;
2   using System.Collections.Generic;
3   using UnityEngine;
4   /// <summary>
5   /// 吃豆人的移动脚本
6   /// </summary>
7   public class PacmanMove : MonoBehaviour {
8       // 吃豆人的移动速度
9       public float speed = 0.4f;
10      Vector2 dest = Vector2.zero;
11      void Start()
12      {
13          // 获取当前位置
14          dest = transform.position;
15      }
16      /// <summary>
17      /// 实时获取用户输入的方向键，以改变运动方向
18      /// </summary>
19      void FixedUpdate()
20      {
21          // 确定移动向量的方向和大小，将吃豆人移向目标点
22          Vector2 p = Vector2.MoveTowards(transform.position, dest, speed);
23          GetComponent<Rigidbody2D>().MovePosition(p);
24          // 获取方向按键，并且判断吃豆人在该方向上可以移动
25          if ((Vector2)transform.position == dest)
26          {
27              Debug.Log("first");
28              if (Input.GetKey(KeyCode.UpArrow) && valid(Vector2.up))
29              {
30                  Debug.Log("up");
```

```
31                  dest = (Vector2)transform.position + Vector2.up;
32              }
33              Debug.Log(1);
34              if (Input.GetKey(KeyCode.RightArrow) && valid(Vector2.right))
35              {
36                  Debug.Log("right");
37                  dest = (Vector2)transform.position + Vector2.right;
38              }
39              if (Input.GetKey(KeyCode.DownArrow) && valid(-Vector2.up))
40              {
41                  Debug.Log("down");
42                  dest = (Vector2)transform.position - Vector2.up;
43              }
44              if (Input.GetKey(KeyCode.LeftArrow) && valid(-Vector2.right))
45              {
46                  Debug.Log("left");
47                  dest = (Vector2)transform.position - Vector2.right;
48              }
49
50          }
51          Debug.Log(2);
52          //获取相应的动画
53          Vector2 dir = dest - (Vector2)transform.position;
54          GetComponent<Animator>().SetFloat("DirX", dir.x);
55          GetComponent<Animator>().SetFloat("DirY", dir.y);
56      }
57      bool valid(Vector2 dir)
58      {
59          ......
60      }
61  }
```

PacmanMove 脚本

完成上述步骤以后，点击运行游戏，我们就可以通过键盘操控吃豆人的移动了，如图 17-14 所示。

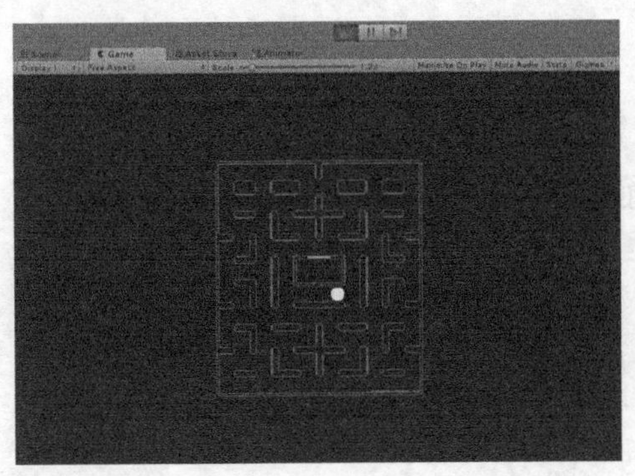

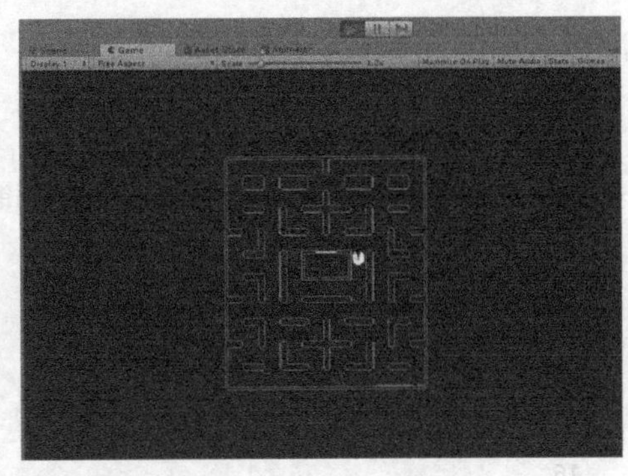

图 17-14　游戏示意图

17.4.4　豆子的消失

我们已经可以通过键盘来操纵吃豆人的运动了，接下来我们需要让吃豆人吃掉豆子。方法很简单，只要当吃豆人与豆子接触到的时候，让豆子被销毁即可。

[1]　拖入预制体。在【Prefabs】文件夹中找到【pacdots】预制体，将其拖入场景中。注意：为了让豆子与地图契合，请将其的坐标改为 (12,15)。

[2]　新建脚本。在【Hierarchy】面板中搜索【pacdot】，选择所有【pacdot】，为其新建并绑定一个新的脚本，命名为【Pacdot】。注意，不要将【pacdots】也绑定上脚本，这样会导致所有豆子同时消失，如图 17-15 所示。

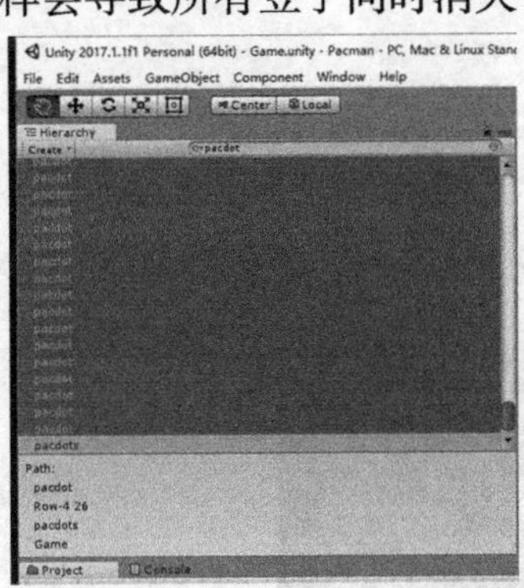

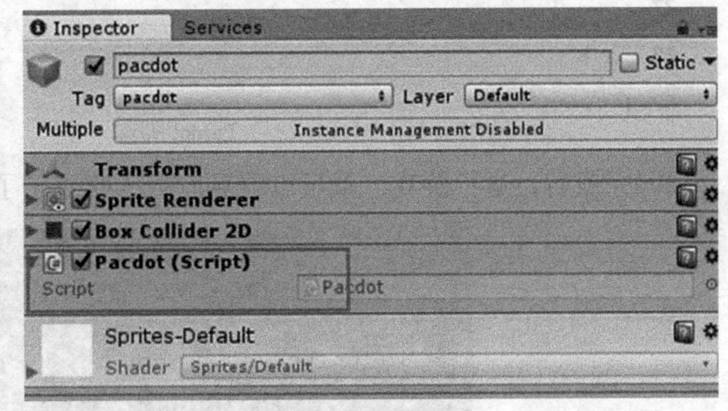

图 17-15　脚本绑定示意图

[3]　豆子消失。豆子的代码很简单，只要当它触碰到吃豆人的时候，销毁自身即可。具体代码如下。

```
1    using System.Collections;
2    using System.Collections.Generic;
3    using UnityEngine;
4    using UnityEditor.SceneManagement;
5    /// <summary>
6    /// 豆子销毁
7    /// </summary>
```

```
8   public class Pacdot : MonoBehaviour
9   {
10      /// <summary>
11      /// 检测碰撞，如果碰到的是吃豆人，则销毁豆子
12      /// </summary>
13      /// <param name="co"></param>
14      void OnTriggerEnter2D(Collider2D co)
15      {
16
17          if (co.name == "Pacman")
18          {
19              Destroy(gameObject);
20              GameObject[] pacdots = GameObject.FindGameObjectsWithTag("pacdot");
21              //num--;
22              // 如果地图上所有的豆子都被吃完，则重新加载地图
23              if (pacdots.Length == 1)
24              {
25                  EditorSceneManager.LoadScene("Game");
26              }
27          }
28      }
29  }
```

Pacdot 脚本

代码完成后，运行游戏，就可以看到吃豆人吃豆子了，如图 17-16 所示。

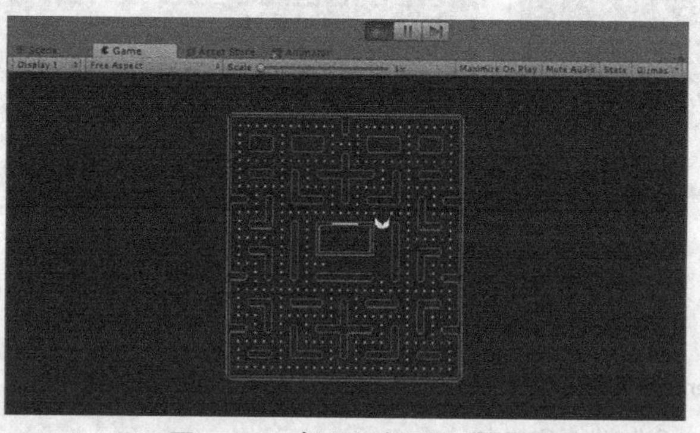

图 17-16　吃豆人吃豆子

17.4.5　幽灵运动

吃豆人游戏中较为重要的幽灵的运动，幽灵是通过实时获取吃豆人当前的坐标，计算出到达目的地最短的距离来“追捕”吃豆人的。这里我们需要用到 A* 算法。关于

A* 算法的基本内容已经在上文中提到过了，这里就不加以赘述。

而利用 A* 算法给幽灵提供最短路径之前，我们需要对整张地图进行一个初步的判断，告诉怪物哪些路可以走，哪些路不可以走，哪里是起点，哪里是终点。接下来我们将来简单介绍一下如何为怪物提供这些信息。

[1]　前期准备。在【prefabs】文件夹中选择【Blinky】预制体和【Obstacle】预制体，将其拖入游戏场景中。在【Hierachy】面板中右键新建一个【Empty】物体，重命名为【AStar】，如图 17-17 所示。

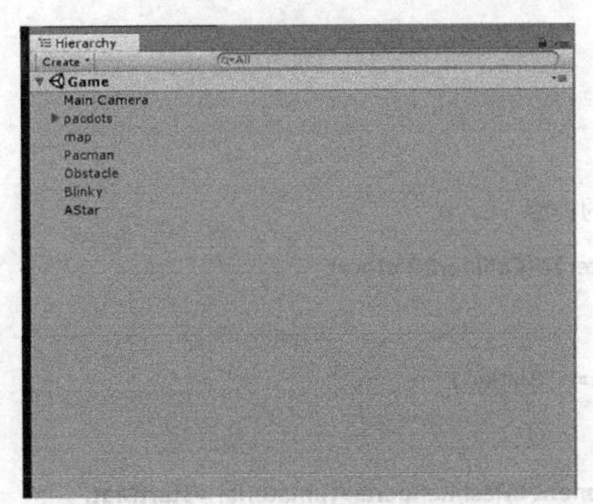

图 17-17　物品放置示意图

[2]　方块设置。我们会生成一个 31 × 28 的方块矩阵，与地图等大，在地图录入时，我们是利用生成的方块与地图中的碰撞盒的位置关系来判断和生成路径的。比如说，在幽灵所处的位置，方块的状态会变成 Start，表示幽灵从当前位置出发；在吃豆人所处的位置，方块的状态会变成 End，表示这是幽灵的运动重点；在地图中有墙体的地方，方块的状态会变成 Obstacle。除去这三种状态的方块，其余方块都可以成为幽灵移动的路径之一。接下来我们要编写脚本，对这些方块的状态进行管理。

选择【Prefabs】文件夹下的【Reference】预制体，找到它的子物体【Cube】，为其新建并绑定一个新的脚本，重命名为【Reference】，如图 17-18 所示，双击打开，将下列代码写入其中。

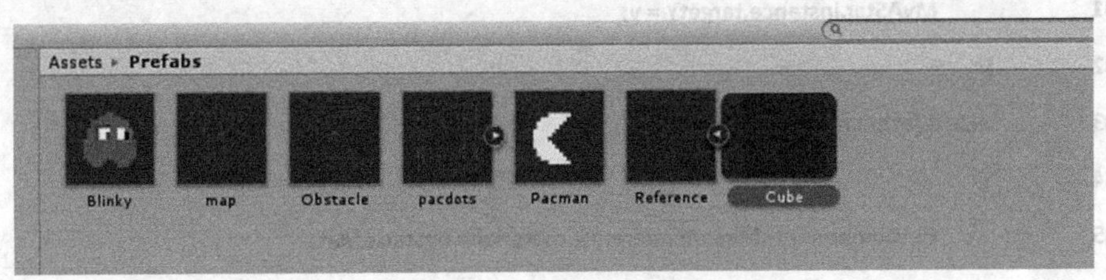

图 17-18　子物体示意图

```
1    using System.Collections;
2    using System.Collections.Generic;
3    using UnityEngine;
```

```
4   using UnityEngine.UI;
5   public class Reference : MonoBehaviour {
6       // 颜色材质区分
7       public Material startMat;
8       public Material endMat;
9       public Material obstacleMat;
10      // 显示信息 Text
11      private Text text;
12      // 当前格子坐标
13      public int x;
14      public int y;
15      // 判断当前格子的类型
16      void OnTriggerEnter2D(Collider2D other)
17      {
18          if (other.name == "Blinky")
19          {
20              GetComponent<MeshRenderer>().material = startMat;
21              MyAStar.instance.grids[x, y].type = GridType.Start;
22              MyAStar.instance.openList.Add(MyAStar.instance.grids[x, y]);
23              MyAStar.instance.startX = x;
24              MyAStar.instance.startY = y;
25          }
26          else if (other.name == "Pacman")
27          {
28              GetComponent<MeshRenderer>().material = endMat;
29              MyAStar.instance.grids[x, y].type = GridType.End;
30              MyAStar.instance.targetX = x;
31              MyAStar.instance.targetY = y;
32          }
33          else if (other.name == "Obstacle")
34          {
35              GetComponent<MeshRenderer>().material = obstacleMat;
36              MyAStar.instance.grids[x, y].type = GridType.Obstacle;
37          }
```

```
38      }
39      /// <summary>
40      /// 鼠标点击显示当前格子基础信息
41      /// </summary>
42      void OnMouseDown()
43      {
44          text.text = "XY(" + x + "," + y + ")" + "\n" +
45          "FGH(" + MyAStar.instance.grids[x, y].f + "," +
46          MyAStar.instance.grids[x, y].g + "," +
47          MyAStar.instance.grids[x, y].h + ")";
48          text.color = GetComponent<MeshRenderer>().material.color;
49      }
50  }
```

Reference 脚本

[3]　材质拖入。完成上述操作后，选择【Material】文件夹下的材质球，将其一一拖入【Reference】脚本中，如图 17-19 所示。

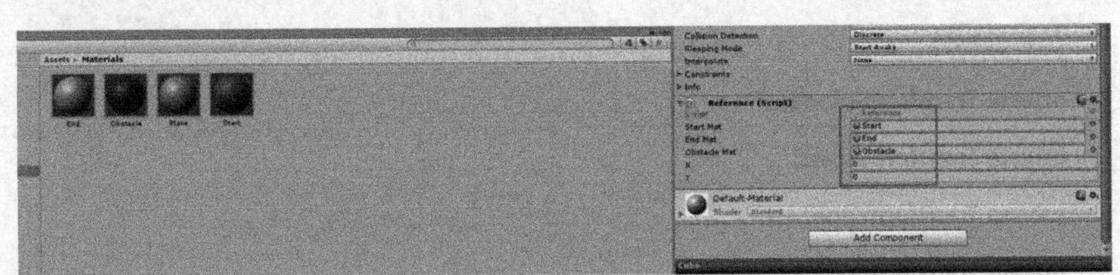

图 17-19　材质拖入示意图

[4]　新建脚本。选择【AStar】物体，为其新建并绑定一个新的脚本，重命名为【MyAStar】，我们将在这个脚本中编写 A* 算法，用于幽灵的移动。打开脚本后，将下列代码放入其中。

```
1   using System.Collections;
2   using System.Collections.Generic;
3   using UnityEngine;
4   public class MyAStar : MonoBehaviour {
5       /// <summary>
6       /// 单例脚本
7       /// </summary>
8       public static MyAStar instance;
9       // 参考物体预设体
10      public GameObject reference;
11      // 格子数组
12      public Grid[,] grids;
```

```
13    //格子数组对应的参考物（方块）对象
14    public GameObject[,] objs;
15    //开启列表
16    public ArrayListopenList;
17    //关闭列表
18    public ArrayListcloseList;
19    //目标点坐标
20    public int targetX;
21    public int targetY;
22    //起始点坐标
23    public int startX;
24    public int startY;
25    //格子行列数
26    private int row;
27    private int colomn;
28    //结果栈
29    private Stack<string> parentList;
30    //基础物体
31    private Transform plane;
32    private Transform start;
33    private Transform end;
34    private Transform obstacle;
35    //流颜色参数
36    private float alpha = 0;
37    private float incrementPer = 0;
38    float cdTime = 1f;
39    float cdsTime = 0;
40    void Awake()
41    {
42        instance = this;
43        parentList = new Stack<string>();
44        openList = new ArrayList();
45        closeList = new ArrayList();
46    }
47    private void Update()
48    {
```

```
49          cdsTime += Time.deltaTime;
50          if (cdTime<cdsTime)
51          {
52              GameObject[] cube = GameObject.FindGameObjectsWithTag("Cube");
53              for (int i = 0; i<cube.Length; i++)
54              {
55                  Destroy(cube[i]);
56              }
57              parentList = new Stack<string>();
58              openList = new ArrayList();
59              closeList = new ArrayList();
60              Init();
61              StartCoroutine(Count());
62              StartCoroutine(ShowResult());
63              cdsTime = 0;
64              }
65          }
66          /// <summary>
67          /// 初始化操作
68          /// </summary>
69          void Init()
70          {
71              // 计算行列数
72              int x = 28;
73              int y = 31;
74              row = x;
75              colomn = y;
76              grids = new Grid[x, y];
77              objs = new GameObject[x, y];
78                  // 起始坐标
79                  Vector3 startPos =
80                      new Vector3(-11, -14, 0);
81                  // 生成参考物体（Cube）
82                  for (int i = 0; i< x; i++)
83                  {
```

```
84                  for (int j = 0; j < y; j++)
85                  {
86                      grids[i, j] = new Grid(i, j);
87                      GameObject item = (GameObject)Instantiate(reference,
88                                          new Vector3(i + 12f, j + 15f, -10) + startPos,
89                                          Quaternion.identity);
90                      item.transform.GetChild(0).GetComponent<Done_Reference>().x = i;
91                      item.transform.GetChild(0).GetComponent<Done_Reference>().y = j;
92                      objs[i, j] = item;
93
94                  }
95          }
96      }
97      /// <summary>
98      /// A* 计算
99      /// </summary>
100     IEnumerator Count()
101     {
102         // 等待前面操作完成
103         yield return new WaitForSeconds(0.1f);
104         // 添加起始点
105         openList.Add(grids[startX, startY]);
106         // 声明当前格子变量，并赋初值
107         Grid currentGrid = openList[0] as Grid;
108         // 循环遍历路径最小 F 的点
109         while (openList.Count> 0 &&currentGrid.type != GridType.End)
110         {
111             // 获取此时最小 F 点
112             currentGrid = openList[0] as Grid;
113             // 如果当前点就是目标
114             if (currentGrid.type == GridType.End)
115             {
116                 // 生成结果
117                 GenerateResult(currentGrid);
118             }
```

```
119            // 上下左右，左上左下，右上右下，遍历
120            for (int i = -1; i<= 1; i++)
121            {
122                for (int j = -1; j <= 1; j++)
123                {
124                    if (i != 0 || j != 0)
125                    {
126                        // 计算坐标
127                        int x = currentGrid.x + i;
128                        int y = currentGrid.y + j;
129                        // 如果未超出所有格子范围，不是障碍物，不是重复点
130                        if (x >= 0 && y >= 0 && x < row && y <colomn
131                            && grids[x, y].type != GridType.Obstacle
132                            && !closeList.Contains(grids[x, y]))
133                        {
134                            // 计算 G 值
135                            int g = currentGrid.g + (int)(Mathf.Sqrt((Mathf.Abs(i) + Mathf.Abs(j))) * 10);
136                            // 与原 G 值对照
137                            if (grids[x, y].g == 0 || grids[x, y].g > g)
138                        {
139                            // 更新 G 值
140                            grids[x, y].g = g;
141                             // 更新父格子
142                            grids[x, y].parent = currentGrid;
143                        }
144                        // 计算 H 值
145                        grids[x, y].h = Manhattan(x, y);
146                        // 计算 F 值
147                        grids[x, y].f = grids[x, y].g + grids[x, y].h;
148                         // 如果未添加到开启列表
149                        if (!openList.Contains(grids[x, y]))
150                        {
151                             // 添加
152                            openList.Add(grids[x, y]);
153                        }
154                         // 重新排序
155                        openList.Sort();
```

```
156                 }
157             }
158         }
159     }
160     //完成遍历添加该点到关闭列表
161     closeList.Add(currentGrid);
162     //从开启列表中移除
163     openList.Remove(currentGrid);
164     //如果开启列表空，未能找到路径
165     if (openList.Count == 0)
166     {
167         Debug.Log("Can not Find");
168     }
169   }
170 }
171 /// <summary>
172 /// 生成结果
173 /// </summary>
174 /// <param name="currentGrid">Current grid.</param>
175 void GenerateResult(Grid currentGrid)
176 {
177     //如果当前格子有父格子
178     if (currentGrid.parent != null)
179     {
180         //添加到父对象栈（即结果栈）
181         parentList.Push(currentGrid.x + "|" + currentGrid.y);
182         //递归获取
183         GenerateResult(currentGrid.parent);
184     }
185 }
186 /// <summary>
187 /// 显示结果
188 /// </summary>
189 /// <returns>The result.</returns>
190 IEnumerator ShowResult()
```

```
191     {
192         // 等待前面计算完成
193         yield return new WaitForSeconds(0.3f);
194         // 计算每帧颜色值增量
195         incrementPer = 1 / (float)parentList.Count;
196         // 展示结果
197         while (parentList.Count != 0)
198         {
199             // 出栈
200             string str = parentList.Pop();
201             // 等 0.3 秒
202             yield return new WaitForSeconds(0.3f);
203             // 拆分获取坐标
204             string[] xy = str.Split(new char[] { '|' });
205             int x = int.Parse(xy[0]);
206             int y = int.Parse(xy[1]);
207             // 当前颜色值
208             alpha += incrementPer;
209             // 以颜色方式绘制路径
210             objs[x, y].transform.GetChild(0).GetComponent<MeshRenderer>().material.color
211             = new Color(1 - alpha, alpha, 0, 1);
212         }
213     }
214     /// <summary>
215     /// 曼哈顿方式计算 H 值
216     /// </summary>
217     /// <param name="x">The x coordinate.</param>
218     /// <param name="y">The y coordinate.</param>
219     int Manhattan(int x, int y)
220     {
221     return (int)(Mathf.Abs(targetX - x) + Mathf.Abs(targetY - y)) * 10;
222     }
223     void Start()
224     {
225         Init();
226         //StartCoroutine(Count());
227         //StartCoroutine(ShowResult());
```

```
228     }
229 }
```

MyAStar 脚本

[5] 预制体拖入。完成上述步骤后，选择【AStar】，将【Prefabs】文件夹下的【Reference】预制体拖入脚本中，如图 17-20 所示。

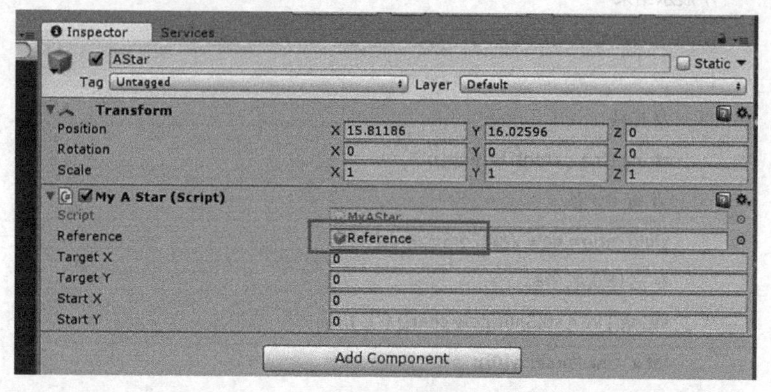

图 17-20 预制体拖入

[6] 修改代码。完成上述步骤后，点击运行游戏，我们很快会发现一个新的问题：吃豆人无法向左走！不要慌张，那是因为现在的游戏场景中，除了地图以外，还生成了一层方块用于幽灵的移动，这会阻碍吃豆人的运动，因而在吃豆人运动的障碍检测中，我们需要修改一些语句。

```
1   public class PacmanMove : MonoBehaviour {
2       ......
3       /// <summary>
4       /// 检测吃豆人前方是否有障碍物
5       /// </summary>
6       /// <param name="dir"></param>
7       /// <returns></returns>
8       bool valid(Vector2 dir)
9       {
10          //RaycastHit（Vector2 origin（起始点）, Vector2 direction（方向向量））投射一段光线并击打
11          // 这里只是简单的从距离吃豆人一单位的点 (pos + dir) 发射到吃豆人自身 (pos)。
12          Vector2 pos = transform.position;
13          RaycastHit2D hit = Physics2D.Linecast(pos + dir, pos);
14          return (hit.collider == GetComponent<Collider2D>());
15          if (hit.transform.gameObject.name == "Obstacle")
16          {
17              return false;
18          }
```

```
19            else
20            {
21                return true;
22            }
23        }
24 }
```

PacmanMove 脚本

[7] 幽灵移动脚本。幽灵移动的脚本十分简单，因为我们前期已经做好了大量的准备工作，所以在幽灵的移动脚本中只需添加几行代码即可。选择【Hierachy】面板中的【Blinky】物体，为其新建并绑定一个新的脚本，重命名为【GhostMove】，双击打开，将下列代码编写入其中。

```
1  using System.Collections;
2  using System.Collections.Generic;
3  using UnityEngine;
4  using UnityEditor.SceneManagement;
5  /// <summary>
6  /// 幽灵移动脚本
7  /// </summary>
8  public class GhostMove : MonoBehaviour {
9      public void ghostMove(int x, int y)
10     {
11         // 改幽灵位置
12         transform.position = new Vector3(x + 1.5f, y + 1f, 1);
13     }
14     private void OnTriggerEnter2D(Collider2D co)
15     {
16         if (co.name == "Pacman")
17         {
18             EditorSceneManager.LoadScene("Game");
19         }
20     }
21 }
```

GhostMove 脚本

除此之外，我们还需要在 MyAStar 脚本中添加如下语句。

```
1  public class MyAStar : MonoBehaviour {
2      ......
3      /// <summary>
4      /// 显示结果
5      /// </summary>
```

```
6        /// <returns>The result.</returns>
7        IEnumerator ShowResult()
8        {
9            // 等待前面计算完成
10           yield return new WaitForSeconds(0.3f);
11           // 计算每帧颜色值增量
12           incrementPer = 1 / (float)parentList.Count;
13           // 展示结果
14           while (parentList.Count != 0)
15           {
16               // 出栈
17               string str = parentList.Pop();
18               // 等 0.3 秒
19               yield return new WaitForSeconds(0.3f);
20               // 拆分获取坐标
21               string[] xy = str.Split(new char[] { '|' });
22               int x = int.Parse(xy[0]);
23               int y = int.Parse(xy[1]);
24
25               // 当前颜色值
26               alpha += incrementPer;
27               // 以颜色方式绘制路径
28               Debug.Log("load");
29               FindObjectOfType<GhostMove>().ghostMove(x, y);
30               objs[x, y].transform.GetChild(0).GetComponent<MeshRenderer>().material.color
31               = new Color(1 - alpha, alpha, 0, 1);
32           }
33       }
34       ......
35   }
```

MyAStar 脚本

完成上述操作后，我们的吃豆人就简单的完成了，效果如图 17-21 所示。

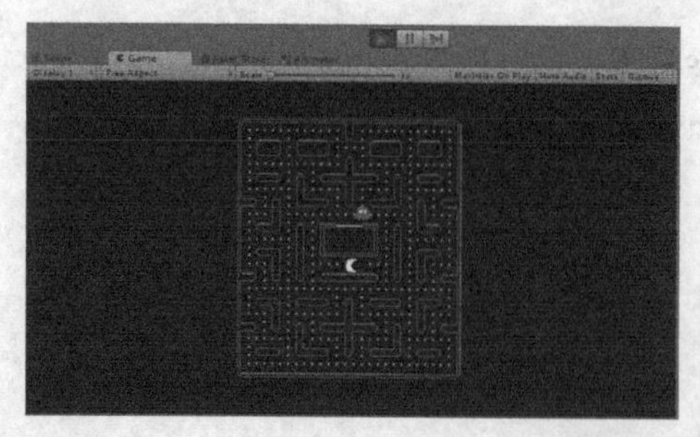
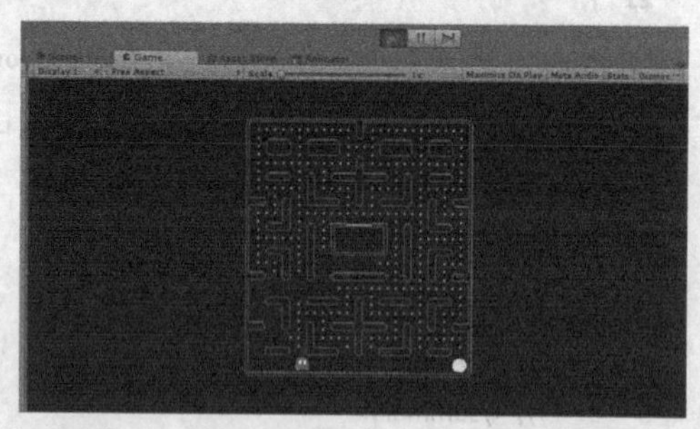

图 17-21　游戏示意图

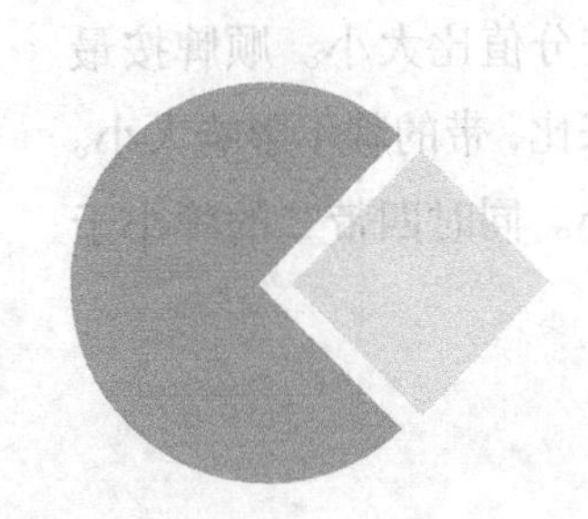

第 18 章　斗地主

18.1　游戏简介

扑克（英文 :Poker），有两种意思，一是指纸牌（playing Cards）；二是指以用纸牌来玩的游戏，称为扑克游戏，如斗地主、得克萨斯扑克。扑克是流行全世界的一种娱乐纸质工具。

一副扑克牌有 54 张牌，其中 52 张是正牌，另 2 张是副牌（大王和小王）。52 张正牌又均分为 13 张一组，并以黑桃、红桃、梅花、方块四种花色表示各组，每组花色的牌包括从 1-10（1 通常表示为 A）以及 J、Q、K 标示的 13 张牌，玩法千变万化，如图 18-1 所示。

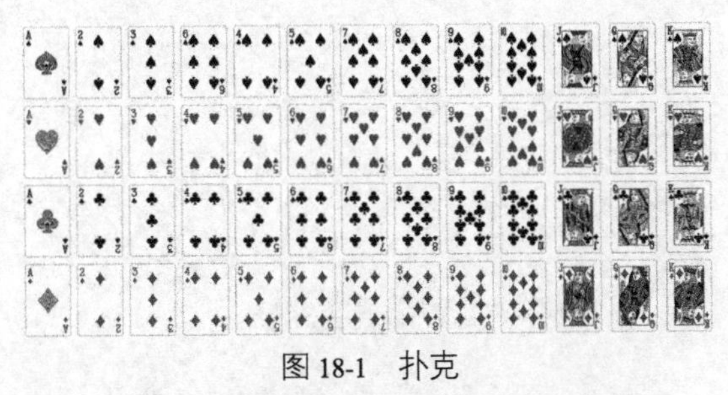

图 18-1　扑克

下面我们利用 Unity3D 讲解如何制作扑克“斗地主”游戏。

18.2　游戏规则

游戏：斗地主

1. 牌型：单牌、对子、三不带、顺子（5 张以上）、炸弹 4 张、三带一、三带一对、四带二、连对、王炸、飞机（3 张同点数且顺子可带两张单或两对）；

2. 胜利：地主方，农民方；地主方出完，地主获胜；农民方出完，农民获胜；

3. 叫地主，开局每人发 17 张牌，留三张给地主，开始叫地主，地主多获得三张牌；

4. 出牌：地主先出牌；

5. 大小：斗地主游戏牌型大小。王炸最大，可以打任意其他的牌。炸弹比王炸小，比其他牌大。都是炸弹时按牌的分值比大小。除王炸和炸弹外，其他牌必须要牌型相同且总张数相同才能比大小。单牌按分值比大小，依次是大王 > 小王

>2>A>K>Q>J>10>9>8>7>6>5>4>3，不分花色。对牌、三张牌都按分值比大小。顺牌按最大的一张牌的分值来比大小。飞机带翅膀，按其中的三顺部分来比，带的牌不影响大小。同为四带二的牌按其中 4 张牌的数值来比，带的牌不影响大小。同时四带二的牌小于四张不带牌的任意炸弹。

18.3 程序思路

18.3.1 扑克牌

共 54 张，用数组的形式来存放；数组 [54] 存放牌的 id（1-54），牌具有 grade（等级），用来表示牌的大小，我们根据牌的 id 来划分等级：

◆ 大王小王 grade：17，16；

◆ 2 的 grade：15；

◆ A 的 grade：14；

◆ K，Q，J，10，9，8，7，6，5，4，3 的 grade：13、12、11、10、9、8、7、6、5、4、3。如下伪代码所示。

```
if(id==54)
  {grade=17; }
if(id==53)
  {grade=16; }
if(id>0&& id<53){
    int num=id%13;
    if(num=1)
      {grade=15;}
    if(num=2)
      {grade=14;}
    if(num=3)
      {grade=3;}
    ………
    if(num=0)
      {grade=13;}
}
```

18.3.2 洗牌

游戏开始时随机互换数组中存放的扑克牌的位置。

随机交换 100 次，定义两个随机数，数值在 0-53 之间，再定一个临时变量，将这两个随机数赋值给牌的 id 数组，临时变量等于牌 id 数组 [随机数 1]，牌的 id 数组 [随机数 1] 又等于牌的 id 数组 [随机数 2]；然后再让牌的 id 数组 [随机数 2] 等于临时变量就实现了 id 数组中牌 id 的互换。如下为伪代码。

```
// 交换牌的位置，即 id。
for(i=0;i<100;i++){
int 临时变量，随机数 1，随机数 2;
随机数 1 = random(0， 53);
随机数 2 = random(0， 53);
临时变量 = 数组 [ 随机数 1];
数组 [ 随机数 1] = 数组 [ 随机数 2];
数组 [ 随机数 2] = 临时变量 ;
}
```

18.3.3 发牌

游戏开始发牌，每个人依次获得洗牌后的数组，共 17 张牌。玩家、电脑 1、电脑 2，分别获得用 for 语句循环生成的 17 次牌，玩家获得前 17 张，电脑 1 获得 18-34 张，电脑 2 获得 35-51 张。如下伪代码所示。

```
玩家：for( 牌数 =1； 牌数 <=17； 牌数 ++){
    当前牌 id= 数组 [ 牌数 -1];
    生成牌 ;
}
电脑 1：for( 牌数 =18； 牌数 <=34； 牌数 ++){
    当前牌 id= 数组 [ 牌数 -1];
    生成牌 ;
}
电脑 2：for( 牌数 =35； 牌数 <=51； 牌数 ++){
    当前牌 id= 数组 [ 牌数 -1];
    生成牌 ;
}
```

18.3.4 出牌

[1] 获取牌型。每次出完牌的时候，记录上家的牌型；轮到下家出牌时候，获取上家的牌型，选完牌出牌时，foreach 遍历获取被选中的牌的 grade 和张数，并将这些 grade 放到一个长度 20 临时数组中去，因为一个玩家最多就 20 张牌。

如下伪代码所示。

```
int 临时数组 [20];
int 张数 =0;
foreach( 遍历数组 in 牌数组 ){
  if( 遍历数组的牌被选中 ){
  临时数组 [ 张数 ] = 当前遍历数组的牌 ;
  张数 ++;
  }
}
```

[2] 比较大小。先判断是否先出牌：是，随意出牌，否则往下；是否是王炸：是，出牌；否，往下是否与上家出的牌型一致：是，往下；否，是否是炸弹：是，出牌；否，错误是否大小大于上家：是，正确；否，错误。正确，出牌。流程如图 18-2 所示。

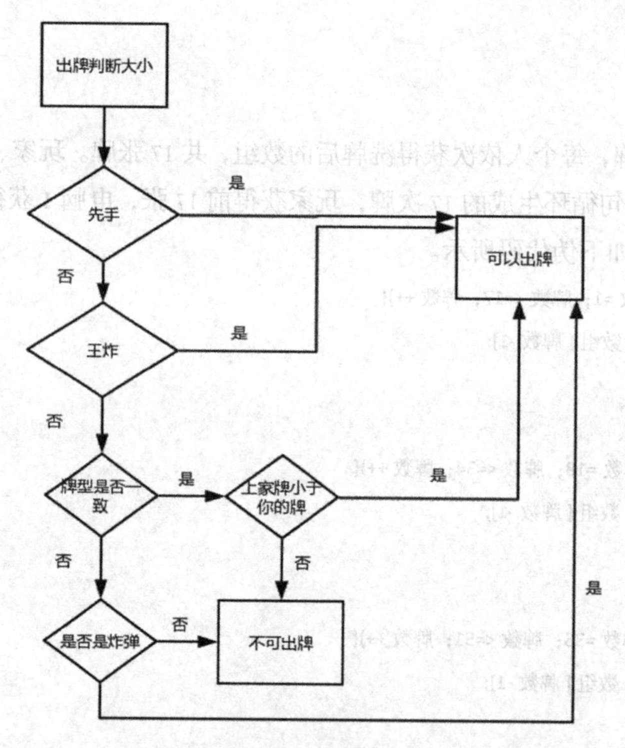

图 18-2 流程图

其伪代码如下。

```
if( 先手 ){
  可以出牌 ;
}
if( 王炸 ){
  可以出牌 ;
}
```

```
if( 上家的牌型 == 你的牌型 ){
    if( 上家牌 < 你的牌 ){
            可以出牌；
    }
}
else{
    if( 你的牌型 == 炸弹 ){
            可以出牌；
    }
}
```

18.3.5　牌型

判断选好的牌的牌型，就是看所选牌的 grade 和张数，以对子为例：出牌时我们获取到了临时数组的牌，还有选中牌的张数，那么就对子来说，选中牌的张数应该要等于 2，然后选中 2 张牌的 grade 应该相同，就是临时数组 [0] 的 grade 要等于临时数组 [1] 的 grade。

如下伪代码所示。

```
if( 临时数组不为空且张数 ==2){
    if( 临时数组 [0] 的 grade= 临时数组 [1] 的 grade){
        牌型是对子；
    }
}
```

18.3.6　大小

知道了牌型之后，比如以对子为例：上家的牌型先要等于当前玩家的牌型；然后对子就两张牌且两张牌相等，我们只要判断上家临时数组 [0] 的 grade 是否小于当前玩家临时数组 [0] 的 grade 就可以了。

如下伪代码所示。

```
if( 上家临时数组 [0] 的 grade< 当前玩家临时数组 [0] 的 grade){
    可以出牌；
}
```

18.3.7　玩家

具有选牌和出牌功能，pass 功能，叫抢地主等功能。选牌：鼠标点击牌。获取当前牌的 grade，张数加 1。出牌：鼠标点击出牌，判断是否符合出牌规则，true 就可以打出牌。Pass：鼠标点击 pass，轮到下家出牌。叫地主：数组内剩下的三张牌数组 [51]、数组 [52]、

数组 [53]，开局随机在玩家和两个电脑中选一个先叫地主（random）生成 0、1、2 三个数，0 表示玩家，1 表示电脑 1，2 表示电脑 2，点击叫地主，下家可以选择抢地主或不抢；点击不叫，下家可以选择叫地主或不叫。

18.3.8 胜利

在游戏状态中检测，看哪位玩家的手牌最先出完（手牌的数量为 0），即谁赢了。

18.3.9 游戏流程图

如图 18-3 所示。

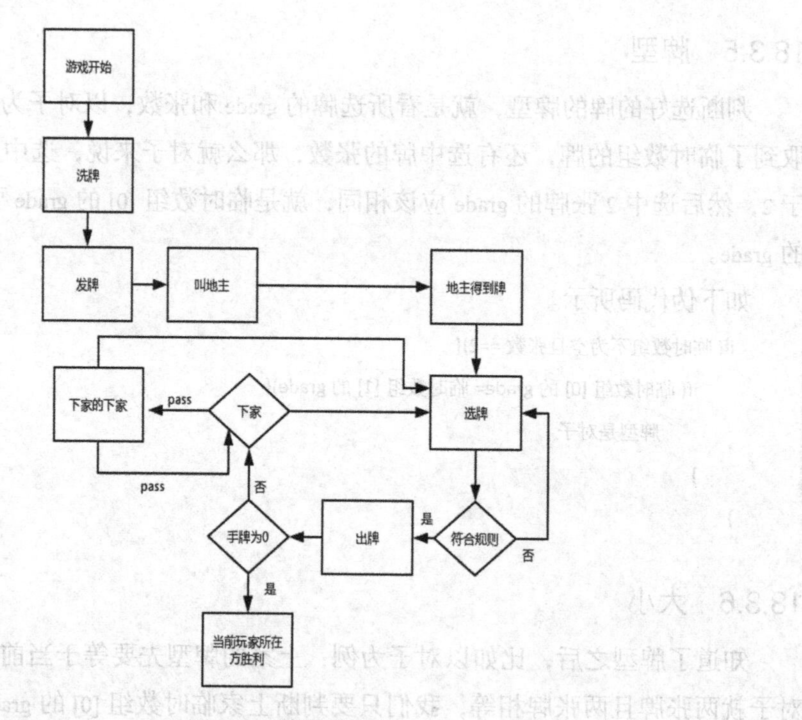

图 18-3 游戏流程图

18.4 工程实现

18.4.1 前期准备

[1] 新建工程。新建名为 DouDiZhu 的工程并打开。把 3D/2D 选项修改为 2D，然后点击创建工程（create project），如图 18-4 所示。

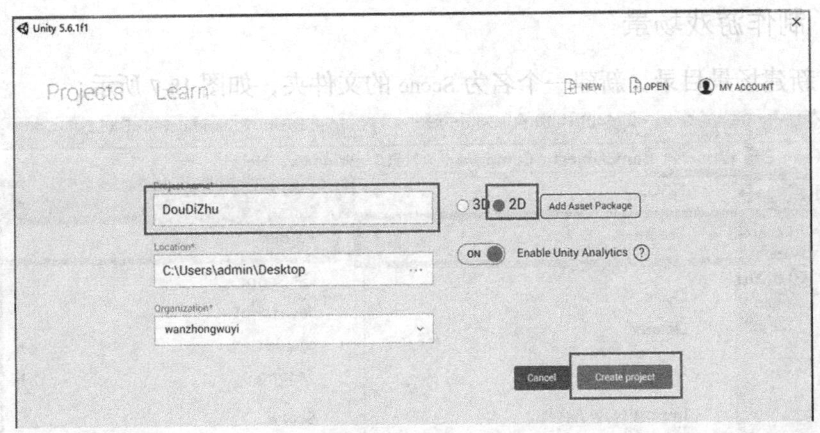

图 18-4　新建工程

[2]　导入资源包。点击菜单栏【Assets】-【Import Package】-【Custom Package】导入 poker.unitypackage，如图 18-5 所示。

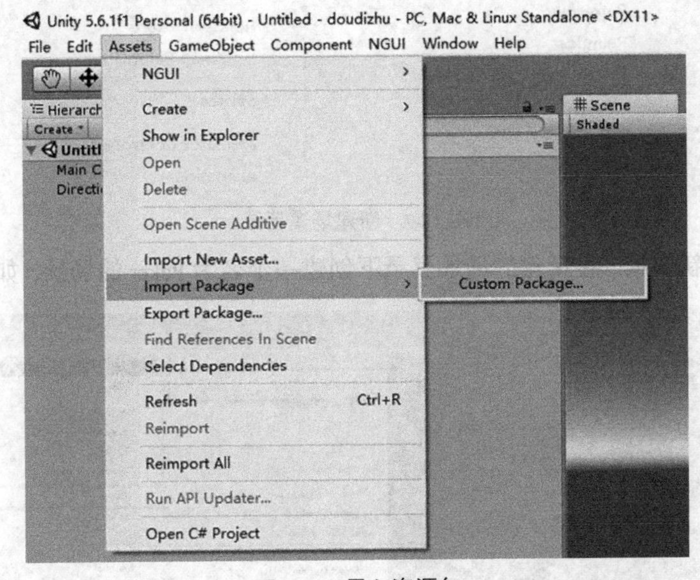

图 18-5　导入资源包

[3]　运行最终游戏，在下方打开文件夹【_Complete-Game】-【Done_Scenes】-【Done_Poker】，运行游戏，鼠标点击开始游戏，观察游戏最后结果，如图 18-6 所示。

图 18-6　运行效果

18.4.2 制作游戏场景

[1] 新建场景目录。新建一个名为 Scene 的文件夹，如图 18-7 所示。

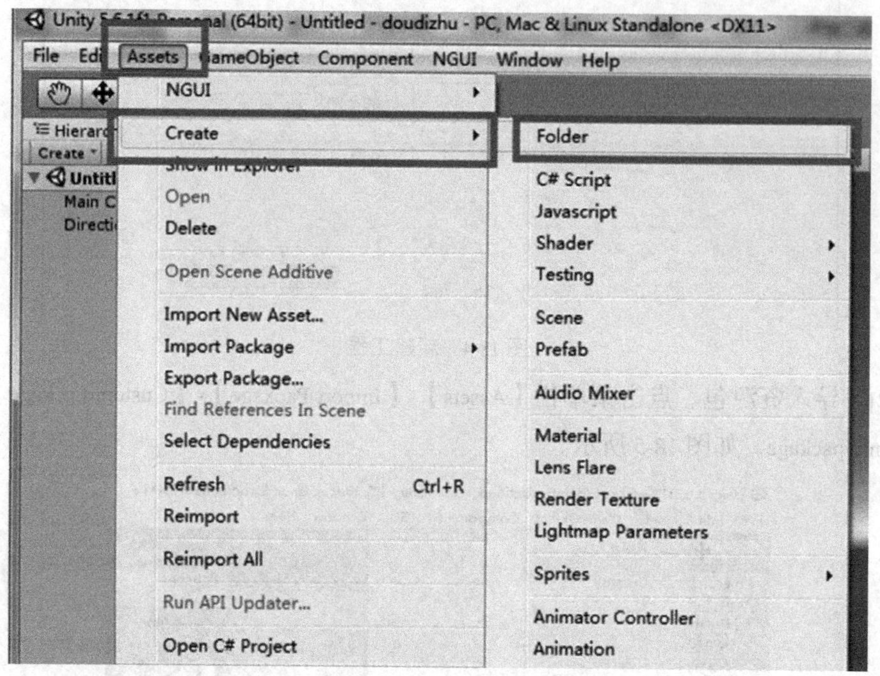

图 18-7 新建场景目录

[2] 创建新场景。在新建的场景目录下创建一个名为 Poker 的场景，如图 18-8 所示。

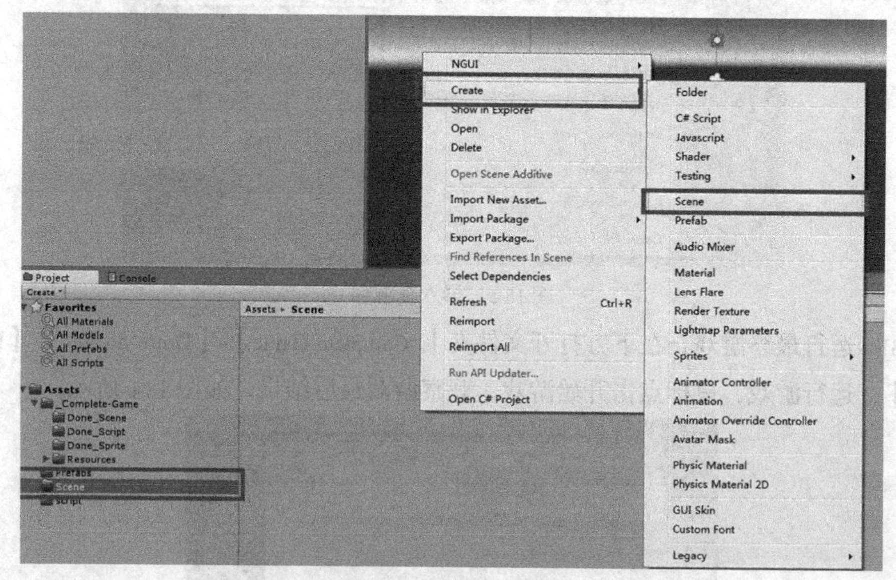

图 18-8 创建新场景

[3] 双击打开新场景，如图 18-9 所示。

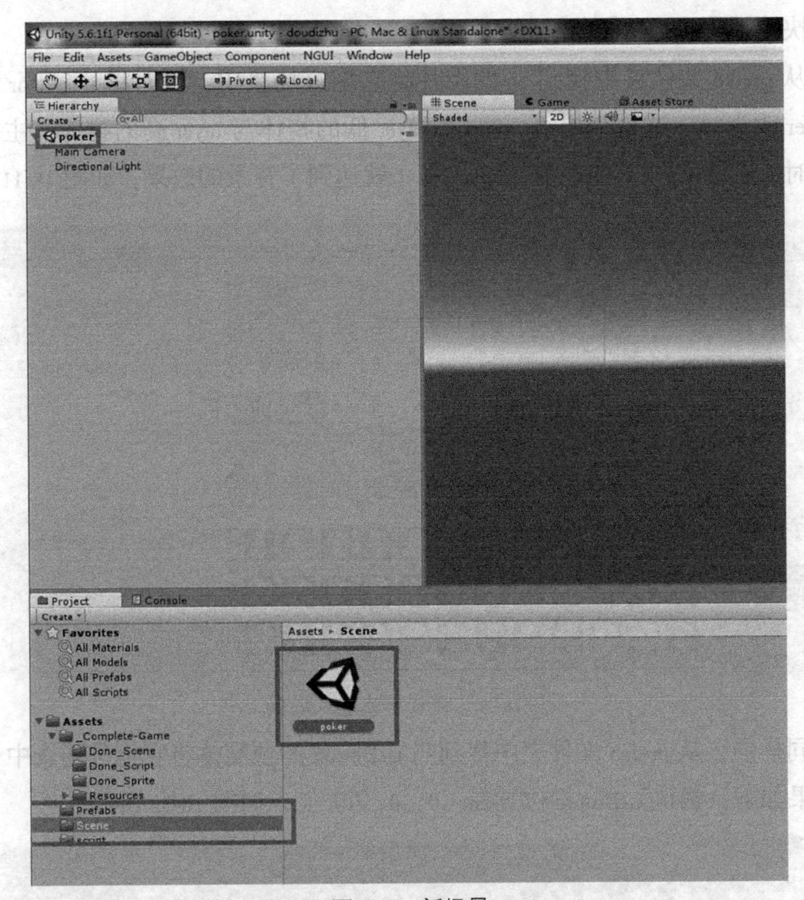

图 18-9　新场景

[4]　我们点击运行，运行后，游戏界面也是如此，这里我们需要的是一个纯色的背景，点击主摄像机，即 Main Camera，设置 Inspector 面板中的参数，将背景从天空改为纯色，并且修改摄像机位置，以及 projection，具体如下，如图 18-10 所示。

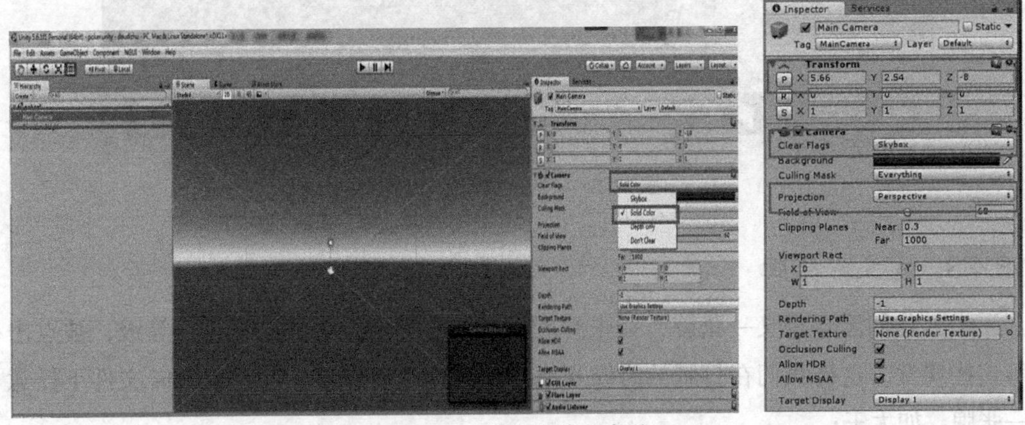

图 18-10　设置摄像机参数

[5]　完成了一个阶段后最好记得保存，这是很重要的。导航栏中 file->save scenes，

或者使用快捷键【Ctrl + S】来保存场景。

[6] 从 prefab 文件夹中找到 bg 的图片将它拖进场景中，同时将 Inspector 面板中的 order in layer 改为 -1，这是个层级，Sorting layer 低的物体与 layer 高的物体，主摄像机在同一平面时，会让 layer 高的在前，layer 为 -1 就达到了背景的效果，如图 18-11 所示。

图 18-11 将预制体拖入场景

[7] 同样的，从 prefab 文件夹中找到叫 UIButton 的预制体将它拖进场景中，调整下位置，效果如下：确认 UIButton 位置在（0，0，0）上，如图 18-12 所示。

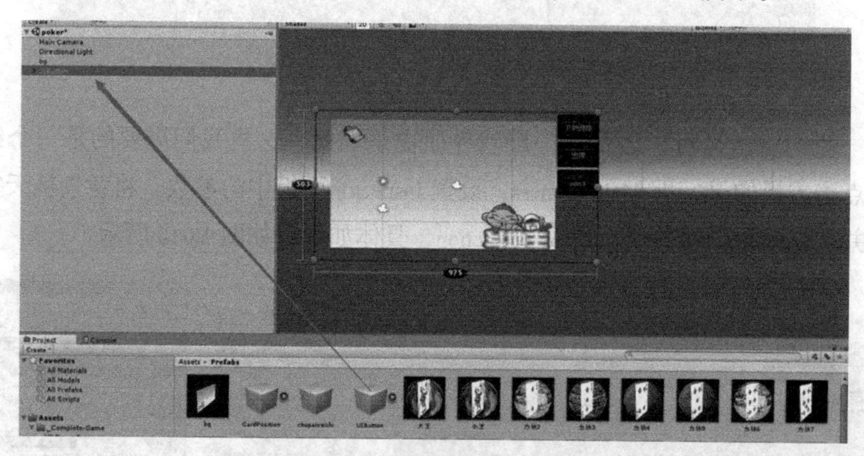

图 18-12 将预制体拖入场景

18.4.3 定义一张牌

[1] 我们需要定义一张牌，一张牌应该有 id，类型，名字，花色，等级，被点击等这些属性，这样我们在打牌的时候才能判断具体是哪张牌。找到 prefabs 文件下任意一张牌，如大王；

[2] 牌的 Inspector 面板中还没有代码，现在我们就来构建一张牌，同上面创建

scene 文件夹一样的步骤，先建立一个 Script 文件夹来存放代码，便于管理，然后在文件夹下建立一个 Card 脚本，如图 18-13 所示。

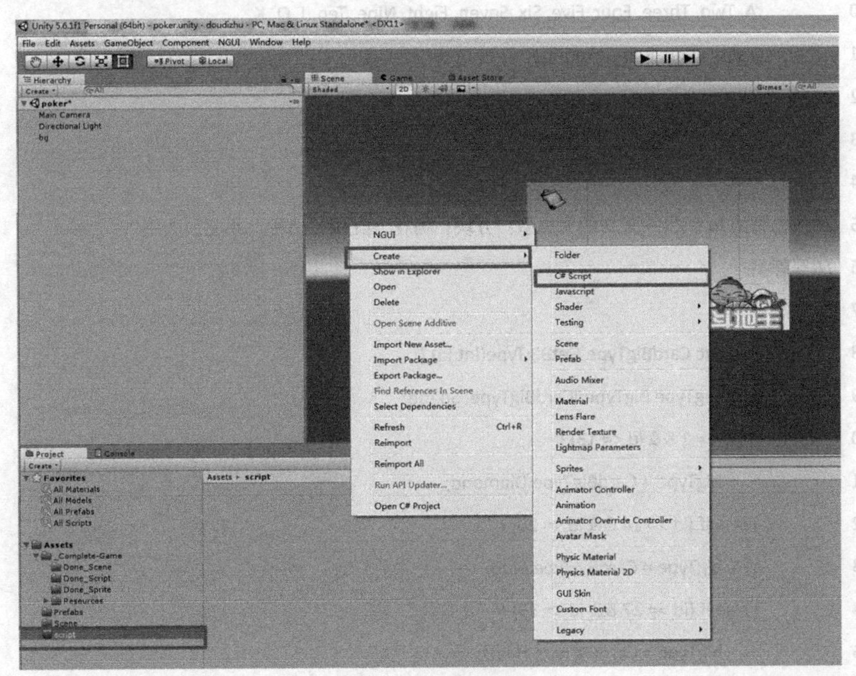

图 18-13　新建脚本

[3]　双击打开脚本，在脚本中添加如下代码，以此来定义牌的 id、grade、类型、花色。

```
1   using System.Collections;
2   using System.Collections.Generic;
3   using UnityEngine;
4   public class Card : MonoBehaviour {
5
6       public int id;                          // 牌的数字 ID,1 到 54, 来判断这张牌
7       public CardBigType bigType;             // 牌的大类，黑红草方；
8       public CardSmallType smallType;         // 牌的小类，数字；
9       public int grade;                       // 一张牌的等级，等级越大，牌的大小越大；
10
11      public bool isClick = true;             // 来判断是否被点击；
12      // CardBigType 表示花色：Spade：黑桃；Heart：红桃；Club：
13      // 梅花；Diamond：方块；Black_Joker：小王；Red_Joker：大王。
14      public enum CardBigType {
15          Spade,Heart, Club, Diamond, Red_Joker, Black_Joker
16      }
17      //CardSmall Type 表示牌点，即小牌型，依次表示 A、2、3、4、5、6、7、8
```

```
18    //9、10、J、K、Q、小王、大王。
19    public enum CardSmallType {
20        A, Two, Three, Four, Five, Six, Seven, Eight, Nine, Ten, J, Q, K,
21        Black_Joker, Red_Joker,
22    }
23
24
25 // 根据牌的 id 获得一张牌的大类型：方块，梅花，红桃，黑桃，小王，大王
26 // 等牌型
27
28    public static CardBigType GetBigType(int id) {
29        CardBigType bigType=CardBigType. Spade;
30        if (id >= 1 && id <= 13) {
31            bigType = CardBigType.Diamond;
32        } else if (id >= 14 && id <= 26) {
33            bigType = CardBigType.Club;
34        } else if (id >= 27 && id <= 39) {
35            bigType = CardBigType.Heart;
36        } else if (id >= 40 && id <= 52) {
37            bigType = CardBigType.Spade;
38        } else if (id == 53) {
39            bigType = CardBigType.Black_Joker;
40        } else if (id == 54) {
41            bigType = CardBigType.Red_Joker;
42        }
43        return bigType;
44    }
45
46 // 根据牌的 id，获取牌的小类型：2-10,A,J,Q,K 等牌
47
48    public static CardSmallType GetSmallType(int id) {
49        CardSmallType smallType=CardSmallType.A ;
50        if (id >= 1 && id <= 52) {
51        //numtotype 函数，用于将 id 除以 13 的余数来得到牌的小类；
52            smallType = numToType(id % 13);
```

```
53          } else if (id == 53) {
54              smallType = CardSmallType.Black_Joker;
55          } else if (id == 54) {
56              smallType = CardSmallType.Red_Joker;
57          } else {
58
59          }
60          return smallType;
61          }
62
63
64          // 将阿拉伯数字 0 到 12 转换成对应的小牌型，被 getSmallType 方法调用
65          // 牌的小类型
66
67          private static CardSmallType numToType(int num) {
68              CardSmallType type=CardSmallType.K ;
69              switch (num) {
70                  case 0:
71                      type = CardSmallType.K;
72                      break;
73                  case 1:
74                      type = CardSmallType.A;
75                      break;
76                  case 2:
77                      type = CardSmallType.Two;
78                      break;
79                  case 3:
80                      type = CardSmallType.Three;
81                      break;
82                  case 4:
83                      type = CardSmallType.Four;
84                      break;
85                  case 5:
86                      type = CardSmallType.Five;
87                      break;
```

```
88                  case 6:
89                      type = CardSmallType.Six;
90                      break;
91                  case 7:
92                      type = CardSmallType.Seven;
93                      break;
94                  case 8:
95                      type = CardSmallType.Eight;
96                      break;
97                  case 9:
98                      type = CardSmallType.Nine;
99                      break;
100                 case 10:
101                     type = CardSmallType.Ten;
102                     break;
103                 case 11:
104                     type = CardSmallType.J;
105                     break;
106                 case 12:
107                     type = CardSmallType.Q;
108                     break;
109
110             }
111         return type;
112     }
113
114 // 根据牌的 id，获得一张牌的等级与牌数字对应的等级
115
116     public static int GetGrade(int id) {
117         int grade = 0;
118
119         // 2 个王必须放在前边判断
120         if (id == 53) {
121             grade = 16; // 小王的等级
122         } else if (id == 54) {
```

```
123                 grade = 17; // 大王的等级
124         }
125
126         else {
127
128 // 每张牌的 id 不同但是红桃 5 和黑桃 5 的等级是一致的，它们各自除以 13
129 // 的余数是一样的，用这个方法来赋予它们等级；
130                 int modResult = id % 13;
131
132                 if (modResult == 1) {
133                     grade = 14;  //A
134                 } else if (modResult == 2) {
135                     grade = 15;  //2
136                 } else if (modResult == 3) {
137                     grade = 3;
138                 } else if (modResult == 4) {
139                     grade = 4;
140                 } else if (modResult == 5) {
141                     grade = 5;
142                 } else if (modResult == 6) {
143                     grade = 6;
144                 } else if (modResult == 7) {
145                     grade = 7;
146                 } else if (modResult == 8) {
147                     grade = 8;
148                 } else if (modResult == 9) {
149                     grade = 9;
150                 } else if (modResult == 10) {
151                     grade = 10;
152                 } else if (modResult == 11) {
153                     grade = 11;
154                 } else if (modResult == 12) {
155                     grade = 12;
156                 } else if (modResult == 0) {
157                     grade = 13;  //K
```

```
158                 }
159             }
160         return grade; // 返回等级
161     }
162 // 鼠标点击事情，被点击后往上移动，再点击往下移动，达到点击牌的效果
163 // 当点击时，isClick 会发生变化，这个后面会用来判断是否选中要出牌状态
164
165         public void OnMouseDown(){
166             if (isClick == true) {
167                 if (gameObject.transform.position.y != 2.8) {
168                     gameObject.transform.position= this.gameObject.transform.position + new Vector3 ( 0, 0.2f, 0);
169                     isClick = false;
170                 }
171             } else {
172                 if (gameObject.transform.position.y != 2.8) {
173                     gameObject.transform.position =
this.gameObject.transform.position + new Vector3 (0, -0.2f, 0);
174                     isClick = true;
175                 }
176             }
177     }
178 // 游戏开始时获取牌的类型和等级，在 log 打印出来；
179     void Start(){
180         bigType = GetBigType (id);
181         smallType = GetSmallType (id);
182         grade = GetGrade (id);
183         Debug.Log ("  "+ bigType+"  "+ smallType+"  "+ grade);
184     }
185 }
```

[4] 写完后，将代码保存，先选中 prefabs 文件中的牌，在 scrpit 文件夹下找到 Card 脚本，点击一张牌，将 card 脚本直接拖到牌的 Inspector 面板中，并修改 id ，比如大王对应 54；grade 是 17。

[5] 在 prefabs 文件夹下找到 54 张牌的预制体，点击第一张，在下拉条拉到最后一张，按住【Shift】键，就能全选了，统一添加脚本，全部选中后，在右边面板中，点击 Add

Component，输入脚本名 Card，就成功了，拉错了可以按【Ctrl+z】撤销，并单独修改每张牌的 id 和 grade，牌的花色在斗地主中没有用到，这里是按照方块，梅花，红桃，黑桃的顺序来的；即方块 A 的 id 为 1；方块 A-K 是 1-13，梅花 A-K 是 14-26，红桃 A-K 是 27-39，黑桃 A-K 是 40-52，小王是 53，大王是 54；grade 为，大王小王 -17，16；2-15，A-14；K~3-13~3。

18.4.4 洗牌

[1] 当点击了开始游戏后，洗牌，发牌，叫地主三个操作应该是一起执行的，因此它们在同一个脚本中，作为一个方法。

[2] 创建一个 AllCard 的脚本，需要的是一个 Card 的 id 数组，洗牌就是将数组中的 id 打乱，代码如下。

```
1   using System.Collections;
2   using System.Collections.Generic;
3   using UnityEngine;
4
5   public class AllCard : MonoBehaviour {
6   // 这里显示初始化整个数组，我们也可以使用 for 循环来初始化。
7       public int[] cards=new int[54]{1,2,3,4,5,6,7,8,9,
8           10,11,12,13,14,15,16,17,18,
9           19,20,21,22,23,24,25,26,27,
10          28,29,30,31,32,33,34,35,36,
11          37,38,39,40,41,42,43,44,45,
12          46,47,48,49,50,51,52,53,54};
13      // 交换函数
14      public void Shuffle(){
15      // 交换 100 次
16          for (int i = 0; i <= 100; i++) {
17              int a,b,c;
18              b = Random.Range (0, 54);// 随机生成 0-53
19              c = Random.Range (0, 54);
20              a = cards [b];
21              cards [b] = cards [c];// 交换数组中的 id
22              cards [c] = a;
23          }
24      }
25      public void GameStart(){
```

```
26
27            Shuffle ();
28        }
29 }
```

18.4.5 发牌

[1] 发牌要考虑两点，一是牌的生成，二是牌要分发到 3 个位置，即 3 个玩家手中；下方代码中生成的牌需要在 Resource 文件下（因为我们后面要利用 Resources.Load 来读取），因此我们需要把 Prefabs 文件夹拖入到 Resource 文件夹下。AllCard 的发牌代码如下。

```
1  public class AllCard : MonoBehaviour {
2       // 创建一个存放牌的对象数组，每生成一张牌，将它存放到数组中
3       public static GameObject []obj = new GameObject[54];
4       //3 个位置变量，即发牌的 3 个位置
5       public Transform player1;
6       public Transform computer1;
7       public Transform computer2;
8       public Transform diZhuPai;
9
10      // 这个用于限制点击开始游戏后只生成一次牌
11      bool canDivide = true;
12      // 通过对 count 的累加，让生成的牌的位置有一个层层叠叠的效果；
13      public int count = 1;
14
15 //CreateCard 方法用来生成牌。在 resource 文件夹下找到拖入的 prefabs 中的牌
16 // 对应的 name 来生成，它传进来了名字，位置，count，对象数组的参数 i 这四
17 // 个值，实现了生成指定名字的牌，牌移动指定位置，使指定位置往右边移动，
18 // 之后将生成的牌存到 obj 对象数组中；
19      public void CreateCard(string name,Transform player,int count,int i){
20           GameObject gameObj= (GameObject)Instantiate (Resources.Load
   ("Prefabs/"+name));
21           gameObj.transform.position = player.position+new Vector3(count*0.25f,0,0);
22           obj [i] = gameObj;
23           //Debug.Log (obj [i]);
24      }
25 // 这个方法是得到牌的信息，在调用 CreateCard 方法的，传进来了牌 id，位
26 // 置，对象数组的参数 i，由牌 id 来得到各种 id 下的名字，将它传进 CreateCard
27 // 每执行一次 GetCard，生成一张牌，count 累加一次，即代表位置往右移动点
```

```
28        public void GetCard(int CardID,Transform player,int i){
29
30            switch (CardID) {
31                case 1:
32                    count++;
33                    CreateCard ("方　块A", player, count,i);
34                    break;
35                case 2:
36                    count++;
37                    CreateCard ("方　块2", player, count,i);
38                    break;
39                case 3:
40                    count++;
41                    CreateCard ("方　块3", player, count,i);
42                    break;
43                case 4:
44                    count++;
45                    CreateCard ("方　块4", player, count,i);
46                    break;
47                case 5:
48                    count++;
49                    CreateCard ("方　块5", player, count,i);
50                    break;
51                case 6:
52                    count++;
53                    CreateCard ("方　块6", player, count,i);
54                    break;
55                case 7:
56                    count++;
57                    CreateCard ("方　块7", player, count,i);
58                    break;
59                case 8:
60                    count++;
61                    CreateCard ("方　块8", player, count,i);
62                    break;
63                case 9:
64                    count++;
65                    CreateCard ("方　块9", player, count,i);
```

```
66              break;
67          case 10:
68              count++;
69              CreateCard (" 方   块 10", player, count,i);
70              break;
71          case 11:
72              count++;
73              CreateCard (" 方   块 J", player, count,i);
74              break;
75          case 12:
76              count++;
77              CreateCard (" 方   块 Q", player, count,i);
78              break;
79          case 13:
80              count++;
81              CreateCard (" 方   块 K", player, count,i);
82              break;
83          case 14:
84              count++;
85              CreateCard (" 梅   花 A", player, count,i);
86              break;
87          case 15:
88              count++;
89              CreateCard (" 梅   花 2", player, count,i);
90              break;
91          case 16:
92              count++;
93              CreateCard (" 梅   花 3", player, count,i);
94              break;
95          case 17:
96              count++;
97              CreateCard (" 梅   花 4", player, count,i);
98              break;
99          case 18:
100             count++;
```

```
101                 CreateCard (" 梅   花 5", player, count,i);
102                 break;
103             case 19:
104                 count++;
105                 CreateCard (" 梅   花 6", player, count,i);
106                 break;
107             case 20:
108                 count++;
109                 CreateCard (" 梅   花 7", player, count,i);
110                 break;
111             case 21:
112                 count++;
113                 CreateCard (" 梅   花 8", player, count,i);
114                 break;
115             case 22:
116                 count++;
117                 CreateCard (" 梅   花 9", player, count,i);
118                 break;
119             case 23:
120                 count++;
121                 CreateCard (" 梅   花 10", player, count,i);
122                 break;
123             case 24:
124                 count++;
125                 CreateCard (" 梅   花 J", player, count,i);
126                 break;
127             case 25:
128                 count++;
129                 CreateCard (" 梅   花 Q", player, count,i);
130                 break;
131             case 26:
132                 count++;
133                 CreateCard (" 梅   花 K", player, count,i);
134                 break;
135             case 27:
```

```
136                 count++;
137                 CreateCard (" 红   桃 A", player, count,i);
138                 break;
139             case 28:
140                 count++;
141                 CreateCard (" 红   桃 2", player, count,i);
142                 break;
143             case 29:
144                 count++;
145                 CreateCard (" 红   桃 3", player, count,i);
146                 break;
147             case 30:
148                 count++;
149                 CreateCard (" 红   桃 4", player, count,i);
150                 break;
151             case 31:
152                 count++;
153                 CreateCard (" 红   桃 5", player, count,i);
154                 break;
155             case 32:
156                 count++;
157                 CreateCard (" 红   桃 6", player, count,i);
158                 break;
159             case 33:
160               count++;
161               CreateCard (" 红   桃 7", player, count,i);
162               break;
163             case 34:
164                 count++;
165                 CreateCard (" 红   桃 8", player, count,i);
166                 break;
167             case 35:
168                 count++;
169                 CreateCard (" 红   桃 9", player, count,i);
170                 break;
```

```
171            case 36:
172                count++;
173                CreateCard (" 红  桃 10", player, count,i);
174                break;
175            case 37:
176                count++;
177                CreateCard (" 红  桃 J", player, count,i);
178                break;
179            case 38:
180                count++;
181                CreateCard (" 红  桃 Q", player, count,i);
182                break;
183            case 39:
184              count++;
185              CreateCard (" 红  桃 K", player, count,i);
186              break;
187            case 40:
188                count++;
189                CreateCard (" 黑  桃 A", player, count,i);
190                break;
191            case 41:
192                count++;
193                CreateCard (" 黑  桃 2", player, count,i);
194                break;
195            case 42:
196                count++;
197                CreateCard (" 黑  桃 3", player, count,i);
198                break;
199            case 43:
200                count++;
201                CreateCard (" 黑  桃 4", player, count,i);
202                break;
203            case 44:
204                count++;
205                CreateCard (" 黑  桃 5", player, count,i);
```

```
206                 break;
207             case 45:
208                 count++;
209                 CreateCard (" 黑   桃 6", player, count,i);
210                 break;
211             case 46:
212                 count++;
213                 CreateCard (" 黑   桃 7", player, count,i);
214                 break;
215             case 47:
216                 count++;
217                 CreateCard (" 黑   桃 8", player, count,i);
218                 break;
219             case 48:
220                 count++;
221                 CreateCard (" 黑   桃 9", player, count,i);
222                 break;
223             case 49:
224                 count++;
225                 CreateCard (" 黑   桃 10", player, count,i);
226                 break;
227             case 50:
228                 count++;
229                 CreateCard (" 黑   桃 J", player, count,i);
230                 break;
231             case 51:
232                 count++;
233                 CreateCard (" 黑   桃 Q", player, count,i);
234                 break;
235             case 52:
236                 count++;
237                 CreateCard (" 黑   桃 K", player, count,i);
238                 break;
239             case 53:
240                 count++;
```

```
241                     CreateCard ("小  王", player, count,i);
242                     break;
243                 case 54:
244                     count++;
245                     CreateCard ("大  王", player, count,i);
246                     break;
247         }
248     }
249
250 // 发牌，前面都是如何生成牌，构造好了生成牌的方法后，在发牌方法中循环调
251 // 用，来生成 54 张牌，因为有三个玩家，分成三次，每次执行 17 次，留三张地
252 // 主牌；
253         public void Divide(){
254 // 定义一个 CardID 等于本次执行对应的 Cards 数组中的 id
255 //i-1，就是之后对象数组的参数 i；
256 // 调用 GetCard 方法，将 CardID，i-1，player1( 最开始定义的位置 ) 传
257 // 进去，同理后面也一样。
258             for (int i = 1; i <= 17; i++) {
259                     int CardID = cards [i-1 ];
260                     GetCard (CardID, player1,i-1);
261
262             }
263
264             for (int i = 18; i <= 34; i++) {
265                     int CardID = cards [i - 1];
266                     GetCard (CardID,computer1,i-1);
267
268             }
269             for (int i = 35; i <= 51; i++) {
270                     int CardID = cards [i - 1];
271                     GetCard (CardID,computer2,i-1);
272
273             }
274             for (int i = 52; i <= 54; i++) {
275                     int CardID = cards [i - 1];
```

```
276                     GetCard (CardID,diZhuPai,i-1);
277
278             }
279
280         }
281         //游戏开始键，这个方法是用来执行按钮开始游戏被点击后的几个操作
282         public void GameStart(){
283             Shuffle ();
284             if (canDivide == true) {
285                 Divide ();
286                 canDivide = false;
287
288
289         }
290
291     }
292
293
294 }
```

[2] 上述方法实现了发牌，但是牌却是没有顺序的，因此我们还要给牌进行排序，我们用到的算法是经典的冒泡排序，代码如下。

```
1   public class AllCard : MonoBehaviour {
2   //对三个玩家的 17 张牌排序，传进参数 size，指的是玩家牌的最后一张是
3   //第几张，分别有 17,34,51
4       public void SortCards(int size){
5           for (int i = 0; i <17 ; i++) {
6               for (int j = size-17; j < size- i - 1; j++) {
7   //获取对象数组中的那张牌，获取它绑定的 Card 脚本中的 grade 参数
8   //比较这张牌与后一张牌的大小，大于后一张牌就交换，并且牌的位置
9   //也改变；
10                  if(obj[j].GetComponent<Card>().grade>obj [j + 1].GetComponent<Card> ().grade){
11                      GameObject changes=obj[0];
12                      changes = obj [j];
13                      obj [j] = obj [j + 1];
14                      obj [j].transform.localPosition= obj [j].transform.localPosition-new Vector3(0.25f,0,0);
15                      obj [j + 1] = changes;
```

```
16                      obj[j+1].transform.localPosition=obj[j+1].transform.localPosition
    + new Vector3(0.25f,0,0);
17                  }
18              }
19          }
20      }
21      // 这里覆盖上一个 GameStart
22      public void GameStart(){
23          Shuffle ();
24          if (canDivide == true) {
25              Divide ();
26              canDivide = false;
27              SortCards (17);// 在开始游戏中执行三个交换
28              SortCards (34);
29              SortCards (51);
30
31          }
32      }
33  }
```

18.4.6　胜利判定

游戏需要胜利条件在 AllCard 中定义三个玩家的手牌张数；以及手牌是否为 0 的判断，等于 0 就在游戏界面显示文本，后面还要在叫地主和出牌的时候控制手牌的数量，代码如下。

```
1   public class AllCard : MonoBehaviour {
2       public int playerCount = 17;
3       public int computer1Count = 17;
4       public int computer2Count = 17;
5       public string win;
6           public GameObject winText;
7       void Update(){
8
9               if (playerCount == 0) {
10                  win = " 玩家 1 方胜利 ";
11              }
12              if (computer1Count == 0) {
13                  win = " 玩家 2 方胜利 ";
```

```
14                    }
15                    if (computer2Count == 0) {
16                        win = " 玩家 3 方胜利 ";
17                    }
18                    winText.GetComponent<UILabel>().text = win;
19          }
20  }
```

18.4.7 叫地主

[1] 生成牌的时候有三张地主牌，那么就需要判断到底谁是地主，以获得三张牌，代码如下。

```
1   public class AllCard : MonoBehaviour {
2   //9 个按钮，分别对应三个玩家的叫地主，抢地主，不叫抢
3       public GameObject b1;
4       public GameObject b2;
5       public GameObject b3;
6       public GameObject b4;
7       public GameObject b5;
8       public GameObject b6;
9       public GameObject b7;
10      public GameObject b8;
11      public GameObject b9;
12      // 叫地主方法
13      public void JiaoDiZhu(){
14  // 随机生成 0,1,2 三个数中的一个判断由谁来先叫地主，9 个按钮在之前拖入
15  // 场景的 UIButton 中，处于隐藏的状态，这里将生成数字对应的玩家的按钮给
16  // 显示出来；
17          switch (Random.Range (0, 3)) {
18              case 0:
19                  b1.SetActive (true);
20                  b3.SetActive (true);
21                  break;
22              case 1:
23                  b4.SetActive (true);
24                  b6.SetActive (true);
25                  break;
26              case 2:
```

```
27                  b7.SetActive (true);
28                  b9.SetActive (true);
29                  break;
30              }
31          }
32  // 定义三个玩家的初始 " 叫地主分数 " 为 1;
33          int gamePlayer1 = 1;
34          int gamePlayer2 = 1;
35          int gamePlayer3 = 1;
36
37          int turn=0;   // 定义叫地主轮次为 0;
38  //Button1 的点击事件，Button1 是玩家 1 叫地主，点击后，玩家 1 的叫地主
39  // 分加 1，轮次加 1，然后隐藏玩家 1 的叫地主 不叫抢 两个按钮；同时显示玩
40  // 家 2 的抢地主 和不叫抢按钮；
41          public void Button1(){
42              gamePlayer1++;
43              turn++;
44              b1.SetActive (false);
45              b3.SetActive (false);
46              b5.SetActive (true);
47              b6.SetActive (true);
48
49
50          }
51  //Button2 的点击事件，Button2 是玩家 1 抢地主，点击后，玩家 1 的叫地主
52  // 分加 1，轮次加 1，然后隐藏玩家 1 的抢地主 不叫抢 两个按钮；同时判断，
53  // 如果轮次小于 3，显示玩家 2 的抢地主 和不叫抢按钮；不小于 3 的话说明玩
54  // 家 1 抢到了地主，将这三张牌移动到玩家 1 的第 17 张牌之后，玩家 1 出牌等
55  // 于 true
56          public void Button2(){
57              gamePlayer1++;
58              turn++;
59              b2.SetActive (false);
60              b3.SetActive (false);
61              if (turn<3) {
```

```
62                  b5.SetActive (true);
63                  b6.SetActive (true);
64          }
65          else {
66              obj [51].transform.position = player1.transform.position
    + new Vector3 (19 * 0.25f, 0, 0);
67              obj [52].transform.position = player1.transform.position
    + new Vector3 (20 * 0.25f, 0, 0);
68              obj [53].transform.position = player1.transform.position
    + new Vector3 (21 * 0.25f, 0, 0);
69                  playerCount = playerCount+3;// 获得地主牌，玩家 1 手牌数加 3
70          }
71      }
72
73  //Button3 的点击事件。Button3 用来实现玩家 1 的不叫抢功能，点击后玩家 1 的
74  // 叫地主分减 1，轮次加 1，然后隐藏玩家 1 的叫地主  抢地主  不叫抢  3 个按钮；
75  // 然后判断轮次，小于 3，显示玩家 2 的抢地主 和不叫抢按钮；不小于 3，如果玩
76  // 家 2 或玩家 3 的地主分等于 2，则谁获得地主，都等于 2，则玩家 3 位于玩家
77  //2 之后，变成地主，因此代码这里只要先判断玩家 2 的情况就可以解决这个问
78  // 题，之后的按钮功能与前 3 个一致，不一一讲述；
79      public void Button3(){
80          gamePlayer1--;
81          turn++;
82
83          b1.SetActive (false);
84          b2.SetActive (false);
85          b3.SetActive (false);
86          if (turn<3) {
87              b5.SetActive (true);
88              b6.SetActive (true);
89
90          } else {
91              if (gamePlayer2 == 2) {
92                  obj [51].transform.position = computer1.transform.position
    + new Vector3 (36 * 0.25f, 0, 0);
```

```
93                          obj [52].transform.position = computer1.transform.position
  + new Vector3 (37 * 0.25f, 0, 0);
94                          obj [53].transform.position = computer1.transform.position
  + new Vector3 (38 * 0.25f, 0, 0);
95                          computer1Count = computer1Count + 3;// 玩家 2 手牌数加 3
96                   }
97                   if (gamePlayer3 == 2) {
98                          obj [51].transform.position = computer2.transform.position
  + new Vector3 (53 * 0.25f, 0, 0);
99                          obj [52].transform.position = computer2.transform.position
  + new Vector3 (54 * 0.25f, 0, 0);
100                         obj [53].transform.position = computer2.transform.position
  + new Vector3 (55 * 0.25f, 0, 0);
101                         computer2Count = computer2Count + 3;// 玩家 3 手牌数加 3
102                  }
103           }
104     }
105     public void Button4(){
106           turn++;
107           b4.SetActive (false);
108           b6.SetActive (false);
109           b8.SetActive (true);
110           b9.SetActive (true);
111           gamePlayer2 ++;
112
113     }
114     public void Button5(){
115           gamePlayer2 ++;
116           turn++;
117           b5.SetActive (false);
118           b6.SetActive (false);
119           if (turn<3) {
120                 b8.SetActive (true);
121                 b9.SetActive (true);
122           }
```

```
123             else{
124                     obj [51].transform.position = computer1.transform.position
    + new Vector3 (36 * 0.25f, 0, 0);
125                     obj [52].transform.position = computer1.transform.position
    + new Vector3 (37 * 0.25f, 0, 0);
126                     obj [53].transform.position = computer1.transform.position
    + new Vector3 (38 * 0.25f, 0, 0);
127                     computer1Count = computer1Count + 3;// 玩家 2 手牌数加 3
128                 }
129         }
130         public void Button6(){
131             gamePlayer2--;
132             turn++;
133             b4.SetActive (false);
134             b5.SetActive (false);
135             b6.SetActive (false);
136             if (turn<3) {
137                 b8.SetActive (true);
138                 b9.SetActive (true);
139         }
140         else {
141             if (gamePlayer3 == 2) {
142                     obj [51].transform.position = computer2.transform.position
    + new Vector3 (53 * 0.25f, 0, 0);
143                     obj [52].transform.position = computer2.transform.position
    + new Vector3 (54 * 0.25f, 0, 0);
144                     obj [53].transform.position = computer2.transform.position
    + new Vector3 (55 * 0.25f, 0, 0);
145                     computer2Count = computer2Count + 3;// 玩家 3 手牌数加 3
146                 }
147             if (gamePlayer1 == 2) {
148                     obj [51].transform.position = player1.transform.position
    + new Vector3 (19 * 0.25f, 0, 0);
149                     obj [52].transform.position = player1.transform.position
    + new Vector3 (20 * 0.25f, 0, 0);
```

```
150                     obj [53].transform.position = player1.transform.position
 + new Vector3 (21 * 0.25f, 0, 0);
151                     playerCount = playerCount+3;// 获得地主牌，玩家 1 手牌数加 3
152             }
153         }
154     }
155     public void Button7(){
156         turn++;
157         b7.SetActive (false);
158         b9.SetActive (false);
159         b2.SetActive (true);
160         b3.SetActive (true);
161         gamePlayer3++;
162
163     }
164     public void Button8(){
165         gamePlayer3++;
166         turn++;
167         b8.SetActive (false);
168         b9.SetActive (false);
169         if (turn<3) {
170             b2.SetActive (true);
171             b3.SetActive (true);
172         }
173         else{
174             obj [51].transform.position = computer2.transform.position
 + new Vector3 (53 * 0.25f, 0, 0);
175             obj [52].transform.position = computer2.transform.position
 + new Vector3 (54 * 0.25f, 0, 0);
176             obj [53].transform.position = computer2.transform.position
 + new Vector3 (55 * 0.25f, 0, 0);
177             computer2Count = computer2Count + 3;// 玩家 3 手牌数加 3
178         }
179     }
180     public void Button9(){
```

```
181             gamePlayer3--;
182             turn++;
183             b7.SetActive (false);
184             b8.SetActive (false);
185             b9.SetActive (false);
186             if (turn<3) {
187                 b2.SetActive (true);
188                 b3.SetActive (true);
189             }
190             else {
191                 if (gamePlayer1 == 2) {
192                     obj [51].transform.position = player1.transform.position
    + new Vector3 (19 * 0.25f, 0, 0);
193                     obj [52].transform.position = player1.transform.position
    + new Vector3 (20 * 0.25f, 0, 0);
194                     obj [53].transform.position = player1.transform.position
    + new Vector3 (21 * 0.25f, 0, 0);
195                     playerCount = playerCount+3;// 获得地主牌，玩家 1 手牌数加 3
196                 }
197                 if (gamePlayer2 == 2) {
198                     obj [51].transform.position = computer1.transform.position
    + new Vector3 (36 * 0.25f, 0, 0);
199                     obj [52].transform.position = computer1.transform.position
    + new Vector3 (37 * 0.25f, 0, 0);
200                     obj [53].transform.position = computer1.transform.position
    + new Vector3 (38 * 0.25f, 0, 0);
201                     Computer1Count = computer1Count + 3;// 玩家 2 手牌数加 3
202                 }
203             }
204         }
205 }
```

[2]　叫完地主后，最终的 GameStart 函数如下。

```
1   // 这里覆盖上一个 GameStart；
2   public void GameStart(){
3       Shuffle ();// 洗牌
4       if (canDivide == true) {
5           Divide ();// 发牌
```

```
6           canDivide = false;
7           SortCards (17);// 对 1-17 张排序
8           SortCards (34);// 对 18-34 张排序
9           SortCards (51);// 对 35-51 张排序
10
11      }
12      JiaoDiZhu ();// 叫地主
13  }
```

[3]　我们返回游戏场景中，将 Prefabs 中的 CardPosition 也拖入场景，如图 18-14 所示。

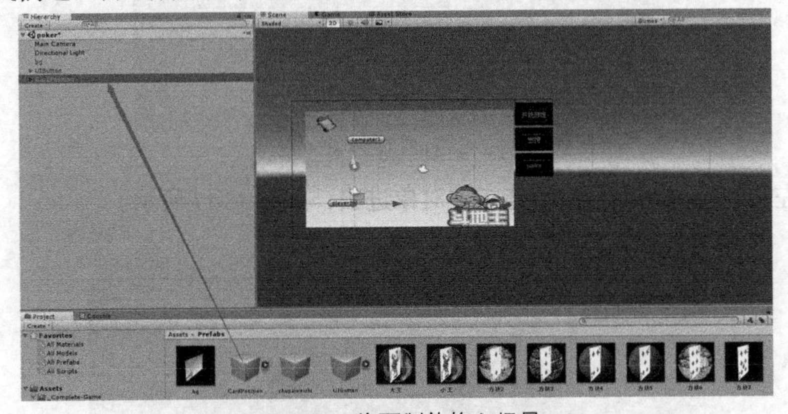

图 18-14　将预制体拖入场景

[4]　在左边的 Hierarchy 中点开 UIButton 和 CardPosition，如图 18-15 所示。

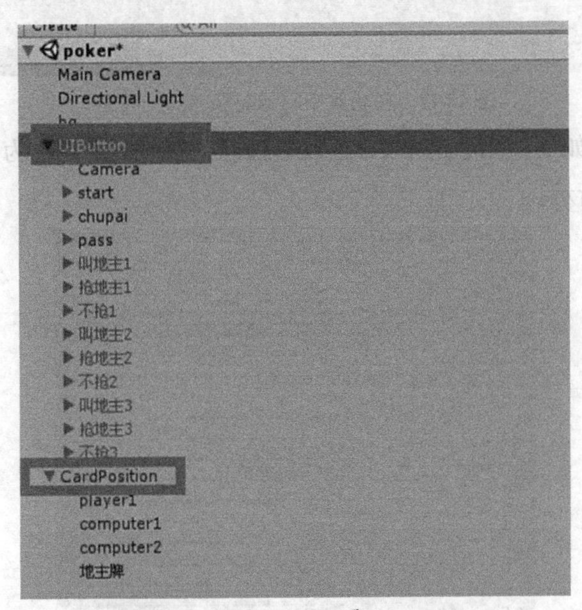

图 18-15　打开 UIButton 和 CardPosition

[5]　找到 start，在右边属性面板中，AddComponent 给它加上 AllCard 脚本，刚添加时候都是没有指定对象的，需要我们添加，如图 18-16 所示。

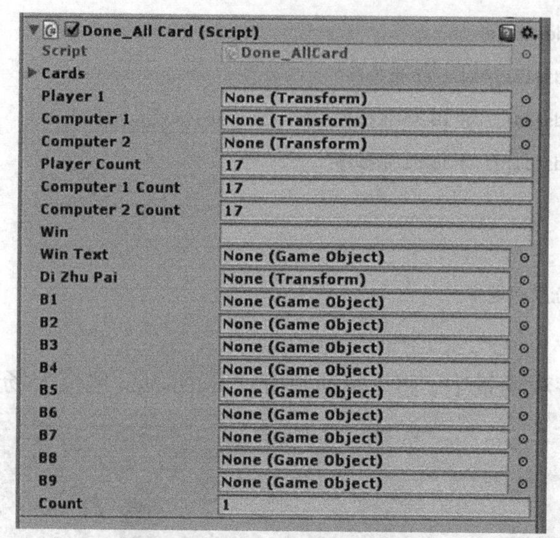

图 18-16　AllCard 脚本的参数

[6]　左边与右边一一对应地拖指定对象进去，如图 18-17 所示。

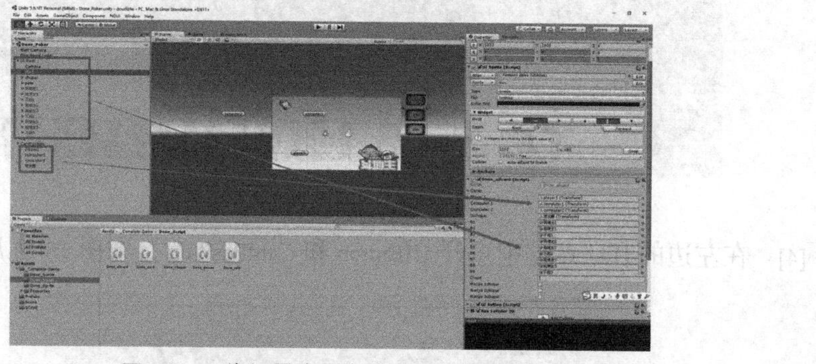

图 18-17　将场景中对象与脚本一一对应

[7]　最终属性如下，注意这个 Cards 数组打开，将 size 属性改为 54，不然会报数组越界，如图 18-18 所示。

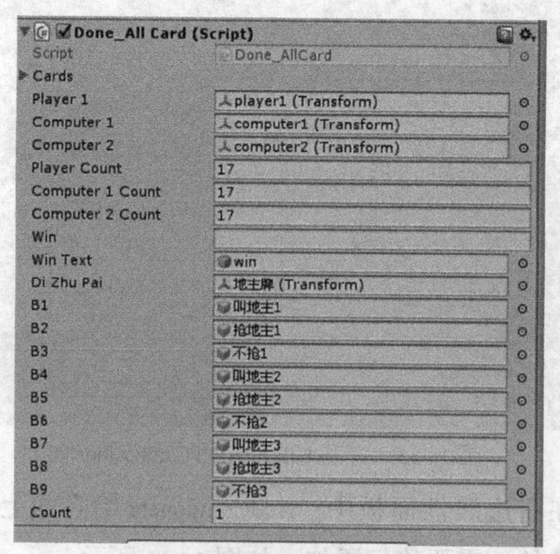

图 18-18　拖入后脚本参数

[8]　给 UIButton 添加响应事件，点击 start，在右边 Inspector 面板中，打开另一个事先已经绑好的代码，UI Button 的 On Click 属性改为如下，找到场景 start，也可以直接拖进去，如图 18-19 所示。

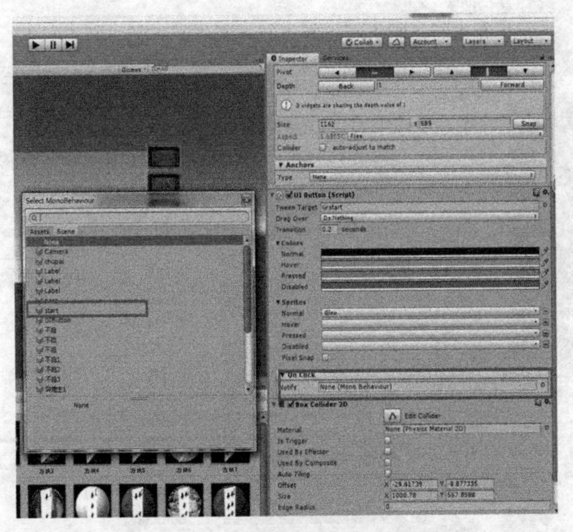

图 18-19　添加鼠标响应事件

[9]　点击 method 方法的 AllCard 的 GameStart 方法，这里就相当于给 start 按钮绑上了一个响应事件，点击后执行 GameStart 方法，如图 18-20 所示。

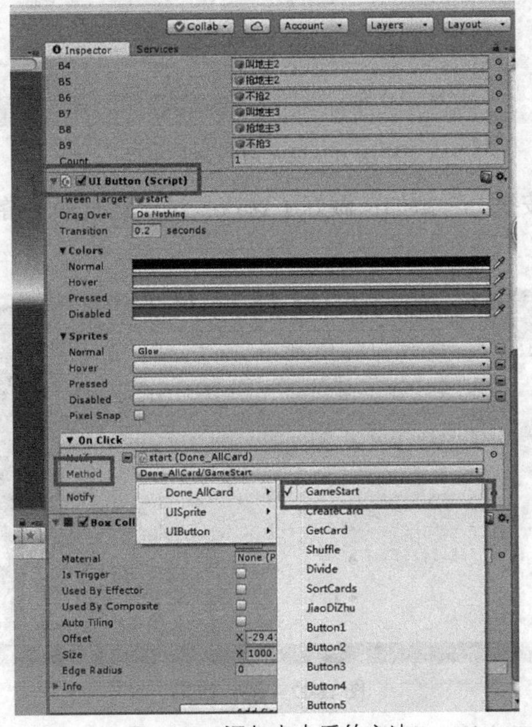

图 18-20　添加点击后的方法

[10]　给 start 添加好了点击事件后还要给叫地主的按钮添加点击事件，点击左边面

板的叫地主 1，同样在右边找到 UIButton 脚本中的 on click 面板，将 start 拖进去，为它绑定 start 的 Button1 方法，如图 18-21 所示。

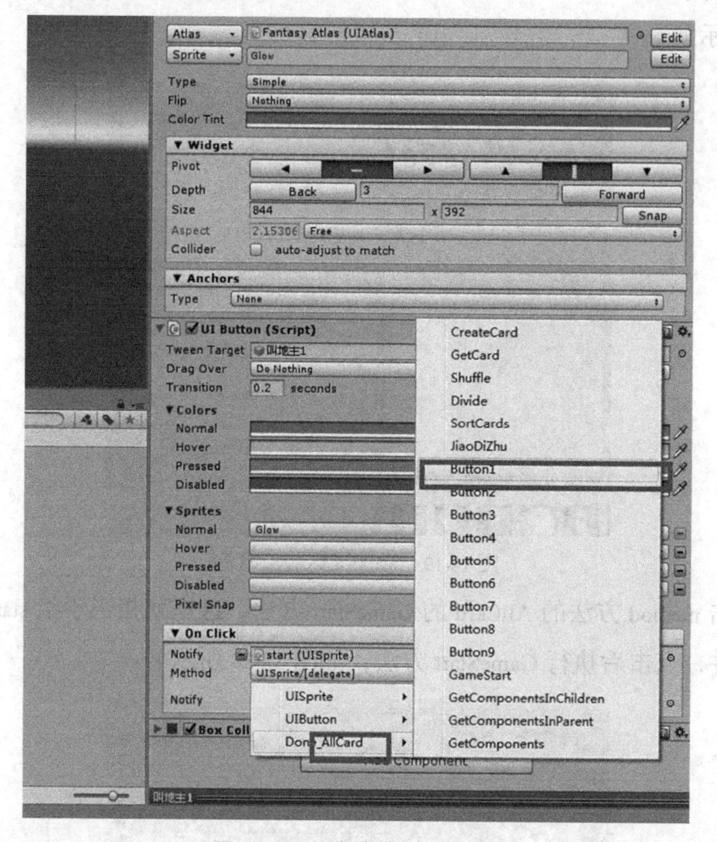

图 18-21　添加鼠标响应事件

[11]　一共九个按钮一一添加；做好了这些，试着运行一下游戏，效果如下，如图 18-22 所示。

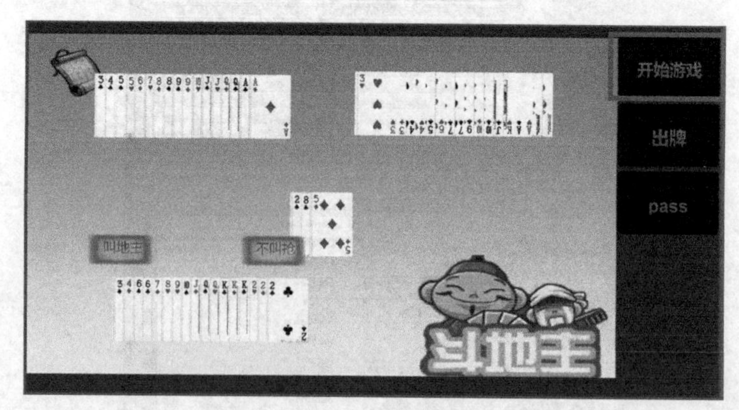

图 18-22　运行效果

点击开始游戏后可洗牌、发牌、排序、叫地主。

18.4.8　出牌

完成了洗牌、发牌、叫地主后、来实现出牌，先在 script 文件夹下创建 Deal 脚本，代码如下。

```
1   using System.Collections;
2   using System.Collections.Generic;
3   using UnityEngine;
4
5   public class Deal: MonoBehaviour {
6       public Transform disCardPostion;// 定义出牌位置
7       public int passValue = 2;//pass 按钮的值，等于 2，点击一次后值减 1
8                               // 当值等于 2，先手等于 true；
9       public bool xianShou = true;// 先手，一开始等于 true
10      public int layerLevel = 1;// 这个是 layer，前面说过，在重叠情况下
11                              //layer 越高的会显示在 layer 低的前面；
12
13      // 这个数组用来存放上一个玩家的牌，因为一个玩家最多就 20 张牌，所以把
14      // 数组长度设为 20；
15      public GameObject[] prevObj = new GameObject[20];
16      // 上一个玩家牌的张数
17      public int prevCardCount = 0;
18
19
20      // 排序，给出的牌进行排序，与之前一样，这里重写了；
21      public void SortCards(int cardCount,GameObject []obj){
22          for (int i = 0; i <cardCount ; i++) {
23              for (int j = 0; j < cardCount- i - 1; j++) {
24                  if (obj [j].GetComponent<Card> ().grade >
    obj [j + 1].GetComponent<Card> ().grade) {
25                      GameObject changes=obj[0];
26                      changes = obj [j];
27                      obj [j] = obj [j + 1];
28                      obj [j + 1] = changes;
29
30                  }
31              }
32          }
33      }
```

```
34         //出牌，点击出牌按钮，响应出牌事件；
35         public void DisCard(){
36             //每次点击，都会定义一个长度为 20 的临时对象数组，用来存放被选中的牌
37             GameObject[] obj1 = new GameObject[20];
38
39             int cardCount = 0;// 定义张数等于 0
40 //遍历 AllCard 中的 obj 数组，若数组中的牌上绑定的 Card 脚本中的
41 //isClick 是 false，说明被选中了，将它放到定义的对象数组 obj1 中去
42 //然后张数加一，遍历完，这个张数就选中牌总张数。
43
44             foreach(GameObject newobj in AllCard.obj){
45                 if (newobj.GetComponent<Card> ().isClick == false) {
46                     obj1 [cardCount] = newobj;
47                     cardCount++;
48                 }
49             }
50             SortCards(cardCount,obj1);  //对临时数组中的牌排序
51
52     //遍历完后，这里将临时数组中的牌，和张数值传进 Rule 和 Size 脚本中
53     //判断是否符合条件，这两个脚本后面会写到；
54     if (Rule.GameRule (cardCount, obj1)! = Rule.CardType.wrong &&
55         GradeCompare.Compare(prevCardCount,prevObj,cardCount,obj1) == true) {
56           Debug.Log (Rule.GameRule (cardCount, obj1));
57           layerLevel++;// 每出一次牌。layer 值加 1，保证出的牌始终在最前面；
58           //for 循环，将临时数组中的牌移动到出牌位置，达到出牌的效果
59           for (int i = 0; i < cardCount; i++) {
60                 //出牌后，牌的 isClick 属性变成 true；
61                 obj1 [i].GetComponent<Card> ().isClick = true;
62                 //每次出牌判断是那个玩家的牌，是 AllCard 中的玩家手牌数减少
63                 if(obj1[i].transform.position.y-0.2f==GameObject.Find ("player1").transform.position.y) {
64                       GameObject.Find("start").GetComponent<AllCard> ().playerCount--;
65                 }
66                       if(obj1[i].transform.position.y-0.2f==GameObject.Find ("computer1").transform.
position.y）{
67                       GameObject.Find("start").GetComponent<AllCard> ().computer1Count--;
```

```
68                              }
69                              if(obj1[i].transform.position.y-0.2f==GameObject.Find ("computer2").transform.
   position.y) {
70                                      GameObject.Find("start").GetComponent<AllCard> ().computer2Count--;
71                              }
72                              // 移动牌的位置，每次在出牌位置往右移动一点
73                              obj1 [i].transform.position = disCardPostion.position
   + new Vector3 (i * 0.25f, 0, 0);
74                              obj1 [i].GetComponent<SpriteRenderer> ().sortingOrder= layerLevel;
75 // 将牌的 layer 提高；
76                              Debug.Log (obj1 [i]);
77                              prevObj[i]=obj1 [i]; // 出完牌后，将临时数组的牌保存
78                                          // 到，上一个玩家的牌数组中
79                      }
80                      prevCardCount= cardCount;   // 上家张数等于张数
81                      passValue = 0;          // 每次出完牌，pass 值都变成 0，
82                                              // 只有在两次连续 pass 后，先手才会变成 true；
83                      xianShou = false;    // 先手变成 false；
84              }
85      }
86      //pass 按钮的点击事件
87      public void Pass(){
88
89          passValue++; // 点击一次 pass 值加 1
90                      //pass 值等于 2，先手等于 true
91          if (passValue == 2) {
92                  xianShou = true;
93          }
94      }
95 }
```

18.4.9 判断牌型

实现了出牌，但是牌可以随意出，因此要限制牌型，新建一个 Rule 脚本，代码如下。

```
1    using System.Collections;
2    using System.Collections.Generic;
3    using UnityEngine;
4    // 牌型规则类
5    public class Rule : MonoBehaviour {
6    // 定义一个类型，牌型类，牌型包括单牌，对子，王炸，三不带，三带一，炸弹
7    // 顺子，连对，飞机带，飞机不带，四带二，错误牌型
8        public enum CardType {
9            danPai,// 单牌
10           duiZi,// 对子
11           wangZha,// 王炸
12           sanBuDai,// 三不带
13           sanDaiYi,// 三带一
14           sanDaiYiDui,// 三带一对
15           zhaDan,// 炸弹
16           shunZi,// 顺子
17           lianDui,// 连对
18           feiJiDai,// 飞机带
19           feiJiBuDai,// 飞机不带
20           siDaiEr,// 四带二
21           wrong // 错误牌型
22       }
23   // 定义静态方法返回值为牌型，需要传进参数 张数和 临时数组的牌
24       public static CardType GameRule (int cardCount, GameObject[]obj)
25       {
26           CardType cardType=CardType.wrong ; // 先定义 cardType 等于错误牌型
27
28           // 单牌，张数等于 1
29           if (cardCount == 1) {
30               cardType = CardType.danPai;
31           }
32
33           // 对子或王炸，两张牌的等级一样就是对子，等级之和等于 33 就是王炸
34           if (cardCount == 2) {
35               if (obj [0].GetComponent<Card> ().grade == obj [1].GetComponent<Card>
```

```
        ().grade ) {
36              cardType = CardType.duiZi;
37      }
38      if (obj [0].GetComponent<Card> ().grade + obj [1].GetComponent<Card>
        ().grade == 33 ) {
39              cardType = CardType.wangZha;
40          }
41      }
42
43      // 三不带，三张牌等级一样
44      if (cardCount == 3) {
45              int grade1 = obj [0].GetComponent<Card> ().grade;
46              int grade2 = obj [1].GetComponent<Card> ().grade;
47              int grade3 = obj [2].GetComponent<Card> ().grade;
48              if (grade1 == grade2 && grade1 == grade3) {
49                  cardType = CardType.sanBuDai;
50              }
51      }
52      // 三带一或炸弹，四张全相等炸弹，前三张或者后三张相等，三带一，
53      // 这里要注意 Deal 脚本中，临时数组传进来之前已经进行过排序，
54      // 因此三带一牌型，不是前三张相等就是后三张；
55      if (cardCount == 4){
56          int grade1 = obj [0].GetComponent<Card> ().grade;
57          int grade2 = obj [1].GetComponent<Card> ().grade;
58          int grade3 = obj [2].GetComponent<Card> ().grade;
59          int grade4 = obj [3].GetComponent<Card> ().grade;
60          if (grade1 == grade2 && grade1 == grade3 && grade1 == grade4) {
61              cardType = CardType.zhaDan;
62
63          } else if (grade1 == grade2 && grade1 == grade3) {
64              cardType = CardType.sanDaiYi;
65
66          } else if (grade2 == grade3 && grade2 == grade4) {
67              cardType =CardType.sanDaiYi;
68
```

```
69            }
70        }
71          //三带一对，5 张牌，前两张和后三张一样 或者 前三张和后两张一样
72        if (cardCount == 5) {
73                int grade1 = obj [0].GetComponent<Card> ().grade;
74                int grade2 = obj [1].GetComponent<Card> ().grade;
75                int grade3 = obj [2].GetComponent<Card> ().grade;
76                int grade4 = obj [3].GetComponent<Card> ().grade;
77                int grade5= obj [4].GetComponent<Card> ().grade;
78                if (grade1 == grade2 && grade3 == grade4 && grade4 == grade5) {
79                    cardType =CardType.sanDaiYiDui;
80                }
81                if (grade1 == grade2 && grade2 == grade3 && grade4 == grade5) {
82                    cardType =CardType.sanDaiYiDui;
83          }
84
85        }
86
87
88        // 顺子，张数在 5-12 之间，
89        if (cardCount >= 5 && cardCount <= 12) {
90            bool flag1 = true;// 判断是否正确
91            // 做张数减 1 次的判断，前一张与后一张牌的等级之差等于 1，
92            // 并且等级不能等于 17,16,15，
93            // 就是大王小王，2；否则就返回 false；
94            for (int n = 0; n < cardCount - 1; n++ ) {
95                int prew = obj [n].GetComponent<Card> ().grade;
96                int next = obj [n + 1].GetComponent<Card> ().grade;
97                if (prew == 17 || prew == 16 || prew == 15 || next == 17 || next ==16 || next == 15 ) {
98                    flag1 = false;
99                } else {
100                   if (prew - next != -1) {
101                       flag1 = false;
102               }
103       }
```

```
104         }
105         // 如果全部判断完，flag1 等于 true，牌型等于顺子
106         if(flag1){
107           cardType = CardType.shunZi;
108         }
109     }
110
111
112     // 连对，张数大于等于 6，被 2 整除；
113
114     if (cardCount >= 6 && cardCount % 2 == 0) {
115           bool flag2 = true;
116 // 判断相邻两张等级是否一样，不同返回 false；每次 n+2；就可以保证是一对
117 // 一对的进行判断；
118           for (int n = 0; n < cardCount; n = n + 2) {
119                   if(obj[n].GetComponent<Card>().grade!=
   obj[n+ 1].GetComponent<Card> ().grade )  {
120                         flag2 = false;
121                   }
122 // 如果 n 小于张数减 2 就判断，因为如果 n 等于张数减 2，假设张数 6；
123 // 有三对，我们只需要判断两次，n=4 时候就对执行第三次判断，从而数组越界
124 // 因此要加上这个限制条件；
125                   if (n < cardCount - 2) {
126                   // 如果 n 的牌与 n+2 的牌相差不为 1 则返回 false
127                   if (obj [n].GetComponent<Card> ().grade -
   obj [n + 2].GetComponent<Card> ().grade != -1) {
128                         flag2 = false;
129                   }
130                 }
131         }
132         // 如果全部判断完，flag2 等于 true，牌型等于连对
133         if (flag2) {
134               cardType = CardType.lianDui;
135         }
136     }
137
138     // 飞机不带，张数大于 6，被 3 整除
```

```
139
140         if (cardCount >= 6 &&cardCount % 3 == 0) {
141             bool flag3 = true;
142
143             int n = cardCount / 3;// 计算出一共几个 3 张
144             int[] grades=new int[n];
145             //i 每次加 3，先判断这三张是否一样，接下来判断是否相差 1，
146             // 与连对的算法基本一致
147             for (int i = 0; i < n; i=i+3) {
148                 int grade1 = obj [i].GetComponent<Card> ().grade;
149                 int grade2 = obj [i+1].GetComponent<Card> ().grade;
150                 int grade3 = obj [i+2].GetComponent<Card> ().grade;
151                 if (grade1 != grade2 || grade1 != grade3) {flag3 = false;}
152                 if (grade1 ==15) {flag3 = false;}//2 不能带
153                 if(i<cardCount -3){
154                     if (obj [i].GetComponent<Card> ().grade -
    obj [i+ 3].GetComponent<Card> ().grade != -1 ) {
155                         flag3 = false;
156                     }
157                 }
158             }
159         // 如果全部判断完，flag3=true，牌型等于飞机不带
160         if (flag3) {
161             cardType = CardType.feiJiBuDai;
162         }
163     }
164     // 飞机带，张数大于 8，被 4 整除
165     if (cardCount >= 8 && cardCount % 4 == 0) {
166         bool flag4 = true;
167         int m = cardCount / 4;// 计算出一共几个 4 张
168         int n = 100;// 定义一个 n，飞机中的牌的第一张，
169             // 就是不是带的牌
170
171 // 我们知道飞机的中间肯定是连起来的，关键是旁边，在左边还是左边，以 8
172 // 张牌为例，左边最多出现 2 张带的牌，那么我们就执行 m+1 次判断，第一张
```

```
173 // 是否是飞机中的牌，不是执行第二张，如果符合了，n=i，i 在等于 m+1，
174 // 确保把这个循环判断给结束掉；
175         for (int i = 0; i <= m; i++ ){
176             int grade1 = obj [i].GetComponent<Card> ().grade;
177             int grade2 = obj [i + 1].GetComponent<Card> ().grade;
178             int grade3 = obj [i + 2].GetComponent<Card> ().grade;
179             if (grade1 == grade2 && grade1 == grade3 ） {n=i;i = m + 1;}
180 // 只要 n 改变了，成了飞机中的牌的第一张，就和之前实现飞机带的操作一样了
181             if (n != 100) {
182                 for(int j=0;j<m;j++){
183                     int grade4 = obj [n+j*3].GetComponent<Card> ().grade;
184                     int grade5 = obj [n + 1+j*3].GetComponent<Card> ().grade;
185                     int grade6 = obj [n + 2+j*3].GetComponent<Card> ().grade;
186                     if (grade4 != grade5 || grade4!= grade6 ） {flag4 = false;}
187                     if (j < m - 1) {
188                         if (obj [n + 2 + j * 3].GetComponent<Card> ().grade - obj [n + 3 + j *3].
    GetComponent<Card> ().grade!= -1) {
189                             flag4 = false;
190                         }
191                     }
192                 }
193             }
194         }
195         if (n == 100) {flag4 = false;}
196         if (flag4) {cardType = CardType.feiJiDai;}
197     }
198     // 四带二，张数等于 6 张，
199     if (cardCount == 6 ) {
200         // 判断三次，1234 张，2345 张，3456 张是否四张相同
201         for (int i = 0; i <= 2; i++ ） {
202             int grade1 = obj [i].GetComponent<Card> ().grade;
203             int grade2 = obj [i + 1].GetComponent<Card> ().grade;
204             int grade3 = obj [i + 2].GetComponent<Card> ().grade;
205             int grade4 = obj [i + 3].GetComponent<Card> ().grade;
206             // 四张相同，牌型等于四带二
```

```
207                 if (grade1 == grade2 && grade1 == grade3 && grade1 == grade4) {
208                     cardType = CardType.siDaiEr;
209                 }
210             }
211         }
212 
213         return cardType;// 最后方法返回牌型
214 
215     }
216 }
```

18.4.10 比大小

[1] 比大小，在牌型的基础之上，比较大小，建立 GradeCompare 脚本，代码如下。

```
1   using System.Collections;
2   using System.Collections.Generic;
3   using UnityEngine;
4 
5   public class GradeCompare : MonoBehaviour {
6       // 比大小方法，传进四个参数，上家张数，上家牌的数组，当前玩家张数，
7       // 当前玩家数组，用于比较，返回类型 bool
8       public static bool Compare (int prevCardCount, GameObject[]prevObj,
    int cardCount, GameObject[]obj){
9           // 找到场景中 ChuPai 的按钮，获取它出牌脚本的 xianshou 是否是 true；
10          // 是的话返回 true；
11          if (GameObject.Find ("chupai").GetComponent<Deal> ().xianShou == true){
12              return true;
13          }
14          // 将当前玩家的张数和数组传进 Rule 脚本的 GameRule 方法中，
15          // 获取他的牌型是王炸，直接返回 true；
16          if(Rule.GameRule( cardCount,obj)==Rule.CardType.wangZha){
17              return true;
18          }
19 
20          // 再将上家张数，上家数组传进 Rule.GameRule()，如果上家获得的牌型与
21          // 当前玩家牌型一致，继续往下判断
22          if (Rule.GameRule (prevCardCount, prevObj) ==
    Rule.GameRule (cardCount, obj)) {
```

```
23        // 牌型是单牌，比较两个数组第一张牌的等级，当前大于上家，返回 true
24          if (Rule.GameRule (cardCount, obj) == Rule.CardType.danPai) {
25            if (obj [0].GetComponent<Card> ().grade >
   prevObj [0].GetComponent<Card> ().grade) {return true;}
26          }
27          // 牌型是对子，也是比较第一张牌等级
28          if (Rule.GameRule (cardCount, obj) == Rule.CardType.duiZi) {
29            if (obj [0].GetComponent<Card> ().grade >
   prevObj [0].GetComponent<Card> ().grade) {return true;}
30          }
31          // 牌型是三不带，同上
32          if (Rule.GameRule (cardCount, obj) == Rule.CardType.sanBuDai) {
33            if (obj [0].GetComponent<Card> ().grade >
   prevObj [0].GetComponent<Card> ().grade) {return true;}
34          }
35          // 牌型是三带一，中间两张牌一定可以代表三带一，我们选了 obj[1];
36          if (Rule.GameRule (cardCount, obj) == Rule.CardType.sanDaiYi) {
37            if (obj [1].GetComponent<Card> ().grade >
   prevObj [1].GetComponent<Card> ().grade) {return true;}
38          }
39          // 牌型是三带一对，中间第三张一定可以代表三带一对，选 obj[2]
40          if (Rule.GameRule (cardCount, obj) == Rule.CardType.sanDaiYiDui) {
41            if (obj [2].GetComponent<Card> ().grade >
   prevObj [2].GetComponent<Card> ().grade) {return true;}
42          }
43
44          // 牌型是炸弹，同上；
45          if (Rule.GameRule (cardCount, obj) == Rule.CardType.zhaDan) {
46            if (obj [0].GetComponent<Card> ().grade >
   prevObj [0].GetComponent<Card> ().grade) {return true;}
47          }
48          // 牌型是顺子，要求判断张数也要一致，其他同上
49          if (Rule.GameRule (cardCount, obj) == Rule.CardType.shunZi) {
50            if (prevCardCount== cardCount) {
51              if (obj [0].GetComponent<Card> ().grade >
```

```
prevObj [0].GetComponent<Card> ().grade) {return true;}
52            }
53        }
54        // 牌型是连对，要求判断张数也要一致，其他同上
55
56        if (Rule.GameRule (cardCount, obj) == Rule.CardType.lianDui) {
57            if (prevCardCount== cardCount) {
58                if (obj [0].GetComponent<Card> ().grade >
prevObj [0].GetComponent<Card> ().grade)
59                {
60                    return true;
61                }
62            }
63        }
64        // 牌型是飞机带，首先判断张数，用的是之前 Rule 中判断飞机牌型的方法，
65        // 各自将飞机牌的第一张取出来进行比较，当前大于上家返回 true;
66        if (Rule.GameRule (cardCount, obj) == Rule.CardType.feiJiDai) {
67            if (prevCardCount== cardCount) {
68                int m = cardCount / 4;
69                int grade = 0,prevgrade=0;
70                for (int i = 0; i <= m; i++) {
71                    int grade1 = obj [i].GetComponent<Card> ().grade;
72                    int grade2 = obj [i + 1].GetComponent<Card> ().grade;
73                    int grade3 = obj [i + 2].GetComponent<Card> ().grade;
74                    if (grade1 == grade2 && grade1 == grade3) {
75                        grade = grade1;
76                        i = m + 1;
77                    }
78                }
79                for (int i = 0; i <= m; i++) {
80                    int grade1 = prevObj [i].GetComponent<Card> ().grade;
81                    int grade2 = prevObj [i + 1].GetComponent<Card> ().grade;
82                    int grade3 = prevObj [i + 2].GetComponent<Card> ().grade;
83                    if (grade1 == grade2 && grade1 == grade3) {
84                        prevgrade = grade1;
```

```
85                      i = m + 1;
86                  }
87              }
88              if (grade >prevgrade) {return true;}
89          }
90      }
91      // 牌型是飞机不带，判断张数是否相同，其他同上
92      if (Rule.GameRule (cardCount, obj) == Rule.CardType.feiJiBuDai) {
93          if (prevCardCount== cardCount) {
94              if (obj [0].GetComponent<Card> ().grade >
   prevObj [0].GetComponent<Card> ().grade)
95              {
96                  return true;
97              }
98          }
99      }
100     // 牌型是四带二，中间 34 张肯定是炸弹的成分，我们选 obj[2]
101     if (Rule.GameRule (cardCount, obj) == Rule.CardType.siDaiEr) {
102         if (obj [2].GetComponent<Card> ().grade >
   prevObj [2].GetComponent<Card> ().grade)
103         {
104             return true;
105         }
106     }
107   }
108   // 牌型如果不一致，当前玩家牌型是炸弹且上家牌型不是王炸，返回 true
109   // 否则返回 false;
110   else {
111       if (Rule.GameRule (cardCount, obj) == Rule.CardType.zhaDan &&
   Rule.GameRule (prevCardCount, prevObj)!=Rule.CardType.wangZha) {return true;}
112   }
113   return false;
114  }
115 }
```

[2]　这样我们就完成了所有代码，使得 Deal 脚本中的 DisCard 方法能够调用 Rule 和 Size 脚本了。

[3]　返回到场景；找到场景中的 UIButton 的 ChuPai，在右边 inspector 面板中 Addcomponent

给它添加 Deal 脚本，如图 18-23 所示。

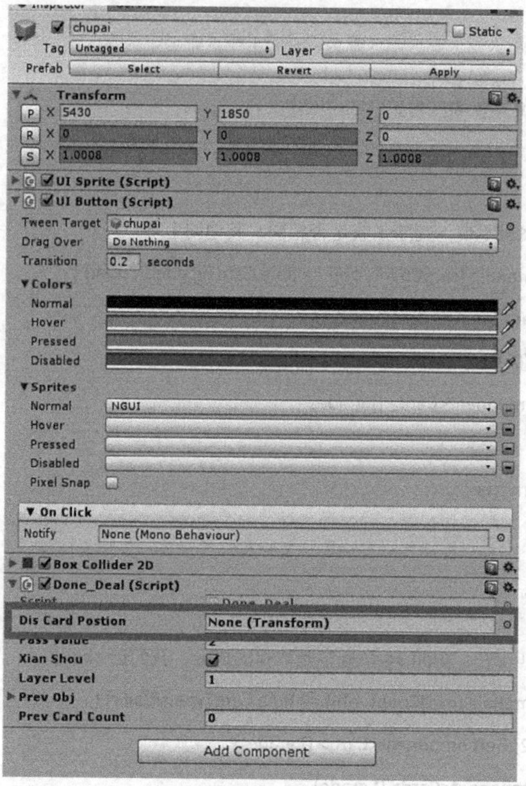

图 18-23　添加脚本

[4]　这里少了一个出牌位置，找到 prefabs 中的 disCardPostion 对象，拖入到场景，再将场景中的这个 disCardPostion，拖到右边 Deal 的脚本中，如图 18-24 和图 18-25 所示。

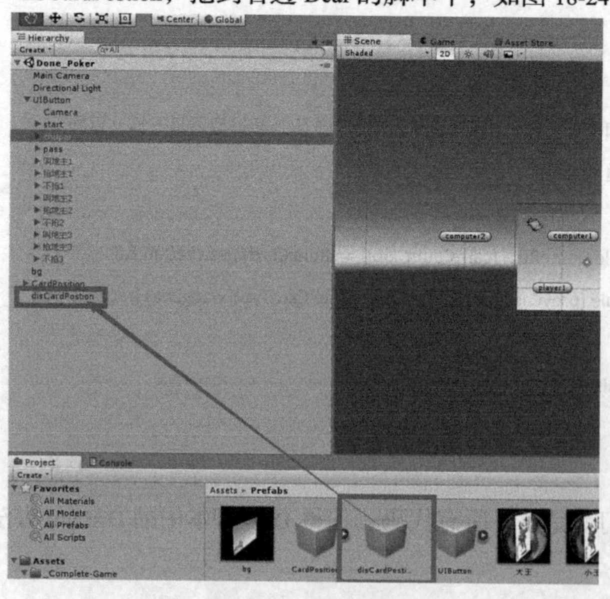

图 18-24　将预制体拖入场景

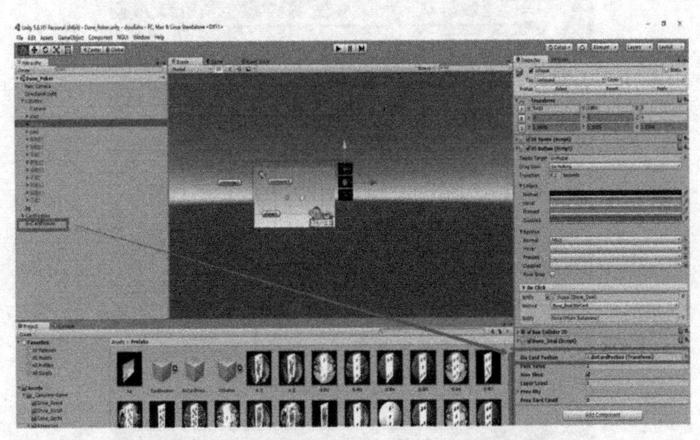

图 18-25　将场景中的对象与脚本对应

[5]　然后给 ChuPai 按钮绑上点击事件，就是 Deal 脚本中的 disCard 方法，如图 18-26 所示。

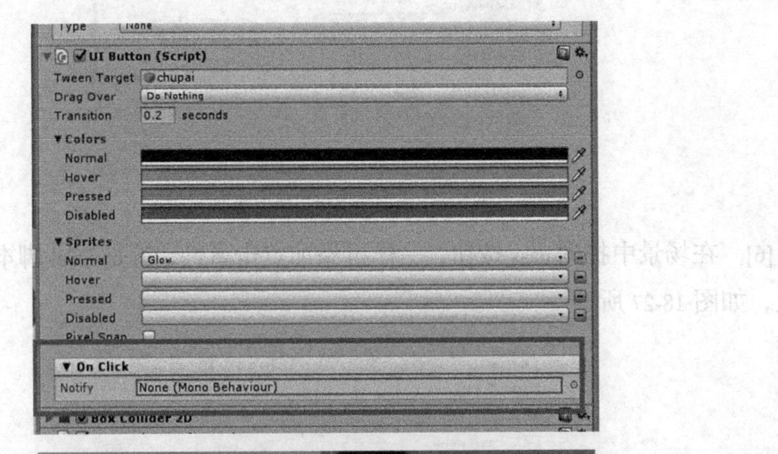

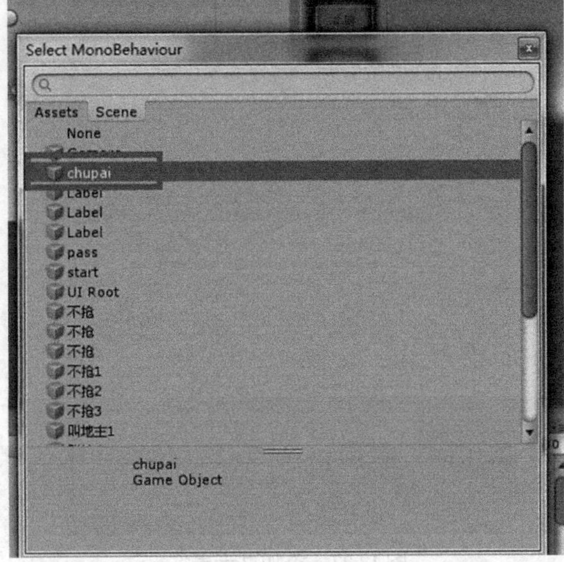

图 18-26　添加鼠标点击事件

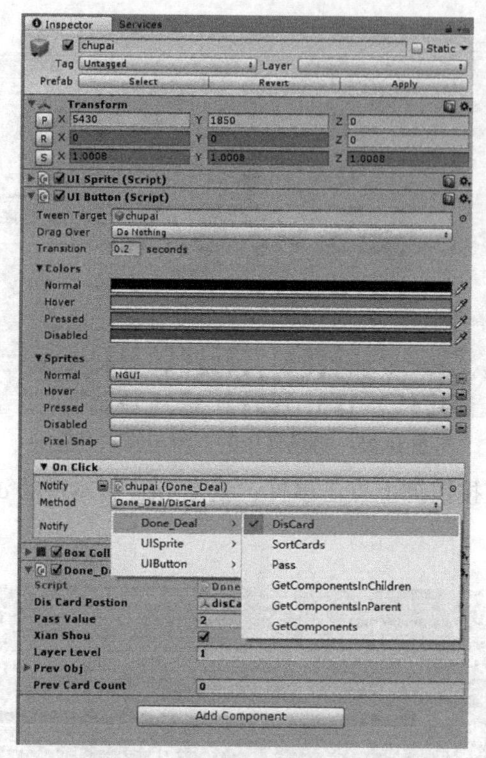

图 18-26　添加鼠标点击事件（续）

[6]　在场景中找到 pass 按钮，一样再添加点击事件，就是 Deal 脚本中的 pass 方法，同上，如图 18-27 所示。

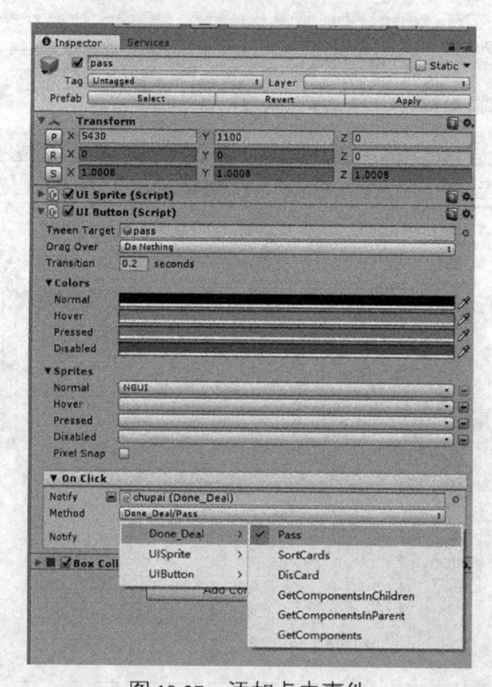

图 18-27　添加点击事件

[7]　然后就完成了，中间 AllCard 的分散代码可以参考 Done_AllCard，点击运行开始游戏，界面如图 18-28 所示。

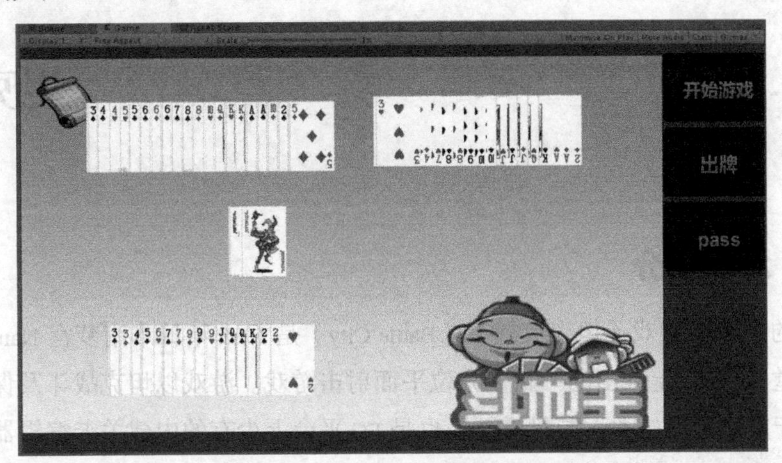

图 18-28　运行效果

18.4.11　胜利

玩家出完牌后，显示胜利，如图 18-29 所示。

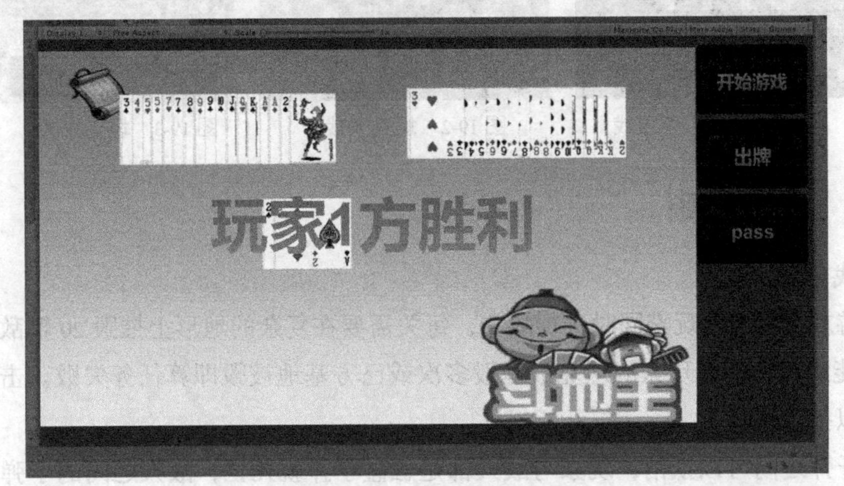

图 18-29　运行效果

第 19 章　坦克大战

19.1 游戏简介

最早的坦克类游戏《坦克大战》（Battle City）是 1985 年日本南梦宫 Namco 游戏公司在任天堂 FC 平台上推出的一款多方位平面射击游戏。游戏以坦克战斗及保卫基地为主题，属于策略型联机类。同时该游戏也是 FC 平台上少有的内建关卡编辑器的几个游戏之一，玩家可自己创建独特的关卡，并通过获取一些道具使坦克和基地得到强化。游戏界面如图 19-1、图 19-2 和图 19-3 所示。

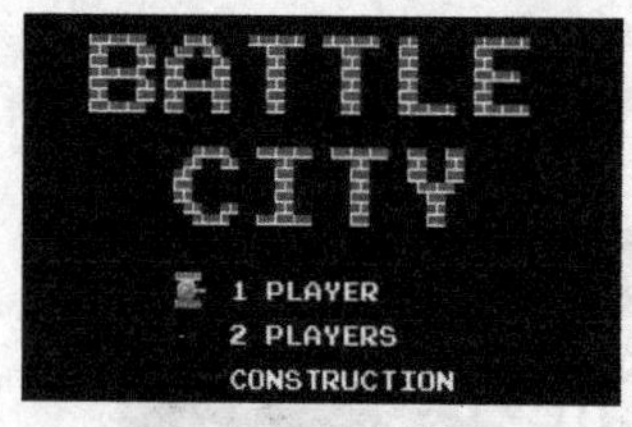

图 19-1　坦克大战

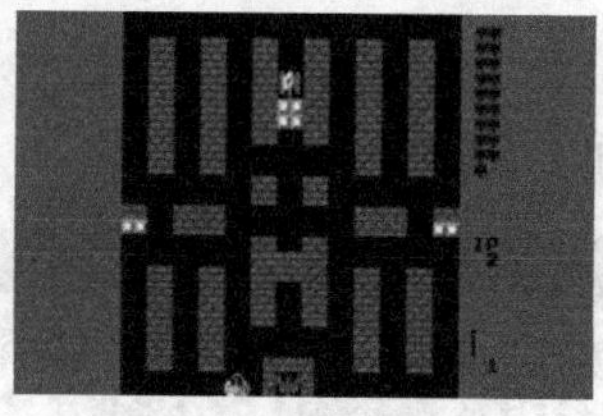

图 19-2　坦克大战

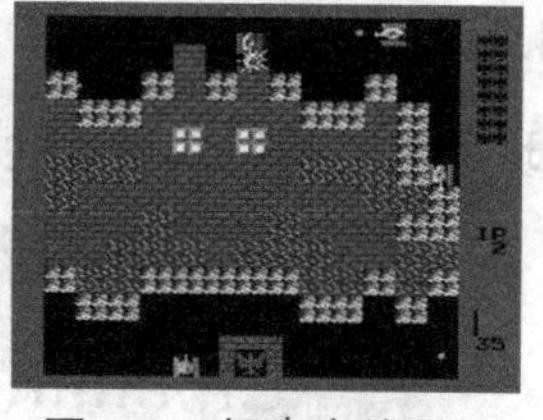

图 19-3　坦克大战

19.2 游戏规则

游戏：双人坦克

1. 游戏支持 2 名玩家同时进行战斗，每关需要在复杂的地形上摧毁 20 辆敌人坦克车辆才能通过，如果玩家的坦克被摧毁多次或己方基地被毁即算任务失败。击败闪光坦克可以掉落道具。

2. 子弹之间可以抵销，玩家与敌人都是触碰子弹就死亡，敌人之间的子弹不会互相伤害，玩家之间可以。

19.3 程序思路

19.3.1　地图生成

本游戏的地图由 tiledmap 软件制作（一款可以绘制平铺风格的 2D 游戏地图制作软件），生成的地图利用二维数组来存放地图信息。利用该二维数组，可以在 Unity 里遍历该二维数组，读取每个元素的编号（代表不同的地形），生成对应的地图样式。

19.3.2　敌人

一共 18 辆坦克，使用 random 函数随机生成不同的型号，设置变量，让地图上每一个生产点最多不超过 6 个敌方坦克，并且生成的地方是固定的几处，生成的时候除固定几处位置以外，还有随机坦克的类型 int random。Range（0,6），不同的数字会生成不同的坦克。1-3 为普通坦克，4-6 为红色坦克，伪代码如下。

```
if( 能生产 ==true)
{
  switch(Random(0，4)){
            case 0：在生成点生产坦克 1；// 随机生成 1 型号的坦克
                    break；
            case 1：在生成点生产坦克 2；// 随机生成 2 型号的坦克
                    break;
            case 2：在生成点生产坦克 3；// 随机生成 3 型号的坦克
                    break;
            case 3：在生成点生产一辆坦克 (random(0，6))；// 随机生成 1-6 型号的坦克，1-3 是普
   通坦克，4-6 是可以掉落道具的红色坦克
                    break;
}
if ( 生产时间 >= 生产间隔 && 敌人数量 <=5) {
                         能生产 = true;
                         生产时间 = 0;
            }
```

敌人有两种状态：

巡逻状态，每过 N 秒敌人会做一次巡逻判断，用随机函数 random（0,5）。

随机生成 0 、1 、2 、3、 4 ； 1 、4 表示向下； 0 、2、 3 分别表示上、左、右。

```
if ( 巡逻时间 >= 巡逻间隔 ) {
  巡逻 ;
  巡逻时间 = 0;
}
// 上方 0  下方 1  左方 1  右方 1
switch(int 随机数 =Random(0，5)){
```

```
            case 0:
                    向上移动；
                    break;
            case 1:
                    向下移动；
                    break;
            case 2:
                    向左移动；
                    break;
            case 3:
                    向右移动；
                    break;
            case 4:
                    向下移动；
                    break;
}
```

攻击状态，每过 n 秒敌人都会向前进方向发射子弹。

```
if ( 攻击时间 >= 攻击间隔 ) {
        攻击；
        攻击时间 = 0;
}
```

19.3.3 玩家

2 个，用【w、a、s、d】键和【上、下、左、右】键移动，【j】和【1】键发射子弹。

设置按钮点击触发事件【w、s、a、d】键——移动，【j】键——发射子弹；

【上、下、左、右】键——移动，【1】键——发射子弹；

初始坦克数量为 1，初速度为 v，初始子弹为一级子弹。

```
If( 坦克数量 ==0) 玩家死亡；
```

19.3.4 障碍物

铁墙、砖块、海水、森林。

砖块，可破坏的障碍物，具有生命值，子弹命中一次生命值下降，生命值归零时就被破坏。

铁墙，不可破坏的障碍物，不可被子弹破坏。

海水，子弹能从上面穿过，坦克不能经过。

森林，子弹、坦克都能从下方经过。

19.3.5　道具

击杀特定坦克后掉落道具。敌方坦克一共 20 辆，其中随机生成的时候有概率生成闪光坦克，击杀闪光坦克会掉落道具，这里我们就使用一种道具，即增加子弹的速度，只要获取当前玩家子弹的速度，使它增加就可以了，伪代码如下。

```
if( 玩家碰到了道具 ){
    获取玩家速度；
    玩家速度 = 玩家速度 +1;
}
```

19.3.6　基地

基地有生命值，无防御力，生命值设计为受到一发子弹就摧毁，所以保证基地不被敌人靠近就极为重要。基地周围建有保护性的砖块。

19.3.7　游戏流程图

如图 19-4 所示。

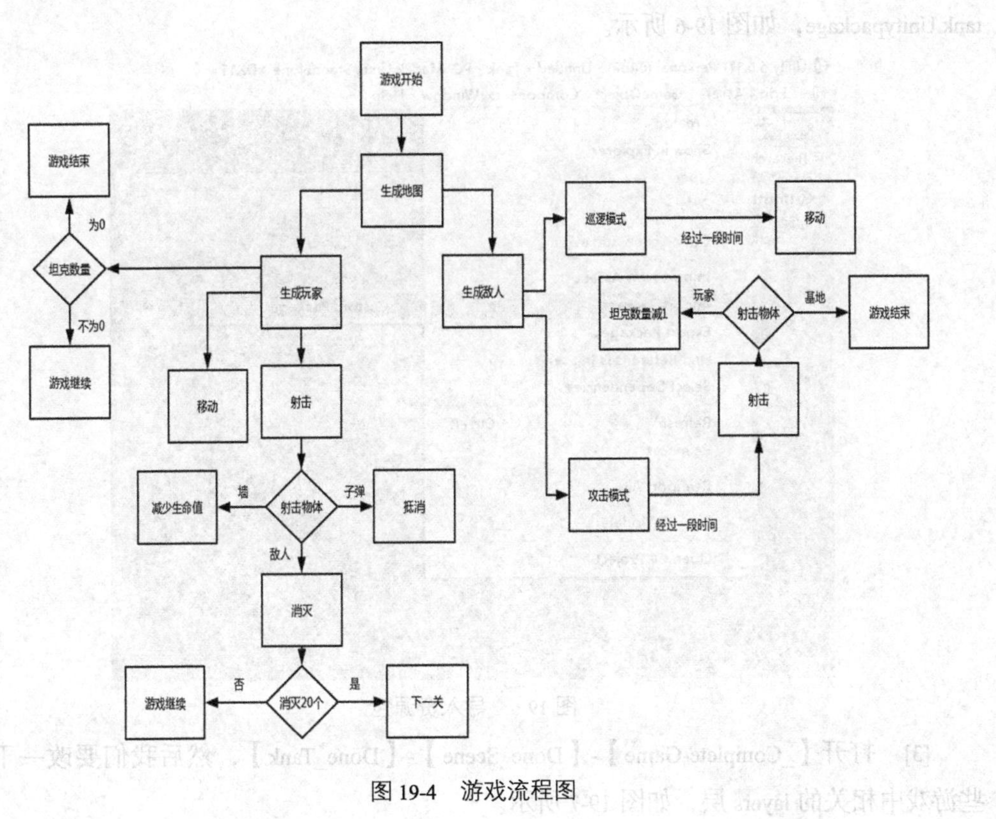

图 19-4　游戏流程图

19.4 工程实现

19.4.1 前期准备

[1] 新建工程。新建名为 Tank 的工程，把 3D/2D 选项修改为 2D，如图 19-5 所示。

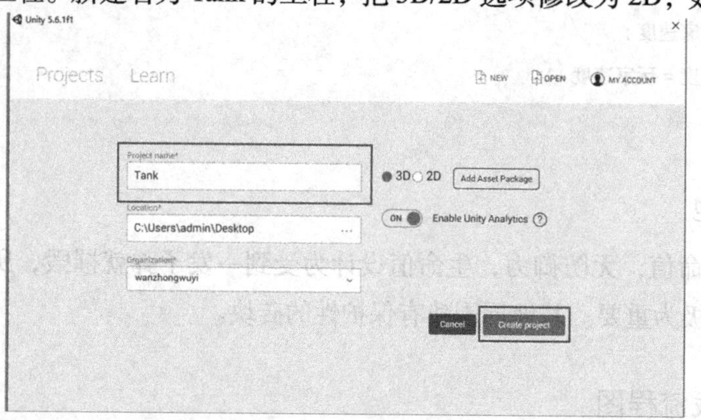

图 19-5 新建工程

[2] 导入资源包。点击菜单栏【Assets】-【Import Package】-【Custom Package】导入 tank.Unitypackage，如图 19-6 所示。

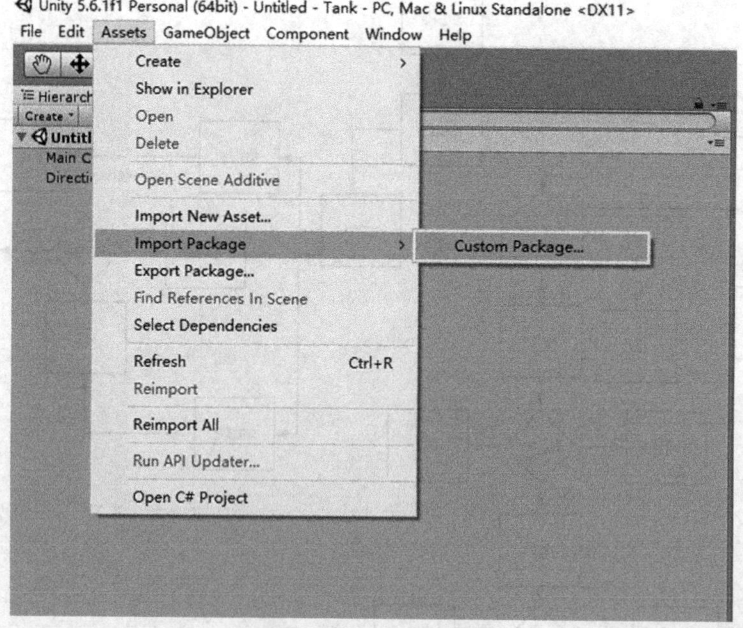

图 19-6 导入资源包

[3] 打开【_Complete-Game】-【Done_Scene】-【Done_Tank】，然后我们要改一下一些游戏中相关的 layers 层，如图 19-7 所示。

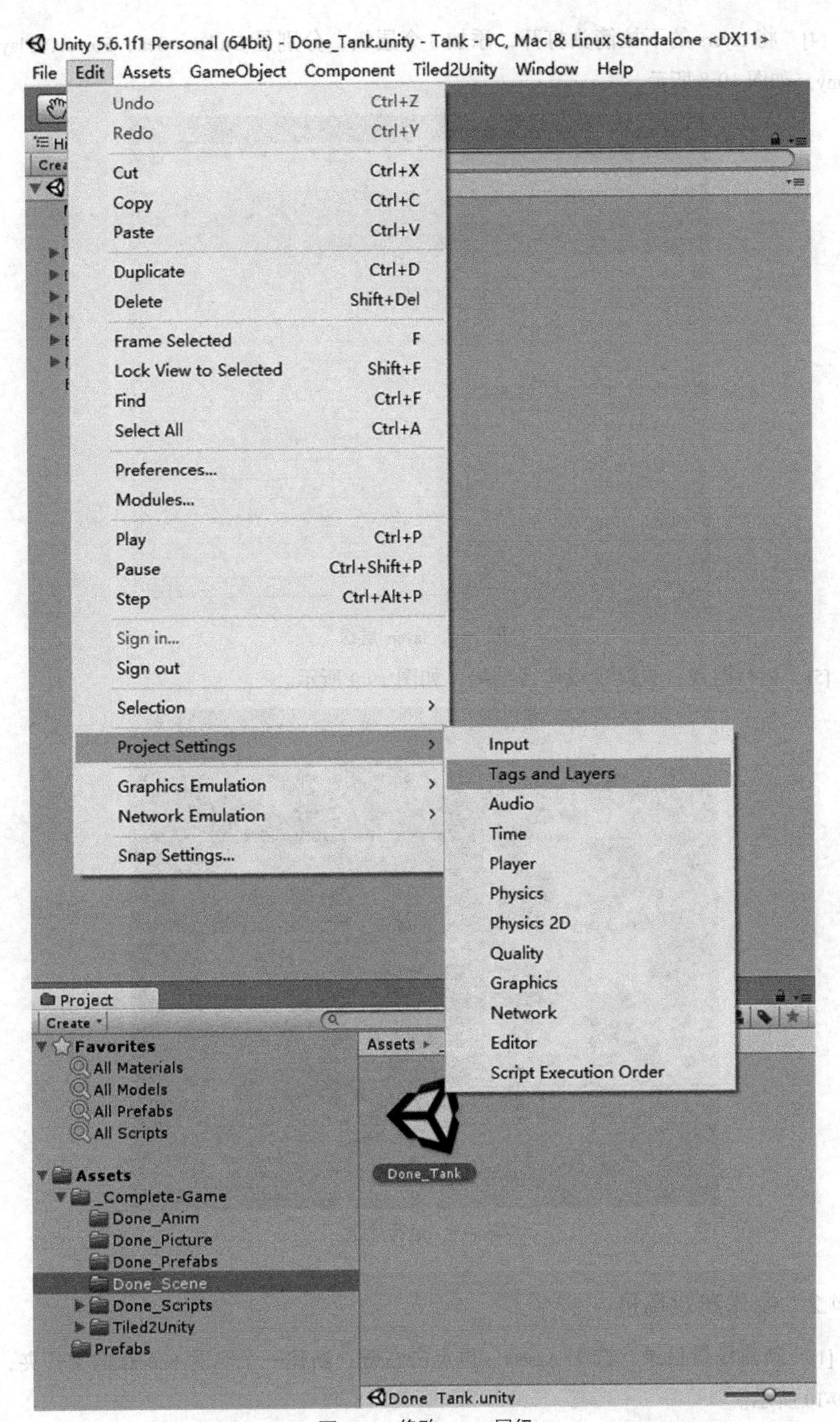

图 19-7　修改 layers 层级

[4] 将 layers 的下拉箭头打开，添加 5 个层级，分别是 Bullet、Sea、Forest、Player、Enemy，如图 19-8 所示。

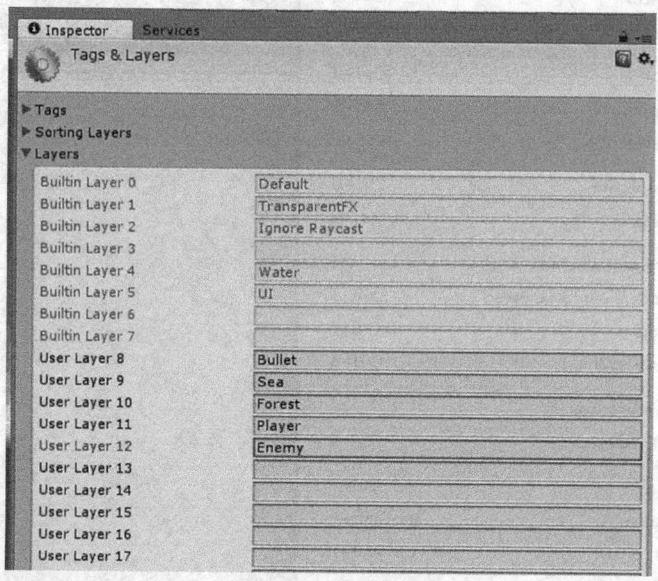

图 19-8 layers 层级

[5] 运行游戏，观察游戏运行结果，如图 19-9 所示。

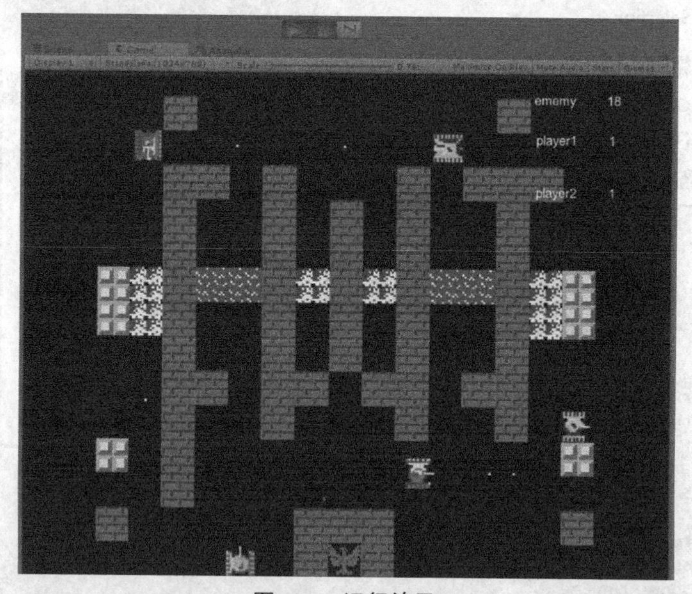

图 19-9 运行效果

19.4.2 制作游戏场景

[1] 新建场景目录。选中 Assets，再点击右键，新建一个名为 Scenes 的文件夹，如图 19-10 所示。

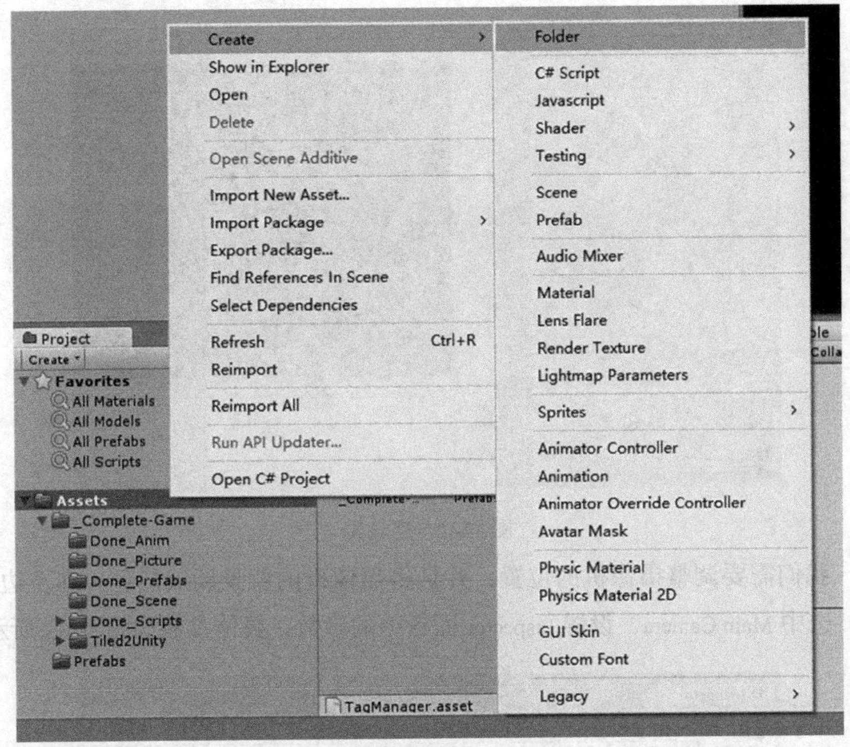

图 19-10　新建场景目录

[2]　创建新场景。在新建的场景目录下，点击右键，创建一个名为 Tank 的场景，如图 19-11 所示。

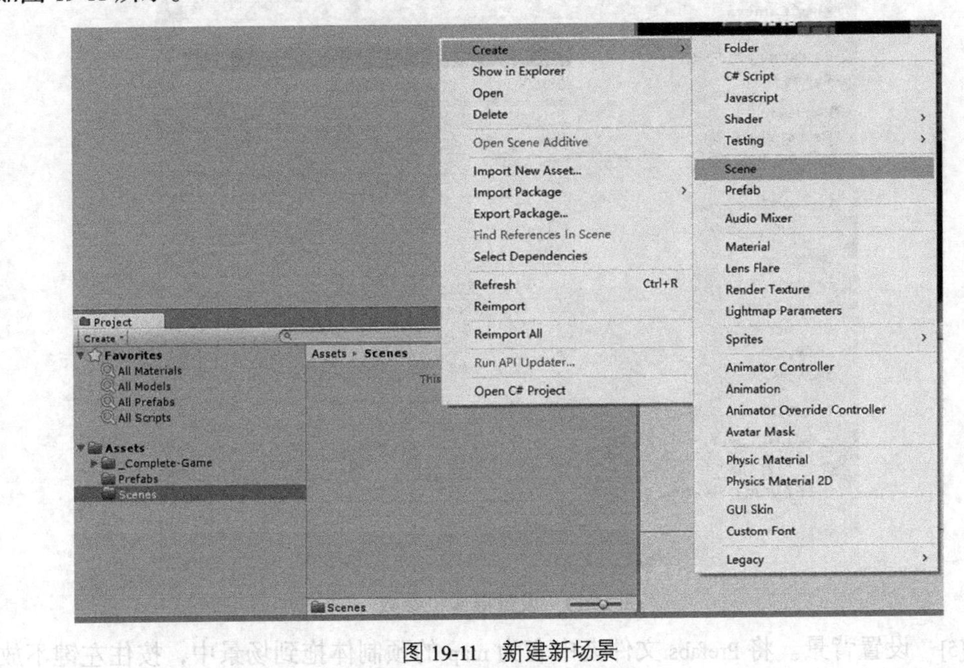

图 19-11　新建新场景

[3]　双击打开场景。你会看到一个空的场景，如图 19-12 所示。

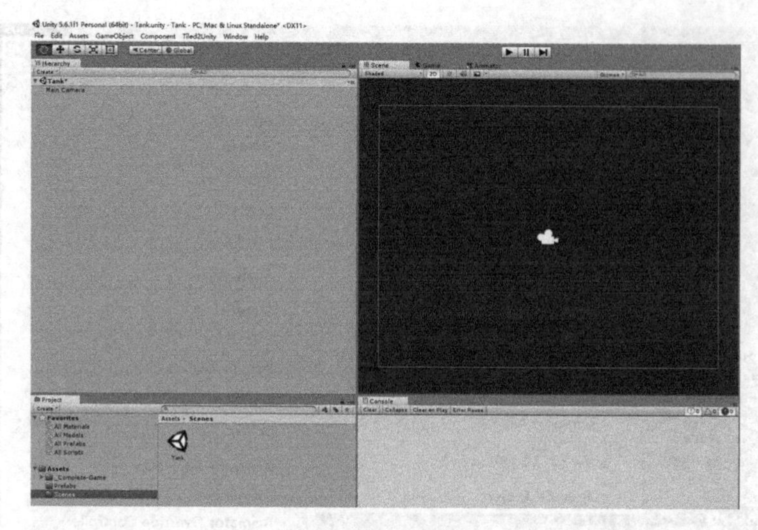

图 19-12　空场景

[4]　我们需要调整摄像机的位置，并且将摄像机的背景调成黑色。在左边的场景面板中，选中 Main Camera，设置 Inspector 面板中的参数，具体参数如图 19-13 所示。

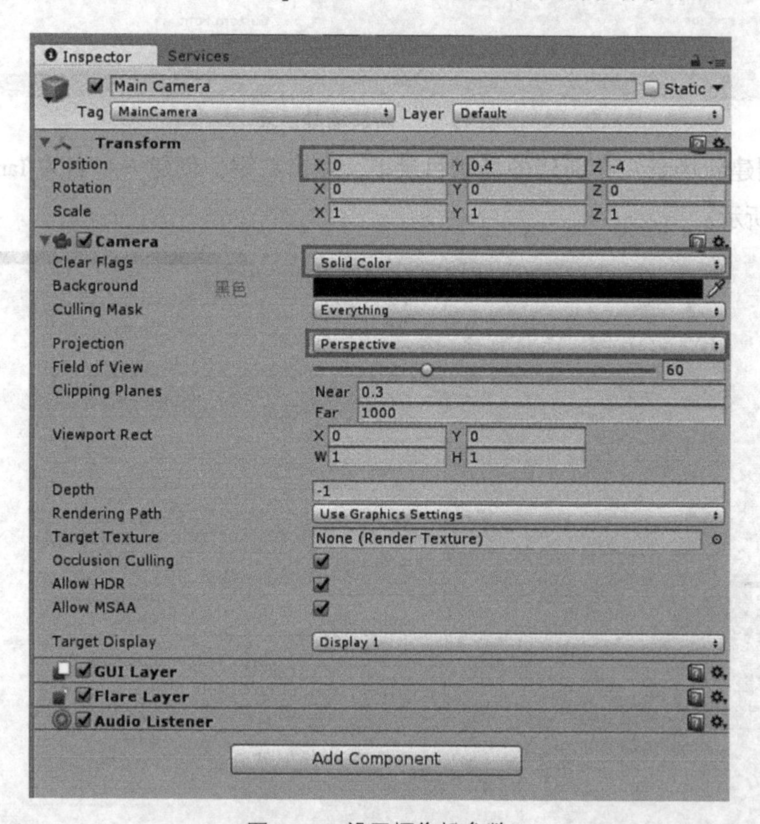

图 19-13　设置摄像机参数

[5]　设置背景。将 Prefabs 文件夹中名为 map 的预制体拖到场景中，按住左键不放直接拖动，Unity 里面的对象都可以以直接拖动的方式拖曳，如图 19-14 所示。

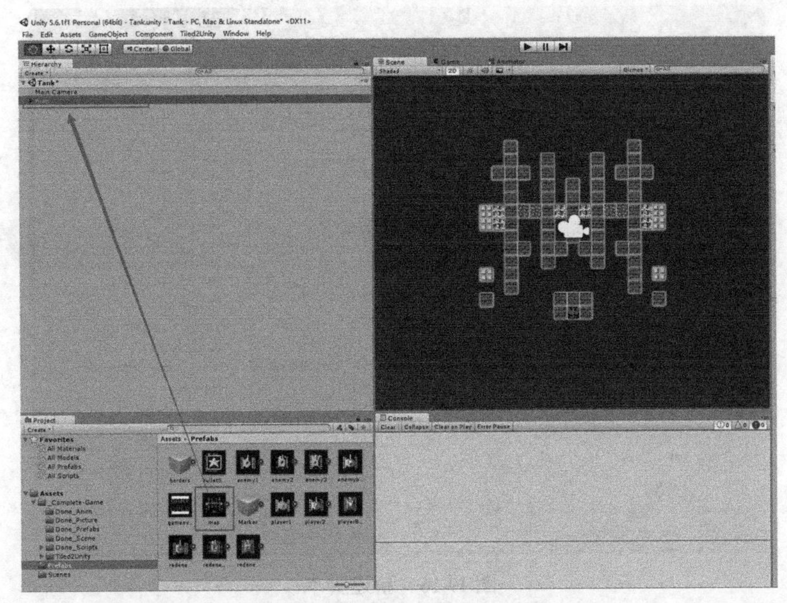

图 19-14　将预制体拖入场景

[6]　用同样的方法，我们需要将 Prefabs 文件夹下名字叫 borders、Marker、player1、player 2 的预制体，都拖曳进去，如图 19-15 所示。

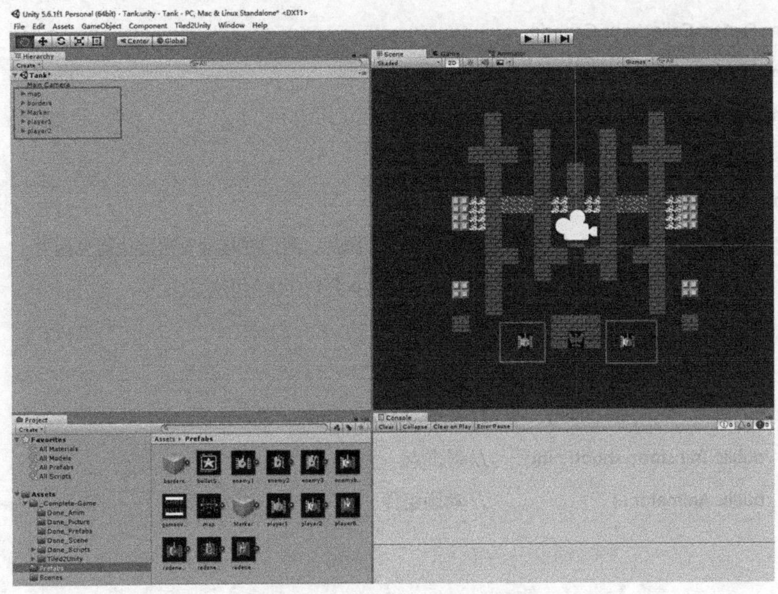

图 19-15　将预制体拖入场景

19.4.3　玩家控制

[1]　新建一个名为 Scripts 的文件夹，用来存放游戏中所有的脚本。

[2]　在 Scripts 文件夹下，新建一个脚本，命名为 Player1，此脚本用来控制玩家 1，如图 19-16 所示。

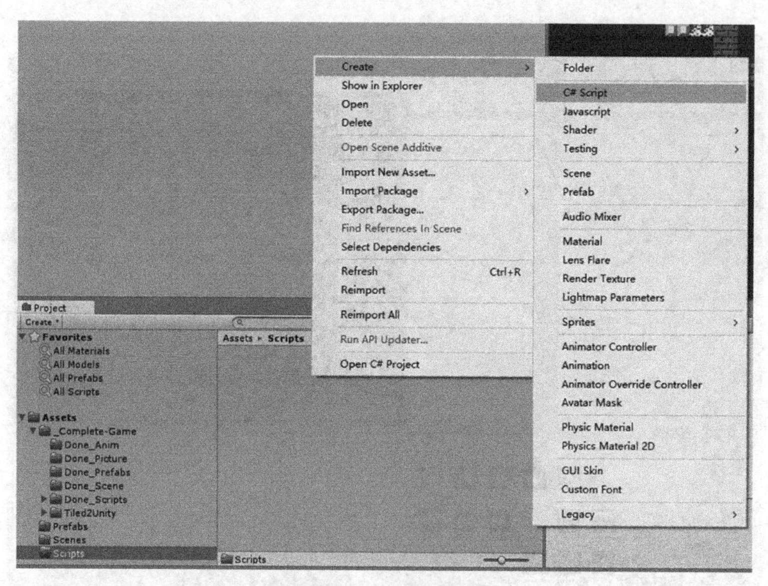

图 19-16　新建脚本

[3]　双击打开脚本，我们需要实现坦克的移动，发射子弹，被打中销毁等功能，代码如下。

```
1   using System.Collections;
2   using System.Collections.Generic;
3   using UnityEngine;
4   using UnityEngine.UI;
5
6   public class Player1 : MonoBehaviour {
7       public int direction = 1;// 方向，坦克只是一张图片，我们在移动时需要让坦克前方
8                                // 朝向移动方向，1 2 3 4 分别代表上下左右
9
10      public float bulletSpeed;         // 子弹速度
11      public GameObject bullet;         // 子弹对象
12      public Transform shootPoint;      // 射击点
13      public Animator a;                // 动画组件
14
15
16
17      // Use this for initialization
18      void Start () {
19          a = GetComponent<Animator> ();// 获取动画组件
20      }
21
```

```
22      // Update is called once per frame
23      void Update () {
24          // 按下 W，用 switch 判断当前方向，帮坦克转向，并且往前方移动，方向
25          // 修正为 1，下面同理
26          if (Input.GetKey (KeyCode.W)) {
27              switch (direction) {
28                  case 1:gameObject.transform.Rotate(new Vector3(0,0,0));break;
29                  case 2:gameObject.transform.Rotate(new Vector3(0,0,180));break;
30                  case 3:gameObject.transform.Rotate(new Vector3(0,0,270));break;
31                  case 4:gameObject.transform.Rotate(new Vector3(0,0,90));break;
32              }
33              gameObject.transform.Translate(new Vector2(0,0.01F));
34              direction = 1;
35          }
36          if (Input.GetKey (KeyCode.S)) {
37              switch (direction) {
38                  case 1:gameObject.transform.Rotate(new Vector3(0,0,180));break;
39                  case 2:gameObject.transform.Rotate(new Vector3(0,0,0));break;
40                  case 3:gameObject.transform.Rotate(new Vector3(0,0,90));break;
41                  case 4:gameObject.transform.Rotate(new Vector3(0,0,270));break;
42              }
43              gameObject.transform.Translate(new Vector2(0,0.01F));
44              direction = 2;
45          }
46          if (Input.GetKey (KeyCode.A)) {
47              switch (direction) {
48                  case 1:gameObject.transform.Rotate(new Vector3(0,0,90));break;
49                  case 2:gameObject.transform.Rotate(new Vector3(0,0,270));break;
50                  case 3:gameObject.transform.Rotate(new Vector3(0,0,0));break;
51                  case 4:gameObject.transform.Rotate(new Vector3(0,0,180));break;
52              }
53              gameObject.transform.Translate(new Vector2(0,0.01F));
54              direction = 3;
55          }
56          if (Input.GetKey (KeyCode.D)) {
```

```
57                  switch (direction) {
58                      case 1:gameObject.transform.Rotate(new Vector3(0,0,270));break;
59                      case 2:gameObject.transform.Rotate(new Vector3(0,0,90));break;
60                      case 3:gameObject.transform.Rotate(new Vector3(0,0,180));break;
61                      case 4:gameObject.transform.Rotate(new Vector3(0,0,0));break;
62                  }
63                  gameObject.transform.Translate(new Vector2(0,0.01F));
64                  direction = 4;
65              }
66              // 按下 J，发射子弹，即执行 Fire 函数
67              if (Input.GetKeyDown (KeyCode.J)) {
68                  Fire ();
69              }
70
71          }
72          ///射击
73          public void Fire(){
74              // 实例化子弹
75              GameObject go = Instantiate (bullet, shootPoint.position, Quaternion.identity)
76              as GameObject;
77              // 获取当前坦克的方向，来赋予子弹往同方向的初速度
78              switch(direction){
79                  case 1:
80                      go.GetComponent<Rigidbody2D> ().velocity = new Vector2
81                      (0, 1*bulletSpeed);break;
82                  case 2:
83                      go.GetComponent<Rigidbody2D> ().velocity = new Vector2
84                      (0, -1*bulletSpeed);break;
85                  case 3:
86                      go.GetComponent<Rigidbody2D> ().velocity = new Vector2
87                          (-1*bulletSpeed, 0);break;
88                  case 4:
89                      go.GetComponent<Rigidbody2D> ().velocity = new Vector2
90                      (1*bulletSpeed, 0);break;
91              }
```

```
92    }
93        /// 碰撞检测
94        void OnCollisionEnter2D(Collision2D coll){
95            // 如果碰撞对象的标签是 bullet，子弹执行下方代码
96            if (coll.gameObject.tag == "bullet") {
97                a.Play ("explode");              // 播放爆炸动画
98                Destroy (gameObject,0.25F);    // 坦克在 0.25 秒后销毁
99                Destroy (coll.gameObject);       // 销魂子弹
100               GameObject.Find("life1").GetComponent<Text>().text="0"; // 玩家 1 本文为 0
101
102           }
103       }
104 }
```

[4]　写完后，给 player1 添加脚本，选中 player1，如图 19-17 所示。

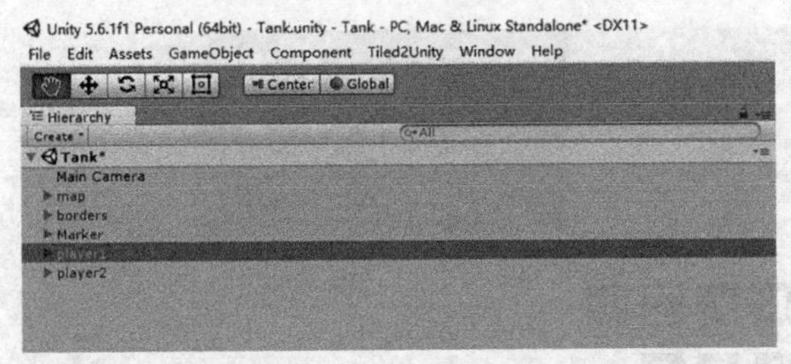

图 19-17　选中场景中 player1

找到右边 Inspector 面板中的 Add Component，输入 Player1，点击添加，如图 19-18 所示。

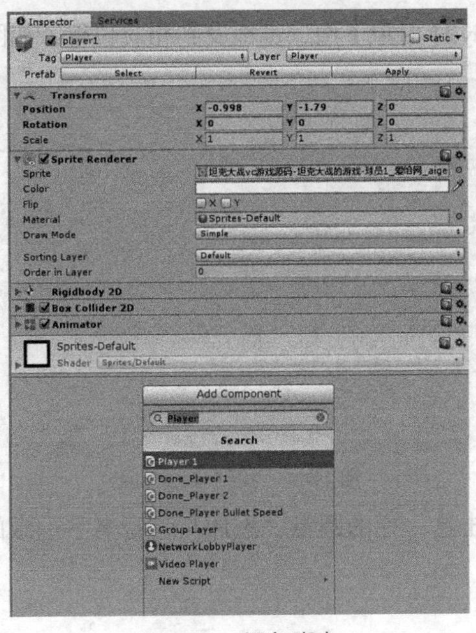

图 19-18　添加脚本

[5] 为这里便于讲解，直接添加 Done_Player1, 内容与 Player1 一致，名字不同，添加后参数如图 19-19 所示。

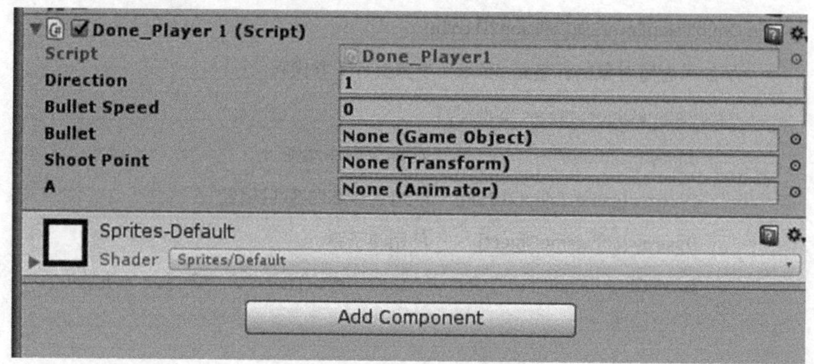

图 19-19　Player 脚本的参数

[6] 我们看到子弹，发射点，动画组件，都是空的，需要我们添加，在 Prefabs 文件夹下找到名字叫 playerBullet 的预制体，不要单击，直接按住左键拖曳进入 Bullet 这一栏，如图 19-20 所示。

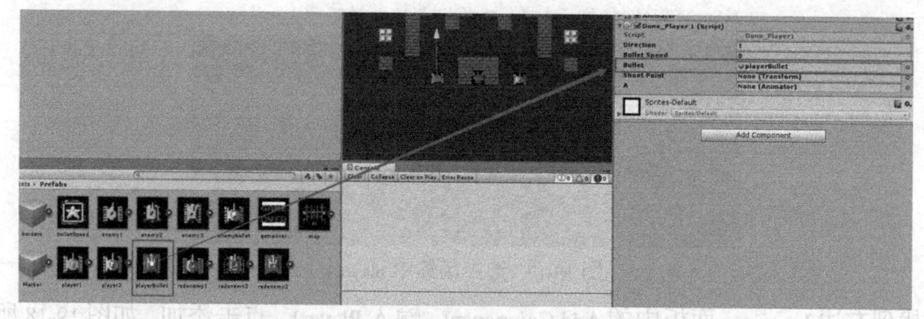

图 19-20　将预制体拖入脚本对应的对象中

shootPoint 则是在 Player1 对象下面，也拖曳到相应位置，如图 19-21 所示。

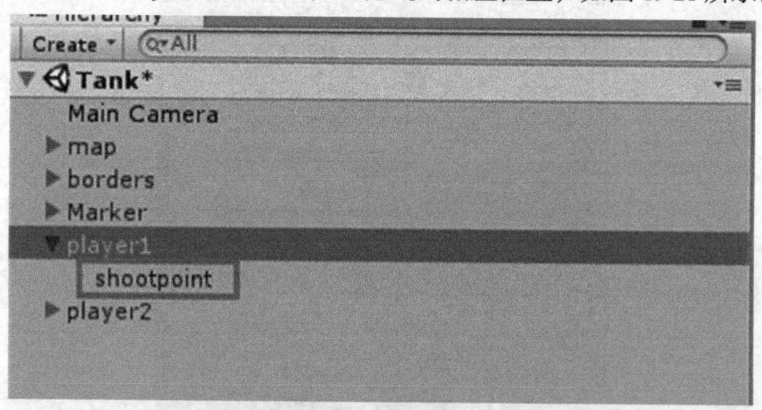

图 19-21　找到 shootPoint

A 的动画组件，点击这一栏的圆点，添加与自身名字一致的动画组件，如图 19-22 所示。

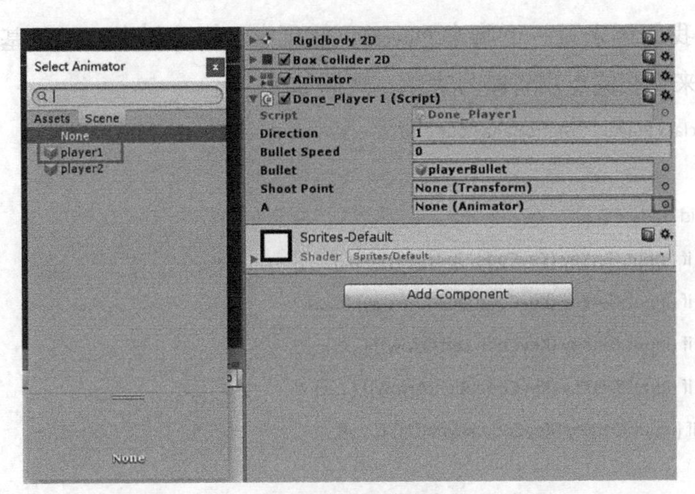

图 19-22　添加动画组件

然后我们再给 bulletSpeed 改一个速度就可以了，这里选择 0.9。全部改完后如图 19-23 所示。

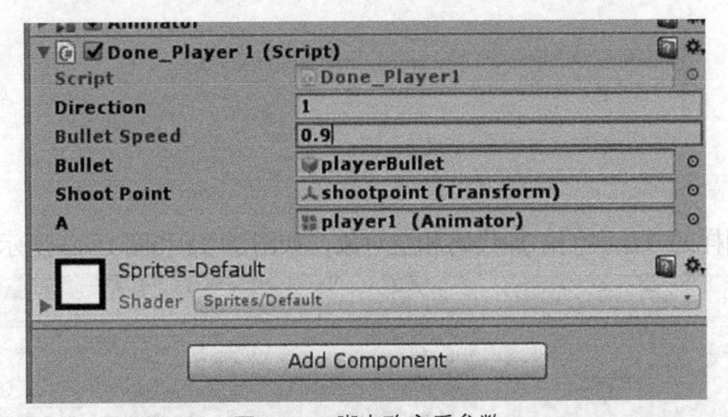

图 19-23　脚本改完后参数

[7]　点击运行，效果如图 19-24 所示。

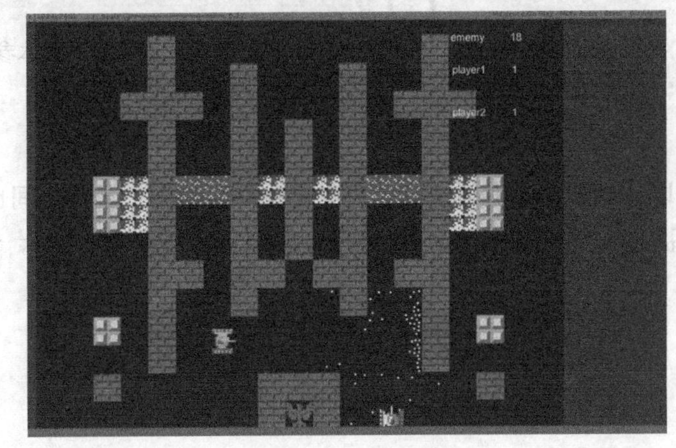

图 19-24　运行效果

[8] 那么我们再来写一下脚本 Player2，使玩家 2 能动起来，代码基本一致，这里将不同点列出来，相同点用省略号表示，代码如下。

```
1   public class Player2 : MonoBehaviour {
2       ......
3       void Update () {
4           if (Input.GetKey (KeyCode.UpArrow)) {......}
5           if (Input.GetKey (KeyCode.DownArrow)) {......}
6           if (Input.GetKey (KeyCode.LeftArrow)) {......}
7           if (Input.GetKey (KeyCode.RightArrow)) {......}
8           if (Input.GetKey (KeyCode.keypad1)) {......}
9       }
10      ......
11      void OnCollisionEnter2D(Collision2D coll){
12          if (coll.gameObject.tag == "bullet") {
13              ......
14          GameObject.Find("life2").GetComponent<Text>().text="0";
15      }
16    }
17  }
```

[9] 用同样的方法我们添加代码和空对象，如图 19-25 和图 19-26 所示。

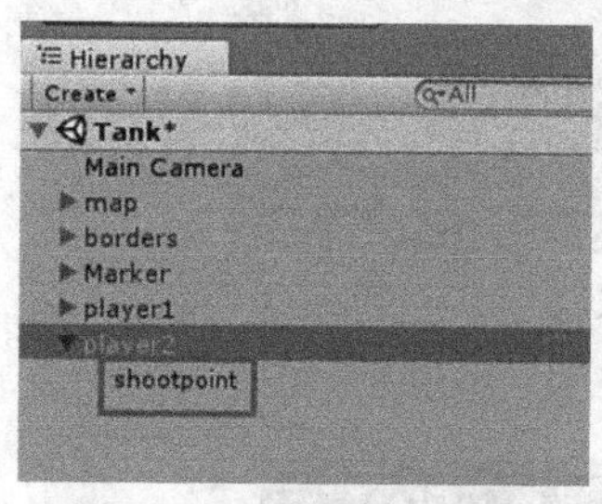

图 19-25 找到 shootPoint

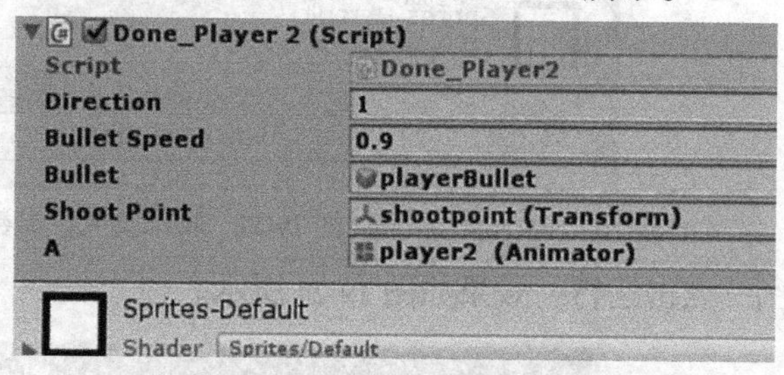

图 19-26 玩家 2 改完后的脚本参数

19.4.4 子弹

[1] 我们可以自由走动，发射子弹，但是子弹不会消失，子弹之间也不会抵消。

[2] 在 Scripts 文件夹下，新建一个脚本，命名为 Bullet，双击打开脚本，添加如下代码。

```
1   using System.Collections;
2   using System.Collections.Generic;
3   using UnityEngine;
4
5   public class Bullet : MonoBehaviour {
6
7
8           // Update is called once per frame
9           void Update () {
10                  // 射出后 2.5s 销毁
11                  Destroy (gameObject, 2.5f);
12          }
13          void OnCollisionEnter2D(Collision2D coll){
14              // 碰撞物体的标签是 bullet，将两个子弹销毁
15              if (coll.gameObject.tag == "bullet") {
16                      Destroy (gameObject);
17                      Destroy (coll.gameObject);
18
19              }
20          }
21  }
```

[3]　找到 prefabs 文件夹下的 playerBullet 和 enemyBullet，都添加 Bullet 脚本，然后运行，效果如图 19-27 所示。

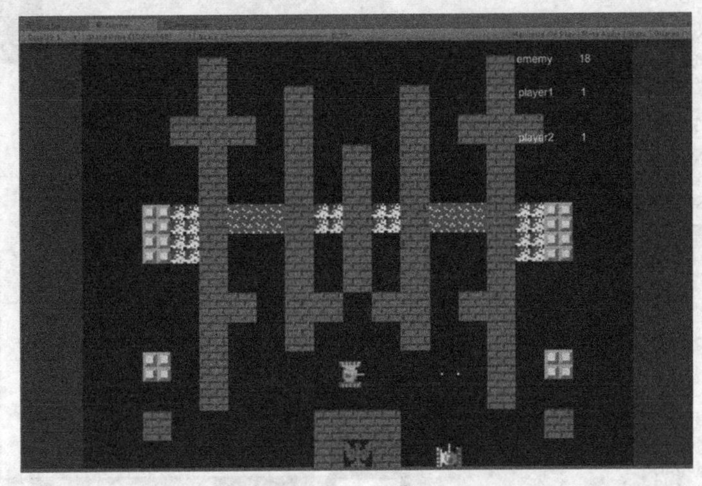

图 19-27　运行效果

19.4.5 地图上各类障碍物及基地

[1] 子弹碰到砖块、铁墙和基地，子弹会消失。而丛林可以被子弹和坦克通过，海水只可以被子弹通过，砖块、基地可以被破坏，铁墙不可破坏。

[2] 设置物理 layer 层，使海水不和子弹碰撞，丛林不和子弹、坦克碰撞。选择【Edit】-【Project Settings】-【Physics 2D】，如图 19-28 所示。

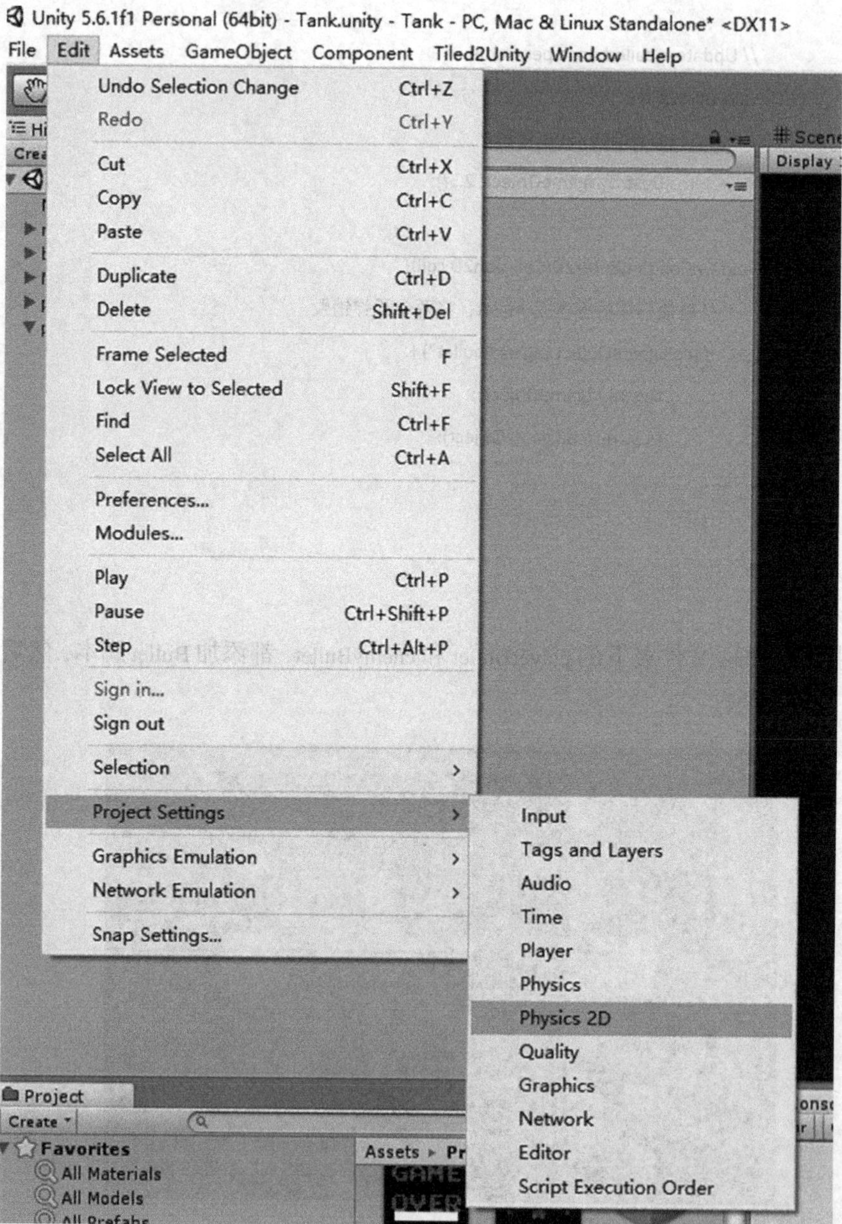

图 19-28 找到 2D layer 层

将物体层改成如图 19-29 所示。

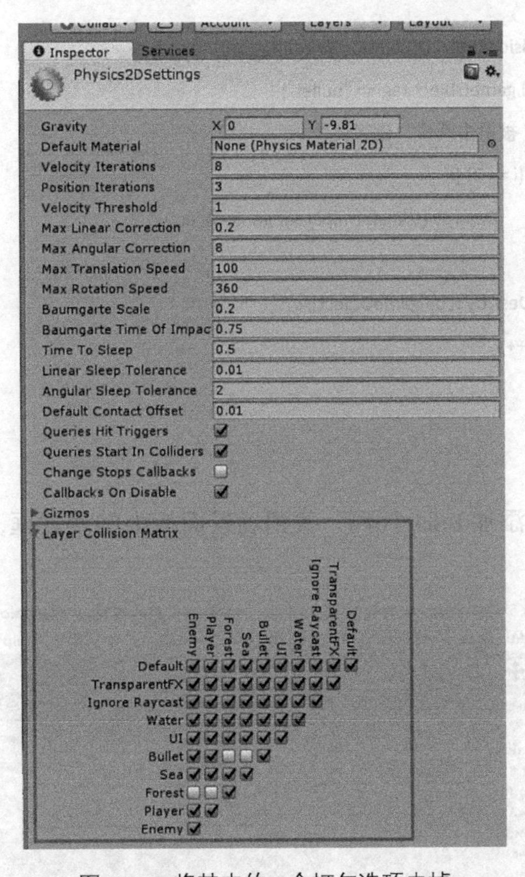

图 19-29 将其中的 4 个打勾选项去掉

[3] 在 Scripts 文件夹下，新建一个脚本，命名为 Brick，双击打开脚本，添加如下代码。

```
1   using System.Collections;
2   using System.Collections.Generic;
3   using UnityEngine;
4
5   public class Brick : MonoBehaviour {
6       inti=0;// 被射击的次数
7       // Use this for initialization
8       void Start () {
9
10      }
11
12      // Update is called once per frame
13      void Update () {
14
15      }
```

```
16        void OnCollisionEnter2D(Collision2D coll){
17            if (coll.gameObject.tag == "bullet") {
18                // 被射击两次，销毁砖块
19                if (i == 2) {
20                    Destroy (transform.parent.gameObject);
21                }
22                Destroy (coll.gameObject);
23                i++;
24            }
25        }
26    }
```

[4]　为砖块统一添加 Brick 代码，找到场景面板中的搜索框，输入 Collision，如图 19-30 所示。

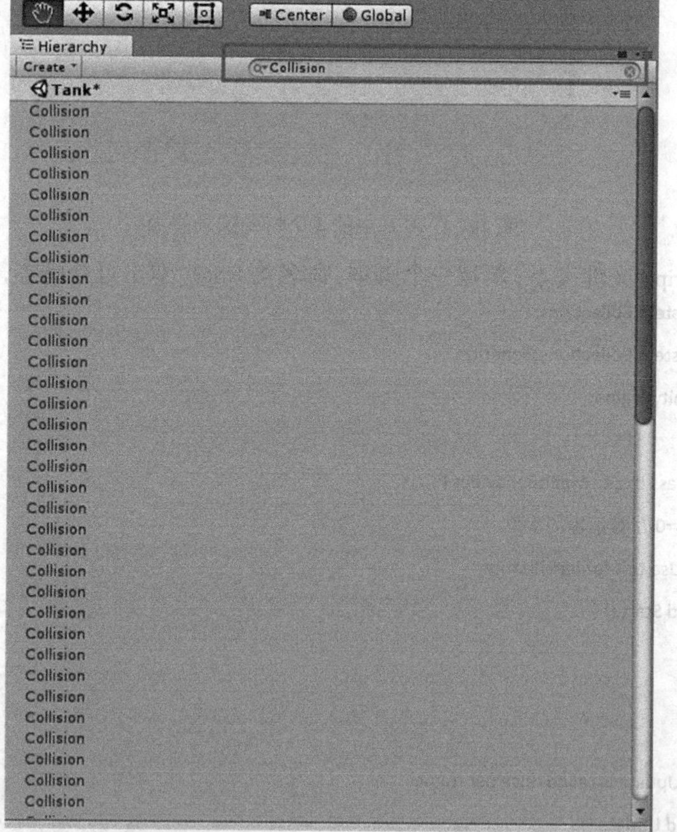

图 19-30　找到场景中所有 Collision 名字的对象

点击第一个 Collision，滚动条下拉找到最后一个 Collision，按下【Shift】键，就把中间的全选了，如图 19-31 所示。

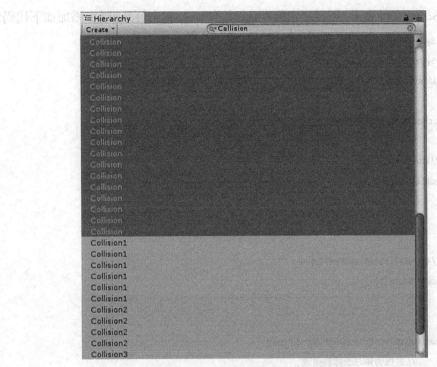

图 19-31　全选名字叫 Collision 的对象

在右边 Inspector 面板中，有着它们的共同属性，同上面一样，点击 Add Component，输入 Brick，添加脚本，如图 19-32 所示。

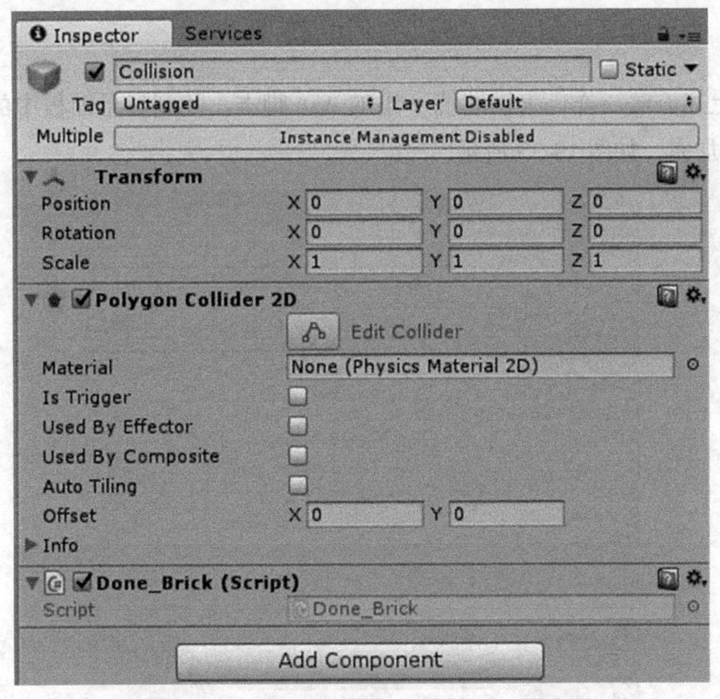

图 19-32　给这些对象统一添加 Brick 脚本

[5] 在Scripts文件夹下，新建一个脚本，命名为Wall，双击打开脚本，添加如下代码。

```
1   using System.Collections;
2   using System.Collections.Generic;
3   using UnityEngine;
4
5   public class Wall : MonoBehaviour {
6
7       // Use this for initialization
8       void Start () {
9
10      }
11
12      // Update is called once per frame
13      void Update () {
14
15      }
16      void OnCollisionEnter2D(Collision2D coll){
17          // 碰撞物体时子弹就销毁
18          if (coll.gameObject.tag == "bullet") {
19              Destroy (coll.gameObject);
20          }
21      }
22  }
```

[6] 与上述方法一样，为铁墙统一添加Wall脚本，找到场景面板中的搜索，输入Collision1，添加完，如图19-33所示。

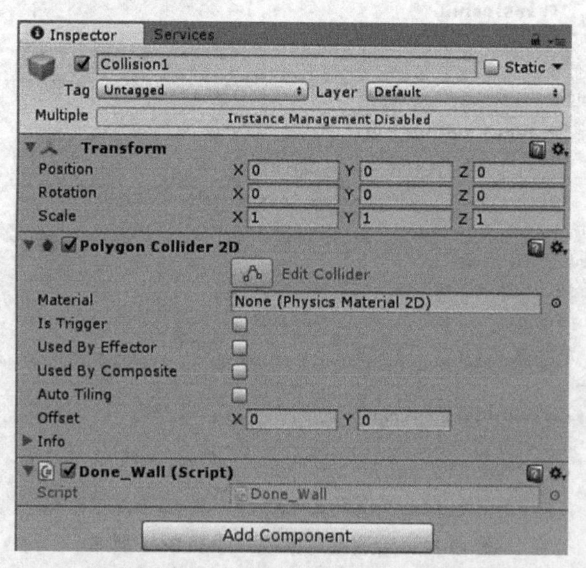

图19-33 给所有场景中名字叫Collision1的对象添加脚本Wall

[7]　在 Scripts 文件夹下，新建一个脚本，命名为 Basement，双击打开脚本，添加如下代码。

```
1   using System.Collections;
2   using System.Collections.Generic;
3   using UnityEngine;
4
5   public class Basement : MonoBehaviour {
6       public GameObject gameOver;// 基地销毁时，出现游戏结束界面
7
8       void OnCollisionEnter2D(Collision2D coll){
9           // 碰撞物体时子弹，执行以下代码
10          if (coll.gameObject.tag == "bullet") {
11              Destroy (transform.parent.gameObject);// 销毁基地
12              Instantiate (gameOver, new Vector3
13              (Screen.width/1600,Screen.height/800,0), Quaternion.identity);
14              Destroy (coll.gameObject);       // 销毁子弹
15
16          }
17      }
18  }
```

[8]　在场景面板中找到 basement 下的 Collision4，在右边的 Inspector 面板中添加 Basement 脚本，如图 19-34 和图 19-35 所示。

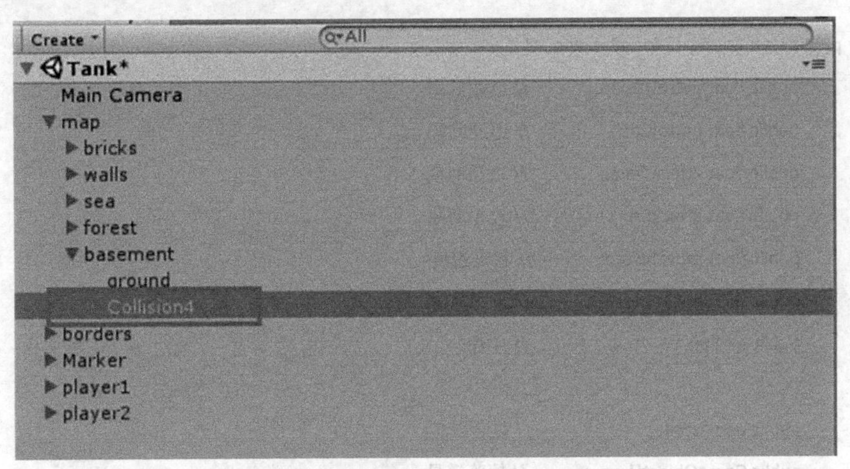

图 19-34　找到名字叫 Collision4 的对象

[9]　在 Prefabs 文件夹中找到名叫 gameover 的预制体，将它拖入 GameOver 一栏中，如图 19-36 所示。

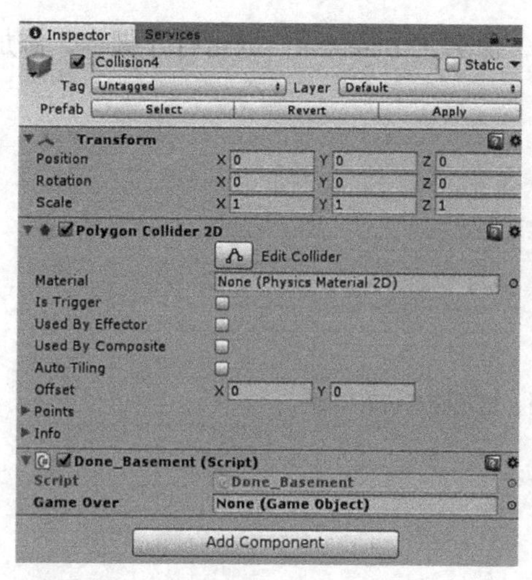

图 19-35　给 Collision4 添加 Basement 脚本

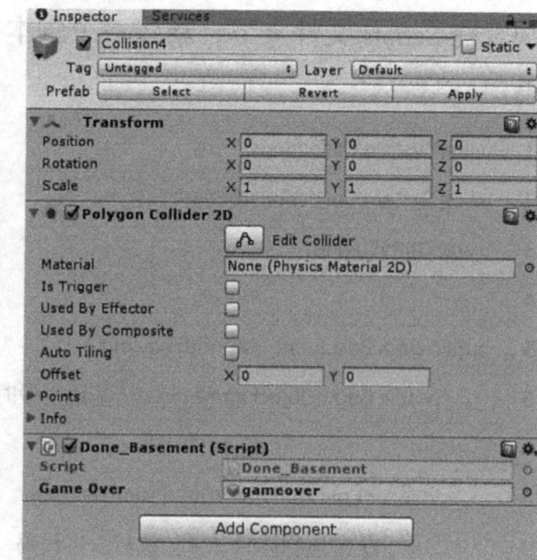

图 19-36　脚本参数

[10]　运行后就可以实现各个地形的效果了。

19.4.6　敌人

[1]　在 Scripts 文件夹下，新建一个脚本，命名为 Enemy，双击打开脚本，添加如下代码。

```
1    using System.Collections;
2    using System.Collections.Generic;
3    using UnityEngine;
4    using UnityEngine.UI;
5
6    public class Enemy : MonoBehaviour {
7        public float patrolTime;          //巡逻时间
8        public float patrolCd;            //巡逻间隔
9        public float attackTime;          //攻击时间
10       public float attackCd;            //攻击间隔
11       public float moveSpeed;           //移动速度
12       public float bulletSpeed;         //子弹速度
13       public int life;                  //生命
14
15       public bool isred;                //是否红色
16       public GameObject[] props;        //掉落道具
17
18       public int direction = 1;         //方向
19
```

```
20        public GameObject bullet;   // 子弹对象
21        public Transform shootPoint;    // 射击点
22        public Animator a;          // 动画组件
23
24        // Use this for initialization
25        void Start () {
26            a = GetComponent<Animator> ();
27
28        }
29
30        // Update is called once per frame
31        void Update () {
32
33            patrolTime += Time.deltaTime;  // 巡逻时间随游戏时间增加
34            attackTime +=Time.deltaTime;  // 攻击时间随游戏时间增加
35            // 巡逻时间大于巡逻间隔，移动，并且巡逻时间清 0
36            if (patrolTime>= patrolCd) {
37                Move ();
38                patrolTime = 0;
39            }
40            // 攻击时间大于攻击间隔，射击，并且攻击时间清 0
41            if (attackTime>= attackCd) {
42                Fire ();
43                attackTime = 0;
44            }
45        }
46        /// 射击，实例化子弹，根据 direction 的数值，给子弹附上一个坦克方向的初速度
47        public void Fire(){
48            GameObject go = Instantiate (bullet, shootPoint.position, Quaternion.identity)as GameObject;
49            switch(direction){
50                case 1:go.GetComponent<Rigidbody2D> ().velocity = new Vector2
51    (0, 1*bulletSpeed);break;
52                case 2:go.GetComponent<Rigidbody2D> ().velocity = new Vector2
53    (0, -1*bulletSpeed);break;
```

```
54                      case 3:go.GetComponent<Rigidbody2D> ().velocity = new Vector2
55  (-1*bulletSpeed, 0);break;
56                      case 4:go.GetComponent<Rigidbody2D> ().velocity = new Vector2
57  (1*bulletSpeed, 0);break;
58              }
59          }
60          ///移动，随机生成 0-4 这 5 个数，1 4 向下，0 2 3 上 左 右
61          public void Move(){
62          int moveNum = Random.Range (0, 5);
63          if (moveNum == 0) {
64              switch (direction) {
65                  case 1:gameObject.transform.Rotate(new Vector3(0,0,0));break;
66                  case 2:gameObject.transform.Rotate(new Vector3(0,0,180));break;
67                  case 3:gameObject.transform.Rotate(new Vector3(0,0,270));break;
68                  case 4:gameObject.transform.Rotate(new Vector3(0,0,90));break;
69              }
70              gameObject.GetComponent<Rigidbody2D> ().velocity = new Vector2
71  (0, 1 * moveSpeed * Time.deltaTime);
72              direction = 1;
73          }
74          if (moveNum == 1 ||moveNum == 4 ) {
75              switch (direction) {
76                  case 1:gameObject.transform.Rotate(new Vector3(0,0,180));break;
77                  case 2:gameObject.transform.Rotate(new Vector3(0,0,0));break;
78                  case 3:gameObject.transform.Rotate(new Vector3(0,0,90));break;
79                  case 4:gameObject.transform.Rotate(new Vector3(0,0,270));break;
80          }
81              gameObject.GetComponent<Rigidbody2D> ().velocity = new Vector2
82  (0, -1 * moveSpeed * Time.deltaTime);
83              direction = 2;
84          }
85          if (moveNum == 2) {
86              switch (direction) {
87                  case 1:gameObject.transform.Rotate(new Vector3(0,0,90));break;
88                  case 2:gameObject.transform.Rotate(new Vector3(0,0,270));break;
```

```
89                    case 3:gameObject.transform.Rotate(new Vector3(0,0,0));break;
90                    case 4:gameObject.transform.Rotate(new Vector3(0,0,180));break;
91               }
92               gameObject.GetComponent<Rigidbody2D> ().velocity = new Vector2
93  (-1 * moveSpeed * Time.deltaTime, 0);
94               direction = 3;
95          }
96          if (moveNum == 3) {
97               switch (direction) {
98                    case 1:gameObject.transform.Rotate(new Vector3(0,0,270));break;
99                    case 2:gameObject.transform.Rotate(new Vector3(0,0,90));break;
100                   case 3:gameObject.transform.Rotate(new Vector3(0,0,180));break;
101                   case 4:gameObject.transform.Rotate(new Vector3(0,0,0));break;
102              }
103              gameObject.GetComponent<Rigidbody2D> ().velocity = new Vector2
104 (1 * moveSpeed * Time.deltaTime, 0);
105              direction = 4;
106              }
107         }
108
109         private bool cansub=true;// 让减少数量运算一次
110         /// 碰撞检测
111         void OnCollisionEnter2D(Collision2D coll){
112              // 碰撞对象标签是子弹
113              if (coll.gameObject.tag == "bullet" ) {
114
115                   Debug.Log (coll.gameObject.name);
116                   // 如果子弹名字是玩家子弹，生命减少，生命为 0，如果是红色
117                   // 坦克，掉落道具，然后销毁坦克
118                   if (coll.gameObject.name == "playerBullet1(Clone)") {
119                        life--;
120                        if (life == 0) {
121                             if (isred) {
122                                  Instantiate (props[0], gameObject.transform.position,
```

```
123                     Quaternion.identity);
124                 }
125                 a.Play ("explode");
126                 Destroy (gameObject, 0.25F);
127                 //cansub 等于 true，敌人数量减 1
128                 if (cansub) {
129                     GameObject.Find ("Text").GetComponent
130 <EnemyUI> ().number--;
131                     int n = GameObject.Find ("Text").GetComponent
132 <EnemyUI> ().number;
133                     GameObject.Find ("Text").GetComponent<Text> ().text =
134 "" + n;
135                     cansub = false;
136                 }
137             }
138         }
139         Destroy (coll.gameObject); // 销毁子弹
140 
141     }
142   }
143 }
```

[2] 在 Prefabs 文件夹中，找到敌人预制体 enemy1 2 3 和 redenemy 1 2 3，添加 Enemy 脚本，添加后，如图 19-37 所示。

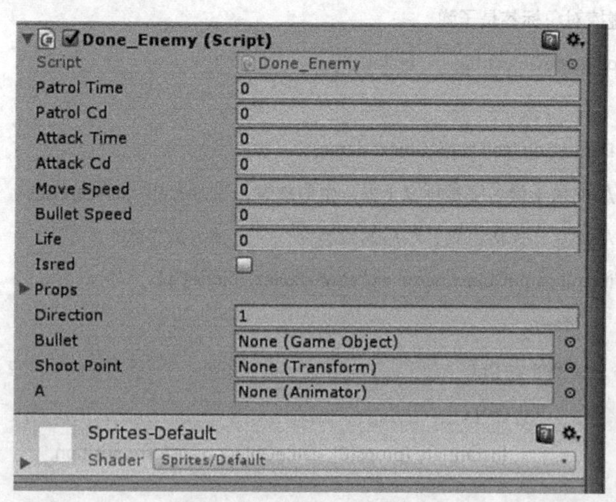

图 19-37　给敌人添加脚本

[3] 以 Done_enemy1 为例，如图 19-38 所示。

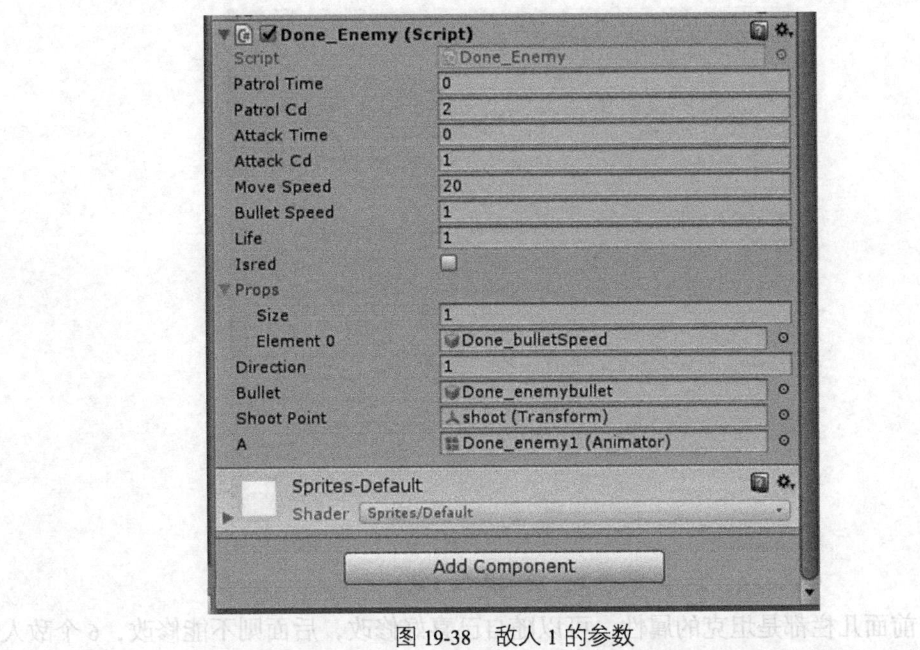

图 19-38　敌人 1 的参数

Enemy1，巡逻间隔等于 2，攻击间隔等于 1，移动速度等于 20，子弹速度等于 1，生命等于 1，不是红色。

[4]　在 Prefabs 文件夹下将名叫 bulletSpeed 的预制体拖入 Element 0 这一栏，即是生成的道具，将名叫 Done-enemybullet 的预制体拖入 Bullet 这一栏，如图 19-39 所示。

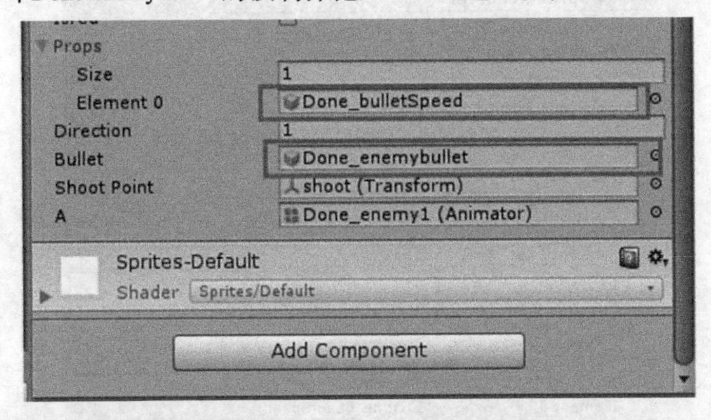

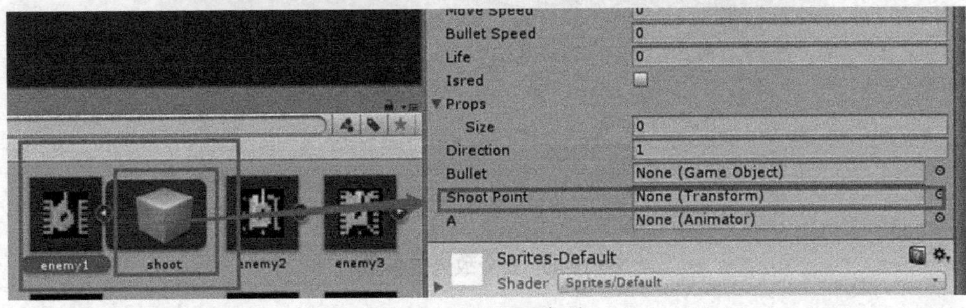

图 19-39　添加参数

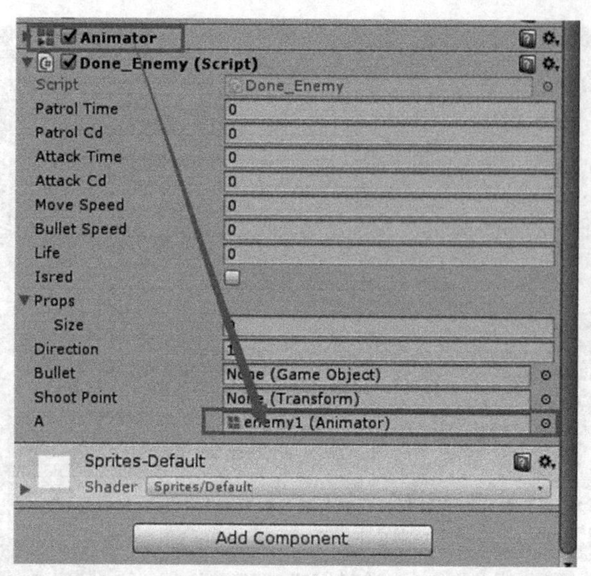

图 19-39 添加参数（续）

[5] 前面几栏都是坦克的属性，可以随自己喜好修改，后面则不能修改，6 个敌人属性，如图 19-40 所示。

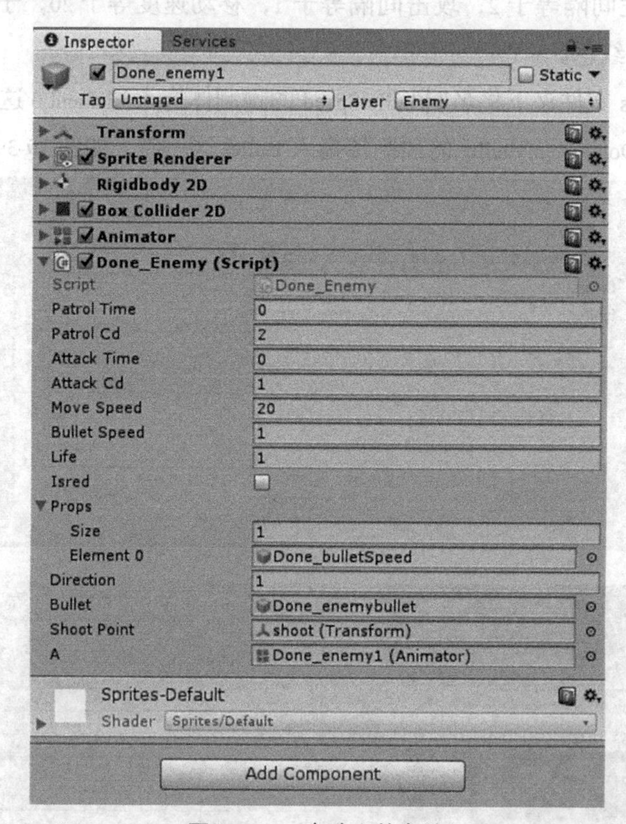

图 19-40 6 个敌人的参数

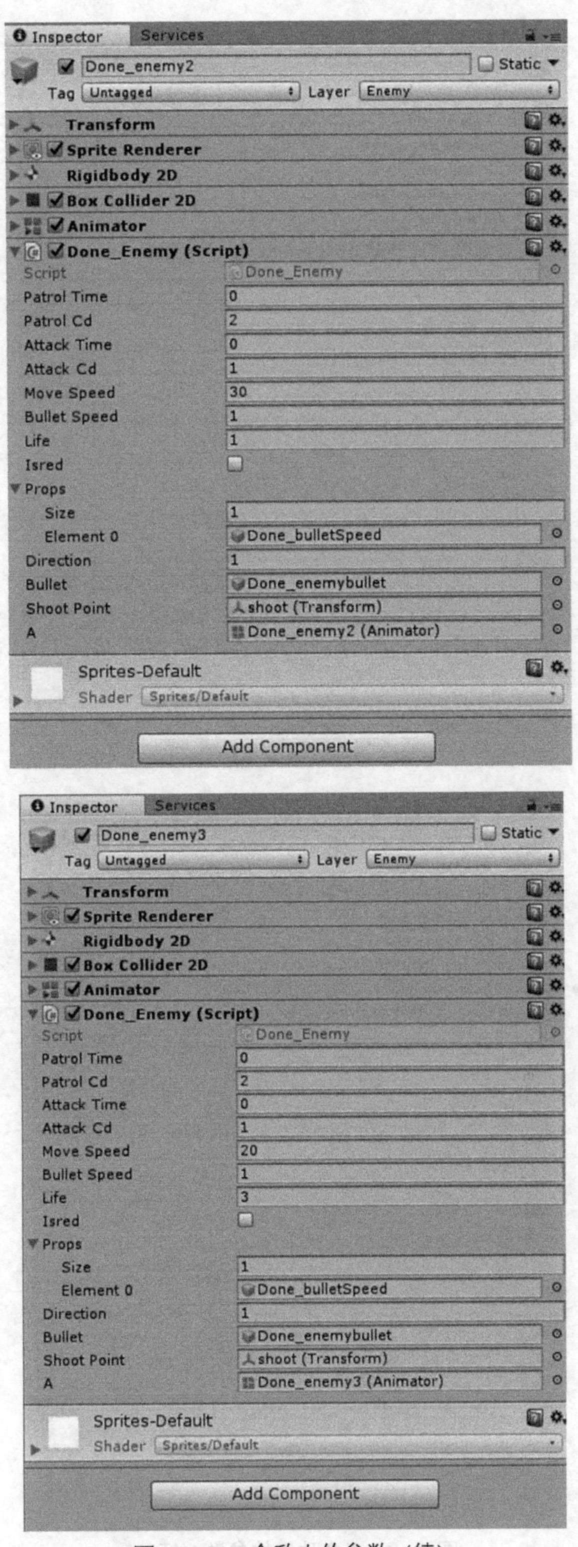

图 19-40　6 个敌人的参数（续）

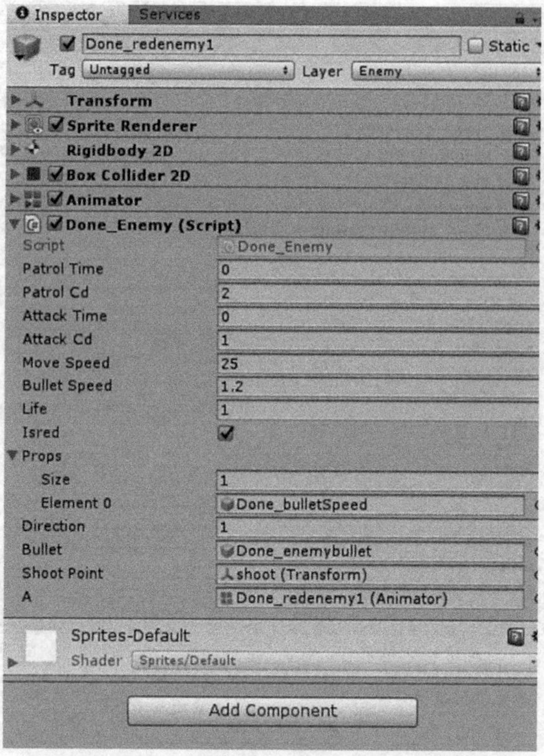

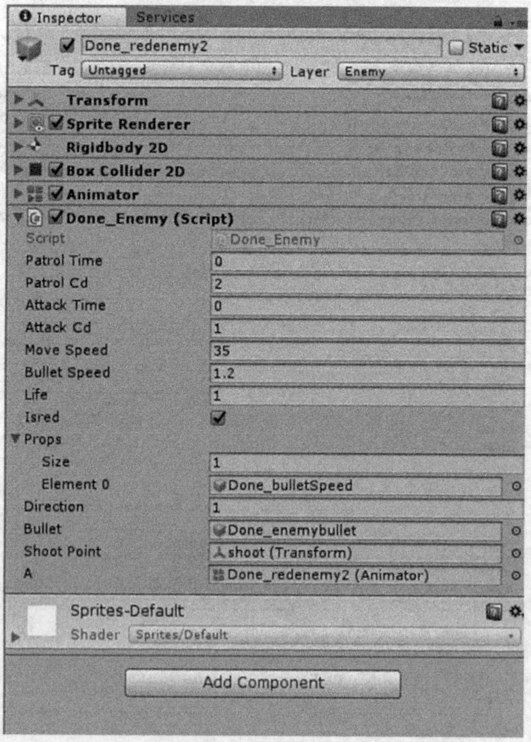

Inspector　Services

Done_redenemy1　Static

Tag Untagged　Layer Enemy

Transform

Sprite Renderer

Rigidbody 2D

Box Collider 2D

Animator

Done_Enemy (Script)

Script	Done_Enemy
Patrol Time	0
Patrol Cd	2
Attack Time	0
Attack Cd	1
Move Speed	25
Bullet Speed	1.2
Life	1
Isred	✓
Props	
Size	1
Element 0	Done_bulletSpeed
Direction	1
Bullet	Done_enemybullet
Shoot Point	shoot (Transform)
A	Done_redenemy1 (Animator)

Sprites-Default

Shader Sprites/Default

Add Component

Inspector　Services

Done_redenemy2　Static

Tag Untagged　Layer Enemy

Transform

Sprite Renderer

Rigidbody 2D

Box Collider 2D

Animator

Done_Enemy (Script)

Script	Done_Enemy
Patrol Time	0
Patrol Cd	2
Attack Time	0
Attack Cd	1
Move Speed	35
Bullet Speed	1.2
Life	1
Isred	✓
Props	
Size	1
Element 0	Done_bulletSpeed
Direction	1
Bullet	Done_enemybullet
Shoot Point	shoot (Transform)
A	Done_redenemy2 (Animator)

Sprites-Default

Shader Sprites/Default

Add Component

图 19-40　6 个敌人的参数（续）

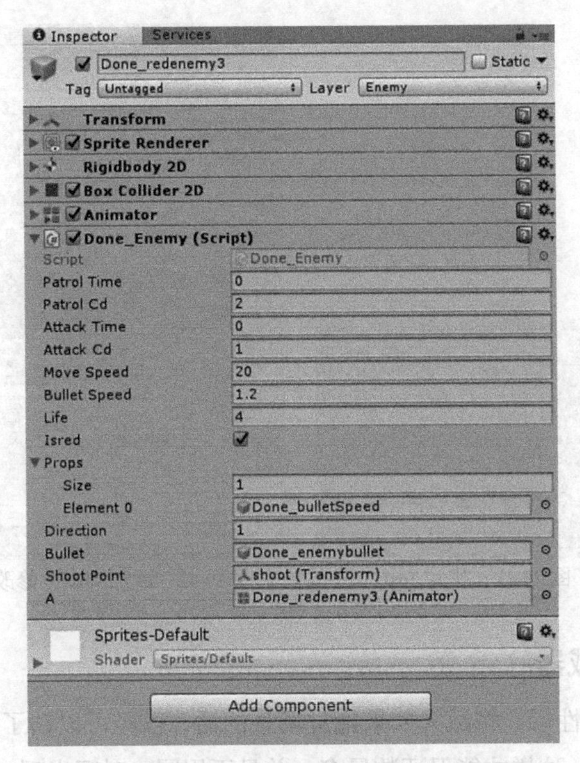

图 19-40　6 个敌人的参数（续）

[6]　然后我们在 Scripts 文件夹下，新建一个脚本，命名为 EnemyUI，用来在游戏界面显示敌方坦克数量，代码如下。

```
1   using System.Collections;
2   using System.Collections.Generic;
3   using UnityEngine;
4   using UnityEngine.UI;
5
6   public class EnemyUI : MonoBehaviour {
7       public int number;// 坦克数量
8
9       void Start () {
10          GameObject.Find ("Text").GetComponent<Text> ().text =""+ number;
11      }
12  }
```

[7]　在场景中找到 Marker-enemy-Text，如图 19-41 所示。

[8]　在右边的 Inspector 面板添加脚本 EnemyUI，将 number 改为 18，如图 19-42 所示。

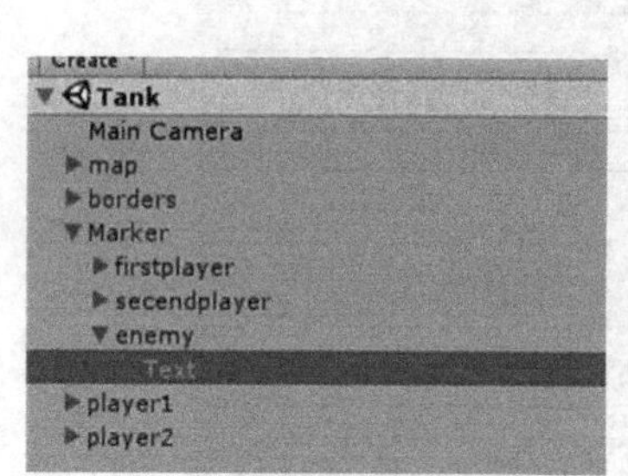

图 19-41　找到 Text

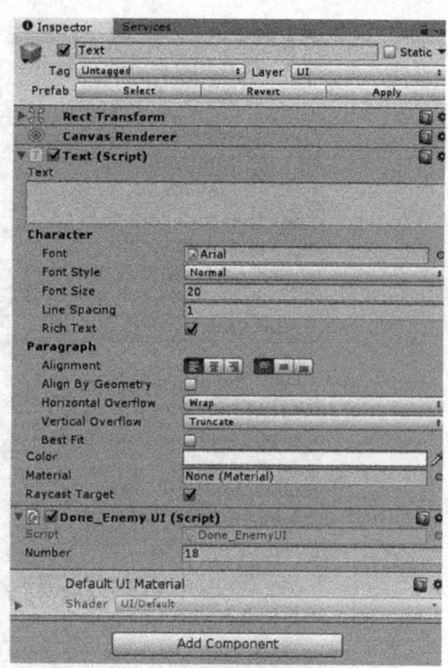

图 19-42　添加脚本，修改参数

19.4.7　敌人生成器

[1]　修改过属性后，将敌人如果拖进场景的话，已经可以动了，但我们需要在游戏过程中生成坦克，这样才能保证数量多，并且不用同一时间出现。

[2]　在 Scripts 文件夹下，新建一个脚本，命名为 SpawnEnemy，双击打开脚本，添加如下代码。

```
1   using System.Collections;
2   using System.Collections.Generic;
3   using UnityEngine;
4
5   public class SpawnEnemy : MonoBehaviour {
6
7       public GameObject []enemys; // 敌人数组
8       public bool canCreate;          // 可以制造
9
10      public float spawnTime;         // 制造时间
11      public float spawnCd;           // 制造间隔
12      public  int enemyNumber=0;  // 敌人数量
13
14      void Update () {
15
16          spawnTime +=Time.deltaTime; // 制造时间随游戏时间增加
17
```

```
18          if (canCreate) {
19              //随机 0123，012 代表普通坦克 123,3 则是 6 中坦克中的随机一种
20              //这样我们控制了红色坦克出现的概率为 1/8
21              switch (Random.Range (0, 4)) {
22              case 0:
23                      Instantiate (enemys [0], gameObject.transform.position,
24  Quaternion.identity);
25                      break;
26              case 1:
27                      Instantiate (enemys [1], gameObject.transform.position,
28  Quaternion.identity);
29                      break;
30              case 2:
31                      Instantiate (enemys [2], gameObject.transform.position,
32  Quaternion.identity);
33                      break;
34              case 3:
35                      Instantiate (enemys [Random.Range(0,6)],
36  gameObject.transform.position, Quaternion.identity);
37                      break;
38              }
39              canCreate = false;
40              enemyNumber++;
41          }
42          //制造时间大于等于制造间隔并且此生产点生产敌人数量小于等于 5，
43          //可以制造等于 true，制造时间清 0
44          if (spawnTime>= spawnCd&&enemyNumber<=5) {
45              canCreate = true;
46              spawnTime = 0;
47          }
48      }
49  }
```

[3]　在 Prefabs 文件夹下，找到名叫 EnemySpawn 的预制体，拖入场景，如图 19-43 所示。

[4]　给场景中的 enemyspawn、enemyspawn2、enemyspawn3 都绑定脚本 SpawnEnemy，如图 19-44 所示。

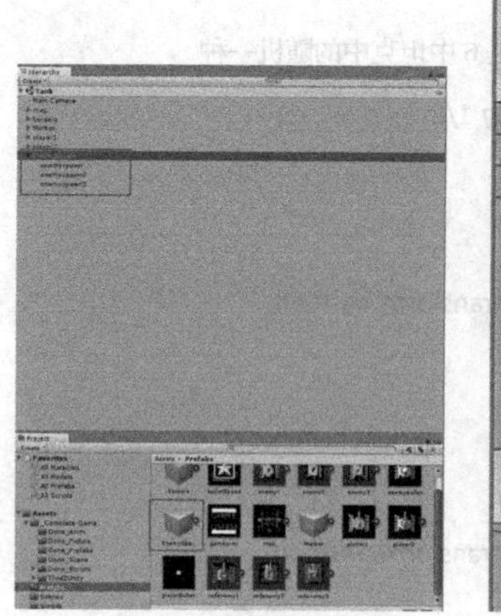

图 19-43　将预制体拖入场景

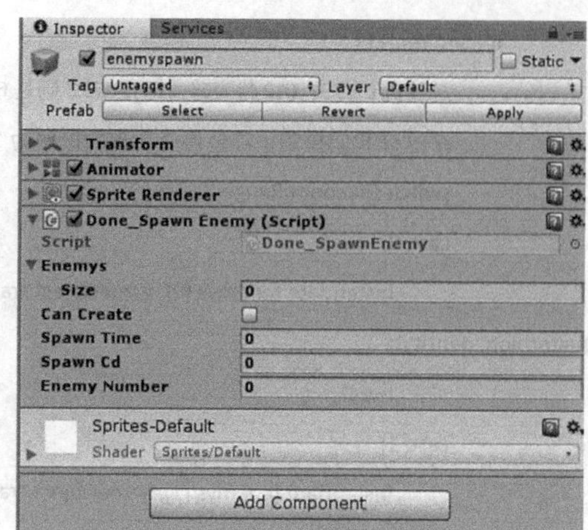

图 19-44　添加脚本

[5]　将 Enemys 数组的 Size 改为 6，将 Prefabs 文件夹下的 6 个绑过脚本的敌人拖进去，将 Can Create 选项打上勾，Spawn Cd 改成 15，如图 19-45 所示。

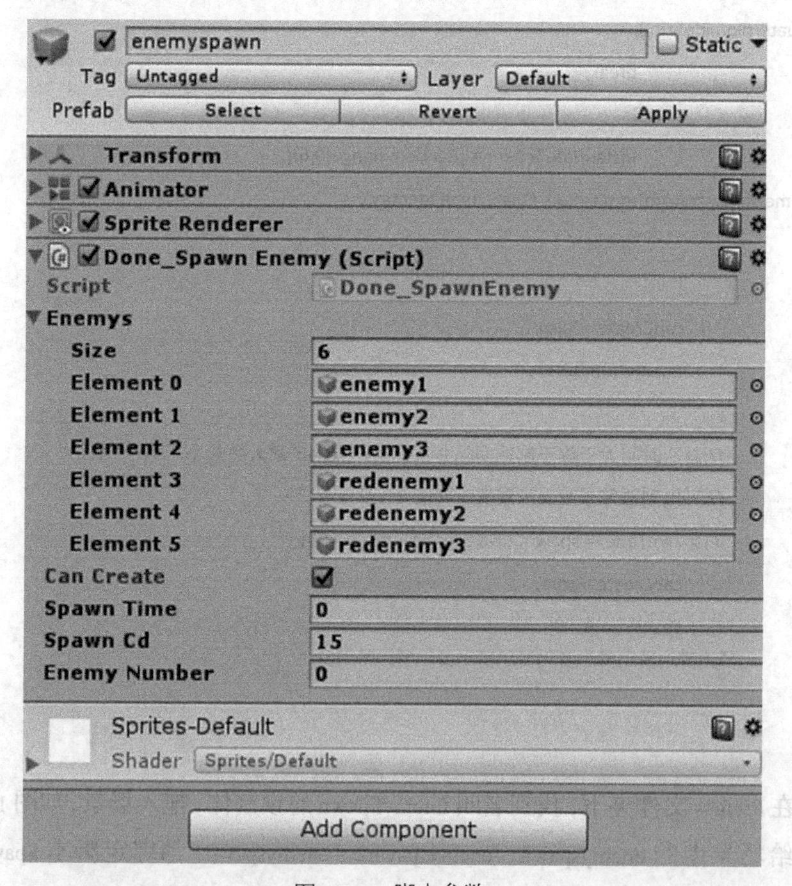

图 19-45　脚本参数

[6]　三个的 SpawnEnemy 脚本属性都一样，只是位置不同。

[7]　改完后，就可以生成敌人了，如图 19-46 所示。

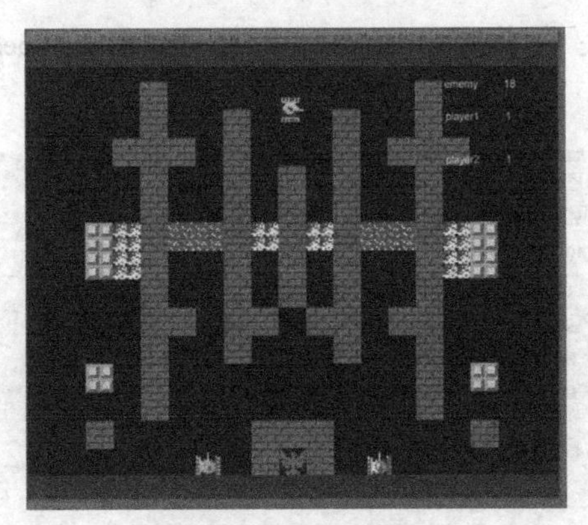

图 19-46　运行效果

19.4.8　道具

[1]　之前写 Enemy 脚本时，我们已经生成了道具，但是道具还没有功能，我们要给这个道具添加增加子弹速度的功能。

[2]　在 Scripts 文件夹下，新建一个脚本，命名为 PlayerBulletSpeed，双击打开脚本，添加如下代码。

```
1   using System.Collections;
2   using System.Collections.Generic;
3   using UnityEngine;
4
5   public class PlayerBulletSpeed : MonoBehaviour {
6       public float speed;// 速度
7
8       void Update () {
9           Destroy (gameObject, 5f);//5 秒后销毁
10      }
11      void OnTriggerEnter2D(Collider2D c){
12          // 被玩家 1 吃到，改变速度
13          if (c.gameObject.tag == "Player") {
14              Destroy (gameObject);
15              c.gameObject.GetComponent<Player1> ().bulletSpeed = 1f*speed;
16          }
17          // 被玩家 2 吃到，改变速度
18          if (c.gameObject.tag == "Player2") {
19              Destroy (gameObject);
20              c.gameObject.GetComponent<Player2> ().bulletSpeed = 1f*speed;
21          }
22      }
23  }
```

[3] 在 Prefabs 文件夹下，找到 bulletSpeed，添加 PlayerBulletSpeed 脚本，将 Speed 改成 1.3，如图 19-47 所示。

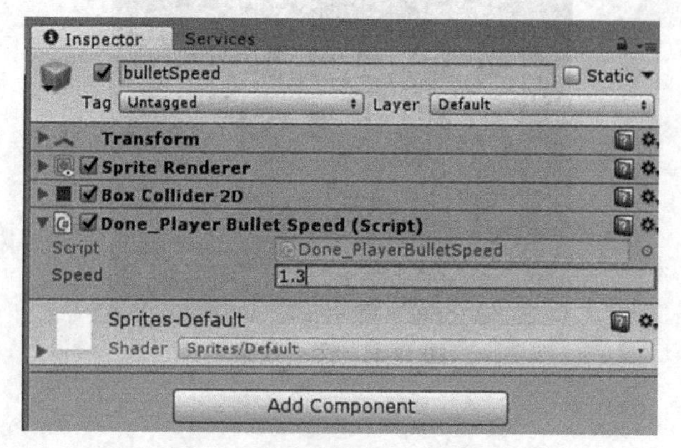

图 19-47 添加脚本，修改参数

[4] 游戏就完成了，最终结果如图 19-48 所示。

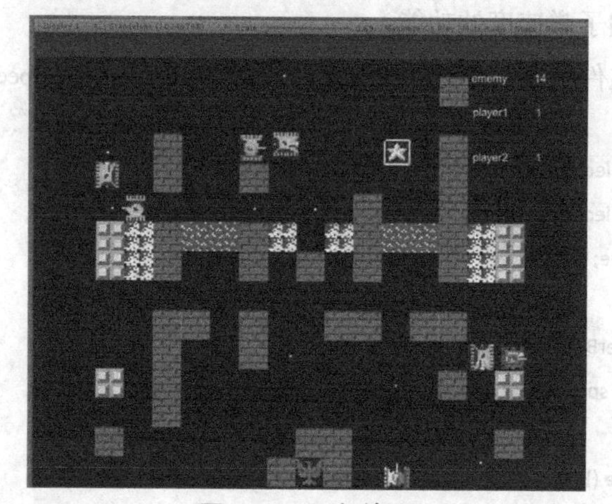

图 19-48 运行效果